现代数学基础丛书 179

集合论导引

(第二卷：集论模型)

冯 琦 著

科学出版社

北 京

内 容 简 介

本卷是集合论的模型分析部分. 在第一卷的基础上, 本卷的主要任务是将逻辑植入集合论之中, 并以此为基础实现三大目标: 第一大目标是将同质子模型分析引入集合论, 这是一种不同于组合分析的对无穷集合展开分析的基本方法; 第二大目标则是建立集合论论域的具有典范作用的内模型——哥德尔可构造集论域, 从而证明一般连续统假设和选择公理的相对相容性; 第三大目标是建立集合论论域的具有典范意义的外模型——科恩的力迫扩张模型, 从而证明连续统假设以及选择公理的相对独立性. 这三大目标分为三章分别来实现. 在一定意义上讲, 每一章体现一种基本方法. 这些基本方法是从事集合论研究的最基本的方法.

本卷的内容是集合论专业研究生的必修内容, 对于数理逻辑专业的研究生和研究人员而言也具有重要的参考价值.

图书在版编目(CIP)数据

集合论导引. 第二卷, 集论模型/冯琦著. —北京: 科学出版社, 2019.12
(现代数学基础丛书; 179)
ISBN 978-7-03-063622-5

I. ①集… Ⅱ. ①冯… Ⅲ. ①集论 Ⅳ. ①O144

中国版本图书馆 CIP 数据核字 (2019) 第 271815 号

责任编辑: 李静科 / 责任校对: 彭珍珍
责任印制: 赵 博 / 封面设计: 陈 敬

科 学 出 版 社 出版
北京东黄城根北街 16 号
邮政编码: 100717
http://www.sciencep.com

北京中石油彩色印刷有限责任公司印刷
科学出版社发行 各地新华书店经销
*
2019 年 12 月第 一 版 开本: 720 × 1000 1/16
2024 年 4 月第三次印刷 印张: 26
字数: 509 000
定价: **168.00 元**
(如有印装质量问题, 我社负责调换)

《现代数学基础丛书》序

对于数学研究与培养青年数学人才而言，书籍与期刊起着特殊重要的作用．许多成就卓越的数学家在青年时代都曾钻研或参考过一些优秀书籍，从中汲取营养，获得教益．

20世纪70年代后期，我国的数学研究与数学书刊的出版由于"文化大革命"的浩劫已经破坏与中断了 10 余年，而在这期间国际上数学研究却在迅猛地发展着．1978 年以后，我国青年学子重新获得了学习、钻研与深造的机会．当时他们的参考书籍大多还是 50 年代甚至更早期的著述．据此，科学出版社陆续推出了多套数学丛书，其中《纯粹数学与应用数学专著》丛书与《现代数学基础丛书》更为突出，前者出版约 40 卷，后者则逾 80 卷．它们质量甚高，影响颇大，对我国数学研究、交流与人才培养发挥了显著效用．

《现代数学基础丛书》的宗旨是面向大学数学专业的高年级学生、研究生以及青年学者，针对一些重要的数学领域与研究方向，作较系统的介绍．既注意该领域的基础知识，又反映其新发展，力求深入浅出，简明扼要，注重创新．

近年来，数学在各门科学、高新技术、经济、管理等方面取得了更加广泛与深入的应用，还形成了一些交叉学科．我们希望这套丛书的内容由基础数学拓展到应用数学、计算数学以及数学交叉学科的各个领域．

这套丛书得到了许多数学家长期的大力支持，编辑人员也为其付出了艰辛的劳动．它获得了广大读者的喜爱．我们诚挚地希望大家更加关心与支持它的发展，使它越办越好，为我国数学研究与教育水平的进一步提高做出贡献．

杨 乐

2003 年 8 月

序　言

宇宙世界浩瀚、丰富、五彩缤纷, 很久以前, 人类就以极大的热情去探索这个包括我们自身在内的客观的宇宙, 以及以不懈的努力去应用已有的探索结果到实践之中来解决包括生存问题在内的一切实际问题, 并将这种探索的结果和求解问题的真实体会尽可能清楚地记录下来. 也正是在这种探索、应用、体会、交流、思考和记录过程中, 人类不断开拓视野, 深化认识, 丰富知识和提升智慧. 在这个人类思想宝库的建设过程中, 曾经有过两个困惑人类智者的哲学问题: 一个是关于如何确保语言表述的正确性以及如何消除语言表达中的二义性的问题; 另外一个是关于无穷这个观念的确切含义的问题.

表面上看起来, 第一个问题是一个系统性的问题, 一个更具一般性的问题; 第二个问题则是一个比较专门的问题, 似乎不可相提并论. 从实际求解过程上看, 也似乎的确如此. 但是, 当读者通读这本《集合论导引》(以下简称《导引》) 之后便能够看透它们之间深刻的内在联系.

早在古希腊时期, 从柏拉图 (Plato) 开始到亚里士多德 (Aristotle), 经历了由 (自然语言下的) 非形式逻辑到 (规范语言表达格式下的) 形式逻辑的演变过程. 在思辨过程中, 柏拉图更愿意将重点放在前提的合理性上, 在他看来只要前提合理, 道理之结论的合理性就应当自然而然依据某种方法得到. 追求这种保持思辨过程中前提和结论之间的合理性关系的一般方法曾经是柏拉图和他的学生们的一个重要任务. 亚里士多德在柏拉图非形式逻辑的基本思想的基础上, 提炼出影响整个西方哲学两千年的形式逻辑体系[1]. 亚里士多德的形式逻辑体系在很大范围内成功地实现了柏拉图的愿望: 先将表达式的内涵搁置起来, 只关注表达形式之间的逻辑关系. 应当说, 将思想表达式的形式与内涵有意识地分离开是一个了不起的进步. 思想的表达方式与思想的内涵所持有的对立性是自然存在的, 是客观存在的; 而清楚意识到这一点, 并且明确地将这种自然对立面分开去寻找确保思维正确性的基本形式规则, 毫无疑问是人类认识论的一大飞跃. 历史的发展也表明这种飞跃是一个里程碑式的起点.

进一步推进第一个问题求解的人当属德国的莱布尼茨 (Gottfried Leibniz). 在莱布尼茨看来, 正像五线谱音符可以表现声音那样, 应当有一种特殊的可以用来表达概念的字符表; 在这个字符表上建立一种语言, 经过符号计算就能确定此语言中

---

[1] Aristotle, The complete works of Aristotle (ed. Jonathan Barnes), Princeton University Press, 1984.

的句子是否为真, 以及这些语句之间具有什么样的逻辑关系. 莱布尼茨希望在有了这样的形式语言和符号计算方法之后, 当人们遇到思辨中争论不清的问题的时候, "让我们来算一算", 答案就在笔头产生, 其正确性必然为大家所接受. 莱布尼茨的一个终生抱负就是要找到一个真实表现人类思想的字符表以及相应的处理这些符号的计算方法, 他也是一个一生将自己奇思妙想和抱负付诸探索行动的人. 将莱布尼茨的梦想实现的人是英国的布尔 (G. Boole). 关于在数学中适当地运用符号所带来的威力, 布尔和莱布尼茨是心灵相通的. 莱布尼茨在少年时代产生了符号计算的奇想; 布尔则是在十六七岁的时候, 在一次穿越田野的漫步之中, 突发灵感: 有可能将逻辑关系用代数形式来表示. 在莱布尼茨看来, 恰当地应用符号表达式是一种艺术, 而这样一种艺术是代数的特征和成功的秘诀之一; 布尔则认为代数的威力就在于两点: 一是用符号表示数量; 二是那些代数运算只需要遵守几个很少的基本规则. 莱布尼茨企图寻求表达概念的字符表; 布尔则简单地用字母符号来表达任何一个概念, 或者概念之外延. 莱布尼茨坚持形式简洁而准确、表达的结果可以坐下来 "算一算"; 布尔则将 "算一算" 的过程通过几条很少的 "代数" 运算规则来实现. 这就是当今我们所熟悉的布尔代数, 这也正是以我们现在几乎人手一部的手机为代表的各种计算机硬件逻辑线路设计以及各种计算机软件程序设计的基础. 布尔将他少年时代的灵感和多年来的思考集中在 1854 年出版的《思维规律》[2] 中, 这本书的雏形曾于 1847 年发表. 在这本书里, 布尔把亚里士多德的古典形式逻辑转换成了布尔代数, 或者布尔逻辑. 布尔显然相信符号代数在人类思维发展进程中所具有的威力, 但布尔未必预测到他对逻辑的代数解释在极大改变人类生活的现代计算机中所具有的不可替代的作用. 这必须归功于对莱布尼茨的 "算一算" 提出数学解释的图灵.

在布尔代数基础上, 或者在形式逻辑基础上, 真正解决 "算一算" 理论模型问题的人是英国的图灵 (Alan Turing). 因为, 在莱布尼茨那里, 什么是 "计算" 依旧是观念的计算, 就如同小学生的加减乘除四则算术观念那样; 在布尔那里, 运算虽然是逻辑代数的, 但这些依旧只是具体的从输入到输出的计算. 真正对 "计算" 这个观念给出圆满解释的是图灵. 图灵 1936 年发表在《伦敦数学会会刊》上的文章[3] 定义了图灵机这一数学模型以及以此为基础的图灵机计算的数学概念. 经过图灵的工作, 观念的计算变成了概念的计算: 所有可计算的都是那些图灵机可计算的. 图灵所设计的通用图灵机则是可以以手机为代表的各种计算机内置操作系统

---

2 George Boole, An Investigation of The Laws of Thought, on Which are Founded the Mathematical Theories of Logic and Probabilities, Cambridge: Walton and Maberly, London: Macmillan, 1854; New York: Dover Publications, Inc., 1958.

3 Alan Turing, On Computable Numbers with An Application to the Entscheidungsproblem, Proc. London Math. Soc., 1936/1937, 42(1): 230-265.

和编译系统的最高典范.

如果说布尔的逻辑代数中运算还可以建立在潜无穷的观念之上, 那么图灵的通用图灵机则不得不建立在实无穷的概念之上, 这是图灵建立通用图灵机和定义图灵机计算概念的内核基础. 毫无疑问, 图灵是在接受了数学意义上的实在的无穷之后才建立起自己对于计算观念进行系统的数学解释的计算理论的. 那么在图灵之前, 关于无穷到底发生过什么呢?

在古希腊先贤那里, 观念中的无穷只是被简单地分为实无穷和潜无穷两类, 至于什么为实无穷, 什么是潜无穷, 并没有给予过多的关注或者思考. 我们的祖先[4] 也曾留下 "一尺之棰, 日取其半, 万世不竭" 的断言, 但却与幂级数 $1 = \sum_{n=1}^{\infty} \dfrac{1}{2^n}$ 无缘.

著名意大利科学家伽利略[5] 在发现自由落体下落的距离与下落时间的平方成正比关系这一物理学定律的时候, 第一个意识到在自然数全体与自然数平方数全体之间存在着一一对应. 但是他令人不无遗憾地认为在无限的情形下谈论多和少是一件不合时宜的事情, 可谓与无穷的数学理论失之交臂. 事实上, 当无理数成为数学研究的对象时, 关于无穷的问题就开始从哲学问题转向数学问题. 如果说有理数都是有穷对象, 无理数在失去了有理数所具有的全部有限特征的情况下就只能是一种无穷对象, 从事数学探索的人们也就必须面对实实在在的无穷对象. 如果说代数数都是某一类有穷对象, 超越数就必须是一种实实在在的无穷对象. 集合论就始于 19 世纪伟大的数学变革过程, 这个过程最为显著的特点是将分析算术化以及由此而来的抽象化和一般化. 随着微积分的出现, 数学家们必须面对诸如序列、函数、级数 (尤其是三角级数)、极限、收敛、发散、连续性、导数、积分等等的问题. 数学家们开始意识到有必要探讨作为数学对象的无穷. 在解决数学分析的诸多问题的过程中, 在为牛顿 (Isaac Newton) 和莱布尼茨创立的微积分中的函数观念提供严格的数学解释的过程中, 起初以解析表达式来解释函数观念的做法逐渐演变为以一般的对应法则来解释函数观念. 这种演变的一个结果就是对于那些用来表示点的实数的整体观念越发明确起来, 尤其是无穷级数观念以及无穷级数的收敛问题更加清楚地呼唤着自然数整体与实数整体的实在性. 也正是在解决三角级数收敛唯一性问题的过程中, 德国数学家康托尔 (G. Cantor) 意识到所需要的整体唯一性与收敛点的全体之间难以分割的紧密关系, 年轻的康托尔由此开始专注地探讨这些收敛点全体以及无穷罗列全体的概念问题. 这种探讨的结果便在康托尔那里产生了对于实数集合

4《庄子 · 天下篇》.

5 Galileo Galilei, Discorces and Mathematical Demonstrations Relating to Two New Sciences, (1638, 原书为意大利语). Discorsi e dimostrazioni matematiche intorno a due nuove scienze attinenti la meccanica e i movimenti locali (pag.664, of Claudio Pierini) publication Cierre, Simeoni Arti Grafiche, Verona, 2011.

及其子集合探索的基本概念以及超限数的概念. 就在布尔将形式逻辑转换成布尔代数后的 20 年, 也就是 1874 年, 康托尔发表了他将无穷作为数学探讨的对象建立起的关于无穷的数学理论 —— 集合论的第一篇文章[6]. 在这篇文章中, 康托尔证明了只有可数个代数数 (那些以有理数为系数的多项式的实根), 而存在不可数个超越数 (那些包括圆周率 π 以及自然对数基数 e 在内的不是任何以有理数为系数的多项式的实根的实数). 康托尔第一次向数学家们展示出具有实质上更多不可以简单定义的实数. 这是人类关于无穷认识的第一次飞跃. 1883 年, 康托尔发表了《一般集合论基础》[7]. 几年之后, 康托尔将这期间的几篇文章整理成一本专著《超限数理论基础》[8], 这就标志着一个丰富多彩的无穷集合宇宙被展现在世人面前. 整个数学, 也因此即将被放置在一个崭新的基础之上. 现代数学的大门被打开了. 布尔代数, 只能作为集合代数的一种特殊情形, 存在于人类认识的长河之中. 实际上, 从康托尔开始的集合论为人类提供了不仅仅具有丰富内涵的关于无穷的数学理论, 也为人类提供了最精炼的概念语言文字 —— 最初始的不加定义的概念只有一个 —— 集合; 最初始的不加定义的二元关系只有一个 —— 属于. 有关集合的任何复杂的认识都可以系统地在完全确定的基本理论之下归结于初始本原 —— 集合与集合之间的属于关系.

　　在康托尔的分析中, 将实数整体解释为实数集合; 在实数集合的基础上, 以实数子集合序型, 尤其是秩序的序型, 作为实数子集合的第一抽象, 以实数子集合的势作为第二抽象. 这样抽象的结果便是序数和基数这两个基本概念. 在康托尔的观念中, 无穷集合具有秩序是天经地义的事情, 就像任何有限集合都自然而然地拥有秩序一样. 在康托尔的概念中, 数的概念从有限飞跃到超限, 并且成功地证明了实数的整体比起自然数的整体具有本质上的数量的差别: 自然数的整体可数, 而实数的整体不可数. 在康托尔的理解中, 与自然数集合相对应的基数是第一个无穷基数, 而与整个实数集合相对应的基数则是第一个不可数的基数; 任何一个实数的集合的基数要么是不超过自然数的基数, 要么是第一个不可数基数. 这就是著名的连续统假设. 正是在求解连续统假设的过程中, 康托尔开启了对可定义实数子集合的探索. 比如, 他证明了任何完备实数子集都与整个实数集合等势; 任何实数的闭子集都不会是连续统假设的反例. 正因为他对实数集合具有某种秩序的坚信, 康托尔致力于定义实数集合的一种秩序来解决他的连续统问题. 就这样, 当数的概念从有限领域上升到超限领域时, 康托尔不仅建立了序数和基数的超限算术理论, 还为后来者展

---

6 Georg Cantor, Über eine Eigenschaft des Inbegriffes aller reellen algebraischen Zahlen, Journal für die reine und angewandte Mathematik, 1874, 77: 258-262.

7 Georg Cantor, Grundlagen einer allgemeinen Mannigfaltigkeitslehre, Ein mathematisch-philosophischer Versuch in der Lehre des Unendlichen. Leipzig: Teubner, 1883.

8 Georg Cantor, Contributions to the Founding of the Theory of Transfinite Numbers. New York: Dover Publications, Inc., 1955.

示了两个具有强大驱动力或者牵引力的基本问题: 连续统问题以及可秩序化问题.
连续统问题问是否存在势居自然数集合之势与整个实数集合之势之间的实数的子
集合? 可秩序化问题问实数集合上是否存在一种秩序, 尤其是可定义 (可描述) 的
秩序? 对这两个问题的求解将是贯穿本书的一条中心线. 这本《导引》的压台定理
将为实数集合可秩序化问题提供终结性答案: 尽管选择公理保证实数轴可以被秩
序化, 但不会有可定义的秩序; 对连续统问题提供最佳答案: 连续统假设不会有可
定义的反例, 但这不是最终答案. 写这本《导引》的一个基本目的就是期望能有后
来者继续对这个问题的终极答案施展自己超群出众的才能.

　　几乎就在康托尔开始建立集合论的同时, 1879 年, 德国哲学家弗雷格
(Gottlob Frege) 出版了逻辑史上自亚里士多德以来划时代的著作《概念–文字: 一
种算术式的纯粹思维之形式语言》[9], 这本书为朝着系统地实现莱布尼茨抱负的方向
迈出了奠基性的一步; 成功地克服了亚里士多德古典形式逻辑所面临的困难, 这包
括满足数学演绎推理的需要和解决多重广延性表述难题; 打开了数理逻辑时代的大
门; 同时也提出了一个崭新的问题: 数学基础问题.

　　自 1879 年弗雷格出版《概念–文字: 一种算术式的纯粹思维之形式语言》和
1883 年康托尔出版《一般集合论基础》开始, 人们对于数学基础问题探讨的热情高
涨起来.

　　1889 年意大利数学家佩亚诺 (Giuseppe Peano) 出版了《算术原理 —— 用一种
新方法展现》[10], 开数学基础研究之先河, 在这本书中, 佩亚诺明确地给出了关于自
然数理论的公理, 尤其是关于数学归纳法的公理, 并且严格地将逻辑符号和算术符
号区分开来. 这就标志着关于自然数一阶算术特性的形式表述和内涵的最后分离:
在自然数性质的讨论过程中依赖于直觉的证明从此被完全抛弃.

　　弗雷格运用自己的形式语言逻辑系统来探讨二阶算术基础, 1893 年他出版了
《算术基本律》[11]第一卷.

　　1898 年冬季学期在哥廷根大学执教的希尔伯特 (David Hilbert) 给学生开了一
门 “欧几里得几何元素” 的课程. 1899 年, 希尔伯特出版了这门课的讲义:《几何基
础》[12]. 希尔伯特在欧几里得几何理论的基础上提出了新的几何公理系统. 希尔伯

---

　　9 Gottlob Frege, Begriffsschrift, eine der arithmetischen nachgebildete Formelspache des reinen
Denkens, English translation: Begriffsschrift, a formula language, modeled upon that of arithemetic,
for pure thought, In: From Frege to Gödel, a Source Book in Mathematical Logic, 1879-1931, J. van
Heijenoort ed. Cambridge: Harvard University Press, 1967, 1-82.

　　10 Giuseppe Peano, Arithmetices Principia, Nova Methodo Exposita. (The principles of Arith-
metic, presented by a new method), Turin, 1889.

　　11 Gottlob Frege, Grundgesetze der Arithmetik, begriffsschriftlich abgeleitet. (Jena), vol. 1
(1893); reprinted 1962 (Olms, Hildesheim).

　　12 David Hilbert, Grundlagen der Geometrie, Leipzig: Teubner, 1899.

特强调这个几何公理体系之中, "点" "线" "面" 完全可以被替换成 "桌子" "椅子" "杯子", 只要这些对象遵守那些明列出来的公理. 在这里, 希尔伯特提炼出了探讨数学基础的 "公理化方法": 形式和内涵的分离、对立与统一. 希尔伯特证明了这个新的几何公理系统相对于 (二阶) 算术系统的无矛盾性: 只要 (二阶) 算术系统是无矛盾的, 那么几何便不会有矛盾.

1903 年, 弗雷格完成了《算术基本律》[13] 第二卷. 就在 1903 年第二卷即将付印的时候, 未曾想象的麻烦出现了. 英国哲学家罗素 (Bertrand Russell) 发现由弗雷格第二卷中的第五条 "基本律" —— 概括律, 可以导出一个矛盾 (详情见第一卷《引言》). 也就是说弗雷格的这些 "基本律" 是一个 "矛盾共同体".

受到佩亚诺算术公理体系和希尔伯特几何公理体系的影响, 既为了解决康托尔连续统假设问题, 也为了应对康托尔集合论所面临的罗素悖论的挑战, 策梅洛 (Enrst Zermelo) 从 1905 年起开始进行集合论公理化的工作. 尽管没有能够证明自己所提出的公理系统是一个无矛盾的系统, 策梅洛在 1908 年正式发表了现在被称为 "策梅洛集合论公理" 的文章《集合论基础探讨》[14]. 显然是为了消除罗素悖论, 策梅洛将弗雷格的 "毫无限制的" 概括律改变成了具有明确限定范围的 "合成规则" 或者 "分解原理": 策梅洛的集合论公理体系后来进一步得到完善 (详见第一卷《引言》), 从而成为当今集合论的基本理论体系.

正是在康托尔奠定的集合论 —— 这一关于实在无穷集合的基本理论 —— 的基础上, 斯科伦 (Thoralf Skolem) 开始将弗雷格一阶逻辑中对数学结构的语法表现与它们在被表现对象中的语义解释统一起来, 并且试图以集合论来作为数学的基础. 斯科伦在 1920 年发表的文章[15] 中证明了一阶数理逻辑中的三大基本定理之一的罗文海–斯科伦定理. 也正是在这样的基础上, 哥德尔 (Kurt Gödel) 在他 1930 年的博士论文[16] 中证明了具有新里程碑意义的一阶逻辑完备性定理. 这个定理表明被有意识地分离开的表达式的形式与内涵在实在无穷的数学理论上重新归于统一; 关于正确性的形式规则理论非常完备地符合着我们对于客观事物的正确认识. 从而斯科伦的想法变成了数学领域中的现实. 最后, 塔尔斯基 (Alfred Tarski) 成功地

13 Gottlob Frege, Grundgesetze Der Arithmetik, Begriffsschriftlich Abgeleitet. (Pohle, Jena), vol. 2(1903); reprinted 1962 (Olms, Hildesheim).

14 Enrst Zermelo, Untersuchungen über die Grundlagen der Mengenlehre. Math. Ann., 1908, 65: 261-281.

15 Thoralf Skolem, Logico-combinatorial investigations in the satisfiability or provability of mathematical propositions: a simplified proof of a theorem by L. Löwenheim and generalizations of the theorem, In: From Frege to Gödel, a Source Book in Mathematical Logic, 1879-1931, J. van Heijenoort ed., Cambridge: Harvard University Press, 1967: 252-263.

16 Kurt Gödel, Die Vollständigkeit der Axiome des logischen Functionenkalküls, Monatshefte für Mathematik und Physik, 1930, 37: 349-360.

奠定了现代模型论[17]的基础, 他系统地严格地解决了数学理论中表达式何为真何为假的基本问题, 从而作为实在无穷理论的集合论便成为现代数学理论的实实在在的基础.

尽管康托尔关于实数集合是否可秩序化的问题已经由策梅洛提出的选择公理所解决 (详情见第一卷第 2 章), 但是连续统问题依旧还是一个悬而未决的基本问题. 哥德尔于 1938 年以构造内模型的方式[18 19 20]证明了连续统假设以及选择公理相对于基本集合公理系统 ZF (详情见第一卷第 1 章) 的相对相容性: 如果基本集合公理系统 ZF 没有矛盾, 那么这个基本集合论公理系统加上连续统假设以及选择公理也不会有矛盾, 并且在哥德尔的内模型 L 中, 实数集合上有一个具有最佳定义的秩序. 因此, 在哥德尔的 L 中, 康托尔的两个问题 —— 实数集合秩序化问题与连续统问题 —— 都有最好的肯定答案. 哥德尔的内模型 L 将在本《导引》第二卷第 2 章中专门讨论. 大约 25 年后, 科恩 (Paul Cohen) 以力迫构思泛型扩张[21 22 23]的方式 (详情见本《导引》第二卷第 3 章) 证明了连续统假设之否定与集合论公理系统 ZFC 的相对相容性以及 "实数集合上不存在任何秩序" 这一否定选择公理的命题与集合论基本公理体系 ZF 的相对相容性. 于是, 康托尔的两个问题 —— 实数集合秩序化问题与连续统问题 —— 都与集合论基本公理体系相对独立: ZF 既不能给出肯定的答案, 也不能给出否定的答案.

康托尔在试图求解连续统问题时采取了一条对实数集合**可定义子集**展开系统分析的路线. 这一路线在 20 世纪 30 年代被苏联和波兰数学家们继续采用, 并且形成了**描述集合论**分支. 描述集合论专门研究实数集合的可定义性 (这种可定义性问题也是本《导引》贯穿全书的一个牵引问题). 康托尔曾试图以对可定义的不可数的实数子集寻找一个完备子集的方式来证明可定义子集不会是连续统假设的反例. "要么可数, 要么包含一个完备子集", 这样一种二分原理作为一种实数子集的正则性被称为 "完备子集特性". 实数子集的另外一个正则性是勒贝格可测性. 勒贝

17 Alfred Tarski, Pojęcie prawdy w językach nauk dedukcyjnych. (The concept of truth in the language of deductive sciences.) Prace Towarzystwa Naukowego Warszawskiego, Wydzial III (Travaux de la Société des Sciences et des Letters de Varsovie, Classe III) #34 (1933).

18 Kurt Gödel, The consistency of the axiom of choice and of the generalized continuum hypothesis. Proc. Nati. Acad. Sci. U.S.A., 1938, 24: 556-557.

19 Kurt Gödel, Consistency-proof for the generalized continuum-hypothesis. Proc. Nati. Acad. Sci. U.S.A., 1939, 25: 220-224.

20 Kurt Gödel, The consistency of the continuum hypothesis. Ann. of Math. Studies, No. 3, Princeton University Press, Princeton, N.J., 1940.

21 Paul Cohen, The independence of the continuum hypothesis. I. Proc. Nati. Acad Sci. U.S.A., 1963, 50: 1143-1148.

22 Paul Cohen, The independence of the continuum hypothesis. II. Proc. Nati. Acad Sci. U.S.A., 1964, 51: 105-110.

23 —, Set Theory and the Continuum Hypothesis, New York: Benjamin, 1966.

格 (Henri Lebesgue)1902 年在他的学位论文[24]中引进了勒贝格测度, 从而实数子集的可测性便被视为一种正则性. 实数子集合的第三种古典正则性则是贝尔 (René Baire) 早在 1899 年[25] 所引进的**贝尔特性**: 一个实数子集合具有贝尔特性指的是它与某个开子集的对称差是一个稀疏集合 (详情见第一卷第 3 章). 出于对实数子集的可定义性的探索, 博雷尔 (Emile F. Borel) 以代数的方式[26]引进了实数轴上包含全体开子集、对于集合取补运算封闭、对于可数并以及可数交封闭的最小代数, 其中的元素便被称为**博雷尔集合**. 博雷尔集合就具有完备子集特性, 都是勒贝格可测的; 也都具有贝尔特性. 勒贝格于 1905 年发表的文章[27] 对博雷尔集合进行了严格分层, 用康托尔的对角线方法证明了这种分层是真实分层, 并且存在不是博雷尔集合的但是可定义的实数子集合. 令描述集合论真正得到激励的是苏斯林 (Mikhail Suslin) 发现了[28] 勒贝格证明中存在一个看走眼的地方. 透过对勒贝格看走眼的地方的详细分析, 苏斯林引进了**解析集**的概念, 并且证明了一个实数集合是一个博雷尔集合的充分必要条件是: 不仅它是一个解析集合并且它的补集也是一个解析集合 (详细内容见第一卷第 3 章). 在苏斯林发现的基础上, 卢津 (Nikolai Luzin)[29] 和谢尔品斯基 (Wacław Sierpiński)[30] 建立起实数子集的**投影集层次**, 并且用**树**来表示实数子集, 这也为有秩关系进入数学实践开启了先河. 经过他们的工作, 我们知道每一个解析集都具有完备子集特性 (Suslin), 从而不会是连续统假设的反例; 都是勒贝格可测的 (Luzin); 都具有贝尔特性 (Luzin-Sierpiński). 后面我们会看到, 苏联和波兰描述集合论古典学派在对实数子集正则性分析中, 在 ZFC 基础上, 已经达到思维成就的顶峰, 这从哥德尔可构造论域 L 中关于实数集合上的可定义秩序就可以看出. 当然, 这些都是后话. 之所以如此, 就在于 ZF 或者 ZFC 所能提供的资源能够被利用的全都被利用了. 因此, 要想将对实数正则性的分析推向更高层次的投影集合上去, 就必须增加集合论论域的资源.

依旧对增加集合论论域的资源留有空间的是无穷公理. 在基本集合论公理系统中, 无穷公理本质上只是断言自然数集合存在. 因此, 在此基础上不断引进更强

---

24 Henri Lebesgue, Intégrale, Longuer, Aire, Paris: Thèse, 1902.

25 René Baire, Sur les fonctions de variables réelles. Annali di Math, 1899, 3(3): 1-123.

26 Emile F. Borel, Leçons sur les fonctions de variables réelles et les développements en series de polynomes. Paris: Gauthier-Villars, 1905.

27 Henri Lebesgue, Sur les fonctions représentables analytiquement. J. de. Math., 1905, 1(6): 139-216.

28 Mikhail Suslin, Sur une définition des ensembles mesurables B sans nombres transfinis. C.R. Acad. Sci. Paris, 1917, 164: 88-91.

29 Nikolai Luzin, Sur les ensembles projectifs de M. Henri Lebesgue. C. R. Acad. Sci. Paris, 1925, 180: 1572-1574; Remarques sur les ensembles projectifs. C. R. Acad. Sci. Paris, 1927, 185: 835-837.

30 Wacław Sierpiński, Sur une classe d'ensembles. Fund. Math., 1925, 7: 237-243; Sur quelques propriétés des ensembles projectifs. C. R. Acad. Sci. Paris, 185(1927), 833-835.

的无穷公理便成为一种有效的追求.

基于与彻底有限集合的论域 (见第一卷第 1 章) 的**相似性**, 谢尔品斯基和塔尔斯基[31] 以及策梅洛[32]引进了 (强)**不可达基数**存在的公理. 借助于第一个不可数基数在哥德尔论域 L 中的不可达特性, 数学家们终于意识到解析集的补集是否具备完备集特性是一个地地道道的大基数是否存在的问题 (所有这些都会在第三卷第 3 章中展开讨论, 这里就简要地介绍一下).

基于实数集合上的勒贝格测度以及不可测实数集合的存在性这样的事实, 以及对一般测度问题的完美解答的追求, 乌拉姆 (Stainsław Ulam) 引进了[33] **可测基数**存在的公理. 事实上, 可测基数的概念仍然可以看成自然数集合之基数概念的相似推广. 每一个可测基数都是不可达基数, 并且在一个可测基数之下存在许许多多不可达基数, 可测基数的存在的确为数学家提供了丰富的新资源 (详情见第三卷第 3 章). 恰恰由于它所提供的丰富资源, 可测基数的存在表明集合论论域在本质上完全不同于哥德尔可构造论域 L. 第一个指明这种实质差别的是斯卡特 (Dana S. Scott)[34].

基于第一个无穷基数的组合特性, 艾尔铎希 (Paul Erdös) 和塔尔斯基[35]引进了**弱紧基数**(见第一卷第 2 章).

基于第一个无穷基数的紧致性, 凯斯乐 (H. Jerome Keisler) 和塔尔斯基[36]引进了**强紧基数**(见第三卷第 1 章). 不仅如此, 在这篇文章中, 两位作者利用可测基数上的可数完全超滤子, 构造了集合论论域的超幂, 以证明最小的可测基数严格大于最小的不可达基数. 斯卡特也正是应用这种超积方法 (由可测基数上的正规超滤子所确定的超幂) 证明了如果存在一个可测基数, 那么集合论论域一定不同于哥德尔可构造论域 L.

因为存在着从集合论论域到由可测基数上的正规超滤子所确定的集合论论域的超幂的典型同质嵌入映射, 所以人们很快将关注大基数的眼光转移到了具有不同

31 Wacław Sierpiński and Alfred Tarski, Sur une propriété caractéristique des nombres inaccessibles. Fund. Math., 1930, 15: 292-300.

32 Ernst Zemelo, Über Grenzzahlen und Mengenbereiche: Neue Untersuchungen über die Grundlagen der Mengenlehre. Fund. Math., 1930, 16: 29-47.

33 Stainsław Ulam, Zur Masstheorie in der allgemeinen Mengenlehre. Fund. Math., 1930, 16: 140-150.

34 Dana S. Scott, Measurable cardinals and constructible sets. Bull. Acad. Polon.Sci. Sér. Sci. Math. Astronom. Phys., 1961, 9: 521-524.

35 Paul Erdös and Alfred Tarski, On some problems involving inaccessible cardinals. In: Essays on the Fuondations of Mathematics (Y. Bar-Hillel et al., eds.), Magnes Press, Hebrew University, Jerusalem, 1961: 50-82.

36 H. Jerome Keisler and Alfred Tarski, From accessible to inaccessible cardinals. Fund Math., 1964, 53: 225-308.

特点的同质嵌入映射之上. 正是基于对嵌入映射的目标模型所持有的封闭特点的考量, 索洛维 (Robert M. Solovay) 等[37] 引进了 **超紧基数**, 这一切都显得十分自然. 超紧基数的存在为解决诸多集合论中悬而未决的问题带来了前所未有的突破. 在本《导引》的第三卷中我们将会看到不少这样的典型例子. 在第三卷第 3 章中我们会看到超紧基数对于完全解决康托尔关于实数集可定义秩序问题以及其他关于实数集合正则性问题的优美解答.

大基数作为无穷公理的自然加强或者推广, 为集合论论域增添了极其丰富的资源, 有许多已经被开发和利用, 更多的还被隐藏着, 等待智慧的发现、开发和利用, 以期对于无穷的认识会不断得到升华.

这本《导引》的基本宗旨就是向读者解释以康托尔集合论为基础的现代集合论的基本内涵以及这样的有关无穷的集合理论何以具备先贤们所期望的那些功能. 这本《导引》分为三卷, 每卷三章. 下面我们简要地介绍一下各卷各章的主要内容, 更为详细的引言将分布在各卷之首.

第一卷是基础理论部分. 在这里我们将奠定整个集合论的基础, 在引进集合论的基本公理系统的基础上, 引进集合论中通用的基本概念, 引进具体的具有典范意义的无穷集合, 并展开一些具体的组合分析. 第 1 章的主要内容是引进可数集合的最基本的例子: 自然数集合、整数集合、有理数集合以及彻底有限集合; 中心则是解释递归定义、归纳法以及传递化这些集合论分析中最基本的最常用的方法. 第 2 章的基本内容是组合分析, 主要有选择公理、基数运算以及一些基本组合原理. 第 3 章是实数集合. 除了证明一系列重要的基本定理之外, 第一卷的一个重要任务是为后面的理论发展提出具有引导意义的基本问题, 这包括连续统问题、奇异基数假设、实数子集的正则性问题, 对这些问题的求解将是贯穿这本《导引》的中轴线.

第二卷是集合论的模型分析部分. 这一卷的主要任务是将逻辑植入到集合论之中, 并以此为基础实现三大目标: 第一大目标是将同质子模型分析引入集合论, 这是一种不同于组合分析的对无穷集合展开分析的基本方法. 如果说组合分析具有纯粹局部特点, 那么同质子模型方法则具有很强的总体特点. 从逻辑的角度看, 组合分析是在论域内部展开的某些特定的性质的讨论, 而同质子模型分析则是利用围绕事物在相对论域中的外部特性与内部特性的比较来展开的讨论, 这也正是集合论在解决许多问题上具有强大功能的关键所在. 第二大目标则是建立集合论论域的具有典范作用的内模型, 这是哥德尔为解决连续统假设的合理性而开创的一个研究领域. 所谓内模型, 就是在集合论的论域之内寻求既包括所关注的对象又对于各种集合运算封闭的最小的传递类, 从而得到所关注对象的某种特性的合理性证明. 第三大目标是建立集合论论域的具有典范意义的外模型, 这是科恩为解决连续统

---

37 Robert M. Solovay, William N. Reinhardt, Akihiro Kanamori, Strong axioms of infinity and elementary embeddings, Ann. Math. Logic, 1978, 13: 73-116.

假设的独立性而开创的一个研究领域. 所谓外模型, 就是在集合论论域之内定义一个具有特别组合特点的偏序集合, 并以此为基础, 系统地将集合论的论域向外扩张, 得到一个扩张模型, 从而得到所关注对象的某种特性的合理性证明. 由于集合论本身的一种基本特点: 不依赖任何外部因素, 完全独立地发展自身体系. 这种向外扩张必须以内部完全可控的方式来实现, 这便是科恩所创立的力迫论. 这三大目标的基本实现也就分别构成了第二卷三章的内容.

第三卷是对集合论保证无穷集合存在的无穷公理的层次分析. 这种分析既包含组合分析, 也包含逻辑分析; 既包含内模型分析, 也包含外模型分析; 归根结底是揭示各种高阶无穷公理对于整个集合论论域的影响, 尤其是对实数集合的影响. 因此, 第三卷的第 1 章侧重于大基数的组合分析、逻辑分析以及内模型构造; 第 2 章侧重于在大基数上构造各种各样的具有典范意义的力迫扩张, 从而解决包括奇异基数假设在内的一些长期遗留问题的独立性问题; 第 3 章侧重于分析高阶无穷对实数子集合正则性的影响. 如果说不同的无穷公理从不同层次上在集合论论域中提供了不同丰富程度的资源, 那么剩下的便是在集合论论域中探索的人们如何将自己的高端智慧发挥到极致来发现、挖掘和利用这些丰富资源的事情. 就如同一部庞大的歌剧必定有全剧高潮那样, 这本《导引》的最后一章也就是截止于 1990 年左右的集合论这一人类智慧结晶的最优美的展现.

这本《导引》涵盖从 1874 年起将近 145 年的集合论发展主线上的具有引领作用的内容. 本书通篇将以问题为牵引, 以概念为基础, 以例子为蓝本, 来展开分析, 力求清楚地展现核心思想和方法及其作用的精髓, 努力实现逐步铺垫、循序渐进、化解难度. 在作者心中, 集合论既是纯粹的数学, 也是精美的哲学, 就如同五线谱与音乐, 它以完全抽象展现具体, 又以十分具体实现纯粹抽象. 本书力图为读者展现一幅高端智慧探索无穷的完美图画. 为此, 本书将力图清晰地勾勒集合论的内在思想结构, 包括自然性和典型演绎发展路径. 作者的悟性有限, 集合论宇宙风光无限, 作者也因此期待具有更高悟性的读者能够将作者在本书中展现的粗糙和短缺完善, 使其更加精致和完美, 这便是 "导引" 一词的本来含义. 课题的选择往往是困难的, 许多更是难以取舍, 但是受篇幅限制, 就不得不忍痛割爱. 最大的缺憾自然是没有能够将内模型的精细分析理论、可测基数之下的内核模型、武丁基数之下的内核模型以及武丁的 $\mathbb{P}_{\max}$- 模型等内容放到这本《导引》之中. 这是无可奈何的事情, 因为这些优美的内容足以各自另成一本厚厚的专门著作. 同样由于篇幅所限, 我们常常不去关注一些定理的最佳形式, 除非它们的最佳形式无论是表述还是证明都不会增加额外的复杂性. 正如我们不得不舍弃几大专题那样, 我们也忽略了许多优美的大基数概念和定理, 因为《导引》毕竟不会是 "百科全书". 对于希望了解更为综合性集合论内容的读者, 我们推荐耶赫 (Thomas Jech) 的《集合论》(2003 年版本), 这也是这本《导引》通篇所用的主要参考书.

作者曾以这本书的第一卷中的大部分内容为教材分别在新加坡国立大学、清华大学和中国科学院大学为高年级本科生讲授集合论课程; 也曾以第二卷和第三卷的前两章中的主要内容为教材在新加坡国立大学和中国科学院数学与系统科学研究院给集合论专业的研究生讲授集合论课程. 因此, 作者真诚希望这本《导引》能够启发和引导未来的能够被集合论所吸引的读者进入这个浩瀚的领域.

本书三卷全部由中国科学院数学与系统科学研究院资助出版, 谨此深表谢意. 作者也借此机会表达对科学出版社, 尤其是李静科编辑的真诚谢意.

冯　琦

中国科学院数学与系统科学研究院

2019 年 4 月 30 日

目　　录

引　言

在第一卷里我们建立了集合论的基本系统, 确定了典型无穷集合的例子, 并且展开了足够的组合分析. 在这一卷里, 我们为集合论的系统理论增添了逻辑分析或者模型分析的内容. 这样做有两个目的. 第一个是要解决诸如开篇中的连续统假设的相对独立性等问题; 第二个是将模型分析的方法注入组合分析之中. 这是如虎添翼. 现实中, 老虎固然难以添上翅膀. 集合论里组合分析则可以与模型分析实现有机结合. 如果说组合分析更体现局部特点的话, 那么模型分析则更体现全局特点.

在集合论论域之中采用模型分析, 我们必须首先解决一阶逻辑在集合论理论中植入的问题, 也就是要将一阶逻辑中的概念转化成集合论语言中可以表示的概念. 这也就是为什么在开篇中我们将一阶逻辑的逻辑公理以及推理规则局限在集合论语言之上的特殊形式作为集合论形式理论的一部分的缘故. 不仅如此, 我们还需要将集合论语言的形式表达式的全体以编码记录的形式固定为一个集合; 然后再将模型论中的基本概念以及基本结论转化成集合论的概念, 以至于集合论完全成为一个自给自足的系统. 这些想法的具体实现将是本卷第 1 章的内容.

最早提出将一阶逻辑融入集合论的人是斯科伦. 在他 1923 年的论文[1]中, 斯科伦用在纯集合论语言中可以表述的方式来限定策梅洛分解原理中的性质. 这也正是我们在第一卷中所实现的. 斯科伦希望把集合论置于一阶逻辑之上, 成为以 $\in$ 为基本关系符的抽象的形式体系, 而不必在集合论分析讨论中人为地添加含义解释. 也正是基于这样的考虑, 斯科伦在罗文海工作的基础上证明了被称为 Löwenheim-Skolem 定理的结论: 任何无穷模型都有一个可数无穷同质子模型. 这个定理既是一阶逻辑中的三大基本定理之一, 也是集合论实现模型分析的基础. 后面我们会经常看到这个定理所显现的巨大功能. 在具体应用 Löwenheim-Skolem 定理的时候, 斯科伦感到了一种失望. 这种失望表现在有名的斯科伦悖论之中: 假设有一个集合论的可数模型, 那么这个模型就应当包括实数集合; 根据康托尔定理, 实数集合是不可数的; 可是整个模型都是可数的, 从而处在模型之中的实数集合就应当是可数的. 这一悖论导致斯科伦认为集合论失去了作为数学基础的可能. 他便因此失望. 其实, 这并不是一个悖论. 根本原因在于哥德尔内模型理论以及塔尔斯基语义解释理论之后被找到. 在集合论中有一个很重要的逻辑的概念: **绝对不变性**与**相对可变**

---

1 Thoralf Skolem, Einige Bemerkungen zur axiomatischen Begründung der Mengenlehre. In "Matematikerkongressen i Helsingfors den 4-7 Juli 1922. Den femte skandinaviska matematikerkongressen, Redogörelse." Helsinki, Akademiska-Bokhandeln, 1923: 217-232.

性. 在集合论中, 序数这一概念是在一切传递模型中绝对不变的概念; 但是, 基数这一概念则是相对可变的概念. 就斯科伦的例子而言, 整个模型的可数证据在模型之外, 从而模型内的实数集合在模型外部就有了一个罗列函数; 但是在模型内部, 并没有一个这样的可数列表. 斯科伦的例子清楚表明: 当我们进入集合论模型分析的时候, 当我们在集合论中应用逻辑分析方法的时候, 我们需要十分清楚讨论具体问题时所站的位置. 这里, 的确有一个 "立场问题".

因此, 我们将在本卷的第 1 章中严格植入一阶逻辑, 并且建立起在集合论中从事逻辑分析或者模型分析所需要的基本理论: 这包括在集合论中设置一阶逻辑的语言集合; 建立一阶逻辑的语义分析的基本理论. 为了实现这样的目标, 我们将先建立比 ZFC 弱的集合理论: **舒适集合理论**[2], 记成 KP. 这是 20 世纪 60 年代由柯瑞普 (Saul A. Kripe)[3] 和普拉泰克 (Richard Platek)[4]引进的. 这是将 ZF 中的幂集公理、分解原理以及映像存在原理适当弱化之后的结果. 这是自然数集合上递归论到序数上的广泛适用的一种有效推广. 这一理论的最大特点是在确保相对于传递模型而言绝对不变性的前提下的可行性. 这种弱理论对我们在集合论中植入一阶逻辑学很有用. 对舒适集合理论感兴趣的读者可参考巴崴瑟 (Jon Barwise) 的著作[5]《舒适集合与结构》. 在 KP 基础上, 我们将实现对集合论语言乃至一阶逻辑语言 (可数语言以及不可数语言) 的编码, 从而实现对语义解释的定义, 实现形式与内涵的统一; 然后我们在集合论内部建立适用的模型理论, 尤其是传递模型理论; 我们建立**可定义性**理论, 为第 2 章构造哥德尔内模型 L 奠定基础. 在第 1 章里, 我们还将应用模型分析来解决第一卷第 2 章中遗留的一个关于基数不等式的问题. 我们将引进谢旵的可能共尾度理论并且证明谢旵定理.

本卷第 2 章是构造哥德尔的内模型 **L-可构造集论域**, 整个构造将以舒适集合理论 KP 为基本理论. 在对 L 的分析中, 我们将在 ZF 理论下进行, 从而得到 ZF 的包含整个序数的传递内模型. 然后我们将在此基础上证明一般连续统假设在 L 中成立; 选择公理在 L 中成立. 事实上我们将证明 L 中有全局性的可定义秩序. 在 L 的分析中, 至关重要的是哥德尔的**凝聚化引理**. 这是 Löwenheim-Skolem 定理在可构造集论域中的最佳实现. 应用这个凝聚化引理, 我们不仅得到了一般连续统假设, 还得到了几个有趣的具有广泛用途的组合原理. 哥德尔可构造集论域的基本思想就是将典型的 "可计算" 的集合运算作为基本操作, 以序数为骨架, 求取最小的

2 Admissible set theory, 舒适集合理论.

3 Saul A. Kripe, Transfinite recursion on admissible ordinals, I,II(abstracts), Journal of Symbolic Logic, 29(1964): 161-162.

4 Richard Platek, Foundations of recursion theory, Doctoral Dissertation and Supplement. Stanford: Stanford University, 1966.

5 Jon Barwise, Admissible Sets and Structures, An Approach to Definability Theory, Perspectives in Mathematical Logic, Berlin, Heidelberg, New York: Springer-Verlag, 1975.

封闭类. 有趣的是, 这种代数式的构造与逻辑的可定义性在这里实现了完美的同一.
说它是代数式的, 是因为为数不多的集合运算, 本来就是集合的代数运算. 如果我
们在实数域中求最小的关于加、减、乘、除这四则混合运算封闭的子域, 那么一定
得到有理数域. 哥德尔可构造集论域的基本思想在这里可以找到类比之处. 只不过
在实数域上, 如果应用可定义性来构造最小子域的话, 那么得到的结果可能会很不
一样.

在第 2 章中, 我们也引进相对化可构造集论域、哥德尔的序数可定义集论域以
及后面对于实数子集正则性研究起核心作用的可定义集内模型 $L(\mathbb{R})$.

在完成集合论内模型构造之后, 我们来解决连续统假设的独立性问题. 这是科
恩的**力迫构思泛型扩张**构造.

在涉及具体力迫构思泛型扩张内容之前, 或许可以看看一个可以类比的我们都
熟悉的情形. 在代数学里, 我们知道 $\sqrt{2}$ 不是有理数. 这个结论实际上用逻辑学的
行话说就是语句 $(\exists x\, (x \cdot x = 1 + 1))$ 与特征零域理论是**独立**的. 也就是说, 这个语
句既不能被特征零域公理所证明, 也不能被特征零域公理所否定. 理由很简单: 在
实数域中, 这个语句是真的; 在有理数域中, 这个语句是假的. 但是, 如果我们不知
道有实数域这么一回事, 那么如何确定这个语句与特征零域公理是相容的呢? 代数
学的典型方法是对有理数域进行代数扩张: 考虑全体有理系数的单变元多项式环
$\mathbb{Q}[x]$. 二次多项式 $p(x) = x^2 - 2$ 在这个环上是一个不可约多项式. 因此由它生成的
理想是一个素理想 $(p(x))$. 这个素理想确定了一个商空间 $\mathbb{Q}[x]/(p(x))$. 这是一个特
征零域结构. 重要的是, 在这个域中, 语句 $(\exists x\, (x \cdot x = 1 + 1))$ 成真. 于是, 即便在不
知道实数域存在的前提下, 这种代数域扩张的结果表明这个语句与特征零域公理是
相容的. 有理数域以及这个多项式商结构共同表明语句 $(\exists x\, (x \cdot x = 1 + 1))$ 与特征
零域公理是独立的. 这里有两点值得注意: 一是从有理数域出发, 构造以有理数为
系数的单变元多项式环, 而每一个多项式都会在商结构中经过素理想作用被解释为
一个 "数"; 二是由不可约多项式生成的素理想, 这个素理想不仅对多项式环确定一
个等价关系, 还为那些作为商空间元素的 "名字" (一个个有理系数单变元多项式)
确定确切命名对象 (名字的无二义性的解释).

这种类比有益于我们初步理解科恩的力迫构思泛型扩张, 因为作者并不想妄
加猜测当初科恩创立这种力迫方法时是否受到这种人所共知的构造的潜移默化影
响. 更何况代数扩张域的构造是在集合论论域之中 (也就是在基础域之外) 来进行
的. 而从事力迫构思泛型扩张构造的人却没有这样的集合论论域之外的地方可以
立足. 注意到这一点很重要. 因为力迫构思泛型扩张的一切都是在集合论论域之内
进行的.

在这一章中, 我们会系统地建立科恩力迫构思泛型扩张所需的基本理论, 包
括泛型扩张完备性定理. 这是应用力迫方法解决具体独立性问题的基本理论框架.

在实际的应用中, 这些基本事实都将像 "公理" 那样被直接应用. 这些基本事实的建立以及在实际应用中, 都必须以本卷第 1 章的模型理论为基础. 然后我们将证明连续统假设相对于 ZFC 的独立性, 以及选择公理相对于 ZF 的独立性. 进而我们会证明一般连续统假设在广大范围内的相对独立性. 我们还将证明苏斯林问题的相对独立性. 这个证明的力迫构思是不同于科恩力迫构思方法的一种新的方法: **有限支撑迭代力迫构思构造.**

科恩力迫构思泛型扩张就是要构造或者设计适当的偏序来逼近希望添加的新的泛型超滤子; 系统地为泛型扩张论域中的元素设计名字, 然后利用泛型扩张超滤子对名字进行解释以得到一个传递的泛型扩张; 泛型扩张论域中的性质, 即什么结论成立, 什么结论不成立, 不仅依赖所用的偏序以及泛型超滤子, 还依赖于基础模型中的组合性质. 所以, 力迫构思泛型扩张也同样需要将第一卷的组合分析基础与本卷第 1 章的模型分析基础密切结合起来. 本章前半部分将采用可数传递模型与模型内部的偏序来获得所要的相对相容性或者相对独立性结果的方案. 后半部分我们将引进科恩力迫构思泛型扩张的布尔值模型方案. 在这种方案下, 适当的偏序集的完备化布尔代数将取代偏序集来定义名字, 而泛型扩张超滤子则是完备布尔代数上的具备泛型特点的超滤子. 这一方案的好处是不必利用可数传递模型, 只需计算所要命题的布尔值. 布尔值的计算是通过逻辑分析与组合分析来完成的. 本章的最后, 作为布尔值模型的典型例子, 我们讨论可数化完备布尔代数的布尔值模型.

有关力迫构思方法以及布尔值模型的参考书主要是耶赫的《集合论》[6] 以及库能 (Kenneth Kunen) 的《集合论》[7].

[引用记号说明] 由于分卷的缘故, 在本卷中许多引用第一卷的相关内容的地方, 我们会用添加一个罗马字母 I 为前缀的方式以示所引用的内容为第一卷中的内容. 比如, 根据康托尔不等式 (见第 I.18 页定理 I.1.4), 我们知道 $|\mathbb{N}| < |\mathfrak{P}(\mathbb{N})|$. 这里的 "第 I.18 页定理 I.1.4" 所指是第一卷中第 18 页的定理 1.4.

6 Thomas Jech, Set Theory, The Third Millennium Edition, Revised and Expanded. Berlin: Springer, 2003.

7 K. Kunen, Set Theory, Studies in Logic, Mathematical Logic and Foundations, vol. 34, College Publications, London, 2011.

第1章 集合论传递模型

到目前为止, 我们都在集合论公理系统 ZF 或者 ZFC 中探讨各种无穷集合的存在性问题. 这些问题当中, 首先是连续统问题. 我们对于这个问题并没有确切的答案. 从现在开始, 我们将注意力转向揭示连续统假设这个命题相对于集合论公理系统 ZFC 的独立性.

在数理逻辑里, 给定某种语言中的一个一致理论 T 和一个语句 θ, 我们说语句 θ 是一个独立于理论 T 的语句当且仅当 θ 与它的否定 $(\neg\theta)$ 都不是 T 的定理, 当且仅当理论 $T \cup \{\theta\}$ 与理论 $T \cup \{(\neg\theta)\}$ 都是一致的. 根据哥德尔完备性定理, 欲证明语句 θ 相对于理论 T 的独立性, 就需要构造 T 的两个模型 $\mathcal{M}_1$ 和 $\mathcal{M}_2$ 以至于 θ 在 $\mathcal{M}_1$ 中为真, 而 θ 在 $\mathcal{M}_2$ 中为假, 即

$$\mathcal{M}_1 \models \theta \text{ 以及 } \mathcal{M}_2 \models (\neg\theta).$$

对我们而言, 最简单和最熟悉的例子莫过于语句 $(\exists x\,(x \cdot x + 1 = 0))$ 对于特征零域理论 T 的独立性. 在复数域中这个语句为真, 在实数域中这个语句为假. 从而, 这个语句独立于特征零域理论.

需要注意的是, 这个独立性证明是在集合论中给出的. 因为在集合论中, 我们分别构造出实数域和复数域, 从而应用哥德尔完备性定理得出特征零域理论的一致性以及所要的独立性.

当我们欲解决类似于连续统假设这样的命题与集合论公理系统 ZF 或 ZFC 的独立性问题时, 上述方案肯定行不通. 这是因为, 哥德尔第二不完全性定理表明我们不可能在集合论公理系统 ZF 之中以可以**植入其中**[1]的证明来证明 ZF 自身的一致性. 我们将采取的方案是在集合论公理系统 ZF 或者 ZFC 中来证明所关注的命题对于 ZF 或者 ZFC 的**相对一致性**. 比如, 用 CH 来记连续统假设这个语句, 用 $(\neg\mathrm{CH})$ 来记连续统假设之否定, 我们希望证明的以及我们将要证明的, 是这样两个语句:

(1) 如果 ZFC 是一个一致理论, 那么理论 ZFC + CH 也是一致的;

(2) 如果 ZFC 是一个一致理论, 那么理论 ZFC + $(\neg\mathrm{CH})$ 也是一致的.

将这两个语句综合起来, 我们就得到连续统假设相对于集合论公理体系 ZFC 的**相对独立性**. 相对独立性这个概念与独立性这个概念比较, 内涵的差异就在于对于前

---

[1] 即可以在其中形式化.

者而言, 我们需要假设所论之基础理论 (比如, ZFC) 本身的一致性, 而对于后者而言, 我们可以首先证明所论之基础理论 (比如, 特征零域理论) 本身的一致性. 在这里我们需要强调的是, 上述两个相对一致性的证明将被**植入**集合论公理体系 ZFC 之中. 事实上, 我们将在一个比 ZF 弱很多的集合理论体系之中**植入**元数学中一阶逻辑的基本概念, 进而可以在集合论中引入**一致性**这一概念. 比如, 表示在集合论语言环境下我们用记号 $\mathbf{Con}(T)$ "理论 T 是一个一致理论", 那么上面两个相对一致性语句就成为如下元数学命题:

(1a) $\mathrm{ZFC} \vdash (\mathbf{Con}(\mathrm{ZFC}) \to \mathbf{Con}(\mathrm{ZFC} + \mathrm{CH}))$;

(2a) $\mathrm{ZFC} \vdash (\mathbf{Con}(\mathrm{ZFC}) \to \mathbf{Con}(\mathrm{ZFC} + (\neg\mathrm{CH})))$.

从而, 我们得到元数学的一个结论: 连续统假设是一个相对独立于集合理论 ZFC 的命题; 理论 ZFC 既不能证明连续统假设, 也不能否定连续统假设.

在这一章里, 我们将要证明的是比 (1a) 略微强一点的元数学定理:

(1b) $\mathrm{ZF} \vdash (\mathbf{Con}(\mathrm{ZF}) \to \mathbf{Con}(\mathrm{ZFC} + \mathrm{CH}))$.

在第 2 章里, 我们将证明元数学定理 (2a) 以及

(3a) $\mathrm{ZF} \vdash (\mathbf{Con}(\mathrm{ZF}) \to \mathbf{Con}(\mathrm{ZF} + (\neg\mathrm{AC})))$, 其中 AC 是选择公理.

为了证明元数学定理 (1b), 我们有以下几件事情需要明确. 第一, 我们需要明确集合论元数学环境与集合论论域环境的区别; 第二, 我们需要明确集合论元数学语言形式表达式与集合论元数学语言在集合论论域之中的解析表达式的区别; 第三, 我们需要明确集合论元数学语言解析表达式在集合论论域中的真实性判定; 第四, 我们需要一个比 ZF 稍弱但足以用来将逻辑学概念以定义的方式植入集合论形式系统之中的基础理论; 第五, 在选定的基础理论之上, 我们实现将逻辑学概念系统地植入集合论形式系统之中; 第六, 应用第五步实现的植入概念, 构造所需要的集合理论**内模型**, 以完成相对一致性的证明.

1.1　植入逻辑学概念

在一般的数学理论中, 逻辑似乎是外在之物. 因为逻辑原本只是被用来严格解决辩论中的正确性问题的工具, 因而也便是数学中被用来严格解决论证正确性的工具, 所以也就自然而然地被当成数学理论的外在之物. 第一位将逻辑转化为数学形式理论内在之物的学者是哥德尔. 他在证明哥德尔不完全性定理时第一次在数学理论内部使用逻辑, 这是因为当问及是否每一个有关自然数的真实命题都可以被算术形式理论所证明时, 就必须将问题形式地表述在算术形式理论之中. 有关一阶逻辑在初等数论中的形式化可参见科学出版社 2017 年出版的《数理逻辑导引》(冯琦). 在这里, 我们扼要地探讨一阶逻辑在集合论中的形式化问题以及作为集合论内在部分的模型论的应用问题. 这里, 所谓的形式化问题实际上就是将一阶逻辑中

的概念植入到集合论形式系统之中, 并将它们有效地转化成集合论的概念, 从而将一阶逻辑的定理转化成集合论的定理. 事实上, 我们希望可以明确地在集合论中建立一阶逻辑的理论 (包括一阶逻辑的形式理论以及语义理论), 可以定义由集合论自身的公理所组成的集合, 并且这个集合是一个可以有效判定的集合 (有一个算法来有效地判定什么是集合论的一条公理, 什么不是), 进而在此基础上, 在集合论内部, 可以写出一个语句来表达 "集合论是一个一致理论".

我们在这一节的任务是将元数学中一阶逻辑学概念植入一个比集合论公理系统 ZF 弱很多的理论体系 KP 之中. 就如同我们将元数学中直观的自然数、整数、有理数、实数以及复数在集合论中以定义的常元集合 $\mathbb{N}, \mathbb{Z}, \mathbb{Q}, \mathbb{R}, \mathbb{C}$ 分别表示出来, 以至于我们可以在集合论中讨论关于数的数学问题, 数理逻辑元数学中的形式语言可以在集合论中以定义的常元集合规范地表示出来; 数理逻辑元数学中的概念也可以在集合论中以定义的关系与函数规范地表示出来. 之所以需要这样做, 就是因为我们需要将逻辑学中的性质判定以及真假判断变换成集合论语言的表达式及其在集合论论域中的真实性判定, 从而可以在集合论论域之中用集合论的语言来讨论有关一阶结构、一阶理论模型以及模型的可定义子集问题. 尽管正是因为能够有效地将逻辑学概念植入集合论之中, 才有不能在 ZF 中证明其自身的一致性这样的结论, 我们依旧要在诸如集合理论 KP, ZF 或者 ZFC 中探讨较弱集合理论模型问题, 因为这是一种解决许多数学问题的重要方法.

为了将逻辑学概念植入集合论形式系统理论之中, 我们就有必要进一步明确集合论**元数学环境**与集合论**当前论域**环境的区别. 数学思维中, 人们总是有一定的外在思维环境 (不妨称之为元数学环境) 和一定的关注对象与问题 (不妨称之为目标数学论域). 这就像我们在日常生活中总是身处一个特定的地方去观察目标对象并思考相关问题一样. 一方面在自己的思维环境中工作, 利用工作环境所提供的资源来描述自己关注的对象, 并探讨自己关注对象的相关问题; 另一方面关注自己感兴趣的数学领域中的目标对象, 展开自己的思维过程. 在一般数学领域中, 数学推理和分析的过程基本上可以将集合论论域作为元数学的思维环境. 集合论所依赖的元数学环境则是一个朴素的、直观的、尽可能简单的, 但可以提供下述资源和功用的环境: 十来个固定符号, 一系列取之不尽用之不竭的变元符号, 以及朴素的自然数概念和以此为基础的简单的递归定义原理与数学归纳法原理; 集合论的目标数学论域则是由全体纯粹集合所组成的当前论域

$$\mathrm{V} = \{x \mid x = x\}.$$

一切有关集合之属于关系的推理和分析都直接在这个 (其内涵并非绝对确定的) 当前论域中展开.

1.1.1　外在形式表达式与解析表达式

外在形式表达式

就符号资源而言, 集合论元数学形式语言的符号包括如下逻辑符号:

(1) 等号 $\doteq$, 否定词符号 $\neg$, 蕴涵符号 $\rightarrow$, 析取符号 $\vee$, 合取符号 $\wedge$, 对等符号 $\leftrightarrow$;

(2) 全称量词符号 $\forall$, 存在量词符号 $\exists$;

(3) 左右圆括弧 $(,)$;

(4) 对于每一个元数学的自然数 n, 有一个形式变元符号 v_n;

以及唯一一个非逻辑符号: 用以表示当前论域中集合之间的属于关系的二元谓词符号 $\in$; 所有这些符号都彼此互不相同.

更一般地, 在元数学环境下数理逻辑形式语言的符号表由如下对象组成:

(1) 上面罗列出来的逻辑符号;

(2) 无穷可数多个常元符号, c_n, 其中 n 是一个自然数;

(3) 无穷可数多个函数符号, F_n, 其中 n 是一个自然数, 并且每一个函数符号都有唯一确定的正整数作为它的变元个数, 以及对于每一个正整数 k, 函数符号 F_j 为 k-元函数符号的下标 j 有无穷多个;

(4) 无穷可数多个谓词符号, P_n, 其中 n 是一个自然数, 并且每一个谓词符号都有唯一确定的正整数作为它的变元个数, 以及对于每一个正整数 k, 谓词符号 P_j 为 k-元谓词符号的下标 j 有无穷多个;

(5) 上述逻辑符号、常元符号、函数符号以及谓词符号都彼此互不相同.

需要明确指出的是, 上面涉及的自然数以及各种符号都是元数学环境中的资源. 在元数学中, 任何一个可数语言都由上述符号中的全体变元符号和一部分常元符号、函数符号以及谓词符号按照统一的规范的形成过程给出, 也就是说, 一种语言与另一种语言的差别就在于它们所具有的函数符号、谓词符号以及常元符号的某些不同; 我们不妨设定 P_0 是二元谓词符号 $\in$.

现在假设 $\mathcal{A}$ 是一个含有部分常元符号、函数符号和谓词符号的符号表. 比如, $\mathcal{A}$ 是只含有二元谓词符号 P_0, 也就是 $\in$ 的符号表. 由符号表 $\mathcal{A}$ 所生成的语言 $\mathcal{L}_{\mathcal{A}}$ 由下述规定的**项**、**初始表达式**和**表达式**组成.

(1) 每一个变元符号 v_n 都是一个项, 且其长度为 1, 记成 $\mathrm{lh}(v_n) = 1$;

(2) 如果 $\mathcal{A}$ 中有常元符号 c_i, 那么 $\mathcal{A}$ 中的每一个常元符号也都是一个项, 且其长度为 1, 记成 $\mathrm{lh}(c_i) = 1$;

(3) 如果 F_j 是 $\mathcal{A}$ 中的一个 k 元函数符号, $t_1, \cdots, t_k$ 是 k 个已有的长度分别为 $\mathrm{lh}(t_i)$ 的项, 那么符号串

$$F_j(t_1, \cdots, t_k)$$

就是一个长度为

$$\mathrm{lh}(F_j(t_1, \cdots, t_k)) = 3 + \sum_{i=1}^{k} \mathrm{lh}(t_i)$$

的项;

(4) 由符号表 $\mathcal{A}$ 所生成的项必由上述之一所得, 别无他途.

上述项的定义是在元数学中的递归定义, 因而任何有关项的普遍性质的讨论都可以依照项的长度 (或者项的构成复杂性) 的归纳法在元数学环境中进行. 当然, 对于只含有二元谓词符号 $\in$ 的集合论元数学初始形式语言而言, 项仅仅由变元符号构成, 所以任何项的长度都为 1, 而且没有常元符号. 但是, 后面我们会看到我们可以在一定的集合论理论体系下依照定义的方式引进函数符号, 从而以复杂的项来提高集合论语言的精炼表达能力.

语言 $\mathcal{L}_{\mathcal{A}}$ 的初始表达式由下述两条规则给出:

(1) 如果 t_1 和 t_2 是符号表 $\mathcal{A}$ 所生成的两个项, 那么符号串 $(t_1 \dot{=} t_2)$ 是 $\mathcal{A}$ 上的一个初始表达式 (称之为一个等式);

(2) 如果 P_i 是 $\mathcal{A}$ 的一个 k-元谓词符号, $t_1, \cdots, t_k$ 是符号表 $\mathcal{A}$ 所生成的 k 个项, 那么符号串

$$P_i(t_1, \cdots, t_k)$$

是 $\mathcal{A}$ 上的一个初始表达式 (称之为一个基本断言).

由此可见, 在集合论初始形式语言中, 初始表达式只有等式 $(v_n \dot{=} v_m)$ 和基本断言 $(v_i \in v_j)$ 两种.

在元数学环境中, 在初始表达式基础上, 递归地定义语言 $\mathcal{L}_{\mathcal{A}}$ 的形式表达式如下:

(1) 每一个 $\mathcal{A}$ 上的初始表达式都是 $\mathcal{A}$ 上的一个形式表达式;

(2) 如果 φ 是 $\mathcal{A}$ 上的一个形式表达式, 那么符号串 $(\neg \varphi)$ 也是 $\mathcal{A}$ 上的一个形式表达式;

(3) 如果 φ_1 和 φ_2 是 $\mathcal{A}$ 上的两个形式表达式, 那么下列符号串也都是 $\mathcal{A}$ 上的形式表达式:

$$(\varphi_1 \to \varphi_2),\ (\varphi_1 \leftrightarrow \varphi_2),\ (\varphi_1 \vee \varphi_2),\ (\varphi_1 \wedge \varphi_2);$$

(4) 如果 φ 是 $\mathcal{A}$ 上的一个形式表达式, 那么符号串 $(\forall v_i\, \varphi)$ 也是 $\mathcal{A}$ 上的一个形式表达式;

(5) 如果 φ 是 $\mathcal{A}$ 上的一个形式表达式, 那么符号串 $(\exists v_i\, \varphi)$ 也是 $\mathcal{A}$ 上的一个形式表达式;

(6) $\mathcal{A}$ 上的任何一个形式表达式都必由上述之一得到, 别无他途.

为了明确起见, 我们将上述在元数学环境中构造出来的集合论形式语言称为**集合论外在形式语言**. 类似地, 在元数学环境下得到的上述一般可数形式语言也都称为**外在形式语言**. 后面, 当我们有了足够强的集合论 (外在) 形式理论体系之后, 我们便会将这些外在形式语言, 包括符号、项、初始表达式以及表达式, 乃至整个语言, 一律用相应的集合在集合论当前论域之中**内在地**表示出来, 从而得到集合论当前论域中的**内在形式语言**. 这种由外在形式语言到内在形式语言的转换过程就是**植入**或者**形式化**. 一旦完成植入过程, 各种外在可数形式语言也就统统被转换成集合论的内在对象, 并依照集合论的理论体系对它们展开所需要的理论探索与分析.

每一个 $\mathcal{A}$ 上的形式表达式都有唯一的一个长度, 也就是该形式表达式所含符号的个数. 因而, 对于 $\mathcal{A}$ 上的形式表达式的普遍性质的讨论通常都自然而然地依照形式表达式的构造复杂性 (或者形式表达式的长度) 的归纳法来进行. 比如说, 依照这种归纳法, 在元数学环境中, 我们有项的自左向右的唯一可读性以及形式表达式的自左向右的唯一可读性, 也就是所谓的电话号码原则: 任何地方的电话号码的位数不全的前端数字串都不会是那个地方的电话号码. 在形式表达式的结构中, 有些形式表达式是另外表达式的真子表达式; 比如, 在构成过程中的第 (2)—(5) 步中, 所涉及的形式表达式 φ 和 φ_i 就是结果表达式的真子表达式. 自然, "真子表达式"关系是一个传递关系.

涉及形式表达式的构成的另外的重要逻辑学概念是变元符号的自由与约束以及替换与可替换性. 一个变元符号 v_i 在一个形式表达式 φ 中的某个出现是一个自由出现当且仅当这个出现不再出现在形式表达式 φ 中的任何全称量词符 $\forall$ 或者存在量词符 $\exists$ 的辖域范围之内; 反之, 它的某个出现是一个约束出现当且仅当这个出现在形式表达式 φ 的某一个全称量词符 $\forall$ 或者某个存在量词符 $\exists$ 的辖域范围之内. 如果一个变元符号 v_j 在形式表达式 φ 中没有出现或者有一个自由出现, 则称此变元符号为形式表达式 φ 的一个自由变元符号; 反之, 如果一个变元符号 v_j 在形式表达式 φ 中有出现而且每一出现都是一个约束出现, 则称此变元符号为形式表达式 φ 的一个约束变元符号. 在数学中, 常常会用某个项在一个给定的形式表达式中替换某个自由变元符号, 也就是说, 在该形式表达式中, 将这个自由变元自由出现的每一处都用这个项来替换. 但是, 这样做必须遵守一条基本原则: 这就是该项必须在该形式表达式中对于这个自由变元具备可替换性. 这种可替换性就是要保证所用之项中的每一个变元符号在所有完成替换之处依旧保持自由状态, 也就是不允许在替换之后的某一个地方原来的一种自由出现变成现在的一种约束出现. 这种可替换性是保持形式表达式语义在替换过程中不发生任何变化的保障.

在元数学一阶逻辑理论体系中, **形式证明**是一个十分基本的概念. 这里首先涉及的是在给定形式语言下的逻辑公理以及实施形式推理可以应用的推理规则; 然后才是在任意选定的非逻辑公理体系下的形式证明的定义. 为了满足本书尽可能自给自足的要求, 下面简略地给出形式证明的定义, 有关的详细内容还请有兴趣的读者参考一阶逻辑教科书, 比如由科学出版社 2017 年出版的《数理逻辑导引》(冯琦).

假设 $\mathcal{A}$ 是一个含有部分常元符号、函数符号和谓词符号的非逻辑符号表. $\mathcal{L}_{\mathcal{A}}$ 是由符号表 $\mathcal{A}$ 所生成的 (外在形式) 语言. 在此语言下有下述逻辑公理:

(1) (逻辑运算律) 设 $\varphi_1, \varphi_2, \varphi_3$ 为语言 $\mathcal{L}_{\mathcal{A}}$ 的形式表达式. 那么下述形式表达式都是逻辑公理:

    (a)　$((\varphi_1 \to (\varphi_2 \to \varphi_3)) \to ((\varphi_1 \to \varphi_2) \to (\varphi_1 \to \varphi_3)))$;

    (b)　$(\varphi_1 \to \varphi_1)$;

    (c)　$(\varphi_1 \to (\varphi_2 \to \varphi_1))$;

    (d)　$(\varphi_1 \to ((\neg\varphi_1) \to \varphi_2))$;

    (e)　$(((\neg\varphi_1) \to \varphi_1) \to \varphi_1)$;

    (f)　$((\neg\varphi_1) \to (\varphi_1 \to \varphi_2))$;

    (g)　$(\varphi_1 \to ((\neg\varphi_2) \to (\neg(\varphi_1 \to \varphi_2))))$;

(2) (特化原理) 设 φ 为 $\mathcal{L}_{\mathcal{A}}$ 的一个形式表达式, t 为语言 $\mathcal{L}_{\mathcal{A}}$ 的一个项, 而且 t 在 φ 中可以替换变元符号 v_i. 那么

$$((\forall v_i\, \varphi) \to \varphi(v_i; t))$$

就是一条逻辑公理, 其中 $\varphi(v_i; t)$ 是将形式表达式 φ 中的自由变元 v_i 的每一个自由出现都用项 t 替换之后的结果;

(3) (全称量词分配律) 设 φ_1, φ_2 为 $\mathcal{L}_{\mathcal{A}}$ 的表达式. 那么

$$((\forall v_i\, (\varphi_1 \to \varphi_2)) \to ((\forall v_i\, \varphi_1) \to (\forall v_i\, \varphi_2)))$$

是一条逻辑公理;

(4) (无关量词引入规则) 设 φ 为 $\mathcal{L}_{\mathcal{A}}$ 的一个表达式, v_i 不是 φ 中的自由变元, 那么 $(\varphi \to (\forall v_i\, \varphi))$ 就是一条逻辑公理;

(5) (恒等律) 对每一个变元符号 v_i, 表达式 $(v_i \dot{=} v_i)$ 就是一条逻辑公理;

(6) (等同律) 设 φ_1 和 φ_2 为 $\mathcal{L}_{\mathcal{A}}$ 的两个表达式, 而且在 φ_1 和 φ_2 中 v_j 可以替换 v_i. 如果分别在 φ_1 和 φ_2 中用 v_j 同时替换 v_i 的每一次出现之后所得到的两个表达式是同一个表达式, 那么

$$((v_j \dot{=} v_i) \to (\varphi_1 \to \varphi_2))$$

就是一条逻辑公理;

(7) (全域化法则) 若 φ 是一条逻辑公理, 那么 $(\forall v_i\, \varphi)$ 也是一条逻辑公理;

(8) 任何一条逻辑公理必然由上述方案递归得到, 别无其他.

在明确了语言 $\mathcal{L}_A$ 的逻辑公理的基础上, 我们来讨论形式推理问题.

首先, 在语言 $\mathcal{L}_A$ 中, 展开形式推导的规则[2]为:

由 $\mathcal{L}_A$ 的表达式 $(\varphi \to \psi)$ 以及 $\mathcal{L}_A$ 的表达式 φ 推理得到 $\mathcal{L}_A$ 的表达式 ψ.

假设 T 是语言 $\mathcal{L}_A$ 的一些语句的列表 (称之为**非逻辑公理表**). 那么, 对于 $\mathcal{L}_A$ 的任意一个形式表达式 φ 而言, φ **是 T 的一个定理**(由 T **可证明** φ), 记成 $T \vdash \varphi$, 当且仅当存在一个满足如下要求的 $\mathcal{L}_A$ 的表达式序列

$$\langle \varphi_i \mid 0 \leqslant i \leqslant n \rangle$$

(1) φ_0 是 $\mathcal{L}_A$ 的一条逻辑公理, 或者 φ_0 是非逻辑公理表 T 中的一个语句.

(2) 对于每一个自然数 $i \leqslant n$, 以下两种情形之一成立:

    (a) φ_i 是 $\mathcal{L}_A$ 的一条逻辑公理, 或者 φ_i 是非逻辑公理表 T 中的一个语句;

    (b) 存在两个严格比 i 小的自然数 j, k 以至于序列中的表达式 φ_j 事实上就是表达式 $(\varphi_k \to \varphi_i)$.

(也就是说, 表达式 φ_i 可以对表达式序列的前端部分中的某两个表达式应用推理规则来得到).

(3) 表达式 φ 就是该序列的最后一个表达式 φ_n.

(语言 $\mathcal{L}_A$ 的任何一个满足上述要求的长度为 $n+1$ 的表达式序列都被称为 T 的一个**形式证明**; 而 T 的每一条定理也就是某个形式证明的最后一个表达式.)

在这个基础上, 称非逻辑公理表 (进而称之为语言 $\mathcal{L}_A$ 的一个理论) T 是一个**非一致理论**当且仅当 T 证明一对矛盾, 即存在 $\mathcal{L}_A$ 的一个表达式 θ 以至于

$$T \vdash \theta \text{ 以及 } T \vdash (\neg\theta).$$

称 T 是一个**一致理论**当且仅当 T 并非一个非一致理论.

由一阶逻辑理论分析得知: T 是非一致理论的充分必要条件是 $\mathcal{L}_A$ 的每一个表达式都是 T 的一条定理, 从而 T 是一个一致理论当且仅当 $\mathcal{L}_A$ 中必然有不是 T 的定理的表达式.

外在解析表达式

在元数学中, 如果希望在集合理论 ZFC 中证明连续统假设, 那么我们就需要找到一个关于连续统假设 CH 的在非逻辑公理表 ZFC 之下的证明, 也就是满足三项要求的证明序列. 做过形式逻辑演绎推理练习的人们都会同意一件事情: 完全的形式推理会是非常仔细和复杂的过程. 另一方面, 假如说集合理论 ZFC 也和特征

---

2 modus ponens.

零域理论那样有很多模型, 根据哥德尔完备性定理, 那种繁杂的形式推理过程完全可以经过对理论 ZFC 的任意的模型的实在语义分析过程所取代. 由于语义分析往往能够借助语义而获得有价值的信息, 这种替代过程会让人感受另外一种乐趣 (至少不会让人感觉形式推理中的机械性枯燥). 令人遗憾的是, 集合理论 ZF 或者 ZFC 没有那么多任意的模型可以被用来帮助分析, 因为根据哥德尔不完全性定理, 这样的理论既足够丰富又不可能完全. 一种行之有效的折中方案就是本书第一卷所采取的: 对集合论公理体系, 比如 ZF 或者 ZFC 中的每一条公理以及集合论元数学语言中的形式表达式在集合论当前论域 V 中进行**解析**, 从而得到集合论语言的 (依旧是外在的)**解析表达式**, 并且自动假定每一条公理在被解析之后都是真实的 (或者在当前论域中成立), 然后在此基础上展开必要的分析.

那么集合论语言中什么样的表达式是解析表达式呢? 简而言之, 解析表达式就是对形式表达式中的形式变元符号实现集合内涵解释之后的结果, 也就是用集合变元来替换形式变元之后所得到的结果. 也就是用集合论当前论域之中的集合来对集合论元数学语言中的变元符号进行语义解释, 将形式变元符号转换成集合变元, 依此得到的表达式就是解析表达式. 具体而言, 我们如下规定解析表达式:

对于每一个元数学意义下的自然数 m, 与变元符号 v_m 相对应的有一个在集合论当前论域 V 中变化的变元 x_m, 并且假定所有这些在集合论论域 V 中变化的变元 x_m 都与原有的变元符号 v_i 彼此互不相同. 当我们需要用到变元 x_m 时, 我们会用词语 "集合 x_m" (或者类似的说法) 来强调变元 x_m 是在集合论当前论域中变化或者取值的变元. 这也就是前面所说的对形式变元符号赋予集合内涵, 进而得到解析表达式的基本.

设 $n \geqslant 1$ 为一个元数学意义下的自然数, $\varphi(v_1, \cdots, v_n)$ 是集合论元数学语言中的一个含有 n 个自由变元的形式表达式. 设 $x_1, \cdots, x_n$ 为当前论域 V 中任意固定的 n 个集合. 我们用 $\varphi^{\mathrm{V}}(x_1, \cdots, x_n)$, 或者 $\varphi[x_1, \cdots, x_n]$, 来记由 φ 和这一组集合 $x_1, \cdots, x_n$ 按照如下递归方式唯一确定的解析表达式.

(1) 如果 φ 是初始表达式 $(v_i \in v_j)$, 那么 $\varphi^{\mathrm{V}}(x_1, \cdots, x_n)$ 就是 $(x_i \in x_j)$, 也就是

$$(v_i \in v_j)[x_i, x_j];$$

(2) 如果 φ 是初始表达式 $(v_i \hat{=} v_j)$, 那么 $\varphi^{\mathrm{V}}(x_1, \cdots, x_n)$ 就是 $(x_i = x_j)$, 也就是

$$(v_i \hat{=} v_j)[x_i, x_j];$$

(3) 如果 $\varphi(v_1, \cdots, v_n)$ 是 $(\neg \psi(v_1, \cdots, v_n))$, 那么 $\varphi^{\mathrm{V}}(x_1, \cdots, x_n)$ 就是

$$(\neg \psi^{\mathrm{V}}(x_1, \cdots, x_n)),$$

也就是 $(\neg\psi[x_1, \cdots, x_n])$;

(4) 如果 $\clubsuit \in \{\rightarrow, \wedge, \vee, \leftrightarrow\}$ 是一个 2 元逻辑联结词, $\varphi(v_1, \cdots, v_n)$ 是

$$(\psi_1 \clubsuit \psi_2)(v_1, \cdots, v_n),$$

那么 $\varphi^{\mathrm{V}}(x_1, \cdots, x_n)$ 就是

$$(\psi_1^{\mathrm{V}} \clubsuit \psi_2^{\mathrm{V}})(x_1, \cdots, x_n),$$

也就是

$$((\psi_1[x_1, \cdots, x_n]) \clubsuit (\psi_2[x_1, \cdots, x_n]));$$

(5) 如果 $\varphi(v_1, \cdots, v_n)$ 是 $(\forall v_j\, \psi(v_1, \cdots, v_n, v_j))$, 那么

$$\varphi^{\mathrm{V}}(x_1, \cdots, x_n)$$

就是

$$(\forall x_j\, \psi^{\mathrm{V}}(x_1, \cdots, x_n, x_j)),$$

也就是

$$(\forall x_j\, \psi(v_j; x_j)[x_1, \cdots, x_n]);$$

其中, $\psi(v_j; x_j)$ 是将 ψ 中的自由变元符号 v_j 的每一个出现都用 x_j 替换之后所得到的结果;

(6) 如果 $\varphi(v_1, \cdots, v_n)$ 是 $(\exists v_j\, \psi(v_1, \cdots, v_n, v_j))$, 那么

$$\varphi^{\mathrm{V}}(x_1, \cdots, x_n)$$

就是

$$(\exists x_j\, \psi^{\mathrm{V}}(x_1, \cdots, x_n, x_j)),$$

也就是

$$(\exists x_j\, \psi(v_j; x_j)[x_1, \cdots, x_n]).$$

除了这些集合变元之外, 我们也经常会在集合论解析表达式中使用其他 (带自然数下标或者不带自然数下标) 的英文字母作为集合变元. 我们也自然假设这些字符都与原来的形式变元符号不相同. 因此, 诸如 $a \in b$, $c = d$, $(\exists u\, (u \in w))$ 这样的表达式也都是解析表达式. 在明确这一点之后, 下面我们将不受任何形式拘束地使用形如后述的短语: "设 a 为一个集合", 等等, 就如同我们在本书的第一卷中所做的那样.

需要强调的是, 所有的解析表达式依旧都是元数学的, 因而也都是外在的. 与形式表达式比较而言, 区别就在于解析表达式中的所有的变元都确定地在集合论当

前论域中变化或者取值, 因而也被赋予集合之含义, 或者说这些变元携带着我们明确的使用意图, 而形式表达式中的形式变元符号则不具备这样的 "赋值", 或者不携带任何的使用意图, 只是纯粹的符号.

1.1.2 内置解析表达式真假判定

集合论作为数学各分支的理论基础, 它需要明确数学中的真假判定概念的准确含义. 这不仅需要对诸如代数学中的命题的真假判定有着统一规范的定义, 还需要对集合论命题在当前论域中的真假判定有着明确的**内置判定**.

给定一个解析表达式 φ, 我们需要知道 φ 是否在集合论论域 V 中成立, 或者说我们需要知道解析表达式 φ 是否在当前论域 V 之中具有**真实性**. 这是对于解析表达式 φ 的在 V 中的**内在是非判断**问题. 对于一个解析表达式 φ, 记号

$$V \Vdash \varphi$$

表示 "φ 在 V 中成立", 或者 "φ 在 V 中真实"; 记号

$$V \nVdash \varphi$$

则表示 "φ 在 V 中不成立", 或者 "φ 在 V 中并非真实".

依据解析表达式的构造复杂性, 如下递归地定义 $V \Vdash \varphi$:

定义 1.1　(1) (原始解析表达式) 对于任意两个集合 x 和 y,

(a) 解析表达式 $(x \in y)$ 在 V 中成立当且仅当在 V 中集合 x 的确是集合 y 中的一个元素;

(b) 解析表达式 $(x \in y)$ 在 V 中不成立当且仅当在 V 中集合 x 的确不是集合 y 中的一个元素;

(c) 解析表达式 $(x = y)$ 在 V 中成立当且仅当在 V 中, 不仅集合 x 中的确没有不在集合 y 中的元素, 而且集合 y 中也的确没有不在集合 x 中的元素;

(d) 解析表达式 $(x = y)$ 在 V 中不成立当且仅当在 V 中, 要么在集合 x 中的确有不在集合 y 中的元素, 要么在集合 y 中的确有不在集合 x 中的元素, 二者必居其一.

(2) (否定式) 假设解析表达式 φ 为否定式 $(\neg \psi)$, 那么 φ 在 V 中成立当且仅当 ψ 在 V 中不成立; φ 在 V 中不成立当且仅当 ψ 在 V 中成立.

$$V \Vdash \varphi \iff V \nVdash \psi.$$

(3) (蕴涵式) 假设解析表达式 φ 为 $(\psi_1 \to \psi_2)$, 那么 φ 在 V 中成立当且仅当要么 ψ_1 在 V 中不成立, 要么 ψ_2 在 V 中成立, 二者必居其一; φ 在 V 中不成立当

且仅当 ψ_1 在 V 中成立, 而 ψ_2 在 V 中不成立.

$$V\Vdash\varphi \iff [或者\,V\nVdash\psi_1\,或者\,V\Vdash\psi_2].$$

(4) (析取式) 假设解析表达式 φ 为 $(\psi_1 \vee \psi_2)$, 那么 φ 在 V 中成立当且仅当要么 ψ_1 在 V 中成立, 要么 ψ_2 在 V 中成立, 二者必居其一; φ 在 V 中不成立当且仅当不仅 ψ_1 在 V 中不成立, 而且 ψ_2 在 V 中也不成立.

$$V\Vdash\varphi \iff [或者\,V\Vdash\psi_1\,或者\,V\Vdash\psi_2].$$

(5) (合取式) 假设解析表达式 φ 为 $(\psi_1 \wedge \psi_2)$, 那么 φ 在 V 中成立当且仅当不仅 ψ_1 在 V 中成立, 而且 ψ_2 在 V 中也成立; φ 在 V 中不成立当且仅当要么 ψ_1 在 V 中不成立, 要么 ψ_2 在 V 中不成立, 二者必居其一.

$$V\Vdash\varphi \iff [V\Vdash\psi_1\,并且\,V\Vdash\psi_2].$$

(6) (对等式) 假设解析表达式 φ 为 $(\psi_1 \leftrightarrow \psi_2)$, 那么 φ 在 V 中成立当且仅当要么 ψ_1 与 ψ_2 都在 V 中成立, 要么 ψ_1 与 ψ_2 都在 V 中不成立, 二者必居其一; φ 在 V 中不成立当且仅当要么 ψ_1 在 V 中成立但是 ψ_2 在 V 中不成立, 要么 ψ_1 在 V 中不成立但是 ψ_2 在 V 中成立, 二者必居其一.

$$V\Vdash\varphi \iff [V\Vdash\psi_1\,当且仅当\,V\Vdash\psi_2].$$

(7) (全域式) 假设解析表达式 φ 为 $(\forall x\,\psi)$, 那么 φ 在 V 中成立当且仅当对于 V 中的任何一个集合 x 而言, 由 x 与解析表达式 ψ 所确定的解析表达式 $\psi[x]$ 在 V 中都成立; φ 在 V 中不成立当且仅当可以在 V 中找到一个集合 x 以至于由 x 与解析表达式 ψ 之否定式所确定的解析表达式 $(\neg\psi)[x]$ 在 V 中成立.

$$V\Vdash(\forall x\,\psi) \iff [对于\,V\,中任意的一个集合\,x\,都有\,V\Vdash\psi[x]].$$

(8) (存在式) 假设解析表达式 φ 为 $(\exists x\,\psi)$, 那么 φ 在 V 中成立当且仅当可以在 V 中找到一个集合 x 以至于由 x 与解析表达式 ψ 所确定的解析表达式 $\psi[x]$ 在 V 中成立; φ 在 V 中不成立当且仅当对于 V 中的任何一个集合 x 而言, 由 x 与解析表达式 ψ 之否定式所确定的解析表达式 $(\neg\psi)[x]$ 在 V 中都成立.

$$V\Vdash(\exists x\,\psi) \iff [在\,V\,中有一个集合\,x\,来保证\,V\Vdash\psi[x]].$$

由解析表达式在 V 中成立之定义 1.1(1) 和 (2) 可见, 当我们基于集合论论域 V 之中时, 对我们面临的任何一个具体的集合而言, 它所包含的元素都是完全透明和完全确定的; 因而, 两个集合之间的属于关系是否成立, 在集合论论域 V 中, 是完全自动展示的. 在这个基础之上, 两个集合之间是否同一也便归结到它们所包含的元素之间是否具备差异. 至于对于由各种性质经过布尔联结词联结所成的性质的真实性判定, 只不过是布尔逻辑中的真值表在集合论论域 V 中的一种计算实现过程. 由定义 1.1(7) 可见, 对于一个全域解析表达式的真实性肯定是一个完成穷举整个论域中的每一个集合并逐一获得真实性肯定过程之后的结果; 而对于一个全域解析表达式的真实性否定则只需要找到一个所关切属性的确切反例即可. 相应地, 由定义 1.1(8) 可见, 对于一个存在解析表达式的真实性肯定只需要找到一个所关切属性的确切例子即可; 而对于一个存在解析表达式的真实性否定是一个完成穷举整个论域中的每一个集合并逐一获得真实性之否定过程之后的结果. 于是, 在对解析表达式是否在 V 中成立的判定过程中, 真正涉及全局的, 是对全域解析表达式的真实性肯定以及对于存在解析式的真实性否定这两种判定. 也正是因为这种对于全局的涉及才实质性地增加了解析表达式真实性判定的复杂性 (真实性判定的复杂性事实上高于被判定性质本身的复杂性), 从而给出 “解析表达式在集合论论域 V 中成立” 确切含义的定义 1.1 就是一个不可以在集合论 $\in$-语言中形式地表述出来的定义. 换句话说, 定义 1.1 是一个集合论之外 (之上) 的定义, 不是一个集合论之内 (之下) 的定义. 尽管对于任何一个具体的解析表达式的真实性判定都依据定义 1.1 在集合论论域 V 中内置地准确无误地实现 (这对于我们建立数学之基础以及完善集合理论自身来说已经足够), 我们所缺少的是将这种真实性判定内置于集合论之中. 诚如后面将会见到的塔尔斯基不可定义性定理所揭示的那样, 这种欠缺是在集合论内部无法整体弥补的.

在明确了任意一个给定的解析表达式 φ 是否在当前论域 V 中为真实的这样一个基本元数学概念之后, 我们便可以用在集合论当前论域中的真实性分析证明来替代集合论形式系统下的形式推理证明. 假设 T 是集合论形式语言中一个形式表达式语句的非逻辑公理表, 比如, ZF 或者 ZFC, 或者后面将要见到的 KP. 所说的 “在集合论当前论域中的真实性分析证明” 就是假设 ① 所有的与集合论形式语言中的逻辑公理相应的解析表达式语句都在集合论当前论域 V 中成立; ② 与 T 中的所有的形式表达式语句相应的解析表达式语句在集合论当前论域 V 中也都成立; ③ 如果 $(\varphi \to \psi)$ 与 φ 是两个已知的在 V 中成立的解析表达式, 那么由此得出解析表达式 ψ 也在 V 中也成立; 然后在这三个假设基础上进行分析论证. 这样, 每一个在集合论当前论域中的真实性分析证明也就是一个由在 V 中具有真实性的解析表达式所组成的有限序列; 而这样的有限序列恰好对应着形式理论 T 中的形式证明. 这样的在集合论当前论域中的真实性分析证明通常被称为 “半形式证明”, 因为这样的证明常常会借用语义分析的信息. 这也正是我们在第一卷中所有证明的特点.

同样, 基于解析表达式真实性判定, 我们可以进一步解释前面我们所引进的概括记号.

设 $x_1, \cdots, x_n$ 为 n 个集合以及 y 为一个集合. 设 x 为一个集合变元. 设

$$\varphi[x, x_1, \cdots, x_n]$$

为一个解析表达式. 那么概括记号 $W = \{x \mid \varphi[x, x_1, \cdots, x_n]\}$ 就表示在固定集合 $x_1, \cdots, x_n$ 的基础上, W 是由所有那些令解析表达式 $\varphi[x, x_1, \cdots, x_n]$ 为真实的集合 x 所组成的**类**; 而概括记号 $A = \{x \in y \mid \varphi[x, x_1, \cdots, x_n]\}$ 则表示在固定集合 $x_1, \cdots, x_n$ 的基础上, A 是由集合 y 中所有那些令解析表达式 $\varphi[x, x_1, \cdots, x_n]$ 为真实的集合 x 所组成的**类**.

元数学的一个基本假设为: 类不同于集合; 类并不能自动成为集合; 但类是在集合论语言下被定义出来的. 在某些确定假设之下, 有的类是集合. 比如, 在假定分解原理和同一性公理在当前论域 V 中成立的条件下, 上面的 A 便是一个集合, 但 W 仍然不能自动成为一个集合.

1.1.3 相对解析表达式

如果我们将解析表达式中的集合变元限定在一个特定的范围之内, 我们便得到有关集合语言形式表达式的**相对解析表达式**.

现在假设 $a_1, \cdots, a_m$ 是 m 个集合, $b_1, \cdots, b_k$ 是 k 个集合. 设 $\varphi[x, a_1, \cdots, a_n]$ 是一个解析表达式, $\psi[y, z, b_1, \cdots, b_k]$ 是一个解析表达式. 进一步地假设下面的解析表达式在 V 中成立:

(1) 同一性公理;

(2) 配对公理;

(3) $(\exists x \, \varphi[x, a_1, \cdots, a_n])$;

(4) $(\forall y \, \forall z \, (\psi[y, z, b_1, \cdots, b_k] \rightarrow (\varphi[x; y, a_1, \cdots, a_n] \wedge \varphi[x; z, a_1, \cdots, a_n])))$.

令 $W = \{x \mid \varphi[x, a_1, \cdots, a_n]\}$ 以及

$$E = \{\langle y, z \rangle \mid \psi[y, z, b_1, \cdots, b_k]\}.$$

设 $n \geqslant 1$, $\varphi(v_1, \cdots, v_n)$ 是集合论语言的一个含有 n 个自由变元的形式表达式, $x_1 \in W, \cdots, x_n \in W$ 为 n 个集合. 我们用 $\varphi^{W, E}(x_1, \cdots, x_n)$ 来记由 φ 和 $(x_1, \cdots, x_n)$ 按照如下递归方式唯一确定的**相对解析表达式**.

(1) 如果 φ 是基本表达式 $(v_i \in v_j)$, 那么

$$\varphi^{W, E}(x_1, \cdots, x_n)$$

就是 $(x_i, x_j) \in E$;

(2) 如果 φ 是基本表达式 $(v_i \dot{=} v_j)$, 那么

$$\varphi^{W,E}(x_1, \cdots, x_n)$$

就是 $(x_i = x_j)$;

(3) 如果 $\varphi(v_1, \cdots, v_n)$ 是 $(\neg\psi(v_1, \cdots, v_n))$, 那么

$$\varphi^{W,E}(x_1, \cdots, x_n)$$

就是 $(\neg\psi^{W,E}(x_1, \cdots, x_n))$;

(4) 如果 $\clubsuit \in \{\to, \wedge, \vee, \leftrightarrow\}$ 是一个 2 元逻辑联结词, $\varphi(v_1, \cdots, v_n)$ 是

$$(\psi_1 \clubsuit \psi_2)(v_1, \cdots, v_n),$$

那么 $\varphi^{W,E}(x_1, \cdots, x_n)$ 就是

$$(\psi_1^{W,E}(x_1, \cdots, x_n) \clubsuit \psi_2^{W,E}(x_1, \cdots, x_n));$$

(5) 如果 $\varphi(v_1, \cdots, v_n)$ 是 $(\forall v_j \, \psi(v_1, \cdots, v_n, v_j))$, 那么

$$\varphi^{W,E}(x_1, \cdots, x_n)$$

就是 $(\forall x_j \in W \, \psi^{W,E}(x_1, \cdots, x_n, x_j))$;

(6) 如果 $\varphi(v_1, \cdots, v_n)$ 是 $(\exists v_j \, \psi(v_1, \cdots, v_n, v_j))$, 那么

$$\varphi^{W,E}(x_1, \cdots, x_n)$$

就是 $(\exists x_j \in W \, \psi^{W,E}(x_1, \cdots, x_n, x_j))$.

当 E 与 $\in$ 限制在 W 上相同时, 我们就简单地将 $\varphi^{W,\in}$ 直接写成 φ^W. 这样一来, 上面的解析表达式就是当 $W = V$ 以及 $E = \{\langle x, y \rangle \mid x \in y\}$ 时的相对解析表达式.

1.1.4 KP 集合理论

欲将逻辑概念植入集合论形式系统之中, 我们需要有足够强的集合论公理系统. 但是, ZF 系统又太过强盛, 尤其是幂集公理和映像存在原理. 就需要解决的连续统假设相对一致性而言, 幂集公理本身就是一个需要有合适解释的关键. 因此, 我们需要一个比 ZF 弱的但又足够强的集合理论. 一个可以满足需要的恰到好处的集合理论就是 KP 集合理论, 又称**舒适集合论**[3], 或者**可接纳集合理论**. 这个理论就是将 ZF 的幂集公理和映像存在原理适当弱化之后所得. 为此, 我们需要在形式表达式中分离出一簇既具备简单的形式特征又具备良好的语义特点的形式表达式.

---

3 舒适集合论的提出者分别为 S. Kripe 和 R. Platek, 故以 KP 简记.

表达式层次体系

集合论语言中的一个表达式被称为一个**布尔表达式**当且仅当它是一个不带任何量词符号的表达式; 一个表达式被称为**量词受限表达式**当且仅当在其中出现的量词全部都是形如 $(\forall x_i \in y)$ 或者 $(\exists x_j \in z)$ 的量词, 也就是说, 任何紧随量词符号 $\forall$ 或 $\exists$ 之后的变元符号都一定被另外一个变元符号规定其变化范围. 更为严格地说, 我们有下述定义:

定义 1.2 (Δ_0-表达式)　(1) 对于任意两个自然数 i, j, 关系式 $(v_i \in v_j)$ 是一个 Δ_0-表达式;

(2) 对于任意两个自然数 i, j, 等式 $(v_i \hat{=} v_j)$ 是一个 Δ_0-表达式;

(3) 如果 φ 是一个 Δ_0-表达式, 那么 $(\neg\varphi)$ 是一个 Δ_0-表达式;

(4) 如果 φ 和 ψ 是两个 Δ_0-表达式, 那么

$$(\varphi \to \psi), (\varphi \leftrightarrow \psi), (\varphi \wedge \psi), (\varphi \vee \psi)$$

都是 Δ_0-表达式;

(5) 如果 φ 是一个 Δ_0-表达式, v_i 和 v_j 是两个不相同的变元符号, 那么

$$(\forall v_i (v_i \in v_j \to \varphi)), (\exists v_i (v_i \in v_j \wedge \varphi))$$

都是 Δ_0-表达式; 此时, 约定将表达式 $(\forall v_i(v_i \in v_j \to \varphi))$ 简写成

$$(\forall v_i \in v_j\, \varphi),$$

并且称量词 $\forall v_i \in v_j$ 为**有界全称量词**; 也约定将表达式 $(\exists v_i (v_i \in v_j \wedge \varphi))$ 简写成

$$(\exists v_i \in v_j\, \varphi),$$

并且称量词 $\exists v_i \in v_j$ 为**有界存在量词**;

(6) 任何一个 Δ_0-表达式都必然地为上述五种情形之一, 别无其他.

更一般地, 设 $\mathcal{A}$ 是一个非逻辑符号表, 并且二元关系符号 $\in$ 在此 $\mathcal{A}$ 之中. 令 $\mathcal{L} = \mathcal{L}_{\mathcal{A}}$ 为由 $\mathcal{A}$ 中的非逻辑符号所生成的语言.

定义 1.3 ($\Delta_0(\mathcal{A})$-表达式)　(1) 如果 $P \in \mathcal{A}$ 是一个 k-元谓词, $t_{i_1}, \cdots, t_{i_k}$ 是 k 个项, 那么

$$P(t_{i_1}, \cdots, t_{i_k})$$

是一个 $\Delta_0(\mathcal{A})$-表达式;

(2) 如果 t_1 和 t_2 是两个项, 那么等式 $(t_1 \hat{=} t_2)$ 是一个 $\Delta_0(\mathcal{A})$-表达式;

(3) 如果 φ 是一个 $\Delta_0(\mathcal{A})$-表达式, 那么 $(\neg\varphi)$ 是一个 $\Delta_0(\mathcal{A})$-表达式;

(4) 如果 φ 和 ψ 是两个 $\Delta_0(\mathcal{A})$-表达式, 那么

$$(\varphi \to \psi), (\varphi \leftrightarrow \psi), (\varphi \wedge \psi), (\varphi \vee \psi)$$

都是 $\Delta_0(\mathcal{A})$-表达式;

(5) 如果 φ 是一个 $\Delta_0(\mathcal{A})$-表达式, τ 是一个项, v_i 是一个不在项 τ 中出现的变元符号, 那么

$$(\forall v_i \, (v_i \in \tau \to \varphi)), (\exists v_i \, (v_i \in \tau \wedge \varphi))$$

都是 $\Delta_0(\mathcal{A})$-表达式; 此时, 约定将表达式 $(\forall v_i(v_i \in \tau \to \varphi))$ 简写成

$$(\forall v_i \in \tau \varphi),$$

将表达式 $(\exists v_i \, (v_i \in \tau \wedge \varphi))$ 简写成

$$(\exists v_i \in \tau \varphi).$$

(6) 任何一个 $\Delta_0(\mathcal{A})$-表达式都必然地为上述五种情形之一, 别无其他.

需要注意的是, 在定义的 (5) 中我们坚持变元符号 v_i 一定不在项 τ 中出现. 这一点很重要. 比如, 假定一元函数符 $\mathbf{S}$ 与变元符号 v_i 组成项 $\mathbf{S}(v_i) = v_i \cup \{v_i\}$, 那么在同一性公理、配对公理和并集公理的基础上就能够证明: $(\exists v_i \, \varphi) \leftrightarrow (\exists v_i \in \mathbf{S}(v_i) \, \varphi)$, 其中 φ 是任意一个集合论语言的形式表达式.

关于形式表达式的基本约定: 当我们写下表达式 $\varphi(v_1, \cdots, v_n)$ 时, 我们默认 (或者约定) 如下两点:

定义 1.4 (彰显自由变元表达式) 称表达式 $\varphi(v_1, \cdots, v_n)$ 为一个**彰显自由变元表达式**当且仅当如下两点得以满足:

(1) 所有在表达式 $\varphi(v_1, \cdots, v_n)$ 中出现的自由变元符号都在这些显示罗列出来的变元符号 $v_1, \cdots, v_n$ 之中 (尽管有可能它们中间的变元符号 v_j 并未实际出现在这个表达式之中);

(2) 如果量词 $\exists v_j$, 或者 $\forall v_j$, 在表达式 $\varphi(v_1, \cdots, v_n)$ 中出现, 那么约束变元符号 v_j 的下标 j 一定是量词 $\exists v_j$ (或者 $\forall v_j$) 的辖域内 (作用范围内) 所有自由变元符号下标的最大值 (尤其是此 j 一定大于 n).

由于系统地更换约束变元 (比如增加约束变元的下标值) 是一种不会改变表达式真假的逻辑变换, 如下命题告诉我们当我们仅仅关注彰显自由变元表达式的时候, 我们并没有失去任何一般性.

命题 1.1 每一个 Δ_0 形式表达式都逻辑上对等于一个与它有着完全相同的自由变元符号的 Δ_0-彰显自由变元表达式.

定义 1.5 (Lévy 表达式层次) (1) Π_1-表达式.

    (a) 如果 φ 是一个 Δ_0-表达式, v_i 是一个变元符号, 那么 $(\forall v_i \varphi)$ 是一个 Π_1-表达式;

    (b) 如果 φ 是一个 Π_1-表达式, v_j 是一个变元符号, 那么 $(\forall v_j \varphi)$ 是一个 Π_1-表达式;

    (c) 如果 ψ 是一个 Π_1-表达式, 那么必然有唯一的 Δ_0-表达式 φ 和唯一的一个变元符号序列

$$\langle v_{i_1}, v_{i_2}, \cdots, v_{i_k} \rangle$$

    来见证表达式 ψ 就是表达式

$$(\forall v_{i_1} (\forall v_{i_2} (\cdots (\forall v_{i_k} \varphi))));$$

(2) Σ_1-表达式.

    (a) 如果 φ 是一个 Δ_0-表达式, v_i 是一个变元符号, 那么 $(\exists v_i \varphi)$ 是一个 Σ_1-表达式;

    (b) 如果 φ 是一个 Σ_1-表达式, v_j 是一个变元符号, 那么 $(\exists v_j \varphi)$ 是一个 Σ_1-表达式;

    (c) 如果 ψ 是一个 Σ_1-表达式, 那么必然有唯一的 Δ_0-表达式 φ 和唯一的一个变元符号序列

$$\langle v_{i_1}, v_{i_2}, \cdots, v_{i_k} \rangle$$

    来见证表达式 ψ 就是表达式

$$(\exists v_{i_1} (\exists v_{i_2} (\cdots (\exists v_{i_k} \varphi))));$$

    (3) 如果 φ 是一个 Σ_n-表达式, $\langle v_{i_1}, v_{i_2}, \cdots, v_{i_k} \rangle$ 是一个长度至少为 1 的变元符号序列, 那么表达式

$$(\forall v_{i_1} (\forall v_{i_2} (\cdots (\forall v_{i_k} \varphi))))$$

是一个 Π_{n+1}-表达式; 如果 ψ 是一个 Π_{n+1}-表达式, 那么必然有唯一的 Σ_n-表达式 φ 和唯一的一个变元符号序列 $\langle v_{i_1}, v_{i_2}, \cdots, v_{i_k} \rangle$ 来见证表达式 ψ 就是表达式

$$(\forall v_{i_1} (\forall v_{i_2} (\cdots (\forall v_{i_k} \varphi))));$$

    (4) 如果 φ 是一个 Π_n-表达式, $\langle v_{i_1}, v_{i_2}, \cdots, v_{i_k} \rangle$ 是一个长度至少为 1 的变元符号序列, 那么表达式

$$(\exists v_{i_1} (\exists v_{i_2} (\cdots (\exists v_{i_k} \varphi))))$$

是一个 Σ_{n+1}-表达式; 如果 ψ 是一个 Σ_{n+1}-表达式, 那么必然有唯一的 Π_n-表达式 φ 和唯一的一个变元符号序列 $\langle v_{i_1}, v_{i_2}, \cdots, v_{i_k} \rangle$ 来见证表达式 ψ 就是表达式

$$(\exists v_{i_1} (\exists v_{i_2} (\cdots (\exists v_{i_k} \varphi)))).$$

命题 1.2 设 φ 是集合论语言的一个表达式. 那么

(1) φ 是一个 Π_n-表达式当且仅当 $(\neg\varphi)$ 是一个 Σ_n-表达式;

(2) φ 是一个 Σ_n-表达式当且仅当 $(\neg\varphi)$ 是一个 Π_n-表达式.

KP 集合理论

下面我们引进舒适集合理论 KP, 并且在理论 KP 体系下重新引进一些原本在 ZF 下引进的概念以及重新证明一些原本在 ZF 下证明过的定理.

设 $\mathcal{A}$ 是一个含有至多可数个非逻辑符号的符号表, 并且含有表示属于关系的符号 $\in$. 语言 $\mathcal{L}$ 为由 $\mathcal{A}$ 所生成的语言.

定义 1.6$(\mathrm{KP}_{\mathcal{A}}^-)$ 语言 $\mathcal{L}$ 下的集合理论 $\mathrm{KP}_{\mathcal{A}}^-$ 是下述语句的集合:

同一律: $\forall v_1 \forall v_2((\forall v_3(v_3 \in v_1 \leftrightarrow v_3 \in v_2)) \to (v_1 = v_2))$;

$\in$-极小原理: $\forall v_1 \cdots \forall v_n\, \theta(\vec{v})$, 其中, $\theta(\vec{v})$ 是下述命题:

$$\begin{pmatrix} (\exists v_{n+1}\varphi(v_1,\cdots,v_n,v_{n+1})) \to \\ (\exists v_{n+1}(\varphi(v_1,\cdots,v_n,v_{n+1}) \wedge \forall v_{n+2} \in v_{n+1}(\neg\varphi(v_1,\cdots,v_n,v_{n+2})))) \end{pmatrix},$$

其中 $\varphi(v_1,\cdots,v_n,v_{n+1})$ 是一个彰显自由变元表达式, v_{n+2} 并未在 φ 中出现, $\varphi(v_1,\cdots,v_n,v_{n+2})$ 是在 φ 中用 v_{n+2} 替换 v_{n+1} 所得到的结果.

二元集合公理: $\forall v_1 \forall v_2 \exists v_3(v_1 \in v_3 \wedge v_2 \in v_3)$;

并集合公理: $\forall v_1 \exists v_2 \forall v_3 \in v_1 \forall v_4 \in v_3(v_4 \in v_2)$;

$\Delta_0(\mathcal{A})$-分解原理:

$$\forall v_1 \cdots \forall v_n \forall v_{n+1} \exists v_{n+3} \forall v_{n+4} \begin{pmatrix} v_{n+4} \in v_{n+3} \leftrightarrow \\ (v_{n+4} \in v_{n+1} \wedge \varphi(v_1,\cdots,v_n,v_{n+4})) \end{pmatrix},$$

其中 $\varphi(v_1,\cdots,v_n,v_{n+1})$ 是一个彰显自由变元的 $\Delta_0(\mathcal{A})$-表达式, 变元符号 v_{n+3} 和 v_{n+4} 并未在 φ 中出现, $\varphi(v_1,\cdots,v_n,v_{n+4})$ 是在 φ 中用 v_{n+4} 替换 v_{n+1} 所得到的结果;

$\Delta_0(\mathcal{A})$-收集原理: $\forall v_1 \cdots \forall v_n \forall v_{n+1}\, \Psi(\vec{v})$, 其中 $\Psi(\vec{v})$ 是下述命题:

$$\begin{pmatrix} (\forall v_{n+2} \in v_{n+1} \exists v_{n+3}\varphi(v_1,\cdots,v_n,v_{n+1},v_{n+2},v_{n+3})) \to \\ (\exists v_{n+4}(\forall v_{n+2} \in v_{n+1} \exists v_{n+3} \in v_{n+4}\varphi(v_1,\cdots,v_n,v_{n+1},v_{n+2},v_{n+3}))) \end{pmatrix},$$

其中 $\varphi(v_1,\cdots,v_n,v_{n+1},v_{n+2},v_{n+3})$ 是一个彰显自由变元的 $\Delta_0(\mathcal{A})$-表达式, 变元符号 v_{n+4} 并未在 φ 中出现.

定义 1.7 (1) 当 $\mathcal{A} = \{\in\}$ 时, 用 KP^- 来记 $\mathrm{KP}_{\mathcal{A}}^-$;

(2) 用 $\mathrm{KP}_{\mathcal{A}}$ 来记理论 $\mathrm{KP}_{\mathcal{A}}^-$ 加上如下形式的无穷公理所得到的理论:

$$
\exists v_1 \left(
\begin{array}{l}
(\exists v_2 \in v_1(\neg(\exists v_3(v_3 \in v_2)))) \wedge \\
(\forall v_2 \in v_1 \exists v_3 \in v_1\,(v_3 = v_2 \cup \{v_2\})) \wedge \\
(\forall v_2 \in v_1\,((\exists v_3(v_3 \in v_2)) \to (\exists v_3 \in v_2\,(v_2 = v_3 \bigcup \{v_3\})))) \wedge \\
(\forall v_2 \in v_1 \forall v_3 \in v_1(v_2 = v_3 \vee v_2 \in v_3 \vee v_3 \in v_2)) \wedge \\
(\forall v_2 \in v_1 \forall v_3 \in v_2 \forall v_4 \in v_3(v_4 \in v_2)) \wedge \\
(\forall v_2 \in v_1 \forall v_3 \in v_2(v_3 \in v_1))
\end{array}
\right),
$$

即 $\mathrm{KP}_{\mathcal{A}} = \mathrm{KP}_{\mathcal{A}}^- +$ "ω 存在"; $\mathrm{KP} = \mathrm{KP}^- +$ "ω 存在".

现在我们以 KP^- 为基础理论来重证前面在理论 ZF 下证明的一些基本事实.

定理 1.1(KP^-)　如下命题都是理论 KP^- 下的定理:

(1) 存在唯一的不含任何元素的集合 (空集).

(2) 给定任意两个集合 a, b, 必然存在唯一的恰好以 a 和 b 为其元素的集合 C:

$$\forall x(x \in C \leftrightarrow (x = a \vee x = b)).$$

(3) 给定任意一个集合 A, 必存在唯一的集合 C 具备如下性质:

$$\forall x(x \in C \leftrightarrow (\exists y \in A(x \in y))).$$

(4) 给定任意两个集合 a, b, 必然存在唯一的恰好以 a 的元素或 b 的元素为其元素的集合 C:

$$\forall x(x \in C \leftrightarrow (x \in a \vee x \in b)).$$

(5) 给定任意两个集合 a, b, 必然存在唯一的恰好以 a 和 b 的公共元素为其元素的集合 C:

$$\forall x(x \in C \leftrightarrow (x \in a \wedge x \in b)).$$

(6) 给定任意两个集合 a, b, 必然存在唯一的恰好以在 a 中的但不在 b 中的那些元素为其元素的集合 C:

$$\forall x(x \in C \leftrightarrow (x \in a \wedge x \notin b)).$$

将上述定理以形式表达式的写法展示出来, 便有

(F1) $\mathrm{KP}^- \vdash \exists! x(\forall y \in x(y \neq y))$.

(F2) $\mathrm{KP}^- \vdash \forall a \forall b \exists! c(a \in c \wedge b \in c \wedge \forall x \in c(x = a \vee x = b))$.

(F3) $\mathrm{KP}^- \vdash \forall x \exists! y((\forall u \in y \exists v \in x(u \in v)) \wedge (\forall v \in x \forall u \in v(u \in y)))$.

(F4) $\mathrm{KP}^- \vdash \forall a \forall b \exists! c((\forall x \in a \forall y \in b(x \in c \wedge y \in c)) \wedge (\forall u \in c(u \in a \vee u \in b)))$.

(F5) $KP^- \vdash \forall a \forall b \exists! c((\forall u \in c(u \in a \wedge u \in b)) \wedge (\forall u \in a(u \in b \rightarrow u \in c)))$.

(F6) $KP^- \vdash \forall a \forall b \exists! c((\forall u \in c(u \in a \wedge u \notin b)) \wedge (\forall u \in a(u \notin b \rightarrow u \in c)))$.

证明 注意, 事实上 $\exists v_1(v_1 = v_1)$ 是一条逻辑公理, 否则, 一切也就无从谈起, 尽管我们在开始的时候还是将此专门列出来作为一条存在公理. 所以, 在集合理论 KP^- 的当前论域之中, 我们总是自动假定一定有一个集合存在. 于是, (1) 的证明仍如以前:

设 a 为任意的一个集合. 考虑解析表达式 $x \neq x$. 这是一个 Δ_0-解析表达式. 根据定义 1.6 之 Δ_0-分解原理,

$$b = \{x \in a \mid x \neq x\}$$

就是一个集合, 并且此集合唯一 (据同一性公理).

(2) 设 a, b 为两个集合. 根据理论 KP^- 的二元集合公理 (定义 1.6), 令 C 为一个满足 $a \in C$ 以及 $b \in C$ 的集合. 再应用定义 1.6 之 Δ_0-分解原理,

$$D = \{x \in C \mid x = a \vee x = b\}$$

就是满足要求的唯一集合.

(3) 设 A 是一个集合. 根据定义 1.6 之并集合公理, 令 B 为满足如下性质的集合:

$$\forall x \in A \forall y \in x(y \in B).$$

再令

$$C = \{y \in B \mid \exists x \in A(y \in x)\}.$$

由于 $\exists x \in A(y \in x)$ 是一个 Δ_0-解析表达式, 根据定义 1.6 之 Δ_0-分解原理, C 是一个集合. 这里有一点需要证明的就是

$$\forall y((\exists x \in A(y \in x)) \rightarrow (y \in C)).$$

任给一个集合 y, 假设 $\exists x \in A(y \in x)$ 成立, 令 $x \in A$ 满足要求 $y \in x$. 根据 B 所持有的性质, 此 $y \in B$. 于是, 此 $y \in C$.

(4) 设 a 和 b 为两个集合. 根据 (2), 令 A 为恰好以 a 和 b 为其元素的集合. 再依据 (3), 令

$$C = \{x \mid \exists y \in A(x \in y)\}.$$

此 C 即为所求.

(5) 设 a 和 b 为两个集合. 令

$$C = \{x \in a \mid x \in b\}.$$

根据 Δ_0-分解原理, 此 C 就是一个所要求的集合.

(6) 设 a 和 b 为两个集合. 令

$$C = \{x \in a \mid x \notin b\}.$$

根据 Δ_0-分解原理, 此 C 就是一个所要求的集合.   □

推论 1.1 (KP⁻) 给定任意两个集合 a, b, 必然存在唯一的分别具有后述性质的三个集合 A, B, C: A 是以 a 为其唯一元素的集合; B 是以 a 和 b 为其全部元素的集合; C 是以 A 和 B 为其全部元素的集合.

形式地, 我们也有

$$\text{(F7) } \mathrm{KP^-} \vdash \forall a \forall b \exists ! c \left(\begin{array}{l} \left(\forall x \in c \left(\begin{array}{l} (a \in x \wedge (\forall u \in x(u=a))) \vee \\ \left(\begin{array}{l} a \in x \wedge b \in x \wedge \\ (\forall u \in x(u = a \vee u = b)) \end{array} \right) \end{array} \right) \right) \\ \wedge (\exists x \in c(a \in x \wedge (\forall u \in x(u=a)))) \wedge \\ \left(\exists x \in c \left(\begin{array}{l} a \in x \wedge b \in x \wedge \\ (\forall u \in x(u = a \vee u = b)) \end{array} \right) \right) \end{array} \right).$$

证明 给定集合 a, b. 由定理 1.1(2), 令 A 为恰含有元素 a 的集合以及令 B 为恰含有元素 a, b 的集合. 再依据定理 1.1(2), 令 C 为恰含有元素 A, B 的集合.   □

推论 1.2 给定任意一个集合 a, 必然存在唯一的一个恰好以 a 的元素或 a 自身为其元素的集合 B.

形式地, 我们有

(F8) $\mathrm{KP^-} \vdash \forall a \exists ! b((\forall x \in b(x \in a \vee x = a)) \wedge (a \in b) \wedge (\forall x \in a(x \in b)))$.

证明 给定集合 a. 根据定理 1.1(2), 令 A 为恰含有元素 a 的集合. 再根据定理 1.1(4), 令 B 为恰含有 a 的元素或 A 的元素为其元素的集合.   □

我们在理论 KP⁻ 的基础之上引进如下函数符号: 常元符号 $\varnothing$; 二元配对函数符号 $\{,\}$; 二元有序对函数符号 $\langle,\rangle$; 一元并函数符号 $\bigcup$; 二元并函数符号 $\cup$; 二元交函数符号 $\cap$; 二元差函数符号 $-$, 一元后继函数符号 $\mathbf{S}$. 这些函数符号可以在理论 KP⁻ 中依照定义引进的理由就是上面的定理 1.1、推论 1.1 和推论 1.2, 也就是上面的 (F1)—(F8).

定义 1.8 (KP⁻) (1) 常元符号 $\varnothing$, 其定义式为

$$(x = \varnothing \leftrightarrow (\forall y \in x(y \neq y))).$$

(2) 二元配对函数符号 $\{,\}$, 其定义式为

$$(z = \{x, y\} \leftrightarrow (\forall u \in z(u = x \vee u = y))).$$

(3) 二元有序对函数符号 $\langle , \rangle$, 其定义式为

$$(z = \langle x, y \rangle \leftrightarrow (\exists u \in z \exists v \in z(u = \{x\} \wedge v = \{x, y\} \wedge z = \{u, v\})))).$$

(4) 一元并函数符号 $\bigcup$, 其定义式为

$$\left(y = \bigcup x \leftrightarrow ((\forall u \in y \exists v \in x(u \in v)) \wedge (\forall v \in x \forall u \in v(u \in y))) \right).$$

(5) 二元并函数符号 $\bigcup$, 其定义式为

$$\left(z = x \cup y \leftrightarrow z = \bigcup \{x, y\} \right).$$

(6) 二元交函数符号 $\bigcap$, 其定义式为

$$(z = x \cap y \leftrightarrow ((\forall u \in z(u \in x \wedge u \in y)) \wedge (\forall u \in x(u \in y \rightarrow u \in z)))).$$

(7) 二元差函数符号 $-$, 其定义式为

$$(z = x - y \leftrightarrow ((\forall u \in z(u \in x \wedge u \notin y)) \wedge (\forall u \in x(u \notin y \rightarrow u \in z)))).$$

(8) 一元后继函数符号 $\mathbf{S}$, 其定义式为

$$\left(\begin{array}{l} y = \mathbf{S}(x) \leftrightarrow \mathbf{S}(x) = x \cup \{x\} \leftrightarrow \\ ((\forall u \in y(u \in x \vee u = x)) \wedge (x \in y) \wedge (\forall u \in x(u \in y))) \end{array} \right).$$

定理 1.2 (KP^-) 给定集合 a 和 b, 必然存在唯一的具有如下特性的集合 C:

$$(\forall x \in a \forall y \in b(\langle x, y \rangle \in C)) \wedge (\forall u \in C \exists x \in a \exists y \in b(u = \langle x, y \rangle)).$$

证明   (存在性) 首先, 我们证明如下命题是 KP^- 的一个定理:

$$\forall x \in a \exists w \forall y \in b \exists d \in w(d = \langle x, y \rangle).$$

设 $x \in a$. 根据推论 1.1, 下述命题是 KP^- 的一个定理:

$$\forall y \in b \exists d(d = \langle x, y \rangle).$$

根据 KP^- 的 Δ_0-收集原理, 得到 KP^- 的下述定理:

$$\exists w \forall y \in b \exists d \in w(d = \langle x, y \rangle).$$

由于在 KP^- 之上, 命题 $\forall y \in b \exists d \in w(d = \langle x, y \rangle)$ 是一个 Δ_0-表达式, 以及命题

$$\forall x \in a \exists w \forall y \in b \exists d \in w(d = \langle x, y \rangle)$$

是 KP$^-$ 的一个定理, 根据 KP$^-$ 的 Δ_0-收集原理, 得到 KP$^-$ 的如下定理:

$$\exists D \forall x \in a \exists w \in D \forall y \in b \exists d \in w(d = \langle x, y \rangle).$$

令 D 为一个具备下述性质的集合:

$$\forall x \in a \exists w \in D \forall y \in b \exists d \in w(d = \langle x, y \rangle).$$

于是, 在 KP$^-$ 之上, 我们有

$$\forall x \in a \forall y \in b \exists w \in D \exists d \in w(d = \langle x, y \rangle).$$

令 $C_1 = \bigcup D$. 那么,

$$\forall x \in a \forall y \in b \exists d \in C_1(d = \langle x, y \rangle).$$

应用 Δ_0-分解原理, 令

$$C = \{d \in C_1 \mid \exists x \in a \exists y \in b(d = \langle x, y \rangle)\}.$$

此 C 即为所求.

唯一性则由同一性公理所保证.   □

形式地, 上述笛卡尔乘积存在性定理 1.2 可如下表述:

(F9) KP$^-$ ⊢ $\forall a \forall b \exists! c \left(\begin{array}{c} (\forall x \in a \forall y \in b(\exists u \in c(u = \langle x, y \rangle))) \wedge \\ (\forall u \in c \exists x \in a \exists y \in b(u = \langle x, y \rangle)) \end{array} \right).$

由此我们在理论 KP$^-$ 基础上依定义引进笛卡尔乘积函数符号:

定义 1.9(笛卡尔乘积)　在理论 KP$^-$ 之上, 可以依定义引进二元函数符号 $\times$, 其定义式为

$$(c = a \times b \leftrightarrow ((\forall u \in c \exists x \in a \exists y \in b(u = \langle x, y \rangle)) \wedge (\forall x \in a \forall y \in b \exists u \in c(u = \langle x, y \rangle)))).$$

称 c 为 a 与 b 的**笛卡尔乘积**.

注意, 前面我们在 ZF 理论中应用幂集公理来保证笛卡尔乘积的存在性. 这里, 我们只是应用 Δ_0-收集原理以及 Δ_0-分解原理来保证笛卡尔乘积的存在性.

定理 1.3 (Δ_0-可定义性)　前述在理论 KP$^-$ 基础上依照定义所引进的函数符号

$$x = \varnothing; \ x = \{a, b\}; \ x = \langle a, b \rangle; \ x = \bigcup a;$$

$$x = a \cup b; \ x = a \cap b; \ x = a - b; \ x = \mathbf{S}(a) = a \cup \{a\}; \ x = a \times b$$

都是依照 Δ_0-定义式所引进的函数符号.

证明 这由上述 (F1)—(F9) 中的唯一存在量词 $\exists!$ 之后的表达式都是显式的 Δ_0-表达式直接得到; 或者由上述定义中对等联结词 $\leftrightarrow$ 之右端的表达式都是在 KP^- 之上等价于一个 Δ_0-表达式直接得到. $\qquad\square$

我们可以将二元有序对以及二元笛卡尔乘积在元数学环境中推广到任意大于 2 的自然数 n 的情形. 固定一个元数学自然数 $n > 2$, 应用元数学环境下的递归定义, 我们有

定义 1.10(KP^-) (1) n-元组项: 对于任意的 n 个集合 $x_1, \cdots, x_n$, 令

$$\langle x_1, x_2, \cdots, x_n \rangle = \langle x_1, \langle x_2, \cdots, x_n \rangle \rangle;$$

(2) n-次笛卡尔乘积项: 对于任意的 n 个集合 $a_1, \cdots, a_n$, 令

$$a_1 \times a_2 \times \cdots \times a_n = a_1 \times (a_2 \times \cdots \times a_n).$$

有时候根据需要, 我们也使用左结合律:

(3) n-元组项: 对于任意的 n 个集合 $x_1, \cdots, x_n$, 令

$$\langle x_1, x_2, \cdots, x_n \rangle = \langle \langle x_1, \cdots, x_{n-1} \rangle, x_n \rangle;$$

(4) n-次笛卡尔乘积项: 对于任意的 n 个集合 $a_1, \cdots, a_n$, 令

$$a_1 \times a_2 \times \cdots \times a_n = (a_1 \times \cdots \times a_{n-1}) \times a_n.$$

这实际上是在理论 KP^- 基础上对每一个元数学的自然数 $n \geqslant 2$, 引进了一个 n-元组函数符号以及一个 n-次笛卡尔乘积函数符号.

由此可见, 在理论 KP^- 基础之上, 可以系统地建立起集合论的基本概念: 二元关系、函数、定义域、值域等等. 同样地, 这些基本概念也都是在 KP^- 之上由 Δ_0-表达式所给出的.

我们还引进如下谓词符号: 二元谓词符号 $\subseteq$ (子集合关系) 以及二元谓词符号 $\subset$ (真子集合关系); 一元谓词符号 **CDJ** (传递集合); 一元谓词符号 Ord (序数). 注意, 谓词符号的依定义引入并不需要任何非逻辑公理来支撑, 所依赖的只是纯逻辑基础.

定义 1.11 (1) 二元谓词符号 $\subseteq$, 其定义公理为

$$\forall x \forall y (x \subseteq y \leftrightarrow \forall u \in x (u \in y)).$$

x 是 y 的一个**子集合**当且仅当 $x \subseteq y$.

(2) 二元谓词符号 $\subset$, 其定义公理为

$$\forall x \forall y (x \subset y \leftrightarrow (x \neq y \land (\forall u \in x (u \in y)))).$$

x 是 y 的一个**真子集合**当且仅当 $x \subset y$.

(3) 一元谓词符号 **CDJ**, 其定义公理为

$$\forall x(\mathbf{CDJ}(x) \leftrightarrow (\forall y \in x \forall u \in y(u \in x))).$$

x 是一个**传递集合**当且仅当 $\mathbf{CDJ}(x)$.

(4) 一元谓词符号 Ord, 其定义公理为

$$\forall x(\mathrm{Ord}(x) \leftrightarrow (\mathbf{CDJ}(x) \wedge (\forall y \in x \, \mathbf{CDJ}(y)))).$$

x 是一个**序数**当且仅当 $\mathrm{Ord}(x)$.

(P1) $(x \subseteq y \leftrightarrow \forall u \in x \, (u \in y))$.

(P2) $(x \subset y \leftrightarrow (x \neq y \wedge (\forall u \in x \, (u \in y))))$.

(P3) $(\mathbf{CDJ}(x) \leftrightarrow (\forall y \in x \forall u \in y \, (u \in x)))$.

(P4) $(\mathrm{Ord}(x) \leftrightarrow (\mathbf{CDJ}(x) \wedge (\forall y \in x \, \mathbf{CDJ}(y))))$.

注意, 在假设 $\in$-极小原理的情形下, 序数的定义便非常简单. 我们需要证明的是这个新的定义与前面的定义相吻合. 由于根据上面的定义, 序数的元素依旧还是序数, 我们只需证明序数的可比较性.

引理 1.1　(1) $\mathrm{KP}^- \vdash \forall x(x \notin x)$;

(2) $\mathrm{KP}^- \vdash \mathbf{CDJ}(\varnothing) \wedge \mathrm{Ord}(\varnothing)$;

(3) $\mathrm{KP}^- \vdash \forall x(\mathbf{CDJ}(x) \rightarrow (x = \varnothing \vee \varnothing \in x))$;

(4) $\mathrm{KP}^- \vdash \forall x((\mathbf{CDJ}(x) \rightarrow \mathbf{CDJ}(\mathbf{S}(x))) \wedge (\mathrm{Ord}(x) \rightarrow \mathrm{Ord}(\mathbf{S}(x))))$;

(5) $\mathrm{KP}^- \vdash \forall x \forall y((\mathrm{Ord}(x) \wedge y \in x) \rightarrow \mathrm{Ord}(y))$;

(6) $\mathrm{KP}^- \vdash \forall x(\mathbf{CDJ}(x) \rightarrow \mathbf{CDJ}(\bigcup x))$;

(7) $\mathrm{KP}^- \vdash \forall x \forall y((\mathbf{CDJ}(x) \wedge \mathbf{CDJ}(y)) \rightarrow \mathbf{CDJ}(x \cap y))$.

证明　(练习.)　□

定理 1.4 (KP^-)　设 α 和 β 是两个不相等的序数. 那么, 或者 $\alpha \in \beta$, 或者 $\beta \in \alpha$.

证明　假设存在两个序数 α 和 β 满足 $\alpha \neq \beta \wedge \alpha \notin \beta \wedge \beta \notin \alpha$.

根据 $\in$-极小原理, 令 α 为一个满足下述要求的序数:

$$(\exists \beta(\mathrm{Ord}(\beta) \wedge \beta \neq \alpha \wedge \alpha \notin \beta \wedge \beta \notin \alpha)) \wedge$$
$$(\forall \gamma \in \alpha \forall \delta(\mathrm{Ord}(\delta) \rightarrow (\delta = \gamma \vee \gamma \in \delta \vee \delta \in \gamma))).$$

令 β 满足要求 $(\mathrm{Ord}(\beta) \wedge \beta \neq \alpha \wedge \alpha \notin \beta \wedge \beta \notin \alpha)$. 根据 α 的选取, 必有 $\alpha \subset \beta$. 又根据 $\in$-极小原理, 令

$$\delta \in (\beta - \alpha)$$

满足要求 $\delta \subseteq \alpha$. 根据 α 的选取,

$$\forall \gamma \in \alpha(\gamma = \delta \vee \gamma \in \delta \vee \delta \in \gamma).$$

如果 $\exists \gamma \in \alpha(\gamma = \delta \vee \delta \in \gamma)$, 那么根据 α 的传递性, $\delta \in \alpha$. 但是 $\delta \in (\beta - \alpha)$. 所以

$$\forall \gamma \in \alpha(\gamma \in \delta).$$

从而, $\alpha = \delta$. 可是, 这就意味着 $\alpha \in \beta$. 这是一个矛盾.

由此可见

$$KP^- \vdash \forall \alpha \forall \beta((\mathrm{Ord}(\alpha) \wedge \mathrm{Ord}(\beta)) \rightarrow (\alpha = \beta \vee \alpha \in \beta \vee \beta \in \alpha)). \qquad \square$$

应用上面引进的一元谓词符号 Ord, 也就是应用序数这个概念, 在理论 KP^- 基础上, 我们引进集合论中的自然数概念, 从而将元数学的自然数概念植入集合论形式系统 KP^- 之中, 实现在理论 KP^- 体系之下对元数学中的直观概念 "自然数" 以及 "有限" 的集合解释.

定义 1.12 (KP^-) 称一个序数 α 为一个**自然数**当且仅当

$$\forall \beta \in \mathbf{S}(\alpha)(0 \in \beta \rightarrow (\exists \gamma \in \beta(\beta = \mathbf{S}(\gamma)))).$$

称一个集合 x 为有限集合当且仅当存在一个从 x 到某个自然数的双射.

(P5) $\mathbb{N}(x) \leftrightarrow (\mathrm{Ord}(x) \wedge (\forall \beta \in \mathbf{S}(x)(0 \in \beta \rightarrow (\exists \gamma \in \beta(\beta = \mathbf{S}(\gamma))))))$.

依定义可见: $0 = \varnothing$ 是一个自然数; 如果 n 是一个自然数, 那么 $n+1 = \mathbf{S}(n)$ 也是一个自然数; 如果 n 是一个自然数, $m \in n$, 那么 m 也是一个自然数.

后面我们将会看到, 在理论 KP^- 之上, 我们不能证明自然数全体之集合存在, 因为, $V_\omega \models KP^-$.

从上面的定义可见, 自然数之概念在 KP^- 之上是一个 Δ_0-可定义的概念, 但是有限集合这一概念在 KP^- 之上并非 Δ_0-可定义的概念. 在 KP^- 基础上, 它是一个 Σ_1-可定义的概念:

x 是有限集合 $\leftrightarrow$ ($\exists f \exists n(n$ 是一个自然数, 并且 f 是从 x 到 n 的双射)).

一个很自然的问题就是: 在 KP^- 的基础上, 我们是否可以得到 Σ_1-收集原理、Σ_1-分解原理、Σ_1-替换原理?

由于我们会经常使用有界量词, Σ_1-表达式就会形式上显得过于严格. 比如

$$\forall y \in x(y \text{ 是一个有限集})$$

这个表达式就不是一个 Σ_1-表达式. 为了满足这样的需要, 我们引进比 Σ_1-表达式形式范围略为广泛一些的表达式类.

定义 1.13 (Σ-表达式)　设 $\mathcal{A}$ 是一个包含符号 $\in$ 的非逻辑符号表. $\mathcal{L}$ 是由 $\mathcal{A}$ 中符号所生成的语言.

(1) 每一个 $\Delta_0(\mathcal{A})$-表达式都是一个 $\Sigma(\mathcal{A})$-表达式;

(2) 如果 φ 和 ψ 是两个 $\Sigma(\mathcal{A})$-表达式, 那么 $(\varphi \vee \psi)$ 以及 $(\varphi \wedge \psi)$ 也是 $\Sigma(\mathcal{A})$-表达式;

(3) 如果 φ 是一个 $\Sigma(\mathcal{A})$-表达式, 那么

$$(\forall v_j \in v_i\, \varphi) \text{ 以及 } (\exists v_j \in v_i\, \varphi)$$

也是 $\Sigma(\mathcal{A})$-表达式;

(4) 如果 φ 是一个 $\Sigma(\mathcal{A})$-表达式, 那么 $(\exists v_j\, \varphi)$ 也是一个 $\Sigma(\mathcal{A})$-表达式;

(5) 每一个 $\Sigma(\mathcal{A})$-表达式都只能由上述四种之一得到.

尽管每一个 Σ_1-表达式都是一个 Σ-表达式, 但并非每一个 Σ-表达式都是一个 Σ_1-表达式.

例 1.1　表达式 $\forall v_1 \in v_2 \exists v_3 (\mathbf{CDJ}(v_3) \wedge v_1 \in v_3)$ 是一个 Σ-表达式, 但不是一个 Σ_1-表达式.

后面我们将会看到, 如果 φ 是一个 Σ-表达式, 那么一定可以找到一个 Σ_1-表达式 ψ 以至于它们在 $\mathrm{KP}_{\mathcal{A}}^-$ 之上等价:

$$\mathrm{KP}_{\mathcal{A}}^- \vdash (\varphi \leftrightarrow \psi).$$

回顾一下, 两个表达式 φ_1 与 φ_2 **逻辑对等**当且仅当

$$\vdash (\varphi_1 \leftrightarrow \varphi_2).$$

它们在理论 T 的基础上对等 (T-**对等**) 当且仅当

$$T \vdash (\varphi_1 \leftrightarrow \varphi_2).$$

所以, 在同一种语言之下, 逻辑对等必然 T-对等; 更一般地, 如果 T_1 可以证明 T_2 的所有定理, 那么 T_2-对等必然 T_1-对等. 比如说, 在集合论语言之下, 逻辑对等必定 T-对等 (T 是任何一种集合理论); KP^--对等一定 ZF-对等.

定义 1.14 (Π-表达式)　设 $\mathcal{A}$ 是一个包含符号 $\in$ 的非逻辑符号表. $\mathcal{L}$ 是由 $\mathcal{A}$ 中符号所生成的语言.

(1) 每一个 $\Delta_0(\mathcal{A})$-表达式都是一个 $\Pi(\mathcal{A})$-表达式;

(2) 如果 φ 和 ψ 是两个 $\Pi(\mathcal{A})$-表达式, 那么 $(\varphi \vee \psi)$ 以及 $(\varphi \wedge \psi)$ 也是 $\Pi(\mathcal{A})$-表达式;

(3) 如果 φ 是一个 $\Pi(A)$-表达式, 那么

$$(\forall v_j \in v_i\, \varphi) \text{ 以及 } (\exists v_j \in v_i\, \varphi)$$

也是 $\Pi(A)$-表达式;

(4) 如果 φ 是一个 $\Pi(A)$-表达式, 那么 $(\forall v_j\, \varphi)$ 也是一个 $\Pi(A)$-表达式;

(5) 每一个 $\Pi(A)$-表达式都只能由上述四种之一得到.

注意, 如果 φ 是一个 Σ-表达式, 那么 $\neg\varphi$ 一定逻辑地对等于一个 Π-表达式; 反之, 如果 φ 是一个 Π-表达式, 那么 $\neg\varphi$ 一定逻辑地对等于一个 Σ-表达式.

Σ-表达式之局部化

设 φ 为一个解析表达式, w 为一个不在 φ 中出现的集合变元. 解析表达式 φ 在集合变元 w 下的**局部化 (相对化)**, 记成 $\varphi^{(w)}$, 是将 φ 中每一个**无界量词** $\forall u$ 和 $\exists u$ 一律用以 w 为界定范围的同类**有界量词**替换之后的结果, 即用 $\forall u \in w$ 替换 $\forall u$; 用 $\exists u \in w$ 替换 $\exists u$. 但是, 对于其中已有的有界量词则不做任何替换. 这样局部化的结果, $\varphi^{(w)}$, 就变成了一个 Δ_0-解析表达式; 如果 φ 本身就是一个 Δ_0-表达式, 那么 $\varphi^{(w)}$ 就还是 φ. 需要进一步强调的是, 当我们实施局部化时, 集合变元 w 必须不在解析表达式 φ 中有任何出现.

关于 Σ-表达式局部化, 有如下相符性引理:

引理 1.2 设 φ 为一个 Σ-表达式. 集合变元 w_1 和 w_2 不在 φ 中有任何出现. 那么

(i) $\vdash ((\varphi^{(w_1)} \wedge (\forall x \in w_1(x \in w_2))) \to \varphi^{(w_2)})$;

(ii) $\vdash (\varphi^{(w_1)} \to \varphi)$.

证明 应用 Σ-表达式的复杂性的归纳法. 详细讨论留作练习. $\quad\square$

定理 1.5 (Σ-镜像原理) 设 φ 为一个 Σ-解析表达式, w 是一个不在 φ 中出现的集合变元. 那么

$$\mathrm{KP}^- \vdash \left(\varphi \leftrightarrow \left(\exists w\, \varphi^{(w)}\right)\right).$$

于是, 在 KP^- 基础之上, 每一个 Σ-表达式都等价于一个 Σ_1-表达式.

证明 根据上面的引理 1.2, 有

$$\vdash ((\exists w \varphi^{(w)}) \to \varphi).$$

从而, 我们需要用到 KP^- 的地方是证明: $\mathrm{KP}^- \vdash (\varphi \to (\exists w \varphi^{(w)}))$.

我们应用 φ 的复杂性归纳法.

当 φ 本身就是一个 Δ_0-表达式时, 结论不证自明.

情形一 φ 是 $(\psi \wedge \theta)$.

此时, 我们有归纳假设:

$$KP^- \vdash (\psi \to \exists w\, \psi^{(w)})$$

以及

$$KP^- \vdash (\theta \to \exists w\, \theta^{(w)}).$$

需要证明: $KP^- \vdash ((\psi \wedge \theta) \to (\exists w\, (\psi \wedge \theta)^{(w)}))$.

现在我们在 KP^- 基础上讨论. 假设 $(\psi \wedge \theta)$ 成立, 欲证 $(\exists w\, (\psi \wedge \theta)^{(w)})$.

根据归纳假设, 取 w_1 与 w_2 满足 $\psi^{(w_1)}$ 以及 $\theta^{(w_2)}$. 令 $w = w_1 \cup w_2$. 根据引理 1.2, 我们就有 $\psi^{(w)}$ 以及 $\theta^{(w)}$.

情形二　φ 是 $(\psi \vee \theta)$.

类似于情形一. 详细讨论留作练习.

情形三　φ 是 $(\forall u \in v\, \psi(u))$.

我们的归纳假设为: $KP^- \vdash (\psi \leftrightarrow (\exists w\, \psi^{(w)}))$, 也就是

$$KP^- \vdash \forall u(\psi(u) \leftrightarrow (\exists w\, \psi(u)^{(w)})).$$

注意 $(\forall u \in v\, \psi(u))^{(w)}$ 是 $(\forall u \in v\, (\psi(u))^{(w)})$. 在 KP^- 基础上, 假设 $(\forall u \in v\, \psi(u))$, 我们来证明

$$(\exists w \forall u \in v\, (\psi(u))^{(w)}).$$

对于每一个 $u \in v$, 因为 $\psi(u)$ 成立, 又根据归纳假设, 我们有 w_u 来见证 $(\psi(u))^{(w_u)}$. 应用 KP^- 中的 Δ_0-收集原理, 可得一 w_0 以至于

$$(\forall u \in v \exists w_u \in w_0 (\psi(u))^{(w_u)})$$

成立. 令 $w = \bigcup w_0$.

对于每一个 $u \in v$, 都有 $\exists w_u(w_u \subseteq w \wedge (\psi(u))^{(w_u)})$, 从而根据引理 1.2, 必有 $(\psi(u))^{(w)}$ 成立. 也就是说,

$$(\forall u \in v\, (\psi(u))^{(w)})$$

成立.

情形四　φ 是 $(\exists u\, \psi(u))$.

此时的归纳假设为: $KP^- \vdash (\psi(u) \leftrightarrow (\exists w_u(\psi(u))^{(w_u)}))$.

在 KP^- 下讨论. 假设 $(\exists u \psi(u))$ 成立.

取 u 来见证 $\psi(u)$ 成立. 应用归纳假设, 对此 u, 令 w_u 来见证 $(\psi(u))^{(w_u)}$. 再令

$$w = w_u \cup \{u\}.$$

根据引理 1.2, 我们得到 $(\exists u \in w\, (\psi(u))^{(w)})$. 从而, $(\exists w \exists u \in w\, (\psi(u))^{(w)})$.　　□

定理 1.6(Σ-收集原理) 设 φ 为一个 Σ-表达式. 那么

$$\mathrm{KP}^- \vdash ((\forall x \in a \exists y \, \varphi(x,y)) \to (\exists b((\forall x \in a \exists y \in b \, \varphi(x,y)) \land (\forall y \in b \exists x \in a \, \varphi(x,y))))).$$

证明 在 KP^- 基础上讨论. 假设 $(\forall x \in a \exists y \, \varphi(x,y))$ 成立. 根据 Σ-镜像原理 (定理 1.5), 令 w 为满足如下要求的集合:

$$\forall x \in a \exists y \in w \, (\varphi(x,y))^{(w)}.$$

令

$$w_1 = \{ y \in w \mid \exists x \in a \, (\varphi(x,y))^{(w)} \}.$$

根据 Δ_0-分解原理, w_1 是一个集合. 根据引理 1.2,

$$\vdash ((\varphi(x,y))^{(w)} \to \varphi(x,y)).$$

依据 w 的选取, 我们就有

$$\forall x \in a \exists y \in w_1 \, \varphi(x,y).$$

再根据 w_1 的定义, 我们有

$$\forall y \in b \exists x \in a \, \varphi(x,y). \qquad \Box$$

定理 1.7(Δ-分解原理) 设 φ 是一个 Σ-表达式, ψ 是一个 Π-表达式. 那么

$$\mathrm{KP}^- \vdash ((\forall x \in a \, (\varphi(x) \leftrightarrow \psi(x))) \to (\exists b(b = \{x \in a \mid \varphi(x)\}))).$$

证明 假设 $(\forall x \in a \, (\varphi(x) \leftrightarrow \psi(x)))$ 成立. 尤其是有

$$(\forall x \in a \, (\psi(x) \to \varphi(x))).$$

也就是说, $(\forall x \in a \, ((\neg \psi(x)) \lor \varphi(x)))$ 成立. 这是一个逻辑上等价于一个 Σ-表达式的表达式. 根据 Σ-镜像原理 (定理 1.5), 令 w 为一个满足镜像原理结论的集合, 即

$$(\forall x \in a \, ((\neg \psi(x))^{(w)} \lor (\varphi(x))^{(w)}))$$

成立. 应用 Δ_0-分解原理, 令

$$b = \{x \in a \mid (\varphi(x))^{(w)}\}.$$

下面我们来验证: $b = \{x \in a \mid \varphi(x)\}$.

一方面, 根据引理 1.2, 我们有 $\forall x \in b \, \varphi(x)$.

另一方面, 如果 $x \in a$, 并且 $\varphi(x)$ 成立, 那么根据 $(\forall y \in a \, (\varphi(y) \to \psi(y)))$ 成立之假设, 便有 $\psi(x)$ 也成立. 由于 ψ 是一个 Π-表达式, 根据引理 1.2, 我们有

$$(\psi(x) \to (\psi(x))^{(w)}).$$

因此, $(\psi(x))^{(w)}$ 成立. 于是, $(\varphi(x))^{(w)}$ 成立. 从而, $x \in b$. $\qquad \Box$

定理 1.8 (Σ-替换原理)　设 $\varphi(x,y)$ 是一个 Σ-表达式. 那么

$$\text{KP}^- \vdash \left((\forall x \in a \exists! y\, \varphi(x,y)) \to \left(\exists f \left(\begin{array}{l} f \text{ 是一个函数} \wedge \text{dom}(f) = a \wedge \\ (\forall x \in a\, \varphi(x, f(x))) \end{array}\right)\right)\right).$$

证明　在 KP^- 基础上讨论.

假设 $(\forall x \in a \exists! y\, \varphi(x,y))$ 成立. 根据 Σ-收集原理 (定理 1.6), 令 b 为满足下述要求的集合:

$$\forall x \in a \exists y \in b\, \varphi(x,y).$$

考虑 Π-表达式: $(\neg(\exists z(\varphi(x,z) \wedge y \neq z)))$. 我们有

$$\text{KP}^- \vdash (\forall x \in a \forall y \in b\, (\varphi(x,y) \leftrightarrow (\neg(\exists z(\varphi(x,z) \wedge y \neq z))))).$$

根据 Δ-分解原理 (定理 1.7), 令

$$\begin{aligned} f &= \{\langle x,y\rangle \in a \times b \mid \varphi(x,y)\} \\ &= \{\langle x,y\rangle \in a \times b \mid (\neg(\exists z(\varphi(x,z) \wedge y \neq z)))\}. \end{aligned}$$

此 f 即为所求.　　　　　　　　　　　　　　　　　　　　　　　　　　　□

在实际应用中, Σ-替换原理中的要求常常过高, 因为唯一存在性的验证常常比较困难. 在这种情形下, 下述定理能更好地发挥作用.

定义 1.15 (KP^-)　f 是一个**函数**[4]当且仅当 (P6):

$$\mathbf{HS}(f) \leftrightarrow \left(\begin{array}{l} (\forall u \in f(\exists c \in u \exists x \in c \exists y \in c(u = \langle x,y\rangle)))\, \wedge \\ (\forall x \in f \forall y \in f((x)_0 = (y)_0 \to x = y)) \end{array}\right),$$

其中 $(\langle a,b\rangle)_0 = a$, $(\langle a,b\rangle)_1 = b$.

(P7) f 是一个**双射** $\leftrightarrow \left(\begin{array}{l} \mathbf{HS}(f)\, \wedge \\ (\forall x \in \text{dom}(f) \forall y \in \text{dom}(f)(x \neq y \to f(x) \neq f(y)))\, \wedge \\ (\forall y \in \text{rng}(f) \exists x \in \text{dom}(f)(y = f(x))) \end{array}\right).$

(P8) $\mathbf{YX}(x) \leftrightarrow (\exists f \exists a\, (f \text{ 是双射} \wedge x = \text{dom}(f) \wedge \mathbb{N}(a) \wedge a = \text{rng}(f)))$.

谓词 $\mathbf{YX}$ 表示有限这一概念: $\mathbf{YX}(x)$ 当且仅当 x 是一个有限集[5].

定理 1.9 (强 Σ-替换原理)　设 $\varphi(x,y)$ 是一个 Σ-表达式. 那么

$$\text{KP}^- \vdash \left((\forall x \in a \exists y\, \varphi(x,y)) \to \left(\exists f \left(\begin{array}{l} \mathbf{HS}(f) \wedge \text{dom}(f) = a \wedge \\ (\forall x \in a\, f(x) \neq \varnothing)\, \wedge \\ (\forall x \in a \forall y \in f(x)\, \varphi(x,y)) \end{array}\right)\right)\right).$$

---

4 $\mathbf{HS}$ 是 "函数" 一词的汉语拼音的缩写.
5 $\mathbf{YX}$ 是 "有限" 一词的汉语拼音的缩写.

证明 在 KP^- 基础上讨论. 设 $\varphi(x,y)$ 是一个 Σ-表达式.

应用 Σ-收集原理 (定理 1.6), 令 b 为满足下述要求的集合:

$$(\forall x \in a \exists y \in b\, \varphi(x,y)) \wedge (\forall y \in b \exists x \in a\, \varphi(x,y)).$$

根据 Σ-镜像原理 (定理 1.5), 令 w 为满足下述要求的集合:

$$(\forall x \in a \exists y \in b\, (\varphi(x,y))^{(w)}) \wedge (\forall y \in b \exists x \in a\, (\varphi(x,y))^{(w)}).$$

根据 Δ_0-分解原理以及同一性公理, 对于任何一个固定的 $x \in a$, 必有唯一的集合 c_x 满足如下要求:

$$c_x = \{y \in b \mid (\varphi(x,y))^{(w)}\}.$$

此时根据 Σ-替换原理 (定理 1.8), 令 f 为满足如下要求的函数:

$$\mathrm{dom}(f) = a \wedge (\forall x \in a\, (f(x) = c_x)).$$

此 f 即为所求. □

1.1.5 KP^--语言依定义扩展

设 $\mathcal{A}$ 为一个非逻辑符号表, 并且 $\in$ 在其中. 下面我们来讨论在 $\mathrm{KP}^-_{\mathcal{A}}$ 基础上依定义引进 Δ-谓词符号和 Σ-函数符号的问题.

定义 1.16(Δ-谓词符号) 设 $\varphi(x_1, \cdots, x_n)$ 为一个彰显自由变元的 Σ-表达式, 以及 $\psi(x_1, \cdots, x_n)$ 为一个彰显自由变元的 Π-表达式. 又假设

$$\mathrm{KP}^-_{\mathcal{A}} \vdash (\varphi \leftrightarrow \psi).$$

令 P 为依据下式所定义的 n-元谓词符号:

(P) $\qquad\qquad (\forall x_1 \cdots \forall x_n\, (P(x_1, \cdots, x_n) \leftrightarrow \varphi(x_1, \cdots, x_n))).$

称 P 为 $\mathrm{KP}^-_{\mathcal{A}}$ 的一个 Δ-谓词符号, (P) 为其定义式.

下面的引理表明我们完全可以将这样引进的 Δ-谓词符号当成原语言的基本谓词符号使用.

引理 1.3 设 P 为理论 $\mathrm{KP}^-_{\mathcal{A}}$ 的一个 Δ-谓词符号. 令 $\mathcal{A}_1 = \mathcal{A} \cup \{P\}$ 为添加此谓词符号之后的非逻辑符号表, $\mathcal{L}$ 为由 $\mathcal{A}$ 所生成的语言, $\mathcal{L}(P)$ 为由 $\mathcal{A}_1$ 所生成的语言. 设 $\mathrm{KP}^-_{\mathcal{A}_1}$ 为在此语言环境下所形成的理论, 并添加进 P 的定义式 (P) 为一条非逻辑公理.

(1) 对于 $\mathcal{L}(P)$ 中的任何一个表达式 $\theta(x_1, \cdots, x_k, P)$, 都一定有一个 $\mathcal{L}$ 的表达式 $\theta_0(x_1, \cdots, x_k)$ 来见证如下等价关系式:

$$\mathrm{KP}^-_{\mathcal{A}} + (P) \vdash (\theta(x_1, \cdots, x_k, R) \leftrightarrow \theta_0(x_1, \cdots, x_k)).$$

并且当 θ 是一个 Σ-表达式时, θ_0 也是一个 Σ-表达式;

(2) 对于 $\mathcal{L}(P)$ 中的任何一个 Δ_0-表达式 $\theta(x_1, \cdots, x_k, P)$, 都一定有 $\mathcal{L}$ 的一个 Σ-表达式 $\theta_0(x_1, \cdots, x_k)$ 和一个 Π-表达式 $\theta_1(x_1, \cdots, x_k)$ 来见证如下等价关系式:

$$\mathrm{KP}_{\mathcal{A}}^{-} + (P) \vdash \left(\begin{array}{c} (\theta(x_1, \cdots, x_k, R) \leftrightarrow \theta_0(x_1, \cdots, x_k)) \wedge \\ (\theta(x_1, \cdots, x_k, R) \leftrightarrow \theta_1(x_1, \cdots, x_k)) \end{array} \right).$$

(3) 理论 $\mathrm{KP}_{\mathcal{A}1}^{-}$ 是理论 $\mathrm{KP}_{\mathcal{A}}^{-}$ 的一个保守扩张, 即对于 $\mathcal{L}$ 中的任何语句 θ, 一定有

$$\mathrm{KP}_{\mathcal{A}1}^{-} \vdash \theta \text{ 当且仅当 } \mathrm{KP}_{\mathcal{A}}^{-} \vdash \theta.$$

证明 假设 P 由下式定义:

$$(P(x_1, \cdots, x_n) \leftrightarrow \varphi(x_1, \cdots, x_n)),$$

其中, φ 是一个 Σ-表达式, 并且有一 Π-表达式 $\psi(x_1, \cdots, x_n)$ 满足如下对等关系

$$\mathrm{KP}_{\mathcal{A}}^{-} \vdash (\varphi(x_1, \cdots, x_n) \leftrightarrow \psi(x_1, \cdots, x_n)).$$

(1) 中的第一句话为真的理由为, 将 P 的出现之处用其定义的表达式直接替换即得到所要的 θ_0. 现假设 θ 是一个 Σ-表达式. 我们需要得到一个 Σ-表达式 θ_0. 这也正是我们要求 P 在 $\mathrm{KP}_{\mathcal{A}}^{-}$ 基础上为 Δ-谓词符号的缘故. 给定 Σ-表达式 θ. 对其应用德摩根律实施对等变换, 将否定词符号 $\neg$ 在 θ 中尽量往里推, 直到所有的否定词都只对原始表达式使用. 这是一个每一步都是对等变换, 而且在有限步内必定完成的过程. 在完成这个过程之后, 对于 P 的每一个正出现 (它的左面没有否定词 $\neg$ 出现) 都用 φ 替换; 对于 $(\neg P)$ 的每一个出现都用 $(\neg\psi)$ 替换. 这样替换之后的表达式就是所要的 Σ-表达式 θ_0. 注意, 上述变换过程是一个将 Σ-表达式变换成 Σ-表达式的过程, 并不是一个将 Δ_0-表达式变换成 Δ_0-表达式的过程, 而是一个将 Δ_0-表达式变换成 Σ-表达式的过程, 因为 φ 和 $(\neg\psi)$ 都是 Σ-表达式. 由于

$$\mathrm{KP}_{\mathcal{A}1}^{-} \vdash (P \leftrightarrow \varphi) \text{ 以及 } \mathrm{KP}_{\mathcal{A}1}^{-} \vdash ((\neg P) \leftrightarrow (\neg\psi)),$$

根据一阶逻辑对等替换定理, 我们有

$$\mathrm{KP}_{\mathcal{A}1}^{-} \vdash \theta(x_1, \cdots, x_k) \leftrightarrow \theta_0(x_1, \cdots, x_k).$$

(2) 由 (1) 即得, 因为 Δ_0 是一个关于否定词封闭的表达式类.

(3) 之所以成立是因为 $\mathrm{KP}_{\mathcal{A}1}^{-}$ 的每一条公理都是 $\mathrm{KP}_{\mathcal{A}}$ 的一条定理: $\mathrm{KP}_{\mathcal{A}1}^{-}$ 之一条 Δ_0-分解原理经过 (1) 的证明中的替换过程之后就变成 $\mathrm{KP}_{\mathcal{A}}^{-}$ 的一条 Δ-分解原理, 根据定理 1.7, 这便是 $\mathrm{KP}_{\mathcal{A}}^{-}$ 的一条定理; $\mathrm{KP}_{\mathcal{A}1}^{-}$ 的每一条 Δ_0-收集原理在经过上述变换之后就变成 $\mathrm{KP}_{\mathcal{A}}^{-}$ 的一条 Σ-收集原理, 根据定理 1.6, 这便是 $\mathrm{KP}_{\mathcal{A}}^{-}$ 的一条定理. $\square$

定义 1.17(Σ-函数符号) 设 $\varphi(x_1, \cdots, x_n, y)$ 是一个彰显自由变元符号的 Σ-解析表达式, 并且

$$\mathrm{KP}_{\mathcal{A}}^- \vdash \forall x_1 \cdots \forall x_n \exists! y\, \varphi(x_1, \cdots, x_n, y).$$

令 F 为一个新的 n-元函数符号, 其定义式为

(F) $\qquad \forall x_1 \cdots \forall x_n (F(x_1, \cdots, x_n) = y \leftrightarrow \varphi(x_1, \cdots, x_n, y)).$

称此 F 为 $\mathrm{KP}_{\mathcal{A}}^-$ 的一个 Σ-函数符号.

下面的引理表明我们完全可以将这样引进的 Σ-函数符号当成原语言的基本函数符号使用.

引理 1.4 设 F 为理论 $\mathrm{KP}_{\mathcal{A}}^-$ 的一个 Σ-函数符号. 令 $\mathcal{A}_1 = \mathcal{A} \cup \{F\}$ 为添加此函数符号之后的非逻辑符号表, $\mathcal{L}$ 为由 $\mathcal{A}$ 所生成的语言, $\mathcal{L}(F)$ 为由 $\mathcal{A}_1$ 所生成的语言. 设 $\mathrm{KP}_{\mathcal{A}_1}^-$ 为在此语言环境下所形成的理论, 并添加进 F 的定义式 (F) 为一条非逻辑公理.

(1) 对于 $\mathcal{L}(F)$ 中的任何一个表达式 $\theta(x_1, \cdots, x_k, F)$, 都一定有一个 $\mathcal{L}$ 的表达式 $\theta_0(x_1, \cdots, x_k)$ 来见证如下等价关系式:

$$\mathrm{KP}_{\mathcal{A}}^- + (F) \vdash (\theta(x_1, \cdots, x_k, F) \leftrightarrow \theta_0(x_1, \cdots, x_k)).$$

并且当 θ 是一个 Σ-表达式时, θ_0 也是一个 Σ-表达式;

(2) 对于 $\mathcal{L}(F)$ 中的任何一个 Δ_0-表达式 $\theta(x_1, \cdots, x_k, F)$, 都一定有 $\mathcal{L}$ 的一个 Σ-表达式 $\theta_0(x_1, \cdots, x_k)$ 和一个 Π-表达式 $\theta_1(x_1, \cdots, x_k)$ 来见证如下等价关系式:

$$\mathrm{KP}_{\mathcal{A}}^- + (P) \vdash \left(\begin{array}{c} (\theta(x_1, \cdots, x_k, F) \leftrightarrow \theta_0(x_1, \cdots, x_k)) \wedge \\ (\theta(x_1, \cdots, x_k, F) \leftrightarrow \theta_1(x_1, \cdots, x_k)) \end{array} \right).$$

(3) 理论 $\mathrm{KP}_{\mathcal{A}_1}^-$ 是理论 $\mathrm{KP}_{\mathcal{A}}^-$ 的一个保守扩张, 即对于 $\mathcal{L}$ 中的任何语句 θ, 一定有

$$\mathrm{KP}_{\mathcal{A}_1}^- \vdash \theta \text{ 当且仅当 } \mathrm{KP}_{\mathcal{A}}^- \vdash \theta.$$

证明 首先注意, 当 $\varphi(x_1, \cdots, x_n, y)$ 是一个 Σ-表达式, 以及定义式为

$$F(x_1, \cdots, x_n) = y \leftrightarrow \varphi(x_1, \cdots, x_n, y)$$

时, 不等式 $F(x_1, \cdots, x_n) \neq y$ 有如下 Σ-定义:

$$F(x_1, \cdots, x_n) \neq y \leftrightarrow (\exists z (\varphi(x_1, \cdots, x_n, z) \wedge y \neq z)).$$

由此可见, F 的图形事实上是一个 Δ-谓词. 上述对等关系式也就决定了自然的从一种语言的 Σ-表达式到另一种语言的 Σ-表达式的变换.

令情形变得复杂的是函数的复合. 比如, 在给定的表达式中, 可能出现诸如下述的子表达式:

$$F(G(x)) = H(y) \text{ 以及 } P(F(x), y).$$

面对这样的情形, 我们需要应用下述系列对等关系来将它们转化成简单的只含有下述子表达式的情形 (姑且称这样的表达式为简单表达式):

$$F(x_1, \cdots, x_n) = y \text{ 以及 } F(x_1, \cdots, x_n) \neq y.$$

这些系列对等关系式为

$$F(G(x), x_2, \cdots, x_n) = y \leftrightarrow (\exists z \, (G(x) = z \wedge F(z, x_2, \cdots, x_n) = y));$$
$$F(G(x), x_2, \cdots, x_n) \neq y \leftrightarrow (\exists z \, (G(x) = z \wedge F(z, x_2, \cdots, x_n) \neq y));$$
$$F(x_1, \cdots, x_n) = H(y) \quad \leftrightarrow (\exists z \, (H(y) = z \wedge F(x_1, \cdots, x_n) = z));$$
$$F(x_1, \cdots, x_n) \neq H(y) \quad \leftrightarrow (\exists z \, (H(y) = z \wedge F(x_1, \cdots, x_n) \neq z));$$
$$\psi(F(x_1, \cdots, x_n), \cdots) \quad \leftrightarrow (\exists z \, (F(x_1, \cdots, x_n) = z \wedge \psi(z, \cdots))),$$

其中表达式 ψ 是任何一个不含量词的布尔表达式.

一旦完成这种简化过程, 再将每一个形如 $F(x_1, \cdots, x_n) = y$ 的等式出现用 $\varphi(x_1, \cdots, x_n, y)$ 来替换; 将每一个形如 $F(x_1, \cdots, x_n) \neq y$ 的不等式出现用

$$(\exists z \, (\varphi(x_1, \cdots, x_n, z) \wedge y \neq z))$$

来替换. 这便是一个将含有 F 的 Σ-表达式转换成不含有 F 的对等的 Σ-表达式的过程.

其他的论证如同前面引理 1.3 之证明那样.   □

作为 Σ-函数符号在 KP^- 上依照定义引进的一个例子, 我们在 KP^- 的基础上来重新引进传递闭包函数符号 $\mathcal{TC}$. 这曾经是我们应用第二递归定理的例子. 在下面关于传递闭包存在性的证明中我们需要下述 $\in$-极小原理的翻版: 第一 $\in$-归纳法原理.

定理 1.10 (第一 $\in$-归纳法原理)   设 $\varphi(x)$ 是一个表达式 (可能含有未显示的自由变元). 那么

$$\mathrm{KP}^- \vdash ((\forall x((\forall y \in x \, \varphi(y)) \rightarrow \varphi(x))) \rightarrow (\forall x \, \varphi(x))).$$

为了在 KP^- 基础上证明任何一个集合的传递闭包存在, 我们需要下面的引理.

引理 1.5   对于任意固定的自然数 n, 都有

$$\mathrm{KP}^- \vdash \forall x \exists ! A_n(x) \left(A_n(x) = x \cup \left(\bigcup x \right) \cup \cdots \cup \left(\overbrace{\bigcup \cdots \bigcup}^{n+1} x \right) \right),$$

并且一元函数符号 A_n 可以依 Δ_0-定义方式引进, 以及

$$\text{KP}^- \vdash \forall x \forall z \left((\mathbf{CDJ}(z) \wedge x \subseteq z) \to (A_n(x) \subseteq z) \right).$$

证明 这是因为对于任意集合 B, 在 KP^- 基础上, $\bigcup(B \cup \{B\})$ 是一个集合, 并且当 $B \subseteq z$, z 是传递集合时, 自然就有

$$\left(\bigcup B \right) \subseteq z.$$

也就是说,

$$\text{KP}^- \vdash \forall b \exists! y \left(\left(y = \bigcup (b \cup \{b\}) \right) \wedge \left(\forall z \left((b \subseteq z \wedge \mathbf{CDJ}(z)) \to y \subseteq z \right) \right) \right).$$

当 $n = 0$ 时, 任给一个集合 x, 令

$$A_0(x) = \bigcup(x \cup \{x\}) = x \cup \bigcup x.$$

注意, 定义式 $A_0(x) = \bigcup(x \cup \{x\})$ 在 KP^- 基础上等价于一个 Δ_0-解析表达式. 换句话说, A_0 是一个在 KP^- 基础上可以 Δ_0 引进的一元函数符号, 并且对于任意给定集合 x 以及传递集合 $z \supseteq x$, 自然就有

$$A_0(x) \subseteq z.$$

现在假设对于自然数 n, 引理 1.5 的结论成立. 令 A_n 为一个在 KP^- 基础上依照一个 Δ_0-定义引进的满足等式

$$A_n(x) = x \cup \left(\bigcup x \right) \cup \cdots \cup \left(\overbrace{\bigcup \cdots \bigcup}^{n+1} x \right)$$

要求的一元函数符号, 并且对于任意给定集合 x 以及传递集合 $z \supseteq x$, 都有

$$A_n(x) \subseteq z.$$

我们来证明引理 1.5 的结论对于 $n+1$ 也成立. 任给一个集合 x, 令 $A_n(x)$ 为由上式所确定的集合. 再令

$$A_{n+1}(x) = \bigcup(A_n(x) \cup \{A_n(x)\}).$$

在 KP^- 基础上, 这个等式等价于一个 Δ_0-解析表达式, 并且对于任意给定集合 x 以及传递集合 $z \supseteq x$, 根据归纳假设以及 $n = 0$ 的结论, 自然就有

$$A_{n+1}(x) \subseteq z.$$

另外, 在 KP⁻ 中直接计算就可验证所要求的等式成立:

$$A_{n+1}(x) = x \cup \left(\bigcup x\right) \cup \cdots \cup \left(\overbrace{\bigcup \cdots \bigcup}^{n+2} x\right). \qquad \square$$

定理 1.11 (传递闭包存在性)　在理论 KP⁻ 的基础上可以引进 Σ-函数符号 $\mathcal{TC}$ 以至于:

$$\mathrm{KP}^- \vdash \forall x\, \exists y (y = \mathcal{TC}(x) \wedge \mathbf{CDJ}(y) \wedge x \subseteq y \wedge (\forall z\,((x \subseteq z \wedge \mathbf{CDJ}(z)) \to y \subseteq z))).$$

证明　首先, 我们引进二元 Π-谓词 $Q(x,y)$:

$$Q(x,y) \leftrightarrow (x \subseteq y \wedge \mathbf{CDJ}(y) \wedge (\forall z\,((x \subseteq z \wedge \mathbf{CDJ}(z)) \to y \subseteq z))).$$

上述定义式对等关系符之右端是一个 Π-表达式. $Q(x,y)$ 断言 y 是包含 x 的最小传递集合, 并且

$$\mathrm{KP}^- \vdash ((Q(x,y) \wedge Q(x,z)) \to y = z).$$

现在如下引进二元 Σ-谓词 $P(x,y)$:

$$P(x,y) \leftrightarrow \left(\begin{array}{l} x \subseteq y \wedge \mathbf{CDJ}(y) \wedge \\ \left(\forall z \in y \exists n\, \exists f \left(\begin{array}{l} \mathbf{HS}(f) \wedge \mathbb{N}(n) \wedge \mathrm{dom}(f) = \mathbf{S}(n) \wedge \\ z = f(0) \wedge f(n) \in x \wedge (\forall i \in n(f(i) \in f(\mathbf{S}(i)))) \end{array} \right) \right) \end{array} \right).$$

我们先来验证: $\mathrm{KP}^- \vdash (P(x,y) \to Q(x,y))$. 从而,

$$\mathrm{KP}^- \vdash ((P(x,y) \wedge P(x,z)) \to y = z).$$

假设 $P(x,y)$, 以及 $x \subseteq z$ 并且 z 是传递的. 我们需要验证 $y \subseteq z$. 设 $a \in y$. 令 $n = n_y$ 为满足下述要求的最小自然数:

$$\exists f\,(\mathbf{HS}(f) \wedge \mathrm{dom}(f) = n+1 \wedge a = f(0) \wedge f(n) \in x \wedge (\forall i \in n\,(f(i) \in f(i+1)))).$$

令 f 为上述表达式成立的一个证据. 对于每一个自然数 $j \leqslant n$, 根据引理 1.5, 令 A_j 为依照 Δ_0-定义引进的满足其结论之等式的一元函数符号. 由于 z 是传递的, 并且 $x \subseteq z$, 所以 $A_j(x) \subseteq z$. 那么, 由关于 $j \leqslant n$ 的归纳法得知对于 $j \leqslant n$ 必有 $f(n-j) \in A_j(x)$. 于是, $a \in A_n(x) \subseteq z$. 这就表明 $y \subseteq z$.

接下来我们验证: $\mathrm{KP}^- \vdash \forall x \exists y\, P(x,y)$.

我们应用第一 $\in$-归纳法原理来证明: $\mathrm{KP}^- \vdash \forall x \exists y \, P(x, y)$. 为此, 我们只需验证: $\mathrm{KP}^- \vdash (\forall x((\forall z \in x \exists y \, P(z, y)) \rightarrow (\exists y \, P(x, y))))$. 设 x 为一个集合, 并且 $(\forall z \in x \exists y \, P(z, y))$ 成立. 于是, 根据唯一性,

$$(\forall z \in x \exists! y \, P(z, y)).$$

根据 Σ-替换原理 (定理 1.8), 令 g 为一个满足下述要求的函数: $\mathrm{dom}(g) = x$ 并且

$$\forall z \in x \, P(z, g(z)).$$

令 $w = x \cup (\bigcup \mathrm{rng}(g))$. 此 w 必为一传递集合. 我们来验证 $P(x, w)$ 中的剩余部分结论也成立.

令 $z \in w$. 如果 $z \in x$, 则令 $f = \{\langle 0, z \rangle\}$. 设 $z \in \bigcup \mathrm{rng}(g)$. 令 $y \in x$ 来见证 $z \in g(y)$. 由于 $P(y, g(y))$ 成立, 令 n 为一个自然数, h 为一个函数, 并且

$$z = h(0) \wedge \mathrm{dom}(h) = \mathbf{S}(n) \wedge h(n) \in y \wedge (\forall i \in n \, (h(i) \in h(\mathbf{S}(i)))).$$

令 $f = h \cup \{\langle \mathbf{S}(n), y \rangle\}$. 那么

$$z = f(0) \in f(1) \in \cdots \in f(\mathbf{S}(n)) = y \in x.$$

所以, $P(x, w)$ 成立.

综上所述, $\mathrm{KP}^- \vdash \forall x \exists! y \, P(x, y)$. 于是, 在 KP^- 之上可定义一个 Σ-函数符号 $\mathcal{TC}$ 如下:

$$\mathcal{TC}(x) = y \leftrightarrow P(x, y). \qquad\qquad \square$$

应用传递闭包函数符号, 我们有下述**第二 $\in$-归纳法原理**, 或者称之为**传递闭包归纳法原理**. 传递闭包归纳法原理是第一 $\in$-归纳法原理的一种加强版. 这是因为 $\mathrm{KP}^- \vdash \forall x \, (x \subseteq \mathcal{TC}(x))$, 当 $x \neq \mathcal{TC}(x)$ 时, 条件

$$((\forall y \in x \, \varphi(y)) \rightarrow \varphi(x))$$

比条件

$$((\forall y \in \mathcal{TC}(x) \, \varphi(y)) \rightarrow \varphi(x))$$

要强; 当 $x = \mathcal{TC}(x)$ 时, 两者相同. 当然, 这两种归纳法原理都是数学归纳法原理以及序数归纳法原理的推广.

定理 1.12 (第二 $\in$-归纳法原理) 设 $\varphi(x)$ 为一个解析表达式. 那么

$$\mathrm{KP}^- \vdash ((\forall x((\forall y \in \mathcal{TC}(x) \, \varphi(y)) \rightarrow \varphi(x))) \rightarrow (\forall x \, \varphi(x))).$$

证明 在 KP⁻ 基础上讨论. 假设 $(\forall x((\forall y \in \mathcal{TC}(x)\,\varphi(y)) \to \varphi(x)))$ 成立. 我们试图证明

$$\forall u \forall y \in \mathcal{TC}(u)\,\varphi(y).$$

因为 $x \in \mathcal{TC}(\{x\})$ 总成立, 上述命题蕴涵 $\forall x\,\varphi(x)$ 成立.

我们应用第一 $\in$-归纳法原理 (定理 1.10) 来证明 $\forall u \forall y \in \mathcal{TC}(u)\,\varphi(y)$ 成立.

任意固定一个集合 u, (考虑表达式 $(\forall y \in \mathcal{TC}(u)\,\varphi(y))$), 根据第一 $\in$-归纳法原理 (定理 1.10), 我们只需假设

$$\forall z \in u\,(\forall y \in \mathcal{TC}(z)\,\varphi(y))$$

成立, 进而证明 $(\forall y \in \mathcal{TC}(u)\,\varphi(y))$ 也成立.

依据上面的假设 $(\forall z((\forall y \in \mathcal{TC}(z)\,\varphi(y)) \to \varphi(z)))$, 以及 $\in$-归纳假设, 当 $z \in u$ 时, 必有

$$(\forall y \in \mathcal{TC}(z)\,\varphi(y)),$$

我们得到

$$\forall z \in u\,\varphi(z).$$

也就是说, $\forall y \in u\,\varphi(y)$ 成立. 再用一次假设条件:

$$\forall z \in u\,(\forall y \in \mathcal{TC}(z)\,\varphi(y)),$$

就有

$$\forall y \in \left(u \cup \bigcup \{\mathcal{TC}(z) \mid z \in u\}\right)\varphi(y).$$

在 KP⁻ 基础上有

$$\mathcal{TC}(u) = u \cup \bigcup\{\mathcal{TC}(z) \mid z \in u\}.$$

所以, 我们就得到 $\forall y \in \mathcal{TC}(u)\,\varphi(y)$. $\qquad\square$

第二 $\in$-归纳法原理是一个比第一 $\in$-归纳法原理显得强一些的原理; 当 $x = \mathcal{TC}(x)$ 时, 这两个归纳法原理相同, 尤其是当局限在序数范围时, 两者都是通常的关于序数的归纳法.

前面已经看到递归定义对于集合论的发展很重要. 那么, 在相对较弱的集合理论 KP⁻ 基础上, 会有怎样的递归定义定理呢?

定理 1.13(Σ-递归定义) 设 G 是一个 $n+2$-元 Σ-函数符号 $(n \geqslant 0)$. 那么, 可以在 KP⁻ 的基础上定义一个新的 Σ-函数符号 F 以至于在对 KP⁻ 添加 G 和 F 的定义公理之后的理论中, 下述语句是一个定理:

$$\forall x_1 \cdots \forall x_n \forall y \left((*) \quad \begin{array}{l} F(x_1, \cdots, x_n, y) = \\ G(x_1, \cdots, x_n, y, \{\langle z, F(x_1, \cdots, x_n, z)\rangle \mid z \in \mathcal{TC}(y)\}) \end{array} \right).$$

证明 在对理论 KP^- 添加 G 的定义公理之后的基础上展开讨论. 我们需要在此基础上寻找一种关于 Σ-函数符号 F 的定义方式, 并且在此基础上证明以下事实:

$$\forall x_1 \cdots \forall x_n \forall y \exists f \left(\begin{array}{ll} (1) & \mathbf{HS}(f) \wedge \mathrm{dom}(f) = \mathcal{TC}(y), \\ (2) & \forall u \in \mathrm{dom}(f)\,(f(u) = F(x_1, \cdots, x_n, u), \\ (3) & F(x_1, \cdots, x_n, y) = G(x_1, \cdots, x_n, y, f) \end{array} \right).$$

上述要求告诉我们应该如何定义 F.

令 $P(x_1, \cdots, x_n, y, z, f)$ 为依据下述定义式引进的 Σ-谓词符号:

$$\left(\begin{array}{l} \mathbf{HS}(f) \wedge \mathrm{dom}(f) = \mathcal{TC}(y) \wedge \\ \forall u \in \mathcal{TC}(y)\,(f(u) = G(x_1, \cdots, x_n, u, f \upharpoonright \mathcal{TC}(u)) \wedge \\ z = G(x_1, \cdots, x_n, y, f) \end{array} \right).$$

我们来证明:

(4) $\forall x_1, \cdots, \forall x_n \forall y \exists! z \exists f\, P(x_1, \cdots, x_n, y, zf)$;

以及依此如下引进 Σ-函数符号 F:

(5) $F(x_1, \cdots, x_n, y) = z \leftrightarrow (\exists f\, P(x_1, \cdots, x_n, y, z, f))$.

欲证明 (4), 证明下述两个命题即可:

(6) $\left(\begin{array}{l} (P(x_1, \cdots, x_n, y, z_1, f_1) \wedge P(x_1, \cdots, x_n, y, z_2, f_2)) \\ \rightarrow (z_1 = z_2 \wedge f_1 = f_2) \end{array} \right)$, 以及

(7) $\forall y \exists z \exists f\, P(x_1, \cdots, x_n, y, z, f)$.

我们应用第二 $\in$-归纳法原理 (定理 1.12) 证明 (6) 和 (7). 在证明过程中, 用到由谓词 P 的定义所揭示的下述两个性质:

(8) $(P(x_1, \cdots, x_n, y, z, f) \rightarrow z = G(x_1, \cdots, x_n, y, f))$;

(9) $((P(x_1, \cdots, x_n, y, z, f) \wedge u \in \mathcal{TC}(y)) \rightarrow P(x_1, \cdots, x_n, u, f(u), f \upharpoonright \mathcal{TC}(u)))$.

现在对 $\mathcal{TC}(y)$ 施归纳证明 (6). 假设: 对于 $w \in \mathcal{TC}(y)$, 至多有一个 u 和 g 来见证

$$P(x_1, \cdots, x_n, w, u, g),$$

并依此证明

$$((P(x_1, \cdots, x_n, y, z_1, f_1) \wedge P(x_1, \cdots, x_n, y, z_2, f_2)) \rightarrow (z_1 = z_2 \wedge f_1 = f_2)).$$

由于 $z_1 = G(x_1, \cdots, x_n, y, f_1)$ 以及 $z_2 = G(x_1, \cdots, x_n, y, f_2)$, 所以只需在给定条件下证明 $f_1 = f_2$. 因为 f_1 和 f_2 都是以 $\mathcal{TC}(y)$ 为公共定义域的函数, 欲得 $f_1 = f_2$, 只需证明

$$\forall w \in \mathcal{TC}(y)\,(f_1(w) = f_2(w)).$$

设 $w \in \mathcal{TC}(y)$. 根据假设, 至多有一个 u_w 和 g_w 来见证

$$P(x_1, \cdots, x_n, w, u_w, g_w).$$

因为 $(P(x_1, \cdots, x_n, y, z_1, f_1)$, $(P(x_1, \cdots, x_n, y, z_2, f_2)$, 以及 $w \in \mathcal{TC}(y)$, 所以根据 (9),

$$P(x_1, \cdots, x_n, w, f_1(w), f_1 \restriction \mathcal{TC}(w))$$

以及

$$P(x_1, \cdots, x_n, w, f_2(w), f_2 \restriction \mathcal{TC}(w))$$

都成立. 于是

$$g_w = f_1 \restriction \mathcal{TC}(w) = f_2 \restriction \mathcal{TC}(w) \text{ 以及 } u_w = f_1(w) = f_2(w).$$

接下来证明 (7). 假设: $\forall w \in \mathcal{TC}(y) \exists u \exists g \, P(x_1, \cdots, x_n, w, u, g)$, 并依此证明

$$\exists z \exists f \, P(x_1, \cdots, x_n, y, z, f).$$

根据 (6), 对于 $w \in \mathcal{TC}(y)$, 存在唯一的 u_w 以及 g_w 来见证 $P(x_1, \cdots, x_n, w, u_w, g_w)$. 应用 Σ-替换原理 (定理 1.8), 函数

$$f = \{\langle w, u_w \rangle \mid w \in \mathcal{TC}(y)\}$$

存在. 欲证明 (7), 只需证明 $P(x_1, \cdots, x_n, y, G(x_1, \cdots, x_n, y, f), f)$, 而这个事实又由

$$\forall z \in \mathcal{TC}(y) \, (f(z) = G(x_1, \cdots, x_n, z, f \restriction \mathcal{TC}(z)))$$

即得. 所以我们下面就来证明这个事实.

固定 $z \in \mathcal{TC}(y)$. 因为 $P(x_1, \cdots, x_n, z, u_z, g_z)$ 成立, 自然就有

$$u_z = G(x_1, \cdots, x_n, z, g_z)$$

以及 $f(z) = u_z$. 这样, 我们真正需要证明的便是下面的等式:

$$f \restriction \mathcal{TC}(z) = g_z.$$

对于 $w \in \mathrm{dom}(g_z) = \mathcal{TC}(z)$, 因为 $P(x_1, \cdots, x_n, z, u_z, g_z)$ 成立, 所以事实 (9) 保证了

$$P(x_1, \cdots, x_n, w, g_z(w), g_z \restriction \mathcal{TC}(w))$$

成立. 根据 (6), 有

$$g_z(w) = u_w = f(w),$$

从而, $g_z = f \upharpoonright \mathcal{TC}(z)$.

(7) 于是得证.

这样一来, 我们就用 (5) 为定义引进了 Σ-函数符号 F, 并且据此来验证定理 1.13 中的等式

$$(*) \quad F(x_1, \cdots, x_n, y) = G\left(x_1, \cdots, x_n, y, \{\langle z, F(x_1, \cdots, x_n, z)\rangle \mid z \in \mathcal{TC}(y)\}\right).$$

现在假设 $P(x_1, \cdots, x_n, y, G(x_1, \cdots, x_n, y, f), f)$ 成立. 根据 (5), 有

$$F(x_1, \cdots, x_n, y) = G(x_1, \cdots, x_n, y, f).$$

因此, 只需证明

$$f = \{\langle z, F(x_1, \cdots, x_n, z)\rangle \mid z \in \mathcal{TC}(y)\}.$$

因为 $P(x_1, \cdots, x_n, y, G(x_1, \cdots, x_n, y, f), f)$ 成立, 对于 $z \in \mathcal{TC}(y)$, 依据 (9), 我们有

$$P(x_1, \cdots, x_n, z, f(z), f \upharpoonright \mathcal{TC}(z)).$$

由此, 依据 (5),

$$F(x_1, \cdots, x_n, z) = f(z). \qquad \square$$

推论 1.3(Δ-谓词递归定义) 设 Q 为 $n+2$-元 $(n \geqslant 0)\Delta$-谓词符号. 我们可以在 KP^- 上依定义引进一个 $n+1$-元 Δ-谓词符号 P, 并且

$$\mathrm{KP}_1^- \vdash P(x_1, \cdots, x_n, y) \leftrightarrow Q\left(x_1, \cdots, x_n, y, \{z \in \mathcal{TC}(y) \mid P(x_1, \cdots, x_n, z)\}\right),$$

其中 KP_1^- 是在 KP^- 基础上添加相应的定义公理后所得到的理论.

证明 令 G 为谓词 Q 的特征函数符号. 应用 Σ-递归定义 (定理 1.13) 来定义 P 的特征函数符号 F. 由于

$$\begin{aligned} P(x_1, \cdots, x_n, y) &\leftrightarrow F(x_1, \cdots, x_n, y) = 1 \\ &\leftrightarrow F(x_1, \cdots, x_n, y) \neq 0, \end{aligned}$$

得知 P 是一个 Δ-谓词符号. $\qquad \square$

例 1.2 (1) 集合的秩函数: $\mathrm{RK}(\varnothing) = 0$; $\mathrm{RK}(x) = \sup\left(\{\mathrm{RK}(y) + 1 \mid y \in x\}\right)$;

(2) 序数加法: $\alpha + 0 = \alpha$; $\alpha + \beta = \alpha \cup \sup\left(\{(\alpha + \gamma) + 1 \mid \gamma \in \beta\}\right)$;

(3) 序数乘法: $\alpha \cdot 0 = 0$; $\alpha \cdot \beta = \sup\left(\{(\alpha \cdot \gamma) + \alpha \mid \gamma \in \beta\}\right)$.

定理 1.14(传递化映射) 非空自同一集合上的传递化映射在 KP^- 基础上存在, 即在理论 KP^- 基础上, 下述命题是一个定理:

如果 A 是非空的自同一集合, 那么存在从 $(A, \in)$ 到一个唯一的传递集合 $(M_A, \in)$ 的同构映射: 对于 $x \in A$, $\pi(x) = \{\pi(y) \mid y \in x \cap A\}$, 并且

$$\forall x \in A \forall y \in A \, (x \in y \leftrightarrow \pi(x) \in \pi(y)).$$

首先, 在 KP⁻ 基础上, 递归地定义一个二元函数符号 $C_x(y) = C(x, y)$:

$$C_x(a) = C(x, a) = \{C_x(y) \mid y \in a \cap x\}.$$

引理 1.6　(1) $C_x(\varnothing) = \varnothing$;

(2) 如果 $a \subseteq b$, 并且 a 是一个传递集合, 那么 $\forall x \in a\, (C_b(x) = x)$;

(3) 对于任意的集合 b, $C_b(b) = \{C_b(y) \mid y \in b\}$ 是一个传递集合.

证明　(1) 是自明的.

(2) 我们用 $\in$-归纳法. 假设 a 是传递的, 且 $a \subseteq b$. $\in$-归纳假设为: 对于 $x \in a$,

$$\forall y \in x\, (C_b(y) = y).$$

对于 $x \in a$, 由传递性, $x \subset a \subseteq b$. 于是

$$
\begin{aligned}
C_b(x) &= \{C_b(y) \mid y \in x \cap b\} \\
&= \{C_b(y) \mid y \in x\} \\
&= \{y \mid y \in x\} \\
&= x.
\end{aligned}
$$

(3) 给定集合 b, 令 $a = C_b(b) = \{C_b(y) \mid y \in b\}$. 需要证明 a 是一个传递集合. 为此, 设 $z \in y \in a$. 令 $x \in b$ 见证等式 $y = C_b(x)$. 于是

$$z \in C_b(x) = \{C_b(u) \mid u \in x \cap b\}.$$

令 $u \in b$ 见证等式 $z = C_b(u)$. 这就表明: $z \in a$.　　　　□

定义 1.18　对于任意的集合 b, 令

$$c_b = \{\langle x, C_b(x)\rangle \mid x \in b\}.$$

(根据 Σ-替换原理 (定理 1.8), c_b 存在并且是一个函数, $C_b(b) = \mathrm{rng}(c_b)$.)

现在我们回过头来证明传递化定理.

证明　只需证明: 当 A 是非空自同一集合时, 令

$$\in_A = \{\langle a, b\rangle \mid a, b \in A \wedge a \in b\},$$

那么

$$\forall x \in A \forall y \in A\, (x \in y \leftrightarrow c_A(x) \in c_A(y)),$$

从而

$$c_A : (A, \in_A) \cong (C_A(A), \in).$$

考虑二元谓词 $P(x,y)$:

$$((x \in A \land y \in A \land c_A(x) = c_A(y)) \to x = y)$$
$$\land((x \in A \land y \in A \land c_A(x) \in c_A(y)) \to x \in y)$$
$$\land((x \in A \land y \in A \land c_A(y) \in c_A(x)) \to y \in x).$$

我们来证明: $\forall x \forall y\, P(x,y)$. 由此得知: c_A 是一个单射, 并且如果 $c_A(x) \in c_A(y)$, 那么 $x \in y$.

给定 x_0, 欲证 $\forall y\, P(x_0, y)$, 根据 $\in$-归纳法原理, 不妨假设

(1)　$\forall x \in x_0\, \forall y\, P(x,y)$.

对于任意给定的 y_0, 欲证 $P(x_0, y_0)$, 根据 $\in$-归纳法原理, 又不妨假设

(2)　$\forall y \in y_0\, P(x_0, y)$.

现在假设 $x_0 \in A$ 以及 $y_0 \in A$.

情形一　$c_A(x_0) = c_A(y_0)$.

假设 $x_0 \neq y_0$. 由于 A 是自同一的, $\exists z \in A\, (z \in ((x_0 \cup y_0) - (x_0 \cap y_0)))$. 取一个这样的 z. 不妨假设 $z \in (x_0 - y_0)$ (其他情形类似). 那么

$$c_A(z) \in c_A(x_0) = c_A(y_0).$$

但是, 此时由假设 (1), $P(z, y_0)$ 成立, 从而 $z \in y_0$. 得到一个矛盾.

情形二　$c_A(x_0) \in c_A(y_0)$.

此时, $\exists z \in y_0\, (c_A(x_0) = c_A(z))$. 取得这样的一个 z.

根据假设 (2), $P(x_0, z)$ 成立. 此时必有 $x_0 = z$. 也就是说, $x_0 \in y_0$.

情形三　$c_A(y_0) \in c_A(x_0)$.

与情形二雷同.　　　　　　　　　　　　　　　　　　　　□

在对 KP^- 添加进无穷公理之后我们得到的是理论 KP. 在 KP 基础上, 我们可以将全体自然数收集起来得到一个集合:

$$\omega = \{x \in A \mid \mathbb{N}(x)\},$$

其中 A 是任意一个满足无穷公理要求的集合. 也正是在这样的意义下, 我们将谓词 $\mathbb{N}$ 与自然数集合 $\mathbb{N} = \omega$ 等同起来:

$$\forall x\, (\mathbb{N}(x) \leftrightarrow x \in \mathbb{N}).$$

于是, 在 KP 基础上, 也便有了通常使用的自然数集合上的递归定义. 从而, 在理论 KP 基础上, 我们就成功地将元数学环境中多次使用过的在元数学自然数基础上的递归定义以及数学归纳法植入集合论形式系统之中.

下面我们来看几个熟悉的例子.

例 1.3 (KP)   (1) 传递闭包之递归定义: 任意给定一个集合 A,

(i) $F(0) = A$;

(ii) 对于自然数 $n \in \omega$, $F(n+1) = F(n) \cup \bigcup F(n)$;

最后, $\mathcal{TC}(A) = \cup \mathrm{rng}(F) = \cup \{F(n); \mid n \in \omega\}$.

(2) 有限子集收集运算: 任意给定一个集合 A,

(i) $[A]^0 = \{\varnothing\}$;

(ii) $[A]^{n+1} = \{a \cup \{x\} \mid a \in [A]^n \wedge x \in A \wedge x \notin a\}$;

最后, $[A]^{<\omega} = \cup\{[A]^n \mid n \in \omega\}$.

(3) 有限序列收集运算: 任意给定一个集合 A,

(i) $(A)^0 = \{\varnothing\}$;

(ii) $(A)^{n+1} = \{a \cup \{\langle n, x \rangle\} \mid a \in (A)^n \wedge x \in A\}$;

最后, $(A)^{<\omega} = \cup\{(A)^n \mid n \in \omega\}$.

定义 1.19   (1) $\mathbf{DnS}(f) \leftrightarrow$

$$(\mathbf{HS}(f) \wedge (\forall u \in \mathrm{dom}(f) \, \forall v \in \mathrm{dom}(f) \, (u \neq v \rightarrow f(u) \neq f(v))));$$

(2) $\mathbf{MnS}(f, x, y) \leftrightarrow (\mathbf{HS}(f) \wedge x = \mathrm{dom}(f) \wedge y = \mathrm{rng}(f))$;

(3) $\mathbf{ShS}(f, x, y) \leftrightarrow (\mathbf{DnS}(f) \wedge \mathbf{MnS}(f, x, y))$;

(4) $|x| = |y| \leftrightarrow (\exists f \, \mathbf{ShS}(f, x, y))$;

(5) $|x| < \omega \leftrightarrow (\exists n \in \omega \, (|x| = |n|))$.

谓词 $\mathbf{DnS}$ 表示 "单射": $\mathbf{DnS}(f)$ 当且仅当 f 是一个单射 (Dan She); 谓词 $\mathbf{MnS}$ 表示 "满射": $\mathbf{MnS}(f, x, y)$ 当且仅当 f 是一个从 x 到 y 的满射 (Man She); 谓词 $\mathbf{ShS}$ 表示 "双射": $\mathbf{ShS}(f, x, y)$ 当且仅当 f 是一个从 x 到 y 的双射.

引理 1.7   设 A 是任意一个集合. 那么

(1) $\forall n \in \omega \, \forall x \, (x \subseteq A \rightarrow (|x| = n \leftrightarrow x \in [A]^n))$;

(2) $\forall x \, (x \subseteq A \rightarrow (|x| < \omega \leftrightarrow x \in [A]^{<\omega}))$.

证明   (练习.)   □

引理 1.8   (1) 一元运算 $x \mapsto [x]^{<\omega}$ 是一个在理论 KP 基础上 Σ-可引入的泛函.

(2) $y = [x]^{<\omega}$ 是一个在理论 KP 基础上的 Δ_1 性质.

(3) 一元运算 $x \mapsto (x)^{<\omega}$ 是一个在理论 KP 基础上 Δ_0-可引入的泛函.

证明   (1) 一元运算 $x \mapsto [x]^{<\omega}$ 在理论 KP 基础上可以依照下面的 Σ-表达式

引入:

$$y = [x]^{<\omega} \leftrightarrow$$
$$\left(\begin{array}{l} \varnothing \in y \ \wedge \ \left(\forall a \in y \forall b \in x \exists c \in y \left(c = a \bigcup\{b\} \right) \right) \ \wedge \\[2mm] \forall a \in y \left(\begin{array}{l} a \subseteq x \ \wedge \\[1mm] \exists f \exists n \in \omega \left(\begin{array}{l} \mathbf{HS}(f) \wedge \mathrm{dom}(f) = a \wedge n = \mathrm{rng}(f) \wedge \\ (\forall u \in a \forall v \in a(u \neq v \to f(u) \neq f(v))) \end{array} \right) \end{array} \right) \end{array} \right).$$

(2) 根据 (1), 性质 $y = [x]^{<\omega}$ 在 KP 基础上对等于一个 Σ_1 性质 $\varphi(x,y)$. 由于

$$\mathrm{KP} \vdash (\forall x \exists ! y \, \varphi(x, y)),$$

我们有

$$\mathrm{KP} \vdash (\forall x \forall y \, (\varphi(x, y) \leftrightarrow (\forall z \, (\varphi(x, z) \to z = y)))).$$

表达式 $(\forall z \, (\varphi(x, y) \to z = y))$ 是一个 Π_1-表达式 $\psi(x, y)$.

(3) 一元运算 $x \mapsto (x)^{<\omega}$ 在理论 KP 基础上可以依照下面的 Δ_0-表达式引入:

$$y = (x)^{<\omega} \leftrightarrow$$
$$\left(\begin{array}{l} (x = \varnothing \to y = \varnothing) \ \vee \\[2mm] \left(\begin{array}{l} \varnothing \in y \ \wedge \ \left(\forall a \in y \forall b \in x \exists c \in y \left(c = a \bigcup\{\langle \mathrm{dom}(a), b\rangle\} \right) \right) \ \wedge \\[1mm] (\forall a \in y(\mathbf{HS}(a) \wedge \mathrm{dom}(a) \in \omega \wedge \mathrm{rng}(a) \subseteq x)) \end{array} \right) \end{array} \right). \qquad \square$$

前面, 在 KP$^-$ 基础上, 我们引进了 "有限集" 这一概念, 并且知道表达式 "a 是一个有限集合" 是一个 Σ_1-表达式. 添加进无穷公理之后, 在理论 KP 基础上, 这一概念就变得简单了:

$$a \text{ 是有限的 } \leftrightarrow \left(a \in [a]^{<\omega} \right).$$

于是, 在 KP 基础上, "a 是有限的" 就成为一个 Δ_0- 概念.

定义 1.20 (1) "s 是一个序列[6]" 当且仅当 $\mathbf{XL}(s)$,

$$\mathbf{XL}(s) \leftrightarrow (\mathbf{HS}(s) \wedge \mathrm{Ord}(\mathrm{dom}(s))).$$

(2) "s 是一个有限序列[7]" 当且仅当 $\mathbf{yxXL}(s)$,

$$\mathbf{yxXL}(s) \leftrightarrow \left(\begin{array}{l} \mathbf{HS}(s) \wedge (\forall x \in \mathrm{dom}(s) \, \mathbb{N}(x)) \wedge \\ (\exists u \in \mathrm{dom}(s) \forall v \in \mathrm{dom}(s) \, (v \in u \vee v = u)) \end{array} \right).$$

---

6 **XL** 为 "序列" 汉语拼音的缩写.

7 **yxXL** 为 "有限序列" 汉语拼音的缩写.

可见, "x 是有限集" 这一概念, 在 KP^- 基础上, 是一个 Σ- 概念; 而 "s 是一个有限序列" 这一概念, 在 KP^- 基础上, 则是一个 Δ_0- 概念.

应用 Σ-递归定义, 在理论 KP 基础上, 可以定义集合 V_ω 如下:

定义 1.21 (KP) $V_0 = \varnothing;\ V_{n+1} = [V_n]^{<\omega}.\ V_\omega = \bigcup\{V_n \mid n \in \omega\}.$

引理 1.9 (KP)   对于每一个自然数 $n \in \omega$ 而言,

(1) V_n 是一个有限集合;

(2) V_n 是一个传递集合;

(3) $V_{n+1} = \{x \mid x \subseteq V_n\}.$

证明   对 n 施归纳, 同时证明 (1)—(3).

当 $n = 0$ 时, 结论成立.

现在假设 V_n 是一个传递且有限的集合. 根据 V_{n+1} 的定义以及归纳假设, 知道 $V_n \in V_{n+1}$. 设 $y \in V_n$. 根据归纳假设, V_n 是传递集合, $y \subseteq V_n$, 从而是 V_n 的一个有限集合. 因此, $y \in V_{n+1}$. 这些就表明 $V_n \subseteq V_{n+1}$. 如果 $x \in V_{n+1}$, 那么 $x \subseteq V_n$, 因此 $x \subseteq V_{n+1}$. 故 V_{n+1} 是传递的. 又由 (3) 得知

$$V_{n+1} = \mathfrak{P}(V_n),$$

而 $|\mathfrak{P}(V_n)| = 2^{|V_n|}$. 所以, V_{n+1} 是一个有限集合.

因为 V_{n+1} 是有限的, 所以, 当 $x \subseteq V_{n+1}$ 时, $x \in [V_{n+1}]^{<\omega}$. 由此, $V_{(n+1)+1} = \{x \mid x \subseteq V_{n+1}\}$. □

定理 1.15   在理论 KP 基础上, 常元符号 V_ω 可以依照 Σ-定义引入:

$$y = \mathrm{V}_\omega \leftrightarrow \left(\begin{array}{l} \mathbf{CDJ}(y) \wedge \varnothing \in y \wedge (\forall a \in y \exists b \in y\, (b = a \cup \{a\})) \wedge \\ (\forall x \in [y]^{<\omega}\, (x \in y)) \wedge (\forall x \in y \exists n \in \omega \exists f\, \mathbf{ShS}(f, x, n)) \wedge \\ (\forall x \in y \exists a \in y\, (x \subseteq a \wedge \mathbf{CDJ}(a))) \end{array} \right).$$

证明   (练习.) □

定理 1.16   在理论 KP 基础上, 集合 V_ω 恰好就是所有彻底有限集之集合:

$$\mathrm{KP} \vdash \forall x \left(\begin{array}{l} x \in \mathrm{V}_\omega \leftrightarrow \\ \left(\exists n \in \omega \exists f \left(\begin{array}{l} \mathbf{HS}(f) \wedge \mathrm{dom}(f) = \mathcal{TC}(x) \wedge n = \mathrm{rng}(f) \wedge \\ (\forall u \in \mathcal{TC}(x) \forall v \in \mathcal{TC}(x)(u \neq v \to f(u) \neq f(v))) \end{array} \right) \right) \end{array} \right).$$

证明   (练习.) □

1.1.6 逻辑语法对象之集合表示

我们假设 T 为一个较 ZF 弱的集合论, 比如, KP, 但要求 T 足够强以至于一阶数理逻辑的语法对象可以系统地用集合表示出来, 从而数理逻辑中的语法概念可以用有关集合的 "简单表达式" 表达出来.

在这个理论中, 我们需要如下这些功能:

(1) 用以表示 "x 是一个谓词符号" 的一元谓词符号 **GxF** 可以依照一个 Δ_0-表达式引进;

(2) 用以表示 "x 是一个函数符号" 的一元谓词符号 **HsF** 可以依照一个 Δ_0-表达式引进;

(3) 用以表示 "x 是一个常元符号" 的一元谓词符号 **CyF** 可以依照一个 Δ_0-表达式引进;

(4) 用以表示 "x 是一个变元符号" 的一元谓词符号[8] **ByF** 可以依照一个 Δ_0-表达式引进;

(5) 可以依照 Δ_0-表达式定义引进两个一元函数符号 v 和 $\#$;

(6) 可以依照 Δ_0-表达式定义引进如下表示 10 个逻辑符号的常元集合:

$$\hat{=}, \neg, \to, \leftrightarrow, \vee, \wedge, \forall, \exists, (,);$$

(7) 二元谓词符号 $P(y, n)$ (表示 "y 是一个长度为正整数 n 的序列") 可以依照 Δ-表达式引进;

(8) 四元谓词符号 $Q(y, n, x, i)$ (表示 "y 是一个长度为正整数 n 的序列, $1 \leqslant i \leqslant n$, 以及 x 是序列 y 的第 i 项") 可以依照 Δ-表达式引进;

(9) 给定一个 Δ 可定义的字符表集合, 可以依 Δ 定义式定义出相应的项集合、原始表达式集合以及表达式集合.

关于这些谓词符号, 我们还需要下述基本事实得到 T 的认可:

(1) 所有的逻辑符号, 变元符号, 常元符号, 函数符号以及谓词符号构成一个集合, 称之为**字总符表**, 并记成 $\mathcal{B}$;

(2) 不同类别的符号表示彼此互不相同;

(3) 所有的变元符号都被 v 按照自然数集合的长度排成单一序列;

(4) 每一个函数符号 x 都有一个唯一属于自己的依照 $\#$ 所确定的正整数 $\#(x)$ 作为其输入变元的个数 (**维数**); 并且对于任何一个正整数 n, 都有无穷多个函数符号持有维数 n;

(5) 每一个谓词符号 x 都有一个唯一属于自己的依照 $\#$ 所确定的正整数 $\#(x)$ 作为其输入变元的个数 (**维数**); 并且对于任何一个正整数 n, 都有无穷多个谓词符号持有维数 n;

(6) 存在无穷多个常元符号.

比如说, 我们用彻底有限集合来表示上述非逻辑符号以及逻辑符号. 对于每一个元数学的语言符号 A, 我们用奎因的上直角记号 $\ulcorner A \urcorner$ 来标识表示 A 的集合.

---

[8] **GxF** 是 "关系符" 一词的汉语拼音的缩写; **HsF** 是 "函数符" 一词的汉语拼音的缩写; **CyF** 是 "常元符" 一词的汉语拼音的缩写; **ByF** 是 "变元符" 一词的汉语拼音的缩写.

回顾从 $\mathbb{N} \times \mathbb{N}$ 到 $\mathbb{N}$ 的双射 J:

$$J(m,n) = \frac{(m+n)(m+n+1)}{2} + m \quad (m,n \in \mathbb{N}).$$

定义 1.22 (1) 逻辑符号的集合表示:

$$\text{符号 } x: \quad \hat{=} \quad \neg \quad \rightarrow \quad \forall \quad (\quad) \quad \vee \quad \wedge \quad \leftrightarrow \quad \exists$$
$$\text{符号数 } \lceil x \rceil: \quad 1 \quad 2 \quad 3 \quad 4 \quad 5 \quad 6 \quad 7 \quad 8 \quad 9 \quad 10$$

(2) 变元符号的集合表示: 对于每一个自然数 $n \in \mathbb{N}$, $\lceil v_n \rceil = J(5, n+11)$;

(3) 常元符号的集合表示: 对于每一个自然数 $n \in \mathbb{N}$, $\lceil c_n \rceil = J(7, n+11)$;

(4) 函数符号的集合表示: 如果 F_n 是一个 k-元函数符号, 那么 $\lceil F_n \rceil = J(2n+7, k+11)$;

(5) 谓词符号的集合表示: 如果 P_n 是一个 k-元谓词符号, 那么 $\lceil P_n \rceil = J(6n+8, k+11)$;

(6) 项的集合表示: 如果 F 是一个 k-元函数符号, $t_1, \cdots, t_k$ 是 k 个项, 那么项

$$F(t_1, \cdots, t_k)$$

的集合表示为

$$\lceil F(t_1, \cdots, t_k) \rceil = \langle 3^{k+3}, \lceil F \rceil, 5, \lceil t_1 \rceil, \cdots, \lceil t_k \rceil, 6 \rangle;$$

(7) 等式的集合表示: 如果 t_1, t_2 是两个项, 那么等式 $(t_1 = t_2)$ 的集合表示为

$$\lceil (t_1 \hat{=} t_2) \rceil = \langle 3, \lceil t_1 \rceil, 1, \lceil t_2 \rceil \rangle;$$

(8) 谓词断言的集合表示: 如果 P 是一个 k-元谓词, $t_1, \cdots, t_k$ 是 k 个项, 那么谓词断言 $P(t_1, \cdots, t_k)$ 的集合表示为

$$\lceil P(t_1, \cdots, t_k) \rceil = \langle 5^{k+3}, \lceil P \rceil, 5, \lceil t_1 \rceil, \cdots, \lceil t_k \rceil, 6 \rangle.$$

对于一般的表达式 φ 而言, 我们用由递归定义所得到的集合 $\lceil \varphi \rceil$ 来表示 φ. 详细的实现留给读者. 一旦我们完成了从元数学的语言符号到集合论的内部表示这一过程, 我们便忽略 A 与 $\lceil A \rceil$ 的区别. 换句话说, 我们将直接用 A 来作为元数学的 A 的表示集合 $\lceil A \rceil$, 因为我们将进行的讨论通常都是在集合论内部进行的, 除非我们明确指出所涉及的讨论是在集合论的元数学范围进行.

称一个集合 $\mathcal{A}$ 为一个**字符表**当且仅当这个集合 $\mathcal{A}$ 的元素都是一些关系符号, 函数符号, 或者常元符号当且仅当 $\mathcal{A} \subseteq \mathcal{B}$. 给定一个字符表 $\mathcal{A}$, 我们依照传递闭包上的递归定义来引进用以表示逻辑概念的谓词. 这包括 "项" "初始表达式" "表达式" 等等.

定义 1.23 ((A-) 项) 一个集合 t 是一个**项** (由字符表 A 所生成的项, 简称 A-项) 当且仅当 t 是一个变元符号, 或者 t 是 (A 中的) 一个常元符号, 或者 t 是一个有序对 $\langle h, y \rangle$, 其中 h 是 (A 中的) 一个函数符号, y 是一个长度为 $\#(h)$ 的序列, 并且这个序列 y 中的每一个序列元都是一个 (A-) 项:

$$\exists h \exists y \exists n \left(\begin{array}{l} t = \langle h, y \rangle \wedge \mathbf{HsF}(h)[\wedge h \in A] \wedge 0 \in n \wedge n = \#(h) \wedge \\ y \in (\mathcal{B})^{<\omega}[y \in (A)^{<\omega}] \wedge n = \operatorname{dom}(y) \wedge (\forall j \in n \, (y(j) \text{ 是一个 } (A\text{-}) \text{ 项})) \end{array} \right).$$

上述定义是关于项和 A-项的两个定义, 并且是基于推论 1.3 所引进的 Δ-(谓词符号) 概念.

引理 1.10 (KP) (1) "y 是一个长度为正整数 n 的序列" 可以依照 Δ-递归定义引进:

$$P(y, n) \leftrightarrow \left(\begin{array}{l} n \in \omega \wedge 0 \in n \wedge \\ (n = 1 \rightarrow (\exists z \in \mathcal{TC}(y) \, (y = \{\langle 0, z \rangle\}))) \wedge \\ \left(1 \in n \rightarrow \left(\exists z_1 \in \mathcal{TC}(y) \exists z_2 \in \mathcal{TC}(y) \left(\begin{array}{l} y = \langle z_1, z_2 \rangle \wedge \\ P(z_2, n-1) \end{array} \right) \right) \right) \end{array} \right);$$

(2) "y 是一个长度为正整数 n 的序列, $1 \leqslant i \leqslant n$, 以及 x 是序列 y 的第 i 项" 可以依照 Δ-递归定义引进:

$$Q(y, n, x, i) \leftrightarrow (P(y, n) \wedge i \in n \wedge (x = y(i)));$$

(3) "t 是一个项" ("t 是一个 A-项") 是一个依照 Δ-递归定义引进的概念:

$$\mathbf{Xng}(t) \leftrightarrow \left(\begin{array}{l} \mathbf{ByF}(t) \vee \mathbf{CyF}(t) \vee \\ \exists h \exists y \exists n \left(\begin{array}{l} t = \langle h, y \rangle \wedge \mathbf{HsF}(h) \wedge 0 \in n \wedge \\ n = \#(h) \wedge P(y, n) \wedge \\ (\forall j \in n \exists x \in \mathcal{TC}(y)(Q(y, n, x, j) \wedge \mathbf{Xng}(x))) \end{array} \right) \end{array} \right).$$

定义 1.24 一个集合 x 是一个**基本表达式**, 记成 $\mathbf{Jbs}(x)$, 当且仅当

(1) $\exists t_1 \exists t_2 (\mathbf{Xng}(t_1) \wedge \mathbf{Xng}(t_2) \wedge x = \langle \doteq, t_1, t_2 \rangle)$; 或者

(2) $\exists r \exists y \exists n \left(\begin{array}{l} (x = \langle r, y \rangle) \wedge \mathbf{GxF}(r) \wedge (n = \#(r)) \wedge \operatorname{Seq}(y) \\ \wedge(n = \operatorname{dom}(y)) \wedge (\forall i \in n \exists u \in \mathcal{TC}(y)(Q(y, n, u, i) \wedge \mathbf{Xng}(u))) \end{array} \right).$

定义 1.25 一个集合 x 是一个**表达式**, 记成 $\mathbf{Bds}(x)$, 当且仅当

(1) $\mathbf{Jbs}(x)$; 或者

(2) $\exists y ((x = \langle \neg, y \rangle) \wedge, \mathbf{Bds}(y))$; 或者

(3) $\exists y \exists z \left(\begin{array}{l} \left(\begin{array}{l} (x = \langle \rightarrow, y, z \rangle) \vee (x = \langle \leftrightarrow, y, z \rangle) \\ \vee(x = \langle \vee, y, z \rangle) \vee (x = \langle \wedge, y, z \rangle) \end{array} \right) \\ \wedge \mathbf{Bds}(y) \wedge \mathbf{Bds}(z) \end{array} \right)$; 或者

(4) $\exists y \exists z (\mathbf{Bds}(y) \wedge \mathbf{ByF}(z) \wedge ((x = \langle \forall, z, y \rangle) \vee (x = \langle \exists, z, y \rangle)))).$

引理 1.11　上述定义的谓词[9] $\mathbf{Xng}, \mathbf{Jbs}, \mathbf{Bds}$ 都是 Δ-可定义谓词. 所以, 根据 Δ-分解原理, 给定语言的表达式集合存在.

形式证明与形式理论

设 $\mathcal{L}$ 是一个一阶语言. 它的一个表达式被称为一个**语句**当且仅当这个表达式不含任何自由变元符号. 称语言 $\mathcal{L}$ 的一个语句的集合为这个语言的一个**理论**; 反之, 语言 $\mathcal{L}$ 的任何一个理论都必定是它的一个语句的集合. 有时, 我们也会用形如

$$\varphi(v_1, \cdots, v_n)$$

的表达式来表述一个理论 (比如域理论) 的一条公理, 这时一个默认的约定为这个表达式的自由变元完全在变元符号 $v_1, \cdots, v_n$ 之中, 而它的**全域化**, 语句

$$\forall v_1 \cdots, \forall v_n \, \varphi$$

才是真正所要的公理.

在数理逻辑中, 一个非常基本和重要的概念是理论的**一致性**, 或者, **相容性**. 说一个表达式的集合 Γ 是**一致的**当且仅当没有任何矛盾会是 T 的**定理**, 也就是说, 不会有任何表达式 φ 以至于 φ 和 $(\neg \varphi)$ 都是 Γ 的定理. 那么, 什么是 Γ 的定理呢? 一个表达式 φ 是表达式集合 Γ 的一个**定理**, 记成 $\Gamma \vdash \varphi$, 当且仅当存在 Γ 的一个关于 φ 的**证明**; 而 φ 在 Γ 中的一个证明就是一个具备下述特性的表达式的有限序列 $\langle \varphi_i \mid 1 \leqslant i \leqslant n \rangle$:

(1) φ_1 或者是一条逻辑公理, 或者是 Γ 中的一个表达式;

(2) 对于 $1 \leqslant i < n$, φ_i 或者是一条逻辑公理, 或者是 Γ 的一个表达式, 或者

$$\exists 1 \leqslant j, k < i \, (\varphi_j \text{ 是表达式 } (\varphi_k \to \varphi_i));$$

(3) φ 就是 φ_n.

当 Γ 是空集时, 就直接用记号 $\vdash \varphi$ 来表示 φ 是一条**逻辑定理**, 也就是说, φ 可以经过对一系列逻辑公理应用逻辑推理法则得到.

说一个表达式的集合 Γ 是非**一致的**(T 是**自相矛盾**的) 当且仅当存在 Γ 的语言中的一个表达式 φ 以至于 φ 和它的否定式 $(\neg \varphi)$ 都是 Γ 的定理. 一种等价的说法就是一个表达式集合 Γ 是非一致的当且仅当 Γ 的语言中的任何一个表达式 φ 都是 Γ 的一个定理. 从而, 一个理论是**一致的**(**自相容的**)(**无矛盾的**) 当且仅当它并非一个自相矛盾的理论. 换句话说, 一个理论是无矛盾的当且仅当有它不可证明的表达式.

---

9 $\mathbf{Xng}$ 是 "项" 的汉语拼音的缩写; $\mathbf{Jbs}$ 是 "基本式" 的汉语拼音的缩写; $\mathbf{Bds}$ 是 "表达式" 的汉语拼音的缩写.

不可数形式语言集合

前面我们将可数语言编码记录为 V_ω 的子集, 并且以行之有效的方法进行解码还原语言. 对不可数语言, 我们也希望进行类似的编码记录, 令其成为集合论的对象.

设 $\kappa > \omega$ 是一个基数. 考虑有 κ 个常元符号、κ 个函数符号和 κ 个谓词符号的语言. 令

$$J : \kappa \times \kappa \to \kappa$$

为 Gödel 配对函数.

定义 1.26　(1) 逻辑符号与变元符号的集合表示同可数语言一样;

(2) 常元符号的集合表示: 对于每一个自然数 $\alpha \in \kappa$, $\ulcorner c_\alpha \urcorner = J(\omega, \alpha)$;

(3) 函数符号的集合表示: 如果 F_α 是一个 k-元函数符号, 那么 $\ulcorner F_\alpha \urcorner = J(\omega^k, \alpha)$;

(4) 谓词符号的集合表示: 如果 P_α 是一个 k-元谓词符号, 那么 $\ulcorner P_\alpha \urcorner = J(\omega^{\omega^k}, \alpha)$;

(5) 项的集合表示: 如果 F 是一个 k-元函数符号, $t_1, \cdots, t_k$ 是 k 个项, 那么项

$$F(t_1, \cdots, t_k)$$

的集合表示为

$$\ulcorner F(t_1, \cdots, t_k) \urcorner = \langle \omega \cdot 3^{k+3}, \ulcorner F \urcorner, 5, \ulcorner t_1 \urcorner, \cdots, \ulcorner t_k \urcorner, 6 \rangle;$$

(6) 等式的集合表示: 如果 t_1, t_2 是两个项, 那么等式 $(t_1 = t_2)$ 的集合表示为

$$\ulcorner (t_1 = t_2) \urcorner = \langle 3, \ulcorner t_1 \urcorner, 1, \ulcorner t_2 \urcorner \rangle;$$

(7) 谓词断言的集合表示: 如果 P 是一个 k-元谓词, $t_1, \cdots, t_k$ 是 k 个项, 那么谓词断言 $P(t_1, \cdots, t_k)$ 的集合表示为

$$\ulcorner P(t_1, \cdots, t_k) \urcorner = \langle \omega \cdot 5^{k+3}, \ulcorner P \urcorner, 5, \ulcorner t_1 \urcorner, \cdots, \ulcorner t_k \urcorner, 6 \rangle.$$

同样地, 对于一般的表达式 φ 而言, 我们用由递归定义所得到的集合 $\ulcorner \varphi \urcorner$ 来表示 φ. 详细的实现留给读者. 一旦我们完成了从元数学的语言符号到集合论的内部表示这一过程, 我们便忽略 A 与 $\ulcorner A \urcorner$ 的区别.

1.1.7　内在集合模型

定义 1.27　设 X 是一个非空集合, $k \in \omega$, $s \in (X)^{<\omega}$, $t \in (X)^{<\omega}$.

$$s \subset_k t \leftrightarrow ((\mathrm{dom}(s) \cup \{k\} \subseteq \mathrm{dom}(t)) \wedge (\forall i \in \mathrm{dom}(s)(i \neq k \to s(i) = t(i)))).$$

在 KP 理论基础上的有秩关系递归定义:

定义 1.28　设 A 是一个非空集合, $E \subseteq A \times A$, φ 是一个表达式. 设 $\sigma \in (A)^{<\omega}$. 如下递归地定义 $((A, E), \sigma) \models \varphi$:

(1) 如果 φ 是 $(v_i \in v_j)$, 那么

$$(((A, E), \sigma) \models \varphi) \leftrightarrow (\{i, j\} \subseteq \mathrm{dom}(\sigma) \wedge \langle \sigma(i), \sigma(j) \rangle \in E);$$

(2) 如果 φ 是 $(v_i = v_j)$, 那么

$$(((A, E), \sigma) \models \varphi) \leftrightarrow (\{i, j\} \subseteq \mathrm{dom}(\sigma) \wedge (\sigma(i) = \sigma(j)));$$

(3) 如果 φ 是 $(\neg \psi)$, 那么

$$(((A, E), \sigma) \models \varphi) \leftrightarrow (((A, E), \sigma) \not\models \psi);$$

(4) 如果 φ 是 $(\psi \to \theta)$, 那么

$$(((A, E), \sigma) \models \varphi) \leftrightarrow ((((A, E), \sigma) \not\models \psi) \vee (((A, E), \sigma) \models \theta));$$

(5) 如果 φ 是 $(\psi \leftrightarrow \theta)$, 那么

$$(((A, E), \sigma) \models \varphi) \leftrightarrow ((((A, E), \sigma) \models \psi) \leftrightarrow (((A, E), \sigma) \models \theta));$$

(6) 如果 φ 是 $(\psi \vee \theta)$, 那么

$$(((A, E), \sigma) \models \varphi) \leftrightarrow ((((A, E), \sigma) \models \psi) \vee (((A, E), \sigma) \models \theta));$$

(7) 如果 φ 是 $(\psi \wedge \theta)$, 那么

$$(((A, E), \sigma) \models \varphi) \leftrightarrow ((((A, E), \sigma) \models \psi) \wedge (((A, E), \sigma) \models \theta));$$

(8) 如果 φ 是 $(\exists v_k \psi)$, 那么

$$(((A, E), \sigma) \models \varphi) \leftrightarrow (\exists \tau \in (A)^{<\omega}(\sigma \subset_k \tau \wedge (((A, E), \tau) \models \psi)));$$

(9) 如果 φ 是 $(\forall v_k \psi)$, 那么

$$(((A, E), \sigma) \models \varphi) \leftrightarrow (\forall \tau \in (A)^{<\omega}(\sigma \subset_k \tau \to (((A, E), \tau) \models \psi))).$$

如果 φ 是一个语句, 那么

$$((A, E) \models \varphi) \leftrightarrow (((A, E), \varnothing) \models \varphi).$$

称 (A,E) 为集合的一个结构. 当 $E = \{(a,b) \in A \times A \mid a \in b\}$ 时, 我们直接写成 $(A, \in)$; 当 A 是一个非空传递集合时, T 是集合论语言的一个理论, 并且对于 T 中的每一个语句 θ 都有

$$(A, \in) \models \theta,$$

则称 $(A, \in)$ 为理论 T 的一个**传递模型**.

例 1.4 (1) (KP) $(V_\omega, \in) \models \mathrm{KP}^-$.

(2) (ZFC) $(\mathscr{H}_{\omega_1}, \in) \models \mathrm{KP}$; 更一般地, 如果 $\kappa > \omega$ 是一个正则基数, 那么

$$(\mathscr{H}_\kappa, \in) \models \mathrm{KP}.$$

(3) (ZFC) 如果 κ 是一个不可达基数, 那么 $(\mathscr{H}_\kappa, \in) \models \mathrm{ZFC}$.

引理 1.12(KP) 如果 M 是传递集合, $\sigma \in (M)^{<\omega}$, φ 是一个表达式, 那么三元关系

$$((M, \in), \sigma) \models \varphi$$

是一个 (在 KP 基础上) Δ-可引入的关系.

引理 1.13(KP) 设 M 是一个非空传递集合, $\{a_1, \cdots, a_n\} \in [M]^n$,

$$\varphi(x_0, x_1, \cdots, x_n)$$

是一个彰显自由变元的解析表达式. 那么, 对于任意的 $a \in M$, 令

$$\sigma(0) = a, \sigma(1) = a_1, \cdots, \sigma(n) = a_n,$$

都有

$$\varphi^M[a, a_1, \cdots, a_n] \leftrightarrow (M, \sigma) \models \varphi.$$

定义 1.29 设 M 是一个非空传递集合, $\{a_1, \cdots, a_n\} \in [M]^n$,

$$\varphi(x_0, x_1, \cdots, x_n)$$

是一个彰显自由变元的解析表达式. 称集合

$$A = \{a \in M \mid \varphi^M[a, a_1, \cdots, a_n]\}$$
$$= \{a \in M \mid \sigma(0) = a, \sigma(1) = a_1, \cdots, \sigma(n) = a_n (M, \sigma) \models \varphi\}$$

为 M 的由表达式 φ 在参数 $a_1, \cdots, a_n$ 下所定义的子集.

定义 1.30　设 M 是一个非空传递集合, $A \subseteq M$. 称 A 是 M 的**可定义子集**当且仅当

$$\exists n \in \omega \, \exists \{a_1, \cdots, a_n\} \in [M]^n \, \exists \varphi(x_0, x_1, \cdots, x_n) \, (A = \{a \in M \mid \varphi^M[a, a_1, \cdots, a_n]\}).$$

称 A 是 M 的**免参数可定义子集**当且仅当

$$\exists \varphi(x_0) \, (A = \{a \in M \mid \varphi^M[a]\}).$$

引理 1.14 (KP)　设 M 是一个非空传递集合.

(1) 如果 $A \subseteq M$, 那么 A 是 M 的可定义子集当且仅当 $\exists n \in \omega \, \exists \{a_1, \cdots, a_n\} \in [M]^n \, \exists \varphi(x_0, x_1, \cdots, x_n)$ 下述命题成立:

$$\forall a \in M \, (a \in A \leftrightarrow \varphi^M[a, a_1, \cdots, a_n]).$$

(2) $\exists! y \, \forall A \, (A \in y \leftrightarrow A$ 是 M 的可定义子集 $)$.

定义 1.31　对于非空传递集合 M, 令

$$\mathscr{D}(M) = \{A \subseteq M \mid A \text{是 } M \text{ 的可定义子集}\}.$$

下面的引理表明在理论 KP 基础上依定义引进的集合运算 $\mathscr{D}$ 是一个保持传递性的非平凡的集合运算.

引理 1.15　如果 M 是一个非空传递集合, 那么

(1) $(M \cup [M]^{<\omega} \cup \{M\}) \subseteq \mathscr{D}(M)$, 并且 $\mathscr{D}(M)$ 也是一个传递集合.

(2) $\mathscr{D}(M)$ 关于集合的布尔运算封闭, 即

    (a) 如果 $A \in \mathscr{D}(M)$, 那么 $(M - A) \in \mathscr{D}(M)$;

    (b) 如果 $A \in \mathscr{D}(M)$ 和 $B \in \mathscr{D}(M)$, 那么 $(A \cup B) \in \mathscr{D}(M)$ 以及 $(A \cap B) \in \mathscr{D}(M)$.

(3) 如果 M 的幂集存在, 那么 $\mathscr{D}(M) \subseteq \mathfrak{P}(M)$.

证明　设 M 为一个非空传递集合.

(1) 首先,

$$M = \{a \in M \mid (M, \in) \models (v_0 \hat{=} v_0)[a]\}.$$

所以, $M \in \mathscr{D}(M)$. 其次, 设 $b \in M$. 由于 M 是传递集, $b \subseteq M$. 于是

$$b = \{a \in M \mid (M, \in) \models (v_0 \in v_1)[a, b]\}.$$

从而, $b \in \mathscr{D}(M)$. 再次, 设 $1 \leqslant n < \omega$ 以及 $A = \{a_1, \cdots, a_n\} \in [M]^{<\omega}$. 那么

$$A = \{a \in M \mid (M, \in) \models ((v_0 \hat{=} v_1) \vee \cdots \vee (v_0 = v_n))[a, a_1, \cdots, a_n]\}.$$

于是, $A \in \mathscr{D}(M)$. 最后, 设 $x \in \mathscr{D}(M)$. 由于 $x \subseteq M$, $x \subseteq M \subseteq \mathscr{D}(M)$. 所以 $\mathscr{D}(M)$ 是传递的.

(2)(a) 设 $A \in \mathscr{D}(M)$ 是由参数 $a_1, \cdots, a_m$ 以及表达式 $\varphi(v_0, v_1, \cdots, v_m)$ 在 $(M, \in)$ 上所定义的. 那么

$$M - A = \{a \in M \mid (M, \in) \models (\neg\varphi)[a, a_1, \cdots, a_m]\}.$$

(2)(b) 设 $A \in \mathscr{D}(M)$ 是由参数 $a_1, \cdots, a_m$ 以及表达式 $\varphi(v_0, v_1, \cdots, v_m)$ 在 $(M, \in)$ 上所定义的; $B \in \mathscr{D}(M)$ 由参数 $b_1, \cdots, b_k$ 以及表达式 $\psi(v_0, v_1, \cdots, v_k)$ 在 $(M, \in)$ 上所定义的. 不妨假设这两个表达式中所有出现其中的约束变元的下标都严格大于 $m+k$(否则, 用下标大的变元符号替代那些需要替代的约束变元符号). 考虑下述表达式:

$$\theta_1(v_0, v_1, \cdots, v_m, v_{m+1}, \cdots, v_{m+k}) \equiv$$
$$(\varphi(v_0, v_1, \cdots, v_m) \vee \psi(v_0, v_1, \cdots, v_k; v_0, v_{m+1}, \cdots, v_{m+k}));$$

以及

$$\theta_2(v_0, v_1, \cdots, v_m, v_{m+1}, \cdots, v_{m+k}) \equiv$$
$$(\varphi(v_0, v_1, \cdots, v_m) \wedge \psi(v_0, v_1, \cdots, v_k; v_0, v_{m+1}, \cdots, v_{m+k})).$$

那么

$$A \cup B = \{a \in M \mid (M, \in) \models \theta_1[a, a_1, \cdots, a_m, b_1, \cdots, b_k]\},$$

以及

$$A \cap B = \{a \in M \mid (M, \in) \models \theta_2[a, a_1, \cdots, a_m, b_1, \cdots, b_k]\}. \qquad \square$$

例 1.5 对于每一个正整数 n 都有

$$V_{n+1} = \mathscr{D}(V_n).$$

对于模型 $(V_\omega, \in)$ 上的可定义子集的研究形成数理逻辑的一个专门分支: 递归函数理论, 简称递归论, 现行术语中则称之为可计算性理论. 这是一个内容很丰富因而也极具挑战的领域. 我们只好在这里忍痛割爱, 选择舍弃对于 $\mathscr{D}(V_\omega, \in)$ 内涵的探索. 有兴趣的读者可以从专门探讨递归论的专业书籍之中获取自己所需要的可计算理论的营养. 下面我们仅仅给出我们后面或许用到的术语的定义, 而不展开对它们的探讨.

定义 1.32 设 n 为一个正整数.
(1) $R \subseteq V_\omega^n$ 是一个**算术关系**当且仅当 $R \in \mathscr{D}(V_\omega)$;
(2) $f: V_\omega^n \to V_\omega$ 是一个**算术函数**当且仅当 $f \in \mathscr{D}(V_\omega)$.

定义 1.33　设 $A \subseteq V_\omega$.

(1) A **是在 V_ω 之上 Σ_1-可定义的**当且仅当纯粹集合论语言中有一个仅带一个自由变元的 Σ_1 表达式 $\varphi(v_1)$ 在结构 $(V_\omega, \in)$ 上定义 A:

$$A = \{a \in V_\omega \mid (V_\omega, \in) \models \varphi[a]\}.$$

(2) A **是在 V_ω 之上 Π_1-可定义的**当且仅当纯粹集合论语言中有一个仅带一个自由变元的 Π_1 表达式 $\varphi(v_1)$ 在结构 $(V_\omega, \in)$ 上定义 A:

$$A = \{a \in V_\omega \mid (V_\omega, \in) \models \varphi[a]\}.$$

(3) A **是在 V_ω 之上 Δ_1-可定义的**当且仅当 A 既是在 V_ω 上 Σ_1-可定义的, 又是在 V_ω 上 Π_1-可定义的.

定义 1.34　设 n 为一个正整数.

(1) $R \subseteq V_\omega^n$ 是一个**可判定关系**当且仅当 R 是在 V_ω 上 Δ_1-可定义的;

(2) $f: V_\omega^n \to V_\omega$ 是一个**可计算函数**当且仅当 f 是在 V_ω 上 Δ_1-可定义的.

有关可计算函数这一概念有一个著名的丘奇–图灵论题: 直观上的可判定性等同于上述定义中的可判定性; 直观上的可计算性等同于上述定义中的可计算性. 有关这一论题的分析, 只能属于哲学范畴, 不属于数学范畴, 因为这一论题所断言的是一个未加定义的术语与一个有着严格定义的概念之间的同一性. 这就自然留下重新解释的广阔前景.

1.2　内在模型论概要

前面我们引进了在集合论纯语言中传递集合模型 $(M, \in)$ 上可定义子集的概念. 在实际的集合论分析中, 我们往往需要对纯集合论语言进行适当扩充, 添加进来一些函数符号、谓词符号以及常元符号, 然后再探讨这种扩充语言的结构以及这种扩充语言下的理论模型. 我们需要解决这样行为的合理性问题.

1.2.1　集合论上依定义扩充

我们知道集合论语言的符号只有一个二元谓词符号 $\in$. 在这样一个极其简单的语言之下, 我们希望表述各种各样的数学命题. 一种非常朴素的扩充语言的方式就是毫无限制地添加函数符号或者谓词符号. 这也就意味着不可避免地引进新的非逻辑公理以明确所添加的符号合乎我们用以表述的对象的认知要求. 因而, 随着新符号和新的非逻辑公理的不断引进, 新的理论也变得越来越复杂. 当一种理论复杂到一定程度的时候, 受理解能力的限制, 理论的适用性也便成为一大问题. 同时, 也会对保持理论的一致性带来更大的挑战. 另外一种也很自然地扩充语言的方式就是在现有理论的基础上依定义来引进所需要的函数符号或者谓词符号. 这种依定义添加新的函数符号或者谓词符号的做法既不会改变理论的一致性, 也不会改变理论的适用性. 这样做所收获的是表达方式的便利性和简洁性.

前面我们事实上已经见到过许多依据定义引进所需要的对象的例子. 比如, 我们引进的子集关系 $\subseteq$. 这是一个二元谓词. 它的定义式为

$$x \subseteq y \leftrightarrow \forall z\,(z \in x \rightarrow z \in y).$$

上述表达式右边的表达式 $\forall z\,(z \in x \rightarrow z \in y)$ 是谓词符号 $\subseteq$ 的含义; 记号 $x \subseteq y$ 则是表达式

$$\forall z\,(z \in x \rightarrow z \in y)$$

的一种简写, 在任何有 $(x \subseteq y)$ 出现的表达式中, 用表达式 $(\forall z\,(z \in x \rightarrow x \in y))$ 进行替换, 都不会影响原有表达式的含义解释以及真假判定. 再比如, 我们引进的幂函数符号 $\mathfrak{P}$. 这是一个一元函数符号. 它的定义式为

$$z = \mathfrak{P}(x) \leftrightarrow \forall u\,(u \in z \leftrightarrow u \subseteq x).$$

也就是

$$z = \mathfrak{P}(x) \leftrightarrow \forall u\,(u \in z \leftrightarrow (\forall y\,(y \in u \rightarrow y \in x))).$$

这个定义式的合理性依赖于幂集公理和同一性公理. 依据这两条公理, 可以证明

$$\forall x\,\exists z\,(z = \mathfrak{P}(x))$$

以及

$$\forall x\,\forall z\,\forall u\,((z = \mathfrak{P}(x) \wedge u = \mathfrak{P}(x)) \rightarrow z = u).$$

前者表明一元函数符号 $\mathfrak{P}$ 取值的存在性, 后者表明一元函数符号 $\mathfrak{P}$ 取值的唯一性. 这两者综合起来就保证了将一元函数符号 $\mathfrak{P}$ 引进的合理性. 事实上, 类似地, 在引进集合论公理的进程中, 我们还先后引进了一个二元函数符号, 无序对符号, $(x, y) \mapsto \{x, y\}$, 以及一个一元函数符号, 并集符号, $x \mapsto \bigcup x$. 它们各自的定义式分别为

$$z = \{x, y\} \leftrightarrow \forall u\,(u \in z \leftrightarrow (u = x \vee u = y))$$

和

$$z = \bigcup x \leftrightarrow \forall u\,(u \in z \leftrightarrow (\exists v\,(v \in x \wedge u \in v))).$$

无序对公理断言

$$\forall x\,\forall y\,\exists z\,(\forall u\,(u \in z \leftrightarrow (u = x \vee u = y))).$$

因此, 无序对公理保证了无序对函数符号引进所需要的存在性, 而同一性公理则保证了无序对函数符号引进所需要的唯一性. 同样地, 并集公理断言

$$\forall x\, \exists z\, (\forall u\, (u \in z \leftrightarrow (\exists v\, (v \in x \wedge u \in v)))).$$

因此, 并集公理保证了并集函数符号引进所需要的存在性, 同一性公理则保证了并集函数符号引进所需要的唯一性.

再看一个例子. 我们曾经定义过两个集合之交: $x \cap y$. 这实际上是定义了一个二元函数

$$\bigcap : (x, y) \mapsto x \cap y.$$

这个函数的定义式为

$$z = x \cap y \leftrightarrow (\forall u\, (u \in z \leftrightarrow (u \in x \wedge u \in y))).$$

分解原理保证任意两个集合之交一定存在, 而同一性公理则保证任何两个集合之交必然唯一:

$$z = \{u \in x \mid u \in y\} = \{u \in y \mid u \in x\}.$$

现在我们来看看在添加了这些依定义引进的谓词符号和函数符号之后的集合论与在添加它们之前的集合论之间, 从逻辑学的角度到底都有什么样的差别.

定义 1.35　设 $\mathcal{L}$ 是一个一阶语言. 设 T 是 $\mathcal{L}$ 的一个理论. 设 $\varphi(v_1, \cdots, v_n)$ 是 $\mathcal{L}$ 的一个 n 元表达式 (从现在起, 我们约定短语 "$\varphi(v_1, \cdots, v_n)$ 是一个 n 元表达式" 为 "$\varphi(v_1, \cdots, v_n)$ 是一个表达式, 其自由变元都在 $v_1, \cdots, v_n$ 之中" 这句话的简述). 设 P 为一个 n-元谓词符号. 令

$$\mathcal{L}_1 = \mathcal{L} \cup \{P\}$$

以及

$$T_1 = T \cup \{(\forall v_1 \cdots \forall v_n\, (P(v_1, \cdots, v_n) \leftrightarrow \varphi(v_1, \cdots, v_n)))\}.$$

称 $\mathcal{L}_1$ 为语言 $\mathcal{L}$ 的一个**依定义扩充**, 谓词符号 P 为**依定义引进的谓词符号**, 语句

$$(\forall v_1 \cdots \forall v_n\, (P(v_1, \cdots, v_n) \leftrightarrow \varphi(v_1, \cdots, v_n)))$$

为谓词符号 P 的**定义公理**(或者简称为 P 的**定义**), 表达式 $\varphi(v_1, \cdots, v_n)$ 为 P 的一个**定义式**. 对 T 添加进 P 的定义之后所得到的理论 T_1 则被称为 T 的一个**定义性扩充**.

定义 1.36 设 $\mathcal{L}$ 是一个一阶语言. 设 T 是 $\mathcal{L}$ 的一个理论. 设

$$\varphi(v_1, \cdots, v_n, v_{n+1})$$

是 $\mathcal{L}$ 的一个 $(n+1)$ 元表达式. 假设

$$T \vdash (\forall v_1 \cdots \forall v_n \, \exists v_{n+1} \, \varphi(v_1, \cdots, v_n, v_{n+1}))$$

(此为依定义引进函数符号所需要的**存在性条件**) 以及

$$T \vdash \left(\forall v_1 \cdots \forall v_n \, \forall v_{n+1} \, \forall v_{n+2} \left(\begin{array}{c} (\varphi(v_1, \cdots, v_n, v_{n+1}) \wedge \varphi(v_1, \cdots, v_n, v_{n+2})) \\ \rightarrow v_{n+1} = v_{n+2} \end{array} \right) \right)$$

(此为依定义引进函数符号所需要的**唯一性条件**). 设 F 为一个 n 元函数符号. 令

$$\mathcal{L}_1 = \mathcal{L} \cup \{F\}.$$

称表达式

$$v_{n+1} = F(v_1, \cdots, v_n) \leftrightarrow \varphi(v_1, \cdots, v_n, v_{n+1})$$

为 F 的**定义公理**(或者**定义**), $\varphi(v_1, \cdots, v_n, v_{n+1})$ 为 F 的一个**定义式**. 称 $\mathcal{L}_1$ 为 $\mathcal{L}$ 的一个**依定义扩充**, 函数符号 F 为**依定义引进的函数符号**. 对理论 T 添加进语句

$$\forall v_1 \cdots \forall v_n \, \forall v_{n+1} \, (v_{n+1} = F(v_1, \cdots, v_n) \leftrightarrow \varphi(v_1, \cdots, v_n, v_{n+1}))$$

之后所得到的理论 T_1 为 T 的一个**定义性扩充**.

需要引起注意的是, 在依定义引进函数符号和依定义引进谓词符号之间的重要差别. 当依定义引进函数符号时, 必须是在一个给定的理论 T 基础之上, 以至于这个理论 T 足够保证所引进的函数符号是一定 "处处有定义" 的, 基础理论 T 提供这种所需要的保证的方式是理论 T 证明相应的存在性条件和唯一性条件; 当依定义引进谓词符号时, 便没有这样的基础理论要求. 这里涉及基础理论之上的证明. 后面我们会严格规定这里所涉及的形式证明 $\vdash$ 的确切含义.

一阶逻辑理论表明对语言作定义性扩充的结果不会增添理论的逻辑功能: 由定义性扩充所得到的新理论 T_1 是原有理论 T 的**保守扩充**; 由定义性扩充所得到的语言 $\mathcal{L}_1$ 中的表达式事实上都是原语言 $\mathcal{L}$ 中的某个表达式的**缩写**. 这两句话的准确表述就是下述定理.

定理 1.17 设 $\mathcal{L}$ 是一个一阶语言. T 是 $\mathcal{L}$ 的一个理论. $\mathcal{L}_1$ 是 $\mathcal{L}$ 的一个定义性扩充. T_1 是对 T 添加了新函数符号或者谓词符号的定义所得的定义性扩充. θ 是 $\mathcal{L}$ 的一个语句. 那么

$$T_1 \vdash \theta \iff T \vdash \theta,$$

并且, 如果 $\varphi(v_1, \cdots, v_n)$ 是 $\mathcal{L}_1$ 的一个表达式, 那么在 $\mathcal{L}$ 中一定有一个与 φ 具有相同的自由变元而且在 T_1 之上与 φ 等价的表达式 $\psi(v_1, \cdots, v_n)$, 其中 "在 T_1 之上 ψ 与 φ 等价" 是指

$$T_1 \vdash (\forall v_1 \cdots, \forall v_n (\varphi \leftrightarrow \psi)).$$

比如, 令 $\mathcal{L} = \{\in\}$ 以及 $\mathcal{L}_1 = \{\in, \mathfrak{P}, \subseteq, \bigcup, \cap, \cup, \times\}$. 那么, $\mathcal{L}_1$ 就是 $\mathcal{L}$ 的定义性扩充. 在语言 $\mathcal{L}_1$ 中表述出来的集合论 ZF_1 就是在语言 $\mathcal{L}$ 中表述出来的集合论 ZF 的一个保守扩充.

在集合论的建立过程中, 我们总是在已有的定义性扩充的基础上更进一步获得新的定义性扩充. 可以这样做的依据如下:

定理 1.18　假设 $\mathcal{L}_0 \subseteq \mathcal{L}_1 \subseteq \mathcal{L}_2$, Γ_i 是 $\mathcal{L}_i$ 的语句的一个集合 ($i = 0, 1, 2$). 如果 Γ_1 是 Γ_0 的定义性扩充, Γ_2 是 Γ_1 的定义性扩充, 那么 Γ_2 等价于 Γ_0 的一个定义性扩充 (同一个语言的两个理论等价的充分必要条件是它们证明完全相同的定理).

前面, 我们还引进了空集 $\varnothing$, 自然数集合 $\mathbb{N} = \omega$, 第一个不可数基数 $\aleph_1$, 整数集合 $\mathbb{Z}$, 有理数集合 $\mathbb{Q}$, 实数集合 $\mathbb{R}$, 等等. 在它们各自的定义中, 我们实际上是将它们作为一元谓词而引入的. 由于它们的定义式都有如下特点, 比如, P 是它们其中之一, 表达式 $\varphi(v_1)$ 是 P 的一个定义式,

$$\mathrm{ZF} \vdash (\exists z \, \forall x \, (x \in z \leftrightarrow \varphi(x))),$$

所引进的一元谓词 P 也就是一个依定义引进的常元符号: 令 ZF_P 为对 ZF 添加下述定义公理

$$\forall x \, (x \in z \leftrightarrow \varphi(x)).$$

那么 $\mathrm{ZF}_P \vdash (\exists z \, (z = P))$. 当然, 常元符号也可以理解成 0 元函数符号. 上述则表明 ZF 足以保证其依定义引进的合理性.

另一方面, 我们所引进的一元谓词符号 Ord 就不可能是集合论的一个依定义引进的常元符号. 这是因为如果 $\varphi(v_1)$ 是 Ord 的一个定义式, 那么

$$\mathrm{ZF} \vdash (\neg (\exists z \, (\forall x \, (x \in z \leftrightarrow \varphi(x))))).$$

当然, 类似于一元谓词符号 Ord 的还有很多. 从符号的角度看, 所引进的谓词符号是为形式语言添加新的符号; 从逻辑学的角度看, 任何一个依定义引进的谓词符号都对应着一个逻辑学意义下的概念. 比如, 与谓词符号 Ord 相对应的是 "序数" 这一概念. 反之, 比如, 我们引进了基数的概念, 但我们并没有形式地依定义引进与基数这一概念相应的谓词符号. 这种将形式符号隐去只令相应的概念在讨论中发挥应有的作用的作法在集合论中, 在数学中, 都是被普遍应用并被普遍接受的行为方式.

之所以可以如此, 就在于所涉及的概念都是由定义给出的, 同样的定义在同一个理论基础之上自然可以被用来引进相应的符号.

我们之所以很愿意强调可定义的符号是否为 Δ_0 可定义的, 就在于对于集合论传递模型而言, 这种定义有着绝对不变的特点.

定理 1.19 (Δ_0 绝对性) 设 $\varphi(v_1, \cdots, v_n)$ 是一个 Δ_0 表达式. 那么

(1) $\mathrm{ZF} \vdash \left(\forall M \forall N \left(\begin{array}{l} (M \neq \varnothing \wedge (\forall x \in M (x \subset M)) \wedge M \subseteq N) \to \\[2mm] \forall x_1 \in M \cdots \forall x_n \in M \left(\begin{array}{l} (M \models \varphi[x_1, \cdots, x_n]) \\ \leftrightarrow \\ (N \models \varphi[x_1, \cdots, x_n]) \end{array} \right) \end{array} \right) \right);$

(2) $\mathrm{ZF} \vdash \left(\forall M \left(\begin{array}{l} (M \neq \varnothing \wedge (\forall x \in M (x \subset M))) \to \\[2mm] \left(\forall x_1 \in M \cdots \forall x_n \in M \left(\begin{array}{l} \varphi(x_1, \cdots, x_n) \leftrightarrow \\ M \models \varphi[x_1, \cdots, x_n] \end{array} \right) \right) \end{array} \right) \right);$

(3) 若 W 是一个传递类, 则

$$\mathrm{ZF} \vdash \left(\forall x_1 \in W \cdots \forall x_n \in W \left(\varphi(x_1, \cdots, x_n) \leftrightarrow \varphi^W (x_1, \cdots, x_n) \right) \right).$$

证明 我们用关于表达式 φ 的复杂性的归纳法来证明 (3). (1) 和 (2) 的证明是一样的.

如果 φ 是一个原始表达式, 根据相对化解析表达式的定义, 对于

$$x_1 \in W, \cdots, x_n \in W,$$

就有

$$\varphi(x_1, \cdots, x_n) \leftrightarrow \varphi^W (x_1, \cdots, x_n).$$

如果 φ 是下述之一:

$$(\neg \psi_1), (\psi_1 \wedge \psi_2), (\psi_1 \vee \psi_2), (\psi_1 \to \psi_2), (\psi_1 \leftrightarrow \psi_2),$$

并且有归纳假设: 对于 $x_1 \in W, \cdots, x_n \in W$, 都有

$$\psi_i(x_1, \cdots, x_n) \leftrightarrow \psi_i^W (x_1, \cdots, x_n),$$

($i \in \{1, 2\}$), 根据相对化解析表达式的定义即得所求.

现在设 $\varphi(v_1, \cdots, v_n)$ 是 $(\exists v_{n+1} \in v_j) \psi(v_1, \cdots, v_n, v_{n+1})$. 又设

$$x_1 \in W, \cdots, x_n \in W.$$

假设 φ^W 成立. 也就是说, $(\exists x_{n+1}(x_{n+1} \in x_j \land \psi(x_1, \cdots, x_n, x_{n+1})))^W$ 成立. 从而

$$\exists x_{n+1} \in W \left(x_{n+1} \in x_j \land \psi^W \right).$$

根据归纳假设,

$$(x_{n+1} \in x_j \land \psi(x_1, \cdots, x_n, x_{n+1})) \leftrightarrow \left(x_{n+1} \in x_j \land \psi^W \right),$$

以及上式, 我们得到 $(\exists x_{n+1} \in x_j)\psi(x_1, \cdots, x_n, x_{n+1})$ 成立.

再假设 $\varphi(x_1, \cdots, x_n)$ 成立. 令 $x_{n+1} \in x_j$ 为 $\psi(x_1, \cdots, x_{n+1})$ 成立的证据. 由于 $x_j \in W$ 以及 W 是传递的, $x_{n+1} \in W$. 根据归纳假设, $\psi^W(x_1, \cdots, x_n, x_{n+1})$ 也就成立. 从而

$$((\exists x_{n+1} \in x_j)\psi(x_1, \cdots, x_n, x_{n+1}))^W$$

成立.

最后设 $\varphi(v_1, \cdots, v_n)$ 是 $(\forall v_{n+1} \in v_j)\psi(v_1, \cdots, v_n, v_{n+1})$.

假设 φ^W 成立. 也就是说, $(\forall x_{n+1}(x_{n+1} \in x_j) \to \psi(x_1, \cdots, x_n, x_{n+1})))^W$ 成立. 从而

$$(\forall x_{n+1} \in W) \left(x_{n+1} \in x_j \to \psi^W \right).$$

根据归纳假设,

$$(x_{n+1} \in x_j \to \psi(x_1, \cdots, x_n, x_{n+1})) \leftrightarrow \left(x_{n+1} \in x_j \to \psi^W \right).$$

由于 W 是传递的, 且 $x_j \in W$, 依上述二式, 我们得到

$$(\forall x_{n+1} \in x_j)\psi(x_1, \cdots, x_n, x_{n+1})$$

成立.

再假设 $\varphi(x_1, \cdots, x_n)$ 成立. 也就是说,

$$(\forall x_{n+1}((x_{n+1} \in x_j) \to \psi(x_1, \cdots, x_n, x_{n+1})))$$

成立. 从而

$$(\forall x_{n+1} \in W)((x_{n+1} \in x_j) \to \psi(x_1, \cdots, x_n, x_{n+1}))$$

成立, 因为 $W \subseteq V$. 又根据归纳假设,

$$(x_{n+1} \in x_j \to \psi(x_1, \cdots, x_n, x_{n+1})) \leftrightarrow \left(x_{n+1} \in x_j \to \psi^W \right).$$

于是

$$(\forall x_{n+1} \in W)((x_{n+1} \in x_j) \to \psi(x_1, \cdots, x_n, x_{n+1}))^W$$

成立. 也就是 $\varphi^W(x_1, \cdots, x_n)$ 成立. □

1.2.2 模型论概要

在这一小节中, 我们简明扼要地回顾一下模型论的基本内容. 首先, 根据上面关于一阶语言的集合表示, 当我们讨论有关一阶逻辑的问题时, 我们默认所涉及的语言中的符号、项、表达式都是作为集合存在的. 还需要明确的是, 所有的上述一阶语言的集合表示都是以一种极其简单的方式实现的, 也就是说, 所有涉及的对象都在集合论下有着极其简单的定义和识别方式. 后面我们将严格地明确这些.

现在假设 $\mathcal{L}$ 是一个一阶语言 (也就是上述可数语言或者不可数语言的一个子集合). $\mathcal{L}$ 的一个**结构**, 称之为一个**一阶结构**, 是一个具有下述特性的有序对 $\mathfrak{A} = (A, \mathcal{I})$: A 是一个非空集合, 称之为该模型的**论域**; $\mathcal{I}$ 是定义在 $\mathcal{L}$ 上的一个映射, 称之为该模型的**解释**; 如果 $c \in \mathcal{L}$ 是一个常元符号, 那么 $\mathcal{I}(c) \in A$; 如果 $F \in \mathcal{L}$ 是一个 k-元函数符号, 那么

$$\mathcal{I}(F): A^k \to A$$

是 A 上的一个 k-元函数; 如果 $P \in \mathcal{L}$ 是一个 n-元谓词符号, 那么 $\mathcal{I}(P) \subseteq A^k$.

一个结构 $\mathfrak{A} = (A, \mathcal{I})$ 的一个**赋值**是一个从变元符号集合到 A 的映射 ν (对于每一个变元符号 v_i, $\nu(v_i) \in A$). 注意, 令

$$\mathrm{BianYuan} = \{J(5, n+11) \mid n \in \mathbb{N}\}.$$

那么, 结构 $\mathfrak{A}$ 的赋值的全体所成的集合就是 A^{BianYuan}. 应用对于变元符号的赋值 ν 以及对于常元符号和函数符号的解释 $\mathcal{I}$, 我们可以递归地为项赋值: 设 t 是一个项. 如果 t 的长度等于 1, 那么 t 或者是一个变元符号 v_n, 或者是一个常元符号 c_i; 当 $t = v_n$ 时, 令 $\bar{\nu}(t) = \nu(v_n)$; 当 $t = c_i$ 时, 令 $\bar{\nu}(t) = \mathcal{I}(c_i)$. 如果 t 的长度大于 1, 设 $t = F(t_1, \cdots, t_k)$, 那么

$$\bar{\nu}(t) = \mathcal{I}(F)(\bar{\nu}(t_1), \cdots, \bar{\nu}(t_k)).$$

从而, $\bar{\nu}$ 是一个定义在项集合之上的在 A 中取值的函数. 注意, $\bar{\nu}$ 是一个完全唯一地由 $\mathcal{I}$ 和 ν 所确定的函数, 并且, 对于任意的一个项 t, 当赋值 μ 和赋值 ν 关于 t 中的有限个变元符号的定义相同时, 一定有 $\bar{\mu}(t) = \bar{\nu}(t)$.

在对项赋值的基础上, 我们来递归地定义语言的**表达式在结构 $\mathfrak{A}(A, \mathcal{I})$ 中依据赋值 ν 的真实性**. 在集合论中严格地解决数学中的**真实性定义**问题是 20 世纪 30 年代波兰数学家塔尔斯基 (Alfred Tarski) 的贡献.

定义 1.37 设 φ 为语言 $\mathcal{L}$ 的一个表达式. 设 $\mathfrak{A} = (A, \mathcal{I})$ 为语言 $\mathcal{L}$ 的一个结构, ν 是一个 $\mathfrak{A}$-赋值.

(1) 若 φ 是等式 $(t_1 = t_2)$, 则称**表达式 φ 在赋值结构 $(\mathfrak{A}, \nu)$ 中是真实的**, 记成

$$(\mathfrak{A}, \nu) \models (t_1 = t_2),$$

当且仅当

$$\bar{\nu}(t_1) = \bar{\nu}(t_2).$$

注意, 表达式 $(t_1 = t_2)$ 是语言 $\mathcal{L}$ 的一个形式表达式; 等式 $\bar{\nu}(t_1) = \bar{\nu}(t_2)$ 则是一个关于两个集合相等的断言, 也就是一个在当前所处集合论论域中内定有效的解析等式.

(2) 若 φ 是一个谓词断言 $P(t_1, t_2, \cdots, t_k)$, 其中 $t_1, \cdots, t_k$ 是 k 个项, 则称**表达式 φ 在赋值结构 $(\mathfrak{A}, \nu)$ 中是真实的**, 记成

$$(\mathfrak{A}, \nu) \models P(t_1, \cdots, t_k),$$

当且仅当

$$(\bar{\nu}(t_1), \cdots, \bar{\nu}(t_k)) \in \mathcal{I}(P).$$

注意, 表达式 $P(t_1, \cdots, t_k)$ 是语言 $\mathcal{L}$ 的一个形式表达式; 属于关系式

$$(\bar{\nu}(t_1), \cdots, \bar{\nu}(t_k)) \in \mathcal{I}(P)$$

则是一个关于两个集合的隶属关系的断言, 也就是一个在当前所处集合论论域中内定有效的解析属于关系式.

(3) 若 φ 是一个否定式 $(\neg \psi)$, 则称**表达式 φ 在赋值结构 $(\mathfrak{A}, \nu)$ 中是真实的**, 记成

$$(\mathfrak{A}, \nu) \models (\neg \psi),$$

当且仅当 $(\mathfrak{A}, \nu) \not\models \psi$.

(4) 若 φ 是一个蕴涵式 $(\psi_1 \to \psi_2)$, 则称**表达式 φ 在赋值结构 $(\mathfrak{A}, \nu)$ 中是真实的**, 记成

$$(\mathfrak{A}, \nu) \models (\psi_1 \to \psi_2),$$

当且仅当, 或者 $(\mathfrak{A}, \nu) \not\models \psi_1$, 或者 $(\mathfrak{A}, \nu) \models \psi_2$.

(5) 若 φ 是一个全域式 $(\forall v_m \psi)$, 则称**表达式 φ 在赋值结构 $(\mathfrak{A}, \nu)$ 中是真实的**, 记成

$$(\mathfrak{A}, \nu) \models (\forall v_m \psi),$$

当且仅当, 对于任何一个赋值 μ, 如果 μ 和 ν 关于表达式 φ 中的自由变元的赋值完全相同, 那么必定已经有

$$(\mathfrak{A}, \mu) \models \psi.$$

注意, 判定一个一阶语言 $\mathcal{L}$ 的表达式 φ 在这个语言的一个结构 $\mathfrak{A} = (A, \mathcal{I})$ 中相对于赋值 ν 是否真实的问题是纯粹集合论的问题, 并且任何一个给定的具体的

判定问题在集合论中都是一个可以在有限步之内有效解答的问题; 并且这种赋值结构中的真实性判定问题还完全由其中的自由变元来确定: 设 φ 为语言 $\mathcal{L}$ 的一个表达式. 设 $\mathfrak{A} = (A, \mathcal{I})$ 为语言 $\mathcal{L}$ 的一个结构, μ 和 ν 是两个 $\mathfrak{A}$-赋值. 如果 μ 和 ν 关于 φ 中的自由变元的赋值完全相同, 那么

$$(\mathfrak{A}, \mu) \models \varphi \text{ 当且仅当 } (\mathfrak{A}, \nu) \models \varphi.$$

设 $\varphi(v_1, v_2, \cdots, v_n)$ 为语言 $\mathcal{L}$ 的一个表达式, 并且这个表达式中的自由变元都在这 n 个自由变元

$$v_1, \cdots, v_n$$

之中. 设 $\mathfrak{A} = (A, \mathcal{I})$ 为语言 $\mathcal{L}$ 的一个结构. 设 $(a_1, \cdots, a_n) \in A^n$. 我们用记号

$$\mathfrak{A} \models \varphi[a_1, \cdots, a_n]$$

来记断言 "对于任何一个赋值 ν, 如果 $\nu(v_1) = a_1, \cdots, \nu(v_n) = a_n$, 那么赋值结构 $(\mathfrak{A}, \nu) \models \varphi$."

再者, 如果 φ 是一个语句 (即它不含任何自由变元符号), 那么用记号

$$\mathfrak{A} \models \varphi$$

来记断言 "对于任何一个赋值 ν 都有 $(\mathfrak{A}, \nu) \models \varphi$", 等价地, 这个断言也可写成 "存在一个满足要求 $(\mathfrak{A}, \nu) \models \varphi$ 的赋值 ν".

设 $\mathfrak{A} = (A, \mathcal{I})$ 是语言 $\mathcal{L}$ 的一个结构. 称由所有在 $\mathfrak{A}$ 中为真实的语句的全体组成的集合为结构 $\mathfrak{A}$ 的**真相**, 并且将其真相记为

$$\mathrm{Th}\,(\mathfrak{A}) = \{\ulcorner\theta\urcorner \mid \theta \text{ 是一个语句, 并且 } \mathfrak{A} \models \theta\}.$$

称语言 $\mathcal{L}$ 的一个表达式 φ 是**可满足的(可实现的)** 当且仅当存在语言 $\mathcal{L}$ 的一个结构 $\mathfrak{A} = (A, \mathcal{I})$ 以及一个赋值 ν 来满足 φ, 即

$$(\mathfrak{A}, \nu) \models \varphi.$$

此时称赋值结构 $(\mathfrak{A}, \nu)$**满足(实现)**φ.

称一个表达式的集合 Γ 是**可满足的(可实现的)** 当且仅当存在语言 $\mathcal{L}$ 的一个结构 $\mathfrak{A} = (A, \mathcal{I})$ 以及一个赋值 ν 来满足 Γ 中的每一个表达式 φ, 即对于每一个 $\varphi \in \Gamma$ 都有

$$(\mathfrak{A}, \nu) \models \varphi.$$

此时称赋值结构 $(\mathfrak{A}, \nu)$**满足(实现)**Γ. 因此, 任何一个结构的真相都是可满足的.

语言 $\mathcal{L}$ 的一个结构 $\mathfrak{A} = (A, \mathcal{I})$ 是语言 $\mathcal{L}$ 的一个理论 T 的一个**模型**, 记成

$$\mathfrak{A} \models T,$$

当且仅当对于 T 中的每一个语句 θ 都必有 $\mathfrak{A} \models \theta$. 于是, 任何一个结构都是它的真相的一个模型.

设 Γ 是语言 $\mathcal{L}$ 的一个表达式集合, φ 是 $\mathcal{L}$ 的一个表达式. 称 φ 是 Γ 的一个**逻辑推论**, 记成

$$\Gamma \models \varphi,$$

当且仅当对于 $\mathcal{L}$ 的任何一个结构 $\mathfrak{A} = (A, \mathcal{I})$ 以及任何一个赋值 ν 而言, 如果赋值结构 $(\mathfrak{A}, \nu)$ 满足 Γ, 那么这个赋值结构也一定满足表达式 φ.

对于表达式集合的一致性和可满足性之间的等价关系就是一阶逻辑的完备性. 这是哥德尔 (Kurt Gödel) 完备性定理:

定理 1.20 (哥德尔完备性定理)　设 $\mathcal{L}$ 是一个一阶语言, Γ 是 $\mathcal{L}$ 的一个表达式集合, φ 是这个语言的一个表达式. 那么

(1) $\Gamma \vdash \varphi$ 当且仅当 $\Gamma \models \varphi$;

(2) Γ 是一致的当且仅当 Γ 是可实现的. 因此, $\mathcal{L}$ 的一个理论是一致的当且仅当它有一个模型.

哥德尔完备性定理的证明可以完全在集合论中给出, 但是我们在这里省略证明. 有兴趣的读者可以参看数理逻辑的教科书, 比如《数理逻辑导引》.

依据 "任何一个证明都是有限的" 这一事实, 由哥德尔完备性定理立即得到一阶语言的紧致性定理:

定理 1.21 (紧致性定理)　设 $\mathcal{L}$ 是一个一阶语言, Γ 是 $\mathcal{L}$ 的语句的一个集合. 那么 Γ 是一致的当且仅当它的每一个有限子集合都是一致的.

依据哥德尔完备性定理, 诚如我们已经见过的那样, 对于诸如群、环、域、代数封闭域等代数理论, 在集合论中都可以证明它们的一致性. 同样地, 前面我们已经见到, 由于自然数结构 $(\mathbb{N}, 0, +, \cdot, <)$ 是佩亚诺 (Peano) 算术理论的一个模型, 在集合理论 ZF 中可以证明佩亚诺算术理论是一致的. 应当引起注意的是, 在这一点上, 无穷公理起着关键性作用. 根据哥德尔第二不完全性定理, 佩亚诺算术理论并不能够证明它自身的一致性 (哥德尔第一不完全性定理说的是佩亚诺算术理论并不能够证明自然数结构 $(\mathbb{N}, 0, +, \cdot, <)$ 中的全部真相, 也就是说, 有不可以在佩亚诺算术理论中得到证明但在自然数结构 $(\mathbb{N}, 0, +, \cdot, <)$ 中为真实的语句.).

这也正是集合论的一大功用所在: 分析那些可以在集合论中证明其一致性的理论的各种各样的模型. 在这样的分析中, 最为基本的是罗文海–斯科伦 (Löwenheim-Skolem) 定理. 首先我们来回顾一下这个定理所依赖的几个基本概念.

设 $\mathcal{L}$ 是一个语言. $\mathfrak{A} = (A, \mathcal{I})$ 和 $\mathfrak{B} = (B, \mathcal{J})$ 是 $\mathcal{L}$ 的两个结构.

称 $\mathfrak{A}$ 与 $\mathfrak{B}$ **同构**, 记成 $\mathfrak{A} \cong \mathfrak{B}$, 当且仅当存在一个满足下述要求的从 A 到 B 的双射 f(称 f 为一个**同构映射**):

(1) 如果 c 是 $\mathcal{L}$ 中的一个常元符号, 那么

$$f(\mathcal{I}(c)) = \mathcal{J}(c);$$

(2) 如果 F 是 $\mathcal{L}$ 中的一个 k 元函数符号, $(a_1, \cdots, a_k, a_{k+1}) \in A^{k+1}$, 那么

$$a_{k+1} = \mathcal{I}(F)(a_1, \cdots, a_k) \iff f(a_{k+1}) = \mathcal{J}(F)(f(a_1), \cdots, f(a_k));$$

(3) 如果 P 是 $\mathcal{L}$ 中的一个 k 元谓词符号, $(a_1, \cdots, a_k) \in A^k$, 那么

$$\mathcal{I}(P)(a_1, \cdots, a_k) \iff \mathcal{J}(P)(f(a_1), \cdots, f(a_k)).$$

由定义可见同构的结构之间具有完全相同的真相. 一般而言, 具有相同真相的结构未必同构. 于是, 称 $\mathfrak{A}$ 与 $\mathfrak{B}$ **同样**, 记成 $\mathfrak{A} \equiv \mathfrak{B}$, 当且仅当它们的真相相同, 即

$$\mathrm{Th}(\mathfrak{A}) = \mathrm{Th}(\mathfrak{B}).$$

称 $\mathfrak{B}$ 是 $\mathfrak{A}$ 的一个**子结构**, 记成 $\mathfrak{B} \subseteq \mathfrak{A}$, 当且仅当
(1) $B \subseteq A$;
(2) 如果 c 是 $\mathcal{L}$ 中的一个常元符号, 那么

$$\mathcal{I}(c) = \mathcal{J}(c);$$

(3) 如果 F 是 $\mathcal{L}$ 中的一个 k 元函数符号, $(a_1, \cdots, a_k) \in B^k$, $a_{k+1} \in A$, 那么

$$a_{k+1} = \mathcal{I}(F)(a_1, \cdots, a_k) \iff (a_{k+1} \in B \wedge a_{k+1} = \mathcal{J}(F)(a_1, \cdots, a_k));$$

(4) 如果 P 是 $\mathcal{L}$ 中的一个 k 元谓词符号, $(a_1, \cdots, a_k) \in B^k$, 那么

$$\mathcal{I}(P)(a_1, \cdots, a_k) \iff \mathcal{J}(P)(a_1, \cdots, a_k).$$

称 $\mathfrak{B}$ 为 $\mathfrak{A}$ 的一个**同质子模型**, 记成 $\mathfrak{B} \prec \mathfrak{A}$, 当且仅当
  (a) $\mathfrak{B}$ 是 $\mathfrak{A}$ 的一个子结构, 并且
  (b) 如果 $\varphi(v_1, \cdots, v_n)$ 是语言 $\mathcal{L}$ 的一个彰显自由变元的表达式,

$$(a_1, \cdots, a_n) \in B^n,$$

那么

$$\mathfrak{B} \models \varphi[a_1, \cdots, a_n] \iff \mathfrak{A} \models \varphi[a_1, \cdots, a_n].$$

比子结构和同质子结构概念略微宽松一些的概念是嵌入映射与同质嵌入映射. 称 $f: A \to B$ 为从 $\mathfrak{A}$ 到 $\mathfrak{B}$ 的**嵌入映射**当且仅当 f 是从 $\mathfrak{A}$ 到 $\mathfrak{B}$ 的一个子结构的同构映射; 称嵌入映射 f 为一个**同质嵌入映射**当且仅当 f 是从 $\mathfrak{A}$ 到 $\mathfrak{B}$ 的一个同质子结构的同构映射.

获得一个结构 $\mathfrak{A}$ 的同质子结构的一种方法, 就是应用塔尔斯基 (Tarski) 判定准则:

定理 1.22(塔尔斯基判定准则)　设 $\mathfrak{A} = (A, \mathcal{I})$ 为语言 $\mathcal{L}$ 的一个结构, $B \subset A$ 非空. 那么 B 是 $\mathfrak{A}$ 的一个同质子结构的论域的充分必要条件是 B 具备如下封闭特性: 如果 $\varphi(v_1, \cdots, v_n, v_{n+1})$ 是自由变元符号都在 $v_1, \cdots, v_{n+1}$ 之中的表达式, $(a_1, \cdots, a_n)$ 是 B^n 中的元素, 并且 $\exists a \in A \; \mathfrak{A} \models \varphi[a_1, \cdots, a_n, a]$, 那么 $\exists b \in B \; \mathfrak{A} \models \varphi[a_1, \cdots, a_n, b]$.

证明　(必要性) 假设 $\exists a \in A \; \mathfrak{A} \models \varphi[a_1, \cdots, a_n, a]$. 那么

$$\mathfrak{A} \models (\exists x \, \varphi[a_1, \cdots, a_n, x]).$$

由于 $\mathfrak{B} \prec \mathfrak{A}$, 所以 $\mathfrak{B} \models (\exists x \, \varphi[a_1, \cdots, a_n, x])$. 于是, $\exists b \in B \; \mathfrak{B} \models \varphi[a_1, \cdots, a_n, b]$. 又因为 $\mathfrak{B} \prec \mathfrak{A}$, 所以 $\mathfrak{A} \models \varphi[a_1, \cdots, a_n, b]$. 从而 $\exists b \in B \; \mathfrak{A} \models \varphi[a_1, \cdots, a_n, b]$.

(充分性) 应用关于表达式 φ 的复杂性的归纳法. 对于基本表达式以及布尔组合的验证留作练习. 现在假设 $\mathfrak{A} \models (\exists x \, \varphi[a_1, \cdots, a_n, x])$. 令 $a \in A$ 来见证

$$\mathfrak{A} \models \varphi[a_1, \cdots, a_n, a].$$

根据给定条件, $\exists b \in B \; \mathfrak{A} \models \varphi[a_1, \cdots, a_n, b]$. 根据归纳假设, $\mathfrak{B} \models \varphi[a_1, \cdots, a_n, b]$. 因此, $\mathfrak{B} \models (\exists x \, \varphi[a_1, \cdots, a_n, x])$. 　　　　　　　□

在具体应用塔尔斯基判定准则的过程中, 一种自然而然的做法就是应用**斯科伦函数**.

定义 1.38　称 $h: A^n \to A$ 是表达式 $\varphi(v_1, \cdots, v_n, v_{n+1})$ 的一个**斯科伦函数**当且仅当对于所有的 $(a_1, \cdots, a_n) \in A^n$, 如果 $\exists a \in A \; \mathfrak{A} \models \varphi[a_1, \cdots, a_n, a]$, 那么

$$\mathfrak{A} \models \varphi[a_1, \cdots, a_n, h(a_1, \cdots, a_n)].$$

依据选择公理, 语言 $\mathcal{L}$ 的每一个表达式都具备一个斯科伦函数. 再根据选择公理, 可以对语言 $\mathcal{L}$ 的每一个表达式选出一个斯科伦函数, 从而得到语言 $\mathcal{L}$ 的一个斯科伦函数集合.

定义 1.39　称一个斯科伦函数的集合为一个**完备斯科伦函数集合**当且仅当它关于函数复合是封闭的.

在给定语言 $\mathcal{L}$ 的一个完备斯科伦函数集合的前提之下, 可以对任何一个非空的 $X \subset A$ 求它的斯科伦闭包, 记成 $\mathcal{SH}(X)$. 自然而然地就有 $\mathcal{SH}(X) \prec \mathfrak{A}$. 于是, 我们得到:

定理 1.23 (罗文海–斯科伦定理) 可数语言的任何一个理论的无穷模型都有一个可数同质子模型.

模型 $(\mathscr{H}_\kappa, \in)$

作为罗文海–斯科伦定理 (定理 1.23) 应用的一个例子, 我们来考虑以模型 $(\mathscr{H}_\kappa, \in)$ 为基础模型的可数语言扩充结构的可数同质子模型的全体之集: 可数同质子模型无界闭集滤子.

定理 1.24 设 $\mathcal{L} = \{F_n \mid n < \omega\}$ 是一个函数符号的可数集合. 设 $\kappa \geqslant \omega_1$ 为一个正则基数. 对于每一个自然数 n, 设 $f_n : \mathscr{H}_\kappa^{k_n} \to \mathscr{H}_\kappa$ 为函数符号 F_n 的一个解释, 其中 k_n 是函数符号 F_n 的维数或者变元个数. 令 $\mathcal{H} = (\mathscr{H}, \in, f_n)_{n<\omega}$, 以及令

$$C = \{ M \in [\mathscr{H}_\kappa]^\omega \mid M \prec \mathcal{H} \}.$$

那么 C 是 $[\mathscr{H}_\kappa]^\omega$ 上的一个无界闭子集.

证明 令 $\mathcal{H}^*$ 为对模型 $\mathcal{H}$ 添加了斯科伦函数的结构. 这依旧是一个可数语言结构.

首先, C 是无界的. 任给 $X \in [\mathscr{H}_\kappa]^\omega$, 令 $M = \mathcal{SH}^{\mathcal{H}^*}(X) \prec \mathcal{H}^*$. 那么 $X \subset M$ 并且 $M \in C$.

其次, 设 $\langle M_n \mid n < \omega \rangle$ 是 C 的一个 $\subset$-单调递增的序列. 那么对于每一个 $n < \omega$, 都有 $M_n \prec M_{n+1} \prec \mathcal{H}^*$. 令 $M = \bigcup_{n<\omega} M_n$. 应用塔尔斯基定理 (定理 1.22) 得知 $M \prec \mathcal{H}^*$. 因此 $M \in C$. $\qquad \square$

我们用下面的例子来解释同质子模型的一些基本应用. 在集合论中, 同质子模型分析是一种与组合分析不一样的分析. 同质子模型分析的关键是要找到合适的集合论语言的语句或者表达式, 再利用同质特性来解决问题.

例 1.6 设 $\kappa \geqslant \omega_2$ 为一个正则基数. 设 $X \prec (\mathscr{H}_\kappa, \in)$ 为一个可数同质子模型. 那么

(1) $\{\omega, \omega_1\} \subset X$, 并且 $\omega \subset X$;

(2) 如果 $a \in X$ 是一个可数集合, 那么 $a \subset X$;

(3) $X \cap \omega_1$ 是一个可数序数, 并且是不在 X 中的最小序数;

(4) 存在一个与 $(X, \in)$ 同构的唯一的传递集合 $(M_X, \in)$ 以及唯一的同构映射 $\pi_X : X \cong M_X$, 并且

$$\pi_X^{-1} : (M_X, \in) \to (\mathscr{H}_\kappa, \in)$$

是一个以 $\alpha = X \cap \omega_1$ 为**临界点**, 即

$$\left(\forall \beta \in \alpha \left(\pi_X^{-1}(\beta) = \beta\right)\right) \wedge \pi_X^{-1}(\alpha) > \alpha,$$

的同质嵌入映射, 以及 $\pi_X^{-1}(\alpha) = \omega_1$.

证明　(1) 先看为什么 $\omega \in X$. 考虑下面的语句 θ:

$$\exists x \left(\begin{array}{l} x \text{是一个非零极限序数} \wedge \\ \forall y \, (y \text{是一个非零极限序数} \to (x = y \vee x \in y)) \end{array} \right).$$

那么 $(\mathscr{H}_\kappa, \in) \models \theta$, 因为 $\omega \in \mathscr{H}_\kappa$. 由于 $X \prec \mathscr{H}_\kappa$, $X \models \theta$. 取 $a \in X$ 为令下述命题成真的证据:

$$(X, \in) \models \left(\begin{array}{l} a \text{是一个非零极限序数} \wedge \\ \forall y \, (y \text{是一个非零极限序数} \to (a = y \vee a \in y)) \end{array} \right).$$

由于 $(X, \in) \prec (\mathscr{H}_\kappa, \in)$, 我们有

$$(\mathscr{H}_\kappa, \in) \models \left(\begin{array}{l} a \text{是一个非零极限序数} \wedge \\ \forall y \, (y \text{是一个非零极限序数} \to (a = y \vee a \in y)) \end{array} \right).$$

因此, $a = \omega$.

应用数学归纳法, 我们来证明 $\omega \subset X$. 首先, $\varnothing \in X$, 因为语句

$$\exists x \forall y \, (y \in x \leftrightarrow y \neq y)$$

在 $(\mathscr{H}_\kappa, \in)$ 中为真, 所以在 $(X, \in)$ 中也为真. 取 $c \in X$ 为令下述命题成真的证据:

$$(X, \in) \models \forall y \, (y \in c \leftrightarrow y \neq y),$$

那么 $(\mathscr{H}_\kappa, \in) \models \forall y \, (y \in c \leftrightarrow y \neq y)$. 因为 $\mathscr{H}_\kappa$ 是传递的, 所以

$$(\forall y \, (y \in c \leftrightarrow y \neq y)) \leftrightarrow (\mathscr{H}_\kappa, \in) \models \forall y \, (y \in c \leftrightarrow y \neq y).$$

根据空集的唯一性, $c = \varnothing$. 故 $\varnothing \in X$. 现在假设 $n \in X$. 考虑表达式 δ:

$$\exists x \, ((\forall y(y \in x \to (y \in n \vee y = n))) \wedge (\forall y \, ((y \in n \vee y = n) \to y \in x))).$$

我们有 $(\mathscr{H}_\kappa, \in) \models \delta$; 于是, $(X, \in) \models \delta$. 取 $d \in X$ 为令下述命题成真的证据:

$$(X, \in) \models ((\forall y(y \in d \to (y \in n \vee y = n))) \wedge (\forall y \, ((y \in n \vee y = n) \to y \in d))).$$

于是,

$$(\mathscr{H}_\kappa, \in) \models ((\forall y(y \in d \to (y \in n \lor y = n))) \land (\forall y((y \in n \lor y = n) \to y \in d))).$$

这就表明 $d = n + 1$. 因此, $n + 1 \in X$.

再来看看为什么 $\omega_1 \in X$. 考虑下面的语句 η:

$$\exists x \begin{pmatrix} x\text{是一个非零极限序数} \land |x| = x \land \\ \forall y ((y\text{是一个可数序数}) \leftrightarrow (y \in x)) \end{pmatrix}.$$

那么 $(\mathscr{H}_\kappa, \in) \models \eta$, 因为 $\omega_1 \in \mathscr{H}_\kappa$. 由于 $X \prec \mathscr{H}_\kappa$, $X \models \eta$. 取 $b \in X$ 为令下述命题成真的证据:

$$(X, \in) \models \begin{pmatrix} b\text{是一个非零极限序数} \land |b| = b \land \\ \forall y ((y\text{是一个可数序数}) \leftrightarrow (y \in b)) \end{pmatrix}.$$

于是

$$(\mathscr{H}_\kappa, \in) \models \begin{pmatrix} b\text{是一个非零极限序数} \land |b| = b \land \\ \forall y ((y\text{是一个可数序数}) \leftrightarrow (y \in b)) \end{pmatrix}.$$

由于 $\omega_1 + 1 \subset \mathscr{H}_\kappa$, 对于任意的 $y \in \mathscr{H}_\kappa$ 都有

$$|y| = y \leftrightarrow (\mathscr{H}_\kappa, \in) \models |y| = y,$$

(练习: 验证上述对等式), 以及

$$(y\text{是一个可数序数}) \leftrightarrow (\mathscr{H}_\kappa, \in) \models (y\text{是一个可数序数}),$$

所以, $b = \omega_1$.

(2) 设 $a \in X$ 是一个可数集合. 那么存在一个从 ω 到 a 的满射. 令 $f : \omega \to a$ 为一个满射. 那么 $|\mathcal{TC}(f)| < \kappa$, 因为 $a \in \mathscr{H}_\kappa$, 从而 $f \in \mathscr{H}_\kappa$. 这就意味着:

$$(\mathscr{H}_\kappa, \in) \models \exists f (f\text{是一个函数} \land \operatorname{dom}(f) = \omega \land \operatorname{rng}(f) = a).$$

由于 $\omega \in X$, $a \in X$, $X \prec \mathscr{H}_\kappa$, 我们即有

$$(X, \in) \models \exists f (f\text{是一个函数} \land \operatorname{dom}(f) = \omega \land \operatorname{rng}(f) = a).$$

取 $f \in X$ 为令下述命题成真的证据:

$$(X, \in) \models (f\text{是一个函数} \land \operatorname{dom}(f) = \omega \land \operatorname{rng}(f) = a).$$

根据同质性,

$$(\mathscr{H}_\kappa, \in) \models (f \text{ 是一个函数 } \wedge \operatorname{dom}(f) = \omega \wedge \operatorname{rng}(f) = a).$$

令 $n \in \omega$. 那么 $(\mathscr{H}_\kappa, \in) \models \exists y \in a\, (y = f(n))$. 由此, $(X, \in) \models \exists y \in a\, (y = f(n))$, 从而 $f(n) \in X$. 这就表明 $\operatorname{rng}(f) = f[\omega] \subset X$. 由于 $a = \operatorname{rng}(f)$ 成立, 所以 $a \subset X$.

(3) 根据 (2), $X \cap \omega_1$ 是一个传递集合, 所以它是一个序数. 因为 X 是可数的, 所以 $X \cap \omega_1$ 是一个可数序数. 令 $\alpha = X \cap \omega_1$. 那么 $\alpha \notin X$. 这是因为如果 γ 是一个序数, 并且 $\gamma \in X$, 那么 $\gamma + 1 \in X$. 由于 $\alpha + 1$ 也是一个可数序数, $(\alpha + 1) \notin X \cap \omega_1$, 我们得知 $\alpha + 1 \notin X$. 于是, $\alpha \notin X$.

(4) 因为 $(\mathscr{H}_\kappa, \in) \models$ 同一律, 所以 $(X, \in) \models$ 同一律. 又因为 $(X, \in)$ 是有秩的, 所以, 根据传递化定理 I.1.100, $(X, \in)$ 的传递化存在并且唯一. 令

$$\pi_X : (X, \in) \cong (M_X, \in)$$

为传递化映射. 那么 $\omega_1 \cap X \subset M_X$, 并且 $\pi_X \upharpoonright_{X \cap \omega_1} = \operatorname{Id}_{X \cap \omega_1}$ 是 $X \cap \omega_1$ 上的恒等映射, 以及 $\pi_X(\omega_1) = X \cap \omega_1$. □

塔尔斯基判定准则还有另外一种表述形式. 这涉及数理逻辑的另外一个中心概念: **可定义性**. 无论是在模型论中, 还是在集合论中, 甚至在其他数学分支中, 可定义性是一个非常基本的概念.

定义 1.40 设 $\mathfrak{A} = (A, \mathcal{I})$ 是语言 $\mathcal{L}$ 的一个结构. 设 $1 \leqslant n \in \mathbb{N}$. 称 $D \subseteq A^n$ 是**在结构$\mathfrak{A}$上可定义的**, 简称为**可定义的**, 当且仅当存在 $m \in \mathbb{N}$, 存在 $\mathcal{L}$ 的一个带 $n + m$ 个自由变元的表达式 (称之为 D 的**定义式**) $\varphi(v_1, \cdots, v_n, v_{n+1}, \cdots, v_{n+m})$, 以及存在一组**参数**$(b_1, \cdots, b_m) \in A^m$, 来见证如下等式:

$$D = \{(a_1, \cdots, a_n) \in A^n \mid \mathfrak{A} \models \varphi[a_1, \cdots, a_n, b_1, \cdots, b_m]\}.$$

当 $m = 0$ 时, 称这样的 D 为**免参数可定义的**; 当 $m > 0$ 时, 称 D 为**带参数可定义的**; 如果参数 $b_1, \cdots, b_m$ 都来自子集合 $X \subset A$, 那么就称 D 为**由X中的参数可定义的**.

注意, 由于 "$\mathfrak{A} \models \varphi[a_1, \cdots, a_n, b_1, \cdots, b_m]$" 是集合论语言的一个解析表达式, 根据集合论的分解原理, 由上述概括式所给出的 D 在集合论论域之中就自然存在, 并且, 给定正整数 n, 给定子集合 $X \subseteq A$, 集合

$$\operatorname{Def}_n(X) = \{D \subseteq A^n \mid D \text{ 是由 } X \text{ 中的参数可定义的}\}$$

关于并、交以及相对差运算封闭.

应用可定义子集合的概念, 塔尔斯基同质子模型判定准则便可以表述如下:

定理 1.25(塔尔斯基定理) 设 $\mathfrak{A} = (A, \mathcal{L})$ 是语言 $\mathcal{L}$ 的一个结构,$B \subseteq A$ 是一个非空集合. 那么 B 是 $\mathfrak{A}$ 的一个同质子模型的论域的充分必要条件是对于 $\mathrm{Def}_1(B)$ 中的每一个非空的 D 都有 $D \cap B$ 非空.

关于各种代数结构, 比如

$$(\mathbb{Q}, <),\ (\mathbb{R}, <),\ (\mathbb{Q}, 0, 1, +, \cdot, <),\ (\mathbb{R}, 0, 1, +, \cdot, <),\ (\mathbb{C}, 0, 1, +, \cdot),$$

等等之上的可定义子集的综合探讨和分析事实组成模型论的一个重要部分, 并且这种分析和探讨越来越紧密地深入联系到数学的其他分支之中, 比如数论、代数几何, 等等. 我们同样将不涉及这些丰富的内容. 对我们而言, 我们关注的是纯集合论语言下的可定义性, 尽管偶尔也会扩充一下语言, 而且这样做的根本目的是要解决集合论中的一些重要问题. 当然, 这本《导引》的最后一章也将集中精力来分析贝尔空间上的可定义性问题, 或者说是模型 $(V_{\omega+2}, \in)$ 上的一些可定义性问题. 在那里我们会发现这样一个模型上的许多可定义性问题的复杂性有可能超出我们的直觉想象. 这或许也正是集合论本身的一个迷人之处吧.

前面我们讨论过依定义引进函数符号或者谓词符号的问题. 很自然地, 给定语言 $\mathcal{L}$ 的一个理论 T 的模型 $\mathfrak{A} = (A, \mathcal{I})$, 我们可以得到定义性扩充语言 $\mathcal{L}_1$ 的一个唯一确定的结构 $(A, \mathcal{J})$:

(1) 对于 $\mathcal{L}$ 中的所有符号, $\mathcal{J}$ 的解释与 $\mathcal{I}$ 的解释相同;

(2) 如果 $P \in \mathcal{L}_1$ 是一个依定义引进的 n 元谓词符号 $(n > 0)$, 令 $\varphi(x_1, \cdots, x_n)$ 为 P 的定义式, 那么 $\mathcal{J}(P) = \{(a_1, \cdots, a_n) \in A^n \mid \mathfrak{A} \models \varphi[a_1, \cdots, a_n]\}$;

(3) 如果 $F \in \mathcal{L}_1$ 是一个依定义引进的 n 元函数符号 $(n > 0)$, 令 $\varphi(x_1, \cdots, x_{n+1})$ 为 F 的定义式, 那么

$$\mathcal{J}(F) = \{(a_1, \cdots, a_n, a_{n+1}) \in A^{n+1} \mid \mathfrak{A} \models \varphi[a_1, \cdots, a_n, a_{n+1}]\},$$

并且, 如果 T_1 是对 T 添加所有的新符号的定义所得到的理论, 那么 $(A, \mathcal{J}) \models T_1$. (此时称 $(A, \mathcal{J})$ 为 $(A, \mathcal{I})$ 的**扩充结构**; $(A, \mathcal{I})$ 为 $(A, \mathcal{J})$ 的**裁减结构**.)

更一般地, 设 $\mathcal{L}_1 \subset \mathcal{L}_2$, 称语言 $\mathcal{L}_1$ 的一个结构 $(A, \mathcal{I})$ 是语言 $\mathcal{L}_2$ 的一个结构 $(B, \mathcal{J})$ 的**裁减**, 或者说 $\mathcal{L}_2$ 是 $\mathcal{L}_1$ 的**扩充**, 当且仅当 $A = B$ 并且 $\mathcal{J} \!\restriction_{\mathcal{L}_1} = \mathcal{I}$.

1.2.3 集合论模型

回过头来, 我们看看一些集合论模型的例子.

例 1.7(KP) 如果 M 是一个非空传递集合, 那么同一性公理在 (M, E) 中成立, 其中 $E = \{(a, b) \in M^2 \mid a \in b\}$. 也就是说, 任何一个非空传递集合都是同一性公理的一个模型.

证明　同一性公理 (公理 1) 是如下语句 θ:

$$(\forall v_1 \forall v_2(v_1 = v_2 \leftrightarrow (\forall v_3(v_3 \in v_1 \leftrightarrow v_3 \in v_2)))).$$

语句 θ 在 M 中成立, $M \models \theta$, 当且仅当

$$(\forall x_1 \in M \forall x_2 \in M((x_1 = x_2)^M \leftrightarrow (\forall x_3 \in M(x_3 \in x_1 \leftrightarrow x_3 \in x_2)^M))).$$

这正是 θ^M.

现在我们来证明 θ^M 在 V 中成立.

任取 $x_1 \in M$ 以及 $x_2 \in M$. 我们需要在 V 中证明

$$((x_1 = x_2)^M \leftrightarrow (\forall x_3 \in M(x_3 \in x_1 \leftrightarrow x_3 \in x_2)^M)).$$

根据定义, $(x_1 = x_2)^M \leftrightarrow (x_1 = x_2)$ 在 V 中成立; 以及对于 $x_3 \in M$, 在 V 中都有

$$(x_3 \in x_1)^M \leftrightarrow (x_3 \in x_1); \ (x_3 \in x_2)^M \leftrightarrow x_3 \in x_2.$$

假设 $(x_1 = x_2)^M$, 也就是假设 $x_1 = x_2$. 由于同一性公理在 V 中成立, 在 V 中我们有 $\forall x_3(x_3 \in x_1 \leftrightarrow x_3 \in x_2)$. 从而, $\forall x_3 \in M(x_3 \in x_1 \leftrightarrow x_3 \in x_2)$. 因此,

$$\forall x_3 \in M(x_3 \in x_1 \leftrightarrow x_3 \in x_2)^M.$$

现假设 $(\forall x_3 \in M(x_3 \in x_1 \leftrightarrow x_3 \in x_2)^M)$ 在 V 中成立.

我们需要证明 $(x_1 = x_2)$ 在 V 中成立.

由于 M 是一个传递集合, $x_1 \cup x_2 \subset M$, 并且等式 $x_1 = x_1 \cap M$ 以及 $x_2 = x_2 \cap M$ 都在 V 中成立. 于是, 在 V 中就有

$$(x_1 = x_2) \leftrightarrow (x_1 \cap M = x_2 \cap M) \leftrightarrow (\forall x_3 (x_3 \in x_1 \cap M \leftrightarrow x_3 \in x_2 \cap M)).$$

由于在 V 中总有

$$(\forall x_3 (x_3 \in x_1 \cap M \leftrightarrow x_3 \in x_2 \cap M)) \leftrightarrow (\forall x_3 \in M(x_3 \in x_1 \leftrightarrow x_3 \in x_2))$$
$$\leftrightarrow (\forall x_3 \in M(x_3 \in x_1 \leftrightarrow x_3 \in x_2)^M),$$

在现有假设之下, 我们得到 $(x_1 = x_2)$, 也就是 $(x_1 = x_2)^M$. □

我们不仅需要集合论形式语言以及逻辑概念在集合论中得到表示, 而且需要这样的表示是十分有效的, 也就是说, 我们能够在集合论中十分有效地识别形式语言的集合表示以及能够十分有效地判定那些逻辑概念. 比如, 我们需要有效地判定是否 "变元 x 在表达式 φ 中是一个自由变元"; 我们需要依此有效地计算出表达式 φ

中的自由变元 x 的个数; 等等. 当我们将所需要的表示在彻底有限集范围内实现时, 我们可以将所需要的有效性用**递归谓词**在集合论中严格定义出来; 将可有效计算性用**递归函数**在集合论中严格定义出来. 在这里, 我们用模型论的定义给出递归谓词和递归函数的概念. 这样做的目的之一就是要证明我们所需要的语言表示和逻辑概念实现不会因为集合论论域的内涵变化而发生改变, 也就是说, 所需要的集合内在表示实现事实上在一定的集合论基础上是**绝对不变**的, 是**内外相符**的.

定理 1.26 所有前述形式语言的集合内在表示以及逻辑概念的集合内在解释都是可判定的或者可计算的.

注意在上述的讨论中我们并没有应用 $\in$-极小原理. 为了统一后面一系列例子的讨论, 我们不妨先证明一个具有广泛用途的引理. 首先, 我们用记号 ZF_0 来表示从集合理论 ZF 中减掉幂集公理和 $\in$-极小原理之后所得到的理论, 以及用记号 ZF_1 来表示从集合理论 ZF 中减掉 $\in$-极小原理之后所得到的理论; 其次, 对于非空的类 W, 对于 ZF 的一条公理语句 θ, 我们说 "公理 θ 在 W 中成立" 当且仅当语句 θ^W 在 V 中成立.

引理 1.16 (ZF_0) 设 W 是一个真类或者是一个非空集合.

(1) 如果 $\forall x \in W \forall y \in x(y \in W)$, 那么同一性公理在 W 中成立;

(2) 如果 $\forall x \in W \exists \alpha \in \mathrm{Ord}(x \in V_\alpha)$, 那么 $\in$-极小原理在 W 中成立;

(3) 如果 $\forall x \in W \forall y(y \subseteq x \to y \in W)$, 那么分解原理在 W 中成立;

(4) 如果 $\forall x \in W \forall y \in W(\{x, y\} \in W)$, 那么配对公理在 W 中成立;

(5) 如果 $\forall A \in W((\bigcup A) \in W)$ 并且 $\forall x \in W \forall y \in x(y \in W)$, 那么并集公理在 W 中成立;

(6) 假设 $\forall x \in W \forall y \in x(y \in W)$, 以及

$$\forall f((f是一个函数 \wedge \mathrm{dom}(f) \in W \wedge \forall y \in \mathrm{rng}(f)(y \in W)) \to \mathrm{rng}(f) \in W).$$

那么映像存在原理在 W 中成立.

证明 (1) 由例 1.7 的证明即得.

(2) 设 $W \subseteq V^*$. $\in$-极小原理是下述语句 θ:

$$\forall v_1((\exists v_2(v_2 \in v_1)) \to (\exists v_2(v_2 \in v_1 \wedge (\neg(\exists v_3(v_3 \in v_1 \wedge v_3 \in v_2)))))).$$

θ 在 W 中的相对化为下述语句 θ^W:

$$\forall x_1 \in W \left(\begin{array}{l} (\exists x_2 \in W(x_2 \in x_1)) \to \\ \left(\exists x_2 \in W \left(\begin{array}{l} x_2 \in x_1 \wedge \\ (\neg(\exists x_3 \in W(x_3 \in x_1 \wedge x_3 \in x_2))) \end{array} \right) \right) \end{array} \right).$$

注意在 ZF_0 中, RK 在 V^* 上有定义, 并且命题 I.1.21 成立.

设 $A \in W$, 并且 $\exists x \in W(x \in A)$. 根据分解原理, 令

$$B = \{x \in A \mid x \in W\}$$

是一个集合. 不妨设 $A \in V_\alpha$. 那么 $B \in V_{\alpha+1} \subset V^*$. 令

$$C = \{\beta \in \mathrm{Ord} \mid \exists x \in B(\beta = \mathrm{RK}(x))\}.$$

依据映像存在原理, C 是一个集合. 由于 B 非空, C 也非空.

令 $\beta_0 = \min(C)$. 又令 $x_0 \in B$ 满足 $\mathrm{RK}(x_0) = \beta_0$. 那么 $x_0 \in A$ 以及 $x_0 \in W$.

现在我们来验证: $x_0 \cap A \cap W = \varnothing$. 否则, 设 $y \in x_0 \cap A \cap W$. 那么 $y \in V^*$ 以及 $x_0 \in V^*$. 根据命题 I.1.21 中的 (1),

$$\mathrm{RK}(y) < \mathrm{RK}(x_0).$$

由于 $y \in A \cap W$, $y \in B$, 从而 $\mathrm{RK}(y) \in C$. 由于 $\mathrm{RK}(y) < \mathrm{RK}(x_0) = \beta_0 = \min(C)$, 我们得到一个矛盾.

于是集合 x_0 就表明

$$(\exists x_2 \in W(x_2 \in A \wedge (\neg(\exists x_3 \in W(x_3 \in A \wedge x_3 \in x_2)))))$$

在 V 中成立.

这就证明了 θ^W 在 V 中成立.

(3) 设 $\varphi(v_0, v_1, v_2 \cdots, v_n)$ 为一个彰显全部自由变元的表达式.

设 $x_1 \in W, x_2 \in W, \cdots, x_n \in W$. 我们来证明

$$\exists x_{n+1} \in W \forall x_0 \in W(x_0 \in x_{n+1} \leftrightarrow (x_0 \in x_1 \wedge \varphi^W(x_0, x_1, x_2, \cdots, x_n)))$$

在 V 中成立. 为此, 令

$$x_{n+1} = \{x_0 \in x_1 \mid \varphi^W(x_0, x_1, x_2, \cdots, x_n)\}.$$

根据 V 中的分解原理, x_{n+1} 是 x_1 的一个子集合. 由 (3) 的假设以及 $x_1 \in W$, 我们有 $x_{n+1} \in W$. 这些就表明

$$\forall x_1 \in W \forall x_2 \in W \cdots \forall x_n \in W \exists x_{n+1} \in W \forall x_0 \in W(x_0 \in x_1 \leftrightarrow \varphi^W(x_0, x_1, \cdots, x_n))$$

在 V 中成立.

(4) 配对公理为语句 $\theta : \forall v_1 \forall v_2 \exists v_3 \forall v_4(v_4 \in v_3 \leftrightarrow (v_4 = v_1 \vee v_4 = v_2))$. 因此, θ^W 是

$$\forall x_1 \in W \forall x_2 \in W \exists x_3 \in W \forall x_4 \in W(x_4 \in x_3 \leftrightarrow (x_4 = x_1 \vee x_4 = x_2)).$$

为证明 θ^W 在 V 中成立, 设 $x_1 \in W$ 和 $x_2 \in W$. 令 $x_3 = \{x_1, x_2\}$. 由于配对公理在 V 中成立, x_3 是一个集合, 并且

$$(\forall x_4(x_4 \in x_3 \leftrightarrow (x_4 = x_1 \vee x_4 = x_2))).$$

又根据 (4) 的假设, $x_3 = \{x_1, x_2\} \in W$. 因此,

$$(\forall x_4(x_4 \in x_3 \leftrightarrow (x_4 = x_1 \vee x_4 = x_2)))^W$$

成立. 也就是说, $(\forall x_4 \in W(x_4 \in x_3 \leftrightarrow (x_4 = x_1 \vee x_4 = x_2)))$ 成立.

(5) 并集公理是语句 $\theta \colon (\forall v_1 \exists v_2 \forall v_3(v_3 \in v_2 \leftrightarrow (\exists v_4(v_4 \in v_1 \wedge v_3 \in v_4))))$. 因此, θ^W 是

$$(\forall x_1 \in W \exists x_2 \in W \forall x_3 \in W(x_3 \in x_2 \leftrightarrow (\exists x_4 \in W(x_4 \in x_1 \wedge x_3 \in x_4)))).$$

设 $A \in W$. 令 $B = \bigcup A$. 根据并集公理 θ^V, B 是一个集合. 又根据 (5) 的假设条件, $B \in W$. 现在我们来验证

$$\forall x_3 \in W(x_3 \in B \leftrightarrow (\exists x_4 \in W(x_4 \in A \wedge x_3 \in x_4))).$$

设 $x_3 \in W$. 假设 $x_3 \in B$. 根据定义, 令 $x_4 \in A$ 满足 $x_3 \in x_4$. 由 (5) 的给定条件, W 是传递的. 所以 $x_4 \in W$. 这就证明了

$$(\exists x_4 \in W(x_4 \in A \wedge x_3 \in x_4)).$$

另一方面, 如果 $(\exists x_4 \in W(x_4 \in A \wedge x_3 \in x_4))$, 那么根据定义, $x_3 \in B$.

(6) 设 $\varphi(v_1, v_2)$ 是一个泛函定义式. 设 $A \in W$ 以及

$$\forall x_1 \in W(x_1 \in A \rightarrow (\exists x_2 \in W(\varphi^W(x_1, x_2)))).$$

令

$$B = \{x_2 \mid \exists x_1 \in A \wedge \varphi^W(x_1, x_2)\}.$$

根据映像存在原理, B 是一个集合. 根据假设, $B \subseteq W$. 再令

$$f = \{(x_1, x_2) \mid x_1 \in A \wedge x_2 \in B \wedge \varphi^W(x_1, x_2)\}.$$

那么 f 是一个函数, 并且 $B = \mathrm{rng}(f) \subset W$. 依据 (6) 的给定条件, $B = \mathrm{rng}(f) \in W$. 于是,

$$\forall x_2 \in W(x_2 \in B \leftrightarrow (\exists x_1 \in W(x_1 \in A \wedge \varphi^W(x_1, x_2)))).$$

所以, 映像存在原理在 W 中成立. $\qquad\qquad\qquad\qquad\qquad\qquad\qquad\qquad\qquad\qquad$ □

类似地, 关于幂集公理的验证条件, 我们有下述引理.

引理 1.17(ZF$_1$) 设 W 是一个传递真类或者是一个非空传递集合.

(1) 如果 $\forall x \in W((\mathfrak{P}(x) \cap W) \in W)$, 那么幂集公理在 W 中成立;

(2) 如果幂集公理和分解原理都在 W 中成立, 那么 $\forall x \in W((\mathfrak{P}(x) \cap W) \in W)$.

证明 根据 Δ_0- 绝对性 (定理 1.19), 幂集公理在 W 中成立当且仅当

$$\forall x_1 \in W \exists x_2 \in W \forall x_3 \in W((\forall x_4 \in x_3(x_4 \in x_1)) \rightarrow x_3 \in x_2).$$

(1) 给定 $x_1 \in W$, 令 $x_2 = \mathfrak{P}(x_1) \cap W$. 由 (1) 之假设, $x_2 \in W$. 于是,

$$\forall x_3 \in W((\forall x_4 \in x_3(x_4 \in x_1)) \rightarrow x_3 \in x_2).$$

(2) 令 $x_1 \in W$. 根据幂集公理在 W 中成立这个事实以及上述等价命题, 令 W 中的 x_2 满足

$$\mathfrak{P}(x_1) \cap W \subseteq x_2.$$

由于分解原理在 W 中成立, W 又是传递的, 依据 Δ_0- 绝对性 (定理 1.19),

$$\mathfrak{P}(x_1) \cap W = \{x_3 \in x_2 \mid (\forall x_4 \in x_3(x_4 \in x_1))^W\},$$

所以, $(\mathfrak{P}(x_1) \cap W) \in W$. □

应用上述引理 1.16 和引理 1.17, 可以得到下述集合论的典型模型.

例 1.8(ZF) 设 $\alpha \geqslant \omega$ 为一个极限序数. 那么

(1) V_α 是下列集合论公理的模型:

    (a) 同一性公理 (公理 1);

    (b) 第一存在性公理 (公理 2);

    (c) 幂集公理 (公理 3);

    (d) 分解原理 (公理 4);

    (e) 配对公理 (公理 5);

    (f) 并集公理 (公理 6);

    (g) $\in$-极小原理 (公理 9);

(2) V_ω 还是下列命题的模型:

    (h) 映像存在原理 (公理 8);

    (i) 每一个集合都与某个自然数等势; 从而 $\forall x\,(\neg\mathrm{Inf}(x))$, 即无穷公理之否命题;

(3) V_α 是无穷公理 (公理 7) 之模型当且仅当 $\alpha > \omega$;

(4) 如果 α 不是一个正则基数, 那么 V_α 必是映像存在原理 (公理 8) 之否定的模型;

(5) 如果选择公理在 V 中成立, 那么 $V_\alpha \models \mathrm{AC}$.

证明 (练习.) □

例 1.9(ZF) 设 κ 是一个不可数的正则基数. 那么

(1) $\mathscr{H}_\kappa \models \mathrm{ZF}_2$, 其中 ZF_2 是从 ZF 中减掉幂集公理得到的集合理论.

(2) 下述命题等价:

    (a) κ 是一个不可达基数;

    (b) $\mathscr{H}_\kappa = V_\kappa$;

    (c) $\mathscr{H}_\kappa \models \mathrm{ZF}$.

(3) 若选择公理在 V 中成立, 则 $\mathscr{H}_\kappa \models \mathrm{AC}$.

证明 (练习.) □

设 M 是一个非空传递集合, $\varphi(v_1,\cdots,v_n)$ 为一个形式表达式, $(x_1,\cdots,x_n)$ 为 M^n 的元素. 那么

$$M \models \varphi[x_1,\cdots,x_n] \iff V \models \varphi^M(x_1,\cdots,x_n) \iff \varphi^M(x_1,\cdots,x_n).$$

如果 $\varphi(v_1,\cdots,v_n)$ 为一个 Δ_0-形式表达式, $(x_1,\cdots,x_n) \in M^n$, 那么

$$V \models (\varphi^M(x_1,\cdots,x_n) \leftrightarrow \varphi^V(x_1,\cdots,x_n)).$$

更一般地, 设 M 是一个非空集合, $E \subseteq M \times M$. 那么, (M,E) 就是集合论语言的一个结构, 并且, 对于集合论语言的一个形式表达式 $\varphi(v_1,\cdots,v_n)$, 对于任意的 M^n 中的 $(a_1,\cdots,a_n)$, 总有

$$(M,E) \models \varphi[a_1,\cdots,a_n] \iff V \models \varphi^{M,E}(a_1,\cdots,a_n) \iff \varphi^{M,E}(a_1,\cdots,a_n).$$

1.2.4 相对化解释

但是, 当 M 是一个真类时, 情形就完全变了. 究其根本原因, 就在于对于真类而言, 模型关系 $\models$ 并非一个在集合论基础上可以定义的关系.

由于表达集合论理论 ZF (或者 ZFC) 本身的一致性的形式表达式, 记成 $\mathrm{Con}(\mathrm{ZF})$ (或者 $\mathrm{Con}(\mathrm{ZFC})$), 是集合论语言的一个语句, 一个自然的问题便是理论 ZF, 或者 ZFC, 是否可以证明它自身的一致性. 根据**哥德尔第二不完全性定理**(参见《数理逻辑导引》[10]), 答案是否定的.

定理 1.27 (哥德尔不完全性定理) 设 T 为集合理论 ZF, 或者 ZFC. 如果 T 是一致的, 那么

$$T \nvdash \mathrm{Con}(T).$$

---

10 冯琦,《数理逻辑导引》, 科学出版社, 北京, 2017.

假设对于集合论语言的任何一个语句 φ 而言, 关系式

$$V \models \varphi$$

之真假判定问题可以在 ZFC 中得到圆满解答. 由于在 ZFC 基础上, ZFC 的每一条公理自然在 V 中成立. 因此,

$$V \models \text{ZFC}.$$

这就意味着在 ZFC 中证明了 ZFC 有一个模型, 从而在 ZFC 中证明了 Con(ZFC). 因而,

$$\text{ZFC} \vdash \text{Con(ZFC)}.$$

这与哥德尔不完全性定理相矛盾.

事实上, 塔尔斯基在 20 世纪 30 年代已经证明了关系式

$$V \models \varphi$$

作为集合 φ 的一种性质是在集合论语言之下不可以表述出来的外部性质, 也就是说, "φ 在 V 中成立" 是一种在结构 $(V, \in)$ 上**不可定义**的性质. 这便是著名的塔尔斯基**真实性不可定义定理**[11].

尽管如此, 我们依旧可以在集合论中讨论一些较弱集合理论的模型问题. 比如, 由于 V_ω 是集合理论 "ZF– 无穷公理" 的一个模型, 我们得到集合理论 ZF 足以证明 ZF– 无穷公理这个理论的一致性. 后面我们还会看到有不少集合理论 T, 它们的一致性在 ZF, 或者 ZFC 中是可以得到证明的. 更进一步地, 我们还可以在集合论中讨论一些集合理论的**相对相容性**问题. 称理论 T_1 是**相对于理论 T 一致**的当且仅当

$$\vdash (\text{Con}(T) \rightarrow \text{Con}(T_1)).$$

比如, 令 T 为从集合论 ZF 中减掉 $\in$-极小原理 (公理 9). 那么, 应用**相对解析方法**就可以证明

$$\text{Con}(T) \rightarrow \text{Con(ZF)}.$$

再比如, 后面我们还会证明哥德尔相对相容性定理:

$$\vdash (\text{Con(ZF)} \rightarrow \text{Con(ZFC + GCH)}).$$

相对解析方法就是为了克服在真类情形下真实性不可定义这一困难被引入的, 以期实现集合模型理论在真类条件下的推广, 从而解决相对相容性问题.

---

11 冯琦,《数理逻辑导引》, 科学出版社, 北京, 2017.

定义 1.41(相对解析) 设 T 是集合论语言 $\{\in\}$ 的一个理论. 设 $\mathcal{L}$ 是由有限个常元符号 $\{c_1, \cdots, c_i\}$、函数符号 $\{f_1, \cdots, f_j\}$ 和谓词符号 $\{p_1, \cdots, p_k\}$ 组成的语言. 设 W 是一个真类, 其 $\in$-定义表达式为 $\psi(v_1)$, 并且 $T \vdash \exists v_1 \, \psi(v_1)$. 设

(1) 对于每一个常元符号 c_ℓ, $a_\ell \in W$ 是一个在 T 基础上可定义的集合, 即有一个具备如下特性的 $\in$-表达式 $\theta_\ell(v_1)$ 来定义 a_ℓ:

$$T \vdash ((\exists v_1 \in W \, \theta_\ell(v_1)) \wedge (\forall v_1 \in W \forall v_2 \in W((\theta_\ell(v_1) \wedge \theta_\ell(v_2)) \to v_1 = v_2)));$$

(2) 如果 p_ℓ 是一个 n 元谓词符号 $(n > 0)$, 那么 $P_\ell \subseteq W^n$ 是由一个具备如下特性的 $\in$-表达式

$$\varphi_\ell(v_1, \cdots, v_n)$$

来定义的:

$$T \vdash (\forall v_1 \cdots \forall v_n(\varphi_\ell(v_1, \cdots, v_n) \to \psi(v_1) \wedge \cdots \wedge \psi(v_n)));$$

(3) 如果 f_ℓ 是一个 n 元函数符号 $(n > 0)$, 那么 $F_\ell : W^n \to W$ 是由一个具备如下特性的 $\in$-表达式 $\Phi_\ell(v_1, \cdots, v_n, v_{n+1})$ 来定义:

$$T \vdash (\forall v_1 \in W \cdots \forall v_n \in W(\exists! v_{n+1} \in W \, \Phi_\ell(v_1, \cdots, v_n, v_{n+1}))),$$

其中, $(\exists! v_{n+1} \in W \, \Phi_\ell(v_1, \cdots, v_n, v_{n+1}))$ 是下述表达式的一个简写:

$$\left(\begin{array}{l} (\exists v_{n+1} \in W \, \Phi_\ell(v_1, \cdots, v_n, v_{n+1})) \wedge \\ (\forall v \in W \forall u \in W((\Phi_\ell(v_1, \cdots, v_n, v) \wedge \Phi_\ell(v_1, \cdots, v_n, u)) \to v = u)) \end{array} \right).$$

在这种情形下, 称 $\mathfrak{W} = (W, a_1, \cdots, a_i, F_1, \cdots, F_j, P_1, \cdots, P_k)$ 为语言 $\mathcal{L}$ 在 T 基础上的一种**相对解析**.

在给定 $\mathcal{L}$ 在理论 T 基础上的一种相对解析 $\mathfrak{W}$ 之后, 我们便可以对语言 $\mathcal{L}$ 中的项与表达式在 $\mathfrak{W}$ 中进行**翻译解析**:

(1) 如果 τ 是 $\mathcal{L}$ 中的一个项, 那么 τ 在 $\mathfrak{W}$ 中的**翻译解析**, 记成 $\tau^{\mathfrak{W}}$, 就是将 τ 中涉及的各种 $\mathcal{L}$ 中的符号 (f, c) 替换成 (F, a) 之后所得到的结果;

(2) 如果 φ 是 $\mathcal{L}$ 的一个表达式, 那么 φ 在 $\mathfrak{W}$ 中的**翻译解析**, 记成 $\varphi^{\mathfrak{W}}$, 就是将 φ 中所涉及的各种 $\mathcal{L}$ 中的符号 (f, p, c) 替换成 (F, P, a); 将 φ 中所涉及的各个量词一律限制到 W 之中, 即将 $\forall x \cdots$ 替换成 $\forall x \in W \cdots$; 将 $\exists x \cdots$ 替换成 $\exists x \in W \cdots$ 之后所得到的结果.

引理 1.18 给定 $\mathcal{L}$ 在理论 T 基础上的一种相对解析 $\mathfrak{W}$. 设 ψ 和 $\varphi_1, \cdots, \varphi_k$ 是 $\mathcal{L}$ 的语句. 如果

$$\{\varphi_1, \cdots, \varphi_k\} \vdash \psi,$$

那么
$$T \vdash \left(\varphi_1^{\mathfrak{W}} \wedge \cdots \wedge \varphi_k^{\mathfrak{W}}\right) \to \psi^{\mathfrak{W}}.$$

推论 1.4 给定 $\mathcal{L}$ 在理论 T 基础上的一种相对解析 $\mathfrak{W}$. 令 Γ 为 $\mathcal{L}$ 的一个语句的集合. 假设对于 Γ 中的每一个语句 θ 都有

$$T \vdash \theta^{\mathfrak{W}}.$$

那么, (在元数学环境下我们可以得到结论)

$$\vdash \mathrm{Con}(T) \to \mathrm{Con}(\Gamma).$$

例 1.10 设 ZF_1 为从集合理论 ZF 中减掉 $\in$-极小原理之后所得到的理论. 令

$$V^* = \bigcup_{\alpha \in \mathrm{Ord}} V_\alpha$$

为集合累积层次所构成的传递类. 那么

(1) $\mathrm{ZF}_1 \vdash (\mathrm{ZF})^{V^*}$;

(2) $\vdash \mathrm{Con}(\mathrm{ZF}_1) \to \mathrm{Con}(\mathrm{ZF})$.

证明 (1) 根据引理 1.16 和引理 1.17, 以及 V^* 的定义, 我们知道

$$\mathrm{ZF}_1 \vdash (\mathrm{ZF}_1)^{V^*}.$$

现在我们只需要证明:

$$\mathrm{ZF}_1 \vdash (\forall x_1((\exists x_2(x_2 \in x_1)) \to (\exists x_2(\neg(\exists x_3(x_3 \in x_1 \wedge x_3 \in x_2))))))^{V^*}.$$

也就是说, 假设 ZF_1 的各条公理都在 V 中成立, 然后证明下述语句也在 V 中成立:

$$(\forall x_1 \in V^*((\exists x_2 \in V^*(x_2 \in x_1)) \to (\exists x_2 \in V^*(\neg(\exists x_3 \in x_1(x_3 \in x_2)))))).$$

这是因为 V^* 是传递的, $(\neg(\exists x_3 \in x_1(x_3 \in x_2)))$ 是一个涉及参数 $x_1 \in V^*$ 和 $x_2 \in V^*$ 的 Δ_0-解析表达式. 根据 Δ_0 绝对性 (定理 1.19), 在 V 中有

$$(\neg(\exists x_3 \in x_1(x_3 \in x_2))) \leftrightarrow (\neg(\exists x_3 \in x_1(x_3 \in x_2)))^{V^*}.$$

假设 $x_1 \in V^*$ 以及 $(\exists x_2 \in V^*(x_2 \in x_1))$. 令 $\alpha = \mathrm{RK}(x_1)$. 那么 $x_1 \subset V_\alpha$. 令

$$B = \{\beta \in \mathrm{Ord} \mid \exists x_2 \in x_1(\beta = \mathrm{RK}(x_2))\}.$$

根据映像存在原理, B 是一个集合. 因为 x_1 非空, B 也非空.

令 $\gamma = \min(B)$. 再令 $x_2 \in x_1$ 满足等式 $\gamma = \mathrm{RK}(x_2)$. 此 $x_2 \in V_\alpha$ 并且 $x_2 \cap x_1 = \varnothing$. 这是因为根据命题 I.1.21, 如果 $a \in x_2 \cap x_1$, 则 $\mathrm{RK}(a) < \mathrm{RK}(x_2)$ 以及 $\mathrm{RK}(a) \in B$. 于是,

$$(\exists x_2 \in V^*(\neg(\exists x_3 \in x_1(x_3 \in x_2))))$$

在 V 中成立.

这就证明了 (1).

(2) 由 (1) 即得. □

前面我们见到任何非空传递集合 W 或者传递类 W 对于任何 Δ_0-解析表达式

$$\varphi(x_1, \cdots, x_n)$$

而言都与 V 相符 (定理 1.19), 即

$$W \prec_\varphi V.$$

那么, 对于任意复杂的解析表达式 ψ 而言, 又会是一个什么样的情形呢? 答案是: 如果 $\varphi(x_1, \cdots, x_n)$ 是任意的一个解析表达式, 那么一定存在一个非空传递集合 M 来满足与 V 关于 φ 相符的要求:

$$M \prec_\varphi V.$$

定义 1.42 设 $\varphi(v_1, \cdots, v_n)$ 是一个 $1 \leqslant n$ 元 $\in$-形式表达式, M 是一个非空集合. 记号

$$M \prec_\varphi V$$

是如下表达式的缩写:

$$\forall(x_1, \cdots, x_n) \in M^n \left(\varphi^M(x_1, \cdots, x_n) \leftrightarrow \varphi^V(x_1, \cdots, x_n)\right).$$

此时称 M 为 φ 的一个**镜像**.

定义 1.43 集合理论 Z 是从集合理论 ZF 中省略映像存在原理之后所得到的理论; 集合理论 ZF/p 是从集合理论 ZF 中省略幂集公理之后所得到的理论.

引理 1.19 设 $T \in \{Z, ZF/p\}$. 设 $\varphi(v_1, \cdots, v_n)$ 和 $\psi(v_1, \cdots, v_n)$ 为集合论 $\in$-语言中的两个表达式. 设

$$M \models T$$

以及 $T \vdash (\forall v_1 \cdots \forall v_n(\varphi(v_1, \cdots, v_n) \leftrightarrow \psi(v_1, \cdots, v_n)))$ (此时称 φ 与 ψ **在 T 之上对等**). 那么

$$M \prec_\varphi V \leftrightarrow M \prec_\psi V$$

在 V 中成立.

证明　(练习.)　□

定理 1.28(镜像原理)　设 $\varphi(v_1, \cdots, v_n)$ 是一个 $1 \leqslant n$ 元 $\in$-形式表达式. 那么

(1) $\mathrm{ZF} \vdash \forall M_0 \exists M \supset M_0 \, M \prec_\varphi V$;

(2) $\mathrm{ZFC} \vdash \forall M_0 \exists M \supset M_0 \, (|M| \leqslant |M_0| \cdot \aleph_0 \wedge M \prec_\varphi V)$;

(3) $\mathrm{ZF} \vdash \forall M_0 \exists M \supset M_0 \, (M \text{ 是传递的, 并且 } M \prec_\varphi V)$;

(4) $\mathrm{ZF} \vdash \forall M_0 \exists \alpha \in \mathrm{LimOrd} \, (M_0 \subset V_\alpha \wedge M \prec_\varphi V)$.

推论 1.5　(a) 如果 σ 是一个语句, 并且 σ^V 在 V 中成立, 那么在 V 中, σ 有一个模型 M, 并且, 如果选择公理在 V 也成立, 则 σ 有一个可数模型;

(b) 集合理论 ZF 是一个不可以有限公理化的理论.

证明　因为在 ZF 理论下, ZF 的每一条公理都自动在 V 中成立. 所以, 镜像原理的 (1) 和 (2) 便给出 (a).

假设 ZF 是一个可以有限公理化的理论, 并且设 $\sigma_1, \cdots, \sigma_k$ 为 ZF 的有限公理化的等价理论. 那么

$$\sigma_1 \wedge \cdots \wedge \sigma_k$$

是一个语句. 令 σ 为此语句. 于是, $\mathrm{ZF} \vdash \sigma$. 从而 σ^V 在 V 中成立. 根据镜像原理, 或者根据 (a), 令集合 M 为 σ 的一个模型. 这就意味着

$$\mathrm{ZF} \vdash \exists M \, (M \models \sigma).$$

根据完备性定理, $\mathrm{ZF} \vdash \mathrm{Con}(\mathrm{ZF})$. 这与哥德尔第二不完全性定理相矛盾.　□

镜像原理的证明直接依赖下述引理.

引理 1.20　(1) 设 $\varphi(v_1, \cdots, v_n, v_{n+1})$ 是一个 $\in$-形式表达式. 设 M_0 是任意一个集合. 那么存在一个具备如下特性的极限序数 α:

(a) $M_0 \subset V_\alpha$, 并且

(b) 对于任意的 $(x_1, \cdots, x_n) \in V_\alpha^n$, 必有

$$((\exists x_{n+1} \varphi(x_1, \cdots, x_n, x_{n+1})) \to (\exists x_{n+1} \in V_\alpha \, \varphi(x_1, \cdots, x_n, x_{n+1}))).$$

当选择公理成立时, 可以取到 V_α 的一个子集 M 满足 (a) 和 (b) 以及额外要求

$$|M| \leqslant |M_0| \cdot \aleph_0.$$

(2) 设 $\varphi_i(v_1, \cdots, v_n, v_{n+1})(1 \leqslant i \leqslant k)$ 是 k 个 $\in$-形式表达式. 设 M_0 是任意一个集合. 那么存在一个具备如下特性的极限序数 α:

(a) $M_0 \subset V_\alpha$, 并且

(b) 对于 $1 \leqslant i \leqslant k$, 对于任意的 $(x_1, \cdots, x_n) \in V_\alpha^n$, 必有

$$((\exists x_{n+1} \varphi_i(x_1, \cdots, x_n, x_{n+1})) \to (\exists x_{n+1} \in V_\alpha \, \varphi_i(x_1, \cdots, x_n, x_{n+1}))).$$

当选择公理成立时, 可以取到 V_α 的一个子集 M 满足 (a) 和 (b) 以及额外要求

$$|M| \leqslant |M_0| \cdot \aleph_0.$$

证明　我们只证明 (1), 而将 (2) 的证明留作练习.

设 $\varphi(v_1, \cdots, v_n, v_{n+1})$ 是一个 $\in$-形式表达式. 设 $(x_1, \cdots, x_n)$ 为集合的一个 n-元组. 考虑以这个 n-元组为参数组由表达式 φ 的解析表达式所定义的类:

$$C_{(x_1, \cdots, x_n)} = \{x \mid \varphi(x_1, \cdots, x_n, x)\};$$

进而考虑由这个类中具有最小秩的那些集合所构成的集合:

$$D_{(x_1, \cdots, x_n)} = \{x \in C_{(x_1, \cdots, x_n)} \mid \forall y \in C_{(x_1, \cdots, x_n)}(\mathrm{RK}(x) \leqslant \mathrm{RK}(y))\}.$$

令 $E(x_1, \cdots, x_n) = D_{(x_1, \cdots, x_n)}$. 这样, 在集合论 ZF 中我们可以依定义引进一个 n 元函数符号 E 来保证下述命题在 V 中成立:

$$((\exists x_{n+1} \varphi(x_1, \cdots, x_n, x_{n+1})) \to (\exists x_{n+1} \in E(x_1, \cdots, x_n) \varphi(x_1, \cdots, x_n, x_{n+1}))).$$

根据映像存在原理, 如果 X 是一个非空集合, 那么

$$\{E(x_1, \cdots, x_n) \mid (x_1, \cdots, x_n) \in X^n\}$$

是一个集合. 从而, 递归地定义 α_i 如下:

$\alpha_0 = \mathrm{RK}(M_0) + 1$. 从而, $M_0 \cup \{M_0\} \subset V_{\alpha_0}$.

令

$$M_{i+1} = V_{\alpha_i} \cup \bigcup \{E(x_1, \cdots, x_n) \mid (x_1, \cdots, x_n) \in V_{\alpha_i}^n\}.$$

$\alpha_{i+1} = \mathrm{RK}(M_{i+1}) + 1$. 从而, $M_{i+1} \cup \{M_{i+1}\} \subset V_{\alpha_{i+1}}$.

再定义 $\alpha = \bigcup_{i \in \omega} \alpha_i$. 于是, α 是一个极限序数, 并且 V_α 就具备性质 (a) 和 (b).

现在假设选择公理在 V 中成立. 令 F 为幂集 $\mathfrak{P}(V_\alpha)$ 上的一个选择函数. 再令

$$h(x_1, \cdots, x_n) = \begin{cases} F(E(x_1, \cdots, x_n)) & \text{如果 } E(x_1, \cdots, x_n) \neq \varnothing, \\ \varnothing & \text{如果 } E(x_1, \cdots, x_n) = \varnothing. \end{cases}$$

再依据函数 h 递归地定义 N_i 如下: $N_0 = M_0$,

$$N_{i+1} = N_i \cup \{h(x_1, \cdots, x_n) \mid (x_1, \cdots, x_n) \in N_i^n\}.$$

再定义

$$N = \bigcup_{i \in \omega} N_i.$$

此 N 具备所要求的全部性质.

现在我们应用引理 1.20 来证明镜像原理 (定理 1.28).

证明　设 $\varphi(v_1, \cdots, v_n)$ 为一个 n 元形式表达式, 并且, 如果需要的话就将其中的全称量词 $(\forall v \psi)$ 部分用等价的 $(\neg \exists v(\neg \psi))$ 替换, 假设在 φ 中只有存在量词出现. 设 $\varphi_1, \cdots, \varphi_k$ 是 φ 的子表达式的全体.

设 M_0 是一个集合. 令 V_α 由引理 1.20(2) 所给定. 即对于 $1 \leqslant j \leqslant k$, 对于

$$(x_1, \cdots, x_n) \in V_\alpha^n,$$

总有

$$((\exists x_{n+1} \varphi_i(x_1, \cdots, x_n, x_{n+1})) \to (\exists x_{n+1} \in M\, \varphi_i(x_1, \cdots, x_n, x_{n+1}))).$$

依据表达式的复杂性的归纳法, 我们来证明: $V_\alpha \prec_{\varphi_j} V (1 \leqslant j \leqslant k)$, 从而 $V_\alpha \prec_\varphi V$.

关键归纳步骤为: 假设 $V_\alpha \prec_{\varphi_j(v_1, \cdots, v_m, v_{m+1})} V$, 那么

$$M = V_\alpha \prec_{(\exists v_{m+1} \varphi_j(v_1, \cdots, v_m))} V.$$

设 $(x_1, \cdots, x_m) \in M^m$. 那么

$$
\begin{aligned}
M \models \exists x \varphi_j[x_1, \cdots, x_m] &\iff (\exists x \in M\, \varphi_j^M(x_1, \cdots, x_m, x)) \\
&\iff (\exists x \in M\, \varphi_j(x_1, \cdots, x_m, x)) \\
&\iff (\exists x\, \varphi_j(x_1, \cdots, x_m, x).
\end{aligned}
$$

我们将详细讨论留给读者.

上述镜像原理的证明事实上隐藏着一个很基本的事实: 塔尔斯基准则的有限形式.

定义 1.44　称表达式的一个列表 $\langle \varphi_0, \varphi_1, \cdots, \varphi_{m-1} \rangle$ **罗列全部子表达式** 当且仅当其中任何一个表达式 φ_i 的每一个子表达式都在列表之中, 并且其中没有任何表达式使用全称量词 $\forall$.

引理 1.21　设 $\langle \varphi_0, \varphi_1, \cdots, \varphi_{m-1} \rangle$ 为一个罗列全部子表达式的 $\in$-形式表达式的列表. 设 $\varnothing \neq U \subseteq W$ 为两个类. 那么, 下述两个命题等价:

(1) 对于每一个 $i < m$ 都有 $U \prec_{\varphi_i} W$;

(2) 对于每一个形如 $\exists v_{n+1} \varphi_j(v_1, \cdots, v_n, v_{n+1})$ 的表达式 $\varphi_i(v_1, \cdots, v_n)$, 下述一定成立:

$$\forall (x_1, \cdots, x_n) \in U^n\, (\varphi_i^W(x_1, \cdots, x_n) \to (\exists x_{n+1} \in U\, \varphi_j^W(x_1, \cdots, x_n, x_{n+1}))).$$

证明 (1) ⇒ (2).

设 $(x_1, \cdots, x_n) \in U^n$. 那么

$$
\begin{aligned}
\varphi_i^W(x_1, \cdots, x_n) &\to \varphi_i^U(x_1, \cdots, x_n) \\
&\to \exists x_{n+1} \in U \, \varphi_j^U(x_1, \cdots, x_n, x_{n+1}) \\
&\to \exists x_{n+1} \in U \, \varphi_j^W(x_1, \cdots, x_n, x_{n+1}).
\end{aligned}
$$

(2) ⇒ (1).

假设 (2). 用表达式复杂性的归纳法来证明 $U \prec_{\varphi_i} W$. 同样地, 我们只注意关键的步骤. 设 $\varphi_i(v_1, \cdots, v_n)$ 是一个形如 $\exists v_{n+1} \varphi_j(v_1, \cdots, v_n, v_{n+1})$ 的表达式. 根据归纳假设, 我们有

$$U \prec_{\varphi_j} W.$$

设 $(x_1, \cdots, x_n) \in U^n$. 欲证: $\varphi_i^W(x_1, \cdots, x_n) \leftrightarrow \varphi_i^U(x_1, \cdots, x_n)$. 事实上,

$$
\begin{aligned}
\varphi_i^W(x_1, \cdots, x_n) &\leftrightarrow \exists x_{n+1} \in U \, \varphi_j^W(x_1, \cdots, x_n, x_{n+1}) \\
&\leftrightarrow \exists x_{n+1} \in U \, \varphi_j^U(x_1, \cdots, x_n, x_{n+1}) \\
&\leftrightarrow \varphi_i^U(x_1, \cdots, x_n).
\end{aligned}
$$
□

应用引理 1.21, 镜像原理可以很自然地推广为下述广义镜像原理.

定理 1.29 (广义镜像原理) 设 $\langle \varphi_0, \varphi_1, \cdots, \varphi_{k-1} \rangle$ 为 $\in$-形式表达式的一个列表. 假设 W 是一个非空的类, 以及对于每一个序数 α, U_α 是一个集合. 进一步地假设

(1) 对于任意两个序数 $\alpha < \beta$, 都有 $U_\alpha \subseteq U_\beta$;
(2) 对于每一个极限序数 δ, 都有 $U_\delta = \bigcup_{\alpha < \delta} U_\alpha$;
(3) $W = \bigcup_{\alpha \in \mathrm{Ord}} U_\alpha$.

那么下述成立:

$$
\forall \alpha \exists \beta \left(\alpha \in \beta \wedge \beta \in \mathrm{LimOrd} \wedge U_\beta \neq \varnothing \wedge \bigwedge_{i<k} (U_\beta \prec_{\varphi_i} W) \right).
$$

证明 我们可以假设表达式列表 $\langle \varphi_0, \varphi_1, \cdots, \varphi_{k-1} \rangle$ 是一个罗列全部子表达式的列表 (因为可以用等价的存在型表达式替代全域型表达式, 然后将所有的子表达式添加进来).

对于每一个形如 $\exists v_{n+1} \varphi_j(v_1, \cdots, v_n, v_{n+1})$ 的表达式 $\varphi_i(v_1, \cdots, v_n)$, 如下定义

$$F_i : W^n \to \mathrm{Ord}$$

如果 $\neg\varphi_i^W(x_1,\cdots,x_n)$, 那么令 $F_i(x_1,\cdots,x_n)=0$; 如果 $\varphi_i^W(x_1,\cdots,x_n)$, 那么令

$$F_i(x_1,\cdots,x_n)=\min\left\{\xi\in\mathrm{Ord}\ \middle|\ \exists x_{n+1}\in U_\xi\,\varphi_j^W(x_1,\cdots,x_n,x_{n+1})\right\}.$$

以及如下定义 $G_i:\mathrm{Ord}\to\mathrm{Ord}$: 对于 $\gamma\in\mathrm{Ord}$,

$$G_i(\gamma)=\sup\left\{F_i(x_1,\cdots,x_n)\ \middle|\ (x_1,\cdots,x_n)\in U_\gamma^n\right\}.$$

当 φ_i 并非存在型表达式时, 令 $G_i:\mathrm{Ord}\to\{0\}$.

最后, 对 $\gamma\in\mathrm{Ord}$, 令

$$E(\gamma)=\max\{\gamma+1,\max\{G_i(\gamma)\mid i<k\}\}.$$

任意固定一个序数 α. 欲得一个满足后述要求的极限序数 $\beta>\alpha$: $U_\beta\neq\varnothing$, 并且 (U_β,W) 满足引理 1.21 中的条件 (2). 为此, 令

$$\beta_0=\min\{\xi\mid\xi>\alpha\wedge U_\xi\neq\varnothing\}.$$

因为 $W\neq\varnothing$ 是这些 U_γ 的并, 这样的 ξ 一定存在. 再令 $\beta_{j+1}=E(\beta_j)$. 这样,

$$\alpha<\beta_0<\beta_1<\cdots.$$

令 $\beta=\sup\{\beta_j\mid j<\omega\}$. 此 β 即为所求. □

对上述定理的证明略作修改便可得到如下定理:

定理 1.30(ZFC)　设 κ 是一个不可数的正则基数. 设 $\langle U_\alpha\mid\alpha\leqslant\kappa\rangle$ 是一个满足下述要求的序列:

(1) 如果 $\alpha<\beta\leqslant\kappa$, 那么 $U_\alpha\subseteq U_\beta$;

(2) 如果 $\delta\leqslant\kappa$ 是一个极限序数, 那么 $U_\delta=\bigcup_{\alpha<\delta}U_\alpha$;

(3) $|U_\kappa|=\kappa$, 以及 $\forall\alpha<\kappa\,|U_\alpha|<\kappa$. 那么

$$\forall\alpha<\kappa\exists\beta\,(\alpha\in\beta\in\kappa\wedge\beta\in\mathrm{LimOrd}\wedge U_\beta\neq\varnothing\wedge(U_\beta\prec U_\kappa)).$$

证明　(练习.) □

推论 1.6(ZFC)　如果 κ 是一个不可达基数, 那么 $\{\lambda<\kappa\mid V_\lambda\prec V_\kappa\}$ 是 κ 的一个无界闭子集.

1.3　模型分析应用: 谢尔 pcf 理论

这一节的内容是本章所建立起来的集合模型理论的第一次实际应用. 在这一节里, 我们将利用组合分析和模型分析的有效组合来证明第一卷第 2 章 I.2.4 节中所展示的谢尔基数不等式定理 (定理 I.2.40).

自然, 我们还是先从第一卷第 2 章 I.2.4 节中的组合分析开始. 在那里, 嘎尔文-海纳定理 (定理 I.2.39) 的证明表明序数函数在无穷基数算术之中扮演着重要的角色. 当然没有道理拒绝序数函数也会在梯度可数的强极限基数的幂集之势上产生关键作用. 谢苠的 pcf 理论正是从这里展开的. 谢苠的 pcf 理论起始于他 1978 年的文章[12]. 他将自己对 pcf 理论的系统探索整理在专著[13]之中. 这里节录其中最基本的部分, 并且基本上都不采用最强的表述形式. 希望掌握更多 pcf 理论的读者, 既可以阅读谢苠的专著, 也可以参阅根据麦格铎 1989 年在加州大学伯克利分校数学科学研究所 (MSRI) pcf 专题系列演讲所写成的文章[14].

1.3.1 谢苠序数函数偏序空间梯度定理

本小节的目标是证明谢苠的关于序数函数偏序空间梯度的两个定理: 一个是模有限子集理想的, 一个是模非荟萃子集理想的. 前者是纯组合分析的结果; 后者则是组合分析与同质子模型分析有机结合的产物.

定义 1.45 设 A 是一个无穷集合, I 是 A 上的一个理想. 对于定义在 A 上的任意两个序数函数 f 和 g, 定义下述关系:

$$f =_I g \leftrightarrow \{a \in A \mid f(a) \neq g(a)\} \in I,$$
$$f \leqslant_I g \leftrightarrow \{a \in A \mid f(a) > g(a)\} \in I,$$
$$f <_I g \leftrightarrow \{a \in A \mid f(a) \geqslant g(a)\} \in I.$$

如果 F 是 A 上的一个滤子, 令 I 为 F 的对偶理想, 那么

$$f =_F g \leftrightarrow f =_I g,$$
$$f \leqslant_F g \leftrightarrow f \leqslant_I g,$$
$$f <_F g \leftrightarrow f <_I g.$$

类关系 $\leqslant_I$ 以及 $<_I$ 都是传递的; $=_I$ 则是一个类等价关系. 当 A 为某个不可数的正则基数并且 I 为它上面非荟萃集理想时, 上面的定义就回到了定义 I.2.29.

一般情况下, 我们考虑一个定义在 A 上的一个**正序数**函数 f, 即

$$\forall a \in A \, (f(a) > 0),$$

以及将这些类关系限制在乘积空间 $\Pi(A, f) = \prod_{a \in A} f(a)$ 之上. 那么, $=_I$ 就是 $\Pi(A, f)$ 上的一个等价关系, $\leqslant_I$ 和 $<_I$ 就是商空间 $\Pi(A, f)/=_I$ 上的偏序关系.

12 S. Shelah, Jonsson algebras in successor cardinals, Israel J. Math., 1978, 30(1-2): 57-64.

13 S. Shelah, Cardinal Arithmetic, Oxford Logic Guides 29, The Clarendon Press, Oxford University Press, New York, 1994.

14 M. R. Burke and M. Magidor, Shelah's pcf theory and its applications, Ann. Pure Appl. Logic, 1990, 50(3): 207-254.

定义 1.46　设 A 是一个无穷集合, I 是 A 上的一个理想. 设 F 是定义在 A 上的序数函数的一个非空集合. 称一个序数函数 g 为 F 的一个**上界**当且仅当

$$\forall f \in F \ (f \leqslant_I g);$$

称 g 为 F 的**最小上界**当且仅当 g 是 F 的一个上界, 并且对于 F 的任意一个上界 h 都有 $g \leqslant_I h$.

定义 1.47　设 A 是一个无穷集合, I 是 A 上的一个理想. 设 K 是定义在 A 上的一个正序数函数. 令 $\Pi(A, K) = \prod_{a \in A} K(a)$. 称集合 $X \subset \Pi(A, K)$ 为一个**共尾子集**当且仅当

$$\forall f \in \Pi(A, K) \ \exists g \in X \ (f \leqslant_I g).$$

定义 $\Pi(A, K)$ 在 $\leqslant_I$ 下的**共尾度**[15]$\mathrm{gwd}(\Pi(A, K))$ 为下述基数:

$$\mathrm{gwd}(\Pi(A, K)) = \min\{|X| \mid X \subset \Pi(A, K) \wedge X \text{ 是一个共尾子集}\}.$$

定义 $\Pi(A, K)$ 在 $\leqslant_I$ 下的**梯度 (真共尾度)**[16] $\mathrm{cf}(\Pi(A, K))$ 为下述基数:

$$\mathrm{cf}(\Pi(A, K)) = \lambda$$
$$\leftrightarrow \lambda = \min\{|X| \mid X \subset \Pi(A, K) (X, <_I) \text{ 是线性集合} \wedge X \text{ 是一个共尾子集}\}.$$

根据定义, 我们有如下对等关系:

$$\mathrm{cf}(\Pi(A, K)) = \lambda$$
$$\leftrightarrow \mathrm{cf}(\lambda) = \lambda \wedge \exists H : \lambda \to \Pi(A, K) \left(\begin{array}{l} (\forall \alpha < \beta < \lambda \ (H(\alpha) <_I H(\beta))) \wedge \\ \mathrm{rng}(H) \text{ 是一个共尾子集} \end{array} \right).$$

注意, $\Pi(A, K)$ 在 $\leqslant_I$ 下的梯度有可能不存在, 但是它的共尾度肯定存在, 只是未必是正则基数. 如果它的梯度存在, 则或者是 1 或者是正则基数. 上述梯度的定义诱导我们引入下述**标尺序列**定义:

定义 1.48　设 A 是一个无穷集合, I 是 A 上的一个理想. 设 K 是定义在 A 上的一个正序数函数. 称一个函数

$$H : \lambda \to \Pi(A, K)$$

为乘积空间 $\Pi(A, K)$ 上的一个长度为 λ 的**标尺序列**当且仅当

(1) $\forall \alpha < \beta < \lambda \ (H(\alpha) <_I H(\beta))$;

(2) $\mathrm{rng}(H)$ 是 $\Pi(A, K)$ 的一个共尾子集.

---

15 gwd 是 "共尾度" 的汉语拼音的缩写.
16 true cofinality.

一个乘积空间 $\Pi(A, K)$ 上是否可以定义梯度关键就看它上是否存在一个标尺序列. 如果它上面有一个以正则基数 λ 为长度的标尺序列, 那么它有梯度 λ.

定理 1.31 (Shelah) 设 κ 是一个梯度为 ω 的强极限基数. 那么一定存在一个单调递增收敛于 κ 的正则基数序列 $K = \langle \lambda_n \mid n < \omega \rangle$ 来实现 $\Pi(\omega, K)$ 在理想 $[\omega]^{<\omega}$ 下的梯度 (真共尾度) 为 κ^+.

证明 设 κ 是一个梯度为 ω 的强极限基数. 我们需要找到合乎要求的正则基数序列. 令 $I = [\omega]^{<\omega}$. 这里我们具体考虑 $=_I$, $\leqslant_I$ 以及 $<_I$ 这三种情况.

我们从一个收敛于 κ 的单调递增的不可数的正则基数序列 $K = \langle \kappa_n \mid n < \omega \rangle$ 开始:

$$\forall n < \omega \, (\omega < \kappa_n < \kappa_{n+1} < \kappa \wedge \mathrm{cf}\,(\kappa_n) = \kappa_n) \wedge \forall \alpha < \kappa \exists n < \omega \, (\alpha < \kappa_n).$$

断言一 如果 $F \subset \Pi(\omega, K)$ 的势不超过 κ, 那么一定存在 F 的一个上界 $g \in \Pi(\omega, K)$:

$$\forall f \in F \exists m < \omega \forall n < \omega \, (m < n \to f(n) < g(n)).$$

因为 $\kappa = \sum_{n<\omega} \kappa_n$, 将 F 写成 $\bigcup_{n<\omega} F_n$ 以至于对于每一个 $n < \omega$ 都有 $F_n \subset F_{n+1}$ 以及 $|F_n| \leqslant \kappa_n$. 令 $g(0) = \omega$. 对于 $n+1$, 令

$$g(n+1) = \kappa_n + \sup \{ f(n+1) + 1 \mid f \in F_n \} < \kappa_{n+1}.$$

于是 $g \in \Pi(\omega, K)$ 并且模理想 I, g 是 F 的一个上界.

依据断言一, 应用关于 $\alpha < \kappa^+$ 的递归, 我们得到乘积空间 $\Pi(\omega, K)$ 上的一个 $<_I$-单调递增长度为 κ^+ 的序列

$$F = \{ f_\alpha \mid \alpha < \kappa^+ \}.$$

断言二 $\exists g : \omega \to \kappa$ (g 是 F 的一个 $<_I$-上界, 并且在 F 所有的 $<_I$-上界中 g 是 $\leqslant_I$-极小的).

我们用递降序列来逼近目标. 令 $g_0 = K$. 我们来构造 F 的上界的一个极大的 $\leqslant_I$-递减序列 $\langle g_\nu \mid \nu < \theta \rangle$. 当这个构造结束时, θ 是一个后继序数, 从而这最后的函数就是所求的 $\leqslant_I$-极小上界函数.

如果 g_0 已经是 F 的所有 $<_I$-上界中的 $\leqslant_I$-极小元, 就得到我们所要的. 不然, 令 $h \leqslant_I g_0$, $h \neq g_0$, 并且

$$\forall f \in F \, (f <_I h).$$

令 g_1 为这样的一个 h.

完全类似地, 给定 g_ν, 如果 g_ν 已经是 F 的所有 $<_I$-上界中的 $\leqslant_I$-极小元, 就得到我们所要的. 不然, 令 $h \leqslant_I g_\nu$, $h \neq g_\nu$, 并且

$$\forall f \in F \ (f <_I h).$$

令 $g_{\nu+1}$ 为这样的一个 h.

设我们已经在 F 的 $<_I$-上界之中构造了一个 $\leqslant_I$-单调递减的长度为极限序数 θ 的序列 $\langle g_\nu \mid \nu < \theta \rangle$. 此时我们一定可以构造出 F 的一个上界 g_θ 以至于它同时是前述序列的一个 $\leqslant_I$ 下界.

首先, 我们肯定 $|\theta| \leqslant 2^{\aleph_0}$. 假设不然, $|\theta| \geqslant (2^{\aleph_0})^+$. 考虑下面的映射: 对于 $\alpha < \beta < \theta$, 令

$$H(\alpha, \beta) = \min \{n < \omega \mid g_\alpha(n) > g_\beta(n)\}.$$

这样, $H : [\theta]^2 \to \omega$. 根据艾尔多喜–拉铎划分定理 (定理 I.2.53), 就会有一个无穷单调递增的序数序列

$$\alpha_0 < \alpha_1 < \cdots < \alpha_n < \alpha_{n+1} < \cdots$$

来见证 $\exists n < \omega \, \forall i < j < \omega \, (H(\alpha_i, \alpha_j) = n)$. 这就意味着

$$g_{\alpha_0}(n) > g_{\alpha_1}(n) > \cdots > g_{\alpha_m}(n) > g_{\alpha_{m+1}}(n) > \cdots$$

矛盾.

令 $B = \bigcup\limits_{\nu < \theta} \mathrm{rng}(g_\nu)$. 令 $X = B^\omega$.

因为 $\mathrm{rng}(g_\nu)$ 是可数的, $|\theta| \leqslant 2^{\aleph_0}$, 所以 $|X| \leqslant 2^{\aleph_0}$. 对于 $g \in X$, 如果 g 不是 F 的 $<_I$ 上界, 就令 $\xi_g < \kappa^+$ 来见证 $f_{\xi_g} \not<_I g$. 令 $\eta < \kappa^+$ 为所有这些 ξ_g 的严格上界 (最多 $2^{\aleph_0}$ 个这样的序数). 现在定义 $g : \omega \to B$ 如下: 对于 $n < \omega$, 令

$$g(n) = \min \{\gamma \in B \mid \gamma > f_\eta(n)\}.$$

这样定义的 g 是 F 的一个 $<_I$ 上界. 否则的话, ξ_g 有定义, $f_{\xi_g} \not<_I g$, 可是,

$$f_{\xi_g} <_I f_\eta <_I g;$$

同时, 对于所有的 $\nu < \theta$ 都有 $g \leqslant_I g_\nu$: 设 $\nu < \theta$, 则除了有限个例外处, 总有 $g_\nu(n) > f_\eta(n)$; 而对这些 n, 因为 $g_\nu(n) \in B$, 所以 $g_\nu(n) \geqslant g(n)$; 因此, $g \leqslant_I g_\nu$.

这样, 我们就令 g_θ 为上述定义的 g. 由此可见, 我们的构造不会在极限序数处停止.

于是, 断言二得证.

令 g 为断言二所给出的 F 的 $\leqslant_I$-极小 $<_I$-上界.

断言三 $(\neg (\exists f \in \Pi(\omega, K) (f <_I g \wedge \forall \xi < \kappa^+ (f \not<_I f_\xi))))$.

假设不然. 令 $f \in \Pi(\omega, K)$ 满足 $(f <_I g \wedge \forall \xi < \kappa^+ (f \not<_I f_\xi))$.

对于 $\xi < \kappa^+$, 令 $B_\xi = \{n < \omega \mid f(n) > f_\xi(n)\}$, 那么 $|B_\xi| = \aleph_0$. 因为 $2^{\aleph_0} < \kappa$, 所以必然有

$$\exists B \in [\omega]^\omega \, \exists X \in \left[\kappa^+\right]^{\kappa^+} \, \forall \xi \in X \, (B_\xi = B).$$

因此, $\forall \xi < \kappa^+ \, (f_\xi \restriction_B <_I f \restriction_B)$. 此时再令 $h = f \restriction_B \cup g \restriction_{(\omega - B)}$. 那么 $h \leqslant_I g$; h 是 F 的一个 $<_I$ 上界; $h \neq_I g$. 这表明 g 不具备极小性. 矛盾.

断言三因此得证.

如果 g 是一个单调递增的收敛于 κ 的正则基数的序列, 则对 $n < \omega$, 令 $\lambda_n = g(n)$. 这便是我们希望得到的序列.

一般来说, 除了有限个例外, $g(n)$ 就都是极限序数. 必要时, 略微修改一下那些非极限序数的值, 我们不妨假设每一个 $g(n)$ 都是一个极限序数. 对于每一个 n, 令 Y_n 为极限序数 $g(n)$ 的一个序型为 $\gamma_n = \mathrm{cf}(g(n))$ 的无界闭子集. 这样,

$$\kappa = \sup \{\gamma_n \mid n < \omega\}.$$

如果不然, $\left| \prod_{n < \omega} Y_n \right| < \kappa$, 根据断言一, 以及 F 的构造, 这个函数集合必然以某个 f_ξ 为 $<_I$ 上界.

从序列 $\langle \gamma_n \mid n < \omega \rangle$ 中递归地取出一个单调递增的子序列

$$\langle \gamma_{k_n} \mid n < \omega \rangle,$$

并且对 $n < \omega$, 令 $\lambda_n = \gamma_{k_n}$. 令 $H = \langle \lambda_n \mid n < \omega \rangle$.

接下来要在空间 $\Pi(\omega, H)$ 中找出一个长度为 κ^+ 的模理想 I 的 $<_I$ 标尺序列.

对于 $f \in F$, 定义 h_f 如下: 对于 $n < \omega$, 令

$$h_f(n) = \min \{\alpha \in Y_{k_n} \mid \alpha \geqslant f(k_n)\}.$$

令 $E = \{h_f \mid f \in F\}$.

对于每一个 $f \in \prod_{n < \omega} Y_{k_n}$, 必有 E 中的一个 h 来实现 $f <_I h$, 而且 $|E| = \kappa^+$, 因为乘积空间 $\prod_{n < \omega} Y_{k_n}$ 的任何弱势的函数子集都会以某个 f_ξ 为 $<_I$ 上界. 因此, 从 E 中, 我们可以定义一个 $<_I$-严格单调递增的长度为 κ^+ 的标尺序列

$$\langle h_\xi \mid \xi < \kappa^+ \rangle$$

以至于任何 $f \in \prod_{n < \omega} Y_{k_n}$ 都会有某个 $\xi < \kappa^+$ 来实现不等式 $f <_I h_\xi$.

将空间 $\prod\limits_{n<\omega} Y_{k_n}$ 上的结果同构地复制到 $\Pi(\omega, H)$ 之上. 就得到所要的结果.   □

接下来, 我们先证明几个有关序数函数以及标尺序列的一般性引理, 为建立谢昆的共尾可能性 (pcf) 理论奠定基础.

定义 1.49   在一个偏序集 $(P, <)$ 中, p 是子集合 $S \subset P$ 的**恰好上界**当且仅当 S 在 p 的严格下属集合 $\{q \in P \mid q < p\}$ 中是共尾的.

下面引理的证明就是一个将同质子模型分析与组合分析有效结合起来解决组合分析问题的非常好的例子.

引理 1.22   设 A 是一个无穷集合, I 是 A 上的一个理想. 如果 $\lambda > 2^{|A|}$ 是一个正则基数, 那么任何一个定义在 A 上的序数函数的 $<_I$-单调递增的长度为 λ 的序列一定有一个恰好上界.

证明   设 $F = \langle f_\alpha \mid \alpha < \lambda \rangle$ 为一个定义在 A 上的序数函数的 $<_I$-单调递增的长度为 λ 的序列. 令 θ 为一个足够大的正则基数以至于 $\{F, \mathfrak{P}(I)\} \in \mathscr{H}_\theta$.

我们先来得到一个具备下述特点的 $M \prec (\mathscr{H}_\theta, \in)$:

$$I \in M \wedge F \in M \wedge |M| = 2^{|A|} \wedge M^{|A|} \subset M.$$

设 $\triangle$ 为 $\mathscr{H}_\theta$ 上的一个秩序. 对于集合论纯语言的彰显自由变元的表达式

$$\varphi(v_1, \cdots, v_n, v_{n+1}),$$

令 $h_\varphi : \mathscr{H}_\theta^n \to \mathscr{H}_\theta$ 为依据下述等式所定义的斯科伦函数: 对于 $(x_1, \cdots, x_n) \in \mathscr{H}_\theta^n$, 如果 $(\mathscr{H}_\theta, \in) \models \exists x_{n+1}\, \varphi[x_1, \cdots, x_n]$, 就令

$$h_\varphi(x_1, \cdots, x_n) = \min_{\triangle}\{a \in \mathscr{H}_\theta \mid (\mathscr{H}_\theta, \in) \models \varphi[x_1, \cdots, x_n, a]\};$$

如果 $(\mathscr{H}_\theta, \in) \models \forall x_{n+1}\, (\neg\varphi[x_1, \cdots, x_n])$, 就令 $h_\varphi(x_1, \cdots, x_n) = \varnothing$. 这样 h_φ 就是表达式 φ 的斯科伦函数. 令 $\mathcal{G} = \{g_n \mid n < \omega\}$ 为由所有上述定义的 h_φ 的斯科伦函数之全体在函数复合之下的闭包所得到的函数集合. 现在我们用 $|A|^+$ 步的递归定义来获得满足上述要求的 M; 令 N_0 为集合 $\{I, F\} \cup \mathfrak{P}(A)$ 在 $\mathcal{G}$ 中所有函数作用下的闭包. 那么 $|N_0| = 2^{|A|}$, 因为 $|\mathcal{G}| = \aleph_0 \leqslant 2^{|A|}$. 现在假设对于 $\alpha < |A|^+$, 我们已经定义了具备下述特点的序列 $\langle N_\beta \mid \beta < \alpha \rangle$:

$$\left(\forall \beta < \alpha \left(N_\beta \prec (\mathscr{H}_\theta, \in) \wedge |N_\beta| = 2^{|A|}\right)\right) \wedge (\forall \beta < \gamma < \alpha\, (N_\beta \prec N_\gamma)).$$

如果 α 是一个极限序数, 那么令 $N_\alpha = \bigcup\{N_\beta \mid \beta < \alpha\}$; 于是,

$$|N_\alpha| = \sum_{\beta < \alpha} 2^{|A|} = 2^{|A|} \wedge \forall \beta < \alpha\, (N_\beta \prec N_\alpha \prec (\mathscr{H}_\theta, \in));$$

如果 $\alpha = \beta + 1$, 那么令 $X = N_\beta \cup N_\beta^{|A|}$ 以及 $N_\alpha = \mathcal{SH}^{(\mathscr{H}_\theta, \in)}(X)$ 为由 X 在 $\mathcal{G}$ 中所有函数作用下的斯科伦闭包. 那么

$$N_\beta \prec N_\alpha \prec (\mathscr{H}, \in) \wedge |N_\alpha| = 2^{|A|}.$$

最后令 $M = \bigcup \{ N_\alpha \mid \alpha < |A|^+ \}$. 首先, $|M| = 2^{|A|}$, 因为 $|A|^+ \leqslant 2^{|A|}$; 其次, $M^{|A|} \subset M$, 因为如果 $f : |A| \to M$, 那么一定存在一个 $\alpha < |A|^+$ 来实现不等式 $\mathrm{rng}(f) \subset N_\alpha$. 于是, $f \in N_{\alpha+1} \subset M$.

现在我们设 M 就是具备上述特点的同质子模型.

令 $\eta = \sup \{ f_\alpha(a) + 1 \mid a \in A \land \alpha < \lambda \}$. 那么 $\eta \in M$. 对于 $\alpha < \lambda$, 令

$$\forall a \in A \; (g_\alpha(a) = \min \{ \beta \in M \cap \theta \mid \beta \geqslant f_\alpha(a) \}).$$

于是, $\forall \alpha < \lambda \; (g_\alpha : A \to M)$. 因为 $M^{|A|} \subset M$, 所以 $\forall \alpha < \lambda \; (g_\alpha \in M)$. 由于

$$|M| = 2^{|A|} < \lambda,$$

令 $f \in M$ 来见证 $|\{ \alpha < \lambda \mid g_\alpha = f \}| = \lambda$. 因为 F 是一个 $<_I$-单调递增的序列, 以及对于所有那些满足 $g_\alpha = f$ 的 α 而言, $f_\alpha \leqslant_I f$, 所以 f 是 F 的一个上界.

现在我们来证明 f 事实上是 F 的一个恰好上界. 也就是说, 我们需要证明如果 $h <_I f$ 那么必有 $\alpha < \lambda \; (h <_I f_\alpha)$. 由于 $M \prec \mathscr{H}_\theta$, 故我们只需证明:

$$\forall h \in M \; (h <_I f \to \exists \alpha < \lambda \; (h <_I f_\alpha)).$$

设 $h \in M$, 并且 $h <_I f$. 取 $\alpha < \lambda$ 满足 $g_\alpha = f$. 令

$$B = \{ a \in A \mid h(a) < g_\alpha(a) \}.$$

那么, 对于 $a \in B$, $h(a) \in M$, 根据 g_α 的定义, 必然就有 $h(a) < f_\alpha(a)$. 因此, $h <_I f_\alpha$. □

在罗列出这个引理的几个推论前, 为了叙述方便, 我们引进一个短语.

定义 1.50 设 A 是一个无穷集合, I 是 A 上的一个理想. 设 F 是 A 上的序数函数的一个集合, g 是 F 的一个上界.

(1) 称 **F 在 g 之下有界** 当且仅当 F 有一个满足不等式 $h <_I g$ 的上界 h;

(2) 称 **F 在 g 之下共尾** 当且仅当 F 在乘积空间 $\prod_{a \in A} g(a)$ 上是共尾的;

(3) 对 $X \in I^+$, 令 $I \upharpoonright X$ 为由 $I \cup \{ A - X \}$ 所生成的理想;

(4) 设 $X \in I^+$. 称相对于 **X 而言** $f <_I g$ 当且仅当 $f <_{(I \upharpoonright X)} g$; 类似地有相对于 X 而言 $f \leqslant_I g$ 等等.

推论 1.7 (共尾三选一引理) 设 A 是一个无穷集合, I 是 A 上的一个理想. 设 $\lambda > 2^{|A|}$ 是一个正则基数, $F = \langle f_\alpha \mid \alpha < \lambda \rangle$ 为一个定义在 A 上的序数函数的 $<_I$-单调递增的长度为 λ 的序列, g 是 F 的一个上界. 那么下述三种情形之一必然成立:

(a) F 在 g 之下有界;

(b) F 在 g 之下共尾;

(c) 存在 I^+ 中的元素 X 和 Y 来实现下述目标: $A = X \cup Y$; 相对于 X 而言 F 在 g 之下有界, 并且相对于 Y 而言 F 在 g 之下共尾.

证明   令 f 为 F 的恰好上界. 令 $X = \{a \in A \mid f(a) < g(a)\}$. $\square$

定义 1.51   设 A 是一个无穷集合, I 是 A 上的一个理想. 设 $\lambda > 2^{|A|}$ 是一个正则基数. 对于 $a \in A$ 令 $\gamma_a > 0$ 为一个极限序数. 称偏序集 $\left(\prod\limits_{a \in A} \gamma_a, <_I\right)$ 是 **λ-共顶的** 当且仅当 $\forall D \subset \prod\limits_{a \in A} \gamma_a \left(|D| < \lambda \to \exists f \in \prod\limits_{a \in A} \gamma_a \, \forall g \in D \, (g \leqslant_I f)\right)$.

将上述所有名词综合性地串联起来的一个事实是: 如果 $\left(\prod\limits_{a \in A} \gamma_a, <_I\right)$ 有一个长度为 λ 的标尺序列, 那么它有真共尾度 λ; 并且是 λ-共顶的; 序数函数 $\langle \gamma_a \mid a \in A \rangle$ 是它的最小上界, 不仅如此, 还是它的恰好上界.

推论 1.8(共顶三选一引理)   设 A 是一个无穷集合, I 是 A 上的一个理想. 设 $\lambda > 2^{|A|}$ 是一个正则基数. 对于 $a \in A$, 令 $\gamma_a > 0$ 为一个极限序数.

假设偏序集 $\left(\prod\limits_{a \in A} \gamma_a, <_I\right)$ 是 λ-共顶的. 那么下述三种情形之一必然成立:

(a) 偏序集 $\left(\prod\limits_{a \in A} \gamma_a, <_I\right)$ 是 λ^+-共顶的;

(b) 偏序集 $\left(\prod\limits_{a \in A} \gamma_a, <_I\right)$ 有一根 λ-标尺;

(c) I^+ 中有两个元素 X 与 Y 来实现下述目标: $A = X \cup Y$; 相对于 X 而言, 偏序集 $\left(\prod\limits_{a \in A} \gamma_a, <_I\right)$ 有一根 λ-标尺, 并且相对于 Y 而言, 偏序集 $\left(\prod\limits_{a \in A} \gamma_a, <_I\right)$ 是 λ^+-共顶的.

证明   假设偏序集 $\left(\prod\limits_{a \in A} \gamma_a, <_I\right)$ 是 λ-共顶的, 但不是 λ^+-共顶的.

设 $S \subset \prod\limits_{a \in A} \gamma_a$ 是一个势为 λ 的没有共同上界的集合. 应用 λ-共顶特性, 递归地, 我们构造一个具备下述特性的长度为 λ 的 $<_I$-单调递增的序列 $F = \langle f_\alpha \mid \alpha < \lambda \rangle$:

$$\forall f \in S \, \exists \alpha < \lambda \, (f <_I f_\alpha).$$

具体构造如下: 令 $S = \langle h_\alpha \mid \alpha < \lambda \rangle$ 以及对于 $\alpha < \lambda$, 令 $S_\alpha = \{h_\beta \mid \beta \leqslant \alpha\}$, 从而 $|S_\alpha| < \lambda$. 令 $f_0 \in \prod\limits_{a \in A} \gamma_a$ 满足要求 $h_0 <_I f_0$. 现在假设 $F \restriction_\gamma (\gamma < \lambda)$ 已经定义好. 令 $T_\alpha = S_\alpha \cup \{f_\alpha \mid \alpha < \gamma\}$. 那么 $|T| < \lambda$. 根据 λ-共顶特性, 令 $f_\gamma \in \prod\limits_{a \in A} \gamma_a$ 为具备后述特点的函数: $\forall h \in T \, (h <_I f_\gamma)$. 这就完成了递归定义. 最后, $F = \langle f_\alpha \mid \alpha < \lambda \rangle$ 就是所要的. 由于 F 在 $\prod\limits_{a \in A} \gamma_a$ 中并无上界, 必然存在一个 $Z \in I^+$ 以至于相对 Z 而言, F 是一个长度为 λ 的标尺序列.

令 $\mathcal{Z} = \{Z \in I^+ \mid Z$ 上有一个长为 λ 的标尺$\}$.

对于每一个 $Z \in \mathcal{Z}$, 令 $\langle f_\alpha^Z \mid \alpha < \lambda \rangle$ 为 Z 上的一根标尺. 令

$$T = \big\{ f_\alpha^Z \mid \alpha < \lambda \wedge Z \in \mathcal{Z} \big\}.$$

由于 $2^{|A|} < \lambda$, 我们有 $|T| = \lambda$. 再度应用 λ-共顶特性, 我们可以得到一个具备下述特性的长度为 λ 的 $<_I$-单调递增的序列 $F = \langle f_\alpha \mid \alpha < \lambda \rangle$:

$$\forall f \in T \, \exists \alpha < \lambda \, (f \leqslant_I f_\alpha).$$

这样, 或者 F 是一个标尺, 或者 $A = X \cup Y$ 以至于 F 在 X 上有界, 而在 Y 上共尾. 现在假设第二种情形发生. 我们来证明相对于 X 而言, 偏序集 $\left(\prod\limits_{a \in A} \gamma_a, <_I \right)$ 是 λ^+-共顶的. 如果存在一个势为 λ 但是在 X 上没有共同上界的 $S \subset \prod\limits_{a \in A} \gamma_a$, 那么重复上面的讨论就可以得到一个 $Z \subset X$ 以至于 Z 上有一个长度为 λ 的标尺. 这与 F 在 X 上有界相矛盾. □

有时候我们希望知道一个单调递增的序列的最小上界函数的取值的梯度分布. 为此, 我们引进一个技术名词.

定义 1.52 设 A 是一个无穷集合, I 是 A 上的一个理想. 设 $\lambda > 2^{|A|}$ 是一个正则基数. 设 $F = \langle f_\alpha \mid \alpha < \lambda \rangle$ 为一个 $<_I$-单调递增的定义在 A 上的序数函数序列. 令 $\gamma < \lambda$ 为一个不可数的正则基数. 称 F 是一个 γ-**快速增长序列**当且仅当对于每一个梯度为 γ 的严格小于 λ 的序数 β 都必有一个具备下述特点的无界闭子集 $C \subset \beta$:

$$\forall \alpha < \beta' \, (s_{C \cap \alpha} <_I f_\alpha),$$

其中, β' 为所有严格小于 β 的极限序数的集合; 对于 $\alpha \in \beta'$, $s_{C \cap \alpha}$ 是由下述定义式确定的序数函数: 对于所有的 $a \in A$,

$$s_{C \cap \alpha}(a) = \sup \{ f_\xi(a) \mid \xi \in C \cap \alpha \}.$$

对于快速增长的序列而言, 它们的最小上界取值的梯度分布会有很好的性质. 为了揭开这个事实, 我们需要下述引理.

引理 1.23 设 A 是一个无穷集合, I 是 A 上的一个理想. 设 $\lambda > \gamma > |A|$ 是两个正则基数. 设 $F = \langle f_\alpha \mid \alpha < \lambda \rangle$ 为一个 γ-**快速增长序列**. 对于每一个 $a \in A$, 令非空的 $S_a \subset \lambda$ 满足 $|S_a| < \gamma$. 那么必然存在一个具备下述特点的 $\alpha < \lambda$:

$$\forall h \in \prod_{a \in A} S_a \, (f_\alpha <_I h \to h \text{ 是 } F \text{ 的一个上界}).$$

证明 欲得一个矛盾, 假设引理的结论不成立, 即对于任意的 $\alpha < \lambda$,

$$\exists h \in \prod_{a \in A} S_a \, (f_\alpha <_I h \wedge h \text{ 不是 } F \text{ 的一个上界}).$$

上述条件容我们递归地构造一个连续单调递增的长为 γ 的序列 $\langle \alpha_\xi \mid \xi < \gamma \rangle$ 以及函数序列 $\left\langle h_\xi \in \prod_{a \in A} S_a \;\middle|\; \xi < \gamma \right\rangle$ 来见证 $\forall \xi < \gamma \, (f_{\alpha_\xi} <_I h_\xi \wedge f_{\alpha_{\xi+1}} \not\leq_I h_\xi)$. (我们将具体递归构造留作练习.)

现在令 $\beta = \bigcup \{\alpha_\xi \mid \xi < \gamma\}$. 那么 $\beta < \lambda$, 并且 $\operatorname{cf}(\beta) = \gamma$. 因为 F 是一个快速增长序列, 所以可令 $C \subset \beta$ 为一个无界闭子集来见证下述事实:

$$\forall \alpha \in C \, (s_{C \cap \alpha} <_I f_\alpha),$$

其中, 对于所有的 $a \in A$, $s_{C \cap \alpha}(a) = \sup \{f_\xi(a) \mid \xi \in C \cap \alpha\}$.

令 $D = \{\alpha_\xi \mid \xi < \gamma \wedge \alpha_\xi \in C\}$. 那么 $D \subset \beta$ 也是一个无界闭集, 并且

$$\forall \alpha \in D \, (s_{D \cap \alpha} <_I f_\alpha)$$

也成立. 因此, 我们不妨假设 $\forall \xi < \gamma \, (\alpha_\xi \in C)$.

对于 $\xi < \gamma$, 我们有 $s_{C \cap \alpha_\xi} <_I f_{\alpha_\xi} <_I h_\xi$ 以及 $f_{\alpha_{\xi+1}} \not\leq_I h_\xi$, 因此,

$$\exists a_\xi \in A \, (s_{C \cap \alpha_\xi i}(a_\xi) < f_{\alpha_\xi}(a_\xi) < h_\xi(a_\xi) < f_{\alpha_{\xi+1}}(a_\xi)).$$

由于 $\gamma > |A|$, 令 $Z \subset \gamma$ 为一个势为 γ 的子集合以至于对于 $\xi \in Z$, $a_\xi = a$. 现在, 如果 $\xi \in Z$, $\eta \in Z$, 满足 $\xi + 1 < \eta$, 那么 $\alpha_{\xi+1} \in C \cap \alpha_\eta$ 以及

$$h_\xi(a) < f_{\alpha_{\xi+1}}(a) \leq s_{C \cap \alpha_\eta}(a) < h_\eta(a).$$

这就是一个矛盾, 因为 $|S_a| < \gamma$, 而 $|Z| = \gamma$. □

推论 1.9　设 A 是一个无穷集合, I 是 A 上的一个理想. 设 $\lambda > \gamma > |A|$ 是两个正则基数. 设 $F = \langle f_\alpha \mid \alpha < \lambda \rangle$ 为一个 γ-快速增长序列. 如果 f 是 F 的最小上界, 那么

$$\{a \in A \mid \operatorname{cf}(f(a)) < \gamma\} \in I.$$

证明　在引理的条件下, 设 f 是 F 的一个上界, 并且设

$$B = \{a \in A \mid \operatorname{cf}(f(a)) < \gamma\} \in I^+.$$

我们来获得 F 的一个相对 B 而言有不等式 $h <_I f$ 的上界 h. 对于 $a \in B$, 令 $S_a \subset f(a)$ 为一个势严格小于 γ 的无界子集. 根据上面的引理 1.23, 令 $\alpha < \lambda$ 来见证

$$\forall h \in \prod_{a \in B} S_a \, (\text{如果在 } B \text{ 上有 } f_\alpha <_I h, \text{ 那么 } h \text{ 在 } B \text{ 上就是 } F \text{ 的上界}).$$

固定这样一个 $\alpha < \lambda$. 考虑 $\prod_{a \in B} S_a$ 中的这样一个函数 h:

$$\forall a \in B \, (f_\alpha(a) < f(a) \to h(a) = \min \{\beta \in S_a \mid f_\alpha(a) < \beta < f(a)\}).$$

那么在 B 之上就有 $h <_I f$, 并且 h 是 F 的一个上界. □

定理 1.32(Shelah) 设 κ 是一个不可数的正则基数. 令 I 为 κ 上的非荟萃子集理想. 设 $\langle \eta_\xi \mid \xi < \kappa \rangle$ 为一个连续单调递增的序数序列, 并且收敛于序数 η. 假设 $2^\kappa < \aleph_\eta$. 那么偏序集 $\left(\prod_{\xi < \kappa} \aleph_{\eta_\xi + 1}, <_I \right)$ 的梯度为 $\aleph_{\eta + 1}$.

证明 假设定理中个条件成立. 令 $\lambda = \aleph_{\eta + 1}$. 我们希望得到一个长为 λ 的标尺序列.

首先, 我们来验证偏序集 $\left(\prod_{\xi < \kappa} \aleph_{\eta_\xi + 1}, <_I \right)$ 是 λ-共顶的.

为此, 设 $D \subset \prod_{\xi < \kappa} \aleph_{\eta_\xi + 1}$ 为一个势为 $\aleph_\eta$ 的集合. 将 D 分解成一个满足下述势要求的递增序列的并:

$$D = \bigcup \{ D_\xi \mid \xi < \kappa \} \wedge \forall \xi < \mu < \kappa \left(|D_\xi| = \aleph_{\eta_\xi} \wedge D_\xi \subset D_\mu \right).$$

然后对于 $\xi < \kappa$, 令

$$h(\xi) = \sup \{ f(\xi) + 1 \mid f \in D_\xi \}.$$

由于 $|D_\xi| = \aleph_{\eta_\xi} < \aleph_{\eta_\xi + 1}$, 以及 $\forall f \in D_\xi \left(f(\xi) < \aleph_{\eta_\xi + 1} \right)$, 我们有 $h(\xi) \in \aleph_{\eta_\xi + 1}$. 因此, $h \in \prod_{\xi < \kappa} \aleph_{\eta_\xi + 1}$, 并且 h 是 D 的一个 $<_I$-上界.

假设偏序集 $\left(\prod_{\xi < \kappa} \aleph_{\eta_\xi + 1}, <_I \right)$ 没有一个 λ-标尺序列. 根据共顶三选一引理 (推论 1.8), 必然存在一个 κ 的荟萃子集 S 以至于偏序集 $\left(\prod_{\xi \in S} \aleph_{\eta_\xi + 1}, <_{I \upharpoonright S} \right)$ 是 λ^+-共顶的. 固定这样一个荟萃子集 S. 我们来构造偏序集 $\left(\prod_{\xi \in S} \aleph_{\eta_\xi + 1}, <_{I \upharpoonright S} \right)$ 的一个具备下述特点的 $<_{I \upharpoonright S}$-单调递增的序列 $F = \langle f_\alpha \mid \alpha < \lambda \rangle$: 对于每一个不可数的正则基数 $\gamma < \aleph_\eta$ 而言, F 都是一个 γ-快速增长序列. 对于每一个极限序数 $\beta < \lambda$, 令 $C_\beta \subset \beta$ 为一个序型为 $\mathrm{cf}(\beta)$ 的无界闭子集. 我们递归地构造 $F = \langle f_\alpha \mid \alpha < \lambda \rangle$. 假设 $F \upharpoonright \alpha$ 已经构造好. 后继步简单. 关键是极限步. 设 $\alpha < \lambda$ 是一个极限序数. 对于满足不等式 $\alpha < \beta < \lambda$ 的极限序数 β, 对于 $\xi < \kappa$, 令

$$s_\beta(\xi) = \sup \{ f_\nu(\xi) + 1 \mid \nu \in C_\beta \cap \alpha \}.$$

由于 $\exists \gamma < \kappa \forall \xi < \kappa \left(\gamma < \xi \to s_\beta(\xi) \in \aleph_{\eta_\xi + 1} \right)$, 适当修改该开始的有界部分的取值, 我们就有 $s_\beta \in \prod_{\xi \in S} \aleph_{\eta_\xi + 1}$. 由于这个偏序集是 λ^+-共顶的, 令 $f_\alpha \in \prod_{\xi \in S} \aleph_{\eta_\xi + 1}$ 来实现目标: 对于每一个在 α 和 λ 之间的极限序数 β 都有 $s_\beta <_{I \upharpoonright S} f_\alpha$.

这样得到的 F 对于任何严格小于 λ 的不可数正则基数 γ 而言就是一个 γ-快速增长序列.

根据引理 1.22, F 有一个恰好上界 g. 不失一般性, 我们假设

$$\forall \xi \in S \left(g(\xi) \leqslant \aleph_{\eta_\xi + 1} \right).$$

断言　$X = \left\{ \xi \in S \mid g(\xi) < \aleph_{\eta_\xi+1} \right\}$ 是一个非荟萃子集.

如果不然, X 是一个荟萃子集. 对于 $\xi \in X$, $\mathrm{cf}(g(\xi)) < \aleph_{\eta_\xi}$. 于是,

$$\exists \gamma < \aleph_\eta \left(\mathrm{cf}(\gamma) = \gamma \wedge \{\xi \in S \mid \mathrm{cf}(g(\xi)) < \gamma\} \text{ 是荟萃子集} \right).$$

这与前面的推论 1.9 相矛盾, 因为 F 是 γ-快速增长序列.

断言于是得证.

上面的断言表明: 对于 $\xi \in (S - X)$ 都有 $g(\xi) = \aleph_{\eta_\xi+1}$. 这就表示序列 F 是偏序集 $\left(\prod_{\xi \in S} \aleph_{\eta_\xi+1}, <_{I \upharpoonright S} \right)$ 上的一个长度为 λ 的标尺. 可是这又与 S 的性质不符.

这个矛盾表明偏序集 $\left(\prod_{\xi \in \kappa} \aleph_{\eta_\xi+1}, <_I \right)$ 上有一个长度为 λ 的标尺.　□

1.3.2　谢昆共尾可能性理论

前面我们已经看到对于具备可数梯度的强极限基数而言, 如果选择恰当的收敛于该基数的正则基数序列, 那么这些正则基数的乘积空间在模有限子集理想下的偏序集就会有真共尾度, 并且以该基数的后继为梯度; 而对于具备不可数梯度的极限基数而言, 收敛于该基数的正则基数序列的选取则简单得多, 任何一个收敛于该基数的单调递增连续基数序列的平移 (它们的后继基数) 就行. 现在我们的注意力将转向正则基数序列的超积上去. 这种转移可以说是很自然的, 因为对于正则基数序列的乘积空间在超滤子作用下的超积是一个线性有序集合. 这样的线性集合上梯度总是存在的, 并且会是正则基数. 有趣的问题是: 这些梯度的全体组成一个什么样的集合? 这正是谢昆的共尾可能性理论分析要给出答案的起始问题.

从现在起, A 为正则基数的一个无穷集合. 考虑 A 上的全体选择函数的集合:

$$\prod A = \prod_{a \in A} \mathrm{Id}_A = \left\{ f : A \to \bigcup A \mid \forall a \in A \, (f(a) \in a) \right\}.$$

设 U 为 A 上的一个超滤子. 对于 $f, g \in \prod A$, 定义

(1) $f =_U g \leftrightarrow \{a \in A \mid f(a) = g(a)\} \in U$;

(2) $f <_U g \leftrightarrow \{a \in A \mid f(a) < g(a)\} \in U$.

那么超积 $(\prod A/U, <_U)$ 是一个线性有序集合. 定义 $\mathrm{cf}(U) = \mathrm{cf}\left(\prod A/U, <_U\right)$. 那么

$$\mathrm{cf}(U) = \min \left\{ \theta \mid \exists h : \theta \to \prod A/U \wedge h \text{ 是一个无界的保序映射} \right\}.$$

因此, $\mathrm{cf}(U)$ 必定是一个正则基数.

定义 1.53 (共尾可能性)　设 A 为正则基数的一个无穷集合. 令

$$\beta A = \{U \mid U \text{ 是 } A \text{ 上的超滤子}\}.$$

定义 A 的共尾可能性为它上面的所有超滤子的梯度的集合:

$$\mathrm{pcf}(A) = \{\, \mathrm{cf}(U) \mid U \in \beta A \,\}.$$

事实 (1) 设 A 为正则基数的一个无穷集合. 那么

$$A \subset \mathrm{pcf}(A) \wedge |\mathrm{pcf}(A)| \leqslant 2^{2^{|A|}} \wedge \sup(\mathrm{pcf}(A)) \leqslant \left|\prod A\right|.$$

(2) 如果 A 与 B 都是正则基数的无穷集合, 并且 $A \subset B$, 那么 $\mathrm{pcf}(A) \subset \mathrm{pcf}(B)$.

(3) 如果 A 与 B 都是正则基数的无穷集合, 那么 $\mathrm{pcf}(A \cup B) = \mathrm{pcf}(A) \cup \mathrm{pcf}(B)$.

证明 (1) 设 $a \in A$. 令 $U_a = \{X \subseteq A \mid a \in X\}$. 那么 $\mathrm{cf}(U_a) = a$.

(2) 和 (3) 设 $U \in \beta A$. 令

$$U \upharpoonright (A \cup B) = \{X \subseteq A \cup B \mid X \cap A \in U\}.$$

那么 $(U \upharpoonright (A \cup B)) \in \beta(A \cup B)$, 并且映射

$$\prod A/U \ni f \mapsto f^* \in \prod (A \cup B) / (U \upharpoonright (A \cup B))$$

是一个同构映射, 其中 $f^*(a) = f(a)\,(a \in A)$; $f^*(b) = 0\,(b \in (B - A)$. 因此, $\mathrm{cf}(U) = \mathrm{cf}(U \upharpoonright (A \cup B))$.

反过来, 设 $U \in \beta(A \cup B)$. 那么或者 $A \in U$, 或者 $B \in U$. 根据对称性, 设 $A \in U$. 令

$$U \downarrow A = \{X \subseteq A \mid X \in U\}.$$

那么 $(U \downarrow A) \in \beta A$, 并且映射

$$\prod (A \cup B) / U \ni f \mapsto f \upharpoonright_A \in \prod A / (U \downarrow A)$$

是一个同构映射. 因此, $\mathrm{cf}(U) = \mathrm{cf}(U \downarrow A)$. $\qquad\square$

pcf 所持有的另外一个基本性质是它的幂等性质. 对于一个无穷的正则基数集合 A 而言, $\mathrm{pcf}(A)$ 也是正则基数的一个无穷集合, 并且 $A \subset \mathrm{pcf}(A)$. 很自然地, 我们可以计算 $\mathrm{pcf}(\mathrm{pcf}(A))$. 下面的幂等律表明在很多时候, 再次应用 pcf 这个 "算子" 就得不到什么新东西.

引理 1.24(幂等律) 设 A 是正则基数的一个无穷集合, 并且 $|\mathrm{pcf}(A)| < \min(A)$. 那么 $\mathrm{pcf}(\mathrm{pcf}(A)) = \mathrm{pcf}(A)$.

证明 设 A 是正则基数的一个无穷集合, 并且 $|\mathrm{pcf}(A)| < \min(A)$.

令 $B = \mathrm{pcf}(A)$. 对于每一个 $\lambda \in B$, 令 $D_\lambda \in \beta A$ 来实现 $\mathrm{cf}(D_\lambda) = \lambda$, 并且令 $\langle f_\alpha^\lambda \mid \alpha < \lambda \rangle$ 为 $\prod A/D_\lambda$ 的一个共尾序列.

设 $\mu \in \mathrm{pcf}(B)$. 令 $D \in \beta B$ 来实现 $\mathrm{cf}(D) = \mu$ 以及令 $\langle g_\alpha \mid \alpha < \mu \rangle$ 为 $\prod B/D$ 的一个共尾序列.

令 $E = \{ X \subseteq A \mid \{ \lambda \in B \mid X \in D_\lambda \} \in D \}$. 那么 $E \in \beta A$.

断言 $\mathrm{cf}(E) = \mu$, 从而 $\mu \in \mathrm{pcf}(A) = B$, 即 $\mathrm{pcf}(\mathrm{pcf}(A)) = \mathrm{pcf}(A)$.

对于 $\alpha < \mu$, 令

$$\forall a \in A \left(h_\alpha(a) = \sup \left\{ f^\lambda_{g_\alpha(\lambda)}(a) \;\middle|\; \lambda \in B \right\} \right).$$

由于 $|B| < \min(A)$, 我们有 $\forall \alpha < \mu \, \forall a \in A \, (h_\alpha(a) \in a)$.

为了证明断言, 让我们先来验证下述事实:

事实 如果 $h \in \prod A$, 那么

$$\exists \gamma < \mu \, \forall \alpha < \mu \, (\alpha > \gamma \to \{ a \in A \mid h(a) \leqslant h_\alpha(a) \} \in E).$$

设 $h \in \prod A$. 对于 $\lambda \in B$, 取 $g(\lambda) < \lambda$ 令下述命题成真:

$$\left\{ a \in A \;\middle|\; h(a) < f^\lambda_{g(\lambda)}(a) \right\} \in D_\lambda.$$

令 $\gamma < \mu$ 见证 $\forall \alpha < \mu \, (\alpha > \gamma \to \{ \lambda \in B \mid g(\lambda) < g_\alpha(\lambda) \} \in D)$. 我们来验证后述命题: $\forall \alpha < \mu \, (g <_D g_\alpha \to h <_E h_\alpha)$.

设 $\alpha < \mu$ 满足 $g <_D g_\alpha$. 令 $X = \{ a \in A \mid h(a) < h_\alpha(a) \}$. 设 λ 满足 $g(\lambda) < g_\alpha(\lambda)$. 那么

$$Y = \left\{ a \in A \;\middle|\; h(a) < f^\lambda_{g(\lambda)}(a) < f^\lambda_{g_\alpha(\lambda)}(a) \leqslant h_\alpha(a) \right\} \in D_\lambda.$$

从而, $Y \subset X$. 这就表明 $X \in D_\lambda$. 因此, $\{ \lambda \in B \mid X \in D_\lambda \} \in D$. 于是, $X \in E$.

上述事实得证.

依据上述事实, 我们就可以得到序列 $\langle h_\alpha \mid \alpha < \mu \rangle$ 的一个在 $\prod A/E$ 中共尾的子序列. 因此, $\mathrm{cf}(E) = \mu$. 断言得证. $\qquad\qquad\square$

在进行一般性分析之前, 让我们先来看一种特殊的情形: $A = \{ \aleph_n \mid n < \omega \}$. 这既是例子, 也是我们首要关注的情形.

称正则基数的一个无穷集合 X 是一个**区间**当且仅当对于所有的正则基数 λ 而言, 若 $\min(X) \leqslant \lambda < \sup(X)$, 则 $\lambda \in X$.

引理 1.25 设 A 是正则基数的一个无穷区间, 并且 $\min(A) = \left(2^{|A|}\right)^+$, 那么 $\mathrm{pcf}(A)$ 也是一个区间.

证明 设 U 是 A 上的一个超滤子. 设 λ 为一个满足不等式要求 $\min(A) \leqslant \lambda < \mathrm{cf}(U)$ 的正则基数. 我们来寻找一个 A 上的超滤子 D 以实现等式 $\mathrm{cf}(D) = \lambda$.

令 $\langle f_\alpha \mid \alpha < \mathrm{cf}(U) \rangle$ 为 $\prod A$ 的一个 U-严格单调递增的函数序列. 由于 $\lambda > 2^{|A|}$, 根据引理 1.22, 这个序列有一个在序 $\leqslant_D$ 之下的最小上界 g. 对于每一个 $a \in A$,

令 $h(a) = \mathrm{cf}(g(a))$, 以及令 $S_a \subset g(a)$ 为一个序型为 $h(a)$ 的无界闭集. 那么超积 $\prod\limits_{a \in A} S_a/U$ 中包含了一个长度为 λ 并且在 g 之下共尾的 $<_D$-严格单调递增的序列. 因此, 超积 $\prod\limits_{a \in A} h(a)/U$ 就有一个长度为 λ 的 $<_U$-严格单调递增的共尾序列 $\langle h_\alpha \mid \alpha < \lambda \rangle$.

因为集合 $(2^{|A|})^A$ 的势严格小于 λ, 集合 $\{ a \in A \mid h(a) > 2^{|A|} \} \in U$. 基于这一事实, 我们不妨假设 $\forall a \in A\,(h(a) \in A)$. 利用这个 h 如下定义 A 上的超滤子 D:

$$D = \{ X \subseteq A \mid h^{-1}[X] \in U \}.$$

对于 $\alpha < \lambda$, 令 $g_\alpha : A \to \bigcup A$ 为 A 上的一个选择函数, 并且满足下列等式要求:

$$\forall a \in A\,(h_\alpha(a) = g_\alpha(h(a))).$$

这样函数序列 $\langle g_\alpha \mid \alpha < \lambda \rangle$ 在超积 $\prod A/D$ 上 $<_D$-严格单调递增并且共尾. 所以, $\mathrm{cf}(D) = \lambda$. □

推论 1.10 设 $\aleph_\omega$ 是一个强极限基数. 令 $A = \{ \aleph_n \mid n < \omega \}$. 那么 $\mathrm{pcf}(A)$ 是一个区间, 并且

$$\sup(\mathrm{pcf}(A)) < \aleph_{\aleph_\omega}.$$

证明 令 $B = \left\{ \aleph_{k+m} \mid m < \omega \wedge k \in \omega \wedge \aleph_k = (2^{\aleph_0})^+ \right\}$. 根据引理 1.25, $\mathrm{pcf}(B)$ 是一个区间, 并且 $|\mathrm{pcf}(B)| \leqslant 2^{2^{\aleph_0}} < \aleph_\omega$. 而 $\mathrm{pcf}(A) = \mathrm{pcf}(B) \cup \{ \aleph_i \mid i < k \}$, 其中 $\aleph_k = (2^{\aleph_0})^+$. □

我们可以在非常大的程度上改进上述推论. 这就是下述谢晛 (Shelah) 定理. 这也是谢晛共尾可能性理论所给出的第一个很有趣的结论.

定理 1.33 (谢晛) 设 $\aleph_\omega$ 是一个强极限基数. 令 $A = \{ \aleph_n \mid n < \omega \}$. 那么 $\mathrm{pcf}(A)$ 有一个最大元, 并且

$$\max(\mathrm{pcf}(A)) = 2^{\aleph_\omega}.$$

由此可见, 当 $\aleph_\omega$ 是强极限基数时, $2^{\aleph_\omega}$ 必是一个后继基数.

证明 设 $\aleph_\omega$ 是一个强极限基数. 令 $A = \{ \aleph_n \mid n < \omega \}$. 令 $\lambda = \sup(\mathrm{pcf}(A))$. 我们需要证明的是下述事实. 假如我们能够证明下面的事实, 那么定理也就得证. 因为根据柯尼希定理 I.2.10, $\mathrm{cf}(2^{\aleph_\omega}) > \aleph_\omega$; 根据推论 1.10, $\lambda < \aleph_{\aleph_\omega}$; 于是, $2^{\aleph_\omega}$ 必然是一个后继基数. 又根据推论 1.10, $\mathrm{pcf}(A)$ 是一个区间. 所以 $\lambda \in \mathrm{pcf}(A)$, 因此 $\lambda = \max(\mathrm{pcf}(A))$.

事实 $2^{\aleph_\omega} = \lambda$.

我们将上述事实的证明分解成四个断言的证明.

固定满足不等式 $2^{\aleph_0} \leqslant \aleph_k$ 以及 $\lambda < \aleph_{\aleph_k}$ 要求的 $k < \omega$.

断言一　存在一个具备下述特点的集合 $K \subset [\lambda]^{\aleph_k}$:

(a) $|K| = \lambda$;

(b) $\forall Z \in [\lambda]^{\aleph_k} \exists X \in K (X \subset Z)$.

用关于 $2^{\aleph_k} \leqslant \alpha \leqslant \lambda$ 的归纳法来证明

$$\exists K_\alpha \subset [\alpha]^{\aleph_k} \left(\begin{array}{l} |K_\alpha| \leqslant |\alpha| \wedge \\ \forall Z \in [\alpha]^{\aleph_k} \exists X \in K_\alpha (X \subset Z) \end{array} \right).$$

当 $\alpha = 2^{\aleph_k}$ 时, 令 $K_\alpha = [\alpha]^{\aleph_k}$. 当 $\alpha < \lambda$ 不是一个基数时, 应用从 α 到 $|\alpha|$ 的双射将 $K_{|\alpha|}$ 转移成 K_α. 当 $\alpha \leqslant \lambda$ 是一个基数时, 由于 $\lambda < \aleph_{\aleph_k}$, α 的梯度不会等于 α_k, 此时取 $K_\alpha = \bigcup \{ K_\beta \mid \beta < \alpha \}$. 此 K_α 就满足要求.

断言一因此得证.

断言二　存在一个具备下列特点的集合 $F \subset \prod_{n \in \omega} \aleph_n$:

(a) $|F| = \lambda$;

(b) $\forall g \in \prod_{n \in \omega} \aleph_n \exists f \in F \forall n < \omega (g(n) \leqslant f(n))$.

对于 ω 上的每一个超滤子 D 选取一个在 $\prod_{n \in \omega} \aleph_n / D$ 中共尾的函数序列

$$\left\langle f_\alpha^D \mid \alpha < \mathrm{cf}(D) \right\rangle.$$

固定 $\beta\omega$ 上的一个秩序 $\prec$. 对于 $e \in [\beta\omega]^{<\omega}$ 和 $s \in [\lambda]^{<\omega}$, 当 $|e| = |s| = m$ 时, e 按照秩序 $\prec$ 单调递增排列, s 按照 λ 的秩序单调递增排列, 定义

$$\forall n < \omega \left(f_{(e,s)}(n) = \max \left\{ f_{s(1)}^{e(1)}(n), \cdots f_{s(m)}^{e(m)}(n) \right\} \right).$$

令

$$F = \left\{ f_{(e,s)} \in \prod_{n \in \omega} \aleph_n \mid e \in [\beta\omega]^{<\omega} \wedge s \in [\lambda]^{<\omega} \wedge |e| = |s| \right\}.$$

因为 $2^{2^{\aleph_0}} < \aleph_\omega < \lambda$, 所以 $|F| = \lambda$.

我们来验证此 F 也具有断言要求的条件 (b) 的特点. 假设不然. 设 $g \in \prod_{n \in \omega} \aleph_n$ 具备下述特点:

$$\forall f \in F \exists n < \omega (f(n) < g(n)).$$

对于 $D \in \beta\omega$ 以及 $\alpha < \lambda$, 令

$$X_\alpha^D = \left\{ n \in \omega \mid g(n) > f_\alpha^D(n) \right\}.$$

令

$$E = \left\{ X_\alpha^D \mid D \in \beta\omega \wedge \alpha < \lambda \right\}.$$

那么 E 具有有限交性质. 根据塔尔斯基定理 (定理 I.2.19), 令 $U \supset E$ 为 ω 上的一个超滤子. 由于序列 $\langle f_\alpha^U \mid \alpha < \mathrm{cf}(U) \rangle$ 在 $\prod\limits_{n \in \omega} \aleph_n / U$ 中共尾, 必有 $\alpha < \mathrm{cf}(U)$ 来见证 $g <_U f_\alpha^U$. 这就是一个矛盾, 因为 $X_\alpha^U \in U$.

断言二由此得证.

固定 F 为断言一所给出的集合. 固定一个充分大的正则基数 θ (充分大即所有相关的参数集合都会在 $\mathscr{H}_\theta$ 之中). 考虑模型 $(\mathscr{H}_\theta, \in, \triangle)$ 的同质子模型, 其中 $\triangle$ 是 $\mathscr{H}_\theta$ 的一个秩序.

设 $a \in [\aleph_\omega]^\omega$. 令 $M_0^a = \mathcal{SH}^{\mathscr{H}_\theta}(a \cup \omega_k) \prec (\mathscr{H}_\theta, \in, \triangle)$. 那么 $|M_0^a| = \aleph_k$.

对于 $\alpha < \omega_k$, 递归地定义 M_α^a 如下: 如果 α 是一个极限序数, 那么令

$$M_\alpha^a = \bigcup \{ M_\beta^a \mid \beta < \alpha \};$$

如果 $\alpha = \beta + 1$, 那么先令

$$\forall n < \omega \left(k < n \to \chi_\beta^a(n) = \sup \left(M_\beta^a \cap \omega_n \right) \right)$$

为 M_β^a 的**特征函数**; 再令 $f_\alpha^a \in F$ 满足

$$\forall n < \omega \left(k < n \to \chi_\alpha^a(n) \leqslant f_\alpha^a(n) \right);$$

最后令 $M_{\beta+1}^a = \mathcal{SH}^{\mathscr{H}_\theta} \left(M_\beta^a \cup \{ f_\alpha^a \} \right)$.

将这 ω_k 个同质子模型并起来, 得到 $M^a = \bigcup \{ M_\alpha^a \mid \alpha < \omega_k \}$, 以及

$$\forall n < \omega \left(k < n \to \chi^a(n) = \sup \left(M^a \cap \omega_n \right) \right).$$

断言三　映射 $[\aleph_\omega]^\omega \ni a \mapsto \chi^a \in \theta^\omega$ 具有这样的特点:

$$\forall a, b \in [\aleph_\omega]^\omega \left(\chi^a = \chi^b \to M^a \cap \aleph_\omega = M^b \cap \aleph_\omega \right).$$

应用关于 $n \geqslant k$ 的归纳法, 我们来证明 $M^a \cap \aleph_n = M^b \cap \aleph_n$. 当 $n = k$ 时, 它们与 ω_k 的交就是 ω_k. 所以, 结论自然成立. 假设对于 n 结论成立. 两个模型与 ω_{n+1} 的交 $M^a \cap \aleph_{n+1}$ 和 $M^b \cap \aleph_{n+1}$ 各自都包含序数 $\chi^a(n+1) = \chi^b(n+1)$ 的一个序型为 ω_k 的无界闭子集. 因此, $M^a \cap M^b$ 包含着序数 $\chi^a(n+1)$ 的一个无界子集 C. 对于 $\gamma \in (C - \omega_n)$, 存在一个从 ω_n 到 γ 的双射, 那么在秩序 $\triangle$ 下最小的双射就会在 $M^a \cap M^b$ 中. 由此得到: $M^a \cap \gamma = M^b \cap \gamma$. 于是, $M^a \cap \omega_{n+1} = M^b \cap \omega_{n+1}$.

断言三因此得证.

断言四　集合 $\{ \chi^a \mid a \in [\aleph_\omega]^\omega \}$ 之势不会超过 λ.

对于 $a \in [\aleph_\omega]^\omega$, 对于 $n < \omega$, 我们有

$$\chi^a(n) = \sup \{ \chi_\alpha^a(n) \mid \alpha < \omega_k \} = \sup \{ f_\alpha^a(n) \mid \alpha < \omega_k \};$$

如果 $X \in [\aleph_k]^{\aleph_k}$, 那么

$$\chi^a(n) = \sup\{f_\alpha^a(n) \mid \alpha \in X\},$$

因此, 这样一个集合 X 就完全确定 χ^a. 于是, 对于给定的 $a \in [\aleph_\omega]^\omega$, 令

$$Z_a = \{f_\alpha^a \mid \alpha < \omega_k\},$$

这个集合是 F 的一个子集合, 其势为 $\aleph_k$. 将断言一应用到这个 F 之上 ($|F| = \lambda$). 令 $K \subset [F]^{\aleph_k}$ 由断言一给出. 那么 $|K| = \lambda$, 并且

$$\forall a \in [\aleph_\omega]^\omega \, \exists X_a \in K \, (X_a \subset Z_a).$$

对于 $a \in [\aleph_\omega]^\omega$, $|X_a| = \aleph_k$, 所以 X_a 完全确定 χ^a. 因此, 集合 $\{\chi^a \mid a \in [\aleph_\omega]^\omega\}$ 之势不会超过 λ.

断言四于是得证.

现在我们来完成前述事实的证明. 根据断言三和断言四,

$$|\{M^a \cap \aleph_\omega \mid a \in [\aleph_\omega]^\omega\}| = |\{\chi^a \mid a \in [\aleph_\omega]^\omega\}| \leqslant \lambda;$$

根据映射 $[\aleph_\omega]^\omega \ni a \mapsto M^a \in [\mathscr{H}_\theta]^{\aleph_k}$ 的定义, 我们有

$$[\aleph_\omega]^\omega \subset \bigcup\{[X]^\omega \mid \exists a \in [\aleph_\omega]^\omega \, (X = M^a \cap \aleph_\omega)\}.$$

由于对于每一个 $a \in [\aleph_\omega]^\omega$ 而言, $|[M^a]^\omega| = \aleph_k$, 再依据上述不等式, 我们就得到

$$|[\aleph_\omega]^\omega| \leqslant \lambda.$$

从而, $2^{\aleph_\omega} = \lambda$. 上述事实由此得证. 定理也因此得证. $\qquad\square$

现在我们知道当 $\aleph_\omega$ 是一个强极限基数时, $2^{\aleph_\omega}$ 一定是一个后继基数 $\aleph_{\vartheta+1}$. 那么这个序数 ϑ 到底会有多大? 比如说, 是否会有类似于嘎尔文–海纳的结果 (定理 I.2.39) 的上界 $\vartheta < (2^{\aleph_0})^+$? 或者更好一些的上界?

为了回答这样的问题, 我们需要研究谢兒的共尾可能性理论的核心内容. 可以想象, 正是对上述问题寻求答案的欲望驱使谢兒建立起共尾可能性分析理论. 现在我们回过头来进一步探讨共尾可能性理论的内核. 下面的定理是整个共尾可能性理论的基本定理.

定理 1.34(谢兒) 设 A 是正则基数的一个无穷集合, 并且 $2^{|A|} < \min(A)$. 那么存在一个具备下述特性的序列 $\langle B_\lambda \subset A \mid \lambda \in \mathrm{pcf}(A)\rangle$ (这个序列被称为 $\mathrm{pcf}(A)$ 的**生成元序列**):

(1) $\lambda = \max\left(\mathrm{pcf}\left(B_\lambda\right)\right)$, 即若 D 是 B_λ 上的一个超滤子, 那么 $\mathrm{cf}(D) \leqslant \lambda$; 并且存在 B_λ 上的一个超滤子 D 来实现 $\mathrm{cf}(D) = \lambda$;

(2) $\lambda \notin \mathrm{pcf}\left(A - B_\lambda\right)$, 即若 D 是 A 上的一个超滤子且 $\mathrm{cf}(D) = \lambda$, 那么 $B_\lambda \in D$;

(3) 如果 D 是 A 上的一个超滤子, 那么 $\mathrm{cf}(D) = \min\{\lambda \in \mathrm{pcf}(A) \mid B_\lambda \in D\}$;

(4) 集合 $\{B_\nu \mid \nu \in \lambda \cap \mathrm{pcf}(A)\}$ 生成 A 上的一个真理想 J_λ;

(5) 偏序集 $\left(\prod B_\lambda, <_{J_\lambda}\right)$ 包含一个长为 λ 的标尺序列.

证明 为了叙述简便, 对于 A 上的一个理想 I, 称 I 有一个 λ-标尺当且仅当偏序集 $\left(\prod A, <_I\right)$ 有一个 λ-标尺序列; 称 I 是 λ-共顶的当且仅当偏序集 $\left(\prod A, <_I\right)$ 是 λ-共顶的.

设 A 是正则基数的一个无穷集合, 并且 $2^{|A|} < \min(A)$. 我们递归地构造 A 的子集合序列 $\langle B_\kappa \mid |\kappa| = \kappa \leqslant \sup(\mathrm{pcf}(A))\rangle$ 以至于下述命题成立:

对于任意一个无穷基数 $\kappa \leqslant \sup(\mathrm{pcf}(A))$,

(a) 由集合 $\{B_\lambda \mid \lambda \in \kappa \cap \mathrm{pcf}(A)\}$ 所生成的理想 J_κ 是一个真理想并且是 κ-共顶的;

(b) 如果 $\kappa \notin \mathrm{pcf}(A)$, 那么 J_κ 是 κ^+-共顶的;

(c) 如果 $\kappa \in \mathrm{pcf}(A)$, 并且 κ 不是 $\mathrm{pcf}(A)$ 中的最大元, 那么一定存在一个 $B_\kappa \in J_\kappa^+$ 来见证事实: J_κ 在 B_κ 上有一个 κ 标尺, 并且由 $J_\kappa \cup \{B_\kappa\}$ 所生成的理想 $J_\kappa[B_\kappa]$ 是一个 κ^+-共顶的真理想;

(d) 如果 $\kappa = \max(\mathrm{pcf}(A))$, 那么 J_κ 在 A 上有一个 κ-标尺; 然后令 $B_\kappa = A$.

如果 $\kappa \leqslant \min(A)$, 则令 $J_\kappa = \{\varnothing\}$. 这是一个 κ-共顶的真理想.

如果 κ 是一个极限基数, 则令 $J_\kappa = \bigcup\{J_\delta \mid |\delta| = \delta < \kappa\}$, 那么 J_κ 是 κ-共顶的真理想.

设 $\kappa = \delta^+$ 为基数 δ 的后继基数. 如果 $\delta \notin \mathrm{pcf}(A)$, 则令 $J_\kappa = J_\delta$, 根据假设, J_κ 是一个 $\kappa = \delta^+$-共顶的真理想; 如果 $\delta \in \mathrm{pcf}(A)$, 则令 $J_\kappa = J_\delta[B_\delta]$, 那么根据假设, J_κ 是 κ-共顶的真理想.

现在我们来证明这样定义的理想 J_κ 具备所期望的性质.

情形一 $\kappa \notin \mathrm{pcf}(A)$.

此时 $\kappa > \min(A) > 2^{|A|}$. 如果 κ 是一个奇异基数, 那么由 J_κ 是 κ-共顶的可知 J_κ 事实上是 κ^+-共顶的. 现在假设 κ 是正则基数. 假设 J_κ 不是 κ^+-共顶的 (但它是 κ-共顶的). 我们来寻找一个矛盾. 根据共顶三选一引理 (推论 1.8), J_κ 在某个 $X \in J_\kappa^+$ 上有一个 κ 长的标尺. 令 D 为 X 上的一个与 J_κ 不相交的超滤子. 那么 $\mathrm{cf}(D) = \kappa$, 从而 $\kappa \in \mathrm{pcf}(A)$. 这就是一个矛盾.

情形二 $\kappa \in \mathrm{pcf}(A)$ 并且 $\kappa < \sup(\mathrm{pcf}(A))$.

此时 J_κ 既不是 κ^+-共顶的, 又不在 A 上有一个 κ 长的标尺.

假设 J_κ 是 κ^+-共顶的. 令 D 为 A 上的一个超滤子. 如果 $\exists \lambda < \kappa\,(B_\lambda \in D)$, 那么 $\mathrm{cf}(D) < \kappa$; 如果 $\forall \lambda < \kappa\,(B_\lambda \notin D)$, 那么 $D \cap J_\kappa = \varnothing$, 由于 J_κ 是 κ^+-共顶的, D 也是 κ^+-共顶的; 于是 $\mathrm{cf}(D) > \kappa$. 无论如何, $\mathrm{cf}(D) \neq \kappa$. 因此, $\kappa \notin \mathrm{pcf}(A)$. 这就是一个矛盾.

再假设 J_κ 在 A 上有一个 κ 长的标尺. 那么对于 A 上的任意一个超滤子 D, 或者 $\exists \lambda < \kappa\,(B_\lambda \in D)$, 从而 $\mathrm{cf}(D) < \kappa$; 或者 $D \cap J_\kappa = \varnothing$, 从而 D 有一个 κ 长的标尺, 因而 $\mathrm{cf}(D) = \kappa$. 这就意味着 $\kappa = \max(\mathrm{pcf}(A))$. 这也是一个矛盾.

既然 J_κ 既不是 κ^+-共顶的, 又不在 A 上有一个 κ 长的标尺, 那么根据共顶三选一引理 (推论 1.8), B_κ 就存在.

情形三 $\kappa = \max(\mathrm{pcf}(A))$.

假设 J_κ 在 A 上没有一个长为 κ 的标尺.

根据共顶三选一引理 (推论 1.8), 令 $Y \in J_\kappa^+$ 满足 $J_\kappa[Y]$ 是 κ^+-共顶的真理想. 令 D 为 A 上的与 $J_\kappa[Y]$ 不相交的超滤子. 那么 D 是 κ^+-共顶的. 因此, $\mathrm{cf}(D) > \kappa$. 这与 $\kappa = \max(\mathrm{pcf}(A))$ 的假设不符.

这样, 我们就完成了具备性质 (a) 到 (d) 的序列 $\langle B_\kappa \mid |\kappa| = \kappa \leqslant \sup(\mathrm{pcf}(A)) \rangle$ 的递归定义. 用这个序列, 考虑它的子序列 $\langle B_\lambda \mid \lambda \in \mathrm{pcf}(A) \rangle$. 我们断定这就是定理中结论所需要的.

先看 (1). 设 $\lambda \in \mathrm{pcf}(A)$. 选一个 B_λ 上的与 J_λ 不相交的超滤子 D. J_λ 有一个长为 λ 的标尺. 这个标尺在 $<_D$ 下依旧是一个长为 λ 的标尺. 所以 $\mathrm{cf}(D) = \lambda$, 从而 $\lambda \in \mathrm{pcf}(B_\lambda)$. 另外, 如果 D 是 B_λ 上的超滤子, 那么或者 $D \cap J_\kappa = \varnothing$, 从而 $\mathrm{cf}(D) = \lambda$, 或者 $\exists \nu < \lambda\,(\nu \in \mathrm{pcf}(A) \wedge B_\nu \in D)$, 从而满足这样要求的最小的 ν 就见证 D 是 B_ν 上的超滤子, 并且 $D \cap J_\nu = \varnothing$. 由于 J_ν 在 B_ν 上有长为 ν 的标尺, 我们有 $\mathrm{cf}(D) = \nu$. 无论如何都有 $\mathrm{cf}(D) \leqslant \lambda$.

再看 (2). 设 D 是 A 上的一个超滤子, 并且 $B_\lambda \notin D$. 此时我们断定 $\mathrm{cf}(D) \neq \lambda$. 这是因为, 或者 $\exists \nu < \lambda\,(B_\nu \in D)$, 从而 $\mathrm{cf}(D) < \lambda$; 或者 $D \cap J_\lambda[B_\lambda] = \varnothing$, 从而由 $J_\kappa[B_\lambda]$ 是 λ^+-共顶的就得到 D 是 λ^+-共顶的, 因此 $\mathrm{cf}(D) > \lambda$.

(3) 由 (1) 和 (2) 直接得到.

(4) 欲见 J_λ 是一个真理想, 注意如果 $X \in J_\lambda$, 那么 $X \subset B_{\nu_1} \cup \cdots \cup B_{\nu_m}$, 于是

$$\mathrm{pcf}(X) \subset \mathrm{pcf}(B_{\nu_1}) \cup \cdots \cup \mathrm{pcf}(B_{\nu_m}).$$

由 (1), $\lambda \notin \mathrm{pcf}(X)$. 所以, $X \neq A$.

(5) 由 (c) 和 (d) 得到. $\square$

下面, 我们来看看这个定理的几个推论, 其中之一就是关于 ϑ 的一个上界.

推论 1.11   设 A 是正则基数的一个无穷集合, 并且 $2^{|A|} < \min(A)$. 那么

$$|\mathrm{pcf}(A)| \leqslant 2^{|A|}.$$

证明 根据定理 1.34, pcf(A) 的每一个元素都有一个生成元, 也就是 A 的一个子集合. 所以 pcf(A) 的生成元的个数至多 $2^{|A|}$. $\square$

下面的推论给出类似于嘎尔文–海纳结果 (定理 I.2.39) 的上界 $\vartheta < \left(2^{\aleph_0}\right)^+$.

推论 1.12 如果 $\aleph_\omega$ 是一个强极限基数, 那么 $2^{\aleph_\omega} < \aleph_{\left(2^{\aleph_0}\right)^+}$.

证明 令 $\left(2^{\aleph_0}\right)^+ = \aleph_k$, 以及 $A = \{\aleph_n \mid k \leqslant n < \omega\}$.

根据推论 1.11, $|\mathrm{pcf}(A)| \leqslant 2^{\aleph_0}$; 再根据推论 1.10, pcf($A$) 是一个区间; 然后根据定理 1.33, 就得到所要的不等式. $\square$

推论 1.13 设 A 是正则基数的一个无穷集合, 并且 $2^{|A|} < \min(A)$. 那么 pcf(A) 有最大元.

证明 假设不然. 令 $\langle B_\lambda \subset A \mid \lambda \in \mathrm{pcf}(A) \rangle$ 为 pcf(A) 的生成元序列. 那么集合 $\{A - B_\lambda \mid \lambda \in \mathrm{pcf}(A)\}$ 具有有限交特性. 根据塔尔斯基定理 (定理 I.2.19), 将其延拓成一个超滤子 D. 令 $\lambda = \mathrm{cf}(D)$. 根据定理 1.34 之 (b), $B_\lambda \in D$. 这就是一个矛盾. $\square$

同样的讨论可以给出上述推论的加强版: pcf 的**紧致性**.

推论 1.14 设 A 是正则基数的一个无穷集合, 并且 $2^{|A|} < \min(A)$. 令

$$\langle B_\lambda \subset A \mid \lambda \in \mathrm{pcf}(A) \rangle$$

为 pcf(A) 的生成元序列. 那么, 对于任意的 $X \subset A$, 必有 pcf(X) 的一有限子集 $\{\nu_1, \cdots, \nu_m\}$ 来实现不等式 $X \subset B_{\nu_1} \cup \cdots \cup B_{\nu_m}$.

证明 假设不然. 令 X 为一个反例. 那么集合 $\{X - B_\nu \mid \nu \in \mathrm{pcf}(X)\}$ 具备有限交特性. 根据塔尔斯基定理 (定理 I.2.19), 令 D 为 X 上的包含这个集合的一个超滤子. 令 $\lambda = \mathrm{cf}(D)$. 根据定理 1.34 之 (b), $B_\lambda \in D$. 这就是一个矛盾. $\square$

下面的推论则是定理 1.32 的加强版:

推论 1.15 设 κ 为一个不可数的正则基数. 设 $\aleph_\eta$ 为一个梯度为 κ 的奇异基数, 并且 $2^\kappa < \aleph_\eta$. 那么必有 η 的一个无界闭子集 C 来实现等式:

$$\max\left(\mathrm{pcf}\left(\{\aleph_{\alpha+1} \mid \alpha \in C\}\right)\right) = \aleph_{\eta+1};$$

并且, 令 $I = [C]^{<\kappa}$, 偏序集 $\left(\prod_{\alpha \in C} \aleph_{\alpha+1}, <_I\right)$ 具有真共尾度 $\aleph_{\eta+1}$.

证明 令 C_0 为 η 的一个序型为 κ 的无界闭子集, 并且 $2^\kappa < \aleph_{\min(C_0)}$. 令

$$A_0 = \{\aleph_{\alpha+1} \mid \alpha \in C_0\}.$$

令 $\lambda = \aleph_{\eta+1}$. 根据定理 1.32, $\lambda \in \mathrm{pcf}(A_0)$. 根据定理 1.34, 令

$$\langle B_\delta \mid \delta \in \mathrm{pcf}(A_0) \rangle$$

为 $\mathrm{pcf}(A_0)$ 的生成元序列. 令 $X = \{\alpha \in C_0 \mid \aleph_{\alpha+1} \in B_\lambda\}$. 如果 D 是 C_0 上的包含 C_0 的无界闭子集滤子的超滤子, 那么, 根据定理 1.32, $\mathrm{cf}\left(\prod\limits_{\alpha \in C_0} \aleph_{\alpha+1}/D\right) = \lambda$; 因此, 根据定理 1.34, $X \in D$. 于是, X 与 C_0 上的每一个荟萃子集都有非空交, 从而 X 包含一个无界闭子集 C. 令

$$A = \{\aleph_{\alpha+1} \mid \alpha \in C\}.$$

根据定理 1.34, $\max(\mathrm{pcf}(A)) \leqslant \lambda$. 因此, $\max(\mathrm{pcf}(A)) = \lambda$. 根据定理 1.34, 令

$$\langle B_\nu \mid \delta \in \mathrm{pcf}(A) \rangle$$

为 $\mathrm{pcf}(A)$ 的生成元序列. 那么, 对于 $\nu < \lambda$, B_ν 是 A 的一个有界子集. 因此, A 的有界子集理想包含由集合 $\{B_\nu \mid \nu < \lambda\}$ 所生成的理想 J_λ. 这样, 令 $I = [C]^{<\kappa}$, 偏序集 $\left(\prod\limits_{\alpha \in C} \aleph_{\alpha+1}, <_I\right)$ 就有一个长度为 λ 的标尺序列, 从而具有真共尾度 $\lambda = \aleph_{\eta+1}$. □

现在我们进一步审视定理 1.34 证明中所定义的由生成元序列的前段所生成的理想序列.

引理 1.26　设 A 是正则基数的一个无穷集合, 并且 $2^{|A|} < \min(A)$. 令

$$\langle B_\lambda \subset A \mid \lambda \in \mathrm{pcf}(A) \rangle$$

为 $\mathrm{pcf}(A)$ 的生成元序列. 对于每一个基数 $\kappa \leqslant \max(\mathrm{pcf}(A))$, 令 J_κ 为由集合

$$\{B_\lambda \mid \lambda \in \kappa \cap \mathrm{pcf}(A)\}$$

所生成的理想. 那么对于 $X \subset A$,

$$X \in J_\kappa \leftrightarrow \forall D \in \beta X \, (\mathrm{cf}(D) < \kappa).$$

因此, J_κ 是一个与生成元独立的理想.

证明　设 $X \in J_\kappa$. 根据紧致性推论 (推论 1.14), 令 $\{\nu_1, \cdots, \nu_m\} \subset \kappa \cap \mathrm{pcf}(X)$ 来见证不等式

$$X \subset B_{\nu_1} \cup \cdots \cup B_{\nu_m}.$$

那么 $\max(\mathrm{pcf}(X)) < \kappa$.

反之, 设 $X \notin J_\kappa$. 集合 $\{X - B_\lambda \mid \lambda \in \kappa \cap \mathrm{pcf}(X)\}$ 具备有限交特性. 根据塔尔斯基定理 I.2.19, 令 D 为 X 上的包含这个集合的一个超滤子. 根据定理 1.34, $\mathrm{cf}(D) \geqslant \kappa$. □

据此引理, 我们可以得到生成元在下述意义上的唯一性:

推论 1.16 设 A 是正则基数的一个无穷集合, 并且 $2^{|A|} < \min(A)$. 令

$$\langle B_\lambda \subset A \mid \lambda \in \mathrm{pcf}(A) \rangle$$

为 $\mathrm{pcf}(A)$ 的生成元序列. 对于每一个基数 $\kappa \leqslant \max(\mathrm{pcf}(A))$, 令 J_κ 为由集合

$$\{ B_\lambda \mid \lambda \in \kappa \cap \mathrm{pcf}(A) \}$$

所生成的理想. 那么对于 $\lambda \in \mathrm{pcf}(A)$, 对于 $B \subset A$, 如果 $B \triangle B_\lambda \in J_\lambda$, 那么 B 也满足定理 1.34 中的要求 (1) 和 (2).

证明 设 $\lambda \in \mathrm{pcf}(A)$, $B \subset A$, 并且 $B \triangle B_\lambda \in J_\lambda$. 根据引理 1.26, 我们有 $\mathrm{pcf}(B) - \lambda = \mathrm{pcf}(B_\lambda) - \lambda$. 因此, $\max(\mathrm{pcf}(B)) = \lambda$, 并且 $\lambda \notin \mathrm{pcf}(A - B)$. $\qquad\square$

上面的 "唯一性" 也同时指明对于生成元事实上在模理想 J_λ 的基础上有不少选择. 下面我们就在定理 1.34 的基础上, 应用同质子模型分析来调整生成元以至于它们具有一种 "传递性".

引理 1.27(传递生成元) 设 A 是正则基数的一个集合, $(2^{|A|})^+ < \min(A)$, 并且 $A = \mathrm{pcf}(A)$. 那么存在 $\mathrm{pcf}(A)$ 的具备下述传递性的生成元序列 $\langle B_\lambda \mid \lambda \in A \rangle$:

$$\forall \mu, \lambda \in A \ (\mu \in B_\lambda \to B_\mu \subset B_\lambda).$$

证明 设 $\langle B_\lambda \mid \lambda \in A \rangle$ 为 $\mathrm{pcf}(A)$ 的一个生成元序列. 我们希望对序列中的每一个 B_λ 用一个与它模理想 J_λ 等价的 $\overline{B_\lambda}$ 来代替以满足传递性要求.

对 $\lambda \in A$, 取 $\prod A$ 中的在 B_λ 上 $<_{J_\lambda}$-单调递增并且共尾的函数序列 $\langle f_\alpha^\lambda \mid \alpha < \lambda \rangle$. 更进一步地, 根据引理 1.22, 我们可以假设对于梯度严格大于 $2^{|A|}$ 的 α, f_α^λ 是序列 $\langle f_\beta^\lambda \mid \beta < \alpha \rangle$ 的恰好上界.

令 $\kappa = (2^{|A|})^+$. 令 θ 为一个足够大的正则基数以至于我们所关注的对象都在 $\mathscr{H}_\theta$ 中. 令 $\triangle$ 为 $\mathscr{H}_\theta$ 的一个秩序. 考虑模型 $(\mathscr{H}_\theta, \in, \triangle)$ 的同质子模型. 递归地构造一个具备下述特点的长度为 κ 的同质子模型单调递增链:

$$M_0 \prec M_1 \prec \cdots \prec M_\eta \prec \cdots \prec M_\kappa = M \prec (\mathscr{H}_\theta, \in, \triangle),$$

(a) $\forall \eta \leqslant \kappa \ (|M_\eta| = \kappa)$;

(b) $(A \cup \mathfrak{P}(A)) \subset M_0$, $\forall \lambda \in A \ (\langle f_\alpha^\lambda \mid \alpha < \lambda \rangle \in M_0)$, 以及 $\bigcup \left\{ (A^{<\omega})^B \mid B \subseteq A \right\} \subset M_0$;

(c) $\forall \eta < \kappa \ (\langle M_\xi \mid \xi \leqslant \eta \rangle \in M_{\eta+1})$.

具体构造如下: 令

$$X = A \cup \mathfrak{P}(A) \cup \left\{ \langle f_\alpha^\lambda \mid \alpha < \lambda \rangle \mid \lambda \in A \right\} \cup \bigcup \left\{ (A^{<\omega})^B \mid B \subseteq A \right\}.$$

所取的 θ 足够大以至于 $X \in \mathscr{H}_\theta$. 再令 $M_0 = \mathcal{SH}^{\mathscr{H}_\theta}(X \cup \kappa)$. 那么 $M_0 \prec (\mathscr{H}_\theta, \in)$, 并且 $|M_0| = \kappa$.

对于 $\gamma \leqslant \kappa$, 如果 γ 是极限序数, 则令 $M_\gamma = \bigcup \{ M_\beta \mid \beta < \gamma \}$; 如果 $\gamma = \beta + 1$, 那么令

$$M_\gamma = \mathcal{SH}^{\mathscr{H}_\theta} \left(M_\beta \cup \{ \langle M_\delta \mid \delta \leqslant \beta \rangle \} \right).$$

这样, 我们就得到所要的同质子模型单调递增链.

对于 $\eta \leqslant \kappa$, 定义

$$\forall \lambda \in A \left(\chi_\eta(\lambda) = \sup \left(M_\eta \cap \lambda \right) \right).$$

令 $\chi = \chi_\kappa$. 对于 $\eta < \kappa$, $\chi_\eta \in M_{\eta+1} \subset M$. 对于 $\lambda \in A$, 对于 $\xi < \eta < \kappa$, 总有

$$\chi_\xi(\lambda) < \chi_\eta(\lambda),$$

并且序列 $\langle \chi_\xi(\lambda) \mid \xi < \kappa \rangle$ 是一个连续单调递增的收敛于 $\chi(\lambda) < \lambda$ 的序列.

断言一   对于 $\lambda \in A$, χ 在 B_λ 上是函数序列 $\langle f_\alpha^\lambda \mid \alpha \in M \cap \lambda \rangle$ 的 $<_{J_\lambda}$-恰好上界, 从而

$$\left\{ \mu \in B_\lambda \,\middle|\, f_{\chi(\lambda)}^\lambda(\mu) \neq \chi(\mu) \right\} \in J_\lambda.$$

设 $\lambda \in A$. 设 $\alpha \in M \cap \lambda$. 那么 $f_\alpha^\lambda \in M$, 从而 $\forall \mu \in A \left(f_\alpha^\lambda(\mu) < \chi(\mu) \right)$. 这表明 χ 是序列 $\langle f_\alpha^\lambda \mid \alpha \in M \cap \lambda \rangle$ 的一个上界. 欲见在 B_λ 上 χ 是序列 $\langle f_\alpha^\lambda \mid \alpha \in M \cap \lambda \rangle$ 的 $<_{J_\lambda}$-恰好上界, 由于

$$\forall \lambda \in A \left(\chi(\lambda) = \sup \{ \chi_\eta(\lambda) \mid \eta < \kappa \} \right)$$

以及 $|A| < \kappa$, 证明下述事实就足够:

$$\forall \eta < \kappa \, \exists \alpha \in M \cap \lambda \left(\left\{ \mu \in B_\lambda \mid \chi_\eta(\mu) \geqslant f_\alpha^\lambda(\mu) \right\} \in J_\lambda \right).$$

设 $\eta < \kappa$. 那么

$$\exists \alpha < \lambda \left(\left\{ \mu \in B_\lambda \mid \chi_\eta(\mu) \geqslant f_\alpha^\lambda(\mu) \right\} \in J_\lambda \right).$$

根据同质性, 在 M 中必有这样的 $\alpha < \lambda$ 存在.

由于 $\operatorname{cf}(\chi(\lambda)) = \kappa > 2^{|A|}$, 在 B_λ 上 $f_{\chi(\lambda)}^\lambda$ 是序列 $\langle f_\alpha^\lambda \mid \alpha \in M \cap \lambda \rangle$ 的 $<_{J_\lambda}$-恰好上界.

断言一因此得证.

基于这个断言, 对于 $\lambda \in A$, 令

$$B_\lambda^* = \left\{ \mu \in B_\lambda \,\middle|\, f_{\chi(\lambda)}^\lambda(\mu) = \chi(\mu) \right\}.$$

根据上面的断言一, $(B_\lambda - B_\lambda^*) \cup (B_\lambda^* - B_\lambda) \in J_\lambda$.

现在如下定义我们所需要的传递生成元序列 $\langle \overline{B_\lambda} \mid \lambda \in A \rangle$: 对于 $\lambda \in A$, 对于 $\nu \in A$, 令 $\nu \in \overline{B_\lambda}$ 当且仅当下述命题成立:

$$\exists k \in \omega \, \exists \langle \nu_i \in A \mid i \leqslant k \rangle \left(\nu_0 = \nu < \cdots < \nu_k = \lambda \wedge \forall i < k \left(\nu_i \in B_{\nu_{i+1}}^* \right) \right).$$

依据定义我们马上就有: $\forall \lambda \in A \left(B_\lambda^* \subset \overline{B_\lambda} \wedge \lambda = \max \left(\mathrm{pcf} \left(\overline{B_\lambda} \right) \right) \right)$, 以及序列 $\langle \overline{B_\lambda} \mid \lambda \in A \rangle$ 满足传递性要求:

$$\forall \lambda \in A \, \forall \mu \in A \left(\mu \in \overline{B_\lambda} \rightarrow \overline{B_\mu} \subset \overline{B_\lambda} \right).$$

剩下需要证明的是: $\forall \lambda \in A \left(\left(\overline{B_\lambda} - B_\lambda \right) \cup \left(B_\lambda - \overline{B_\lambda} \right) \in J_\lambda \right)$. 为此, 证明下述命题就够了:

$$\forall \lambda \in A \left(\overline{B_\lambda} \in J_{\lambda^+} = J_\lambda [B_\lambda] \right).$$

固定 $\lambda \in A$. 对每一个 $\nu \in \overline{B_\lambda}$, 令 $\xi(\nu) = \langle \nu_0, \cdots, \nu_k \rangle$ 为 $\nu \in \overline{B_\lambda}$ 的证据序列. 此函数 $\xi : \overline{B_\lambda} \rightarrow A^{<\omega}$. 根据同质子模型的构造, $\xi \in M_0 \subset M$.

我们如下定义 $\prod A$ 中的一个函数序列 $\langle g_\alpha \mid \alpha < \lambda \rangle$: 固定 $\alpha < \lambda$. 如果 $\nu \in \left(A - \overline{B_\lambda} \right)$, 那么令 $g_\alpha(\nu) = 0$.

设 $\nu \in \overline{B_\lambda}$, 那么 $\xi(\nu) = \langle \nu_0, \cdots, \nu_k \rangle$ 具备这样的性质: 单调递增, $\nu_0 = \nu$, 以及 $\nu_k = \lambda$. 依照如下方式确定序列 $\langle \beta_0, \cdots, \beta_k \rangle$:

$$\beta_k = \alpha \wedge \forall j < k \left(\beta_{k-j-1} = f_{\beta_{k-j}}^{\nu_{k-j}} \left(\nu_{k-j-1} \right) \right).$$

再令 $g_\alpha(\nu) = \beta_0$. 这样, $\forall i \leqslant k \left(\beta_i < \nu_i \right)$.

由于 $M \prec (\mathscr{H}_\theta, \in)$, $\xi \in M$, $A \cup \mathfrak{P}(A) \subset M$, 所以对于每一个 $\lambda \in A$, 上述定义出来的序列 $\langle g_\alpha \mid \alpha < \lambda \rangle \in M$.

因为 J_{λ^+} 的 λ^+-共顶的, 所以在 $\prod A$ 中存在一个 g 具备下述特点:

$$\forall \alpha < \lambda \left(\{ \mu \in A \mid g(\nu) \leqslant g_\alpha(\nu) \} \in J_{\lambda^+} \right).$$

由于 $M \prec (\mathscr{H}_\theta, \in)$, 具备上述性质的在秩序 $\triangle$ 下最小的函数 $g \in M$. 因此,

$$\forall \nu \in A \left(g(\nu) < \chi(\nu) \right).$$

于是, $\forall \alpha < \lambda \left(\{ \mu \in A \mid \chi(\nu) \leqslant g_\alpha(\nu) \} \in J_{\lambda^+} \right)$.

令 $\alpha = \chi(\lambda)$.

断言二　$\forall \nu \in \overline{B_\lambda} \left(g_\alpha(\nu) = \chi(\nu) \right)$. 因此, $\overline{B_\lambda} \in J_{\lambda^+}$.

令 $\nu \in \overline{B_\lambda}$. 令 $\xi(\nu) = \langle \nu_0, \cdots, \nu_k \rangle$ 为证据序列, 并且序列 $\langle \beta_0, \cdots, \beta_k \rangle$ 如上所确定, 其中 $\beta_k = \alpha = \chi(\lambda)$. 我们现在来验证: $\forall i \leqslant k \ (\beta_i = \chi(\nu_i))$, 从而

$$g_\alpha(\nu) = \beta_0 = \chi(\nu_0) = \chi(\nu).$$

对于 $i \leqslant k$, 我们有 $\nu_i \in B^*\nu_{i+1}$, 于是, 根据 $B^*_{\nu_{i+1}}$ 的定义, 就有

$$f^{\nu_{i+1}}_{\chi(\nu_{i+1})}(\nu_i) = \chi(\nu_i).$$

对于 $i = k$, 我们有 $\beta_k = \alpha = \chi(\lambda) = \chi(\nu_k)$. 对于 $i = k-1, \cdots, 0$, 根据 $\langle \beta_j \mid j \leqslant k \rangle$ 的确定方式, 我们就有: $\beta_i = f^{\nu_{i+1}}_{\beta_{i+1}}(\nu_i) = f^{\nu_{i+1}}_{\chi(\nu_{i+1})}(\nu_i) = \chi(\nu_i)$.

断言二于是得证.

这样, 引理的证明也就完成了. $\qquad\square$

我们之所以需要寻找一个具有传递特性的生成元序列, 就是因为我们需要关于共尾可能性计算中的一种**局部化特性**.

引理 1.28 (局部化)　设 A 是正则基数的一个集合, 并且 $2^{|\mathrm{pcf}(A)|} < \min(A)$. 设 $X \subset \mathrm{pcf}(A)$ 以及 $\lambda \in \mathrm{pcf}(X)$. 那么必然有 X 的一个势不会超过 $|A|$ 的子集合 W 来实现 $\lambda \in \mathrm{pcf}(W)$.

证明　设 $X \subset \mathrm{pcf}(A)$ 以及 $\lambda \in \mathrm{pcf}(X)$. 由于 $2^{|X|} < \min(X)$, 根据定理 1.34, $\mathrm{pcf}(X)$ 具有一个生成元序列, 尤其是 X 有一个子集合 Y 来实现 $\lambda = \max(\mathrm{pcf}(Y))$.

令 $\bar{A} = \mathrm{pcf}(A)$. 根据幂等律引理 1.24, $\bar{A} = \mathrm{pcf}(\bar{A})$. 又由于 $2^{|\bar{A}|} < \min(\bar{A})$, 根据引理 1.27, 我们有 $\mathrm{pcf}(\bar{A})$ 的传递生成元序列 $\langle B_\nu \mid \nu \in \bar{A} \rangle$.

固定 $\nu \in Y$. 令 $B^A_\nu = B_\nu \cap A$. 由于 $Y \subset \mathrm{pcf}(A)$, 令 D 为 A 上的一个超滤子来实现 $\mathrm{cf}(D) = \nu$. 根据定理 1.34, $B_\nu \in D$. 因此, $\nu \in \mathrm{pcf}(B^A_\nu)$.

令 $E = \bigcup \{ B^A_\nu \mid \nu \in Y \}$. 我们有 $Y \subset \mathrm{pcf}(E)$. 于是, $\mathrm{pcf}(Y) \subset \mathrm{pcf}(\mathrm{pcf}(E))$. 根据幂等律引理 1.24, $\mathrm{pcf}(\mathrm{pcf}(E)) = \mathrm{pcf}(E)$. 因此, $\lambda \in \mathrm{pcf}(Y) \subset \mathrm{pcf}(E)$.

因为 $E \subset A$, Y 有一个势不会超过 $|A|$ 的子集合 W 来实现下述不等式:

$$E \subset \bigcup \{ B^A_\nu \mid \nu \in W \}.$$

我们来验证: $\lambda \in \mathrm{pcf}(W)$.

假设不然, $\lambda \notin \mathrm{pcf}(W)$. 根据紧致性推论 (推论 1.14), 从 $\mathrm{pcf}(W)$ 中取出 $\lambda_1, \cdots, \lambda_n$ 来实现不等式

$$W \subset B_{\lambda_1} \cup \cdots \cup B_{\lambda_n}.$$

因为 $\max(\mathrm{pcf}(W)) \leqslant \max(\mathrm{pcf}(Y)) = \lambda \notin \mathrm{pcf}(W)$, 所以 $\forall 1 \leqslant i \leqslant n \ (\lambda_i < \lambda)$. 这样,

$$E \subset \bigcup \{ B_\nu \mid \nu \in W \} \subset \bigcup \{ B_\nu \mid \nu \in B_{\lambda_1} \} \cup \cdots \cup \bigcup \{ B_\nu \mid \nu \in B_{\lambda_n} \}.$$

根据生成元序列的传递性, $(\bigcup \{B_\nu \mid \nu \in B_{\lambda_i}\}) \subset B_{\lambda_i} \, (1 \leqslant i \leqslant n)$. 因此,

$$E \subset B_{\lambda_1} \cup \cdots \cup B_{\lambda_n}.$$

由此,

$$\mathrm{pcf}(E) \subset \mathrm{pcf}\,(B_{\lambda_1} \cup \cdots \cup B_{\lambda_n}) = \mathrm{pcf}\,(B_{\lambda_1}) \cup \cdots \cup \mathrm{pcf}\,(B_{\lambda_n}).$$

于是, $\max(\mathrm{pcf}(E)) \leqslant \max\{\lambda_1, \cdots, \lambda_n\} < \lambda$. 这就是一个矛盾. □

作为谢晃共尾可能性理论的经典应用, 我们现在来展示谢晃的第二个基数不等式:

定理 1.35(谢晃)   如果 $\aleph_\omega$ 是一个强极限基数, 那么 $2^{\aleph_\omega} < \aleph_{\omega_4}$.

证明   设 $\aleph_\omega$ 是一个强极限基数. 令 $A = \{\aleph_n \mid n < \omega\}$. 根据定理 1.33, 以及推论 1.12,

$$\max(\mathrm{pcf}(A)) = 2^{\aleph_\omega} = \aleph_{\vartheta+1} < \aleph_{\left(2^{\aleph_0}\right)^+}.$$

现在我们来证明 $\vartheta < \omega_4$.

首先, 应用上面 pcf 计算中的局部化引理 (引理 1.28), 我们来证明下述事实:

事实一   在 $\mathfrak{P}(\vartheta)$ 上存在一个具备下述特点的序数函数 F:

(a) 如果 $X \subset Y$, 那么 $F(X) \leqslant F(Y)$;

(b) 如果 $\eta < \vartheta$ 是一个严格梯度大于 ω 的极限序数, 那么一定存在 η 的一个无界闭子集 C 来实现等式 $\eta = F(C)$;

(c) 如果 $X \subset \vartheta$ 的序型为 ω_1, 那么 $\exists \gamma \in X \, (F(X \cap \gamma) \geqslant \sup(X))$.

令 $X \subseteq \vartheta$. 令 $E(X) = \{\aleph_{\xi+1} \mid \xi \in X\}$. 由于 $\vartheta < \left(2^{\aleph_0}\right)^+ < \aleph_\omega$,

$$\exists k < \omega \left(2^{|E(X)|} = \aleph_k\right).$$

如果 $X = \varnothing$, 那么令 $F(X) = 0$; 否则, $\max(\mathrm{pcf}(E(X)))$ 一定存在. 这是因为如果 X 是有限集合, 那么 $E(X)$ 是有限集合, 所以 $\mathrm{pcf}(E(X))$ 也是有限集合; 如果 X 是无限集合, 若有必要, 从 X 中剔除前 $k+1$ 个元素, 得到 X^*, 根据推论 1.13, $\mathrm{pcf}\,(E\,(X^*))$ 就有最大元, 因此 $\mathrm{pcf}(E(X))$ 就有最大元. 这样, $\max(\mathrm{pcf}(E(X)))$ 是某个 $\aleph_{\gamma+1}$, 就令 $F(X) = \gamma$. 即 $F(X)$ 是下述方程的唯一解:

$$\max(\mathrm{pcf}(E(X))) = \aleph_{F(X)+1}.$$

这样, 若 $X \subset Y \subset \vartheta$, 则 $F(X) \leqslant F(Y)$, 以及 $F(X) \geqslant \sup(X)$.

性质 (b) 则由推论 1.15 保证: 因为若 $\kappa = \mathrm{cf}(\eta)$, 则 $\kappa < \aleph_\omega$, 从而 $2^\kappa < \aleph_\omega < \aleph_\eta$, 所以推论 1.15 适用.

性质 (c) 则是局部化引理 1.28 的一个推论: 如果 $X \subset \vartheta$, 那么 $E(X) \subset \mathrm{pcf}(A)$. 由于 $2^{|\mathrm{pcf}(A)|} \leqslant 2^{2^{\aleph_0}} < \aleph_\omega$, 引理 1.28 适用. 设 $X \subset \vartheta$ 为一个序型为 ω_1 的子集

合. 令 $\eta = \sup(X)$, $\lambda = \aleph_{\eta+1}$. 那么, 根据引理 1.28, X 有一个可数子集 W 满足 $F(W) \geqslant \sup(X)$.

于是, 事实一得证.

其次, 我们需要下述一般性的组合事实:

事实二　设 $\kappa \geqslant \omega_3$ 是一个正则基数. 设 λ 是一个正则基数并且 $\omega_1 \leqslant \lambda < \lambda^+ < \kappa$. 令

$$E_\lambda^\kappa = \{\alpha < \kappa \mid \mathrm{cf}(\alpha) = \lambda\}.$$

那么存在一个具备下述特点的 (**无界闭集猜测**) 序列 $\langle c_\alpha \mid \alpha \in E_\lambda^\kappa \rangle$:

(a) $\forall \alpha \in E_\lambda^\kappa$ ($c_\alpha \subset \alpha$ 是一个无界闭子集);

(b) 如果 $C \subseteq \kappa$ 是一个无界闭子集, 那么集合 $\{\alpha \in E_\lambda^\kappa \mid c_\alpha \subset C\}$ 是 κ 的一个荟萃子集.

我们来寻找一个具备下述特点的序列 $\langle c_\alpha \mid \alpha \in E_\lambda^\kappa \rangle$: 每一个 c_α 是 $\alpha \in E_\lambda^\kappa$ 的闭子集, 并且对 κ 的任何一个无界闭子集 C 而言, 集合

$$\{\alpha \in E_\lambda^\kappa \mid c_\alpha \text{ 在 } \alpha \text{ 中无界 } \wedge c_\alpha \subset C\}$$

是 κ 的一个荟萃子集. 这自然就够了.

假设这样的序列 $\langle c_\alpha \mid \alpha \in E_\lambda^\kappa \rangle$ 不存在. 我们来寻求一个矛盾.

令 $\langle c_\alpha^0 \mid \alpha \in E_\lambda^\kappa \rangle$ 为任意一个满足 $c_\alpha^0 \subset \alpha \in E_\lambda^\kappa$ 为 α 的一个序型为 λ 的无界闭子集. 依照关于 $\nu < \kappa^+$ 的递归定义, 我们来寻求 κ 的一个无界闭子集 C_ν 以及一个具备下述特点的序列 $\langle c_\alpha^\nu \mid \alpha \in E_\lambda^\kappa \rangle$:

$$\forall \alpha \in E_\lambda^\kappa \left(c_\alpha^\nu = c_\alpha^0 \cap \bigcap_{\xi < \nu} C_\xi \right)$$

以及非荟萃子集 $\{\alpha \in E_\lambda^\kappa \mid c_\alpha^\nu \text{ 在 } \alpha \text{ 中无界 } \wedge c_\alpha^\nu \subset C_\nu\}$. 因为 $\lambda^+ < \kappa$, 根据假设, 这样的定义是可行的.

现在令 $C = \bigcap \{C_\nu \mid \nu < \lambda^+\}$. 那么 C 是 κ 的一个无界闭子集. 对于 $\alpha \in E_\lambda^\kappa$, 令 $c_\alpha = c_\alpha^0 \cap C$. 集合 $S = \{\alpha \in E_\lambda^\kappa \mid C \cap \alpha \text{ 在 } \alpha \text{ 中无界}\}$ 是 κ 的一个荟萃子集.

对于 $\alpha \in S$, 由于

$$c_\alpha^0 \supseteq c_\alpha^1 \supseteq \cdots \supseteq c_\alpha^\nu \supseteq \cdots$$

是一个长度为 λ^+ 的 $\supseteq$-单调序列, 必有 $\nu(\alpha) < \lambda^+$ 来实现 $c_\alpha = c_\alpha^{\nu(\alpha)}$. 因此, 存在一个 $\nu < \lambda^+$ 以及 S 的一个荟萃子集 T 来实现 $\forall \alpha \in T$ ($\nu(\alpha) = \nu$). 对 $\alpha \in T$, 我们有

$$c_\alpha^\nu = c_\alpha^{\nu+1} = c_\alpha^\nu \cap C_\nu,$$

因此, $c_\alpha^\nu \subset C_\nu$. 由于 T 是 κ 的荟萃子集, 这就与 C_ν 的选择相矛盾.

这样, 事实二得证.

最后, 我们来证明下述断言:

断言　$\vartheta < \omega_4$.

假设不然, $\vartheta \geqslant \omega_4$. 令 $E_{\omega_1}^{\omega_3} = \{\alpha < \omega_3 \mid \mathrm{cf}(\alpha) = \omega_1\}$. 令 $\{c_\alpha \mid \alpha \in E_{\omega_1}^{\omega_3}\}$ 为事实二所提供的无界闭集猜测序列.

令 θ 为一个足够大的正则基数, 以至于我们所关注的集合都在 $\mathscr{H}_\theta$ 之中. 递归地构造模型 $(\mathscr{H}_\theta, \in)$ 的一个具备下述特点的长度为 ω_3 的同质子模型连续单调递增链 $\langle M_\alpha \mid \alpha < \omega_3 \rangle$:

(a) $\forall \alpha < \omega_3 \ (|M_\alpha| = \aleph_3)$;

(b) $\omega_3 \subset M_0$, $F \in M_0$, $\{c_\alpha \mid \alpha \in E_{\omega_1}^{\omega_3}\} \in M_0$, $\forall \alpha \in E_{\omega_1}^{\omega_3} \ (c_\alpha \in M_0)$;

(c) $\forall \alpha < \omega_3 \ (\langle M_\beta \mid \beta \leqslant \alpha \rangle \in M_{\alpha+1})$.

对于 $\alpha < \omega_3$, 由于 $\omega_3 + 1 \subset M_\alpha$, 根据同质特性, $M_\alpha \cap \omega_4$ 是一个传递集合, 因此是一个序数, 令 $\eta(\alpha) = M_\alpha \cap \omega_4$. 这样, $\eta : \omega_3 \to \omega_4$ 是一个严格单调递增连续函数. 根据事实一中的 (b), 存在 ω_3 的一个无界闭子集 C 来实现下述等式:

$$F(\eta[C]) = \sup(\eta[\omega_3]).$$

令 $\alpha \in E_{\omega_1}^{\omega_3}$ 满足 $c_\alpha \subset C$. 根据事实一中的 (c), 令 $\beta < \alpha$ 具备下述特点:

$$F(\eta[c_\alpha \cap \beta]) \geqslant \eta(\alpha).$$

令 $X = \eta[c_\alpha \cap \beta]$. 由于 $c_\alpha \in M_\alpha$, $\eta \restriction \beta \in M_\alpha$, 我们有 $X \in M_\alpha$. 因为 $X \subset \eta[C]$, 我们有

$$F(X) \leqslant F(\eta[C]) < \omega_4.$$

由于 $F \in M_0 \subset M_\alpha$, M_α 关于 F 是封闭的. 因此, $F(X) \in M_\alpha$. 又因为

$$\eta(\alpha) = M_\alpha \cap \omega_4,$$

我们就有 $F(X) < \eta(\alpha)$. 这就是一个矛盾.

断言于是得证.

这就完成了定理的证明. $\hfill\square$

1.4　练　习

练习 1.1　在 KP^- 中证明: 一个集合 X 是一个序数当且仅当 X 是一个传递集合并且

$$E = \{\langle a, b \rangle \in X \times X \mid a \in b\}$$

是 X 上的一个线性序.

练习 1.2　　在 KP⁻ 中证明下述命题:

(1) 如果 Ord(β) 以及 $\alpha \in \beta$, 那么 $\mathbf{S}(\alpha) \in \beta \vee \beta = \mathbf{S}(\alpha)$.

(2) 如果 A 是一个序数的集合, 令 $\beta = \bigcup A$, 那么 β 是一个序数, 并且

$$\forall \alpha \in A (\alpha \in \beta \vee \alpha = \beta),$$

即 $\sup(A) = \bigcup A$.

(3) 如果 A 是序数的一个非空集合, 那么 $\min(A)$ 存在, 即

$$\exists \alpha \in A \forall \beta \in A (\alpha \in \beta \vee \alpha = \beta).$$

练习 1.3　　证明: 如果 F_1 和 F_2 分别满足定理 1.13 中的等式 (∗), 即对于所有的 $x_1, \cdots, x_n, y$,

$$F_1(x_1, \cdots, x_n, y) = G(x_1, \cdots, x_n, y, \{\langle z, F_1(x_1, \cdots, x_n, z)\rangle \mid z \in \mathcal{TC}(y)\})$$

以及

$$F_2(x_1, \cdots, x_n, y) = G(x_1, \cdots, x_n, y, \{\langle z, F_2(x_1, \cdots, x_n, z)\rangle \mid z \in \mathcal{TC}(y)\}),$$

那么

$$\forall x_1 \cdots \forall x_n \forall y \, (F_1(x_1, \cdots, x_n, y) = F_2(x_1, \cdots, x_n, y)).$$

练习 1.4　　设 M 是一个传递类. 验证:

(1) 如果 $M \models |X| \leqslant |Y|$, 那么 $|X| \leqslant |Y|$;

(2) 如果 $\alpha \in M$, 并且 α 是一个基数, 那么 $M \models \alpha$ 是一个基数.

练习 1.5　　设 θ 是一个不可数的正则基数. 设 $\omega \leqslant \kappa < \theta$ 为一个无穷基数. 验证: 如果 $X \subset \mathscr{H}_\theta$ 是一个势为 κ 的集合, 那么必有一个 $M \prec (\mathscr{H})$ 满足要求: $X \subset M$ 并且 $|M| = |X|$.

练习 1.6　　设 θ 是一个不可数的正则基数. 设 $\omega \leqslant \kappa < \kappa^+ < \theta$ 为一个无穷基数. 验证: 如果 $M \prec (\mathscr{H}_\theta)$ 并且 $(\kappa+1) \subset M$, $|M| = \kappa$, 那么 $M \cap \kappa^+ \in \kappa^+$.

练习 1.7　　设 θ 是一个不可数的正则基数. 设 $\omega \leqslant \kappa < \theta$ 为一个极限序数. 设 $\langle M_\beta \mid \beta < \kappa \rangle$ 是一个具备下述特点的序列:

(1) $\forall \beta < \kappa \, (M_\beta \prec (\mathscr{H}_\theta, \in) \wedge |M_\beta| < \theta)$;

(2) $\forall \alpha < \beta < \kappa \, (M_\alpha \prec M_\beta)$;

(3) $\forall \alpha < \kappa \, (\alpha$ 是极限序数 $\to M_\alpha = \bigcup \{M_\beta \mid \beta < \alpha\})$.

验证: 如果 $M = \bigcup \{M_\beta \mid \beta < \kappa\}$, 那么 $M \prec (\mathscr{H}_\theta, \in)$.

练习 1.8 设 $N \prec \mathscr{H}_{\omega_2}$ 可数. 令 $\delta = N \cap \omega_1$. 证明:

(a) 如果 $S \in N$ 是 ω_1 的一个子集合, 并且 $\delta \in S$, 那么 S 是 ω_1 的一个荟萃子集;

(b) 令

$$G = \{S \in N \mid S \subseteq \omega_1 \wedge \delta \in S\},$$

那么 G 是 $N \cap \mathfrak{P}(\omega_1)$ 的一个超滤子;

(c) 令 $M = \{f(\delta) \mid f \in N \cap \mathscr{H}_{\omega_2}^{\omega_1}\}$. 分析 M 与 $\mathscr{H}_{\omega_2}$ 的关系以及 N 与 M 的关系.

练习 1.9 在 ZFC 中证明: 如果 κ 是一个不可达基数, 那么 $V_\kappa \models$ 存在 ZFC 的一个可数模型.

练习 1.10 设 φ 是集合论语言的一个表达式. 验证: 存在序数类的一个无界闭类 C_φ 以至于

$$\forall \alpha \in C_\varphi \, \forall \vec{x} \in V_\alpha \, (\varphi[\vec{x}] \leftrightarrow V_\alpha \models \varphi[\vec{x}]).$$

练习 1.11 令 $M_0 = V_\omega \cup \{\omega\}$ 以及对于 $n < \omega$, 令

$$M_{n+1} = M_n \cup [M_n]^{<\omega} \cup \left\{\bigcup x \mid x \in M_n\right\} \cup \bigcup \{\mathfrak{P}(x) \mid x \in M_n\}.$$

令 $M = \bigcup\{M_n \mid n < \omega\}$. 令 T 为从 ZFC 中省略幂集公理和映像存在原理之后的理论. 证明: $(M, \in) \models T$, 并且 $\omega \times \omega \notin M$ 以及 $\{\{n\} \mid n \in \omega\} \notin M$.

练习 1.12 令 T 为从 ZFC 中省略幂集公理和映像存在原理之后的理论. 令

$$\text{HWO} = \{x \mid (\exists \alpha \in \text{Ord}\,(x \in V_\alpha)) \wedge \mathcal{TC}(x) \text{ 是可秩序化的}\}.$$

由于 $\text{Ord} \subset \text{HWO}$, 这是一个真类. 证明: HWO 是传递的, $V_{\omega+1} \subset \text{HWO}$, 并且 $\text{HWO} \models T$.

练习 1.13 令 T 为从 ZFC 中省略无穷公理之后的理论. 证明: $V_\omega \models T$.

练习 1.14 令 T 为从 ZFC 中省略幂集公理之后的理论. 证明: $\mathscr{H}_{\omega_1} \models T$ 以及

$$\mathscr{H}_{\omega_1} \models \text{所有的集合都是可数的以及 } \omega \text{ 的幂集不存在}.$$

如果 κ 是一个不可数的正则基数, 那么 $\mathscr{H}_\kappa \models T$, 并且

$$\forall \lambda \in \kappa \left(2^{|\lambda|} < \kappa \rightarrow \mathscr{H}_\kappa \models \exists x \, (x = \mathfrak{P}(\lambda))\right).$$

练习 1.15 设 $\gamma \geqslant \omega$ 是一个极限序数, 并且 $\forall \alpha < \gamma \, (\alpha^2 < \gamma)$. 证明: 在 V_γ 中, 序数加法和乘法都有定义, 并且都是相对于 V_γ 而言绝对不变的.

练习 1.16 设 M 是传递的. 证明: $\forall \alpha \in M \cap \text{Ord} \, \left(V_\alpha^M = V_\alpha \cap M\right)$.

练习 1.17　设 $\gamma \geqslant \omega$ 是一个极限序数. 设 $\{R, A\} \subset V_\gamma$. 证明: 概念 "$R$ 是 A 上的一个秩序" 以及 "R 是 A 上的一个有秩关系" 相对于 V_γ 而言都是绝对不变 (内外一致) 的.

练习 1.18　设 $M = (M, \cdots)$ 是一个一阶语言 $\mathcal{L}$ 的一个结构. 设 $X \subset M$. 设 R 是 M 上的以 X 中的元素为参数可定义的一个二元关系. 假设 R 是 M 上的一个秩序. 令 N 为 M 中的在 M 上的以 X 中的元素为参数可定义的元素的全体所成的集合. 证明: N 是 M 的一个同质子模型的论域.

练习 1.19　将 ZFC 的公理全部单一地罗列出来: $\{\varphi_k \mid k < \omega\}$. 令 $\mathrm{ZFC}_n = \{\varphi_k \mid k < n\}$. 在 ZFC 中工作. 如果 ZFC 是一致的, 就令 $\Gamma = \mathrm{ZFC}$; 如果 ZFC 不是一致的, 令 n 为满足 "ZFC_n 是一致的" 这一要求的最大自然数, 并且令 $\Gamma = \mathrm{ZFC}_n$. 于是 Γ 是一致的. 证明: 存在一个具备下述特点的 $E \subset \omega \times \omega$:

(a) $(\omega, E) \models \Gamma$;

(b) $\forall k < \omega \ \left(\mathrm{ZFC} \vdash \varphi_k^{(\omega, E)} \right)$.

[注意] 命题 "$(\omega, E) \models \mathrm{ZFC}$" 可以在 ZFC 中表达出来, 但是如果 ZFC 是一致的那么 ZFC 不可以证明这个命题.

练习 1.20　在 ZFC 中工作. 证明: 如果 $\exists \gamma \in \mathrm{Ord} \ (V_\gamma \models \mathrm{ZFC})$, 那么序数

$$\min \{\gamma \in \mathrm{Ord} \mid V_\gamma \models \mathrm{ZFC}\}$$

的梯度为 ω.

练习 1.21　验证: $\omega \times \omega_1$ 上的字典序没有真共尾度.

练习 1.22　设 I 为 ω_1 上的非荟萃子集理想. 对于 $\alpha < \omega_1$, 令 c_α 为 ω_1 上的取常值 α 的函数; 令 d 为 ω_1 上的恒等函数. 验证: d 在偏序 $<_I$ 下是函数序列 $\langle c_\alpha \mid \alpha < \omega_1 \rangle$ 的一个最小上界, 但不是这个函数序列的恰好上界.

练习 1.23　设 $\kappa \geqslant \omega_3$ 是一个正则基数. 设 λ 是一个满足不等式 $\omega_1 \leqslant \lambda < \lambda^+ < \kappa$ 的正则基数. 令

$$E_\lambda^\kappa = \{\alpha < \kappa \mid \mathrm{cf}(\alpha) = \lambda\}.$$

设 $E \subset E_\lambda^\kappa$ 为一个荟萃子集. 那么存在一个具备下述特点的序列 $\langle c_\alpha \mid \alpha \in E \rangle$:

(a) $\forall \alpha \in E \ (c_\alpha \subset \alpha$ 是一个无界闭子集$)$;

(b) 如果 $C \subseteq \kappa$ 是一个无界闭子集, 那么集合 $\{\alpha \in E \mid c_\alpha \subset C\}$ 是 κ 的一个荟萃子集.

练习 1.24　如果不等式 $2^{\aleph_\alpha} \leqslant \aleph_{\alpha+2}$ 对于所有的梯度为 ω 的序数 α 都成立, 那么不等式 $2^{\aleph_\alpha} \leqslant \aleph_{\alpha+2}$ 对于所有的奇异基数 $\aleph_\alpha$ 都成立.

第2章 集合论内模型

一个集合理论的传递模型可以自身是一个传递集合, 而集合论的内模型则有着更为特殊的含义: 它不仅是某种集合理论的传递模型, 而且必须包含所有论域中的序数. 在这一章里我们重点构造哥德尔的可构造集内模型, 并适当分析其中的一些基本原理; 我们还将进一步引进其他的内模型以为后面的分析打下基础.

2.1 可构造集内模型

第 1 章中我们引进了由一个非空传递集合到其全部可定义子集之集合的集合运算 $\mathscr{D}$ (见定义 1.31). 现在我们应用这一集合运算来定义可构造集合.

定义 2.1 (1) $L_0 = \varnothing$; $L_1 = \{\varnothing\}$;

(2) 对于每一个序数 α, $L_{\alpha+1} = \mathscr{D}(L_\alpha)$;

(3) 对于每一个非零极限序数 α, $L_\alpha = \bigcup\{L_\beta \mid \beta \in \alpha\}$. $L = \bigcup\{L_\alpha \mid \alpha \in \text{Ord}\}$.

称 L 为**可构造集论域**; 一个集合 x 是一个**可构造集**当且仅当 $x \in L$ 当且仅当 $(\exists \alpha \in \text{Ord}\,(x \in L_\alpha))$.

引理 2.1(ZF) (1) 如果 $\alpha \leqslant \beta$, 那么 $L_\alpha \subseteq L_\beta$;

(2) 每一个 L_α 都是传递集合; 从而 L 是一个传递类;

(3) 对于每一序数 α 而言, 都有 $L_\alpha \subseteq V_\alpha$; 并且对于每一个 $\alpha \leqslant \omega$ 都有 $L_\alpha = V_\alpha$;

(4) 如果 $\alpha \in \beta$, 那么 $\{\alpha, L_\alpha\} \subseteq L_\beta$; 从而 $\text{Ord} \subseteq L$;

(5) 对于每一个序数 α 而言, $L \cap \alpha = L_\alpha \cap \text{Ord} = \alpha$;

(6) (AC) 对于每一个 $\alpha \geqslant \omega$ 都有 $|L_\alpha| = |\alpha|$.

证明 (1) 和 (2). 用关于序数 α 的归纳法, 我们同时证明下述两个命题:

(a) $\forall \gamma < \alpha\,(L_\gamma \subseteq L_\alpha)$;

(b) L_α 是传递集合.

当 $\alpha = 0$ 时, (a) 和 (b) 自然成立.

当 $\alpha > 0$ 是一个极限序数时, 由于 $L_\alpha = \bigcup\{L_\beta \mid \beta < \alpha\}$, (a) 自然成立; 欲见 (b) 成立, 设 $x \in L_\alpha$. 令 $\beta < \alpha$ 满足要求 $x \in L_\beta$. 根据归纳假设, L_β 是传递的, 所以 $x \subseteq L_\beta$. 再根据 (a), $L_\beta \subseteq L_\alpha$, 所以 $x \subseteq L_\alpha$. 因此, (b) 也成立.

设 $\alpha = \beta + 1$. 归纳假设表明 (a) 和 (b) 对于 β 成立. 依据定义,

$$L_\alpha = \mathscr{D}(L_\beta).$$

根据归纳假设, L_β 是一个传递集合. 如果 $\beta = 0$, 自然有 (a) 和 (b) 对于 α 成立. 故假设 $\beta > 0$. 此时 L_β 为一个非空传递集合. 依据引理 1.15, $L_\beta \cup \{L_\beta\} \subseteq L_\alpha$, 以及 L_α 是传递集合. 对于 $\gamma < \alpha$, 或者 $\gamma < \beta$, 或者 $\gamma = \beta$. 当 $\gamma = \beta$ 时, 已知 $L_\gamma = L_\beta \subseteq L_\alpha$; 当 $\gamma < \beta$ 时, 由归纳假设, $L_\gamma \subseteq L_\beta$. 于是, $L_\gamma \subseteq L_\alpha$.

(3) 对于 $\alpha < \omega$, 从前面的例子中我们已知 $L_\alpha = V_\alpha$. 因此, $L_\omega = V_\omega$.

对 $\alpha \geqslant \omega$ 应用归纳法, 我们来证 $L_\alpha \subseteq V_\alpha$. 当 $\alpha \geqslant \omega$ 为极限序数时, 依定义以及归纳假设我们即得到所需要的. 现在设 $\alpha = \beta + 1$. 根据归纳假设, $L_\beta \subseteq V_\beta$. 于是

$$L_\alpha = \mathscr{D}(L_\beta) \subseteq \mathfrak{P}(L_\beta) \subseteq \mathfrak{P}(V_\beta) = V_\alpha.$$

(4) 对 α 施归纳证明: $\forall \beta < \alpha (\{\beta, L_\beta\} \subset L_\alpha)$ 以及 $\alpha \notin L_\alpha$.

当 $\alpha = 0$ 时, 结论不证自明.

设 $\alpha = \gamma + 1$. 归纳假设表明 $\forall \beta < \gamma (\{\beta, L_\beta\} \subset L_\gamma)$ 以及 $\gamma \notin L_\gamma$. 由此, $\gamma = L_\gamma \cap \gamma$, 以及 $\alpha \notin L_\alpha$ (否则, $\alpha \in L_\alpha$ 蕴涵 $\alpha = \gamma + 1 \subseteq L_\gamma$, 从而 $\gamma \in L_\gamma$).

设 $\beta < \alpha$. 那么或者 $\beta = \gamma$, 或者 $\beta < \gamma$.

当 $\beta < \gamma$ 时, 由归纳假设, $L_\beta \in L_\gamma$. 于是, $L_\beta \subseteq L_\gamma$. 此时

$$\gamma = \{a \in L_\gamma \mid (L_\gamma, \in) \models (v_0 \in \mathrm{Ord})[a]\}$$

以及

$$L_\beta = \{a \in L_\gamma \mid (L_\gamma, \in) \models (v_0 \in v_1)[a, L_\beta]\}.$$

所以, $\{\gamma, L_\beta, L_\gamma\} \subseteq \mathscr{D}(L_\gamma) = L_\alpha$.

当 $\beta = \gamma$ 时, 同样可得 $\gamma \in L_\alpha$ 以及 $L_\gamma \in L_\alpha$.

设 α 是一个极限序数. 根据归纳假设以及定义, 对于 $\beta < \alpha$ 都有 $\{\beta, L_\beta\} \subseteq L_{\beta+1} \subseteq L_\alpha$. 于是, $\alpha \subseteq L_\alpha$. 自然, $\alpha \notin L_\alpha$. 如果不然, 那么

$$(\exists \beta < \alpha \, (\alpha \in L_\beta)),$$

从而 $(\exists \beta < \alpha \, (\beta \in L_\beta))$, 这与归纳假设矛盾.

(5) 由 (4) 可知 $\alpha = L_\alpha \cap \mathrm{Ord}$. 于是, $\alpha = L \cap \mathrm{Ord}$.

(6) 由 (5) 知 $|\alpha| \leqslant |L_\alpha|$. 依据归纳法, 我们来证明: 如果 $\alpha \geqslant \omega$, 那么 $|L_\alpha| \leqslant |\alpha|$. 当 $\alpha = \omega$ 时, 由于 $|V_\omega| = |\omega|$ 以及 $L_\omega = V_\omega$, 所要的不等式成立.

当 $\alpha > \omega$ 是一个极限序数时, 根据定义以及归纳假设: $\forall \omega \leqslant \beta < \alpha \, (|L_\beta| \leqslant |\beta|)$, 我们有

$$|L_\alpha| = \left| \bigcup_{\beta < \alpha} L_\beta \right| \leqslant \sum_{\omega \leqslant \beta < \alpha} |L_\beta| \leqslant \sum_{\omega \leqslant \beta < \alpha} |\beta| = |\alpha|.$$

设 $\alpha = \gamma + 1$ 以及 $|L_\gamma| \leqslant |\gamma|$. 由于 $\omega \leqslant \gamma$,

$$\left|[L_\gamma]^{<\omega}\right| = |L_\gamma| \leqslant |\gamma| = \left|[\gamma]^{<\omega}\right|$$

可以用来定义 L_γ 的表达式只有 ω 个, 可以用来定义 L_γ 的参数只有 $|L_\gamma|$ 个, 因此

$$|L_\alpha| = |\mathscr{D}(L_\gamma)| \leqslant \aleph_0 \cdot |L_\gamma|^{<\omega} = \aleph_0 \cdot |L_\gamma| = |L_\gamma| \leqslant |\gamma| = |\gamma + 1| = |\alpha|. \qquad \square$$

推论 2.1 如果 $\varphi(x_0, \cdots, x_{n-1})$ 是一个 Δ_0-解析表达式, 那么语句

$$(\forall x_0 \in L \cdots \forall x_{n-1} \in L\, (\varphi(x_0, \cdots, x_{n-1}) \leftrightarrow \varphi^L(x_0, \cdots, x_{n-1})))$$

在 V 中成立.

证明 这是因为 L 是一个传递类. 任何传递类对于 Δ_0-性质都是绝对的. $\qquad \square$

相对于 L 来说, 广义镜像原理 (定理 1.29) 具有如下简洁形式:

定理 2.1(L-镜像原理) 设 $\varphi(v_0, \cdots, v_{n-1}, v_n)$ 是一个彰显自由变元的形式表达式. 那么

$$\forall \beta \in \mathrm{Ord}\, \exists \gamma \in \mathrm{Ord}\, \forall x_0 \in L_\gamma \cdots \forall x_{n-1} \in L_\gamma \forall x_n \in L_\gamma \left(\begin{array}{c} \varphi^{L_\gamma}(x_0, \cdots, x_n) \\ \leftrightarrow \varphi^L(x_0, \cdots, x_n) \end{array} \right).$$

下面我们来证明集合理论 ZF 的每一条公理在传递类 L 中的相对解释都在集合论当前论域中成立, 从而 L 是 ZF 的一个内模型, 并且是最小内模型.

定义 2.2(内模型) 设 W 是一个传递类, T 是一个集合语言中的一个理论. 称 W 是 T 的一个**内模型**当且仅当 W 包含全体序数并且如果 θ 是 T 的一条公理语句, 那么

$$T \vdash \theta^W.$$

也就是说, 如果 θ 是 T 的一条公理语句, 那么 θ 在 W 中的相对解释 θ^W 也一定在 V 中成立.

定理 2.2 可构造论域 L 是理论 ZF 的一个内模型. 即

(1) L 是一个传递类, 并且如果 α 是一个序数, 那么 $\alpha \in L$;

(2) 如果 θ 是 ZF 的一条公理语句, 那么

$$\mathrm{ZF} \vdash \theta^L.$$

证明 我们假设 ZF 的每一条公理语句都在 V 中成立, 进而证明它们在 L 中的相对解释也在 V 中成立.

同一性公理 $(\forall v_0 \forall v_1((\forall v_2(v_2 \in v_0 \leftrightarrow v_2 \in v_1)) \rightarrow (v_0 \hat{=} v_1)))$.

我们需要证明这一形式表达式语句的解析表达式在 L 中的相对解释

$$(\forall x \forall y ((\forall z (z \in x \leftrightarrow z \in y)) \to (x = y)))^L$$

在 V 中成立. 也就是说, 我们需要证明下述命题在 V 中成立:

$$(\forall x \in L \forall y \in L ((\forall z \in L (z \in x \leftrightarrow z \in y)) \to (x = y))).$$

设 $x \in L$ 以及 $y \in L$ 为两个集合. 假设

$$(\forall z \in L (z \in x \leftrightarrow z \in y))$$

在 V 中成立. 我们来验证等式 $x = y$ 在 V 中成立.

由于同一性公理在 V 中成立, 为验证此等式, 我们只需验证下述对等关系式在 V 中成立:

$$(\forall z (z \in x \leftrightarrow z \in y)).$$

为此, 假设 z 是任意一个集合. 根据对称性, 我们只需验证蕴涵式: $(z \in x \to z \in y)$. 于是, 设 $z \in x$ 在 V 中成立. 由于 $x \in L$ 以及 L 是传递类, $z \in L$. 根据假设, 表达式

$$(\forall z \in L (z \in x \leftrightarrow z \in y))$$

在 V 中成立, 我们得到结论 $z \in y$ 在 V 中成立.

这就证明了同一性公理在 L 中的相对解释在 V 中成立.

配对公理: $(\forall v_0 \forall v_1 \exists v_2 \forall v_3 (v_3 \in v_2 \leftrightarrow (v_3 \dot{=} v_0 \lor v_3 \dot{=} v_1)))$.

我们需要证明这一形式表达式语句的解析表达式在 L 中的相对解释

$$(\forall x_0 \forall x_1 \exists x_2 \forall x_3 (x_3 \in x_2 \leftrightarrow (x_3 = x_0 \lor x_3 = x_1)))^L$$

在 V 中成立. 也就是说, 我们需要证明下述命题在 V 中成立:

$$(\forall x_0 \in L \forall x_1 \in L \exists x_2 \in L \forall x_3 \in L \, (x_3 \in x_2 \leftrightarrow (x_3 = x_0 \lor x_3 = x_1))).$$

任取集合 $x_0 \in L$ 以及 $x_1 \in L$. 由于配对公理在 V 中成立, 令

$$x_2 = \{x_0, x_1\}.$$

令 α 为一个足够大的序数以至于 $x_0 \in L_\alpha$ 以及 $x_1 \in L_\alpha$. 那么

$$x_2 = \left\{ a \in L_\alpha \ \middle| \ (L_\alpha, \in) \models \left(\begin{array}{l} (\forall v_3 \in v_2 \, (v_3 \dot{=} v_0 \lor v_3 \dot{=} v_1)) \\ \land \, (v_0 \in v_2 \land v_1 \in v_2) \end{array} \right) [a, x_0, x_1] \right\}.$$

所以, $x_2 \in \mathscr{D}(L_\alpha)$. 从而, $x_2 \in L$. 此 x_2 满足要求

$$(\forall x_3 \in L(x_3 \in x_2 \leftrightarrow (x_3 = x_0 \vee x_3 = x_1))).$$

并集公理: $(\forall v_0 \exists v_1 \forall v_2 (v_2 \in v_1 \leftrightarrow (\exists v_3 (v_3 \in v_0 \wedge v_2 \in v_3))))$.

并集公理的解析表达式在 L 中的相对解释为下述语句:

$$(\forall x_0 \in L \, \exists x_1 \in L \, \forall x_2 \in L \, (x_2 \in x_1 \leftrightarrow (\exists x_3 \in L \, (x_3 \in x_0 \wedge x_2 \in x_3)))).$$

我们来验证这个语句在 V 中成立.

设 $x_0 \in L$ 为一个集合. 令 α 满足要求: $x_0 \in L_\alpha$. 根据并集公理在 V 中成立这一事实, 令

$$x_1 = \{a \mid (\exists x_3 (x_3 \in x_0 \wedge a \in x_3))\}.$$

这个集合 x_1 在 V 中存在. 不仅如此, 此 x_1 还是 L_α 的一个可定义子集. 事实上, 设 $a \in x_1$. 那么表达式

$$(\exists x_3 (x_3 \in x_0 \wedge a \in x_3))$$

在 V 中成立. 令 x_3 见证 $(x_3 \in x_0 \wedge a \in x_3)$. 由于 $x_0 \in L_\alpha$, L_α 是传递集合, 我们有 $x_3 \in L_\alpha$; 进而再由 L_α 的传递性得到 $a \in L_\alpha$. 我们事实上还证明了下述对等式:

$$(\exists x_3 (x_3 \in x_0 \wedge a \in x_3)) \leftrightarrow (\exists x_3 \in L_\alpha (x_3 \in x_0 \wedge a \in x_3)).$$

于是,

$$x_1 = \{a \in L_\alpha \mid (L_\alpha, \in) \models (\exists v_3 (v_3 \in v_0 \wedge v_2 \in v_3))[a, x_0]\}.$$

所以, $x_1 \in \mathscr{D}(L_\alpha)$. 此集合 x_1 满足要求:

$$(\forall x_2 \in L \, (x_2 \in x_1 \leftrightarrow (\exists x_3 \in L \, (x_3 \in x_0 \wedge x_2 \in x_3)))).$$

无穷公理: $\exists v_0 \left(\begin{array}{l} (\exists v_1 (v_1 \in v_0)) \wedge \\ (\forall v_2 (v_2 \in v_0 \rightarrow (\exists v_3 (v_3 \in v_0 \wedge (v_3 \hat{=} v_2 \cup \{v_2\}))))) \end{array} \right)$,

其中表达式 $(v_3 \hat{=} v_2 \cup \{v_2\})$ 是下述表达式的缩写:

$$\left(\begin{array}{l} (\forall v_4 (v_4 \in v_3 \rightarrow (v_4 \in v_2 \vee v_4 \hat{=} v_2))) \wedge \\ (\forall v_4 ((v_4 \in v_2 \vee v_4 \hat{=} v_2) \rightarrow v_4 \in v_3)) \end{array} \right).$$

无穷公理的解析表达式为

$$\exists x_0 \left(\begin{array}{l} (\exists x_1 (x_1 \in x_0)) \wedge \\ (\forall x_2 (x_2 \in x_0 \rightarrow (\exists x_3 (x_3 \in x_0 \wedge (x_3 = x_2 \cup \{x_2\}))))) \end{array} \right),$$

其中表达式

$$(x_3 = x_2 \cup \{x_2\})$$

是下述表达式的缩写:

$$\left(\begin{array}{l} (\forall x_4(x_4 \in x_3 \to (x_4 \in x_2 \vee x_4 = x_2))) \wedge \\ (\forall x_4((x_4 \in x_2 \vee x_4 = x_2) \to x_4 \in x_3)) \end{array} \right).$$

无穷公理在 L 中的相对解释为

$$\left(\exists x_0 \in L \left(\begin{array}{l} (\exists x_1 \in L\,(x_1 \in x_0)) \wedge \\ \left(\forall x_2 \in L \left(\begin{array}{l} x_2 \in x_0 \to \\ \left(\exists x_3 \in L \left(\begin{array}{l} x_3 \in x_0 \wedge \\ (x_3 = x_2 \cup \{x_2\})^L \end{array} \right) \right) \end{array} \right) \right) \end{array} \right) \right),$$

其中表达式

$$(x_3 = x_2 \cup \{x_2\})^L$$

是下述表达式的缩写:

$$\left(\begin{array}{l} (\forall x_4 \in L(x_4 \in x_3 \to (x_4 \in x_2 \vee x_4 = x_2))) \wedge \\ (\forall x_4 \in L((x_4 \in x_2 \vee x_4 = x_2) \to x_4 \in x_3)) \end{array} \right).$$

在 V 中, 极限序数 ω 验证无穷公理. 由于 $\omega \in L_{\omega+1}$, ω 也就验证了无穷公理在 L 中的相对解释.

幂集公理: $(\forall v_0 \exists v_1 \forall v_2(v_2 \in v_1 \leftrightarrow (\forall v_3(v_3 \in v_2 \to v_3 \in v_0))))$.

幂集公理在 L 中的相对解释为

$$(\forall x_0 \in L \exists x_1 \in L \forall x_2 \in L(x_2 \in x_1 \leftrightarrow (\forall x_3 \in L(x_3 \in x_2 \to x_3 \in x_0)))).$$

我们来验证幂集公理在 L 中的相对解释在 V 中成立.

设 $x_0 \in L$ 为一个集合. 由于幂集公理在 V 中成立, 令

$$x_1 = \mathfrak{P}(x_0) \cap L.$$

因为分解原理在 V 中成立, x_1 是一个集合. 不妨设 x_1 为一个非空集合. 对于 $a \in x_1$, 令

$$f(a) = \min\{\alpha \in \mathrm{Ord} \mid a \in L_\alpha\}.$$

根据 V 中的映像存在原理, $(\exists \lambda \in \mathrm{Ord} \forall a \in x_1\, f(a) \in \lambda)$. 令 λ 为具备这样性质的序数. 我们便有

$$x_1 \subseteq L_\lambda,$$

并且
$$x_1 = \{\, a \in L_\lambda \mid (L_\lambda, \in) \models (\forall v_3(v_3 \in v_2 \to v_3 \in v_0))[a, x_0]\,\}.$$

于是, $x_1 \in L_{\lambda+1}$. 此集合 x_1 满足要求:

$$(\forall x_2 \in L\,(x_2 \in x_1 \leftrightarrow (\forall x_3 \in L\,(x_3 \in x_2 \to x_3 \in x_0)))).$$

分解原理: $\left(\forall v_0 \cdots \forall v_{n-1} \forall v_n \exists v_{n+1} \forall v_{n+2} \begin{pmatrix} v_{n+2} \in v_{n+1} \leftrightarrow \\ (v_{n+2} \in v_n \land \varphi(v_0, \cdots, v_{n-1}, v_n)) \end{pmatrix} \right)$,

其中 $\varphi(v_0, \cdots, v_{n-1}, v_n)$ 是一个彰显自由变元的形式表达式.

固定一个彰显自由变元的形式表达式 $\varphi(v_0, \cdots, v_{n-1}, v_n)$. 与之对应的分解原理之特例的解析表达式为

$$\left(\forall x_0 \cdots \forall x_{n-1} \forall x_n \exists x_{n+1} \forall x_{n+2} \begin{pmatrix} x_{n+2} \in x_{n+1} \leftrightarrow \\ (x_{n+2} \in x_n \land \varphi(x_0, \cdots, x_{n-1}, x_{n+2})) \end{pmatrix} \right),$$

以及它在 L 中的相对解释为 $(\forall x_0 \in L \cdots \forall x_{n-1} \in L \forall x_n \in L)\ \theta$, 其中 θ 是下述命题:

$$\left(\exists x_{n+1} \in L \forall x_{n+2} \in L \begin{pmatrix} x_{n+2} \in x_{n+1} \leftrightarrow \\ (x_{n+2} \in x_n \land \varphi^L(x_0, \cdots, x_{n-1}, x_{n+2})) \end{pmatrix} \right).$$

固定可构造集合 $a_0, \cdots, a_{n-1}$. 设这有限个参数集合都在 L_{α_0} 之中.

设 $a_n \in L$ 为任意一个可构造集合. 设 $a_n \in L_\beta$, 并且 $\beta \geqslant \alpha_0$. 根据 V 中的分解原理, 令

$$a_{n+1} = \{ a \in a_n \mid \varphi^L(a_0, \cdots, a_{n-1}, a) \}.$$

应用 L-镜像原理 (定理 2.1), 令 $\gamma > \beta$ 满足下述要求:

$$\left(\forall x_0 \in L_\gamma \cdots \forall x_{n-1} \in L_\gamma \forall x_n \in L_\gamma \left(\varphi^{L_\gamma}(x_0, \cdots, x_n) \leftrightarrow \varphi^L(x_0, \cdots, x_n) \right) \right).$$

由于 $\{a_0, \cdots, a_{n-1}, a_n\} \subset L_\gamma$, $a_n \subset L_\gamma$, 我们有

$$\left(\forall a \in L_\gamma \left(\varphi^{L_\gamma}(a_0, \cdots, a_{n-1}, a) \leftrightarrow \varphi^L(a_0, \cdots, a_{n-1}, a) \right) \right)$$

以及

$$\left(\forall a \in a_n \left(\varphi^{L_\gamma}(a_0, \cdots, a_{n-1}, a) \leftrightarrow \varphi^L(a_0, \cdots, a_{n-1}, a) \right) \right).$$

因此,

$$\begin{aligned} a_{n+1} &= \{ a \in a_n \mid \varphi^{L_\gamma}(a_0, \cdots, a_{n-1}, a) \} \\ &= \{ a \in L_\gamma \mid a \in a_n \land \varphi^{L_\gamma}(a_0, \cdots, a_{n-1}, a) \}. \end{aligned}$$

从而,

$$a_{n+1} = \left\{ a \in L_\gamma \ \middle| \ (L_\gamma, \in) \models \left(\begin{array}{c} v_{n+2} \in v_n \ \wedge \\ \varphi(v_0, \cdots, v_{n-1}, v_{n+2}) \end{array} \right) [a_0, \cdots, a_{n-1}, a_n, a] \right\}.$$

于是, $a_{n+1} \in \mathscr{D}(L_\gamma)$. 此 a_{n+1} 满足下述要求:

$$(\forall x_{n+2} \in L(x_{n+2} \in a_{n+1} \leftrightarrow (x_{n+2} \in a_n \ \wedge \ \varphi^L(a_0, \cdots, a_{n-1}, x_{n+2})))).$$

这就证明了分解原理的每一个特例在 L 中的相对解释都在 V 中成立.

映像存在原理: $\forall v_0 \cdots \forall v_{n-1} \theta(v_0, \cdots, v_{n-1})$, 其中 $\theta(v_0, \cdots, v_{n-1})$ 是下述命题:

$$\left(\begin{array}{l} (\forall v_n \forall v_{n+1} \forall v_{n+2}((\varphi(v_n, v_{n+1}) \wedge \varphi(v_n, v_{n+2})) \to v_{n+1} \hat{=} v_{n+2})) \to \\ (\forall v_{n+3} \exists v_{n+4} \forall v_{n+1}(v_{n+1} \in v_{n+4} \leftrightarrow (\exists v_n(v_n \in v_{n+3} \wedge \varphi(v_n, v_{n+1}))))) \end{array} \right),$$

其中 $\varphi(v_n, v_{n+1})$ 是将 $\psi(v_0, \cdots, v_{n-1}, v_n, v_{n+1})$ 中的变元符号 $v_0, \cdots, v_{n-1}$ 隐去的结果, 并且变元符号 $v_{n+2}, v_{n+3}, v_{n+4}$ 在表达式 $\psi(v_0, \cdots, v_{n-1}, v_n, v_{n+1})$ 中没有自由出现.

对于这样的映像存在原理的每一个特例, 它的解析表达式在 L 中的相对解释为

$$(\forall x_0 \in L \cdots \forall x_{n-1} \in L \theta(x_0, \cdots, x_{n-1})).$$

其中, 因为页面空间所限, $\theta(x_0, \cdots, x_{n-1})$ 是将下述表达式中所隐去的变元符号 $x_0, \cdots, x_{n-1}$ 显示出来的结果:

$$\left(\forall x_n \in L \forall x_{n+1} \in L \forall x_{n+2} \in L \left(\begin{array}{c} (\varphi(x_n, x_{n+1}) \wedge \varphi^L(x_n, x_{n+2})) \\ \to x_{n+1} = x_{n+2} \end{array} \right) \right) \to$$
$$\left(\forall x_{n+3} \in L \exists x_{n+4} \in L \forall x_{n+1} \in L \left(\begin{array}{c} x_{n+1} \in x_{n+4} \leftrightarrow \\ (\exists x_n \in L(x_n \in x_{n+3} \wedge \varphi^L(x_n, x_{n+1}))) \end{array} \right) \right).$$

现在假设

$$\psi(v_0, \cdots, v_{n-1}, v_n, v_{n+1})$$

中没有变元符号 $v_{n+2}, v_{n+3}, v_{n+4}$ 的自由出现. 又设 $a_0, \cdots, a_{n-1}$ 为 n 个可构造集合, 以及

$$\left(\forall x_n \in L \forall x_{n+1} \in L \forall x_{n+2} \in L \left(\begin{array}{c} \psi^L[a_0, \cdots, a_{n-1}](x_n, x_{n+1}) \wedge \\ \psi^L[a_0, \cdots, a_{n-1}](x_n, x_{n+2}) \\ \to x_{n+1} = x_{n+2} \end{array} \right) \right).$$

考虑如下解析表达式 $\phi[a_0, \cdots, a_{n-1}](x_n, x_{n+1})$:

$$(x_n \in L \wedge x_{n+1} \in L \wedge \psi^L[a_0, \cdots, a_{n-1}](x_n, x_{n+1})).$$

那么, 如下解析表达式

$$\left(\forall x_n \forall x_{n+1} \forall x_{n+2} \left(\left(\begin{array}{c} \phi[a_0, \cdots, a_{n-1}](x_n, x_{n+1}) \wedge \\ \phi[a_0, \cdots, a_{n-1}](x_n, x_{n+2}) \end{array} \right) \rightarrow x_{n+1} = x_{n+2} \right) \right)$$

在 V 中真实. 应用 V 中关于这个表达式的映像存在原理之真实特例, 我们有下述解析表达式

$$(\forall x_{n+3} \exists x_{n+4} \forall x_{n+1} (x_{n+1} \in x_{n+4} \leftrightarrow (\exists x_n (x_n \in x_{n+3} \wedge \phi[a_0, \cdots, a_{n-1}](x_n, x_{n+1}))))$$

在 V 中成立.

设 $x_{n+3} \in L$ 为任意一个可构造集合. 令 α_0 为一个满足要求 $x_{n+3} \in L_{\alpha_0}$ 的序数. 不妨设 x_{n+3} 为一个非空集合. 对于 $x_n \in x_{n+3}$, 如果

$$(\exists x_{n+1}(x_{n+1} \in L \wedge \phi[a_0, \cdots, a_{n-1}](x_n, x_{n+1}))),$$

则令

$$f(x_n) = \min\{\beta \in \mathrm{Ord} \mid (\exists x_{n+1}(x_{n+1} \in L_\beta \wedge \phi[a_0, \cdots, a_{n-1}](x_n, x_{n+1})))\};$$

否则, 令 $f(x_n) = 0$.

根据 V 中的映像存在原理, 令 γ 为满足如下要求的序数:

$$(\alpha_0 < \gamma \wedge (\forall x_n \in x_{n+3} (f(x_n) < \gamma))).$$

据此, 我们有如下解析表达式

$$\left(\forall x_n \in x_{n+3} \left(\begin{array}{c} (\exists x_{n+1}(x_{n+1} \in L \wedge \phi[a_0, \cdots, a_{n-1}](x_n, x_{n+1}))) \rightarrow \\ (\exists x_{n+1} \in L_\gamma (\phi[a_0, \cdots, a_{n-1}](x_n, x_{n+1}))) \end{array} \right) \right)$$

在 V 中成立.

令

$$x_{n+4} = \{x_{n+1} \in L_\gamma \mid (\exists x_n \in x_{n+3} (\phi[a_0, \cdots, a_{n-1}](x_n, x_{n+1})))\}.$$

根据 V 中的分解原理, x_{n+4} 是一个集合, 并且

$$x_{n+4} = \{x_{n+1} \in L_\gamma \mid (L_\gamma, \in) \models (\exists v_n (v_n \in v_{n+3} \wedge \psi))[a_0, \cdots, a_{n-1}, x_{n+1}, x_{n+3}]\}.$$

因此, $x_{n+4} \in L_{\gamma+1}$. 此集合满足下述要求

$$(\forall x_{n+1} \in L\,(x_{n+1} \in x_{n+4} \leftrightarrow (\exists x_n \in L(x_n \in x_{n+3} \wedge \varphi(x_n, x_{n+1}))))).$$

这就证明了映像存在原理的每一个特例在 L 中的相对解释都在 V 中成立.

$\in$-极小原理:

$$\left(\forall v_0 \cdots \forall v_{n-1}\left(\left(\begin{array}{l}(\exists v_n\,\varphi(v_0,\cdots,v_{n-1},v_n)) \to \\ \exists v_n\left(\begin{array}{l}\varphi(v_0,\cdots,v_{n-1},v_n) \wedge \\ \forall v_{n+1}\left(\begin{array}{l}v_{n+1} \in v_n \to \\ (\neg\varphi(v_0,\cdots,v_{n-1},v_{n+1}))\end{array}\right)\end{array}\right)\end{array}\right)\right)\right),$$

其中, v_{n+1} 不是 $\varphi(v_0,\cdots,v_{n-1},v_n)$ 中的自由变元符号.

给定一个彰显自由变元符号的表达式 $\varphi(v_0,\cdots,v_{n-1},v_n)$ (故 v_{n+1} 不是它的自由变元符号), 令 $\theta(x_0,\cdots,x_{n-1})$ 为下述解析表达式:

$$\left(\begin{array}{l}(\exists x_n \in L\,\varphi^L(x_0,\cdots,x_{n-1},x_n)) \to \\ \exists x_n \in L\left(\begin{array}{l}\varphi^L(x_0,\cdots,x_{n-1},x_n) \wedge \\ (\forall x_{n+1} \in L\,(x_{n+1} \in x_n \to (\neg\varphi^L(x_0,\cdots,x_{n-1},x_{n+1}))))\end{array}\right)\end{array}\right).$$

我们需要证明下述解析表达式语句在 V 中成立:

$$(\forall x_0 \in L \cdots \forall x_{n-1} \in L\,\theta(x_0,\cdots,x_{n-1})).$$

设 $a_0,\cdots,a_{n-1}$ 为 n 个可构造集合. 我们来验证 $\theta[a_0,\cdots,a_{n-1}]$ 在 V 中成立. 为此, 假设 $a \in L$ 满足

$$\varphi^L[a_0,\cdots,a_{n-1},a]$$

在 V 中成立的要求. 令 α 为一个满足下述要求的序数:

$$\{a_0,\cdots,a_{n-1},a\} \subseteq L_\alpha.$$

令

$$B = \{b \in L_\alpha \mid \varphi^L[a_0,\cdots,a_{n-1},b]\}.$$

那么 $B \in L_{\alpha+1}$, 并且非空. 根据 V 中的 $\in$-极小原理, 令 $a_n \in B$ 满足要求 $a_n \cap B = \varnothing$. 此 $a_n \in L$ 满足下述要求:

$$(\varphi^L[a_0,\cdots,a_{n-1},a_n] \wedge (\forall x_{n+1} \in L\,(x_{n+1} \in a_n \to (\neg\varphi^L[a_0,\cdots,a_{n-1}](x_{n+1}))))).$$

这就证明了 $\in$-极小原理的每一个特列在 L 中的相对解释都在 V 中成立. $\square$

2.1.1 哥德尔集合运算与可构造集公理

有一个很重要的特征性命题在哥德尔可构造集合论域中成立. 很多 L 中的事实都可以由 ZF 加上这条公理得到. 这个特征性命题就是 "每一个集合都是可构造的".

定义 2.3(可构造集公理) **可构造集公理** 断言 "所有的集合都是可构造的", 即

$$(\forall x \exists \alpha \, (\alpha \in \mathrm{Ord} \wedge x \in L_\alpha)).$$

通常可构造集公理用等式 $V = L$ 来简写.

我们现在来证明语句 $V = L$ 在 L 中的相对解释在 V 中成立, 也就是说,

$$\mathrm{ZF} \vdash (V = L)^L.$$

证明这个结论的思路是先引进 10 个基本集合运算, 然后利用这些基本集合运算的复合, 我们实现对所有 Δ_0 可定义集合的计算; 然后我们证明所有这些集合运算都是 Δ_0 可定义的运算, 从而它们对于所有关于这些集合运算封闭的传递集合或者传递类就都是内外一致的, 或者绝对不变的.

具体而言, 在舒适集合理论 KP 基础之上, 我们依定义引进下列 10 个函数符号, 并依此得到由它们递归生成的项 (那些经过函数复合所得到的集合运算).

定义 2.4(哥德尔集合运算) 称下述 10 个集合运算为哥德尔基本集合运算:

$$G_1(x, y) = \{x, y\},$$
$$G_2(x, y) = x \times y,$$
$$G_3(x, y) = \{(a, b) \mid a \in x \wedge b \in y \wedge a \in b\},$$
$$G_4(x, y) = x - y,$$
$$G_5(x, y) = x \cap y,$$
$$G_6(x) = \bigcup x,$$
$$G_7(x) = \mathrm{dom}(x),$$
$$G_8(x) = \{(a, b) \mid (b, a) \in x\},$$
$$G_9(x) = \{(a, c, b) \mid (a, b, c) \in x\},$$
$$G_{10}(x) = \{(b, c, a) \mid (a, b, c) \in x\}.$$

任何一个由这 10 个哥德尔基本集合运算经过某种复合得到的集合运算都被称为一个哥德尔集合运算; 反之, 任何一个哥德尔集合运算必然由这 10 个哥德尔基本集合运算经过某种复合得到.

为了后面的讨论方便, 我们先来看看笛卡尔乘积的迭代可以作为典型的哥德尔集合运算的例子.

定义 2.5 设 $n \geqslant 2$ 为一个自然数. 递归地定义 n-元组函数以及 n-元笛卡尔乘积函数如下:

(1) $(x_1, \cdots, x_n, x_{n+1}) = ((x_1, \cdots, x_n), x_{n+1})$;

(2) $x_1 \times \cdots \times x_n \times x_{n+1} = (x_1 \times \cdots \times x_n) \times x_{n+1}$.

根据哥德尔集合运算的定义, 映射 $(x_1, \cdots, x_n) \mapsto x_1 \times \cdots \times x_n$ 都是一个哥德尔集合运算. 相应地可以如下递归地定义如下的项序列:

(1) $\tau_2(v_0, v_1) = \{\{v_0\}, \{v_0, v_1\}\} = (v_0, v_1)$;

(2) 对于 $n > 2$, $\tau_n(v_0, \cdots, v_n) = \tau_2(\tau_{n-1}(v_0, \cdots, v_{n-1}), v_n)$;

(3) $\pi_2(v_0, v_1) = v_0 \times v_1$;

(4) 对于 $n > 2$, $\pi_n(v_0, \cdots, v_n) = \pi_2(\pi_{n-1}(v_0, \cdots, v_{n-1}), v_n)$.

首先, 我们来证明哥德尔集合运算可以用来计算那些 Δ_0-可定义的集合.

关于表达式的基本约定见彰显自由变元表达式之定义 1.4.

注意到每一个 Δ_0-表达式都逻辑上等价于一个完全具有相同自由变元符号的彰显自由变元符号的 Δ_0-表达式.

定义 2.6 设 $\varphi(v_0, \cdots, v_n)$ 是一个彰显自由变元的 Δ_0-表达式. 称 $(n+1)$-元集合运算 F **计算表达式** $\varphi(v_0, \cdots, v_n)$ 当且仅当

$$\mathrm{KP} \vdash (\forall x_0 \cdots \forall x_n \, F(x_0, \cdots, x_n) = \{(a_0, \cdots, a_n) \in x_0 \times \cdots \times x_n \mid \varphi[a_0, \cdots, a_n]\}).$$

引理 2.2(可计算性) 设 $\varphi(v_0, \cdots, v_n)$ 是一个彰显自由变元的 Δ_0-表达式. 那么

(A) 必然有一个哥德尔集合运算 $G_{\varphi(v_0, \cdots, v_n)}$ 来计算表达式 $\varphi(v_0, \cdots, v_n)$;

(B) 对于每一个自然数 $0 \leqslant i \leqslant n$, 必有一个 $(n+1)$-元哥德尔集合运算 $G_{(i,\varphi)}$ 满足如下要求:

$$G_{(i,\varphi)}(x, a_0, \cdots, a_{i-1}, a_{i+1}, \cdots, a_n)$$
$$= \{a_i \in x \mid \varphi[a_0, \cdots, a_{i-1}, a_i, a_{i+1}, \cdots, a_n]\}.$$

证明 (A) 用彰显自由变元符号的 Δ_0-表达式结构复杂性的归纳法. 我们假设 Δ_0-表达式构成中使用的逻辑符号仅为

$$\neg, \wedge, \exists, (,),$$

并且 $=$ 不出现; 初始属于关系式 $v_i \in v_j$ 一旦出现必有 $i \neq j$; 如果带有有界量词的表达式为 $(\exists v_k \in v_i \, \psi)$, 那么变元指标 $i < k$ 以及 k 是子表达式 ψ 中变元的指标的最大值.

之所以可以这样假设, 是因为 $v_k = v_m$ 可以用表达式

$$((\forall v_{k+m+1} \in v_k \, (v_{k+m+1} \in v_m)) \wedge (\forall v_{k+m+1} \in v_m \, (v_{k+m+1} \in v_k)))$$

所取代; $v_k \in v_k$ 可以先用表达式 $(\exists v_{k+1} \in v_k \ (v_{k+1} = v_k))$ 所取代, 然后再将其中的 $v_{k+1} = v_k$ 用表达式

$$((\forall v_{k+2} \in v_k \ (v_{k+2} \in v_{k+1})) \wedge (\forall v_{k+2} \in v_{k+1} \ (v_{k+2} \in v_k)))$$

所取代; 有界全称量词表达式 $(\forall v_k \in v_m \ \psi)$ 可以用有界存在量词表达式

$$(\neg (\exists v_k \in v_m \ (\neg \psi)))$$

所取代; 析取表达式 $(\varphi \vee \psi)$ 可以用表达式 $(\neg ((\neg \varphi) \wedge (\neg \psi)))$ 所取代; 蕴涵表达式 $(\varphi \rightarrow \psi)$ 可以用表达式 $(\neg ((\varphi) \wedge (\neg \psi)))$ 所取代; 对等表达式 $(\varphi \leftrightarrow \psi)$ 可以用表达式 $((\neg ((\varphi) \wedge (\neg \psi))) \wedge (\neg ((\neg \varphi) \wedge (\psi))))$ 所取代; 所有这些取代都不改变表达式的逻辑取值状态; 对于 Δ_0 表达式 $\varphi(v_0, \cdots, v_k)$ 中的受囿变元 v_m 可以用下标比较大的不在其中出现的变元 v_j 替换以实现在所有子表达式中只有带最大下标的变元为有界量词所约束, 而这样的替换不改变表达式的逻辑值状态.

(A1) 冗余变元处理

(1a) 设 $\varphi(v_0, \cdots, v_n)$ 是 $\psi(v_0, \cdots, v_{n-1})$. 如果 F_ψ 是计算 $\psi(v_0, \cdots, v_{n-1})$ 的哥德尔集合运算, 令

$$F_\varphi(x_0, \cdots, x_n) = F_\psi(x_0, \cdots, x_{n-1}) \times x_n = G_2(F_\psi(x_0, \cdots, x_{n-1}), x_n),$$

那么 F_φ 是计算 $\varphi(v_0, \cdots, v_n)$ 的哥德尔集合运算.

(1b) 设 $\varphi(v_0, \cdots, v_n)$ 是 $\psi(v_0, \cdots, v_{n+1})$. 如果 F_ψ 是计算 $\psi(v_0, \cdots, v_{n+1})$ 的哥德尔集合运算, 令

$$\begin{aligned} F_\varphi(x_0, \cdots, x_n) &= \mathrm{dom}(F_\psi(x_0, \cdots, x_n, \{\varnothing\})) \\ &= G_7(F_\psi(x_0, \cdots, x_n, G_1(G_4(x_0, x_0), G_4(x_0, x_0)))). \end{aligned}$$

(1c) 设 $\varphi(v_0, \cdots, v_n, v_{n+1})$ 是在 $\psi(v_0, \cdots, v_n)$ 中用变元符号 v_{n+1} 替换变元符号 v_n 的每一处出现之后所得到的结果.

如果 $n = 0$, F_ψ 是计算 $\psi(v_0)$ 的哥德尔集合运算, 令

$$F_{\varphi(v_0, v_1)}(x_0, x_1) = x_0 \times F_\psi(x_1) = G_2(x_0, F_\psi(x_1)),$$

那么, F_φ 是计算 $\varphi(v_0, v_1)$ 的哥德尔集合运算.

如果 $n > 0$, F_ψ 是计算 $\psi(v_0, \cdots, v_n)$ 的哥德尔集合运算, 令

$$F_\varphi(x_0, \cdots, x_n, x_{n+1}) = G_9(G_8(G_2(x_n, F_\psi(x_0, \cdots, x_{n-1}, x_{n+1})))),$$

那么, F_φ 是计算 $\varphi(v_0, \cdots, v_{n+1})$ 的哥德尔集合运算.

(1d) 设 $\psi(v_0, v_1)$ 是一个彰显自由变元的 Δ_0-表达式以及 F_ψ 是计算 $\psi(v_0, v_1)$ 的哥德尔集合运算. 又设 $\varphi(v_0, \cdots, v_n, v_{n+1})(n \geqslant 1)$ 是在 $\psi(v_0, v_1)$ 中先用 v_{n+1} 替换 v_1 的每一处出现, 再用 v_n 替换 v_0 的每一处出现之后所得到的结果. 令

$$F_\varphi(x_0, \cdots, x_{n+1}) = G_{10}\left(G_8\left(G_2\left(x_0 \times \cdots \times x_{n-1}, F_\psi\left(x_n, x_{n+1}\right)\right)\right)\right),$$

那么 F_φ 是计算 $\varphi(v_0, \cdots, v_{n+1})$ 的哥德尔集合运算.

(A2) **初始属于关系式**: $v_i \in v_j\ (i \neq j)$. 对 n 施归纳.

(2a) 当 $n = 2$ 时. 我们有

$$\{(u, v) \mid u \in x \wedge v \in y \wedge u \in v\} = G_3(x, y)$$

以及

$$\{(u, v) \mid u \in x \wedge v \in y \wedge v \in u\} = G_8\left(G_3(y, x)\right).$$

(2b) 当 $n > 2$ 以及 $\max\{i, j\} < n-1$ 时. 根据归纳假设, 令 G 为一个 $(n-1)$-元的哥德尔运算来保证下述等式成立:

$$\{(a_0, \cdots, a_{n-2}) \mid a_0 \in x_0 \wedge \cdots \wedge a_{n-2} \in x_{n-2} \wedge a_i \in a_j\} = G(x_0, \cdots, x_{n-2}).$$

那么

$$\{(a_0, \cdots, a_{n-1}) \mid a_0 \in x_0 \wedge \cdots \wedge a_{n-1} \in x_{n-1} \wedge a_i \in a_j\}$$
$$= G_2\left(G(x_0, \cdots, x_{n-2}), x_{n-1}\right).$$

(2c) 当 $n > 2$ 以及 $(n-1) \notin \{i, j\}$ 时. 由 (2b), 令 G 为一个哥德尔运算来保证下述等式:

$$\{(a_0, \cdots, a_{n-3}, a_{n-1}, a_{n-2}) \mid a_0 \in x_0 \wedge \cdots \wedge a_{n-1} \in x_{n-1} \wedge a_i \in a_j\}$$
$$= G(x_0, \cdots, x_{n-1}).$$

因为

$$(a_0, \cdots, a_{n-3}, a_{n-1}, a_{n-2}) = ((a_0, \cdots, a_{n-3}), a_{n-1}, a_{n-2}),$$

所以

$$\{(a_0, \cdots, a_{n-3}, a_{n-1}, a_{n-2}) \mid a_0 \in x_0 \wedge \cdots \wedge a_{n-1} \in x_{n-1} \wedge a_i \in a_j\}$$
$$= G_9\left(G(x_0, \cdots, x_{n-1})\right).$$

(2d) 当 $n > 2$ 以及 $i = n-2$ 和 $j = n-1$ 时. 由 (2a), 我们有

$$\{(a_{n-2}, a_{n-1}) \mid a_{n-2} \in x_{n-2} \wedge a_{n-1} \in x_{n-1} \wedge a_{n-2} \in a_{n-1}\} = G_3\left(x_{n-2}, x_{n-1}\right).$$

因此,

$$\{((a_{n-2},a_{n-1}),(a_0,\cdots,a_{n-3})) \mid a_0 \in x_0 \wedge \cdots \wedge a_{n-1} \in x_{n-1} \wedge a_{n-2} \in a_{n-1}\}$$
$$= G_3(x_{n-2},x_{n-1}) \times (x_0 \times \cdots \times x_{n-3})$$
$$= G(x_0,\cdots,x_{n-1}).$$

(2e) 当 $n > 2$ 以及 $i = n-1$ 和 $j = n-2$ 时. 与 (2d) 类似.

这就完成了情形 (A2) 的讨论.

(A3) **布尔联结词**: 设 $\psi_1(v_0,\cdots,v_n)$ 和 $\psi_2(v_0,\cdots,v_n)$ 是两个彰显自由变元的 Δ_0-表达式, 并且 F_a 和 F_b 分别是计算它们的 $(n+1)$-元哥德尔集合运算.

(3a) 否定词: 设 $\varphi(v_0,\cdots,v_n)$ 是 $(\neg\psi_1)(v_0,\cdots,v_n)$. 令

$$F_\varphi(x_0,\cdots,x_n) = G_4(x_0 \times \cdots \times x_n, F_a(x_0,\cdots,x_n)).$$

那么, F_φ 是计算 $\varphi(v_0,\cdots,v_n)$ 的哥德尔集合运算.

(3b) 合取词: 设 $\varphi(v_0,\cdots,v_n)$ 是 $(\psi_1 \wedge \psi_2)(v_0,\cdots,v_n)$. 令

$$F_\varphi(x_0,\cdots,x_n) = G_5(F_a(x_0,\cdots,x_n), F_b(x_0,\cdots,x_n)).$$

那么, F_φ 是计算 $\varphi(v_0,\cdots,v_n)$ 的哥德尔集合运算.

(A4) **有界存在量词**: 设 $\psi(v_0,\cdots,v_k)$ 一个彰显自由变元的 Δ_0-表达式, 并且 F 是计算它的 $(k+1)$-元哥德尔集合运算. 设 $\varphi(v_0,\cdots,v_n)$ 是表达式 $(\exists v_k \in v_j\, \psi(v_0,\cdots,v_k))$ (于是, $j \leqslant n < k$).

令 $\theta(v_0,\cdots,v_k)$ 为表达式 $(v_k \in v_j)$. 根据 (2e), 假设条件以及 (3b), 令

$$F_{\theta\wedge\psi}(x_0,\cdots,x_k) = \{(a_0,\cdots,a_k) \in x_0 \times \cdots \times x_k \mid a_k \in a_j \wedge \psi[a_0,\cdots,a_k]\}.$$

那么 $F_{\theta\wedge\psi}$ 是计算 $(\theta \wedge \psi)(v_0,\cdots,v_k)$ 的哥德尔集合运算. 在 KP 基础之上, 我们有等式:

$$F_{\theta\wedge\psi}\left(x_0,\cdots,x_{k-1},\bigcup x_j\right) = F_{\theta\wedge\psi}(x_0,\cdots,x_k).$$

令 $m = k - n$, 以及

$$F_\varphi(x_0,\cdots,x_n) = \mathrm{dom}^m\left(F_{\theta\wedge\psi}\left(x_0,\cdots,x_n,\overbrace{x_0,\cdots,x_0}^{m-1},\bigcup x_j\right)\right).$$

那么, F_φ 是计算 $\varphi(v_0,\cdots,v_n)$ 的哥德尔集合运算.

这就完成了 (A) 的证明.

(B) 对于给定的 Δ_0-表达式 $\varphi(v_0, \cdots, v_n)$. 根据 (A), 令 F_φ 为计算 $\varphi(v_0, \cdots, v_n)$ 的哥德尔集合运算. 给定 $0 \leqslant i \leqslant n$. 令 $k = n - i$. 那么等式

$$\mathrm{dom}^k(F_\varphi(\{a_0\}, \cdots, \{a_{i-1}\}, x, \{a_{i+1}\}, \cdots, \{a_n\}))$$
$$= \{(a_0, \cdots, a_i) \in \{a_0\} \times \cdots \times \{a_{i-1}\} \times x \mid \varphi[a_0, \cdots, a_n]\}$$

在 KP 基础上总成立.

根据 (A), 令 $G(x, y) = \{(a, z) \in x \mid z = y\}$; 以及

$$H(x, y) = G_7(G(G_8(x), y)).$$

那么 G 和 H 都是哥德尔集合运算. 令

$$G_{(i,\varphi)}(x, a_0, \cdots, a_{i-1}, a_{i+1}, \cdots, a_n)$$
$$= H\left(\mathrm{dom}^k(F_\varphi(\{a_0\}, \cdots, \{a_{i-1}\}, x, \{a_{i+1}\}, \cdots, \{a_n\})), (a_0, \cdots, a_{i-1})\right)$$
$$= \{a_i \in x \mid \varphi[a_0, \cdots, a_{i-1}, a_i, a_{i+1}, \cdots, a_n]\}.$$

那么 $G_{(i,\varphi)}$ 即为所求. □

下面我们设 T 是集合论单纯语言下的一个居于 KP$^-$ 和 ZF 之间的理论, 即

$$T \vdash \mathrm{KP}^- \text{ 以及 } \mathrm{ZF} \vdash T.$$

比如, $T = \mathrm{KP}^-$, $T = \mathrm{KP}$, $T = \mathrm{ZF}$ 等等.

下述引理罗列出集合论中种种基本常用的 Δ_0-表达式.

引理 2.3 下述表达式或者基本概念都在 T 之上分别等价于某个 Δ_0-表达式, 从而它们也就都是哥德尔集合运算可计算的:

(1) $x = y$; $x = \{y, z\}$; $x = (y, z)$; $x = \varnothing$; $x \subseteq y$; $x \subset y$; $(a, b) \in x$;

(2) x 是一个传递集; $(x, \in)$ 是一个线性有序集; x 是一个序数; x 是一个极限序数; x 是一个自然数; $x = \omega$;

(3) $X = Y \times Z$; $X = Y - Z$, $X = Y \cap Z$, $X = Y \cup Z$; $X = \bigcup Y$;

(4) $u \in \mathrm{dom}(X)$, $u \in \mathrm{rng}(X)$;

(5) 如果 φ 是 Δ_0, 那么

$$(\forall u \in \mathrm{dom}(X)\,\varphi), \ (\exists u \in \mathrm{dom}(X)\,\varphi), \ (\forall u \in \mathrm{rng}(X)\,\varphi), \ (\exists u \in \mathrm{rng}(X)\,\varphi)$$

也是;

(6) $X = \mathrm{dom}(Y)$; $X = \mathrm{rng}(Y)$; X 是一个二元关系; X 是一个函数; $y = f(x)$; $g = f \upharpoonright x$.

证明 (1) $x = y \leftrightarrow ((\forall z \in x \, (z \in y)) \land (\forall z \in y \, (z \in x)))$;

$x = \{y, z\} \leftrightarrow (y \in x \land z \in x \land (\forall u \in x(u = y \lor u = z)))$;

$x = (y, z) \leftrightarrow ((\exists u \in x \exists v \in x(u = \{y\} \land v = \{y, z\})) \land (\forall u \in x(u = \{y\} \lor u = \{y, z\})))$;

$x = \varnothing \leftrightarrow (\forall u \in x(u \neq u))$;

$x \subseteq y \leftrightarrow (\forall u \in x(u \in y))$; $x \subset y \leftrightarrow (x \neq y \land x \subseteq y)$;

$(a, b) \in x \leftrightarrow (\exists u \in x(u = (a, b)))$;

(2) x 是传递集 $\leftrightarrow (\forall u \in x(u \subset x))$;

$(x, \in)$ 是一个线性有序集 $\leftrightarrow$

$$\left(\begin{array}{l} (\forall u \in x \forall v \in x(u \in v \lor v \in u \lor u = v)) \land \\ (\forall u \in x \forall v \in x \forall w \in x((u \in v \land v \in w) \to u \in w)) \end{array} \right);$$

x 是一个序数 $\leftrightarrow (x$ 是传递集 $\land (x, \in)$ 是一个线性有序集$)$;

x 是一个极限序数 $\leftrightarrow x$ 是一个序数 $\land (\forall u \in x \exists v \in x(u \in v))$;

x 是一个自然数 $\leftrightarrow$

$$\left(\begin{array}{l} x \text{是一个序数} \land (x = 0 \lor x \text{不是一个极限序数}) \\ \land (\forall u \in x(u = \varnothing \lor u \text{ 不是一个极限序数})) \end{array} \right);$$

$x = \omega \leftrightarrow (x \neq \varnothing \land x$ 是一个极限序数 $\land (\forall u \in x(u$ 是一个自然数 $)))$;

(3) $X = Y \times Z \leftrightarrow$

$((\forall u \in X \exists a \in Y \exists b \in Z(u = (a, b))) \land (\forall a \in Y \forall b \in Z \exists u \in X(u = (a, b))))$;

$X = Y - Z \leftrightarrow ((\forall u \in X(u \in Y \land u \notin Z)) \land (\forall u \in Y(u \notin Z \to u \in X)))$;

$X = Y \cap Z \leftrightarrow ((\forall u \in X(u \in Y \land u \in Z)) \land (\forall u \in Y(u \in Z \to u \in X)))$;

$X = Y \cup Z \leftrightarrow ((\forall u \in X(u \in Y \lor u \in Z)) \land (\forall u \in Y(u \in X)) \land (\forall u \in Z(u \in X)))$;

$X = \bigcup Y \leftrightarrow ((\forall u \in X \exists v \in Y(u \in v)) \land (\forall u \in Y(u \subseteq X)))$;

(4) $u \in \mathrm{dom}(X) \leftrightarrow (\exists v \in X \exists w \in v \exists y \in w(v = (u, y)))$;

$u \in \mathrm{rng}(X) \leftrightarrow (\exists v \in X \exists w \in v \exists y \in w(v = (y, u)))$;

(5) 设 φ 是一个 Δ_0-表达式. 那么

$$(\forall u \in \mathrm{dom}(X)\varphi) \leftrightarrow (\forall a \in X \forall b \in a \forall u \in b \forall y \in b(a = (u, y) \to \varphi)),$$

以及

$$(\forall u \in \mathrm{rng}(X)\varphi) \leftrightarrow (\forall a \in X \forall b \in a \forall y \in b \forall u \in b(a = (y, u) \to \varphi));$$

(6) $X = \mathrm{dom}(Y) \leftrightarrow ((\forall a \in X(a \in \mathrm{dom}(Y))) \land (\forall a \in \mathrm{dom}(Y)(a \in X)))$;

$X = \mathrm{rng}(Y) \leftrightarrow ((\forall a \in X(a \in \mathrm{rng}(Y))) \land (\forall a \in \mathrm{rng}(Y)(a \in X)))$;

X 是一个二元关系 $\leftrightarrow (\forall u \in X \exists a \in \mathrm{dom}(X) \exists b \in \mathrm{rng}(X)(u = (a, b)))$;

X 是一个函数 $\leftrightarrow$

$$\left(\begin{array}{l} X \text{是一个关系} \wedge \\ \left(\forall a \in \mathrm{dom}(X) \forall b \in \mathrm{rng}X \forall c \in \mathrm{rng}X \left(\begin{array}{l} ((a, b) \in X \wedge (a, c) \in X) \\ \to b = c \end{array} \right) \right) \end{array} \right);$$

$y = f(x) \leftrightarrow f$ 是一个函数 $\wedge\, x \in \mathrm{dom}(f) \wedge y \in \mathrm{rng}(f) \wedge (\exists u \in f(u = (x, y)))$;

$g = f{\restriction}_X \leftrightarrow (f$ 是一个函数 $\wedge\, g$ 是一个函数 $\wedge\, g \subset f \wedge X = \mathrm{dom}(g))$.　　　　$\square$

下面我们来证明每一个哥德尔集合运算都由一个 Δ_0-表达式所定义, 从而相对于所有那些对于哥德尔运算封闭的传递集合或者传递类而言, 哥德尔集合运算都是绝对不变的. 在下面的证明中, 可替换性是一种重要的性质.

定义 2.7　称一个在 T 基础上可引入的 n 元函数符号 **F 具备可替换性**当且仅当在任何一个 Δ_0-表达式中用 **F** 去替换一个变元符号之后的结果依旧是一个 Δ_0-表达式 (简而言之, 用 **F** 替换变元符号不会增加 Δ_0-表达式的层次结构复杂性), 也就是说, 如果 $\varphi(y, z_1, \cdots, z_k)$ 是一个 Δ_0-表达式, 那么一定可以找到另外一个不含有函数符号 $\mathbb{F}$ 的 Δ_0-表达式 $\psi(x_1, \cdots, x_n, z_1, \cdots, z_k)$ 来见证如下事实:

$$T \vdash (\varphi(\mathbf{F}(x_1, \cdots, x_n), z_1, \cdots, z_k) \leftrightarrow \psi(x_1, \cdots, x_n, z_1, \cdots, z_k)).$$

引理 2.4(T)　(1) 所有具备可替换性的集合运算对于函数复合是封闭的;

(2) **F** 具备可替换性当且仅当对于任何一个 Δ_0-表达式 $\varphi(y, z_1, \cdots, z_k)$ 而言, 表达式

$$(\exists y \in \mathbf{F}(x_1, \cdots, x_n)\, \varphi(y, z_1, \cdots, z_k))$$

一定在 T 基础上等价于一个 Δ_0-表达式 $\psi(x_1, \cdots, x_n, z_1, \cdots, z_k)$;

(3) **F** 具备可替换性当且仅当对于任何一个 Δ_0-表达式 $\varphi(y, z_1, \cdots, z_k)$ 而言, 表达式

$$(\forall y \in \mathbf{F}(x_1, \cdots, x_n)\, \varphi(y, z_1, \cdots, z_k))$$

一定在 T 基础上等价于一个 Δ_0-表达式 $\psi(x_1, \cdots, x_n, z_1, \cdots, z_k)$;

(4) 如果 **F** 具备可替换性, **G** 由下式定义

$$\mathbf{G}(x, z_1, \cdots, z_k) = \{\mathbf{F}(y, z_1, \cdots, z_k) \mid y \in x\},$$

那么 **G** 也具备可替换性.

证明　(1) 这由逻辑对等关系的传递性直接得到. 比如, 如果

$$T \vdash (\varphi(\mathbf{F}(x), \vec{z}) \leftrightarrow \psi(x, \vec{z})) \text{ 以及 } T \vdash (\psi(\mathbf{G}(\vec{y}), \vec{z}) \leftrightarrow \theta(\vec{y}, \vec{z})),$$

那么 $T \vdash (\varphi(\mathbf{F}(\mathbf{G}(\vec{y})), \vec{z}) \leftrightarrow \psi(\mathbf{G}(\vec{y}), \vec{z}) \leftrightarrow \theta(\vec{y}, \vec{z}))$.

(2) 必要性依定义 2.7 直接得到. 充分性则依据 Δ_0-表达式组成的复杂性的归纳法. 比如, 在 T 基础上, 如下对等式成立:

$$y \in \mathbf{F}(\vec{x}) \leftrightarrow (\exists z \in \mathbf{F}(\vec{x})\,(y = z)),$$
$$y = \mathbf{F}(\vec{x}) \leftrightarrow ((\forall z \in y (z \in \mathbf{F}(\vec{x}))) \wedge (\forall z \in \mathbf{F}(\vec{x})(z \in y))),$$
$$\mathbf{F}(\vec{x}) \in y \leftrightarrow (\exists z \in y\,(\mathbf{F}(\vec{x}) = z)).$$

其中 $\vec{x} = (x_1, \cdots, x_n)$. 这就表明条件对于初始表达式是充分的. 再比如, 如果 φ 是一个 Δ_0-表达式, 那么

$$T \vdash ((\forall z \in \mathbf{F}(\vec{x})\,\varphi) \leftrightarrow (\neg(\exists z \in \mathbf{F}(\vec{x})\,(\neg\varphi)))),$$

应用归纳假设就得到所需要的.

(3) 由 (2) 以及逻辑对等律:

$$\vdash ((\forall y \in \mathbf{F}(\vec{x})\,\varphi(y, \vec{z})) \leftrightarrow (\neg(\exists y \in \mathbf{F}(\vec{x})\,(\neg\varphi(y, \vec{z}))))).$$

(4) 应用 (2). 设 $\varphi(u, \vec{w})$ 是一个 Δ_0-表达式. 那么

$$T \vdash ((\exists u \in \mathbf{G}(x, \vec{z})\,\varphi(u, \vec{w})) \leftrightarrow (\exists y \in x\,\varphi(\mathbf{F}(y, \vec{z}), \vec{w}))).$$

所以, $\mathbf{G}$ 具备可替换性.   □

引理 2.5(可定义性)   如果 $G(x_1, \cdots, x_n)$ 是一个 n-元哥德尔集合运算, 那么在 KP 基础上

(a) 关系 $u \in G(x_1, \cdots, x_n)$ 与一个 Δ_0-表达式对等;

(b) 如果 φ 是一个 Δ_0-表达式, 那么表达式

$$(\forall u \in G(x_1, \cdots, x_n)\,\varphi)\ \text{以及}\ (\exists u \in G(x_1, \cdots, x_n)\,\varphi)$$

也分别与一个 Δ_0-表达式对等;

(c) 等式 $y = G(x_1, \cdots, x_n)$ 与一个 Δ_0-表达式对等; 从而 G 一定可以在 KP 基础之上由一个 Δ_0-表达式依定义引进;

(d) G 具备可替换性.

证明   应用关于哥德尔基本集合运算复合过程得到哥德尔集合运算 G 的复杂性的归纳法来证明引理.

(A) 我们来验证由定义 2.4 所给出的 10 个哥德尔基本集合运算具备引理结论中的性质.

(A1) $\mathrm{KP} \vdash (\forall x \forall y \exists! z (z = G_1(x, y) = \{x, y\}))$.

(A1a) $KP \vdash (u \in G_1(x,y) \leftrightarrow (u = x \lor u = y))$;

(A1b) 设 $\varphi(u, \vec{z})$ 是一个 Δ_0-表达式. 那么

$$KP \vdash (\forall u \in G_1(x,y)\, \varphi(u, \vec{z}) \leftrightarrow (\varphi(x, \vec{z}) \land \varphi(y, \vec{z})))$$

以及

$$KP \vdash ((\exists u \in G_1(x,y)\, \varphi) \leftrightarrow (\varphi(x, \vec{z}) \lor \varphi(y, \vec{z})));$$

(A1c) $KP \vdash (z = G_1(x,y) \leftrightarrow (x \in z \land y \in z \land (\forall u \in z(u = x \lor u = y))))$;

(A1d) G_1 具备可替换性 (由 (A1b) 以及引理 2.4 之 (2)).

(A1$'$) $KP \vdash (\forall x \forall y \exists! z(z = g_1(x,y) = (x,y)))$.

(A1$'$a) $KP \vdash (u \in (x,y) \leftrightarrow (u = G_1(x,x) \lor u = G_1(x,y)))$;

(A1$'$b) 设 $\varphi(u, \vec{z})$ 是一个 Δ_0-表达式. 那么

$$KP \vdash \left(\begin{array}{l} (\exists u \in (x,y)\, \varphi(u, \vec{z})) \leftrightarrow \\ ((u = G_1(x,x) \land \varphi(u, \vec{z})) \lor (u = G_1(x,y) \land \varphi(u, \vec{z}))) \end{array} \right);$$

以及

$$KP \vdash \left(\begin{array}{l} (\forall u \in (x,y)\, \varphi(u, \vec{z})) \leftrightarrow \\ ((u = G_1(x,x) \land \varphi(u, \vec{z})) \land (u = G_1(x,y) \land \varphi(u, \vec{z}))) \end{array} \right);$$

(A1$'$c) $z = (x,y) \leftrightarrow$

$$\left(\begin{array}{l} (\exists u \in z \exists v \in z(u = G_1(x,x) \land v = G_1(x,y))) \land \\ (\forall u \in z(u = G_1(x,x) \lor u = G_1(x,y))) \end{array} \right);$$

(A1$'$d) g_1 具备可替换性 (由 (A1$'$b) 以及引理 2.4 之 (2)).

(A2) $KP \vdash (\forall x \forall y \exists! z(z = G_2(x,y) = x \times y))$.

(A2a) $KP \vdash (u \in G_2(x,y) \leftrightarrow (\exists a \in x \exists b \in y\,(u = (a,b))))$;

(A2b) 设 $\varphi(u, \vec{z})$ 是一个 Δ_0-表达式. 那么

$$KP \vdash ((\exists u \in G_2(x,y)\, \varphi(u, \vec{z})) \leftrightarrow (\exists a \in x \exists b \in y\,(u = (a,b) \land \varphi(u, \vec{z}))));$$

(A2c) $z = G_2(x,y) \leftrightarrow$

$$\left(\begin{array}{l} (\forall u \in z \exists a \in x \exists b \in y(u = (a,b))) \land \\ (\forall a \in x \forall b \in y \exists u \in z(u = (a,b))) \end{array} \right);$$

(A2d) G_2 具备可替换性 (由 (A2b) 以及引理 2.4 之 (2)).

(A3) $KP \vdash (\forall x \forall y \exists! z(z = G_3(x,y) = \{(a,b) \mid (a \in x \land b \in y \land a \in b)\}))$.

(A3a) $\mathrm{KP} \vdash (u \in G_3(x,y) \leftrightarrow (\exists a \in x \exists b \in y\, (u = (a,b) \land a \in b)))$;

(A3b) 设 $\varphi(u, \vec{z})$ 是一个 Δ_0-表达式. 那么

$$\mathrm{KP} \vdash \left(\begin{array}{l} (\exists u \in G_3(x,y)\, \varphi(u, \vec{z})) \leftrightarrow \\ (\exists a \in x \exists b \in y\, (u = (a,b) \land a \in b \land \varphi(u, \vec{z}))) \end{array} \right);$$

(A3c) $z = G_3(x,y) \leftrightarrow$

$$\left(\begin{array}{l} (\forall u \in z \exists a \in x \exists b \in y(u = (a,b) \land a \in b)) \land \\ (\forall a \in x \forall b \in y \exists u \in z(a \in b \rightarrow u = (a,b))) \end{array} \right);$$

(A3d) G_3 具备可替换性 (由 (A3b) 以及引理 2.4 之 (2)).

(A4) $\mathrm{KP} \vdash (\forall x \forall y \exists! z\, (z = G_4(x,y) = x - y = \{a \in x \mid a \notin y\}))$.

(A4a) $\mathrm{KP} \vdash (u \in G_4(x,y) \leftrightarrow (u \in x \land u \notin y))$;

(A4b) 设 $\varphi(u, \vec{z})$ 是一个 Δ_0-表达式. 那么

$$\mathrm{KP} \vdash ((\exists u \in G_4(x,y)\, \varphi(u, \vec{z})) \leftrightarrow (\exists u \in x\, (u \notin y \land \varphi(u, \vec{z}))));$$

(A4c) $\mathrm{KP} \vdash (z = G_4(x,y) \leftrightarrow ((\forall u \in z\, (u \in x \land u \notin y)) \land (\forall u \in x(u \notin y \rightarrow u \in z))))$;

(A4d) G_4 具备可替换性 (由 (A4b) 以及引理 2.4 之 (2)).

(A5) $\mathrm{KP} \vdash (\forall x \forall y \exists! z\, (z = G_5(x,y) = x \cap y = \{a \in x \mid a \in y\}))$.

(A5a) $\mathrm{KP} \vdash (u \in G_5(x,y) \leftrightarrow (u \in x \land u \in y))$;

(A5b) 设 $\varphi(u, \vec{z})$ 是一个 Δ_0-表达式. 那么

$$\mathrm{KP} \vdash ((\exists u \in G_5(x,y)\, \varphi(u, \vec{z})) \leftrightarrow (\exists u \in x(u \in y \land \varphi(u, \vec{z}))));$$

(A5c) $\mathrm{KP} \vdash (z = x \cap y \leftrightarrow ((\forall u \in z\, (u \in x \land u \in y)) \land (\forall u \in x(u \in y \rightarrow u \in z))))$;

(A5d) G_5 具备可替换性 (由 (A5b) 以及引理 2.4 之 (2)).

(A6) $\mathrm{KP} \vdash (\forall x \exists! y\, (y = G_6(x) = \bigcup x))$.

(A6a) $\mathrm{KP} \vdash (u \in G_6(x) \leftrightarrow (\exists a \in x\, (u \in a)))$;

(A6b) 设 $\varphi(u, \vec{z})$ 是一个 Δ_0-表达式. 那么

$$\mathrm{KP} \vdash ((\exists u \in G_6(x)\, \varphi(u, \vec{z})) \leftrightarrow (\exists a \in x \exists u \in a\, \varphi(u, \vec{z})));$$

(A6c) $(y = G_6(x) = \bigcup x \leftrightarrow ((\forall u \in y \exists v \in x\, (u \in v)) \land (\forall u \in x \forall v \in u\, (v \in y))))$;

(A6d) G_6 具备可替换性 (由 (A6b) 以及引理 2.4 之 (2)).

(A7) $\mathrm{KP} \vdash (\forall x \exists! y(y = \mathrm{dom}(x)))$.

(A7a) $\mathrm{KP} \vdash (u \in \mathrm{dom}(X) \leftrightarrow (\exists v \in X \exists w \in v \exists y \in w(v = (u,y))))$;

(A7b) 设 $\varphi(u, \vec{z})$ 是一个 Δ_0-表达式. 那么

$$\text{KP} \vdash \left(\begin{array}{l} (\exists u \in \text{dom}(X)\, \varphi(u, \vec{z})) \leftrightarrow \\ (\exists a \in X \exists b \in a \exists u \in b \exists y \in b\, (a = (u, y) \land \varphi(u, \vec{z}))) \end{array} \right);$$

以及

$$\text{KP} \vdash \left(\begin{array}{l} (\forall u \in \text{dom}(X)\, \varphi(u, \vec{z})) \leftrightarrow \\ (\forall a \in X \forall b \in a \forall u \in b \forall y \in b\, (a = (u, y) \to \varphi(u, \vec{z}))) \end{array} \right);$$

(A7c) $X = \text{dom}(Y) \leftrightarrow ((\forall a \in X(a \in \text{dom}(Y))) \land (\forall a \in \text{dom}(Y)(a \in X)));$

(A7d) G_7 具备可替换性 (由 (A7b) 以及引理 2.4 之 (2)).

(A7′) $\text{KP} \vdash (\forall x \exists! y(y = \text{rng}(x))).$

(A7′a) $u \in \text{rng}(X) \leftrightarrow (\exists v \in X \exists w \in v \exists y \in w(v = (y, u)));$

(A7′b) 设 $\varphi(u, \vec{z})$ 是一个 Δ_0-表达式. 那么

$$(\exists u \in \text{rng}(X)\varphi(u, \vec{z}) \leftrightarrow (\exists a \in X \exists b \in a \exists y \in b \exists u \in b\, (a = (y, u) \land \varphi(u, \vec{z}))));$$

以及

$$(\forall u \in \text{rng}(X)\varphi(u, \vec{z}) \leftrightarrow (\forall a \in X \forall b \in a \forall y \in b \forall u \in b\, (a = (y, u) \to \varphi(u, \vec{z}))));$$

(A7′c) $X = \text{rng}(Y) \leftrightarrow ((\forall a \in X(a \in \text{rng}(Y))) \land (\forall a \in \text{rng}(Y)(a \in X)));$

(A7′d) rng 具备可替换性 (由 (A7′b) 以及引理 2.4 之 (2)).

(A8) $\text{KP} \vdash (\forall x \exists! y(y = G_8(x) = \{(a, b) \mid (b, a) \in x\})).$

(A8a) $\text{KP} \vdash (u \in G_8(x) \leftrightarrow (\exists w \in x\, \exists v \in w\, \exists a \in v\, \exists b \in v(w = (b, a) \land u = (a, b))));$

(A8b) 设 $\varphi(u, \vec{z})$ 是一个 Δ_0-表达式. 那么

$$\text{KP} \vdash \left(\begin{array}{l} (\exists u \in G_8(x)\, \varphi(u, \vec{z})) \leftrightarrow \\ \exists w \in x \exists v \in w \exists a \in v \exists b \in v \left(\begin{array}{l} w = (b, a) \land u = (a, b) \\ \land\, \varphi(u, \vec{z}) \end{array} \right) \end{array} \right);$$

(A8c) $y = G_8(x) \leftrightarrow$

$$\left(\begin{array}{l} (\forall u \in y \exists v \in x \exists a \in \text{rng}(x) \exists b \in \text{dom}(x)(v = (b, a) \land u = (a, b))) \land \\ (\forall v \in x \forall a \in \text{rng}(x) \forall b \in \text{dom}(x) \exists u \in y(v = (b, a) \to u = (a, b))) \end{array} \right).$$

(A8d) G_8 具备可替换性 (由 (A8b) 以及引理 2.4 之 (2)).

(A9) $\text{KP} \vdash (\forall x \exists! y(y = G_9(x) = \{(a, c, b) \mid (a, b, c) \in x\})).$

(A9a) $\text{KP} \vdash \left(\begin{array}{l} u \in G_9(x) \leftrightarrow \\ \left(\begin{array}{l} \exists v \in x \exists a \in \text{dom}(x) \exists d_1 \in \text{rng}(x) \exists d_2 \in G_8(\text{rng}(x)) \\ \exists b \in \text{dom}(\text{rng}(x)) \exists c \in \text{rng}(\text{rng}(x)) \\ (d_1 = (b, c) \land v = (a, d_1) \land d_2 = (c, b) \land u = (a, d_2)) \end{array} \right) \end{array} \right);$

(A9b) 设 $\varphi(u, \vec{z})$ 是一个 Δ_0-表达式. 那么

$$\mathrm{KP} \vdash \left(\begin{array}{l} (\exists u \in G_9(x)\, \varphi(u, \vec{z})) \leftrightarrow \\ \left(\begin{array}{l} \exists a \in \mathrm{dom}(x) \exists d_1 \in \mathrm{rng}(x) \exists d_2 \in G_8(\mathrm{rng}(x)) \\ \exists b \in \mathrm{dom}(\mathrm{rng}(x)) \exists c \in \mathrm{rng}(\mathrm{rng}(x)) \exists v \in x \\ \left(\begin{array}{l} d_1 = (b, c) \wedge v = (a, d_1) \wedge d_2 = (c, b) \wedge \\ u = (a, d_2) \wedge \varphi(u, \vec{z}) \end{array} \right) \end{array} \right) \end{array} \right) ;$$

(A9c) $y = G_9(x) \leftrightarrow$

$$\left(\begin{array}{l} \left(\begin{array}{l} \forall u \in y \exists v \in x \exists a \in \mathrm{dom}(x) \exists d_1 \in \mathrm{rng}(x) \\ \exists d_2 \in G_8(\mathrm{rng}(x)) \exists b \in \mathrm{dom}(\mathrm{rng}(x)) \exists c \in \mathrm{rng}(\mathrm{rng}(x)) \\ (d_1 = (b, c) \wedge v = (a, d_1) \wedge d_2 = (c, b) \wedge u = (a, d_2)) \end{array} \right) \wedge \\ \left(\begin{array}{l} \forall a \in \mathrm{dom}(x) \forall d_1 \in \mathrm{rng}(x) \forall d_2 \in G_8(\mathrm{rng}(x)) \\ \forall b \in \mathrm{dom}(\mathrm{rng}(x)) \forall c \in \mathrm{rng}(\mathrm{rng}(x)) \forall v \in x \exists u \in y \\ ((d_1 = (b, c) \wedge v = (a, d_1) \wedge d_2 = (c, b)) \rightarrow u = (a, d_2)) \end{array} \right) \end{array} \right) ;$$

(A9d) G_9 具备可替换性 (由 (A9b) 以及引理 2.4 之 (2)).

(A10) $\mathrm{KP} \vdash (\forall x \exists! y(y = G_{10}(x) = \{(b, c, a) \mid (a, b, c) \in x\}))$.

(A10a) $\mathrm{KP} \vdash \left(\begin{array}{l} u \in G_{10}(x) \leftrightarrow \\ \left(\begin{array}{l} \exists a \in \mathrm{dom}(x) \exists d_1 \in \mathrm{rng}(x) \exists b \in \mathrm{dom}(\mathrm{rng}(x)) \\ \exists d_2 \in G_2(\mathrm{rng}(\mathrm{rng}(x)), \mathrm{dom}(x)) \exists v \in x \exists c \in \mathrm{rng}(\mathrm{rng}(x)) \\ (d_1 = (b, c) \wedge v = (a, d_1) \wedge d_2 = (c, a) \wedge u = (b, d_2)) \end{array} \right) \end{array} \right) ;$

(A10b) 设 $\varphi(u, \vec{z})$ 是一个 Δ_0-表达式. 那么下述对等式是 KP 的一个定理:

$$\left(\begin{array}{l} (\exists u \in G_{10}(x)\, \varphi(u, \vec{z})) \leftrightarrow \\ \left(\begin{array}{l} \exists v \in x \exists a \in \mathrm{dom}(x) \exists d_1 \in \mathrm{rng}(x) \exists b \in \mathrm{dom}(\mathrm{rng}(x)) \\ \exists d_2 \in G_2(\mathrm{rng}(\mathrm{rng}(x)), \mathrm{dom}(x)) \exists c \in \mathrm{rng}(\mathrm{rng}(x)) \\ (d_1 = (b, c) \wedge v = (a, d_1) \wedge d_2 = (c, a) \wedge u = (b, d_2) \wedge \varphi(u, \vec{z})) \end{array} \right) \end{array} \right) ;$$

(A10c) $y = G_{10}(x) \leftrightarrow$

$$\left(\begin{array}{l} \left(\begin{array}{l} \forall u \in y \exists a \in \mathrm{dom}(x) \exists d_1 \in \mathrm{rng}(x) \exists b \in \mathrm{dom}(\mathrm{rng}(x)) \\ \exists d_2 \in G_2(\mathrm{rng}(\mathrm{rng}(x)), \mathrm{dom}(x)) \exists v \in x \exists c \in \mathrm{rng}(\mathrm{rng}(x)) \\ (d_1 = (b, c) \wedge v = (a, d_1) \wedge d_2 = (c, a) \wedge u = (b, d_2)) \end{array} \right) \wedge \\ \left(\begin{array}{l} \forall v \in x \forall d_1 \in \mathrm{rng}(x) \forall d_2 \in G_2(\mathrm{rng}(\mathrm{rng}(x)), \mathrm{dom}(x)) \\ \forall b \in \mathrm{dom}(\mathrm{rng}(x)) \forall c \in \mathrm{rng}(\mathrm{rng}(x)) \forall a \in \mathrm{dom}(x) \exists u \in y \\ ((d_1 = (b, c) \wedge v = (a, d_1) \wedge d_2 = (c, a)) \rightarrow u = (b, d_2)) \end{array} \right) \end{array} \right) ;$$

(A10d) G_{10} 具备可替换性 (由 (A10b) 以及引理 2.4 之 (2)).

(B) 归纳步: 假设 $F_1(x_1, \cdots, x_n)$ 和 $F_2(y_1, \cdots, y_m)$ 是两个具备引理结论中性质的哥德尔集合运算, 我们来验证它们与 10 个基本集合运算复合之后依旧具备引理结论中的性质.

(B1) $\mathrm{KP} \vdash (\forall \vec{x} \forall \vec{y} \exists! z(z = G_1(F_1(\vec{x}), F_2(\vec{y})) = \{F_1(\vec{x}), F_2(\vec{y})\}))$.

(B1a) $\mathrm{KP} \vdash (u \in G_1(F_1(\vec{x}), F_2(\vec{y})) \leftrightarrow (u = F_1(\vec{x}) \vee u = F_2(\vec{y})))$, 于是, 根据关于 F_1 以及 F_2 的归纳假设之 (c) 得知关于 $G_1 \circ (F_1, F_2)$ 的结论 (a);

(B1b) 设 $\varphi(u, \vec{z})$ 是一个 Δ_0-表达式. 那么

$$\mathrm{KP} \vdash (\forall u \in G_1(F_1(\vec{x}), F_2(\vec{y})) \, \varphi(u, \vec{z}) \leftrightarrow (\varphi(F_1(\vec{x}), \vec{z}) \wedge \varphi(F_2(\vec{y}), \vec{z})))$$

以及

$$\mathrm{KP} \vdash ((\exists u \in G_1(F_1(\vec{x}), F_2(\vec{y})) \, \varphi) \leftrightarrow (\varphi(F_1(\vec{x}), \vec{z}) \vee \varphi(F_2(\vec{y}), \vec{z})));$$

根据归纳假设, F_1 与 F_2 具备可替换性, 于是引理之 (b) 对于 $G_1 \circ (F_1, F_2)$ 成立;

(B1c) $\mathrm{KP} \vdash \left(z = G_1(F_1(\vec{x}), F_2(\vec{y})) \leftrightarrow \left(\begin{array}{l} F_1(\vec{x}) \in z \wedge F_2(\vec{y}) \in z \wedge \\ (\forall u \in z(u = F_1(\vec{x}) \vee u = F_2(\vec{y}))) \end{array} \right) \right)$;

由于

$$(F_1(\vec{x}) \in z \leftrightarrow (\exists a \in z \, (a = F_1(\vec{x}))))$$

以及

$$(F_2(\vec{y}) \in z \leftrightarrow (\exists b \in z \, (b = F_2(\vec{x})))),$$

根据关于 F_1 和 F_2 的归纳假设之 (c), 我们得到关于 $G_1 \circ (F_1, F_2)$ 的结论 (c);

(B1d) $G_1 \circ (F_1, F_2)$ 具备可替换性 (由 (B1b) 以及引理 2.4 之 (2)).

(B1′) $\mathrm{KP} \vdash (\forall \vec{x} \forall \vec{y} \exists! z(z = g_1(F_1(\vec{x}), F_2(\vec{y})) = (F_1(\vec{x}), F_2(\vec{y}))))$.

(B1′a) $\mathrm{KP} \vdash (u \in (F_1(\vec{x}), F_2(\vec{y})) \leftrightarrow (u = G_1(F_1(\vec{x}), F_1(\vec{x})) \vee u = G_1(F_1(\vec{x}), F_2(\vec{y}))))$; 由此, 根据关于 $G_1 \circ (F_1, F_1)$ 以及 $G_1 \circ (F_1, F_2)$ 之 (B1c), 得到关于 $g_1 \circ (F_1, F_2)$ 的结论 (a);

(B1′b) 设 $\varphi(u, \vec{z})$ 是一个 Δ_0-表达式. 那么

$$\mathrm{KP} \vdash \left(\begin{array}{l} (\exists u \in (F_1(\vec{x}), F_2(\vec{y})) \, \varphi(u, \vec{z})) \leftrightarrow \\ \left(\begin{array}{l} (u = G_1(F_1(\vec{x}), F_1(\vec{x})) \wedge \varphi(u, \vec{z})) \vee \\ (u = G_1(F_1(\vec{x}), F_2(\vec{y})) \wedge \varphi(u, \vec{z})) \end{array} \right) \end{array} \right);$$

以及

$$\mathrm{KP} \vdash \left(\begin{array}{l} (\forall u \in (F_1(\vec{x}), F_2(\vec{y})) \, \varphi(u, \vec{z})) \leftrightarrow \\ \left(\begin{array}{l} (u = G_1(F_1(\vec{x}), F_1(\vec{x})) \wedge \varphi(u, \vec{z})) \wedge \\ (u = G_1(F_1(\vec{x}), F_2(\vec{y})) \wedge \varphi(u, \vec{z})) \end{array} \right) \end{array} \right);$$

由此, 根据关于 $G_1 \circ (F_1, F_1)$ 以及 $G_1 \circ (F_1, F_2)$ 之 (B1c), 得到关于 $g_1 \circ (F_1, F_2)$ 的结论 (b);

(B1'c) $z = (F_1(\vec{x}), F_2(\vec{y})) \leftrightarrow$

$$\left(\begin{array}{l} (\exists u \in z \exists v \in z(u = G_1(F_1(\vec{x}), F_1(\vec{x})) \wedge v = G_1(F_1(\vec{x}), F_2(\vec{y})))) \wedge \\ (\forall u \in z(u = G_1(F_1(\vec{x}), F_1(\vec{x})) \vee u = G_1(F_1(\vec{x}), F_2(\vec{y})))) \end{array} \right),$$

由此, 根据关于 $G_1 \circ (F_1, F_1)$ 以及 $G_1 \circ (F_1, F_2)$ 之 (B1c), 得到关于 $g_1 \circ (F_1, F_2)$ 的结论 (c);

(B1'd) $g_1 \circ (F_1, F_2)$ 具备可替换性 (由 (B1'b) 以及引理 2.4 之 (2)).

(B2) $\mathrm{KP} \vdash (\forall \vec{x} \forall \vec{y} \exists! z(z = G_2(F_1(\vec{x}), F_2(\vec{y})) = F_1(\vec{x}) \times F_2(\vec{y})))$.

(B2a) $\mathrm{KP} \vdash (u \in G_2(F_1(\vec{x}), F_2(\vec{y})) \leftrightarrow (\exists a \in F_1(\vec{x}) \exists b \in F_2(\vec{y}) (u = (a, b))))$;
由此, 根据关于 F_1 和 F_2 的归纳假设之 (b) 和关于 g_1 之结论 (c), 我们得到关于 $G_2 \circ (F_1, F_2)$ 之结论 (a);

(B2b) 设 $\varphi(u, \vec{z})$ 是一个 Δ_0-表达式. 那么

$$\mathrm{KP} \vdash \left(\begin{array}{l} (\exists u \in G_2(F_1(\vec{x}), F_2(\vec{y})) \varphi(u, \vec{z})) \leftrightarrow \\ (\exists a \in F_1(\vec{x}) \exists b \in F_2(\vec{y}) (u = (a, b) \wedge \varphi(u, \vec{z}))) \end{array} \right);$$

由此, 根据关于 F_1 和 F_2 的归纳假设之 (b) 和关于 g_1 之结论 (c), 我们得到关于 $G_2 \circ (F_1, F_2)$ 之结论 (b);

(B2c) $z = G_2(F_1(\vec{x}), F_2(\vec{y})) \leftrightarrow$
$\left(\begin{array}{l} (\forall u \in z \exists a \in F_1(\vec{x}) \exists b \in F_2(\vec{y}) (u = (a, b))) \wedge \\ (\forall a \in F_1(\vec{x}) \forall b \in F_2(\vec{y}) \exists u \in z(u = (a, b))) \end{array} \right)$; 由此, 根据关于 F_1 和 F_2 的归纳假设之 (b) 和关于 g_1 之结论 (c), 我们得到关于 $G_2 \circ (F_1, F_2)$ 之结论 (c);

(B2d) $G_2 \circ (F_1, F_2)$ 具备可替换性 (由 (B2b) 以及引理 2.4 之 (2)).

(B3) $\mathrm{KP} \vdash \left(\forall \vec{x} \forall \vec{y} \exists! z \left(\begin{array}{l} z = G_3(F_1(\vec{x}), F_2(\vec{y})) \\ = \{(a, b) \mid (a \in F_1(\vec{x}) \wedge b \in F_2(\vec{y}) \wedge a \in b)\} \end{array} \right) \right)$.

(B3a) $\mathrm{KP} \vdash (u \in G_3(F_1(\vec{x}), F_2(\vec{y})) \leftrightarrow (\exists a \in F_1(\vec{x}) \exists b \in F_2(\vec{y}) (u = (a, b) \wedge a \in b)))$; 由此, 根据关于 F_1 和 F_2 的归纳假设之 (b) 和关于 g_1 之结论 (c), 我们得到关于 $G_3 \circ (F_1, F_2)$ 之结论 (a);

(B3b) 设 $\varphi(u, \vec{z})$ 是一个 Δ_0-表达式. 那么

$$\mathrm{KP} \vdash \left(\begin{array}{l} (\exists u \in G_3(F_1(\vec{x}), F_2(\vec{y})) \varphi(u, \vec{z})) \leftrightarrow \\ (\exists a \in F_1(\vec{x}) \exists b \in F_2(\vec{y}) (u = (a, b) \wedge a \in b \wedge \varphi(u, \vec{z}))) \end{array} \right);$$

由此, 根据关于 F_1 和 F_2 的归纳假设之 (b) 和关于 g_1 之结论 (c), 我们得到关于 $G_3 \circ (F_1, F_2)$ 之结论 (b);

(B3c) $z = G_3(F_1(\vec{x}), F_2(\vec{y})) \leftrightarrow$

$$\left(\begin{array}{l} (\forall u \in z \exists a \in F_1(\vec{x}) \exists b \in F_2(\vec{y})(u = (a,b) \wedge a \in b)) \wedge \\ (\forall a \in F_1(\vec{x}) \forall b \in F_2(\vec{y}) \exists u \in z(a \in b \to u = (a,b))) \end{array}\right);$$

由此, 根据关于 F_1 和 F_2 的归纳假设之 (b) 和关于 g_1 之结论 (c), 我们得到关于 $G_3 \circ (F_1, F_2)$ 之结论 (c);

(B3d) $G_3 \circ (F_1, F_2)$ 具备可替换性 (由 (B3b) 以及引理 2.4 之 (2)).

(B4) $\mathrm{KP} \vdash \left(\forall \vec{x} \forall \vec{y} \exists! z \left(\begin{array}{l} z = G_4(F_1(\vec{x}), F_2(\vec{y})) = F_1(\vec{x}) - F_2(\vec{y}) \\ = \{a \in F_1(\vec{x}) \mid a \notin F_2(\vec{y})\} \end{array} \right) \right).$

(B4a) $\mathrm{KP} \vdash (u \in G_4(F_1(\vec{x}), F_2(\vec{y})) \leftrightarrow (u \in F_1(\vec{x}) \wedge u \notin F_2(\vec{y})))$, 由此, 根据关于 F_1 和 F_2 的归纳假设之 (a), 我们得到关于 $G_4 \circ (F_1, F_2)$ 之结论 (a);

(B4b) 设 $\varphi(u, \vec{z})$ 是一个 Δ_0-表达式. 那么

$$\mathrm{KP} \vdash ((\exists u \in G_4(F_1(\vec{x}), F_2(\vec{y})) \, \varphi(u, \vec{z})) \leftrightarrow (\exists u \in F_1(\vec{x}) \, (u \notin F_2(\vec{y}) \wedge \varphi(u, \vec{z}))));$$

由此, 根据关于 F_1 的归纳假设之 (b) 以及关于 F_2 的归纳假设之 (a), 我们得到关于 $G_4 \circ (F_1, F_2)$ 之结论 (b);

(B4c) $\mathrm{KP} \vdash \left(z = G_4(F_1(\vec{x}), F_2(\vec{y})) \leftrightarrow \left(\begin{array}{l} (\forall u \in z \, (u \in F_1(\vec{x}) \wedge u \notin F_2(\vec{y}))) \wedge \\ (\forall u \in F_1(\vec{x})(u \notin F_2(\vec{y}) \to u \in z)) \end{array} \right) \right);$

由此, 根据关于 F_1 的归纳假设之 (a) 和 (b) 以及关于 F_2 的归纳假设之 (a), 我们得到关于 $G_4 \circ (F_1, F_2)$ 之结论 (c);

(B4d) $G_4 \circ (F_1, F_2)$ 具备可替换性 (由 (B4b) 以及引理 2.4 之 (2)).

(B5) $\mathrm{KP} \vdash \left(\forall \vec{x} \forall y \exists! z \left(\begin{array}{l} z = G_5(F_1(\vec{x}), F_2(\vec{y})) = F_1(\vec{x}) \cap F_2(\vec{y}) \\ = \{a \in F_1(\vec{x}) \mid a \in F_2(\vec{y})\} \end{array} \right) \right).$

(B5a) $\mathrm{KP} \vdash (u \in G_5(F_1(\vec{x}), F_2(\vec{y})) \leftrightarrow (u \in F_1(\vec{x}) \wedge u \in F_2(\vec{y})))$; 由此, 根据关于 F_1 和 F_2 的归纳假设之 (a), 我们得到关于 $G_5 \circ (F_1, F_2)$ 之结论 (a);

(B5b) 设 $\varphi(u, \vec{z})$ 是一个 Δ_0-表达式. 那么

$$\mathrm{KP} \vdash ((\exists u \in G_5(F_1(\vec{x}), F_2(\vec{y})) \, \varphi(u, \vec{z})) \leftrightarrow (\exists u \in F_1(\vec{x})(u \in F_2(\vec{y}) \wedge \varphi(u, \vec{z})))),$$

由此, 根据关于 F_1 的归纳假设之 (b) 以及关于 F_2 的归纳假设之 (a), 我们得到关于 $G_5 \circ (F_1, F_2)$ 之结论 (b);

(B5c) $\mathrm{KP} \vdash \left(z = F_1(\vec{x}) \cap F_2(\vec{y}) \leftrightarrow \left(\begin{array}{l} (\forall u \in z \, (u \in F_1(\vec{x}) \wedge u \in F_2(\vec{y}))) \wedge \\ (\forall u \in F_1(\vec{x})(u \in F_2(\vec{y}) \to u \in z)) \end{array} \right) \right),$

由此, 根据关于 F_1 的归纳假设之 (a) 和 (b) 以及关于 F_2 的归纳假设之 (a), 我们得到关于 $G_4 \circ (F_1, F_2)$ 之结论 (c);

(B5d) $G_5 \circ (F_1, F_2)$ 具备可替换性 (由 (B5b) 以及引理 2.4 之 (2)).

(B6) $\mathrm{KP} \vdash (\forall \vec{x} \exists ! y \, (y = G_6(F_1(\vec{x})) = \bigcup F_1(\vec{x})))$.

(B6a) $\mathrm{KP} \vdash (u \in G_6(F_1(\vec{x})) \leftrightarrow (\exists a \in F_1(\vec{x}) \, (u \in a)))$, 由此, 根据关于 F_1 的归纳假设之 (b), 我们得到关于 $G_6 \circ F_1$ 之结论 (a);

(B6b) 设 $\varphi(u, \vec{z})$ 是一个 Δ_0-表达式. 那么

$$\mathrm{KP} \vdash ((\exists u \in G_6(F_1(\vec{x})) \, \varphi(u, \vec{z})) \leftrightarrow (\exists a \in F_1(\vec{x}) \exists u \in a \, \varphi(u, \vec{z}))),$$

由此, 根据关于 F_1 的归纳假设之 (b), 我们得到关于 $G_6 \circ F_1$ 之结论 (b);

(B6c) $\left(y = G_6(F_1(\vec{x})) = \bigcup F_1(\vec{x}) \leftrightarrow \left(\begin{array}{l} (\forall u \in y \exists v \in F_1(\vec{x}) \, (u \in v)) \wedge \\ (\forall u \in F_1(\vec{x}) \forall v \in u \, (v \in y)) \end{array} \right) \right)$, 由此, 根据关于 F_1 的归纳假设之 (b), 我们得到关于 $G_6 \circ F_1$ 之结论 (c);

(B6d) $G_6 \circ F_1$ 具备可替换性 (由 (B6b) 以及引理 2.4 之 (2)).

(B7) $\mathrm{KP} \vdash (\forall \vec{x} \, \exists ! y (y = \mathrm{dom}(F_1(\vec{x}))))$.

(B7a) $\mathrm{KP} \vdash (u \in \mathrm{dom}(F_1(\vec{x})) \leftrightarrow (\exists v \in F_1(\vec{x}) \exists w \in v \exists y \in w (v = (u, y))))$; 由此, 根据关于 F_1 的归纳假设之 (b) 以及关于 g_1 之结论 (c), 我们得到关于 $G_7 \circ F_1$ 之结论 (a);

(B7b) 设 $\varphi(u, \vec{z})$ 是一个 Δ_0-表达式. 那么

$$\mathrm{KP} \vdash \left(\begin{array}{l} (\exists u \in \mathrm{dom}(F_1(\vec{x})) \, \varphi(u, \vec{z})) \leftrightarrow \\ (\exists a \in F_1(\vec{x}) \exists b \in a \exists u \in b \exists y \in b \, (a = (u, y) \wedge \varphi(u, \vec{z}))) \end{array} \right);$$

以及

$$\mathrm{KP} \vdash \left(\begin{array}{l} (\forall u \in \mathrm{dom}(F_1(\vec{x})) \, \varphi(u, \vec{z})) \leftrightarrow \\ (\forall a \in F_1(\vec{x}) \forall b \in a \forall u \in b \forall y \in b \, (a = (u, y) \rightarrow \varphi(u, \vec{z}))) \end{array} \right);$$

由此, 根据关于 F_1 的归纳假设之 (b) 以及关于 g_1 之结论 (c), 我们得到关于 $G_7 \circ F_1$ 之结论 (b);

(B7c) $y = \mathrm{dom}(F_1(\vec{x})) \leftrightarrow ((\forall a \in y(a \in \mathrm{dom}(F_1(\vec{x})))) \wedge (\forall a \in \mathrm{dom}(F_1(\vec{x}))(a \in y)))$; 由此, 根据上面的 (B7b), 我们得到关于 $G_7 \circ F_1$ 之结论 (c);

(B7d) $G_7 \circ F_1$ 具备可替换性 (由 (B7b) 以及引理 2.4 之 (2)).

(B7′) $\mathrm{KP} \vdash (\forall \vec{x} \, \exists ! y (y = \mathrm{rng}(F_1(\vec{x}))))$.

(B7′a) $u \in \mathrm{rng}(F_1(\vec{x})) \leftrightarrow (\exists v \in F_1(\vec{x}) \exists w \in v \exists y \in w (v = (y, u)))$; 由此, 根据关于 F_1 的归纳假设之 (b) 以及关于 g_1 之结论 (c), 我们得到关于 $\mathrm{rng} \circ F_1$ 之结论 (a);

(B7′b) 设 $\varphi(u, \vec{z})$ 是一个 Δ_0-表达式. 那么

$$(\exists u \in \mathrm{rng}(F_1(\vec{x})) \varphi(u, \vec{z}) \leftrightarrow$$
$$(\exists a \in F_1(\vec{x}) \exists b \in a \exists y \in b \exists u \in b \, (a = (y, u) \wedge \varphi(u, \vec{z})));$$

以及

$$(\forall u \in \mathrm{rng}(F_1(\vec{x}))\varphi(u,\vec{z}) \leftrightarrow$$

$$(\forall a \in F_1(\vec{x})\forall b \in a\forall y \in b\forall u \in b\,(a = (y,u) \rightarrow \varphi(u,\vec{z}))));$$

由此, 根据关于 F_1 的归纳假设之 (b) 以及关于 g_1 之结论 (c), 我们得到关于 $\mathrm{rng}\circ F_1$ 之结论 (b);

(B7'c) $y = \mathrm{rng}(F_1(\vec{x})) \leftrightarrow ((\forall a \in y(a \in \mathrm{rng}(F_1(\vec{x})))) \wedge (\forall a \in \mathrm{rng}(F_1(\vec{x}))(a \in y)));$

由此, 根据上面的 (B7'b), 我们得到关于 $\mathrm{rng}\circ F_1$ 之结论 (c);

(B7'd) $\mathrm{rng}\circ F_1$ 具备可替换性 (由 (B7'b) 以及引理 2.4 之 (2)).

(B8) KP $\vdash (\forall\vec{x}\,\exists!y(y = G_8(F_1(\vec{x})) = \{(a,b) \mid (b,a) \in F_1(\vec{x})\})).$

(B8a) KP $\vdash \left(\begin{array}{l} u \in G_8(F_1(\vec{x})) \leftrightarrow \\ (\exists w \in F_1(\vec{x})\exists v \in w\exists a \in v\exists b \in v\,(w = (b,a) \wedge u = (a,b))) \end{array} \right)$, 由

此, 根据关于 F_1 的归纳假设之 (b) 以及关于 g_1 之结论 (c), 我们得到关于 $G_8\circ F_1$ 之结论 (a);

(B8b) 设 $\varphi(u,\vec{z})$ 是一个 Δ_0-表达式. 那么

$$\text{KP} \vdash \left((\exists u \in G_8(F_1(\vec{x}))\,\varphi(u,\vec{z})) \leftrightarrow \left(\begin{array}{l} \exists w \in F_1(\vec{x})\exists v \in w\exists a \in v\exists b \in v \\ (w = (b,a) \wedge u = (a,b) \wedge \varphi(u,\vec{z})) \end{array} \right) \right),$$

由此, 根据关于 F_1 的归纳假设之 (b) 以及关于 g_1 之结论 (c), 我们得到关于 $G_8\circ F_1$ 之结论 (b);

(B8c) $y = G_8(F_1(\vec{x})) \leftrightarrow$

$$\forall u \in y\exists v \in F_1(\vec{x})\exists a \in \mathrm{rng}(F_1(\vec{x}))\exists b \in \mathrm{dom}(F_1(\vec{x}))(v = (b,a) \wedge u = (a,b))$$

且

$$\forall v \in F_1(\vec{x})\forall a \in \mathrm{rng}(F_1(\vec{x}))\forall b \in \mathrm{dom}(F_1(\vec{x}))\exists u \in y(v = (b,a) \rightarrow u = (a,b)).$$

由此, 根据关于 F_1 的归纳假设之 (b), 上面的 (B7b) 和 (B7'b) 以及关于 g_1 的结论 (c), 我们得到关于 $G_8\circ F_1$ 的结论 (c);

(B8d) $G_8\circ F_1$ 具备可替换性 (由 (B8b) 以及引理 2.4 之 (2)).

(B9) KP $\vdash (\forall\vec{x}\,\exists!y(y = G_9(F_1(\vec{x})) = \{(a,c,b) \mid (a,b,c) \in F_1(\vec{x})\})).$

(B9a) 下述对等式命题是 KP 的一个定理:

$$u \in G_9(F_1(\vec{x})) \leftrightarrow$$

$$\left(\begin{array}{l} \exists v \in F_1(\vec{x})\exists a \in \mathrm{dom}(F_1(\vec{x}))\exists d_1 \in \mathrm{rng}(F_1(\vec{x}))\exists d_2 \in G_8(\mathrm{rng}(F_1(\vec{x}))) \\ \exists b \in \mathrm{dom}(\mathrm{rng}(F_1(\vec{x})))\exists c \in \mathrm{rng}(\mathrm{rng}(F_1(\vec{x}))) \\ (d_1 = (b,c) \wedge v = (a,d_1) \wedge d_2 = (c,b) \wedge u = (a,d_2)) \end{array} \right),$$

由此, 根据关于 F_1 的归纳假设之 (b), 上面的 (B7b), (B7′b), (B8b), 以及关于 g_1 的结论 (c), 我们得到关于 $G_9 \circ F_1$ 之结论 (a);

(B9b) 设 $\varphi(u, \vec{z})$ 是一个 Δ_0-表达式. 那么下述对等命题是 KP 的定理:

$$(\exists u \in G_9(F_1(\vec{x}))\, \varphi(u, \vec{z})) \leftrightarrow$$

$$\left(\begin{array}{l} \exists a \in \mathrm{dom}(F_1(\vec{x}))\exists d_1 \in \mathrm{rng}(F_1(\vec{x}))\exists d_2 \in G_8(\mathrm{rng}(F_1(\vec{x}))) \\ \exists b \in \mathrm{dom}(\mathrm{rng}(F_1(\vec{x})))\exists c \in \mathrm{rng}(\mathrm{rng}(F_1(\vec{x})))\exists v \in F_1(\vec{x}) \\ (d_1 = (b,c) \wedge v = (a, d_1) \wedge d_2 = (c, b) \wedge u = (a, d_2) \wedge \varphi(u, \vec{z})) \end{array} \right).$$

由此, 根据关于 F_1 的归纳假设之 (b), 上面的 (B7b), (B7′b), (B8b), 以及关于 g_1 的结论 (c), 我们得到关于 $G_9 \circ F_1$ 之结论 (b);

(B9c) $y = G_9(F_1(\vec{x})) \leftrightarrow$

$$\left(\begin{array}{l} \forall u \in y \exists v \in F_1(\vec{x})\exists a \in \mathrm{dom}(F_1(\vec{x}))\exists d_1 \in \mathrm{rng}(F_1(\vec{x})) \\ \exists b \in \mathrm{dom}(\mathrm{rng}(F_1(\vec{x})))\exists c \in \mathrm{rng}(\mathrm{rng}(F_1(\vec{x})))\exists d_2 \in G_8(\mathrm{rng}(F_1(\vec{x}))) \\ (d_1 = (b,c) \wedge v = (a, d_1) \wedge d_2 = (c, b) \wedge u = (a, d_2)) \end{array} \right)$$

并且

$$\left(\begin{array}{l} \forall a \in \mathrm{dom}(F_1(\vec{x}))\forall d_1 \in \mathrm{rng}(F_1(\vec{x}))\forall d_2 \in G_8(\mathrm{rng}(F_1(\vec{x}))) \\ \forall b \in \mathrm{dom}(\mathrm{rng}(F_1(\vec{x})))\forall c \in \mathrm{rng}(\mathrm{rng}(F_1(\vec{x})))\forall v \in F_1(\vec{x})\exists u \in y \\ ((d_1 = (b,c) \wedge v = (a, d_1) \wedge d_2 = (c, b)) \rightarrow u = (a, d_2)) \end{array} \right).$$

由此, 根据关于 F_1 的归纳假设之 (b), 上面的 (B7b), (B7′b), (B8b), 以及关于 g_1 的结论 (c), 我们得到关于 $G_9 \circ F_1$ 之结论 (c);

(B9d) $G_9 \circ F_1$ 具备可替换性 (由 (B9b) 以及引理 2.4 之 (2)).

(B10) $\mathrm{KP} \vdash (\forall \vec{x}\, \exists! y(y = G_{10}(F_1(\vec{x})) = \{(b, c, a) \mid (a, b, c) \in F_1(\vec{x})\}))$.

(B10a) 下述命题是 KP 的一个定理:

$$u \in G_{10}(F_1(\vec{x})) \leftrightarrow$$

$$\left(\begin{array}{l} \exists a \in \mathrm{dom}(F_1(\vec{x}))\exists d_1 \in \mathrm{rng}(F_1(\vec{x}))\exists b \in \mathrm{dom}(\mathrm{rng}(F_1(\vec{x})))\exists v \in F_1(\vec{x}) \\ \exists c \in \mathrm{rng}(\mathrm{rng}(F_1(\vec{x})))\exists d_2 \in G_2(\mathrm{rng}(\mathrm{rng}(F_1(\vec{x}))), \mathrm{dom}(F_1(\vec{x}))) \\ (d_1 = (b,c) \wedge v = (a, d_1) \wedge d_2 = (c, a) \wedge u = (b, d_2)) \end{array} \right).$$

由此, 根据关于 F_1 的归纳假设之 (b), 上面的 (B2b), (B7b), (B7′b), 以及关于 g_1 的结论 (c), 我们得到关于 $G_{10} \circ F_1$ 之结论 (a);

(B10b) 设 $\varphi(u, \vec{z})$ 是一个 Δ_0-表达式. 那么下述对等式是 KP 的一个定理:

$$(\exists u \in G_{10}(F_1(\vec{x}))\, \varphi(u, \vec{z})) \leftrightarrow$$

$$\left(\begin{array}{l} \exists a \in \mathrm{dom}(F_1(\vec{x}))\exists d_1 \in \mathrm{rng}(F_1(\vec{x}))\exists v \in F_1(\vec{x})\exists b \in \mathrm{dom}(\mathrm{rng}(F_1(\vec{x}))) \\ \exists c \in \mathrm{rng}(\mathrm{rng}(F_1(\vec{x})))\exists d_2 \in G_2(\mathrm{rng}(\mathrm{rng}(F_1(\vec{x}))),\mathrm{dom}(F_1(\vec{x}))) \\ (d_1=(b,c) \wedge v=(a,d_1) \wedge d_2=(c,a) \wedge u=(b,d_2) \wedge \varphi(u,\vec{z})) \end{array} \right).$$

由此, 根据关于 F_1 的归纳假设之 (b), 上面的 (B2b), (B7b), (B7′b), 以及关于 g_1 的结论 (c), 我们得到关于 $G_{10} \circ F_1$ 之结论 (b);

(B10c) $y = G_{10}(F_1(\vec{x})) \leftrightarrow \xi(\vec{x},y) \wedge \eta(\vec{x},y)$, 其中 $\xi(\vec{x},y)$ 为下述命题:

$$\left(\begin{array}{l} \forall u \in y \exists d_1 \in \mathrm{rng}(F_1(\vec{x}))\exists d_2 \in G_2(\mathrm{rng}(\mathrm{rng}(F_1(\vec{x}))),\mathrm{dom}(F_1(\vec{x}))) \\ \exists a \in \mathrm{dom}(F_1(\vec{x}))\exists b \in \mathrm{dom}(\mathrm{rng}(F_1(\vec{x})))\exists v \in F_1(\vec{x})\exists c \in \mathrm{rng}(\mathrm{rng}(F_1(\vec{x}))) \\ (d_1=(b,c) \wedge v=(a,d_1) \wedge d_2=(c,a) \wedge u=(b,d_2)) \end{array} \right),$$

$\eta(\vec{x},y)$ 则为下述命题:

$$\left(\begin{array}{l} \forall v \in F_1(\vec{x})\forall d_1 \in \mathrm{rng}(F_1(\vec{x}))\forall d_2 \in G_2(\mathrm{rng}(\mathrm{rng}(F_1(\vec{x}))),\mathrm{dom}(F_1(\vec{x}))) \\ \forall b \in \mathrm{dom}(\mathrm{rng}(F_1(\vec{x})))\forall c \in \mathrm{rng}(\mathrm{rng}(F_1(\vec{x})))\forall a \in \mathrm{dom}(F_1(\vec{x}))\exists u \in y \\ ((d_1=(b,c) \wedge v=(a,d_1) \wedge d_2=(c,a)) \to u=(b,d_2)) \end{array} \right).$$

由此, 根据关于 F_1 的归纳假设之 (b), 上面的 (B2b), (B7b), (B7′b), 以及关于 g_1 的结论 (c), 我们得到关于 $G_{10} \circ F_1$ 之结论 (c);

(B10d) $G_{10} \circ F_1$ 具备可替换性 (由 (B10b) 以及引理 2.4 之 (2)).

这就完成了归纳步的验算.

引理 2.5 于是得证.   □

现在我们来揭示哥德尔集合运算与传递集合上的可定义性之间的密切转化关系.

定义 2.8 称 M 关于基本哥德尔集合运算封闭当且仅当对于 $1 \leqslant i \leqslant 5$ 都有

$$\forall x \in M \, \forall y \in M \, (G_i(x,y) \in M \wedge G_{5+i}(x) \in M) .$$

称 M 关于哥德尔集合运算封闭当且仅当对于任意一个 $(n+1)$-元哥德尔集合运算 G 都有

$$\forall x_0 \in M \, \cdots \, \forall x_n \in M \, (G(x_0,\cdots,x_n) \in M) .$$

称 M 是在哥德尔集合运算下 X 的闭包, 记成 $M = \mathrm{cl}(X)$, 当且仅当 $X \subseteq M$, M 关于哥德尔集合运算封闭, 并且如果 $X \subseteq N$, N 也是关于哥德尔集合运算封闭的, 那么 $M \subseteq N$.

引理 2.6 (KP) 设 M 是一个传递集合.

(1) 如果 M 关于基本哥德尔集合运算封闭, 那么 M 关于哥德尔集合运算封闭.

(2) M 在哥德尔集合运算下的闭包存在.

证明 (1) 应用哥德尔集合运算 G 由基本哥德尔集合运算复合而成的复杂性的归纳法. 详细讨论留作练习.

(2) 这是因为 $G_i (1 \leqslant i \leqslant 10)$ 在 KP 之下都是 Δ_0-可定义的, 而 KP 具有 Δ_0-映像存在原理, 也就是说这 10 个函数在任何一个集合上的映像都存在. 再由递归定义定理, 就可以得到 M 在它们之下的闭包. □

对于哥德尔集合运算封闭的传递类而言, 它们会自动成为 Δ_0-分解原理的模型.

定理 2.3 如果 M 是一个关于哥德尔集合运算封闭的传递类, 那么 $(M, \in)$ 是 Δ_0-分解原理的模型.

证明 设 M 是一个关于哥德尔集合运算封闭的传递类.

设 $\varphi(v_0, \cdots, v_n)$ 是一个彰显自由变元的表达式. 设 $X, a_1, \cdots, a_n \in M$. 令

$$Y = \{a \in X \mid \varphi(a_1, \cdots, a_n, a)\}.$$

根据 Δ_0 相符性定理 1.19, 只需证明 $Y \in M$.

根据可计算性引理 2.2, 令 G 为一个 $(n+1)$-元哥德尔集合运算来实现等式:

$$G(X, \{a_1\}, \cdots, \{a_n\}) = \{(u, a_1, \cdots, a_n) \mid u \in X \wedge \varphi(a_1, \cdots, a_n, u)\}.$$

那么

$$Y = \{u \mid \exists x_1 \cdots \exists x_n ((u, x_1, \cdots, x_n) \in G(X, \{a_1\}, \cdots, \{a_n\}))\}$$
$$= \overbrace{\mathrm{dom} \cdots \mathrm{dom}}^{n} (G(X, \{a_1\}, \cdots, \{a_n\})).$$

由于 $(x, y) \mapsto \{x, y\}$ 是 G_1, $x \mapsto \mathrm{dom}(x)$ 是 G_7, 而 M 关于哥德尔运算是封闭的, 所以 $Y \in M$. □

下面的定理表明哥德尔运算对于传递模型的封闭性以及传递模型上的可定义性之间的密切转换关系.

定理 2.4 如果 M 是一个传递集合, 那么

$$\mathscr{D}(M) = \mathrm{cl}(M \cup \{M\}) \cap \mathfrak{P}(M).$$

证明 设 M 是一个传递集合 (不妨设 $M \neq \varnothing$).

设 $\varphi(v_0, \cdots, v_n)$ 是集合论纯语言的一个彰显自由变元的表达式. 那么它在 M 中的相对化结果 φ^M 就是一个 Δ_0-表达式. 根据可计算性引理 2.2, 令 G 为一个 $(n+1)$-元哥德尔集合运算来满足下述要求: 对于任意的 $(a_1, \cdots, a_n) \in M^n$, 都有

$$G(a_1, \cdots, a_n, M) = \{x \in M \mid \varphi^M(a_1, \cdots, a_n, x)\}.$$

由于 $\{x \in M \mid (M, \in) \models \varphi(a_1, \cdots, a_n, x)\} = \{x \in M \mid \varphi^M(a_1, \cdots, a_n, x)\}$, 所以

$$\{x \in M \mid (M, \in) \models \varphi(a_1, \cdots, a_n, x)\} = G(a_1, \cdots, a_n, M).$$

应用这一分析, 以及对于形式表达式复杂性的归纳法, 我们就得到这样的结论: 对于任意一个形式表达式 $\varphi(v_0, \cdots, v_n)$, 集合

$$\{x \in M \mid (M, \in) \models \varphi(a_1, \cdots, a_n, x)\}$$

一定在 $M \cup \{M\}$ 的哥德尔集合运算闭包之中. 这就证明了

$$\mathscr{D}(M) \subseteq \mathrm{cl}(M \cup \{M\}) \cap \mathfrak{P}(M).$$

设 G 是一个 $(n+1)$-元哥德尔集合运算, 即它是 $G_i \, (1 \leqslant i \leqslant 10)$ 的一个复合运算. 根据可定义性引理 (引理 2.5), 令 $\varphi(v_0, \cdots, v_n, v_{n+1})$ 为一个 Δ_0-表达式来满足要求: 对于任意的 N, 对于任意的 $a_1, \cdots, a_n$, 如果

$$X = G(N, a_1, \cdots, a_n),$$

那么 $X = \{z \mid \varphi(a_1, \cdots, a_n, N, z)\}$, 并且, 如果 $X \subseteq M$, M 是传递集合, 那么

$$X = \{z \in M \mid (M, \in) \models \psi(a_1, \cdots, a_n, z)\},$$

其中, ψ 是在表达式 $\varphi(a_1, \cdots, a_n, N, z)$ 中将有界存在量词 $\exists x \in N$ 替换成无界存在量词 $\exists x$ 之后所得到的结果. 这就表明:

$$\mathrm{cl}(M \cup \{M\}) \cap \mathfrak{P}(M) \subseteq \mathscr{D}(M). \qquad\qquad \square$$

应用哥德尔运算, 我们可以得到一个传递类成为 ZF 的一个内模型的很实用的特征.

定理 2.5　设 M 是一个传递类. 那么 M 是 ZF 的一个传递模型当且仅当下列两个命题同时成立:

(a) M 关于哥德尔运算是封闭的;

(b) M 具有**可覆盖性**: 如果 $X \subset M$ 是一个集合, 那么 $\exists Y \in M \, (X \subseteq Y)$.

证明　(必要性) 由于基本哥德尔运算的定义关于传递类是绝对的, 任何 ZF 的内模型必然关于它们是封闭的. 如果 $X \subset M$ 是一个集合, 令 α 为满足等式 $X \subseteq V_\alpha \cap M$ 的序数. 那么 $V_\alpha^M = V_\alpha \cap M$, 所以 $Y = V_\alpha \cap M \in M$ 即为所求.

(充分性) 设 M 是一个关于哥德尔集合运算封闭并且具有覆盖性的传递类. 处理分解原理之外的其他公理的验证完全如 L 是 ZF 的内模型 (定理 2.2) 的证明, 只不过在讨论中应用覆盖性特点. 我们将此留作练习. 下面我们来验证分解原理在 M 中成立.

分解原理: 设 $X, a_0, \cdots, a_n \in M$. 令

$$Y = \{u \in X \mid \varphi^M(a_0, \cdots, a_n, u)\}.$$

我们来证明 $Y \in M$.

设 $\varphi(v_0, \cdots, v_{n+1})$ 有 k 个量词. 令 $\tilde{\varphi}(v_0, \cdots, v_{n+1}, Y_1, \cdots, Y_k)$ 为对 φ 实施下列操作后得到的 Δ_0-表达式: 将量词 $\exists x$ (或者 $\forall x$) 替换成 $\exists x \in Y_j$ (或者 $\forall x \in Y_j$) $(1 \leqslant j \leqslant k)$.

对于 k 施归纳, 我们来证明:

断言 对于具有 k 个量词的表达式

$$\varphi(v_0, \cdots, v_{n+1}),$$

以及 $X \in M$, 一定存在 $Y_1, \cdots, Y_k \in M$ 来见证下列事实: 对于 $a_0, \cdots, a_n \in X$, 必有

$$\varphi^M[a_0, \cdots, a_n] \leftrightarrow \tilde{\varphi}[a_0, \cdots, a_n, Y_1, \cdots, Y_k].$$

假设此断言成立, 那么

$$Y = \{u \in X \mid \tilde{\varphi}(a_0, \cdots, a_n, Y_1, \cdots, Y_k, u)\}.$$

由于 M 关于哥德尔运算是封闭的, 根据定理 2.3, M 是 Δ_0-分解原理的模型, 所以 $Y \in M$.

我们现在来证明上述断言.

当 $k = 0$ 时, $\tilde{\varphi}$ 就是 φ.

对于归纳步骤, 设 $\varphi(u)$ 为 $(\exists v\, \psi(u, v))$, 其中 ψ 有 k 个量词. 令 $\tilde{\varphi}$ 为

$$\left(\exists v \in Y_{k+1}\left(\tilde{\psi}(u, v, Y_1, \cdots, Y_k)\right)\right).$$

令 $X \in M$. 我们需要在 M 中找到 $Y_1, \cdots, Y_k, Y_{k+1}$ 来保证对于 $u \in X$, 必有

$$(\exists v\, \psi(u, v))^M \iff \left(\exists v \in Y_{k+1}\left(\tilde{\psi}(u, v, Y_1, \cdots, Y_k)\right)\right).$$

考虑表达式 $v \in M \wedge \psi^M(u, v)$. 根据 M 中已经被证明的收集原理, 我们得到一个集合 M_1 来满足下述要求: $X \subseteq M_1 \subset M$ 并且对于 $u \in X$ 必定有

$$(\exists v \in M\, (\psi^M(u, v))) \iff (\exists v \in M_1\, (\psi^M(u, v))).$$

因为 M 具备可覆盖性, 令 $Y \in M$ 来覆盖 M_i. 于是, 对于 $u \in X$, 就有

$$(\exists v \in M\, (\psi^M(u, v))) \iff (\exists v \in Y\, (\psi^M(u, v))).$$

根据归纳假设, 对于此 $Y \in M$, 就有 $Y_1, \cdots, Y_k \in M$ 来保证对于 $u, v \in Y$, 必有

$$\psi^M(u, v) \iff \tilde{\psi}(u, v, Y_1, \cdots, Y_k).$$

这样, 就令 $Y_{k+1} = Y$. 由于 $X \subset Y$, 我们有: 对于 $u \in X$, 下列对等关系成立:

$$(\exists v\, \psi(u,v))^M \iff (\exists v \in M\, (\psi^M(u,v)))$$
$$\iff (\exists v \in Y_{k+1}\, (\psi^M(u,v)))$$
$$\iff \left(\exists v \in Y_{k+1}\, \left(\tilde{\psi}\,(u,v,Y_1,\cdots,Y_k)\right)\right).$$

这就完成归纳步骤.

断言于是得证.   □

在对可构造集合论域 L 的精细分析中, 鄂森将哥德尔集合运算中的一组分离出来以更为直接的计算从一个传递集合得到一个具有很好封闭性的传递集合. 下面我们引进这一组哥德尔基本集合运算的简单复合结果作为新的基本集合运算. 下面的引理保证这些集合运算可以在舒适集合论 KP (甚至更弱一些的集合理论) 中引进.

引理 2.7   (0) $\mathrm{KP} \vdash (\forall x \forall y \exists ! z\, (z = \{x,y\}))$;

(1) $\mathrm{KP} \vdash (\forall x \forall y \exists ! z\, (z = (x,y) = \{\{x\},\{x,y\}\}))$;

(2) $\mathrm{KP} \vdash (\forall x \forall y \exists ! z\, (z = \bigcup x = \{a \mid \exists u \in x\, a \in u\}))$;

(3) $\mathrm{KP} \vdash (\forall x \forall y \exists ! z\, (z = x - y = \{a \in x \mid a \notin y\}))$;

(4) $\mathrm{KP} \vdash (\forall x \forall y \exists ! z\, (z = x \times y = \{(a,b) \mid a \in x\, \wedge\, b \in y\}))$;

(5) $\mathrm{KP} \vdash (\forall x \forall y \exists ! z\, (z = x[\{y\}] = \{u \in \bigcup\bigcup x \mid (y,u) \in x\}))$;

(6) $\mathrm{KP} \vdash (\forall x \forall y \exists ! z\, (z = \mathrm{dom}(x) = \{a \in \bigcup\bigcup x \mid \exists u \in x\, \exists b \in \bigcup u\, ((a,b) = u)\}))$;

(7) $\mathrm{KP} \vdash (\forall x \forall y \exists ! z\, (z = \{x[\{z\}] \mid z \in y\}))$;

(8) $\mathrm{KP} \vdash (\forall x \forall y \exists ! z\, (z = \epsilon(x,y) = \{(a,b) \in x \times y \mid a \in b\}))$;

(9) $\mathrm{KP} \vdash (\forall x \forall y \exists ! z\, (z = \{(a,b) \in x \times y \mid a = b\}))$;

(10) $\mathrm{KP} \vdash (\forall x \forall y \exists ! z\, (z = \{(u,z,v) \in (\bigcup\bigcup y) \times x \times (\bigcup\bigcup y) \mid z \in x \wedge (u,v) \in y\}))$;

(11) $\mathrm{KP} \vdash (\forall x \forall y \exists ! z\, (z = \{(u,v,z) \in (\bigcup\bigcup y) \times (\bigcup\bigcup y) \times x \mid z \in x \wedge (u,v) \in y\}))$;

(12) $\mathrm{KP} \vdash (\forall x \forall y \exists ! z\, (z = ((y)_0, x, (y)_1)))$;

(13) $\mathrm{KP} \vdash (\forall x \forall y \exists ! z\, (z = (x, (y)_0, (y)_1)))$;

(14) $\mathrm{KP} \vdash (\forall x \forall y \exists ! z\, (z = \{(y)_1, ((y)_0, x)\}))$;

(15) $\mathrm{KP} \vdash (\forall x \forall y \exists ! z\, (z = \{(y)_1, (x, (y)_0)\}))$;

(16) $\mathrm{KP} \vdash (\forall x \forall y \exists ! z\, (z = \{(x,y)\}))$.

在上述表达式中: $(x)_0 = a$ 当且仅当 x 是一个有序对并且 $\exists b \in \bigcup x(x = (a,b))$, 以及 $(x)_1 = b$ 当且仅当 x 是一个有序对并且 $\exists a \in \bigcup x(x = (a,b))$. 当 x 不是一个有序对时, $(x)_0 = (x)_1 = \varnothing$. 同样地, 在上述定义中, 如果 y 不是一个有序对, 那么相应的运算便输出 $\varnothing$ 作为其默认值.

证明　(0),(1) 和 (16) 由配对公理和同一律得到.

(2) 由并集公理和同一律得到.

(3) 由 Δ_0-分解原理得到.

(4) 由前面的笛卡尔乘积定理 (定理 1.2) 给出.

(5) 和 (6) 由并集公理、配对公理以及 Δ_0-分解原理得到.

(7) 由 Δ_0-收集原理得到.

(8) 和 (9) 由 (4) 和 Δ_0-分解原理得到.

(10) 和 (11) 由并集公理以及 Δ_0-分解原理得到.

(12) 由 Δ_0-分解原理和直接计算得到: 给定集合 x 和 y. 令

$$a_1 = \left\{ (a,x) \in \left(\bigcup y\right) \times \{x\} \,\Big|\, (\exists u \in y \exists b \in u\,(y = (a,b))) \right\}$$

以及

$$a_2 = \left\{ b \in \left(\bigcup y\right) \,\Big|\, (\exists u \in y \exists a \in u\,(y = (a,b))) \right\}.$$

然后令 $z = \{a_1, a_1 \cup a_2\}$. 由此得到 (12).

类似地, 可得 (13)—(15). □

依据上面的引理 2.7, 我们定义下面的 17 种简朴集合运算:

定义 2.9(简朴二元集合运算)　我们如下定义 17 种基本简朴集合运算:

(1) $\mathscr{F}_0(x,y) = \{x,y\}$;

(2) $\mathscr{F}_1(x,y) = (x,y) = \{\{x\},\{x,y\}\}$;

(3) $\mathscr{F}_2(x,y) = \bigcup x = \{a \mid \exists u \in x\, a \in u\}$;

(4) $\mathscr{F}_3(x,y) = x - y = \{a \in x \mid a \notin y\}$;

(5) $\mathscr{F}_4(x,y) = x \times y = \{(a,b) \mid a \in x \,\wedge\, b \in y\}$;

(6) $\mathscr{F}_5(x,y) = x[\{y\}] = \{u \in \bigcup\bigcup x \mid (y,u) \in x\}$;

(7) $\mathscr{F}_6(x,y) = \mathrm{dom}(x) = \{a \in \bigcup\bigcup x \mid \exists u \in x\, \exists b \in \bigcup u\,((a,b) = u)\}$;

(8) $\mathscr{F}_7(x,y) = \{x[\{z\}] \mid z \in y\}$;

(9) $\mathscr{F}_8(x,y) = \epsilon(x,y) = \{(a,b) \in x \times y \mid a \in b\}$;

(10) $\mathscr{F}_9(x,y) = \{(a,b) \in x \times y \mid a = b\}$;

(11) $\mathscr{F}_{10}(x,y) = \left\{ (u,z,v) \in \left(\bigcup\bigcup y\right) \times x \times \left(\bigcup\bigcup y\right) \,\Big|\, z \in x \,\wedge\, (u,v) \in y \right\}$;

(12) $\mathscr{F}_{11}(x,y) = \left\{ (z,u,v) \in x \times \left(\bigcup\bigcup y\right) \times \left(\bigcup\bigcup y\right) \,\Big|\, z \in x \,\wedge\, (u,v) \in y \right\}$;

(13) $\mathscr{F}_{12}(x,y) = ((y)_0, x, (y)_1) = (((y)_0, x), (y)_1)$;

(14) $\mathscr{F}_{13}(x,y) = (x, (y)_0, (y)_1) = ((x, (y)_0), (y)_1)$;

(15) $\mathscr{F}_{14}(x,y) = \{(y)_1, ((y)_0, x)\}$;

(16) $\mathscr{F}_{15}(x,y) = \{(y)_1, (x, (y)_0)\}$;

(17) $\mathscr{F}_{16}(x,y) = \{(x,y)\}$.

前面的 10 种集合运算的设计意图是自然而清楚的. 后面的集合运算的设计意图则需要简单解释一下. 运算 $\mathscr{F}_{10}$ 和 $\mathscr{F}_{11}$ 是为了解决 n-元组构造中的不对称问题而设置的. 按照我们的 "左结合约定", 比如说, 三元组和四元组按照下述顺序构成:

$$(x_1, x_2, x_3) = ((x_1, x_2), x_3); \quad (x_1, x_2, x_3, x_4) = (((x_1, x_2), x_3), x_4),$$

而 (x_1, x_2, x_3) 既不能够由给定的 x_1 和 (x_2, x_3) 经过前 10 种集合运算复合得到, 也不能由给定的 x_2 和 (x_1, x_3) 经过前 10 种集合运算复合得到; 类似地, (x_1, x_2, x_3, x_4) 既不能由 x_1 和 (x_2, x_3, x_4) 经过前 10 种集合运算得到, 也不能由给定的 x_3 和 (x_1, x_2, x_4) 经过前 10 种集合运算得到. 运算 $\mathscr{F}_{10}$ 和 $\mathscr{F}_{11}$ 便是为满足这样的需要而设计. 后面我们会看到这两个运算在系统有效地解决对表达式实施变元替换之后所面临的真实性问题中的作用. 运算 $\mathscr{F}_{12}, \mathscr{F}_{13}, \mathscr{F}_{14}, \mathscr{F}_{15}$ 和 $\mathscr{F}_{16}$ 则是为了保证在经过这些集合运算之后能够从传递集合依旧得到传递集合而设计, 也就是为了满足保持传递性的需要而设计. 由于我们适用左结合律来定义三元组 $(a, b, c) = ((a, b), c)$, 我们添加 $\mathscr{F}_{16}$ 为了简化讨论. 事实上, 这些集合运算完全是为了将非空传递集合之上依照逻辑概念求得的可定义子集用集合运算这样的 "代数方式" 计算出来. 这样一来, 就传递集合而言, 我们将看到用逻辑方式求子集与经过代数方式求子集是完全等价的两种行为. 当然, 更为重要的是这种代数方式可以被用来证明 "可构造集合" 这一概念对于内模型而言具备不变性或者绝对性.

引理 2.7 表明: 对于 $i < 17$ 都有

$$\mathrm{KP} \vdash (\forall x \forall y \exists! z \, (z = \mathscr{F}_i(x, y))).$$

与可计算性引理 2.2 一样, 每一个 Δ_0 可定义的集合也都是简朴运算可计算的.

引理 2.8　(1) 设 $\theta(v_0, \cdots, v_n)$ 是一个彰显自由变元的 Δ_0-表达式. 那么一定存在一个简朴集合运算 $F_\theta(x_0, \cdots, x_n)$ 来计算下述等式:

$$F_\theta(a_0, \cdots, a_n) = \{(x_0, \cdots, x_n) \in a_0 \times \cdots \times a_n \mid \theta(x_0, \cdots, x_n)\}.$$

(2) 设 $\theta(v_0, \cdots, v_n)$ 是一个彰显自由变元的 Δ_0-表达式. 那么对于 $0 \leqslant i \leqslant n$, 一定存在一个简朴集合运算

$$(x_0, \cdots, x_n) \mapsto F'_\theta(x_0, \cdots, x_n)$$

来计算下述等式:

$$F'_\theta(a, x_0 \cdots, x_{i-1}, x_{i+1}, \cdots, x_n) = \{x_i \in a \mid \theta(x_0, \cdots, x_n)\}.$$

证明　(练习.)　　　　　　　　　　　　　　　　　　　　　　　　　　　　　　$\square$

引理 2.9 对于 $i < 17$ 在 KP 基础上都有

(a) 关系 $u \in \mathscr{F}_i(x_1, x_2)$ 与一个 Δ_0-表达式对等;

(b) 如果 φ 是一个 Δ_0-表达式, 那么表达式

$$(\forall u \in \mathscr{F}_i(x_1, x_2)\, \varphi) \text{ 以及 } (\exists u \in \mathscr{F}_i(x_1, x_2)\, \varphi)$$

也分别与一个 Δ_0-表达式对等;

(c) 等式 $y = \mathscr{F}_i(x_1, x_2)$ 与一个 Δ_0-表达式对等; 从而 $\mathscr{F}_i$ 一定可以在 KP 基础之上由一个 Δ_0-表达式依定义引进;

(d) $\mathscr{F}_i$ 具备可替换性.

证明 直接计算表明这些 $\mathscr{F}_i (i < 17)$ 都是哥德尔集合运算. 引理直接由引理 2.5 得到. □

定义 2.10 集合运算 $F : V^n \to V$ 是一个**简朴集合运算**当且仅当 F 是由一系列上述定义之 17 个简朴二元运算复合所得的结果.

引理 2.10 在 KP 基础上, 如果 $\mathscr{F}$ 是一个 n-元简朴集合运算, 那么

(a) 关系 $u \in \mathscr{F}(x_1, \cdots, x_n)$ 与一个 Δ_0-表达式对等;

(b) 如果 φ 是一个 Δ_0-表达式, 那么表达式

$$(\forall u \in \mathscr{F}(x_1, \cdots, x_n)\, \varphi) \text{ 以及 } (\exists u \in \mathscr{F}(x_1, \cdots, x_n)\, \varphi)$$

也分别与一个 Δ_0-表达式对等;

(c) 等式 $y = \mathscr{F}(x_1, \cdots, x_n)$ 与一个 Δ_0-表达式对等; 从而 $\mathscr{F}$ 一定可以在 KP 基础之上由一个 Δ_0-表达式依定义引进;

(d) $\mathscr{F}$ 具备可替换性.

证明 应用简朴函数复合的复杂性的归纳法, 即可验证每一个简朴函数也都是一个哥德尔集合运算. 引理的结论由引理 2.5 得到. □

虽然简朴运算都是在 KP 之上 Δ_0-可定义的, 但是反过来未必成立, 正如下面的例子所表明的.

例 2.1 常值函数 $F(x) = \omega$ 是一个在 KP 之上 Δ_0-可定义的函数:

$$y = F(x) \leftrightarrow \left(\begin{array}{l} \mathrm{Ord}(y) \wedge 0 < y \wedge (\forall z \in y\,((z \cup \{z\}) \in y)) \\ \wedge\, (\forall z \in y\,(y = 0 \vee \exists u \in z\,(z = u \cup \{u\}))) \end{array} \right).$$

但是 F 不是一个简朴运算, 因为简朴运算计算的结果的秩的增幅是有限的 (参见练习 2.10).

现在我们转入关于引进这些基本简朴集合运算理由的正题: 它们的映像函数的复杂性分析.

引理 2.11　(1) 对于 $i < 17$, 都有

(a) $\mathrm{KP} \vdash (\forall x \forall y \exists! z\, (z = \mathscr{F}_i[x \times y]))$;

(b) 令 $\mathscr{F}_i^*(x, y) = \mathscr{F}_i[x \times y]$. 那么 $\mathscr{F}_i^*$ 是一个简朴集合运算.

(2) 如果 $\mathscr{F}$ 是一个 n-元简朴集合运算, 那么

(a) $\mathrm{KP} \vdash (\forall x_1 \cdots \forall x_n \exists! z\, (z = \mathscr{F}[x_1 \times \cdots \times x_n]))$;

(b) 令 $\mathscr{F}^*(x_1, \cdots, x_n) = \mathscr{F}[x_1 \times \cdots \times x_n]$, 则 $\mathscr{F}^*$ 是一个简朴集合运算.

证明　(1)(a) 设 u 和 v 为任意两个给定的集合.

当 $i = 0$ 时: 令 $W = \{\{x, y\} \mid x \in u \cup v \wedge y \in u \cup v\}$. 那么

$$\mathscr{F}_0[u \times v] = \{\{x, y\} \in W \mid x \in u \wedge y \in v\}.$$

当 $i = 1$ 时: $\mathscr{F}_1[u \times v] = u \times v$.

当 $i = 2$ 时: $\mathscr{F}_2[u \times v] = \{\bigcup x \mid x \in u\}$.

当 $i = 3$ 时: 令 $W_3 = \{((x, y), t) \mid x \in u \wedge y \in v \wedge t \in x - y\}$. 那么

$$W_3 = \Big\{ ((x, y), t) \in (u \times v) \times \bigcup u \;\Big|\; t \in x - y \Big\}.$$

于是 $\mathscr{F}_3[u \times v] = \mathscr{F}_7(W_3, u \times v)$.

当 $i = 4$ 时: 令 $W_4 = \{((x, y), t) \mid x \in u \wedge y \in v \wedge t \in x \times y\}$. 那么

$$W_4 = \Big\{ ((x, y), t) \in (u \times v) \times \Big(\bigcup u \times \bigcup v\Big) \;\Big|\; t \in x \times y \Big\}.$$

因此, $\mathscr{F}_4[u \times v] = \mathscr{F}_7(W_4, u \times v)$.

当 $i = 5$ 时: 令 $W_5 = \{((x, y), t) \mid x \in u \wedge y \in v \wedge t \in x[\{y\}]\}$. 那么

$$W_5 = \Big\{ ((x, y), t) \in (u \times v) \times \Big(\bigcup\bigcup\bigcup u\Big) \;\Big|\; t \in x[\{y\}] \Big\}.$$

由此 $\mathscr{F}_5[u \times v] = \mathscr{F}_7(W_5, u \times v)$.

当 $i = 6$ 时: 令 $W_6 = \{((x, y), t) \mid x \in u \wedge y \in v \wedge t \in \mathrm{dom}(x)\}$. 那么

$$W_6 = \Big\{ ((x, y), t) \in (u \times v) \times \Big(\bigcup\bigcup\bigcup u\Big) \;\Big|\; t \in \mathrm{dom}(x) \Big\}.$$

于是 $\mathscr{F}_6[u \times v] = \mathscr{F}_7(W_6, u \times v)$.

当 $i = 7$ 时: 令 $W_7 = \{((x, y), t) \mid x \in u \wedge y \in v \wedge t \in \mathscr{F}_7(x, y)\}$. 那么

$$W_7 = \Big\{ ((x, y), t) \in (u \times v) \times \mathscr{F}_5\Big[u \times \bigcup v\Big] \;\Big|\; t \in \mathscr{F}_7(x, y) \Big\}.$$

因此 $\mathscr{F}_7[u \times v] = \mathscr{F}_7(W_7, u \times v)$.

当 $i = 8$ 时: 令 $W_8 = \{((x, y), t) \mid x \in u \wedge y \in v \wedge t \in \mathscr{F}_8(x, y)\}$. 那么

$$W_8 = \Big\{ ((x, y), t) \in (u \times v) \times \Big(\bigcup u \times \bigcup u\Big) \;\Big|\; t \in \mathscr{F}_8(x, y) \Big\}.$$

于是, $\mathscr{F}_8[u \times v] = \mathscr{F}_7(W_8, u \times v)$.

当 $i = 9$ 时: 令 $W_9 = \{((x,y),t) \mid x \in u \wedge y \in v \wedge t \in \mathscr{F}_9(x,y)\}$. 那么

$$W_9 = \left\{ ((x,y),t) \in (u \times v) \times \left(\bigcup u \times \bigcup u \right) \;\middle|\; t \in \mathscr{F}_9(x,y) \right\}.$$

这样, $\mathscr{F}_9[u \times v] = \mathscr{F}_7(W_9, u \times v)$.

当 $i = 10$ 时: 令

$$W_{10} = \{((x,y),t) \mid x \in u \wedge y \in v \wedge (\exists m \in x \, \exists(a,b) \in y \, (t = (a,m,b)))\}.$$

令 $U_{10} = (u \times v) \times \left(\bigcup\bigcup\bigcup v \times \bigcup u \times \bigcup\bigcup\bigcup v \right)$. 那么

$$W_{10} = \{((x,y),t) \in U_{10} \mid \exists m \in x \, \exists(a,b) \in y \, (t = (a,m,b))\}.$$

因此, $\mathscr{F}_{10}[u \times v] = \mathscr{F}_7(W_{10}, u \times v)$.

当 $i = 11$ 时: 令

$$W_{11} = \{((x,y),t) \mid x \in u, \wedge y \in v \wedge (\exists m \in x \, \exists(a,b) \in y \, (t = (a,b,m)))\}.$$

令 $U_{11} = (u \times v) \times \left(\bigcup\bigcup\bigcup v \times \bigcup\bigcup\bigcup v \times \bigcup u \right)$. 那么

$$W_{11} = \{((x,y),t) \in U_{11} \mid \exists m \in x \, \exists(a,b) \in y \, (t = (a,b,m))\}.$$

于是, $\mathscr{F}_{11}[u \times v] = \mathscr{F}_7(W_{11}, u \times v)$.

当 $i = 12$ 时: 令 $W_{12} = \{((x,y),t) \mid x \in u \wedge y \in v \wedge t \in \mathscr{F}_{12}(x,y)\}$. 令

$$U_{12} = (u \times v) \times \left(\bigcup\bigcup\bigcup v \times \bigcup u \times \bigcup\bigcup\bigcup v \right).$$

$$W_{12} = \left\{ ((x,y),t) \in U_{12} \;\middle|\; \exists a \bigcup y \, \exists b \in \bigcup y \, ((y = (a,b)) \wedge t = (a,x,b)) \right\}.$$

由此, $\mathscr{F}_{12}[u \times v] = \mathscr{F}_7(W_{12}, u \times v)$.

当 $i = 13$ 时: 令 $W_{13} = \{((x,y),t) \mid x \in u \wedge y \in v \wedge t \in \mathscr{F}_{13}(x,y)\}$. 令

$$U_{13} = (u \times v) \times \left(\bigcup\bigcup\bigcup v \times \bigcup\bigcup\bigcup v \times \bigcup u \right).$$

那么

$$W_{13} = \left\{ ((x,y),t) \in U_{13} \;\middle|\; \exists a \cup y \, \exists b \in \bigcup y \, ((y = (a,b)) \wedge t = (a,b,x)) \right\}.$$

因此, $\mathscr{F}_{13}[u \times v] = \mathscr{F}_7(W_{13}, u \times v)$.

当 $i = 14$ 时: 令 $W_{14} = \{((x,y),t) \mid x \in u \wedge y \in v \wedge t \in \mathscr{F}_{14}(x,y)\}$. 令

$$U_{14} = (u \times v) \times \mathscr{F}_0 \left[\bigcup\bigcup\bigcup v \times \left(\bigcup\bigcup\bigcup v \times \bigcup u \right) \right].$$

那么,

$$W_{14} = \left\{ ((x,y),t) \in U_{14} \ \Big| \ \exists a \cup y \exists b \in \bigcup y \, ((y = (a,b)) \wedge t = \{a, (b,x)\}) \right\}.$$

于是, $\mathscr{F}_{14}[u \times v] = \mathscr{F}_7 (W_{14}, u \times v)$.

当 $i = 15$ 时: 令 $W_{15} = \{((x,y),t) \mid x \in u \wedge y \in v \wedge t \in \mathscr{F}_{15}(x,y)\}$. 令

$$U_{15} = (u \times v) \times \mathscr{F}_0 \left[\bigcup\bigcup\bigcup v \times \left(\bigcup u \times \bigcup\bigcup\bigcup v \right) \right].$$

那么,

$$W_{15} = \left\{ ((x,y),t) \in U_{15} \ \Big| \ \exists a \cup y \exists b \in \bigcup y \, ((y = (a,b)) \wedge t = \{a, (x,b)\}) \right\}.$$

因此, $\mathscr{F}_{15}[u \times v] = \mathscr{F}_7 (W_{15}, u \times v)$.

当 $i = 16$ 时: $\mathscr{F}_{16}[u \times v] = \{\{(x,y)\} \mid (x,y) \in u \times v\}$.

(b) 在 (a) 的证明中所定义的 W_j 都是 $\Delta_0(\{u,v\})$ 集合, 因此也都是简朴运算可计算的集合. 综合起来就得知 $\mathscr{F}_i^*(u,v)$ 是简朴运算.

(2) 应用复合复杂性的归纳法. 详细计算就留作练习. □

定义 2.11　设 M 是一个非空集合.

(1) 称 M 是简朴运算封闭的当且仅当如果 $\mathscr{F}$ 是一个 n-元简朴集合运算,

$$(x_1, \cdots, x_n) \in M^n,$$

那么 $\mathscr{F}(x_1, \cdots, x_n) \in M$.

(2) 称 $X \supseteq M$ 是 M 的**简朴运算闭包**当且仅当 X 是简朴运算封闭的, 并且若 $Y \supseteq M$ 是简朴运算封闭的, 则 $X \subseteq Y$.

(3) $Y = \mathrm{cl}_J(M)$ 当且仅当 Y 是 M 的简朴运算闭包.

现在我们来引进一个特别的简朴运算.

定义 2.12(𝕊-运算)　如下定义 4 个一元运算:

(0) $\mathbb{S}_0(x) = \bigcup\{\mathscr{F}_i[x \times x] \mid 0 \leqslant i \leqslant 16\}$.

(1) $\mathbb{S}(x) = \mathbb{S}_0(x \cup \{x\}) = \bigcup\{\mathscr{F}_i[(x \cup \{x\}) \times (x \cup \{x\})] \mid 0 \leqslant i \leqslant 16\}$.

(2) 对于 $1 \leqslant n < \omega$, $\mathbb{S}^{n+1}(x) = \mathbb{S}(\mathbb{S}^n(x))$.

(3) $\mathrm{JP}(x) = \bigcup\{\mathbb{S}^n(x) \mid 1 \leqslant n < \omega\}$.

引理 2.12　(1) $\mathrm{KP} \vdash \forall x \exists! y (y = \mathbb{S}_0(x))$;

(2) $\mathrm{KP} \vdash \forall x \exists y (y = \mathbb{S}(x))$;

(3) $\mathbb{S}_0, \mathbb{S}$ 以及对于固定的正整数 $n, \mathbb{S}^n$ 都是简朴集合运算.

引理 2.13　(1) 如果 U 是非空传递集合, 那么 $U \cup \{U\}$ 也是传递集合;

(2) 如果 U 是非空传递集合, 那么 $\mathbb{S}_0(U)$ 也是传递集合;

(3) 如果 U 是非空传递集合, 那么 $\mathbb{S}(U)$ 和 $\mathrm{JP}(U)$ 也都是传递集合.

证明 只需证明 (2), 因为由 (2) 以及归纳法即得到每一个 $\mathbb{S}^{n+1}(U)$ 都是传递集合, 从而得到 $JP(U)$ 是传递集合. 现在我们来证明 (2).

令 $W = \mathbb{S}_0(U) = \bigcup\{\mathscr{F}_i[U \times U] \mid 0 \leqslant i \leqslant 16\}$. 需要验证 W 是传递的. 也就是说, 我们需要验证: 对于 $i < 16$, 对于 $(x,y) \in U \times U$, 总有 $\mathscr{F}_i(x,y) \subset W$.

为此, 设 $(x,y) \in U \times U$. 我们来分别验证 $\mathscr{F}_i(x,y) \subset W$.

先来注意一个基本事实: $U \subseteq W$, 设 $x \in U$. 因为 U 是非空传递的, 那么由 $\in$-极小原理, $\varnothing \in U$, 所以 $(x,\varnothing) \in U \times U$. 因此, $x = \mathscr{F}_3(x,\varnothing) = x - \varnothing \in \mathscr{F}_3[U \times U] \subset W$.

(0) $\mathscr{F}_0(x,y) = \{x,y\} \subseteq U \subseteq W$.

(1) 因为 $\mathscr{F}_0(x,x) = \{x\} \in W$ 以及 $\mathscr{F}_0(x,y) = \{x,y\} \in W$, 所以

$$\mathscr{F}_1(x,y) = (x,y) = \{\{x\},\{x,y\}\} \subset W.$$

(2) $\mathscr{F}_2(x,y) = \bigcup x \subseteq U \subseteq W$.

(3) $\mathscr{F}_3(x,y) = x - y \subseteq U \subseteq W$.

(4) 对于 $a \in x$ 以及 $b \in y$, 根据 U 的传递性, 必有 $a \in U$ 以及 $b \in U$. 因此 $\mathscr{F}_1(a,b) = (a,b) \in W$. 由此得到 $\mathscr{F}_4(x,y) = x \times y \subseteq W$.

(5) 如果 $z \in x[\{y\}]$, 那么 $(y,z) \in x$, 因而由 U 的传递性, $(y,z) \in U$, 从而, $\{y,z\} \in U$; 再次应用 U 的传递性就得到 $z \in U \subseteq W$. 于是, $\mathscr{F}_5(x,y) = x[\{y\}] \subset W$.

(6) 设 $z \in \text{dom}(x)$. 令 a 满足要求 $(z,a) \in x$. 那么 $(z,a) \in U$. 从而, $\{z\} \in U$; 再由 U 的传递性, $z \in U \subseteq W$. 这就表明 $\mathscr{F}_6(x,y) \subset W$.

(7) 设 $z \in y$. 那么 $z \in U$ 以及 $\mathscr{F}_5(x,z) = x[\{z\}] \in W$. 因此, $\mathscr{F}_7(x,y) \subseteq W$.

(8) 由于 $U \times U = \mathscr{F}_1[U \times U] \subseteq W$, $F_8(x,y) \subseteq W$ 以及 $F_9(x,y) \subseteq W$.

(9) 设 $z \in x \in U$ 以及 $(a,b) \in y \in U$. 那么 $z \in U$, $(a,b) \in U$. 因此

$$(a,z,b) = \mathscr{F}_{12}(z,(a,b)) \in \mathscr{F}_{12}[U \times U] \subset W$$

以及 $(z,a,b) = \mathscr{F}_{13}(z,(a,b)) \in \mathscr{F}_{13}[U \times U] \subset W$. 也就是说, $F_{10}(x,y) \subseteq W$ 以及 $F_{11}(x,y) \subseteq W$.

(10) 假设 y 是一个有序对. 那么 $(y)_0 \in U$, 从而 $\mathscr{F}_{16}(x,(y)_0) = \{(x,(y)_0)\} \in W$, 以及

$$\mathscr{F}_{16}((y)_0,x) = \{((y)_0,x)\} \in W.$$

又因为 $\{((y)_0,x),(y)_1\} = \mathscr{F}_{14}(x,y) \in W$, 以及 $\{(y)_1,(x,(y)_0)\} = \mathscr{F}_{15}(x,y) \in W$, 所以

$$\mathscr{F}_{12}(x,y) = ((y)_0,x,(y)_1) = \{\{((y)_0,x)\},\{((y)_0,x),(y)_1\}\} \subset W$$

以及

$$\mathscr{F}_{13}(x,y) = (x,(y)_0,(y)_1) = \{\{(x,(y)_0)\},\{(x,(y)_0),(y)_1\}\} \subset W.$$

(11) 对于 $(x,y) \in U \times U$, 由于 $(y)_0 \in U$, $(y)_1 \in U$, 以及 $U \times U \subseteq W$, 所以

$$\mathscr{F}_{14}(x,y) \cup \mathscr{F}_{15}(x,y) \cup \mathscr{F}_{16}(x,y) \subseteq W.$$

综上所述, W 是一个传递集合. □

定理 2.6 (KP) 设 M 是一个非空传递集合.

(1) JP(M) 是简朴运算封闭的;

(2) JP(M) 是 $M \cup \{M\}$ 的简朴运算闭包;

(3) $\mathscr{D}(M) = \{A \in \mathrm{JP}(M) \mid A \subseteq M\}$.

证明 (练习. 参照定理 2.4 的证明.) □

引理 2.14 (1) 表达式 $y = \mathrm{cl}_J(x)$ 在 KP 基础上是一个 Δ_1-表达式;

(2) 表达式 $((\forall z \in x \forall u \in z\, (u \in x)) \wedge y = \mathscr{D}(x))$ 在 KP 基础上是一个 Δ_1-表达式.

证明 (1) 在 KP 基础上, 表达式 $y = \mathrm{cl}_J(x)$ 对等于如下 Σ_1-表达式:

$$\exists f \left(\begin{array}{l} \mathbf{HS}(f) \wedge \mathrm{dom}(f) = \omega \wedge y = \bigcup \mathrm{rng}(f) \wedge f(0) = x \wedge \\ (\forall n \in \omega\, (f(n+1) = f(n) \cup \{\mathscr{F}_i(u,v) \mid u \in f(n) \wedge v \in f(n) \wedge i < 17\})) \end{array} \right).$$

由于 KP $\vdash (\forall x \exists! y\, (y = \mathrm{cl}_J(x)))$, 在 KP 基础上, $(y = \mathrm{cl}_J(x))$ 便对等于一个 Π_1-表达式. 因此, 在 KP-基础上, 表达式 $(y = \mathrm{cl}_J(x))$ 就对等于一个 Δ_1-表达式.

(2) 由 (1) 和上面的引理即得. □

推论 2.2 (1) 表达式 $(f = \langle L_\gamma \mid \gamma \leqslant \alpha \rangle)$ 在 KP-基础上是一个 Δ_1 性质.

(2) 表达式 $(y = L_\alpha)$ 在 KP-基础上是一个 Δ_1-表达式.

(3) 在 KP 基础上, 类函数 $\{(\alpha, L_\alpha) \mid \alpha \in \mathrm{Ord}\}$ 可以以 Δ_1-方式引进.

(4) 在理论 KP 基础上, 概念 "x 是一个可构造集合" 是一个 Σ_1 概念.

证明 (4) "x 是一个可构造集合" 当且仅当 $(x \in L)$; 而

$$x \in L \leftrightarrow (\exists \alpha\, (\alpha \in \mathrm{Ord} \wedge x \in L_\alpha))$$
$$\leftrightarrow (\exists \alpha \exists y\, (\alpha \in \mathrm{Ord} \wedge u = L_\alpha \wedge x \in u)). \qquad \square$$

引理 2.15 (1) 设 $\alpha > \omega$ 是一个极限序数. 那么 $(\forall \gamma < \alpha\, ((L_\gamma)^{L_\alpha} = L_\gamma))$; 从而

$$(L)^{L_\alpha} = L_\alpha.$$

(2) 设 M 是一个传递集合, 并且 $M \models$ KP. 令 $\lambda = \min(\{\alpha \in \mathrm{Ord} \mid \alpha \notin M\})$. 那么

$$(\forall \alpha \in \lambda\, ((L_\alpha)^M = L_\alpha)),$$

从而 $(L)^M = L_\lambda$.

证明 (练习.) □

这样我们就得到: $L \models (V = L)$.

定理 2.7 设 M 是 KP 的一个内模型. 那么

(1) $(\forall \alpha \in \mathrm{Ord}\, (L_\alpha \in M \wedge (\forall x \in M\, ((x = L_\alpha)^M \rightarrow (x = L_\alpha)))))$;

(2) $(L)^M = L$, 即 $(\forall x\, ((\exists \alpha \in \mathrm{Ord}\, (x \in L_\alpha))^M \leftrightarrow (\exists \alpha \in \mathrm{Ord}\, (x \in L_\alpha))))$.

证明 设 M 是 ZF 的一个内模型. 因为 $\mathrm{Ord} \subset M$, 所以对于 $x \in M$,

$$(x \in L)^M \leftrightarrow (\exists \alpha \in M\, (x \in L_\alpha^M))$$
$$\leftrightarrow (\exists \alpha\, (x \in L_\alpha)) \leftrightarrow (x \in L).$$
□

推论 2.3 (1) 如果 α 是一个序数, 那么 $(L_\alpha)^L = L_\alpha$;

(2) $(L)^L = L$.

证明 对于 $x \in L$,

$$(x \in L)^L \leftrightarrow x \in L.$$

因此, $L \models (V = L)$. □

综合起来我们有:

定理 2.8(最小内模型定理) (1) $\mathrm{ZF} \vdash (V = L)^L$;

(2) L 是理论 $\mathrm{ZF} + (V = L)$ 的一个内模型;

(3) 如果 M 是 ZF 的一个内模型, 那么 $L = (L)^M \subseteq M$; 从而 L 是 ZF 的最小内模型;

(4) 可构造集概念对于理论 ZF 的所有内模型 M 都是绝对不变的概念.

2.1.2 可构造集合之秩序

定理 2.9(哥德尔) 在理论 KP 基础上, 可构造集论域 L 上有一个 Σ_1-可定义的秩序.

我们在这里给出两个证明: 一个是代数方式的, 应用简朴集合运算可计算性来确定可构造集合被计算出来的先后; 另一个是逻辑方式的, 应用可定义性来确定可构造集合被定义出来的先后.

证明 (A) **计算结果之先后比较**

应用递归定义, 对每一个序数 α, 我们定义 L_α 上的一个表现集合生成先后的秩序 $<_\alpha$, 并且要求这些秩序之间由短及长具备**末端延伸**的特性. 严格地讲, 我们需要对每一个序数 α, 递归地定义出 $<_\alpha \subset L_\alpha \times L_\alpha$ 以至于

(a) $<_\alpha$ 是 L_α 上的秩序, 并且

$$(\forall x \in L_\alpha\, \forall y \in L_\alpha\, (x \in y \rightarrow x <_\alpha y)),$$

(b) 如果 $\alpha < \beta$, 那么

(i) $<_\alpha \subset <_\beta$;

(ii) $\forall x \in L_\alpha \, \forall y \in (L_\beta - L_\alpha) \, (x <_\beta y)$.

起点很平凡: 对于 $\alpha = 0$, $<_0 = \varnothing$.

设对于 $\beta < \alpha$, $<_\beta$ 都已经被定义好了, 并且都满足两项要求 (a) 和 (b). 现在我们来定义 $<_\alpha$ 以及验证 (a) 和 (b) 这两项要求.

情形一 $\alpha = \gamma + 1$.

此时, 根据定义

$$L_\alpha = L_{\gamma+1} = \left\{ x \in \mathrm{cl}_J \left(L_\gamma \cup \{L_\gamma\} \right) \mid x \subseteq L_\gamma \right\}$$
$$= \left\{ x \in \bigcup \{ \mathbb{S}^n \left(L_\gamma \right) \mid n < \omega \} \;\middle|\; x \subseteq L_\gamma \right\}.$$

其中, $\mathbb{S}^0 \left(L_\gamma \right) = L_\gamma \cup \{L_\gamma\}$,

$$\mathbb{S}^{n+1} \left(L_\gamma \right) = \left\{ \mathscr{F}_i(a,b) \mid a \in \mathbb{S}^n \left(L_\gamma \right) \wedge b \in \mathbb{S}^n \left(L_\gamma \right), i < 17 \right\}.$$

于是, 我们应用递归定义对每一个自然数 $n \in \omega$, 定义 $<_\alpha^n$ 如下:

(1) 当 $n = 0$ 时, 令 $<_\alpha^0 = <_\gamma \bigcup \{ (x, L_\gamma) \mid x \in L_\gamma \}$; 以此为 $L_\alpha \cup \{L_\alpha\}$ 上的秩序.

(2) 当 $n = k+1$ 时, 设 $<_\alpha^k$ 为 $W_k = \left\{ x \in \mathbb{S}^k \left(L_\gamma \right) \mid x \subseteq L_\gamma \right\}$ 上的秩序. 定义集合

$$W_n = \left\{ x \in \mathbb{S}^n \left(L_\gamma \right) \mid x \subseteq L_\gamma \right\}$$

上的序 $<_\alpha^n$ 如下: 对于 $x \in W_n, y \in W_n$, 令 $x <_\alpha^n y$ 当且仅当

(a) 或者 $x <_\alpha^k y$;

(b) 或者 $x \in W_k \wedge y \notin W_k$;

(c) 或者 $x \notin W_k \wedge y \notin W_k$, 并且 $(\theta(x,y) \vee \psi(x,y) \vee \varphi(x,y))$ 成立.

其中, $\theta(x,y)$ 是下述表达式:

$$\left(\begin{array}{l} \min\{i < 17 \mid (\exists a \in W_k \, \exists b \in W_k \, (x = \mathscr{F}_i(a,b)))\} \\ < \min\{j < 17 \mid (\exists c \in W_k \, \exists c \in W_k \, (y = \mathscr{F}_j(c,d)))\} \end{array} \right);$$

$\psi(x,y)$ 是下述表达式:

$$\left(\left(\begin{array}{l} m = \min\{i < 17 \mid (\exists a \in W_k \, \exists b \in W_k \, (x = \mathscr{F}_i(a,b)))\} \\ \quad = \min\{j < 17 \mid (\exists c \in W_k \, \exists d \in W_k \, (y = \mathscr{F}_j(c,d)))\} \end{array} \right) \wedge \left(\begin{array}{l} \min_{(<_\alpha^k)}\{a \in W_k \mid (\exists b \in W_k \, (x = \mathscr{F}_m(a,b)))\} \\ <_\alpha^k \min_{(<_\alpha^k)}\{c \in W_k \mid (\exists d \in W_k \, (y = \mathscr{F}_m(c,d)))\} \end{array} \right) \right);$$

$\varphi(x,y)$ 是下述表达式:

$$\left(\begin{array}{l} \left(\begin{array}{l} m=\min\{i<17 \mid (\exists a\in W_k\,\exists b\in W_k\,(x=\mathscr{F}_i(a,b)))\} \\ \quad =\min\{j<17 \mid (\exists c\in W_k\,\exists d\in W_k\,(y=\mathscr{F}_j(c,d)))\} \end{array}\right)\wedge \\ \left(\begin{array}{l} a=\min_{(<_\alpha^k)}\{e\in W_k \mid (\exists b\in W_k\,(x=\mathscr{F}_m(e,b)))\} \\ \quad =\min_{(<_\alpha^k)}\{c\in W_k \mid (\exists d\in W_k\,(y=\mathscr{F}_m(c,d)))\} \end{array}\right)\wedge \\ \left(\begin{array}{l} \min_{(<_\alpha^k)}\{b\in W_k \mid (x=\mathscr{F}_m(a,b))\} \\ \quad <_\alpha^k \min_{(<_\alpha^k)}\{d\in W_k \mid (y=\mathscr{F}_m(a,d))\} \end{array}\right) \end{array}\right).$$

注意, 在 $n=k+1$ 时 $<_\alpha^n$ 的定义中, 表达式 $\psi(x,y)$ 和 $\varphi(x,y)$ 中都涉及在秩序 $<_\alpha^k$ 较 "最小" 元的比较. 我们需要显式地关注这一表达式的复杂性, 因为我们希望最终定义的序关系是一个在 KP 基础上的 Σ_1 可定义的关系. 事实上, 表达式 $\psi(x,y)$ 和 $\varphi(x,y)$ 都在 KP 基础上对等于 Δ_0-表达式:

$$\text{KP}\vdash\left(\begin{array}{l} \left(\begin{array}{l} \min_{(<_\alpha^k)}\{a\in W_k \mid (\exists b\in W_k\,(x=\mathscr{F}_m(a,b)))\} \\ <_\alpha^k \quad \min_{(<_\alpha^k)}\{c\in W_k \mid (\exists d\in W_k\,(y=\mathscr{F}_m(c,d)))\} \end{array}\right) \\ \leftrightarrow\left(\exists a\in W_k\left(\begin{array}{l} (\exists b\in W_k\,(x=\mathscr{F}_m(a,b)))\wedge \\ (\forall c\in W_k((\exists d\in W_k(y=\mathscr{F}_m(c,d)))\to a<_\alpha^k c)) \end{array}\right)\right) \end{array}\right)$$

以及

$$\text{KP}\vdash\left(\begin{array}{l} \left(\begin{array}{l} \min_{(<_\alpha^k)}\{b\in W_k \mid (x=\mathscr{F}_m(a,b))\} \\ <_\alpha^k \quad \min_{(<_\alpha^k)}\{d\in W_k \mid (y=\mathscr{F}_m(a,d))\} \end{array}\right) \\ \leftrightarrow\left(\exists b\in W_k((x=\mathscr{F}_m(a,b))\wedge(\forall d\in W_k((y=\mathscr{F}_m(a,d)\to b<_\alpha^k d))))\right) \end{array}\right).$$

因为等式 $(x=\mathscr{F}_m(a,b))$, $(y=\mathscr{F}_m(c,d))$ 在 KP 基础上都对等于 Δ_0-表达式, 根据归纳假设, 关系式 $x<_\alpha^k$ 在 KP 基础上对等于 Δ_0-表达式, 所以, 关系式 $x<_\alpha^{k+1}y$ 也在 KP 基础上对等于 Δ_0-表达式.

在此基础上, 令

$$<_\alpha=\left(\bigcup_{n\in\omega}<_\alpha^n\right)\cap(L_\alpha\times L_\alpha).$$

根据定义可见 $<_\alpha$ 是 L_α 的满足要求 (a) 和 (b) 的秩序.

根据上面的定义式, $<_\alpha=<_{\gamma+1}$ 是在 $<_\gamma$ 的基础上有一个 Σ_1 定义式给出:

$$\left(\exists f\left(\begin{array}{l} \mathbf{HS}(f)\wedge\mathrm{dom}(f)=\omega\wedge <_{\gamma+1}=\bigcup\mathrm{rng}(f)\wedge \\ f(0)=<_\alpha\wedge(\forall n\in\omega(f(n+1)=F(n,f(n)))) \end{array}\right)\right).$$

其中 $f(n+1)=F(n,f(n))$ 是上面的递归定义式, 在给定 $f(0)=<_\gamma$ 之后, 在 KP 基础上, 上面的分析表明这个定义式对等于一个 Δ_0-表达式. 由此, 我们得到结

论: $<_{\gamma+1}$ 是在 $<_\gamma$ 之上由一个 Σ_1 表达式定义出来的唯一的集合. 于是, 在 KP 基础上, $<_{\gamma+1}$ 是一个 Δ_1 可定义的集合.

情形二 $\alpha > 0$ 是一个极限序数.

此时令

$$<_\alpha = \bigcup\{<_\gamma \mid \gamma < \alpha\}.$$

因为对于 $\beta < \gamma < \alpha$ 都有 $<_\gamma$ 是 $<_\beta$ 的末端延伸, 以及

$$L_\alpha = \bigcup\{L_\gamma \mid \gamma < \alpha\},$$

并且

$$(\forall x \in L_\alpha \forall y \in L_\alpha(x \in y \to (\min\{\beta < \alpha \mid x \in L_\beta\} < \min\{\beta < \alpha \mid y \in L_\beta\}))),$$

所以, $<_\alpha$ 自然就是满足要求 (a) 和 (b) 的 L_α 的秩序.

这就完成了类函数 $\alpha \mapsto <_\alpha$ 的递归定义, 并且, 在 KP 基础上, 这是一个 Σ_1 定义出来的类函数, 并且对于严格大于 ω 的极限序数 α 而言, 秩序 $<_\alpha$ 由一个 Σ_1 表达式**统一**定义.

由此, 我们得到:

对于 $x \in L$ 和 $y \in L$, 令

$$(x <_L y \leftrightarrow (\exists \alpha \in \mathrm{Ord}\,(x <_\alpha y))).$$

那么, $<_L$ 就是 L 的一个秩序, 并且, 在 KP 基础上, $<_L$ 是一个 Σ_1 定义出来的类关系. □

(B) 定义结果之先后比较

现在我们用比较定义结果的先后的思想来引进 L 的一个可定义秩序. 首先我们需要对集合论纯语言的形式表达式定义出一个顺序.

引理 2.16 定义 $R \subset \omega \times \omega$ 如下:

$$(n, m) \in R \leftrightarrow 2 \nmid \lfloor m2^{-n} \rfloor.$$

(等价的说法就是 $(n, m) \in R$ 当且仅当在 m 的二进制表示中从右向左数的第 n 位是 1.) 那么 $(V_\omega, \in) \cong (\omega, R)$, 并且下述递归地定义映射 $\Psi : V_\omega \to \omega$

$$\Psi(y) = \sum\left\{2^{\Psi(x)} \mid x \in y\right\}$$

就是一个同构映射, 其逆映射就是定理 I.1.48 证明中所定义的典型双射.

证明 (练习.) □

下面的引理表明可定义集合的定义式的变元可以标准化, 因为增加受囿变元的下标不会改变表达式的逻辑值状态.

引理 2.17 设 M 是一个非空传递集合, $A \in \mathscr{D}(M)$, 并且 A 是由 m 个参数

$$b_0, \cdots, b_{m-1}$$

经恰好含有自由变元 $v_{i_0}, \cdots, v_{i_m}$ 的表达式 $\varphi(v_{i_0}, \cdots, v_{i_m})$ 所定义:

$$A = \{a \in M \mid M \models \varphi[a, b_0, \cdots, b_{m-1}]\}.$$

那么一定存在一个恰好含有自由变元符号 $v_0, \cdots, v_m$ 的表达式 $\psi(v_0, \cdots, v_m)$ 来定义 A:

$$A = \{a \in M \mid M \models \psi[a, b_0, \cdots, b_{m-1}]\}.$$

证明 (练习.) □

定义 2.13 固定 $\Psi: V_\omega \to \omega$ 为定理 I.1.48 证明中所定义的典型双射的逆映射.

按照要求

$$(\forall k \in \omega \forall \ell \in \omega(k < \ell \to \Psi(v_k) < \Psi(v_\ell)))$$

罗列所有的变元符号:

$$\langle v_k \mid k \in \omega \rangle.$$

又按照要求

$$(\forall i \in \omega \forall j \in \omega(i < j \to \Psi(\varphi_i) < \Psi(\varphi_j)))$$

将所有彰显并恰好含有所显示出来的变元符号的表达式 $\varphi(v_0, \cdots, v_n)$ 罗列出来:

$$\langle \varphi_i \mid i \in \omega \rangle.$$

对于每一个 φ_i, 令 φ_i 彰显 $n_i + 1$ 个自由变元符号.

对于非空传递集合 M, $i \in \omega$, 以及 $\vec{b} \in M^{n_i}$, 令

$$D(M, i, \vec{b}) = \{a \in M \mid (M, \in) \models \varphi_i[a, b_0, \cdots, b_{n_i-1}]\}.$$

对于 $A \in \mathscr{D}(M)$, 令

$$\eta(A) = \min\{i \in \omega \mid (\exists \vec{b} \in M^{n_i}(A = D(M, i, \vec{b})))\}.$$

令 $\gamma(A) = n_{\eta A}$.

设 R 为 M 上的一个秩序. 令 $R^{(n)}$ 为由 R 在 M^n 上所诱导出来的字典序. 对于 $A \in \mathscr{D}(M)$, 令

$$p(A, R) = \min_{R^{(\gamma(A))}} \{\vec{b} \in M^{(\gamma(A))} \mid A = D(M, \eta(A), \vec{b})\}.$$

在 $\mathscr{D}(M)$ 上定义 $W = W(M, R)$ 如下:

$$(A, B) \in W \leftrightarrow ((\eta(A) < \eta(B)) \vee ((\eta(A) = \eta(B)) \wedge (p(A, R) R^{(\gamma(A))} p(B, R)))).$$

并且令 $W(\varnothing, \varnothing) = \varnothing$, 以及当 R 不是 M 上的秩序时, 令 $W(M, R) = \varnothing$.

引理 2.18 设 M 为非空传递集合, R 为 M 上的一个秩序. 那么 $W = W(M, R)$ 的确是 $\mathscr{D}(M)$ 上的一个秩序.

证明 (练习.) $\square$

定义 2.14 递归地在 L_α 上定义 $<_\alpha^*$ 如下:

(1) $<_0^* = W(\varnothing, \varnothing) = \varnothing$ (注意, $\mathscr{D}(\varnothing) = \{\varnothing\}$).

(2) 对于 $(x, y) \in L_\alpha \times L_\alpha$, 令 $(x, y) \in <_\alpha^*$ 当且仅当下述命题成立:

$$\left(\begin{array}{l} (\min\{\beta < \alpha \mid x \in L_{\beta+1}\} < \min\{\beta < \alpha \mid y \in L_{\beta+1}\}) \vee \\ \left(\begin{array}{l} \delta = (\min\{\beta < \alpha \mid x \in L_{\beta+1}\} = \min\{\beta < \alpha \mid y \in L_{\beta+1}\}) \wedge \\ (x, y) \in W(L_\delta, <_\delta^*) \end{array} \right) \end{array} \right).$$

这个定义自然是递归的: 当它们同时在较早阶段被同时构造出来的时候, 用在那个阶段上的秩序比较它们.

定义 2.15 对于 $x \in L$ 以及 $y \in L$, 令

$$x <_L^* y \leftrightarrow \left(\begin{array}{l} (\min\{\beta < \alpha \mid x \in L_{\beta+1}\} < \min\{\beta < \alpha \mid y \in L_{\beta+1}\}) \vee \\ (\delta = (\min\{\beta \mid x \in L_{\beta+1}\} = \min\{\beta \mid y \in L_{\beta+1}\}) \wedge (x <_{\delta+1}^* y)) \end{array} \right).$$

上面的定义给出了 L 的一个秩序的定义. 我们将验证下述结论的工作留作练习.

结论: $<_L^*$ 是 L 的一个可定义的秩序.

$<_L^*$ 的想法就是这样来比较 L 中的 x 和 y; 首先比较哪一个先被构造出来, 如果

$$\min\{\beta \mid x \in L_{\beta+1}\} < \min\{\beta \mid y \in L_{\beta+1}\},$$

那么 $x <_L y$; 如果

$$\min\{\beta \mid y \in L_{\beta+1}\} < \min\{\beta \mid x \in L_{\beta+1}\},$$

那么 $y <_L x$; 如果这种比较区分不了它们的先后, 也就是说它们同时被构造出来, 即

$$\min\{\beta \mid x \in L_{\beta+1}\} = \min\{\beta \mid y \in L_{\beta+1}\},$$

那么我们就在它们同时被构造出来的那个模型中对它们进行先后比较, 这就需要根据定义它们各自的 "最早用到的表达式" 的先后顺序以及用到的典型参数的顺序. 当然, 这里是确定顺序以及确定过程的复杂性的关键所在. 这就是细化 $<_\alpha^*$ 的地方.

为了证明在 KP 基础上 $<^*_L$ 是 Σ_1 可引进的, 我们需要仔细地分析一下 $<^*_\alpha$ 的定义复杂性, 尤其是 $<^*_{\beta+1}$ 的定义复杂性. 为此, 我们更为仔细一些.

引理 2.19(定义标准式) 设 $x \in L_{\alpha+1}$. 那么可以找到集合论纯 $\in$-语言中的一个恰含有自由变元 $v_0, \cdots, v_n$ 的表达式 $\varphi(v_0, \cdots, v_n)$ 以及 n 个序数 $\gamma_1, \cdots, \gamma_n < \alpha$ 以至于如下等式成立:

$$x = \{\, a \in L_\alpha \mid L_\alpha \models \varphi[a, L_{\gamma_1}, \cdots, L_{\gamma_n}] \,\}.$$

证明 对 α 施归纳. 当 $\alpha = 0$ 时, $\varnothing$ 是唯一可定义的集合. 现在假设 $\alpha > 0$, 并且假设引理对所有严格小于 α 的序数都成立.

设 $x \in L_{\alpha+1}$. 令 $\psi(v_0, \cdots, v_n)$ 为集合论纯语言的彰显自由变元的表达式以及 $p_1, \cdots, p_n \in L_\alpha$ 来实现等式:

$$x = \{\, z \in L_\alpha \mid (L_\alpha, \in) \models \psi[z, p_1, \cdots, p_2] \,\}.$$

取 $\gamma < \alpha$ 满足 $p_1, \cdots, p_n \in L_{\gamma+1}$. 根据归纳假设, 对于每一个 $1 \leqslant i \leqslant n$, 令

$$\psi_i(v_0, \cdots, v_{k(i)})$$

以及序数组 $\gamma^i_1, \cdots, \gamma^i_{k(i)} < \gamma$ 来实现

$$p_i = \left\{\, z \in L_\gamma \;\middle|\; (L_\gamma, \in) \models \psi_i\left[z, L_{\gamma^i_1}, \cdots, L_{\gamma^i_{k(i)}}\right] \,\right\}.$$

对于每一个 $1 \leqslant i \leqslant n$, 将表达式 $\psi_i(v_0, \cdots, v_{k(i)})$ 中所有出现的无界量词 $\exists v$ (或者 $\forall v$) 用变元符号 $v_{k(i)+1}$ 界定下来, 即将 $\exists v$ 替换成 $\exists v \in v_{k(i)+1}$, 或者将 $\forall v$ 替换成 $\forall v \in v_{k(i)+1}$, 令

$$\psi'_i(v_0, \cdots, v_{k(i)}, v_{k(i)+1})$$

为这样替换之后的结果. 这样,

$$p_i = \left\{\, z \in L_\alpha \;\middle|\; (L_\alpha, \in) \models \left((z \in L_\gamma) \wedge \psi'_i\left[z, L_{\gamma^i_1}, \cdots, L_{\gamma^i_{k(i)}}, L_\gamma\right]\right) \,\right\}.$$

对于 $1 \leqslant i \leqslant n$, 令

$$\theta_i \leftrightarrow \left(\forall v \left(v \in p_i \leftrightarrow \left(v \in L_\gamma \wedge \psi'_i\left[v, L_{\gamma^i_1}, \cdots, L_{\gamma^i_{k(i)}}, L_\gamma\right]\right)\right)\right).$$

综合起来,

$$x = \{\, z \in L_\alpha \mid (L_\alpha, \in) \models \exists p_1 \cdots \exists p_n (\psi(z, p_1, \cdots, p_n) \wedge \theta_1 \wedge \cdots \wedge \theta_n) \,\}.$$

引理因此得证. $\qquad\qquad\square$

上面的参数标准化引理将定义所使用的参数归结到序数的有限序列. 因此, 我们需要对序数的有限序列引进典型的秩序. 具体定义如下:

定义 2.16(序数有限序列字典序)　设 s 和 t 是两个不相等的序数的有限序列. 令

$$s <^* t \leftrightarrow \left(\begin{array}{l} (\sup(\mathrm{rng}(s)) < \sup(\mathrm{rng}(t))) \vee \\ (\sup(\mathrm{rng}(s)) = \sup(\mathrm{rng}(t)) \wedge |s| < |t|) \vee \\ (\sup(\mathrm{rng}(s)) = \sup(\mathrm{rng}(t)) \wedge |s| = |t| \wedge \wedge s(\triangle(s,t)) < t(\triangle(s,t))) \end{array} \right),$$

其中对于 $s \neq t$, $\triangle(s,t) = \min\{n \in |s| \cap |t| \mid s(n) \neq t(n)\}$.

引理 2.20　序数有限序列字典序是一个秩序, 并且 $(\mathrm{Ord}^{<\omega}, <^*) \cong (\mathrm{Ord}, <)$.

证明　(练习.)　$\square$

这样, 我们可以如下细化 $<_L^*$:

定义 2.17　对于 $x, y \in L$, 定义 $x <_L^{**} y$ 当且仅当

（Ⅰ）或者 $\min\{\beta \mid x \in L_{\beta+1}\} < \min\{\alpha \mid y \in L_{\alpha+1}\}$,

（Ⅱ）或者 $\alpha = \min\{\beta \mid x \in L_{\beta+1}\} = \min\{\alpha \mid y \in L_{\alpha+1}\}$ 并且

（Ⅱa）或者满足要求存在一组序数参数 $\gamma_1 \cdots \exists \gamma_n < \alpha$ 以至于等式

$$x = \{a \in L_\alpha \mid L_\alpha \models \varphi[a, L_{\gamma_1}, \cdots, L_{\gamma_n}]\}$$

成立的 $\varphi(v_0, \cdots, v_n)$ "小于" 满足要求存在一组序数参数 $\delta_1 \cdots \exists \delta_m < \alpha$ 以至于等式

$$y = \{a \in L_\alpha \mid L_\alpha \models \psi[a, L_{\delta_1}, \cdots, L_{\delta_m}]\}$$

成立的 $\psi(v_0, \cdots, v_m)$;

（Ⅱb）或者满足要求存在一组序数参数 $\gamma_1 \cdots \exists \gamma_n < \alpha$ 以至于等式

$$x = \{a \in L_\alpha \mid L_\alpha \models \varphi[a, L_{\gamma_1}, \cdots, L_{\gamma_n}]\}$$

成立的 $\varphi(v_0, \cdots, v_n)$ "等于" 满足要求存在一组序数参数 $\delta_1 \cdots \exists \delta_m < \alpha$ 以至于等式

$$y = \{a \in L_\alpha \mid L_\alpha \models \psi[a, L_{\delta_1}, \cdots, L_{\delta_m}]\}$$

成立的 $\psi(v_0, \cdots, v_m)$, 但是作为证据的参数组

$$\langle \gamma_1, \cdots, \gamma_n \rangle <^* \langle \delta_1, \cdots, \delta_n \rangle.$$

比较一下 $<_L^*$ 的定义和 $<_L^{**}$ 的定义不难发现的确后者是前者的一种细化. 我们将下述结论的验证留作练习:

结论: $<_L^{**}$ 是在 KP 之上 L 的一个 Σ_1-可定义的秩序.

这就完成了哥德尔定理 (定理 2.9) 的两种 (对等的) 证明.　$\square$

2.1.3 一般连续统假设

定理 2.10(凝聚化引理)　设 $\alpha > 0$ 是一个极限序数, $X \subseteq L_\alpha$. 如果

$$(X, \in) \prec_1 (L_\alpha, \in),$$

那么存在唯一的函数 π 以及序数 $\beta \leqslant \alpha$ 来见证下述事实:

(a) $\pi : (X, \in) \cong (L_\beta, \in)$;

(b) 如果 $Y \subseteq X$ 是一个传递集合, 那么 $(\forall x \in Y\,(\pi(x) = x))$;

(c) $(\forall x \in X\,(\pi(x) \leqslant_L x))$.

证明　设 $\alpha = \omega$. 此时我们来证明 $X = L_\omega$, π 为恒等映射. 为此, 应用数学归纳法. 假设 $L_m \subseteq X$. 我们来证明 $L_{m+1} \subseteq X$.

令 $x \in L_{m+1}$. 那么 $x \subseteq L_m$ 为一个有限集合. 令

$$x = \{a_1, \cdots, a_k\} \subseteq L_m.$$

考虑如下**恰好彰显自由变元符号**的表达式 $\varphi(v_0, \cdots, v_{k-1})$:

$$(\exists v_k (v_0 \in v_k \wedge \cdots \wedge v_{k-1} \in v_k \wedge (\forall v_{k+1} \in v_k\,(v_{k+1}\hat{=}v_0 \vee \cdots \vee v_{k+1}\hat{=}v_{k-1})))).$$

它的解析表达式为 $\varphi(x_0, \cdots, x_{k-1})$:

$$(\exists x_k (x_0 \in x_k \wedge \cdots \wedge x_{k-1} \in x_k \wedge (\forall x_{k+1} \in x_k\,(x_{k+1} = x_0 \vee \cdots \vee x_{k+1} = x_{k-1})))).$$

由于 $x \in L_{m+1} \subseteq L_\omega$,

$$(L_\omega, \in) \models \varphi[a_1, \cdots, a_k].$$

于是

$$(X, \in) \models \varphi[a_1, \cdots, a_k],$$

因为 $x \subset L_m \subseteq X$. 令 $x_k \in X$ 来见证

$$(X, \in) \models (a_1 \in x_k \wedge \cdots \wedge a_k \in x_k \wedge (\forall x_{k+1} \in x_k\,(x_{k+1} = a_1 \vee \cdots \vee x_{k+1} = a_k))).$$

那么 $x_k \cap X = x$. 另一方面, 对于此 x_k 我们又有

$$(L_\omega, \in) \models (a_1 \in x_k \wedge \cdots \wedge a_k \in x_k \wedge (\forall x_{k+1} \in x_k\,(x_{k+1} = a_1 \vee \cdots \vee x_{k+1} = a_k))).$$

从而 $x_k \cap L_\omega = x$. 因为 L_ω 是传递集合, $x_k \subseteq L_\omega$, 所以, $x_k = x$. 这就表明 $x \in X$.

现在设 $\alpha > \omega$ 为一个极限序数. 设 $(X, \in) \prec_1 (L_\alpha, \in)$.

我们先来证明 $(X, \in)$ 是同一律的一个模型. 设 $\{x, y\} \subset X$, $x \neq y$. 那么,

$$(L_\alpha, \in) \models (x \neq y).$$

因为传递集合都是同一律的模型,

$$(L_\alpha, \in) \models (\exists z(z \in x \leftrightarrow z \notin y)).$$

于是,

$$(X, \in) \models (\exists z(z \in x \leftrightarrow z \notin y)).$$

这表明在 X 中有一个 z 来见证 $(z \in x \leftrightarrow z \notin y)$. 因此, $(X, \in)$ 是同一律的一个模型.

根据传递化定理 (定理 I.1.97), 令 (M, π) 为唯一的满足下述要求的有序对:

(a) M 是传递集合;

(b) $\pi : (X, \in) \cong (M, \in)$;

(c) 如果 $Y \subseteq X$ 是传递集合, 那么 $(\forall x \in Y (\pi(x) = x))$.

接下来, 我们证明 $(\exists \beta \leqslant \alpha (M = L_\beta))$.

令 $F = \pi^{-1}$. 那么

$$F : (M, \in) \to_{\Sigma_1} (L_\alpha, \in).$$

令 $\beta = M \cap \mathrm{Ord}$. 根据 Δ_0 性质对于传递集合的绝对不变性, 对于 $x \in M$, 都有

$$x \in \mathrm{Ord} \iff (M, \in) \models (x \in \mathrm{Ord}),$$

以及

$$[(M, \in) \models (x \in \mathrm{Ord})] \iff [(L_\alpha, \in) \models (F(x) \in \mathrm{Ord})] \iff (F(x) \in \alpha).$$

由此得知 β 必是一个极限序数: 设 $\gamma \in \beta$. 那么 $F(\gamma) \in \alpha$. 因为 α 是一个极限序数,

$$(L_\alpha, \in) \models (\exists \delta (\delta \in \mathrm{Ord} \wedge F(\gamma) \in \delta)).$$

从而

$$(M, \in) \models (\exists \delta (\delta \in \mathrm{Ord} \wedge \gamma \in \delta)).$$

任取一个满足 $\gamma \in \delta$ 的 $\delta \in M$ 都能见证 $(\exists \delta \in \beta (\gamma \in \delta))$. 所以, β 是一个极限序数.

由于 $x \in L_\gamma$ 以及 $x = L_\gamma$ 都是 x 和 γ 的 Σ_1 性质, 语句 $(V = L)$ 是一个 Π_2 语句, 并且

$$(L_\alpha, \in) \models (V = L),$$

应用 Σ_1 嵌入映射 F 得知

$$(M, \in) \models (V = L).$$

设 $a \in M$, 令 $b = F(a)$. 那么

$$(L_\alpha, \in) \models (\exists \gamma (\gamma \in \mathrm{Ord} \wedge b \in L_\gamma)).$$

由于 $(b \in L_\gamma)$ 是一个关于参数 b 和 γ 的 Σ_1 性质, F 是一个 Σ_1-嵌入映射,

$$(M, \in) \models (\exists \gamma (\gamma \in \mathrm{Ord} \wedge a \in (L_\gamma)^M)).$$

令 $\gamma \in \beta$ 来见证 $a \in (L_\gamma)^M$. 因为

$$(L_\gamma)^M = L_\gamma,$$

所以,

$$M = \bigcup_{\gamma \in \beta} L_\gamma.$$

由于 α 是一个极限序数, 我们有: $\forall \nu \in \alpha ((L_\alpha, \in) \models \exists \tau (\nu < \tau))$. 因此,

$$\forall \nu \in \mathrm{Ord}^M (M \models \exists \tau (\nu < \tau)).$$

因此, $\forall \nu \in \beta \exists \tau \in \beta (\nu < \tau)$. 也就是说, β 是一个极限序数. 于是, $M = L_\beta$.

这就完成了 (a) 的证明. (b) 根据传递化定理 (定理 I.1.97) 是自然的. 我们来验证 (c).

假设不然, 假设存在一个 $x \in X$ 满足 $x <_L \pi(x)$. 令 x_0 为最小的这样的一个反例. 由于 $x_0 \in X$, $\pi(x_0) \in L_\beta$. 因为 $x_0 <_L \pi(x_0)$, 所以 $x_0 \in L_\beta$. 令 $x_1 \in X$ 来见证 $x_0 = \pi(x_1)$. 于是

$$\pi(x_1) = x_0 <_L \pi(x_0).$$

因为 $<_L$ 对于所有极限序数 $\gamma > \omega$ 而言都在 L_γ 上有同一个 Σ_1 定义, $\pi^{-1} : L_\beta \prec_1 L_\alpha$, 而 $\omega < \beta \leqslant \alpha$ 都是极限序数, 所以 $x_1 <_L x_0$. 于是, $x_1 <_L \pi(x_1)$. 这与 x_0 是最小反例之假设相矛盾. (c) 因此得证. □

引理 2.21 设 $\alpha > 0$ 是一个极限序数, $\varnothing \neq X \subseteq L_\alpha$. 对于 $a \in L_\alpha$, 令 $a \in M$ 当且仅当下述命题成立:

$$\left(\exists \vec{v} \in \mathbf{ByF}^{<\omega} \exists \vec{b} \in X^{<\omega} \exists \varphi \left(\begin{array}{l} \mathbf{Bds}(\varphi) \wedge (|\vec{v}| = 1 + |\vec{b}|) \wedge \\ \vec{v} = (v_0, \cdots, v_n) \wedge \vec{b} = (b_0, \cdots, b_{n-1}) \wedge \\ \varphi = \psi(v_0, \cdots, v_n) \wedge \\ (\{a\} = \{c \in L_\alpha \mid (L_\alpha, \in) \models \psi[b_0, \cdots, b_{n-1}, c]\}) \end{array} \right) \right)$$

其中 $\mathbf{ByF}$ 是变元符号集合; $\mathbf{Bds}$ 是形式表达式集合 (谓词). 那么

(1) $X \subseteq M \prec L_\alpha$;

(2) 若 $X \subseteq N \prec L_\alpha$, 则 $M \subseteq N$;

(3) $|M| = \max\{|X|, \aleph_0\}$.

证明   当 $\alpha = \omega$ 时, $M = L_\omega$. 故只需考虑极限序数 $\alpha > \omega$ 的情形.

(1) 对于 $b \in X$, 考虑表达式 $(v_0 \hateq v_1)$. 那么

$$\{b\} = \{c \in L_\alpha \mid (L_\alpha, \in) \models (v_0 \hateq v_1)[b, c]\}.$$

于是, $X \subseteq M$.

欲证 $M \prec L_\alpha$, 设 $\{b_0, \cdots, b_{n-1}\} \subseteq X$, $\psi(v_0, \cdots, v_{n-1}, v_n)$ 是一个恰好彰显自由变元符号的表达式. 如果需要, 可以增加这个表达式中的所有的约束变元的下标. 因此可以假设这个表达式中的约束变元符号的下标都严格大于 $n+1$. 假设

$$(L_\alpha, \in) \models (\exists v_n \psi)[b_0, \cdots, b_{n-1}].$$

考虑下述表达式 $\varphi(v_0, \cdots, v_n)$:

$$(\psi(v_0, \cdots, v_{n-1}, v_n) \wedge (\forall v_{n+1}(v_{n+1} <_L v_n \to (\neg \psi(v_0, \cdots, v_{n-1}, v_{n+1}))))).$$

根据假设,

$$(L_\alpha, \in) \models (\exists v_n \varphi)[b_0, \cdots, b_{n-1}].$$

令 $a \in L_\alpha$ 见证 $(L_\alpha, \in) \models \varphi[b_0, \cdots, b_{n-1}, a]$. 那么

$$\{a\} = \{c \in L_\alpha \mid (L_\alpha, \in) \models \varphi[b_0, \cdots, b_{n-1}, c]\}.$$

因此, $a \in M$. 这就表明:

$$(\exists x \in M \, (L_\alpha, \in) \models \psi[b_0, \cdots, b_{n-1}, x]).$$

根据塔尔斯基判定准则, 上述分析表明 $M \prec L_\alpha$.

(2) 现在假设 $X \subseteq N \prec L_\alpha$, 往证 $M \subseteq N$. 设 $a \in M$. 令 $\{b_0, \cdots, b_{n-1}\} \subseteq X$, $\varphi(v_0, \cdots, v_{n-1}, v_n)$ 为恰好彰显自由变元符号的表达式来见证 $a \in M$ 这一事实:

$$\{a\} = \{c \in L_\alpha \mid (L_\alpha, \in) \models \varphi[b_0, \cdots, b_{n-1}, c]\}.$$

于是, $(L_\alpha, \in) \models (\exists v_n \varphi)[b_0, \cdots, b_{n-1}]$. 因为 $X \subseteq N \prec L_\alpha$, 必有

$$(\exists x \in N \, (L_\alpha, \in) \models \varphi[b_0, \cdots, b_{n-1}, x]).$$

令 $b \in N$ 来见证 $(L_\alpha, \in) \models \varphi[b_0, \cdots, b_{n-1}, b]$. 那么, 根据唯一性, $a = b$. 故 $a \in N$.

(3) 因为只有可数无穷个表达式, 并且 $|[X]^{<\omega}| \leqslant |X| + \aleph_0$, $X \cup L_\omega \subseteq M$, 所以,

$$|X| + |L_\omega| \leqslant |M| \leqslant \aleph_0 \cdot (|X| + \aleph_0).$$

因此, $|M| = |X| + \aleph_0$. $\square$

引理 2.22 假设 $V = L$. 如果 κ 是一个无穷基数, $x \subseteq \alpha < \kappa$, 那么 $x \in L_\kappa$.

证明 当 $\kappa = \aleph_0$ 时, 结论自然成立. 故设 κ 为一个不可数基数. 给定 $x \subseteq \alpha < \kappa$ (或者 $\alpha < \kappa x \subseteq L_\alpha$). 令 $\lambda \geqslant \kappa$ 为一个足够大的极限序数以至于 $x \in L_\lambda$. 再令 $X = L_\alpha \cup \{x\}$. 根据引理 2.21, 令 M 为 L_λ 的满足

$$X \subseteq M \prec L_\lambda$$

要求的最小同质子模型. 那么, $|M| = |L_\alpha| + \aleph_0 < \kappa$.

应用凝聚化引理 (定理 2.10), 令 (L_β, π) 为满足下述要求的唯一解:

$$\pi : (M, \in) \cong (L_\beta, \in)$$

以及 π 在 M 的传递子集上的限制都是恒等函数. 由于 $X = L_\alpha \cup \{x\} \subseteq M$ 是一个传递集合, π 在 X 上的限制是恒等函数, 所以 $\pi(x) = x$. 因此, $x \in L_\beta$. 因为

$$|\beta| = |L_\beta| = |M| < \kappa,$$

所以, $\beta < \kappa$ 以及 $L_\beta \subset L_\kappa$. □

定理 2.11 (ZFC) 如果 $V = L$ 成立, 那么一般连续统假设 GCH 成立.

证明 设 κ 是一个无穷基数. 根据引理 2.22, $\mathfrak{P}(\kappa) \subseteq L_{\kappa^+}$. 因为

$$|L_{\kappa^+}| = \kappa^+,$$

所以 $\kappa^+ \leqslant 2^\kappa \leqslant \kappa^+$. □

推论 2.4 (1) $\mathrm{ZF} \vdash (\mathrm{GCH})^L$.

(2) 如果 ZF 是一个一致理论, 那么 ZFC + GCH 也是一个一致理论.

证明 (1) 因为

$$\mathrm{ZF} \vdash [\mathrm{ZFC} + (V = L)]^L,$$

以及

$$\mathrm{ZFC} + (V = L) \vdash \mathrm{GCH},$$

所以 $\mathrm{ZF} \vdash \mathrm{GCH}$.

(2) 假设 ZF 是一个一致理论. 那么根据哥德尔完备性定理, 令 M 为 ZF 的一个传递模型. 在 M 中构造 L^M. 于是

$$L^M \models (\mathrm{ZFC} + \mathrm{GCH}).$$

在由哥德尔完备性定理, 理论 ZFC + GCH 就是一个一致理论. □

2.1.4　L 中的组合原理

定理 2.12 (Jensen)　$\mathrm{ZF} + (V = L) \vdash$ *"存在一棵苏斯林规范树"*.

证明　应用树的层次的归纳法, 我们来构造一棵 ω_1-树 T; 其中, T 的第 α 层 T_α 的元素都是长度为 α 的 0-1-序列; T 上的序是序列延拓, 也就是集合的包含关系 $\subset$; 并且 $T\!\upharpoonright_\alpha$ 是一棵 (α, ω_1)-规范树.

具体递归构造如下:

$T_0 = \{\varnothing\}$;

假设 $T\!\upharpoonright_{\alpha+1} (\alpha < \omega_1)$ 已经定义好. 令

$$T_{\alpha+1} = \left\{ t\langle 0\rangle \in 0, 1^{\alpha+1}, t\langle 1\rangle \in 0, 1^{\alpha+1} \mid t \in T_\alpha \right\}.$$

于是, 如果 $T\!\upharpoonright_{\alpha+1}$ 是一棵 $(\alpha+1, \omega_1)$-规范树, 那么

$$T\!\upharpoonright_{\alpha+2} = T\!\upharpoonright_{\alpha+1} \cup T_{\alpha+1}$$

就是一棵 $(\alpha+2, \omega_1)$-规范树.

现在假设 $0 < \alpha < \omega_1$ 是一个极限序数, 并且已经构造好 (α, ω_1)-规范树

$$T\!\upharpoonright_\alpha = \bigcup_{\beta < \alpha} T_\beta.$$

我们需要在此基础上构造 T_α 以至于

$$T\!\upharpoonright_{\alpha+1} = T\!\upharpoonright_\alpha \cup T_\alpha$$

是一棵 $(\alpha+1, \omega_1)$-规范树.

在给出 T_α 的定义之前, 我们先来分析一下此时应当怎样做会比较合适. 这对于理解后面为什么那样定义 T_α 有好处.

假设 T_α 已经定义好了, 那么 T_α 一定是可数个彼此互不相同的定义在 α 上在 $\{0, 1\}$ 中取值的函数. 对于 $t \in \{0, 1\}^\alpha$, 如果 $t \in T_\alpha$, 那么集合

$$\{t\!\upharpoonright_\beta \mid \beta < \alpha\}$$

一定是树 $T\!\upharpoonright_\alpha$ 上的一根长度为 α 的树枝. 于是, T_α 一定是由树 $T\!\upharpoonright_\alpha$ 的某些长度为 α 的树枝的集合 B_α 所确定的集合:

$$T_\alpha = \left\{ \bigcup b \;\middle|\; b \in B_\alpha \right\}.$$

因此, 构造 T_α 的关键就是确定这个树枝集合 B_α. 如此一来, 我们需要解决的核心问题是: 该怎样选择 B_α 来保证最终构造出来的树 T 是一棵苏斯林树?

第一个自然的问题就是这个树枝集合 B_α 本身应当具备什么样的特性? 第一, 它必须是可数的; 第二, 欲保持规范性, 树 $T\upharpoonright_\alpha$ 中的每一个元素都必须是 B_α 中的某一根树枝上的一个节点. 由于树 $T\upharpoonright_\alpha$ 上的序关系是函数的延拓关系, B_α 是树 $T\upharpoonright_\alpha$ 的树枝的集合, 每一个 $b \in B_\alpha$ 在此关系下都是一个线性集合, 所以 $\bigcup b$ 自然是一个定义在 α 上的 0-1-序列. 于是, B_α 的这两条特性就足以保证以此所得之 $T\upharpoonright_{\alpha+1}$ 是一棵 $(\alpha+1, \omega_1)$-规范树.

第二个自然的问题就是就未来的整个树 T 而言, 欲得到苏斯林特性, 树枝集合 B_α 需要担当起什么样的全局责任? 苏斯林树的基本特征就是既无等高树枝, 又无不可数两两彼此冲突的节点之子集; 而我们最终构造出来的树 T 是集合

$$\bigcup_{\alpha<\omega_1}\{0,1\}^\alpha$$

的一个势为 $\aleph_1$ 的子集合. 根据 GCH, 集合 T 将会有 $\aleph_2$ 个不可数子集合. 我们需要完成的任务就是选择合适的树枝集合 B_α 来保证这些不可数集合中没有一个会是 T 的一根反链. 这是一个需要将 ω_2 种可能性在 ω_1 步之内完全排除掉的任务. 这样的任务应当怎样来完成呢?

先来分析一下当 T 最终还是会有不可数反链的时候, 我们会在这 ω_1 步之中面临什么样的局部状态.

现假设最终 T 会有一根不可数反链.

首先 T 必定有一个不可数的极大反链 $A \subset T$; 其次, 在秩序 $<_L$ 下, 必然有一个最小的极大反链 A; 第三, 由于 T 的每一层都是可数的, T 的任何不可数反链 A 都有如下特性:

$$(\forall \alpha < \omega_1 \exists \beta \exists t \in A\,(\alpha < \beta < \omega_1 \wedge \beta = \mathrm{dom}(t))).$$

就此 A 来讲, 对于每一个 $\gamma < \omega_1$, $A \cap T\upharpoonright_\gamma$ 都必然会是 $T\upharpoonright_\gamma$ 的一根反链, 甚至有可能是 $T\upharpoonright_\gamma$ 的一个极大反链. 不禁发问: 这会在哪些 γ 处发生? 于是, 令

$$C_A = \{\gamma < \omega_1 \mid \gamma \text{ 是一极限序数, 并且 } A \cap T\upharpoonright_\gamma \text{ 是 } T\upharpoonright_\gamma \text{ 的一个极大反链}\}.$$

有趣的是: C_A 是 ω_1 的一个无界闭子集. 这是因为

(1) 如果 $\gamma \cap C_A$ 在可数极限序数 γ 上无界, 那么

$$A \cap T\upharpoonright_\gamma = \bigcup\{A \cap T\upharpoonright_\beta \mid \beta \in \gamma \cap C_A\},$$

从而 $\gamma \in C_A$;

(2) 对于任意的 $\beta < \omega_1$, 令 $\gamma_0 = \beta$, 以及

$$\gamma_{n+1} = \min\{\gamma < \omega_1 \mid (\forall t \in T\upharpoonright_{\gamma_n} \exists s \in (A \cap (T\upharpoonright_{\gamma_n}))\,t \text{ 与 } s \text{ 是可比较的})\};$$

那么 $\left(\bigcup\limits_{n<\omega}\gamma_n\right)\in C_A$.

这样一来, T 的不可数极大反链 A 的极大性会在一个无界闭子集 C_A 上被 T 的所有这些截断 $T\restriction\gamma(\gamma\in C_A)$ 所持有. 也就是说,

$$(\forall\alpha\in C_A\,(A\cap T\restriction_\alpha\ \text{是}\ T\restriction_\alpha\ \text{的与}\ \alpha\ \text{等高的极大反链})).$$

基于这样的分析, 给定当前的极限序数 α 和 $T\restriction_\alpha$, 我们自然需要选择 $T\restriction_\alpha$ 的某些长度为 α 的树枝来构成一个可数集合 B_α 以至于 "尽可能多的" $T\restriction_\alpha$ 上的极大反链会在 T_α 之后被保持为未来的极大反链; 尤其是对于在秩序 $<_L$ 下 $T\restriction_\alpha$ 的最小的与 α 等高的极大反链必须被保持为未来的极大反链. 那样, 我们就有可能保证未来的树 T 不会有不可数的反链.

根据上面的分析, 现在我们来定义 T_α.

令

$$A_\alpha=\min_{<_L}\{A\subset T\restriction_\alpha\ |\ A\ \text{是极大反链, 并且}\ (\forall\gamma<\alpha\exists\beta\,(\gamma<\beta<\alpha\wedge A\cap T_\beta\neq\varnothing))\}.$$

此 A_α 自然存在. 这是因为上述定义式右端的集合非空. 欲见此集合非空, 令

$$\langle\alpha_n<\alpha\ |\ n<\omega\rangle$$

为 L 中的在秩序 $<_L$ 下最小的一个收敛于 α 的单调递增的序列; 对于每一个 $n\in\omega$, T_{α_n} 是 $T\restriction_\alpha$ 的一个极大反链, 并且它的每一个元素的高度都是 α_n; 递归地定义 $T\restriction_\alpha$ 上在其树序下单调递增的序列

$$\langle t_n\ |\ n\in\omega\rangle$$

如下: $t_0=\min_{<_L}(T_{\alpha_0})$; 给定 $t_n\in T_{\alpha_n}$, 令

$$t_{n+1}=\min_{<_L}\left\{t\in T_{\alpha_{n+1}}\ |\ t_n<_T t\right\}.$$

令

$$b=\left\{t\in T\restriction_\alpha\ |\ (\exists n\in\omega\,(t\leqslant_T t_n))\right\}.$$

那么 b 是 $T\restriction_\alpha$ 的一根等高树枝. 对于 $n\in\omega$, 令

$$s_n=\min_{<_L}\{t\in b\ |\ \operatorname{dom}(t)=\alpha_n+1\};\ j_n=s_n(\alpha_n);\ u_n=t_n\cup\{(\alpha_n,1-j_n)\},$$

那么 $u_n\in T\restriction_\alpha$, 并且 $\operatorname{dom}(u_n)=\alpha_n+1$.

$$u_n=\min_{<_L}\left\{t\in T_{\alpha_{n+1}}\ |\ t\neq t_{n+1}\right\}.$$

令

$$A_1 = \{u_n \mid n \in \omega\}.$$

那么 A_1 是 $T \upharpoonright_\alpha$ 的与 α 等高的反链. 将 A_1 扩展成 $T \upharpoonright_\alpha$ 的一个极大反链 A, 那么 A 就在 A_α 的定义式右端的集合之中.

我们希望在 T_α 的定义中能够保证极大反链 A_α 一定会被未来继续保持为极大反链. 为此, 对于 $t \in T \upharpoonright_\alpha$, 令

$$b_t = \min_{<_L} \{b \subset T \upharpoonright_\alpha \mid b \text{ 是一根等高树枝, 并且 } t \in b \wedge b \cap A_\alpha \neq \varnothing\}.$$

再令 $B_\alpha = \{b_t \mid t \in T \upharpoonright_\alpha\}$, 以及

$$T_\alpha = \left\{\bigcup b \mid b \in B_\alpha\right\}, \ T \upharpoonright_{\alpha+1} = T \upharpoonright_\alpha \cup T_\alpha.$$

根据定义可见 $T \upharpoonright_\alpha$ 的极大反链 A_α 已经被 T_α 保持为未来的极大反链. 因为如果 $\alpha < \gamma < \omega_1$, T_γ 为未来的第 γ 层的节点之集合, $t \in T_\gamma$, 那么 $t \upharpoonright_\alpha \in T_\alpha$, 于是 $t \upharpoonright_\alpha$ 一定是 A_α 中某个元素的延拓, 从而 t 便是 A_α 中的某个元素的延拓. 因此, 对于 $\alpha < \gamma < \omega_1$, A_α 依旧是 $T \upharpoonright_\gamma$ 的极大反链.

这就完成了序列

$$\langle T \upharpoonright_\alpha \mid \alpha < \omega_1 \rangle$$

的定义.

这个序列有如下性质:

(1) 对于 $\alpha < \omega_1$, $T_\alpha \subset \{0,1\}^\alpha$ 是一个可数集合, 并且对于 $t \in T_\alpha$,

$$\{t \cup \{(\alpha, 0)\}, t \cup \{(\alpha, 1)\}\} \subset T_{\alpha+1},$$

以及

$$T \upharpoonright_\alpha = \bigcup_{\beta < \alpha} T_\beta,$$

(2) 对于 $\beta < \alpha < \omega_1$, $T \upharpoonright_\beta = (T \upharpoonright_\alpha) \upharpoonright_\beta$;

(3) 对于 $\alpha < \omega_1$, $T \upharpoonright_\alpha \subset \{0,1\}^{<\alpha}$ 是一棵高度为 α 的可数的 (α, ω_1)-规范树;

(4) 对于极限序数 $0 < \alpha < \omega_1$, 如果

$$A_\alpha = \min_{<_L} \left\{A \subset T \upharpoonright_\alpha \ \middle| \ \left(\begin{array}{l} A \text{ 是极大反链, 并且} \\ (\forall \gamma < \alpha \exists \beta \, (\gamma < \beta < \alpha \wedge A \cap T_\beta \neq \varnothing)) \end{array}\right)\right\},$$

那么 $\forall \gamma, (\alpha \leqslant \gamma < \omega_1 \to A)$ 依旧是 $T \upharpoonright_\gamma$ 的极大反链;

(5) $\langle T \upharpoonright_\alpha, T_\alpha \mid \alpha < \omega_1 \rangle \in L_{\omega_2}$ 以及

$$\langle A_\alpha, B_\alpha \mid \alpha < \omega_1 \wedge \alpha \text{ 是极限序数} \rangle \in L_{\omega_2}.$$

最后令

$$T = \bigcup \{ T \upharpoonright_\alpha \mid \alpha < \omega_1 \}.$$

那么 $T \subset \{0,1\}^{<\omega_1}$ 是一个高度为 ω_1 的势为 $\aleph_1$ 的规范树, 并且 $T \in L_{\omega_2}$.

现在我们来证明这样构造出来的树 T 是一棵苏斯林树. 为此, 只需证明 T 中没有不可数的反链.

假设不然, 令 $A \subset T$ 为 T 的在秩序 $<_L$ 下的极大反链. 那么 $A \in L_{\omega_2}$, 并且

$$(L_{\omega_2}, \in) \models \left(A = \min_{<_L} \left\{ B \subset T \;\middle|\; \left(\begin{array}{l} B \text{ 是极大反链, 并且} \\ (\forall \gamma < \omega_1 \exists \beta \, (\gamma < \beta < \omega_1 \wedge B \cap T_\beta \neq \varnothing)) \end{array} \right) \right\} \right).$$

令

$$C_A = \left\{ \gamma < \omega_1 \;\middle|\; \left(\begin{array}{l} \gamma \text{ 是一极限序数, 并且} \\ A \cap T \upharpoonright_\gamma \text{ 是 } T \upharpoonright_\gamma \text{ 的一个极大反链} \\ \wedge (\forall \alpha < \gamma \exists \beta < \gamma \, (\alpha < \beta \wedge A \cap T_\beta \neq \varnothing)) \end{array} \right) \right\}.$$

那么, $C_A \subset \omega_1$ 是 ω_1 的一个无界闭子集, 并且 $C_A \in L_{\omega_2}$.

令

$$X = (\omega + 1) \cup \left\{ \begin{array}{l} \omega_1, T, A, C_A, \langle T \upharpoonright_\alpha, T_\alpha \mid \alpha < \omega_1 \rangle, \\ \langle A_\alpha, B_\alpha \mid \alpha < \omega_1 \wedge \alpha \text{ 是极限序数} \rangle \end{array} \right\}.$$

那么 $X \subset L_{\omega_2}$ 是一个可数集合. 事实上, X 中的每一个元素都是在 $(L_{\omega_2}, \in)$ 中可定义的元素.

令 $M \prec L_{\omega_2}$ 为 $(L_{\omega_2}, \in)$ 的最小同质子模型. 那么, M 可数, 并且 $X \subset M$. 令 $\alpha = M \cap \omega_1$, 则 $\alpha \in C_A \subset \omega_1$, 并且

$$L_\alpha = M \cap L_{\omega_1}.$$

不仅如此, 我们还有

(1) $T \cap M = T \upharpoonright_\alpha$;

(2) $A \cap M = A \cap (T \upharpoonright_\alpha) = A_\alpha$.

先证明 (1). 对于 $\beta < \alpha$, 必有 $T_\beta \in M$; 由于 T_β 在 L_{ω_2} 中是可数的, 它也必在 M 中可数, 令

$$f \in M \wedge f : \omega \to T_\beta \wedge (M, \in) \models (\forall t \in T_\beta \exists n \in \omega \, (t = f(n))).$$

由于 $\omega + 1 \subset M, T_\beta \subset M$, 从而

$$T \upharpoonright_\alpha \subset M.$$

另一方面, 设 $t \in T \cap M$. 令 $\beta = \mathrm{dom}(t)$. 那么 $\beta < \omega_1$, 从而

$$(L_{\omega_2}, \in) \models (\exists \beta < \omega_1 \, (\beta = \mathrm{dom}(t))),$$

因此, $(M, \in) \models (\exists \beta < \omega_1 (\beta = \mathrm{dom}(t)))$. 也就是说, $\mathrm{dom}(t) \in M$, 并且在 M 中, $\mathrm{dom}(t)$ 也是一个可数序数, 从而, $\mathrm{dom}(t) \subset M$. 因此, $\beta < \alpha$, $t \in T\upharpoonright_\alpha$.

再来证明 (2). 第一个等式比较清楚, 由 (1) 即得

$$A \cap M = (A \cap T) \cap M = A \cap (T \cap M) = A \cap (T\upharpoonright_\alpha).$$

现在来证明

$$A \cap (T\upharpoonright_\alpha) = A_\alpha.$$

根据凝聚化引理 (定理 2.10), 令 $\beta < \omega_1$ 和 π 满足

$$\pi : M \cong L_\beta.$$

此时必有

$$(\forall x \in L_\alpha (\pi(x) = x)), \ \pi(\omega_1) = \alpha, \ \pi(T) = T\upharpoonright_\alpha, \ \pi(A) = A \cap (T\upharpoonright_\alpha).$$

以及

$$(L_\beta, \in) \models \left(\begin{pmatrix} \pi(A) = \text{满足下述要求的在} \min_{<_L} \text{之下最小的} B \\ \left(\begin{array}{l} B \subset \pi(T) \ \wedge \ B \text{ 是极大反链, 并且} \\ (\forall \gamma < \pi(\omega_1) \exists \beta (\gamma < \beta < \pi(\omega_1) \ \wedge \ B \cap T_\beta \neq \varnothing)) \end{array} \right) \end{pmatrix} \right).$$

因此, $\pi(A)$ 就是在 L_β 中在极限序数 α 处所定义的 $(A_\alpha)^{L_\beta}$. 根据传递模型的 Δ_0-绝对不变性, 我们就有

$$A \cap (T\upharpoonright_\alpha) = \pi(A) = (A_\alpha)^{L_\beta} = A_\alpha.$$

(2) 于是得证.

但是由 (2) 给出的等式表明一个矛盾: 因为在我们定义 T_α 时, 已经确保极大反链 A_α 的极大性被永久地保持下来了. 因此, 所构造的规范树 T 没有不可数的反链. 也就是说, T 的确是一棵苏斯林树. $\square$

鄢森不仅发现了 L 中存在苏斯林树, 还从上述苏斯林树的构造证明中发现了一个更为一般的有着广泛用途的组合原理: 钻石原理.

定义 2.18 ($\diamond$) **钻石原理**, 记成 $\diamond$, 是如下语句: "*存在一个钻石序列*". 即

$$\left(\exists S \begin{pmatrix} S = \langle S_\alpha \mid \alpha < \omega_1 \rangle \ \wedge \\ (\forall \alpha < \omega_1 \ S_\alpha \subset \alpha) \ \wedge \\ (\forall X \subseteq \omega_1 \ \text{集合} \{\gamma < \omega_1 \mid X \cap \gamma = S_\gamma\} \ \text{是} \ \omega_1 \ \text{的荟萃子集.}) \end{pmatrix} \right).$$

前面, 我们已经见到过钻石原理的两个推论: ω_1 上的非荟萃集理想具备最大分裂特性 (定理 I.2.31) 以及钻石原理蕴涵苏斯林树存在. 事实上, 钻石原理还是一种很强形式的连续统假设:

定理 2.13　$\mathrm{ZFC} \vdash (\lozenge \to \mathrm{CH})$.

证明　设 $S = \langle S_\alpha \mid \alpha < \omega_1 \rangle$ 为一个钻石序列. 对于任意给定的 $X \subseteq \omega$, 令

$$f(X) = \min\{\alpha < \omega_1 \mid \omega < \alpha \wedge X \cap \alpha = S_\alpha\}.$$

这就定义了一个从 $\mathfrak{P}(\omega)$ 到 ω_1 的单射.　　　　　　　　　　　　　　　□

定理 2.14 (Jensen)　$\mathrm{ZF} + (V = L) \vdash$ *"存在一个钻石序列"*.

证明　我们来递归地定义一个长度为 ω_1 的序列

$$\langle (S_\alpha, C_\alpha) \mid \alpha < \omega_1 \rangle.$$

起始步: 置 $S_0 = C_0 = \varnothing$.

后继步: 设 $\alpha < \omega_1$ 以及对所有的 $\beta \leqslant \alpha\, (S_\beta, C_\beta)$ 已经有定义. 置

$$S_{\alpha+1} = C_{\alpha+1} = \alpha + 1.$$

极限步: 设 $\alpha < \omega_1$ 是一个极限序数, 并且对所有的 $\beta < \alpha\, (S_\beta, C_\beta)$ 已经有定义. 令

$$A_\alpha = \left\{ (S, C) \in \mathfrak{P}(\alpha) \times \mathfrak{P}(\alpha) \,\middle|\, \left(\begin{array}{l} C \text{ 是 } \alpha \text{ 的无界闭子集} \wedge \\ (\forall \gamma \in C\, (S \cap \gamma \neq S_\gamma)) \end{array} \right) \right\}.$$

置

$$(S_\alpha, C_\alpha) = \begin{cases} \min_{<_L}(A_\alpha) & \text{如果 } A_\alpha \neq \varnothing, \\ (\alpha, \alpha) & \text{如果 } A_\alpha = \varnothing. \end{cases}$$

注意, 根据定义, 单点集 $\{\langle (S_\alpha, C_\alpha) \mid \alpha < \omega_1 \rangle\} \in \mathscr{D}(L_{\omega_2})$.

我们来验证序列 $\langle S_\alpha \mid \alpha < \omega_1 \rangle$ 是一个钻石序列. 只需验证

$$(\forall X \subseteq \omega_1 \text{ 集合 } \{\gamma < \omega_1 \mid X \cap \gamma = S_\gamma\} \text{ 是 } \omega_1 \text{ 的荟萃子集}.)$$

假设上述结论不成立. 也就是说下述集合非空:

$$B = \{(X, C) \in \mathfrak{P}(\omega_1) \times \mathfrak{P}(\omega_1) \mid C \text{ 是 } \omega_1 \text{ 的无界闭集, 且 } (\forall \alpha \in C\, (X \cap \alpha \neq S_\alpha))\}.$$

令 $(X, C) = \min_{<_L}(B)$. 注意, 此有序对 $\{(X, C)\} \in \mathscr{D}(L_{\omega_2})$, 并且根据绝对不变性, 我们有

$$(L_{\omega_2}, \in) \models \left(\begin{array}{l} (X, C) \text{ 是满足下述要求的 } <_L\text{-最小有序对 } (Y, D): \\ (D \text{ 是 } \omega_1 \text{ 的无界闭子集}) \wedge (\forall \gamma \in D\, (Y \cap \gamma \neq S_\gamma)) \end{array} \right).$$

令

$$\{\langle (S_\alpha, C_\alpha) \mid \alpha < \omega_1 \rangle, \omega_1, (X, C)\} \subset M \prec L_{\omega_2}$$

为一个可数同质子模型. 令 $\alpha = M \cap \omega_1$. 那么 $\alpha \in C \subseteq \omega_1$, 并且 $L_\alpha = M \cap L_{\omega_1}$.

应用凝聚化引理 (定理 2.10), 令 (π, L_β) 满足

$$\pi : M \cong L_\beta$$

且有下述等式:

$$(\forall x \in L_\alpha\, (\pi(x) = x)), \ \pi(\omega_1) = \alpha, \ \pi(X) = X \cap \alpha, \ \pi(C) = C \cap \alpha,$$
$$\pi(\langle S_\gamma \mid \gamma < \omega_1 \rangle) = \langle S_\gamma \mid \gamma < \alpha \rangle, \ \pi(\langle C_\gamma \mid \gamma < \omega_1 \rangle) = \langle C_\gamma \mid \gamma < \alpha \rangle.$$

由于 $\pi^{-1} : L_\beta \prec L_{\omega_2}$, 我们有

$$(L_\beta, \in) \models \left(\begin{array}{l} (X \cap \alpha, C \cap \alpha) \text{ 是满足下述要求的 } <_L\text{-最小有序对 } (Y, D): \\ (D \text{ 是 } \alpha \text{ 的无界闭子集}) \wedge (Y \subseteq \alpha) \wedge (\forall \gamma \in D\, (Y \cap \gamma \neq S_\gamma)) \end{array} \right).$$

再一次根据绝对不变性, 性质

$$\left(\begin{array}{l} (X \cap \alpha, C \cap \alpha) \text{ 是满足下述要求的 } <_L\text{-最小有序对 } (Y, D): \\ (D \text{ 是 } \alpha \text{ 的无界闭子集}) \wedge (Y \subseteq \alpha) \wedge (\forall \gamma \in D\, (Y \cap \gamma \neq S_\gamma)) \end{array} \right)$$

在 V 中也成立. 于是 $X \cap \alpha = S_\alpha$, 以及 $C \cap \alpha = C_\alpha$. 根据假设,

$$(\forall \gamma \in C\, (X \cap \gamma \neq S_\gamma)).$$

但是, $\alpha \in C$ 并且 $X \cap \alpha = S_\alpha$. 这就是一个矛盾.

这个矛盾来源于序列 $\langle S_\alpha \mid \alpha < \omega_1 \rangle$ 并非一个钻石序列之假设. 定理由此得证. □

2.1.5 L 中的弱紧基数

我们希望证明弱紧基数的概念与可构造集论域相融合. 也就是说一个在 V 中的弱紧基数 κ 在 L 中也是一个弱紧基数. 在证明这个事实之前, 我们借机对基数的弱紧特性进一步拓展. 前面我们引进弱紧基数的方案是基于 ω 上的两条组合性质, 一条是拉姆齐划分定理 (定理 I.2.49); 一条是柯尼希树枝定理 (定理 I.2.41). 事实上, 弱紧基数还来自 ω 的另外一种紧致性: 一阶逻辑语言的哥德尔紧致性定理. 一阶语言的任何一个语句集合有一个模型的充分必要条件是它的每一个有限子集合都有一个模型. 弱紧基数恰恰是这种紧致性在不可达基数上的反映.

回顾一下可数一阶语言 $\mathcal{L} = \mathcal{L}_{\omega,\omega}$ 所具有的语法结构: 它有无穷可数个变元符号; 可数个关系符号、函数符号和常元符号; 五个固定的逻辑联结词; 以及两个谓词符号; 它的每一个表达式都是由这些符号按照特定的递归定义的规则形成的有限符号序列.

我们以如下方式将可数一阶语言的概念拓展到语言 $\mathcal{L}_{\kappa,\omega}$ 以及 $\mathcal{L}_{\kappa,\kappa}$, 其中 κ 是任意一个无穷基数.

定义 2.19　语言 $\mathcal{L}_{\kappa,\omega}$ 由下述因素构成:

(1) 它有 κ 个变元符号;

(2) 它有若干个关系符号、函数符号和常元符号;

(3) 它有五个基本逻辑联结符号; 同时对于每一个 $\alpha < \kappa$, 它有长度为 α 的析取联结符号 $\bigvee_{\xi<\alpha}$ 以及合取联结符号 $\bigwedge_{\xi<\alpha}$;

(4) 它有两个量词符号 $\exists v$ 和 $\forall v$;

(5) 它的每一个表达式都由上述符号递归地形成; 有如 $\kappa = \omega$ 的情形那样. 当 $\kappa > \omega$ 时, 比如

$$\left(\bigvee_{n<\omega} \varphi_n\right) \text{ 以及 } \left(\bigwedge_{n<\omega} \varphi_n\right)$$

都是两个长度为 ω 的表达式. 这便是此时两种语言的差别所在.

语言 $\mathcal{L}_{\kappa,\kappa}$ 与 $\mathcal{L}_{\kappa,\omega}$ 类似, 只不过在语言 $\mathcal{L}_{\kappa,\kappa}$ 中除了容许使用经典量词之外, 还容许使用长度严格小于 κ 的量词:

(4) 对于 $1 \leqslant \alpha < \kappa$, 它有长度为 α 的量词符号 $\exists_{\xi<\alpha} v_\xi$ 和 $\forall_{\xi<\alpha} v_\xi$.

在语言 $\mathcal{L}_{\kappa,\omega}$ 和 $\mathcal{L}_{\kappa,\kappa}$ 的语义解释中, 与 $\mathcal{L}_{\omega,\omega}$ 的语义解释类似: 表达式 $\left(\bigvee_{\xi<\alpha} \varphi_\xi\right)$ 的逻辑值状态由它所含的变元和项的赋值所确定的其中之一的 φ_ξ 的真假所确定; 就如同表达式 $(\varphi_1 \vee \cdots \vee \varphi_n)$ 在语言 $\mathcal{L}_{\omega,\omega}$ 中的那样. 表达式 $\left(\bigwedge_{\xi<\alpha} \varphi_\xi\right)$ 的逻辑值状态由它所含的变元和项的赋值所确定的其中所有的 φ_ξ 的真假所确定; 就如同表达式 $(\varphi_1 \wedge \cdots \wedge \varphi_n)$ 在语言 $\mathcal{L}_{\omega,\omega}$ 中的那样. 长度为 α 的存在量词 $(\exists_{\xi<\alpha} v_\xi \, \varphi)$ 的解释就是在存在对变元符号序列 $\langle v_\xi \mid \xi < \alpha \rangle$ 中的变元符号的一个赋值来实现表达式 φ 所定义的目标; 就如同表达式 $(\exists_{i<n} v_i \, \varphi)$ 在 $\mathcal{L}_{\omega,\omega}$ 中的解释那样. 长度为 α 的全称量词 $(\forall_{\xi<\alpha} v_\xi \, \varphi)$ 的解释就是对变元符号序列 $\langle v_\xi \mid \xi < \alpha \rangle$ 中的变元符号的任何一个赋值都应当实现表达式 φ 所定义的目标; 就如同表达式 $(\forall_{i<n} v_i \, \varphi)$ 在 $\mathcal{L}_{\omega,\omega}$ 中的解释那样. 否定词对于无穷长度的析取和合取的使用依旧遵循有限情形的规则: $\left(\neg\left(\bigvee_{\xi<\alpha} \varphi_\xi\right)\right)$ 与表达式 $\left(\bigwedge_{\xi<\alpha} (\neg\varphi_\xi)\right)$ 对等; 表达式 $\left(\neg\left(\bigwedge_{\xi<\alpha} \varphi_\xi\right)\right)$ 与表达式 $\left(\bigvee_{\xi<\alpha} (\neg\varphi_\xi)\right)$ 对等.

定义 2.20　称语言 $\mathcal{L}_{\kappa,\kappa}$ (或者 $\mathcal{L}_{\kappa,\omega}$) **具备弱紧致性定理**当且仅当如果 Σ 是语言 $\mathcal{L}_{\kappa,\kappa}$ (或者 $\mathcal{L}_{\kappa,\omega}$) 的一个势不超过 κ 的语句集合, 那么 Σ 有一个模型的充分必要条件是它的每一个势严格小于 κ 的子集合都有一个模型.

称语言 $\mathcal{L}_{\kappa,\kappa}$ (或者 $\mathcal{L}_{\kappa,\omega}$) **具备紧致性定理**当且仅当如果 Σ 是语言 $\mathcal{L}_{\kappa,\kappa}$ (或者 $\mathcal{L}_{\kappa,\omega}$) 的一个语句集合, 那么 Σ 有一个模型的充分必要条件是它的每一个势严格小于 κ 的子集合都有一个模型.

可见 $\mathcal{L}_{\omega,\omega}$ 具备紧致性定理; 如果 $\mathcal{L}_{\kappa,\kappa}$ 具备紧致性定理, 那么 $\mathcal{L}_{\kappa,\omega}$ 也具备紧致性定理; 如果 $\mathcal{L}_{\kappa,\kappa}$ 具备紧致性定理, 那么 $\mathcal{L}_{\kappa,\kappa}$ 具备弱紧致性定理; 如果 $\mathcal{L}_{\kappa,\kappa}$ 具

备弱紧致性定理, 那么 $\mathcal{L}_{\kappa,\omega}$ 也具备弱紧致性定理.

现在我们来证明如果 κ 是一个弱紧基数, 那么语言 $\mathcal{L}_{\kappa,\kappa}$ 具备弱紧致性定理; 反之, 如果 κ 是一个不可达基数, 并且语言 $\mathcal{L}_{\kappa,\omega}$ 具备弱紧致性定理, 那么 κ 一定是一个弱紧基数.

定理 2.15 (1) 如果 κ 是一个弱紧基数, 那么语言 $\mathcal{L}_{\kappa,\kappa}$ 具备弱紧致性定理.

(2) 如果 κ 是一个不可达基数, 并且语言 $\mathcal{L}_{\kappa,\omega}$ 具备弱紧致性定理, 那么 κ 一定是一个弱紧基数.

证明 (1) 设 κ 是一个弱紧基数. 令 Σ 是语言 $\mathcal{L}_{\kappa,\kappa}$ 的一个势为 κ 的语句集合, 并且它的每一个势严格小于 κ 的子集合都有一个模型. 不妨假设语言 $\mathcal{L} = \mathcal{L}_{\kappa,\kappa}$ 的符号仅仅那些在 Σ 中的语句里出现的那些符号, 从而 $|\mathcal{L}| = \kappa$.

首先我们对语言添加适当的常元符号. 对每一个表达式 φ 中出现的自由变元 $\langle v_\xi \mid \xi < \alpha \rangle$, 我们引入新的常元符号 $\left\langle c_\xi^\varphi \mid \xi < \alpha \right\rangle$ (斯科伦常元); 用记号 $\mathcal{L}^{(1)}$ 来记这样添加新常元之后的语言. 对语言 $\mathcal{L}^{(1)}$ 实施同样的添加斯科伦常元的过程, 得到语言

$$\mathcal{L}^{(2)} \supset \mathcal{L}^{(1)} \supset \mathcal{L}^{(0)} = \mathcal{L}.$$

如此递归地实施 ω 步, 得到语言

$$\mathcal{L}^* = \bigcup_{n < \omega} \mathcal{L}^{(n)}.$$

由于 κ 是一个不可达基数, $|\mathcal{L}^*| = \kappa$. 语言 $\mathcal{L}^*$ 具有如下特点: 如果 φ 是它的一个表达式, 含有自由变元 $\langle v_\xi \mid \xi < \alpha \rangle$, 那么 $\mathcal{L}^*$ 中一定含有不在 φ 中出现的常元 $\left\langle c_\xi^\varphi \mid \xi < \alpha \right\rangle$.

其次我们对 Σ 添加斯科伦语句. 对于每个含有自由变元 $\langle v_\xi \mid \xi < \alpha \rangle$ 的表达式 φ, 令 σ_φ 为下述斯科伦语句:

$$\left((\exists_{\xi < \alpha} v_\xi \, \varphi) \to \varphi \left[c_\xi^\varphi / v_\xi \right]_{\xi < \alpha} \right).$$

其中, c_ξ^φ / v_ξ 表示在表达式 φ 中用常元符号 c_ξ^φ 替换自由变元 v_ξ. 令

$$\Sigma^* = \Sigma \cup \left\{ \sigma_\varphi \mid \varphi \text{是} \mathcal{L}^* \text{的一个表达式} \right\}.$$

注意, 如果 $S \subset \Sigma^*$ 的势严格小于 κ, 那么 S 有一个模型: 取一个 $S \cap \Sigma$ 的模型, 然后对这个模型的解释增添对斯科伦常元的解释以令所涉及的斯科伦语句为真即可.

令 $\langle \sigma_\alpha \mid \alpha < \kappa \rangle$ 为 $\mathcal{L}^*$ 的语句的列表. 如下定义一棵高度为 κ 的二元分叉树 $(T, \subset)$: 对于 $\gamma < \kappa$, $t: \gamma \to \{0,1\}$, 令 $t \in T$ 当且仅当存在语句集合

$$\Sigma^* \cap \{ \sigma_\alpha \mid \alpha < \gamma \}$$

有一个模型 $\mathcal{M}$ 来见证下述对等关系:

$$\forall \alpha < \gamma \, (t(\alpha) = 1 \iff \mathcal{M} \models \sigma_\alpha).$$

由于 κ 是一个弱紧基数, 它具有树特性 (定义 I.2.32 以及定理 I.2.55). 令 B 为 T 的一根高度为 κ 的树枝. 令

$$\Delta = \{\sigma_\alpha \mid \exists t \in B \, (t(\alpha) = 1)\}.$$

那么 $\Sigma^* \subset \Delta$.

令 A_0 为 $\mathcal{L}^*$ 中所有常元所生成的项的集合. 令 $\approx$ 为 A_0 上的依照下述等式定义的等价关系:

$$\tau_1 \approx \tau_2 \iff (\tau_1 = \tau_2) \in \Delta.$$

令 $A = A_0 / \approx$ 为商集.

我们以 A 为论域来定义 $\mathcal{L}^*$ 的一个结构: 对于常元符号 c 的解释为 $[c]$; 对于谓词符号 P 的解释为

$$\mathcal{M} \models P([\tau_1], \cdots, [\tau_n]) \iff P(\tau_1, \cdots, \tau_n) \in \Delta,$$

以及对于函数符号 F 的解释为

$$\mathcal{M} \models [\tau_{n+1}] = F([\tau_1], \cdots, [\tau_n]) \iff (\tau_{n+1} = F(\tau_1, \cdots, \tau_n)) \in \Delta.$$

断言　$\mathcal{M} \models \Delta$.
事实上, 依照关于语句 σ 中出现的量词块的个数的归纳法可以证明

$$\mathcal{M} \models \sigma \iff \sigma \in \Delta.$$

比如, 如果 σ 为 $\exists_{\xi < \alpha} \varphi(v_\xi)$, 根据归纳假设,

$$\mathcal{M} \models \varphi\left[c_\xi^\varphi / v_\xi\right] \iff \varphi\left[c_\xi^\varphi / v_\xi\right] \in \Delta.$$

断言由此得证. 于是 (1) 成立.

(2) 设 κ 为不可达基数, 并且语言 $\mathcal{L}_{\kappa,\omega}$ 具备弱紧致性定理. 我们来证明 κ 具备树特性 (定义 I.2.32).

设 $(T, <)$ 是一棵高为 κ 的树, 并且每一层的势严格小于 κ. 一个表示树关系 $<$ 的二元谓词 P; 对于 T 中的每一个节点, 引进一个常元符号; 令 B 为一个一元谓词符号. 考虑这些符号下的语言 $\mathcal{L}_{\kappa,\omega}$. 令 Σ 为下述语句的集合: 如果 $x, y \in T$ 满足

$x < y$, 则令 $P(c_x, c_y) \in \Sigma$; 如果不满足 $x < y$, 则令 $(\neg P(c_x, c_y)) \in \Sigma$; 如果 $x, y \in T$ 为两个不可比较的节点, 那么就令语句

$$(\neg (B(c_x) \land B(c_y))) \in \Sigma;$$

如果 $\alpha < \kappa$, U_α 是 T 的第 α 层, 那么就令语句

$$\left(\bigvee_{x \in U_\alpha} B(c_x) \right) \in \Sigma.$$

Σ 只含有上述语句. 它试图断言 B 是 T 的一个高度为 κ 的树枝.

如果 $S \subset \Sigma$ 的势严格小于 κ, T 的足够高的前段就是 S 的一个模型. 根据语言 $\mathcal{L}_{\kappa,\omega}$ 具备弱紧致性定理的条件, Σ 具有一个模型. 任何这样的模型都可以给出 $(T, <)$ 的一根高度为 κ 的树枝.

由此可见, κ 具有树特性. 因为 κ 是不可达基数, 又具备树特性, 所以, 根据定理 I.2.55, κ 是一个弱紧基数. $\qquad\square$

现在我们知道语言 $\mathcal{L}_{\kappa,\kappa}$ 是否具备弱紧致性定理与 κ 是否为弱紧基数密切相关. 那么一个自然的问题就是: ω 是否就是唯一的保证语言 $\mathcal{L}_{\kappa,\kappa}$ 具备紧致性定理的基数 κ? 我们将在第三卷中讨论这个问题. 现在我们来证明可构造集合论域可以接纳弱紧基数.

定理 2.16 设 κ 是一个弱紧基数. 那么

(1) 如果 $U \subseteq V_\kappa$, 那么模型 $(V_\kappa, \in, U)$ 可以有一个传递的同质模型扩张 $(M, \in, U')$ 以至于 $\kappa \in M$;

(2) 如果 $A \subseteq \kappa$, 并且 $\forall \alpha < \kappa (A \cap \alpha \in L)$, 那么 $A \in L$;

(3) 在 L 中 κ 还是一个弱紧基数.

证明 (1) 考虑结构 $\mathscr{A} = (V_\kappa, \in, U, a)_{a \in V_\kappa}$. 令 Σ_0 为所有在结构 $\mathscr{A}$ 中都为真的语言 $\mathcal{L}_{\kappa,\kappa}$ 中的语句的集合. 再令

$$\Sigma = \Sigma_0 \cup \{c \in \mathrm{Ord}, \alpha < c \mid \alpha \in \kappa\}.$$

其中, c 是一个新常元符号. 这个语句集合 Σ 之势为 κ, 并且具备如下性质: 如果 $S \subset \Sigma$ 是一个势严格小于 κ 的非空集合, 那么 S 有一个模型, 因为令

$$F = \{a \in V_\kappa \mid a \text{ 在 } S \text{ 某个语句中出现, 但 } a \neq c\},$$

令 $\gamma = \sup(F \cap \kappa) + \omega$, 我们就有

$$(V_\kappa, \in, U, \gamma, a,)_{a \in F} \models S.$$

其中, c 的解释为 γ. 因为 κ 是弱紧基数, 语言 $\mathcal{L}_{\kappa,\kappa}$ 具有弱紧致性定理. 于是, Σ 是一个可满足的语句集.

令 $\mathfrak{A} = \left(A, E, U^{\mathfrak{A}}, c^{\mathfrak{A}}, a^{\mathfrak{A}}\right)_{a \in V_\kappa} \models \Sigma$. 不妨假设

$$V_\kappa \subset A, \; E \cap (V_\kappa \times V_\kappa) = \in \cap (V_\kappa \times V_\kappa), \; U = U^{\mathfrak{A}} \cap V_\kappa, \; \forall a \in V_\kappa \left(a = a^{\mathfrak{A}}\right).$$

由于 $\mathfrak{A} \models \Sigma_0$, 上面的假设就保证了 $(V_\kappa, \in, U) \prec (A, E, U^{\mathfrak{A}})$.

断言 E 是 A 的一个自同一的有秩关系.

它是自同一的是因为 $(V_\kappa, \in) \models$ ZFC, 所以同一律是 Σ_0 中的一个语句. 因此 (A, E) 也是同一律的一个模型. 它是有秩关系是因为下述无穷表达式语句也在 $(V_\kappa, \in)$ 为真: $\left(\neg \left(\exists_{i<\omega} v_i \left(\bigwedge_{n\in\omega} (v_{n+1} \in v_n)\right)\right)\right)$. 从而这个语句在 Σ_0 之中. 于是, (A, E) 是这个语句的一个模型. 这就意味着 E 是 A 上的一个有秩关系.

令 $\pi: (A, E) \cong (M, \in)$ 为 (A, E) 的传递化. 令 $U' = \pi\left[U^{\mathfrak{A}}\right]$, $\gamma = \pi\left[c^{\mathfrak{A}}\right]$. 那么

$$V_\kappa \subset M, \quad U = V_\kappa \cap U', \quad \kappa \leqslant \gamma.$$

从而 $\kappa \in M$, 以及

$$(V_\kappa, \in, U) \prec (M, \in, U').$$

(2) 设 $A \subseteq \kappa$ 具备后述性质: $\forall \alpha < \kappa (A \cap \alpha \in L)$. 根据 (1), 令

$$(V_\kappa, \in, A) \prec (M, \in, A'),$$

其中 M 是一传递集合, $\kappa \in M$.

考虑语句: $\forall \alpha \in \mathrm{Ord}\, \exists x (x \in L \wedge x = A \cap \alpha)$. 根据假设,

$$(V_\kappa, \in, A) \models \forall \alpha \in \mathrm{Ord}\, \exists x (x \in L \wedge x = A \cap \alpha).$$

于是,

$$(M, \in, A') \models \forall \alpha \in \mathrm{Ord}\, \exists x (x \in L \wedge x = A \cap \alpha).$$

于是, $A = \kappa \cap A' \in L$.

(3) 在 L 中, 令 $T = (\kappa, <_T)$ 为一棵高为 κ、每一层的节点的势都严格小于 κ 的树. 在 V 中, 此树依旧那样. 由于 κ 是一个弱紧基数, 在 V 中, T 有一根长度为 κ 的树枝 b. 此树枝具备如下性质: $\forall \alpha < \kappa (b \cap \alpha \in L)$. 根据 (2), 此树枝 $b \in L$. 因此, 在 L 中, κ 是一不可达基数, 并且具备树特性. 由此得知在 L 中, κ 是一个弱紧基数. $\qquad\square$

2.2 兼容内模型

很多情形下, 我们需要考虑在某种特殊集合的基础上得到一个可以接纳这个给定对象的内模型, 也就是可以与给定集合兼容的内模型. 是否可以得到具备一定兼容特性的内模型恰恰是当今内模型探讨的中心问题, 也是一个极度广泛和极度困难的问题. 在这里, 我们将展示一组有特别用处的例子. 等到特别期望的兼容性出现时, 我们还会专门探讨这种具体兼容性的例子.

2.2.1 相对可构造集

哥德尔可构造集合的概念可以被有效地推广以至于相对于一个给定的集合 A 我们可以构造出一个更多更为广泛的集合内模型来. 比如, 我们可以将传递集合上的可定义性的概念推广: 由原来的仅仅使用集合论纯语言来定义扩充到使用添加一个新的一元谓词符号的语言来定义.

下面的定义是定义 1.30 的推广, 自然也是一般模型论中的可定义性的一种特殊情形.

定义 2.21 设 U 是一个一元谓词. 设 M 是一个非空传递集合, $A \subseteq M$. 称 A 是 M 的在语言 $\mathcal{L}_{\in,U}$ 下的**可定义子集**, 简称为**相对于 U 可定义子集**, 当且仅当

$$\left(\begin{array}{l} \exists n \in \omega \, \exists a \in [M]^n \, \exists \varphi(x_0, \cdots, x_{n-1}, x_n) \in \mathcal{L}_{\in,U} \text{ 来见证下述等式:} \\ (A = \{b \in M \mid (M, \in, U \cap M) \models \varphi[a_0, \cdots, a_{n-1}, b]\}) \end{array} \right).$$

其中, 首先将一元谓词 U 自动解释为一个集合或者一个关于集合的类, 而 $U \cap M$ 则是将一元谓词符号 U 进一步具体解释为 M 的一个子集. 称 A 是 M 的**免参数可定义子集**当且仅当

$$\exists \varphi(x_0) \in \mathcal{L}_{\in,U} \, (A = \{a \in M \mid (M, \in, U \cap M) \models \varphi[a]\}).$$

自然地我们将定义 1.31 中的运算 $\mathscr{D}$ 推广到 $\mathscr{D}_U$:

定义 2.22 对于非空传递集合 M, 令

$$\mathscr{D}_U(M) = \{A \subseteq M \mid A \text{是 } M \text{ 的相对于 } U \text{ 可定义子集}\}.$$

在集合论 ZF 中, 当 U 是一个集合时, 我们也有类似于引理 1.15 的结论.

引理 2.23 如果 M 是一个非空传递集合, U 是一个集合, 那么

(1) $(M \cup [M]^{<\omega} \cup \{M\}) \subseteq \mathscr{D}_U(M)$, 并且 $\mathscr{D}_U(M)$ 也是一个传递集合.

(2) $\mathscr{D}_U(M)$ 关于集合的布尔运算封闭, 即

  (a) 如果 $A \in \mathscr{D}_U(M)$, 那么 $(M - A) \in \mathscr{D}_U(M)$;

(b) 如果 $A \in \mathscr{D}_U(M)$ 和 $B \in \mathscr{D}_U(M)$, 那么 $(A \cup B) \in \mathscr{D}_U(M)$ 以及 $(A \cap B) \in \mathscr{D}_U(M)$.

从而 $(\mathscr{D}_U(M), \varnothing, M, -, \cup, \cap)$ 是一个布尔代数.

(3) $\mathscr{D}_U(M) \subseteq \mathfrak{P}(M)$.

证明 （练习.） □

应用相对化可定义集合运算 $\mathscr{D}_U$, 我们便可以将可构造集合的层次定义 2.1 推广如下:

定义 2.23 设 U 是一个集合. 相对于 U 的可构造集合层次体系递归地定义如下:

(i) $L_0[U] = \varnothing$;

(ii) $L_{\alpha+1}[U] = \mathscr{D}_U(L_\alpha[U])$;

(iii) 对于极限序数 λ, $L_\lambda[U] = \bigcup\limits_{\alpha < \lambda} L_\alpha[U]$;

$$L[U] = \bigcup_{\alpha \in \mathrm{Ord}} L_\alpha[U].$$

注意, 当 $U \in \omega + 1$ 时, $L[U] = L$. 但是, 如果 $U \subset \omega$, $L[U]$ 一般来说就有可能不等于 L, 比如, 假设 $\mathfrak{P}(\omega) - L \neq \varnothing$. 当然在 $V = L$ 的假设之下, 对于任何一个集合 U 而言就都有 $L[U] = V = L$. 因此, 只有在 $V \neq L$ 的环境下定义 2.23 才能够给出非平凡的内涵. 自然, 这也恰恰是获取大基数内模型的一条重要途径. 后面我们将会看到最典型的例子.

引理 2.24 设 U 是一个集合. 令 $\bar{U} = U \cap L[U]$. 那么 $L[\bar{U}] = L[U]$ 并且 $\bar{U} \in L[\bar{U}]$. 因此, 如果 $U \subset \omega$, 那么 $U \in L[U]$.

证明 对 $\alpha \in \mathrm{Ord}$ 施归纳我们来证明 $L_\alpha[\bar{U}] = L_\alpha[U]$.

对于极限序数 α 而言等式由定义以及归纳假设立即得到.

现在假设 $L_\alpha[\bar{U}] = L_\alpha[U]$. 往证 $L_{\alpha+1}[\bar{U}] = L_{\alpha+1}[U]$. 为此, 令 $W = L_\alpha[U]$. 那么

$$W \cap U = W \cap U \cap L_\alpha[U] = W \cap \bar{U}.$$

由于 $\mathscr{D}_U(W) = \mathscr{D}_{U \cap W}(W)$, 我们有

$$L_{\alpha+1}[U] = \mathscr{D}_U(W) = \mathscr{D}_{U \cap W}(W) = \mathscr{D}_{W \cap \bar{U}}(W) = \mathscr{D}_{\bar{U} \cap L_\alpha[\bar{U}]}\left(L_\alpha[\bar{U}]\right) = L_{\alpha+1}[\bar{U}].$$

这就证明了 $L[\bar{U}] = L[U]$.

由于 U 是一个集合, 根据映像存在原理, 令 $\alpha \in \mathrm{Ord}$ 满足等式要求:

$$\bar{U} = U \cap L_\alpha[U].$$

那么

$$\bar{U} \in L_{\alpha+1}[U]. \qquad \Box$$

定理 2.17 (ZF) 设 U 是一个集合. 那么

(1) $L[U]$ 是 ZF 的一个传递模型;

(2) 在 $L[U]$ 中, 语句 $\exists X (V = L[X])$ 为真;

(3) 如果 N 是 ZF 的一个内模型, 并且 $U \cap N \in N$, 那么 $L[U] \subseteq N$.

证明 (1) 的证明实质上与定理 2.2 的证明一样. 因此我们只给出关键点.

同一性公理: 设 $x \in L[U]$ 以及 $y \in L[U]$ 为两个集合. 假设

$$(\forall z \in L[U] (z \in x \leftrightarrow z \in y))$$

在 V 中成立. 需要验证等式 $x = y$ 在 V 中成立. 这由 $L[U]$ 的传递性以及同一性公理在 V 中成立即得.

配对公理: 任取集合 $x_0 \in L[U]$ 以及 $x_1 \in L[U]$. 由于配对公理在 V 中成立, 令

$$x_2 = \{x_0, x_1\}.$$

令 α 为一个足够大的序数以至于 $x_0 \in L_{\alpha}[U]$ 以及 $x_1 \in L_{\alpha}[U]$. 那么

$$x_2 = \left\{ a \in L_{\alpha}[U] \ \middle| \ (L_{\alpha}[U], \in) \models \left(\begin{array}{c} (\forall v_3 \in v_2 \ (v_3 \hat{=} v_0 \ \lor \ v_3 \hat{=} v_1)) \\ \land \ (v_0 \in v_2 \ \land \ v_1 \in v_2) \end{array} \right) [a, x_0, x_1] \right\}.$$

所以, $x_2 \in \mathscr{D}(L_{\alpha}[U])$. 从而, $x_2 \in L[U]$. 此 x_2 满足要求

$$(\forall x_3 \in L[U](x_3 \in x_2 \leftrightarrow (x_3 = x_0 \lor x_3 = x_1))).$$

并集公理: 设 $x_0 \in L[U]$ 为一个集合. 令 α 满足要求: $x_0 \in L_{\alpha}[U]$. 根据并集公理在 V 中成立这一事实, 令

$$x_1 = \{a \mid (\exists x_3 (x_3 \in x_0 \land a \in x_3))\}.$$

这个集合 x_1 在 V 中存在. 不仅如此, 此 x_1 还是 $L_{\alpha}[U]$ 的一个可定义子集. 事实上, 设 $a \in x_1$. 那么表达式

$$(\exists x_3 (x_3 \in x_0 \land a \in x_3))$$

在 V 中成立. 令 x_3 见证 $(x_3 \in x_0 \land a \in x_3)$. 由于 $x_0 \in L_{\alpha}[U]$, $L_{\alpha}[U]$ 是传递集合, 我们有 $x_3 \in L_{\alpha}[U]$; 进而再由 $L_{\alpha}[U]$ 的传递性得到 $a \in L_{\alpha}[U]$. 我们事实上还证明了下述对等式:

$$(\exists x_3 (x_3 \in x_0 \land a \in x_3)) \leftrightarrow (\exists x_3 \in L_{\alpha}[U] (x_3 \in x_0 \land a \in x_3)).$$

于是,

$$x_1 = \{a \in L_\alpha[U] \mid (L_\alpha[U], \in) \models (\exists v_3 (v_3 \in v_0 \wedge v_2 \in v_3))[a, x_0]\}.$$

所以, $x_1 \in \mathscr{D}(L_\alpha[U])$. 此集合 x_1 满足要求:

$$(\forall x_2 \in L[U] (x_2 \in x_1 \leftrightarrow (\exists x_3 \in L[U] (x_3 \in x_0 \wedge x_2 \in x_3)))).$$

无穷公理: $\omega \in L[U]$.

幂集公理: 设 $x_0 \in L[U]$ 为一个集合. 由于幂集公理在 V 中成立, 令

$$x_1 = \mathfrak{P}(x_0) \cap L[U].$$

因为分解原理在 V 中成立, x_1 是一个集合. 不妨设 x_1 为一个非空集合. 对于 $a \in x_1$, 令

$$f(a) = \min\{\alpha \in \mathrm{Ord} \mid a \in L_\alpha[U]\}.$$

根据 V 中的映像存在原理, $(\exists \lambda \in \mathrm{Ord} \forall a \in x_1 \, f(a) \in \lambda)$. 令 λ 为具备这样性质的序数. 我们便有

$$x_1 \subseteq L_\lambda[U],$$

并且

$$x_1 = \{a \in L_\lambda[U] \mid (L_\lambda[U], \in) \models (\forall v_3 (v_3 \in v_2 \to v_3 \in v_0))[a, x_0]\}.$$

于是, $x_1 \in L_{\lambda+1}[U]$. 此集合 x_1 满足要求:

$$(\forall x_2 \in L[U] (x_2 \in x_1 \leftrightarrow (\forall x_3 \in L[U] (x_3 \in x_2 \to x_3 \in x_0)))).$$

分解原理: 固定一个彰显自由变元的形式表达式 $\varphi(v_0, \cdots, v_{n-1}, v_n)$. 固定 $L[U]$ 中的 $a_0, \cdots, a_{n-1}$. 设这有限个参数集合都在 $L_{\alpha_0}[U]$ 之中.

设 $a_n \in L[U]$ 为任意一个相对可构造集合. 设 $a_n \in L_\beta[U]$, 并且 $\beta \geqslant \alpha_0$. 根据 V 中的分解原理, 令

$$a_{n+1} = \left\{a \in a_n \mid \varphi^{L[U]}(a_0, \cdots, a_{n-1}, a)\right\}.$$

应用广义镜像原理 (定理 1.29), 令 $\gamma > \beta$ 满足下述要求:

$$\left(\forall x_0 \in L_\gamma[U] \cdots \forall x_n \in L_\gamma[U] \left(\varphi^{L_\gamma[U]}(x_0, \cdots, x_n) \leftrightarrow \varphi^{L[U]}(x_0, \cdots, x_n)\right)\right).$$

由于 $\{a_0, \cdots, a_{n-1}, a_n\} \subset L_\gamma[U]$, $a_n \subset L_\gamma[U]$, 我们有

$$\left(\forall a \in L_\gamma[U] \left(\varphi^{L_\gamma[U]}(a_0, \cdots, a_{n-1}, a) \leftrightarrow \varphi^{L[U]}(a_0, \cdots, a_{n-1}, a)\right)\right)$$

以及

$$\left(\forall a \in a_n \left(\varphi^{L_\gamma[U]}(a_0,\cdots,a_{n-1},a) \leftrightarrow \varphi^{L[U]}(a_0,\cdots,a_{n-1},a)\right)\right).$$

因此,

$$a_{n+1} = \left\{a \in a_n \mid \varphi^{L_\gamma[U]}(a_0,\cdots,a_{n-1},a)\right\}$$
$$= \left\{a \in L_\gamma[U] \mid a \in a_n \wedge \varphi^{L_\gamma[U]}(a_0,\cdots,a_{n-1},a)\right\}.$$

从而,

$$a_{n+1} = \left\{a \in L_\gamma[U] \mid (L_\gamma[U],\in) \models \left(\begin{array}{c} v_{n+2} \in v_n \wedge \\ \varphi(v_0,\cdots,v_{n-1},v_{n+2}) \end{array}\right) [a_0,\cdots,a_{n-1},a_n,a]\right\}.$$

于是, $a_{n+1} \in \mathscr{D}(L_\gamma[U])$. 此 a_{n+1} 满足下述要求:

$$\left(\forall x_{n+2} \in L[U] \left(x_{n+2} \in a_{n+1} \leftrightarrow \left(x_{n+2} \in a_n \wedge \varphi^{L[U]}(a_0,\cdots,a_{n-1},x_{n+2})\right)\right)\right).$$

我们将**映像存在原理**以及∈-极小原理在 $L[U]$ 中成立的验证留作练习.

对于 (2) 和 (3) 的证明也留作练习. □

在集合论纯语言的基础上添加了一个一元谓词符号的新语言下的可定义性也同样可以用哥德尔集合运算的代数方式来实现. 这在集合论内模型以及内核模型的构造和分析中也同样扮演重要角色. 这些在新环境下的基本集合运算由定义 2.9 所列出的 17 种基本简朴集合运算和新添一种简朴集合运算组成.

定义 2.24 设 U 为一个集合. 定义如下的第 18 种简朴集合运算:

18 (U-分离): $\mathscr{F}_{17}(x,y) = \mathscr{F}_U(x,y) = U \cap x = \{u \mid u \in x \wedge u \in U\}$.

称一个集合运算为一个 **U-简朴集合运算**当且仅当它可以由函数簇 $\{\mathscr{F}_i \mid i < 18\}$ 中的函数复合而成.

这个运算实质上就是可以以 U 作为一个一元谓词对给定集合实现最为简单的 Δ_0-分解原理的特例.

定义 2.25 (1) M 是 U-简朴集合运算封闭的当且仅当 M 关于每一个 U-简朴集合运算都是封闭的.

(2) 集合 X 的 U-简朴集合运算闭包为

$$X \cup \left\{f(x_0,\cdots,x_n) \mid x_0 \in X,\cdots,x_n \in X, f \text{ 是 } U\text{-简朴集合运算}\right\}.$$

类似于简朴闭包运算 $\mathbb{S}$, 也有相对化简朴闭包运算:

定义 2.26 ($\mathbb{S}_U$-运算) 设 U 是一个集合. 对于给定集合 A, 定义

(1) $\mathbb{S}_U(A) = \bigcup\{\mathscr{F}_i[(A \cup \{A\}) \times (A \cup \{A\})] \mid 0 \leqslant i \leqslant 17\}$.

(2) 对于 $n < \omega$, 递归地定义 $\mathbb{S}_U^{n+1}(A) = \mathbb{S}_U(\mathbb{S}_U^n(A))$.

(3) $\mathrm{JP}_U(A) = \bigcup\{\mathbb{S}_U^n(A) \mid n < \omega\}$.

应用这些运算便可以对 $L[U](U \in L[U])$ 来展开分析. 比如, 可以证明如果 M 是传递集合, $U \subset M$, 那么

$$\mathrm{JP}_U(M) \cap \mathfrak{P}(M) = \mathscr{D}_U(M).$$

由于篇幅所限, 我们就不在这里详细展开讨论. 与 L 类似, 当 $U \in L[U]$ 时, 我们有下述定理.

定理 2.18   设 U 是一个集合, 并且 $U \in L[U]$. 那么 $L[U]$ 上有一个由 U 可定义的秩序. 因此, $L[U] \models \mathrm{ZFC}$.

证明   (练习.)   □

与 L 的情形类似, 我们有下述凝聚化引理:

引理 2.25   设 U 是一个集合, γ 是一个极限序数. 如果

$$X \prec (L_\gamma[U], \in, U \cap L_\gamma[U]),$$

那么

$$\exists \delta \leqslant \gamma \, \exists U_1 \, (X \cong (L_\delta[U_1], \in, U_1 \cap L_\delta[U_1])).$$

证明   (练习.)   □

应用凝聚化引理, 我们得到下述弱形式的一般连续统假设: 自某个基数起, 一般连续统假设成立.

定理 2.19 $\exists \gamma \in \mathrm{Ord} \, \forall \alpha \geqslant \gamma \, (L[U] \models (2^{\aleph_\alpha} = \aleph_{\alpha+1}))$.

证明   不妨设 $U \subset \mathfrak{P}(\omega_\alpha)$, 并且 $V = L[U]$. 所以, $U \in L[U]$.

设 $X \subset \omega_\alpha$. 令 λ 为一个满足要求 $A \in L_\lambda[U]$ 以及 $X \in L_\lambda[U]$ 的基数. 令

$$\{U, X\} \cup \omega_\alpha \subset M \prec (L_\lambda[U], \in, U),$$

并且 $|M| = \aleph_\alpha$. 令 $\pi : M \cong N$ 为 M 的传递化映射. 由于 $\omega_\alpha \subset M$, 对于 $Z \cap M \cap \mathfrak{P}(\omega_\alpha)$ 总有 $\pi(Z) = Z$. 于是, $\pi(X) = X$. 另外, $\pi(U) = \pi(U \cap M) = U \cap N$. 根据凝聚引理 2.25, $\exists \gamma \, (N = L_\gamma[U \cap N])$. 因此, $\exists \gamma \, (N = L_\gamma[U])$. 因为 $|N| = |M| = \aleph_\alpha$, 满足等式 $(N = L_\gamma[U])$ 的 γ 一定严格小于 $\aleph_{\alpha+1}$. 由此得到: $X \in L_{\omega_{\alpha+1}}[U]$. 这就证明了:

$$\mathfrak{P}(\omega_\alpha) \subset L_{\omega_{\alpha+1}}[U],$$

从而 $2^{\aleph_\alpha} = \aleph_{\alpha+1}$.   □

2.2.2   内模型 HOD

在模型论中, 我们引进过一个结构的可定义子集以及它的可定义元素. 在那里, 我们容许结构论域中的元素作为参数来定义这个结构的子集或者它的元素. 这里

我们探讨一类特殊的结构, 这就是作为集合论语言的基本结构的传递集合, 以及由以它们中的序数作为参数所能定义的元素所组成的集合.

定义 2.27(序数可定义元素) 设 M 是一个非空传递集合.

(1) 称 M 中的元素 a 是以 M 中的序数为参数可定义的 (简称为**在 M 中序数可定义的**) 当且仅当存在纯集合论语言的彰显自由变元的一个 $n+1$ 元表达式 $\varphi(v_0, \cdots, v_{n-1}, v_n)$, 存在 M 中的一组序数 $\{\alpha_0, \cdots, \alpha_{n-1}\} \subset M \cap \mathrm{Ord}$ 来见证如下事实:

    (a) $(M, \in) \models \varphi[\alpha_0, \cdots, \alpha_{n-1}, a]$;

    (b) $(M, \in) \models (\exists! x\, \varphi[\alpha_0, \cdots, \alpha_{n-1}](x))$.

(2) $\mathrm{OD}(M) = \{a \in M \mid a \text{ 在 } M \text{ 中是序数可定义的}\}$.

注意, 在集合论 ZF 的论域 V 中, 对于任意的一个非空传递集合 M, $\mathrm{OD}(M) \subseteq M$ 的确存在.

例 2.2 (1) $\forall n \in \omega\, (\mathrm{OD}(V_n) = V_n)$.

(2) $\mathrm{OD}(V_\omega) = V_\omega$.

(3) $\mathrm{OD}(V_{\omega+1}) \subset V_{\omega+1}$ 是一个可数集合, 而 $|V_{\omega+1}| = |\mathfrak{P}(\omega)|$.

证明 (1) 比如, 当 $n = 3$ 时, $V_3 = \{0, 1, 2, \{1\}\}$. 在结构 $(V_3, \in)$ 中, 自然数 $\alpha \in \{0, 1, 2\}$ 可以用以序数 α 为参数的表达式 $(x = \alpha)$ 来定义; 元素 $\{1\}$ 则可以用如下对等表达式的右端来定义:

$$x = \{1\} \leftrightarrow (1 \in x \wedge (\forall y\, (y \in x \to y = 1))).$$

(1) 的一般情形的证明则由数学归纳法来完成. 我们将详细的归纳法论证留给读者.

(2) 和 (3) 的证明也留作练习. □

在所有传递集合中, 我们尤其关注那些集合论论域的前端部分, V_α, 以及它们的那些序数可定义元素:

定义 2.28(序数可定义集合) 称一个集合 x 是**序数可定义的**, 记成 $x \in \mathrm{OD}$, 当且仅当

$$\exists \alpha \in \mathrm{Ord}\, (x \in \mathrm{OD}(V_\alpha)).$$

引理 2.26 (1) 如果 $\varphi(v_0, \cdots, v_{n-1}, v_n)$ 是纯集合论语言的一个彰显自由变元的表达式, 那么下述语句是 ZF 的一个定理:

$$\forall \alpha_0, \cdots, \alpha_{n-1} \in \mathrm{Ord}\, \forall x\, [(\varphi[\vec{\alpha}](x) \wedge \exists! y\, \varphi[\vec{\alpha}](y)) \to x \in \mathrm{OD}].$$

(2) 存在纯集合论语言的一个二元表达式 $\psi(v_0, v_1)$ 来见证这样一个事实: 下述语句是 ZF 的一个定理:

$$((\forall \alpha \in \mathrm{Ord}\, \exists! y\, \psi(\alpha, y)) \wedge (\forall x\, (x \in \mathrm{OD} \leftrightarrow (\exists \alpha \in \mathrm{Ord}\, \psi(\alpha, x))))).$$

因此, OD 上存在一个可定义的秩序.

证明   (1) 给定表达式 $\varphi(v_0, \cdots, v_{n-1}, v_n)$, 给定任意的一组序数 $\alpha_0, \cdots, \alpha_{n-1}$ 以及 x, 假设

$$(\varphi[\vec{\alpha}](x) \wedge \exists! y\, \varphi[\vec{\alpha}](y))$$

在 V 中为真. 根据镜像原理 (定理 1.28), 令 η 为一个足够大的序数以至于 $V_\eta \prec_\varphi V$, 并且 $\{\alpha_0, \cdots, \alpha_{n-1}, x\} \subset V_\eta$. 于是,

$$(V_\eta, \in) \models (\varphi[\vec{\alpha}](x) \wedge \exists! y\, \varphi[\vec{\alpha}](y)).$$

从而, $x \in \mathrm{OD}\,(V_\eta, \in)$.

(2) 令 $<^*$ 为由定义 2.16 所确定的 $\mathrm{Ord}^{<\omega}$ 的序型为 Ord 的秩序. 令

$$F : (\mathrm{Ord}, \in) \cong (\mathrm{Ord}^{<\omega}, <^*)$$

为序同构. 令 $g : \omega \to V_\omega$ 为定理 I.1.48 证明中所定义的典型双射.

对于 $\alpha \in \mathrm{Ord}$, 如果 $F(\alpha) = \langle k, \eta, \alpha_0, \cdots, \alpha_{n-1} \rangle$ 并且 $k \in \omega$, $\forall i < n\ (\alpha_i < \eta)$, $g(k)$ 是一个含有 $n+1$ 个自由变元的表达式 φ, 以及

$$(\exists! y\, \varphi\, (\alpha_0, \cdots, \alpha_{n-1}, y))^{V_\eta}$$

成立, 那么就令

$$\varphi(\alpha, a) \leftrightarrow \left(a \in V_\eta \wedge (\varphi\,(\alpha_0, \cdots, \alpha_{n-1}, a))^{V_\eta}\right);$$

否则, 就令 $\varphi(\alpha, y) \leftrightarrow y = \varnothing$. 令

$$B = \{\alpha \in \mathrm{Ord} \mid \exists y\ (y \neq \varnothing \wedge \varphi(\alpha, y))\} \cup \{\min\{\alpha \mid \varphi(\alpha, \varnothing)\}\}.$$

令 $H : (\mathrm{Ord}, \in) \cong (B, \in)$, 令 $H^* : \mathrm{Ord} \to \mathrm{OD}$ 由下式确定: 对于 $\alpha \in \mathrm{Ord}$,

$$H^*(\alpha) = a \leftrightarrow \varphi(H(\alpha), a).$$

再令 $\psi(\alpha, a) \leftrightarrow H^*(\alpha) = a$. $\square$

事实上, $\mathrm{OD} = \bigcup\limits_{\alpha \in \mathrm{Ord}} \mathrm{cl}\,(\{V_\beta \mid \beta < \alpha\})$, 其中 $\mathrm{cl}(x)$ 是集合 x 的哥德尔集合运算闭包. 因此, 序数可定义集合恰好就是对累积层次序列 $\langle V_\alpha \mid \alpha \in \mathrm{Ord} \rangle$ 实施哥德尔运算的结果. 我们将这个事实的验证留作练习.

需要注意的是, 如果 $\mathrm{OD} \neq V$, 那么 OD 就不是一个传递类, 因为对每一个序数 α 而言都有 $V_\alpha \in \mathrm{OD}$. 为了得到一个与序数可定义性关联的传递类, 我们考虑彻底序数可定义性.

定义 2.29(彻底序数可定义集) 称一个集合 x 是**彻底序数可定义的**当且仅当 $\forall y \in \mathcal{TC}(\{x\}) \, (y \in \mathrm{OD})$.

我们用 $x \in \mathrm{HOD}$ 来记 x 是彻底序数可定义的集合. 也就是说, HOD 是所有彻底序数可定义集合的类.

例 2.3 $V_\omega \in \mathrm{HOD}$ 以及 $V_\omega \subset \mathrm{HOD}$;

引理 2.27 (1) $\mathrm{Ord} \subset \mathrm{HOD} \subseteq \mathrm{OD}$.

(2) HOD 是传递的.

(3) 如果 a 是一个集合, 那么 $a \in \mathrm{HOD} \iff (a \in \mathrm{OD} \wedge a \subset \mathrm{HOD})$.

(4) 如果 α 是一个序数, 那么 $V_\alpha \cap \mathrm{HOD} \in \mathrm{HOD}$.

证明 (1) 由定义直接得到.

(2) 设 $x \in \mathrm{HOD}$. 令 $a \in x$. 那么 $\{a\} \subset x$. 所以 $\mathcal{TC}(\{a\}) \subset \mathcal{TC}(x) \subset \mathcal{TC}(\{x\})$. 由定义, $\forall y \in \mathcal{TC}(\{x\}) \, (y \in \mathrm{OD})$. 因此, $\forall y \in \mathcal{TC}(\{a\}) \, (y \in \mathrm{OD})$. 从而, $a \in \mathrm{HOD}$.

(3) 设 $a \in \mathrm{HOD}$. 因为 $a \in \mathcal{TC}(\{a\})$, 所以, $a \in \mathrm{OD}$. 对于 $b \in a$, $\{b\} \subset a$. 由于 $a \in \mathrm{HOD}$, 所以对于 $y \in \mathcal{TC}(\{b\})$, 必有 $y \in \mathcal{TC}(\{a\})$, 从而 $y \in \mathrm{OD}$. 这就表明 $b \in \mathrm{HOD}$. 即 $a \subset \mathrm{HOD}$.

反过来, 由于 HOD 是传递的, 因为 $a \subset \mathrm{HOD}$, 所以 $\mathcal{TC}(a) \subset \mathrm{HOD}$; 由于 $\mathrm{HOD} \subset \mathrm{OD}$, 于是 $\mathcal{TC}(a) \subset \mathrm{OD}$. 因为 $a! \in \mathrm{OD}$, 所以 $\mathcal{TC}(\{a\}) \subset \mathrm{OD}$. 因此, $a \in \mathrm{HOD}$.

(4) 设 α 是一个序数. 令 $a = V_\alpha \cap \mathrm{HOD}$. 那么 a 是所有具备下述特性的 u 的集合:

$$u \in V_\alpha \wedge (\forall z \in \mathcal{TC}(\{u\}) \, \exists \beta \, (z \in \mathrm{cl}(\{V_\gamma \mid \gamma < \beta\}))).$$

所以, $a \in \mathrm{OD}$. 根据 (3), 我们就有 $a \in \mathrm{HOD}$. $\quad\square$

定理 2.20 如果 σ 是 ZFC 的一条公理, 那么 $(\mathrm{HOD}, \in) \models \sigma$.

证明 可以验证 HOD 对于哥德尔集合运算都是封闭的. 我们将这个事实的验证留给读者. 这样, 为了验证 HOD 是 ZF 的模型, 根据定理 2.5, 我们只需验证 HOD 具有覆盖特性. 这一点已经由引理 2.27 中的 (4) 所保证.

剩下的是证明选择公理在 HOD 中成立. 为此, 我们来证明下述断言.

断言一 对于每一个序数 α, 必然存在一个单射 $g \in \mathrm{OD}$ 来见证 $g : V_\alpha \cap \mathrm{HOD} \to \mathrm{Ord}$.

根据引理 2.26, 令 $H : \mathrm{OD} \to \mathrm{Ord}$ 为一个可定义的单射. 对于给定的序数 α, 令

$$g = H \upharpoonright_{(V_\alpha \cap \mathrm{HOD})}.$$

那么 $g \in \mathrm{OD}$.

断言二   对于每一个序数 α, 必然存在一个单射 $g \in \mathrm{HOD}$ 来见证

$$g : V_\alpha \cap \mathrm{HOD} \to \mathrm{Ord}.$$

根据断言一, 令 $g \in \mathrm{OD}$ 为从 $V_\alpha \cap \mathrm{HOD}$ 到 Ord 的单射. 因为 $g \subset \mathrm{HOD}$, 所以根据引理 2.27 中的 (3), 我们就得到 $g \in \mathrm{HOD}$. $\square$

定理 2.21 $V = L \to V = \mathrm{HOD}$.

证明   (练习.) $\square$

2.2.3   实数序数可定义集合

定义 2.30(实数序数可定义元素)   设 M 是一个非空传递集合.

(1) 称 M 中的元素 a 是以 M 中的实数和序数为参数可定义的 (简称为**在 M 中实数序数可定义的**) 当且仅当存在纯集合论语言的彰显自由变元的一个 $n+1$ 元表达式 $\varphi(v_0, \cdots, v_{n-1}, v_n)$, 存在 M 中的一组实数和序数 $\{b_0, \cdots, b_{n-1}\} \subset M \cap (\mathfrak{P}(\omega) \cup \mathrm{Ord})$ 来见证如下事实:

  (a) $(M, \in) \models \varphi[b_0, \cdots, b_{n-1}, a]$;

  (b) $(M, \in) \models (\exists!x\, \varphi[b_0, \cdots, b_{n-1}](x))$.

(2) $\mathrm{OD}^{\mathbb{R}}(M) = \{a \in M \mid a$ 在 M 中是实数序数可定义的$\}$.

例 2.4   (1) $\mathrm{OD}^{\mathbb{R}}(V_{\omega+1}) = V_{\omega+1}$.

(2) $\mathrm{OD}^{\mathbb{R}}(V_{\omega+2}) \subset V_{\omega+2}$; 以及

$$\left| \mathrm{OD}^{\mathbb{R}}(V_{\omega+2}) \right| = |V_{\omega+1}| = |\mathfrak{P}(\omega)| < |\mathfrak{P}(\mathfrak{P}(\omega))| = |V_{\omega+2}|.$$

(3) $\mathrm{OD}^{\mathbb{R}}(\mathscr{H}_{\omega_1}) = \mathscr{H}_{\omega_1}$.

定义 2.31(实数序数可定义集合)   称一个集合 x 是**实数序数可定义的**, 记成 $x \in \mathrm{OD}^{\mathbb{R}}$, 当且仅当 $\exists \alpha \in \mathrm{Ord}\left(x \in \mathrm{OD}^{\mathbb{R}}(V_\alpha)\right)$.

类似地, 可以证明 $\mathrm{OD}^{\mathbb{R}} = \bigcup\limits_{\alpha \in \mathrm{Ord}} \mathrm{cl}(\{V_\beta \mid \beta < \alpha\} \cup \{\mathbb{R}\} \cup \mathbb{R})$.

引理 2.28   (1) 如果 $\varphi(v_0, \cdots, v_{n-1}, v_n)$ 是纯集合论语言的一个彰显自由变元的表达式, 那么下述语句是 ZF 的一个定理:

$$\forall b_0, \cdots, b_{n-1} \in (\mathfrak{P}(\omega) \cup \mathrm{Ord})\ \forall x\, [(\varphi[\vec{b}](x) \wedge \exists!y\, \varphi[\vec{b}](y)) \to x \in \mathrm{OD}^{\mathbb{R}}].$$

(2) 存在纯集合论语言的一个三元表达式 $\psi(v_0, v_1, v_2)$ 来见证这样一个事实: 下述语句是 ZF 的一个定理:

$$\left(\begin{array}{l} (\forall \alpha \in \mathrm{Ord}\, \forall z \in \mathfrak{P}(\omega)\ \exists!y\, \psi(\alpha, z, y)) \wedge \\ (\forall x\,(x \in \mathrm{OD}^{\mathbb{R}} \leftrightarrow (\exists \alpha \in \mathrm{Ord}\, \exists z \in \mathfrak{P}(\omega)\, \psi(\alpha, z, x)))) \end{array} \right).$$

证明 类似于引理 2.26 的证明. 详细讨论留作练习. □

类似地, 为了得到相应的传递类, 我们考虑彻底实数序数可定义性.

定义 2.32 (彻底实数序数可定义集) 称一个集合 x 是**彻底实数序数可定义的**, 记成 $x \in \mathrm{HOD}^{\mathbb{R}}$, 当且仅当 $\forall y \in \mathcal{TC}(\{x\})\,(y \in \mathrm{OD}^{\mathbb{R}})$.

例 2.5 $V_{\omega+1} \in \mathrm{HOD}^{\mathbb{R}}$ 以及 $V_{\omega+1} \subset \mathrm{HOD}^{\mathbb{R}}$.

引理 2.29 (1) $\mathrm{Ord} \subset \mathrm{HOD} \subseteq \mathrm{HOD}^{\mathbb{R}} \subseteq \mathrm{OD}^{\mathbb{R}}$.

(2) $\mathrm{HOD}^{\mathbb{R}}$ 是传递的.

(3) 如果 a 是一个集合, 那么 $a \in \mathrm{HOD}^{\mathbb{R}} \iff (a \in \mathrm{OD}^{\mathbb{R}} \wedge a \subset \mathrm{HOD}^{\mathbb{R}})$.

(4) 如果 α 是一个序数, 那么 $V_\alpha \cap \mathrm{HOD}^{\mathbb{R}} \in \mathrm{HOD}^{\mathbb{R}}$.

证明 类似于引理 2.27 的证明. 比如 (4) 的证明中, 给定序数 α, 欲见

$$V_\alpha \cap \mathrm{HOD}^{\mathbb{R}} \in \mathrm{OD}^{\mathbb{R}},$$

注意 $V_\alpha \cap \mathrm{HOD}^{\mathbb{R}}$ 就是下面的集合:

$$\{u \in V_\alpha \mid \forall z \in \mathcal{TC}(\{u\}) \exists \gamma\,(z \in \mathrm{cl}\,(\{V_\beta \mid \beta < \gamma\} \cup \{\mathbb{R}\} \cup \mathbb{R}))\}.$$

详细讨论留作练习. □

定理 2.22 如果 σ 是 ZF 的一条公理, 那么 $(\mathrm{HOD}^{\mathbb{R}}, \in) \models \sigma$.

证明 同样地, $\mathrm{HOD}^{\mathbb{R}}$ 对于哥德尔集合运算都是封闭的. 因此, 欲证 $\mathrm{HOD}^{\mathbb{R}}$ 是 ZF 的模型, 根据定理 2.5, 我们只需验证 $\mathrm{HOD}^{\mathbb{R}}$ 具有覆盖特性. 这一点已经由引理 2.29 中的 (4) 所保证. □

定理 2.23 $(\mathrm{HOD}^{\mathbb{R}}, \in) \models \mathrm{AC}$ 当且仅当 $\exists W \in \mathrm{HOD}^{\mathbb{R}}\,[(\mathbb{R}, W)$ 是一个秩序集合].

证明 类似于定理 2.20 中选择公理的证明, 应用引理 2.28 以及引理 2.29 中的 (4). 详细讨论留作练习. □

2.2.4 内模型 $L(\mathbb{R})$

内模型 $L(\mathbb{R})$ 是一个包含论域中的全体实数和序数的 ZF 的最小传递模型. 它由可构造集概念的一种推广而得到. 事实上, 在任意给定一个集合的基础上可以以逐层迭代定义的方式收集集合而构成 ZF 的内模型.

回顾一下, 给定一个集合 a, $\mathcal{TC}(\{a\})$ 是包括集合 a 在其内的最小的传递集合:

$$\mathcal{TC}(\{a\}) = \bigcap\{y \subset V_\gamma \mid \gamma = \mathrm{RK}(a) + 1 \wedge a \in y \wedge y \text{ 是传递的}\}.$$

我们对 $\mathcal{TC}(\{a\})$ 中的每一个元素 b 设置一个新的一元谓词符号 P_b. 令

$$\mathcal{L}_a = \{\in, P_b \mid b \in \mathcal{TC}(\{a\})\}.$$

对于一个传递类 M, 我们将结构 $(M, \in)$ 延伸为 $\mathcal{L}_a$ 的一个结构: 对于每一个 $b \in \mathcal{TC}(\{a\})$, 用

$$\forall x\, (x \in b \leftrightarrow P_b(x))$$

来解释谓词符号 P_b, 从而得到结构 $(M, \in, b)_{b \in \mathcal{TC}(\{a\})}$.

定义 2.33 (ZF)　设 a 为一个集合.

(1) $L_0(a) = \mathcal{TC}(\{a\})$;

(2) $L_{\alpha+1}(a) = \mathscr{D}(L_\alpha(a), \in, b)_{b \in \mathcal{TC}(\{a\})}$, 即 $L_{\alpha+1}(a)$ 为 $L_\alpha(a)$ 的所有那些在语言 $\mathcal{L}_a$ 之下以 $L_\alpha(a)$ 中的元素为参数在结构 $(L_\alpha(a), \in, b)_{b \in \mathcal{TC}(\{a\})}$ 上可定义的子集合的集合;

(3) 如果 $\lambda > 0$ 是一个极限序数, 那么 $L_\lambda(a) = \bigcup\limits_{\alpha < \lambda} L_\alpha(a)$; $L(a) = \bigcup\limits_{\alpha \in \mathrm{Ord}} L_\alpha(a)$.

在这里, 我们尤为关注的是, 当 $U = \mathbb{R}$ 的时候所得到的内模型 $L(\mathbb{R})$. 由于 $\mathbb{R} = \mathbb{N}^\mathbb{N}$, 我们可以对等地考虑对集合论的纯语言添加常元符号的方式来扩充语言, 从而定义 $L(\mathbb{R})$ 以及 $L(A)\,(A \subseteq \mathbb{R})$. 也就是说, 对 $A \subseteq \mathbb{R}$ 中的每一元素 r, 添加一个常元符号 c_r 从而得到一个扩充语言 $\mathcal{L}_A$; 然后对 c_r 的自然解释就是 r. 这样一来, 对于 $A \subseteq \mathbb{R}$, 当 $A = \mathbb{R} \cap L(A)$ 时, $L(A)$ 中的每一个元素 x 就都是由 A 中的元素以及序数在 $L(A)$ 中可定义的. 换句话说, 对于 $r \in A$, 我们可以在 $L(A)$ 计算出所有的以 r 为参数的序数可定义集合类 $\mathrm{OD}(r)$.

定理 2.24 (ZF)　设 a 是一个集合. 那么

(1) $L(a)$ 是 ZF 的一个内模型, 并且 $a \in L(a)$;

(2) $L(a) \models V = L(a)$;

(3) 如果 N 是 ZF 的一个内模型, 并且 $\mathcal{TC}(\{a\}) \subset N$, 那么 $L(a) \subseteq N$.

证明　(练习.)　　　　　　　　　　　　　　　　　　　　　　　　□

定理 2.25 (ZF + DC)　$L(\mathbb{R}) \models \mathrm{DC}$.

证明　简单修改一下 L 中秩序的定义就可以应用归纳法得到一个满射

$$\Phi : \mathrm{Ord} \times \mathbb{R} \to L(\mathbb{R})$$

以至于 $\forall \alpha \in \mathrm{Ord}\, (\Phi \upharpoonright_{(\alpha \times \mathbb{R})}) \in L(\mathbb{R})$. 利用这个满射, 我们来证明 DC 在 $L(\mathbb{R})$ 中成立.

设 $A \in L(\mathbb{R})$ 为非空集合, $R \subset A \times A$, $R \in L(\mathbb{R})$, 并且

$$L(\mathbb{R}) \models \forall a \in A\, \exists b \in A\, ((a, b) \in R).$$

根据 Σ_0-绝对不变性, 在 V 中, $\forall a \in A\, \exists b \in A\, ((a, b) \in R)$. 根据 V 中的相关选择原理, 令 $f \in A^\omega$ 满足

$$\forall n < \omega\, ((f(n), f(n+1)) \in R).$$

令 $\delta \in \mathrm{Ord}$ 满足 $\mathrm{rng}(f) \subset \Phi[\delta \times \mathbb{R}]$. 应用可数选择公理, 令实数序列 $\langle a_n \mid n < \omega \rangle$ 满足下述要求:

$$\forall n < \omega \, \exists \xi < \delta \, (f(n) = \Phi(\xi, a_n)).$$

在 $\delta \times \omega$ 上如下定义一个二元关系 $\prec$: 对于 $(\xi, j), (\eta, i) \in \delta \times \omega$, 令

$$(\eta, i) \prec (\xi, j) \leftrightarrow i = j + 1 \wedge (\Phi(\xi, a_j), \Phi(\eta, a_i)) \in R.$$

由于 $\Phi\restriction_{(\delta \times \mathbb{R})} \in L(\mathbb{R})$, 实数序列 $\langle a_n \mid n < \omega \rangle \in L(\mathbb{R})$ (因为任何长度为 ω 的实数序列都可以被一个实数完全记录起来), 所以关系 $\prec \in L(\mathbb{R})$. 因为 $\prec$ 在 V 中是无秩关系 ($\mathrm{rng}(f)$ 就是一个没有 $\prec$-极小元的子集), 根据有秩关系的绝对不变性, $\prec$ 在 $L(\mathbb{R})$ 中也是无秩的. 令 $B \in L(\mathbb{R})$ 为 $\delta \times \omega$ 的没有 $\prec$-极小元的非空集合. 任取 B 中的一个元素 (η, i_0). 在 $L(\mathbb{R})$ 中, 递归地定义一个序数序列 $\langle \eta_n \mid n < \omega \rangle$ 以满足下述要求:

(a) $\eta_0 = \eta$;

(b) $(\Phi(\eta_n, a_{i_0+n}), \Phi(\eta_{n+1}, a_{i_0+n+1})) \in R$;

(c) η_{n+1} 必须在给定 η_n 之后为满足 (b) 的最小序数.

应用可定义性, 我们得到序列 $\langle \Phi(\eta_n, a_{i_0+n}) \mid n < \omega \rangle \in L(\mathbb{R})$. $\square$

2.3 练 习

练习 2.1 证明: 如果 M 是一个传递集合, N 是 M 在哥德尔集合运算下的闭包, 那么 N 是传递的.

练习 2.2 设 M 关于哥德尔运算是封闭的, 并且满足同一律. 证明: 如果 $x \in M$ 是有限的, 那么 $x \subset M$. 尤其是, 如果 $(x, y) \in M$, 那么 $\{x, y\} \subset M$.

练习 2.3 设 M 关于哥德尔运算是封闭的, 并且满足同一律. 证明: 如果 π 是 M 的传递化映射, G 是一个哥德尔运算, $\{X, Y\} \subset M$, 那么

$$\pi(G(X, Y)) = G(\pi(X), \pi(Y)).$$

练习 2.4 证明 "X 是有限的" 是一个 Δ_1 性质.

练习 2.5 证明下列函数都是 Δ_1-可定义函数:

(a) 序数加法与乘法;

(b) $x \mapsto \mathcal{TC}(x)$;

(c) $x \mapsto \mathrm{RK}(x)$.

练习 2.6 证明: $\mathrm{Ord} \times \mathrm{Ord}$ 上的典型秩序是一个 Δ_0 关系, 从而哥德尔典型序数配对映射 Γ 是 Δ_1.

练习 2.7 证明下述关系都是 Σ_1:

(a) x 是可数的;

(b) $|x| \leqslant |y|$ 以及 $|x| = |y|$.

练习 2.8 证明: 对于集合论纯语言的 Σ_0-表达式的满足关系 $\models_0$ 是 Σ_1-可定义的; 对于 $0 < n < \omega$, 对于集合论纯语言的 Σ_n 表达式的满足关系 $\models_n$ 是 Σ_n-可定义的; 对于集合论纯语言的任意表达式的满足关系 $\models$ 是不可定义的.

练习 2.9 证明下述事实:

(a) 如果 $M \subseteq V$ 是传递的, 那么 $M \prec V$;

(b) 设 $n < \omega$. 如果 M_0 是一个集合, 那么必有一个集合 M 来实现 $M_0 \subset M \prec_n V$.

练习 2.10 设 F 是一个 $(n+1)$-元简朴集合运算. 那么一定存在一个自然数 $p \in \omega$ 来见证下述事实:

$$\forall x_0 \cdots \forall x_n \left(\mathrm{RK}\left(F\left(x_0, \cdots, x_n\right)\right) < \max\left\{\mathrm{RK}\left(x_0\right), \cdots, \mathrm{RK}\left(x_n\right)\right\} + p \right).$$

练习 2.11 证明引理 2.16.

练习 2.12 证明引理 2.17.

练习 2.13 证明引理 2.18.

练习 2.14 证明由定义 2.16 所定义的序数有限序列字典序是一个秩序, 并且 $(\mathrm{Ord}^{<\omega}, <^*) \cong (\mathrm{Ord}, <)$.

练习 2.15 验证由定义 2.17 所确定的 $<_L^{**}$ 是在 KP 之上 L 的一个 Σ_1-可定义的秩序.

练习 2.16 证明存在一个在 KP 之上 Σ_1-可定义的双射 $F: \mathrm{Ord} \to L$.

练习 2.17 证明: 如果 $M \prec_1 (L_{\omega_1}, \in)$, 那么 $\exists \alpha (M = L_\alpha)$.

练习 2.18 证明: 如果 $M \prec (L_{\omega_2}, \in)$, 那么 $\exists \alpha \leqslant \omega_1 (\omega_1 \cap M = \alpha)$.

练习 2.19 证明: $\forall \alpha \geqslant \omega (|L_\alpha| = |\alpha|)$.

练习 2.20 令 $\mathrm{Th}(V_\omega, \in) = \{\lceil \theta \rceil \mid (V_\omega, \in) \models \theta\}$. 证明:

$$\mathrm{Th}(V_\omega, \in) \in (V_{\omega+1} - L_{\omega+1}) \ \wedge \ \mathrm{Th}(V_\omega, \in) \in L_{\omega+2}.$$

注意, L_ω 由那些 V_ω 的算术子集所组成.

练习 2.21 证明: 如果 $\alpha \geqslant \omega$, $X \in L \cap \mathfrak{P}(\alpha)$, $\beta = (|\alpha|^+)^L$, 那么 $X \in L_\beta$.

练习 2.22 证明: 在 L 的典型秩序 $<_L$ 之下, $\mathbb{R} \cap L = \mathbb{R}^L$ 的序型为 ω_1^L.

练习 2.23 证明: 如果 κ 是 L 中的一个不可数的正则基数, 那么 $L \models L_\kappa = \mathscr{H}_\kappa$; 如果 κ 在 L 中是不可达基数, 那么

$$L_\kappa = V_\kappa^L = V_\kappa \cap L \ \wedge \ L_\kappa \models \mathrm{ZFC} + (V = L).$$

练习 2.24　证明: 如果 γ 是一个极限序数, 那么 $(L_\gamma, \in)$ 具有可定义的斯科伦函数.

练习 2.25　假设 $V = L$. 证明: 对于大于 ω 的序数 α 而言, $L_\alpha = V_\alpha$ 当且仅当 $\alpha = \aleph_\alpha$.

练习 2.26　假设 $V = L$. 令 M 为模型 $(L_{\omega_1}, \in)$ 上免参数可定义的元素的全体之集合. 证明:

(a) $M \prec (L_{\omega_1}, \in)$;

(b) $\exists \alpha < \omega_1 \, (M = L_\alpha)$;

(c) $\forall \alpha < \omega_1 \, (L_\alpha \prec L_{\omega_1} \to M \subseteq L_\alpha)$.

练习 2.27　假设 $V = L$. 令 T 为 ZF 省略幂集公理之后的理论. 令

$$A = \{\alpha < \omega_1 \mid (L_\alpha, \in) \models T\}.$$

证明: A 在 ω_1 中是无界的.

练习 2.28　假设 $V = L$. 令 T 为 ZF 省略幂集公理之后的理论. 称 $T^* \supset T$ 是一个**不错的理论**当且仅当 T^* 是一个完全的理论, 并且集合

$$A = \{\alpha < \omega_1 \mid (L_\alpha, \in) \models T^*\}$$

在 ω_1 中是无界的. 证明: 存在 $\aleph_1$ 个不错的理论.

练习 2.29　证明: 如果 $A \subset \omega_1$, $V = L[A]$, 那么一般连续统假设成立.

练习 2.30　证明: 如果 X 是一个集合, 那么必然有一个序数的集合 A 来实现等式: $L[X] = L[A]$.

练习 2.31　证明: 如果 $\omega \leqslant \alpha < \omega_1$, 那么 $\exists A \subset \omega \, (L[A] \models |\alpha| = \omega)$.

练习 2.32　证明: 如果 ω_1^V 在 L 中不是一个极限基数, 那么必然存在 $A \subset \omega$ 来实现等式 $\omega_1^V = \omega_1^{L[A]}$.

练习 2.33　证明: $\mathrm{ZFC} \vdash \left(\exists A \subset \omega_1 \left(\omega_1 = \omega_1^{L[A]}\right)\right)$.

练习 2.34　证明: 如果 ω_2^V 在 L 中不是一个极限基数, 那么必然存在 $A \subset \omega_1$ 来实现等式

$$\omega_1^V = \omega_1^{L[A]} \wedge, \omega_2^V = \omega_2^{L[A]}.$$

练习 2.35　设 $M \supset \mathrm{Ord}$ 并且是 ZF 的一个模型. 设 X 是 M 的一个子集合. 那么存在满足下述要求的 ZF 的最小模型 $M[X]$:

$$M \subseteq M[X] \wedge X \in M[X],$$

如果 M 是选择理的一个模型, 那么 $M[X]$ 也是选择公理的模型.

练习 2.36   证明: 如果 $X \in \mathrm{OD}$, 那么

$$\exists \gamma \in \mathrm{Ord}\, (X \text{ 是在 } (V_\gamma, \in) \text{ 之上免参数可定义的}).$$

因此, OD 是所有那些在某个 $(V_\gamma, \in)$ 上免参数可定义的集合的类.

练习 2.37   证明: 如果 F 是定义在 Ord 上的可定义函数, 那么 $\mathrm{rng}(F) \subseteq \mathrm{OD}$. 于是, OD 是具备在它与全体序数之间存在可定义的一一对应这一特点的最大的类.

练习 2.38   证明: HOD 是具备在它与全体序数之间存在可定义的一一对应这样一种特点的最大的 ZF 的模型.

第3章 力 迫 论

构造内模型以实现某种特定目标是以定义的方式来实施的. 除此之外, 是否还有可能以论域扩张的方式来实现某种特定的目标呢? 在代数学中, 我们见到过这样的例子. 以实数域为基础, 有理数域便是实数域的最小内模型; 而复数域则是实数域的一个代数扩张域. 可以有多种方式在实数域的基础上得到复数域, 其中比较典型的一种是标准的代数扩张: 将实数域上的所有的单变元多项式收集起来得到一个多项式环 $\mathbb{R}[x]$; 然后考虑不可约多项式 $p(x) = x^2 + 1$ 所确定的极大理想 $I = (x^2 + 1)$, 以及由这个极大理想 (素理想) 所诱导的等价关系和由此而得的商空间, $\mathbb{R}(x)/I$. 在这个商空间上可以引进自然的加法和乘法运算, 从而构成一个特征为 0 的域. 这个域便是实数域的一个代数扩张域, 并且它是代数封闭域: 它上面的任何多项式都在其中有零点. 这便是一个与复数域同构的域结构. 这样一个代数扩张域构造的结果证明了语句 $\exists x\,(x^2 + 1 = 0)$ 与域公理的相容性, 因为它在复数域中为真. 从而也就证明了这个语句相对于域理论的独立性, 因为在实数域中这个语句并不成立. 代数学中这样的例子启发我们去做类似的事情. 比如, 我们是否也可以用 "代数扩张" 的方式来证明连续统假设的独立性? 可以想象这会是一件复杂得多的事情. 因为, 代数扩张域的工作可以在集合论之中展开, 而要想对集合论的论域进行这样的 "代数扩张", 我们将置身何处来展开工作? 对这样一个问题的成功求解是科恩[1]的贡献.

我们现在来系统地建立科恩所开创的力迫方法理论.

3.1 力迫基本理论

3.1.1 力迫基本概念

定义 3.1(力迫构思) 令 P 是一个非空集合, $<$ 是 P 上的一个二元关系.

(1) 称 $\mathbb{P} = (P, <)$ 为一个**偏序集合**($<$ 是 P 上的一个**偏序**), 当且仅当

    (i) $\forall p \in P\ (p \not< p)$;

    (ii) $\forall p \in P\ \forall q \in P\ \forall r \in P\ ((p < q) \wedge (q < r) \rightarrow (p < r))$.

(2) 当 $<$ 是 P 上的偏序时, 对于 P 中的 p, q, 令

$$p \leqslant q \iff (p = q \vee p < q).$$

---

1 Paul Cohen.

(3) 称 P 上的偏序 $<$ 是一个**可分偏序**当且仅当

$$\forall p \in P \forall q \in P\left[(p \nleq q) \rightarrow \exists s \leqslant p\left(\neg(\exists r \in P\left(r < s \wedge r < q\right))\right)\right].$$

(4) 称偏序集 $\mathbb{P} = (P, <)$ 是一个**力迫构思**[2]当且仅当

 (i) $\mathbb{P}$ 是一个可分偏序, 并且

 (ii) P 中有一个 $\leqslant$-最大元 $\mathbf{1} \in P$, 即 $\forall p \in P(p \leqslant \mathbf{1})$.

(5) 对于力迫构思 $\mathbb{P} = (P, <, \mathbf{1})$ 而言, 称 P 中的每一个元素 p 为一个**力迫条件**; 如果 $p \in P, q \in P$, 且 $p < q$, 则称力迫条件 p **强于**力迫条件 q(也称 q **弱于** p).

定义 3.2(稠密子集) 设 $\mathbb{P} = (P, <, \mathbf{1})$ 是一个力迫构思, $D \subseteq P$.

(1) 称 D 是 $\mathbb{P}$ 的**稠密子集**当且仅当

$$\forall p \in P \exists q \in D\,(q \leqslant p).$$

(2) 称 D 是 $\mathbb{P}$ 的**准稠密子集**当且仅当

$$\forall p \in P \exists q \in D \exists r \in P\,(r \leqslant q \wedge r \leqslant p).$$

(3) 称 D 是 $\mathbb{P}$ 的一个**开子集**当且仅当

$$\forall p \in P \forall q \in P\,((p \in D \wedge q \leqslant p) \rightarrow q \in D).$$

定义 3.3(冲突子集) 设 $\mathbb{P} = (P, <, \mathbf{1})$ 是一个力迫构思, $A \subseteq P$ 非空.

(1) 称力迫构思 $\mathbb{P}$ 中的两个条件 p 和 q 是两个**彼此相冲**的条件, 记成 $p \perp q$ (简称 p 与 q **相冲**), 当且仅当

$$(\neg(\exists r \in P\,(r < p \wedge r < q)));$$

(2) 称力迫构思 $\mathbb{P}$ 中的两个条件 p 和 q 是两个**彼此相容**的条件 (简称 p 与 q **相容**) 当且仅当

$$(\exists r \in P\,(r < p \wedge r < q));$$

(3) 称 A 是力迫构思 $\mathbb{P}$ 的一个**冲突子集**当且仅当

$$\forall p \in A \forall q \in A\,((p \neq q) \rightarrow (p \text{ 与 } q \text{ 彼此相冲}));$$

(4) 称 A 为 $\mathbb{P}$ 的一个**极大冲突子集**当且仅当

 (i) A 是 $\mathbb{P}$ 的一个冲突子集, 并且

 (ii) $\forall p \in P \exists q \in A \exists r \in P\,(r \leqslant p \wedge r \leqslant q)$.

---

2 Notion of Forcing.

例 3.1 (1) 设 $[\omega]_2^{<\omega}$ 为所有的定义在 ω 的某个有限子集上的在 $2 = \{0,1\}$ 中取值的有限函数构成的集合:

$$[\omega]_2^{<\omega} = \{f \subset \omega \times \{0,1\} \mid \mathbf{HS}(F) \wedge \mathrm{dom}(f) \in [\omega]^{<\omega} \wedge \mathrm{rng}(f) \subset \{0,1\}\}.$$

对于 $p,q \in [\omega]_2^{<\omega}$, 令

$$p \leqslant q \leftrightarrow q \subseteq p.$$

(2) 设 $2^{<\omega}$ 为所有的集合 $2 = \{0,1\}$ 上的有限序列构成的集合. 对于 $p,q \in 2^{<\omega}$, 令

$$p \leqslant q \leftrightarrow q \subseteq p.$$

那么

(a) $2^{<\omega}$ 在 $[\omega]_2^{<\omega}$ 中稠密.

(b) 令 $f: \omega \to 2$ 为一个函数. 令

$$A = \{p \in 2^{<\omega} \mid \exists n < \omega(\mathrm{dom}(p) = n + 1 \wedge p\restriction_n = f\restriction_n \wedge p(n) = 1 - f(n))\}.$$

必有 A 是 $(2^{<\omega}, \leqslant)$ 的一个极大冲突子集, 从而也是 $([\omega]_2^{<\omega}, \leqslant)$ 的一个极大冲突子集.

(c) 令 $D_A = \{p \in [\omega]_2^{<\omega} \mid \exists r \in A\, (p \leqslant r)\}$. 必有 D_A 是 $([\omega]_2^{<\omega}, \leqslant)$ 一个稠密子集, 并且 $D_A \cap 2^{<\omega}$ 是 $(2^{<\omega}, \leqslant)$ 的一个稠密开子集.

证明 我们只讨论结论 (b), 而将其他两个结论留给读者验证.

如果 $p \in 2^{<\omega}$ 满足 $p \subset f$, 令

$$r = p \cup \{(\mathrm{dom}(p), 1 - f(\mathrm{dom}(p)))\},$$

那么 $r \in A$ 并且 $r < p$; 否则, 令

$$n = \min\{i \in \omega;\mid p(i) \neq f(i),\},$$

那么 $p\restriction_{n+1} \in A$ 并且 $p\restriction_{n+1} < p$. $\qquad\square$

定义 3.4(滤子) 设 $\mathbb{P} = (P, <, \mathbf{1})$ 是一个力迫构思. P 的一个非空子集 F 是 $\mathbb{P}$ 上的一个**滤子**当且仅当

(1) $\forall p \in F\, \forall q \in F\, \exists r \in F\, (r \leqslant p \wedge r \leqslant q)$;

(2) $\forall p \in F\, \forall q \in P\, (p \leqslant q \to q \in F)$.

定义 3.5(泛型子集) 设 $\mathbb{P} = (P, <, \mathbf{1})$ 是一个力迫构思. 设 $\mathscr{D}$ 是 $\mathbb{P}$ 的稠密子集合的一个非空集合. 设 $F \subset P$ 非空. 称 F 是 $\mathbb{P}$ 的一个 $\mathscr{D}$-**泛型子集**(泛善子集)当且仅当

(1) F 是 $\mathbb{P}$ 上的一个滤子;

(2) $\forall D \in \mathscr{D}\, (D \cap F \neq \varnothing)$.

例 3.2　设 $\mathbb{P} = (P, <, \mathbf{1})$ 是一个力迫构思.

(1) 设 $p, q \in P$ 为两个彼此相容的条件. 令

$$D_{p,q} = \{r \in P \mid (r \leqslant p \wedge r \leqslant q) \vee r \perp p \vee r \perp q\}.$$

那么 $D_{p,q}$ 是 $\mathbb{P}$ 一个稠密开子集.

(2) 设 A 为 $\mathbb{P}$ 一个非空的冲突子集. 令

$$D_A = \{p \in P \mid (\exists r \in A\,(p \leqslant r)) \vee (\forall r \in A\,(p \perp r))\}.$$

那么 D_A 是 $\mathbb{P}$ 的一个稠密开子集.

引理 3.1　设 $\mathbb{P} = (P, <, \mathbf{1})$ 是一个力迫构思. 设 $\mathscr{D}$ 是满足后述要求的 $\mathbb{P}$ 的稠密开子集的集合: 如果 p, q 是两个相容条件, 那么 $D_{p,q} \in \mathscr{D}$. 假设 $F \subset P$. 那么 F 是 $\mathbb{P}$ 的一个 $\mathscr{D}$-泛型滤子当且仅当 F 具备如下性质:

(1) $\forall p \in F\,\forall q \in F\,\exists r\,(r \leqslant p \wedge r \leqslant q)$;

(2) $\forall p \in F\,\forall q \in P\,(p \leqslant q \to q \in F)$;

(3) $\forall D \in \mathscr{D}\,(D \cap F \neq \varnothing)$.

证明　必要性直接依据定义. 对于充分性, 我们只需要证明任意给定 F 中的两个条件都会有 F 中的比二者更强的条件.

设 $p, q \in F$. 由 (1), 它们彼此相容. 于是, 稠密开集 $D_{p,q} \in \mathscr{D}$. 由 (3),

$$F \cap D_{p,q} \neq \varnothing.$$

令 $r \in F \cap D_{p,q}$. 那么根据 (1), 我们必有 $r \leqslant p$ 以及 $r \leqslant q$.　　　□

定理 3.1　设 $\mathbb{P} = (P, <, \mathbf{1})$ 是一个力迫构思. 设 $\mathscr{D}$ 是 $\mathbb{P}$ 的稠密开子集的一个可数集合. 那么, 任给 $\mathbb{P}$ 中的一个条件 p, 必有 $\mathbb{P}$ 的一个包括此条件 p 的 $\mathscr{D}$-泛型滤子 F.

证明　将 $\mathscr{D}$ 中的元素罗列出来 $\{D_n \mid n < \omega\}$. 我们来递归地定义一个生成 $\mathscr{D}$-泛型滤子的序列

$$\langle p_n \mid n < \omega \rangle.$$

令 $p_0 = p$. 递归地, 从 D_n 中取出一个比 p_n 强的条件 $p_{n+1} \in D_n$, 即

$$p_{n+1} \in D_n \wedge p_{n+1} \leqslant p_n.$$

令 $F = \{p \in P \mid \exists n < \omega\,(p \geqslant p_n)\}$. 那么 F 就是一个包括 p 的 $\mathscr{D}$-泛型滤子.　　　□

下面的例子表明上述定理原则上在集合论 ZFC 中不可能进一步加强了, 因为如果连续统假设成立, 那么就会有反例. 当然, 在另外的假设之下, 比如马丁公理, 事情就又另当别论. 先回顾一下偏序集合的可数链条件 (参见定义 I.2.37).

定义 3.6 称一个力迫构思 $\mathbb{P}$ 具备**可数链条件**, 简记为 (c.c.c.), 当且仅当 $\mathbb{P}$ 的每一个冲突子集都是可数的.

例 3.3 令 $\mathbb{P} = (2^{<\omega}, \leqslant, \mathbf{1})$ 为例 3.1(2) 中的力迫构思. 对于 $f \in 2^\omega$, 令

$$D_f = \left\{ p \in 2^{<\omega} \;\middle|\; \mathrm{dom}(p) > 1 \wedge (\exists n \in \mathrm{dom}\, p\,(f(n) \neq p(n))) \right\};$$

对于 $n \in \omega$, 令

$$D_n = \left\{ p \in 2^{<\omega} \;\middle|\; n \in \mathrm{dom}(p) \right\}.$$

再令

$$\mathscr{D} = \left\{ D_f, D_n \mid f \in 2^\omega, n \in \omega \right\}.$$

那么

(1) 每一个 D_f 和 D_n 都是 $\mathbb{P}$ 上的一个稠密开子集;

(2) 不存在一个 $\mathscr{D}$-泛型滤子;

(3) $\mathbb{P}$ 具备可数链条件;

(4) 假设 MA_{ω_1}. 令 $\mathscr{D}$ 为 $\mathbb{P}$ 的一个势不超过 $\aleph_1$ 的稠密子集的集合. 那么存在 $\mathscr{D}$-泛型滤子.

证明 (1) 设 $f : \omega \to \{0, 1\}$. 设 $p \in 2^{<\omega}$. 首先令

$$q = p \cup \{(\mathrm{dom}(p), 0), (\mathrm{dom}(p) + 1, 0)\}.$$

那么 $\mathrm{dom}(q) > 1$. 如果 $q \subset f$, 令

$$r = q \cup \{(\mathrm{dom}(q), f(\mathrm{dom}(q)) - 1)\},$$

那么 $r \in D_f$; 否则, $q \in D_f$. 因此, D_f 是稠密的. 由定义可见 D_f 是一个开子集.

任给 $n \in \omega$, 任给 $p \in 2^{<\omega}$. 不妨设 $n \notin \mathrm{dom}(p)$. 令

$$q = p \cup \{(i, 0) \mid \mathrm{dom}(p) \leqslant i \leqslant n\}.$$

那么 $q \leqslant p$ 以及 $q \in D_n$.

(2) 假设不然. 令 $F \subset 2^{<\omega}$ 为一个 $\mathscr{D}$-泛型滤子. 令

$$h = \bigcup F.$$

那么 $h \in 2^\omega$. 首先, 对于每一个 $n \in \omega$, 必有一个 $i \in \{0, 1\}$ 满足 $(n, i) \in h$, 因为 $D_n \in \mathscr{D}$. 其次, 对于 $n \in \omega$, 只有唯一的 $i \in \{0, 1\}$ 满足 $(n, i) \in h$, 因为令 $p \in F \cap D_n$, $i = p(n)$, 那么若 $q \in F$ 且 $n \in \mathrm{dom}(q)$, 取 $r \in F$ 满足

$$r \leqslant p \wedge r \leqslant q,$$

则必有 $q(n) = r(n) = p(n) = i$. 于是, $h : \omega \to \{0,1\}$. 既然 $h \in 2^\omega$, 那么 $D_h \in \mathscr{D}$, 从而 $F \cap D_h \neq \varnothing$. 令

$$p \in F \cap D_h.$$

令 $n \in \mathrm{dom}(p)$ 来见证 $p \in D_h$. 于是, $p(n) \neq h(n)$. 可是, $p \in F$,

$$p \subset \left(\bigcup F \right) = h.$$

这就是一个矛盾.

(3) 假设

$$\langle\, p_\alpha \in 2^{<\omega} \mid \alpha < \omega_1 \,\rangle$$

为力迫条件的一个不可数序列. 我们来证明它们中间一定有两个彼此相容的条件.

第一, 存在一个 $A \in [\omega_1]^{\aleph_1}$ 和一个 $n \in \omega$ 满足

$$\forall \alpha \in A\, (\mathrm{dom}\,(p) = n)\,.$$

这是因为映射 $\alpha \mapsto \mathrm{dom}\,(p_\alpha)$ 是一个从 ω_1 到 ω 的映射, 而 ω_1 又是一个正则基数, 所以这个映射一定在一个不可数集合上取常值.

第二, 2^n 是一个有限集合, 并且 $\forall \alpha \in A\, (p_\alpha \in 2^n)$. 对于 $r \in 2^n$, 令

$$B_r = \{\alpha \in A \mid p_\alpha = r\}.$$

那么必然有一个 $r \in 2^n$ 来保证 B_r 是一个不可数集合, 而对于 B_r 中的 $\alpha < \beta$, 都有 $p_\alpha = r = p_\beta$.

(4) 根据 (3), 应用马丁公理 MA_{ω_1} (见定义 I.2.38) 就得到所要的结论. □

3.1.2 力迫语言与力迫扩张结构

我们首先需要的是由力迫构思 $\mathbb{P}$ 所确定的力迫语言. 力迫论的基本想法是在集合论当前论域 V 中定义出由力迫构思 $\mathbb{P}$ 所系统性地确定的未来扩张论域中的元素的描述; 然后应用外部得到的一个特殊的对象 (其描述也是在当前论域之中定义) 来对所有的虚拟对象进行恰当的解释, 从而得到未来的扩张论域. 那些未来论域中的元素都由一类 "名字" 来描述; 那个被用来解释 "名字" 内涵的特殊对象也有一个自然的名字, 以便在未来的论域中可以自动实现对自己内涵的自然解释, 再进一步被用来解释其他名字的内涵.

定义 3.7 设 $\mathbb{P} = (P, <, \mathbf{1})$ 是一个力迫构思.

(1) 一个集合 τ 是一个 $\mathbb{P}$-**名字**当且仅当 τ 是一个二元关系, 并且对于任意的 $(\sigma, p) \in \tau$, σ 也是一个 $\mathbb{P}$-名字以及 $p \in P$.

(2) $V^{\mathbb{P}}$ 是由全体 $\mathbb{P}$-名字所构成的类.

(3) 如果 M 是 ZFC 的一个传递模型, $\mathbb{P} \in M$, 那么

$$M^{\mathbb{P}} = \mathrm{V}^{\mathbb{P}} \bigcap M$$

就是在 M 之中计算出来的 $\mathbb{P}$-名字的 M-类.

注意, 上述一个给定力迫构思的名字的定义是应用 $\in$-递归给出的. 在所有的名字之中, 我们对某些具备特别简单性质的名字很感兴趣. 这些典型的名字是专门用来标识当前论域中的集合的. 通过这些典型名字的未来解释就可以实现当前论域被未来论域所包含. 我们一般也称当前论域为力迫扩张的**基础论域**, 而称所得到的扩张论域为**泛型扩张论域**.

定义 3.8(典型名字) 我们递归地定义力迫构思 $\mathbb{P}$ 的典型名字如下:

(1) 对于每一个集合 x, 称名字 $\check{x} = \{(\check{y}, \mathbf{1}) \mid y \in x\}$ 为集合 x 的**典型名字**, 并且用记号 $\check{x}$ 来表示集合 x 的典型名字;

(2) 令 $\dot{G} = \{(\check{p}, p) \mid p \in P\}$. 称集合 $\dot{G}$ 为力迫构思 $\mathbb{P}$ 的**泛型滤子的典型名字**.

定义 3.9(力迫语言) 对于一个力迫构思 $\mathbb{P}$ 而言, $\mathbb{P}$ **力迫语言**, 记成 $\mathcal{FL}_{\mathbb{P}}$, 是由二元关系符号 $\in$ 以及以全体 $\mathbb{P}$-名字为常元符号所组成的逻辑表达式的类. 换句话说, $\mathbb{P}$ 力迫语言 $\mathcal{FL}_{\mathbb{P}}$ 恰好由下述集合组成: $\varphi(\tau_1, \cdots, \tau_n)$, 其中 $\varphi(v_1, \cdots, v_n)$ 是一个彰显自由变元符号的语言 $\mathcal{L}_{\in}$ 的表达式, $\tau_1, \cdots, \tau_n$ 是 $\mathbb{P}$-名字, $\varphi(\tau_1, \cdots, \tau_n)$ 是用这些名字分别替换相应的自由变元符号之后得到的解析表达式, 也就是力迫语言的语句.

在明确了力迫论语言之后, 自然的问题便是: 什么样的结构是一个力迫语言的结构? 给定一个力迫语言 $\mathcal{FL}_{\mathbb{P}}$, 它的任何一个结构都必须对 $\in$ 有所解释; 都必须对每一个常元符号, 也就是每一个 $\mathbb{P}$-名字有所解释, 然后在这种解释之下, 需要回答什么语句为真什么语句为假这样的是非判定问题.

为了严格给出对于力迫构思 $\mathbb{P}$ 所确定的名字内涵的解释, 我们添加一个假设. 这个假设并不是建立力迫论所必要的, 但可以被用来清晰地说明力迫论中的名字之解释到底是什么含义.

这个假设就是 **"存在 ZFC 的可数传递模型"**.

设 M 是 ZFC 的一个可数传递模型. 设 $\mathbb{P} \in M$ 是 M 中的一个力迫构思[3]. 因为 M 是可数的, 由所有在 M 中的力迫构思 $\mathbb{P}$ 的稠密开子集所组成的集合 $\mathscr{D}$ 是一个可数集合, 根据前面的存在性定理 (定理 3.1), 必然存在一个 $\mathscr{D}$-泛型滤子. 这样一来, 下述定义就是一个合适的定义.

定义 3.10 设 $M \models \mathrm{ZFC}$ 是一个可数传递集合, $\mathbb{P} \in M$ 是一个力迫构思. 称 $G \subset P$ 为一个 M-**泛型滤子**当且仅当

---

3 注意, 对于 ZFC 的传递模型 M 而言, 当 $\mathbb{P} \in M$ 时, "$\mathbb{P}$ 是一个力迫构思" 是绝对不变的.

(1) G 是 $\mathbb{P}$ 上的一个滤子, 并且

(2) 对于任意的 $D \in M$, 如果 D 是 $\mathbb{P}$ 的一个稠密开子集, 那么 $G \cap D \neq \varnothing$.

推论 3.1　设 M 是 ZFC 的一个可数传递模型, $\mathbb{P} \in M$ 是一个力迫构思. 那么, 对于任意一个力迫条件 $p \in P$, 都一定存在包括 p 在内的一个在 M 之上的 $\mathbb{P}$-泛型滤子 G, 即存在具备如下特性的 $G \subset P$:

(1) $p \in G$;

(2) G 是 $\mathbb{P}$ 上的一个滤子;

(3) 如果 $D \in M$ 是 $\mathbb{P}$ 的一个稠密子集, 那么 $G \cap D \neq \varnothing$.

证明　由于 M 可数, $\mathbb{P} \in M$, $\mathbb{P}$ 的在 M 中的稠密子集的只有可数个, 应用定理 3.1 就得到所要的结论. □

需要强调的是, 当力迫构思 $\mathbb{P}$ 是一个非平凡的偏序集合时, 可数传递模型 M 之上的任何一个 $\mathbb{P}$-泛型滤子 G 都必定不在 M 之中.

命题 3.1(非平凡性)　如果 $\models$ ZFC 是一个可数传递模型, $\mathbb{P} \in M$ 是一个力迫构思, $G \subset P$ 是 M 之上的一个 $\mathbb{P}$-泛型滤子, 那么 $G \notin M$.

证明　因为 $\mathbb{P}$ 是一个力迫构思, 所以它内部必然**处处有分歧**, 也就是说, 对于任意的 $r \in P$, 必定存在比 r 强的两个相互冲突的 $p \perp q$. 任给一个 M 之上的 $\mathbb{P}$-泛型滤子 G, 令 $D = P - G$. 由于 $\mathbb{P}$ 是处处有分歧的, $D \subset P$ 是 $\mathbb{P}$ 的一个稠密子集: 任给 $r \in P$, 令 $p \leqslant r, q \leqslant r, p \perp q$, 那么这一分歧对 (p,q) 中至多有一个在 G 之中, 所以它们中至少有一个在 D 之中. 如果 $G \in M$, 那么 $D \in M$, 并且 $D \cap G \neq \varnothing$. 这就是一个矛盾. □

但是, 如果偏序集合 $\mathbb{P}$ 并非处处有分歧, 也就是说, 在它内部存在一个**毫无分歧的元素**, 那么模型 M 中一定有 $\mathbb{P}$-泛型滤子存在: 设 $r \in P$ 是 $\mathbb{P}$ 的一个毫无分歧的元素, 也就是说, 对于任何两个 $p \leqslant r$ 和 $q \leqslant r$, 一定有 $s \leqslant p$ 且 $s \leqslant q$. 令 $G = \{p \in P \mid p \not\perp r\}$. 那么, $r \in G$ 是一个滤子并且与 M 中的任何一个稠密子集都有非空交.

应用 M-泛型滤子, 我们来给出 M 中每一个 $\mathbb{P}$-名字的解释.

定义 3.11(力迫扩张结构)　设 $M \models$ ZFC 是一个可数传递集合, $\mathbb{P} \in M$ 是一个力迫构思, $G \subset P$ 为 $\mathbb{P}$ 的一个 M-泛型滤子. 我们递归地定义对 M 中的每一个 $\mathbb{P}$-名字相对于 M-泛型滤子 G 的解释如下:

对于 $\tau \in M^{\mathbb{P}}$, 我们定义 τ **在 G 下的解释**, 记成 τ/G, 为下述集合

$$\tau/G = \{\sigma/G \mid (\exists p \in G ((\sigma, p) \in \tau))\}.$$

再令 $M[G] = \{\tau/G \mid \tau \in M^{\mathbb{P}}\}$.

称 $(M[G], \in, \tau/G)_{\tau \in M^{\mathbb{P}}}$ 为 $\mathbb{P}$ 力迫语言 $\mathscr{FL}_{\mathbb{P}} \cap M$ 的一个**力迫扩张结构**, 并且简单地用 $M[G]$ 来表示力迫语言 $\mathscr{FL}_{\mathbb{P}} \cap M$ 的这个力迫扩张结构.

对于力迫语言 $\mathcal{FL}_{\mathbb{P}} \cap M$ 的一个语句 θ, 在对 $\in$ 的自然解释与对名字的解释 $M^{\mathbb{P}} \ni \tau \to \tau/G \in M[G]$ 之下, 表达式 $M[G] \models \theta$ 就具有通常模型论真实性定义的含义.

在固定传递模型 M 以及其中的力迫构思 $\mathbb{P} \in M$ 之后, 力迫扩张结构 $M[G]$ 就完全由 M 之上的 $\mathbb{P}$-泛型滤子唯一确定. 严格地讲, 我们有如下引理.

引理 3.2 设 $M \models \mathrm{ZFC}$ 是一个可数传递集合, $\mathbb{P} \in M$ 是一个力迫构思, $G \subset P$ 为 $\mathbb{P}$ 的一个 M-泛型滤子.

(1) $M \subseteq M[G]$.

(2) $\dot{G}/G = G$.

(3) $M[G]$ 是一个传递集合.

(4) 如果 $\tau \in M^{\mathbb{P}}$, 那么 $\mathrm{RK}(\tau/G) \leqslant \mathrm{RK}(\tau)$.

(5) $\mathrm{Ord}^{M[G]} = \mathrm{Ord}^M$.

(6) 如果 $M \subset N$, $N \models \mathrm{ZFC}$ 是传递的, $G \in N$, 那么 $M[G] \subseteq N$.

证明 (1) 我们用 $\in$-归纳法来验证: $\forall x \in M \, (\check{x}/G = x)$.

设 $x \in M$. 因为 M 是传递的, $x \subset M$. 假设对于 $y \in M$, 已经有 $\check{y}/G = y$. 那么根据典型名字的定义,

$$\check{x} = \{(\check{y}, \mathbf{1}) \mid y \in x\},$$

根据解释的定义,

$$\check{x}/G = \{\sigma/G \mid (\exists p \in G \, ((\sigma, p) \in \check{x}))\}.$$

根据 $\check{x}$ 的定义, 如果 $\sigma \in M^{\mathbb{P}}$, $p \in P$, $(\sigma, p) \in \check{x}$, 那么

$$p = \mathbf{1} \wedge (\exists y \in x \, (\sigma = \check{y})).$$

因此,

$$(\exists p \in G \, ((\sigma, p) \in \check{x})) \leftrightarrow (\exists y \in x \, (\sigma = \check{y})).$$

所以

$$
\begin{aligned}
\check{x}/G &= \{\sigma/G \mid (\exists p \in G \, ((\sigma, p) \in \check{x}))\} \\
&= \{\check{y}/G \mid y \in x\} \\
&= \{y \mid y \in x\} = x.
\end{aligned}
$$

(2) 根据定义,

$$\dot{G} = \{(\check{p}, p) \mid p \in P\},$$

以及

$$\dot{G}/G = \left\{\sigma/G \mid (\exists p \in G \, ((\sigma, p) \in \dot{G}))\right\}.$$

于是, $((\sigma,p) \in \dot{G}) \leftrightarrow (\sigma = \check{p})$. 因此,

$$
\begin{aligned}
\dot{G}/G &= \left\{ \sigma/G \mid (\exists p \in G\,((\sigma,p) \in \dot{G})) \right\} \\
&= \left\{ \check{p}/G \mid (\exists p \in G\,((\check{p},p) \in \dot{G})) \right\} \\
&= \{ \check{p}/G \mid p \in G \} \\
&= \{ p \mid p \in G \} = G.
\end{aligned}
$$

(3) 根据定义,

$$
M[G] = \left\{ \tau/G \mid \tau \in M^{\mathbb{P}} \right\}.
$$

设 $\tau \in M^{\mathbb{P}}$. 那么

$$
\tau/G = \left\{ \sigma/G \mid (\exists p \in G\,((\sigma,p) \in \tau)) \right\}.
$$

因为 M 是传递的, $\tau \in M$, 对于任意的 $\mathbb{P}$-名字 σ 以及 $p \in P$, 如果 $(\sigma,p) \in \tau$, 那么 $(\sigma,p) \in M$, 因而 $\sigma \in M$, 所以, 当 $(\exists p \in G\,((\sigma,p) \in \tau))$ 成立时, 必有 $\sigma/G \in M[G]$. 这就表明 $\tau/G \subset M[G]$.

(4) 对于有序对 $(a,b) = \{\{a\},\{a,b\}\}$, 我们有

$$
\mathrm{RK}((a,b)) = \max\{\mathrm{RK}(a), \mathrm{RK}(b)\} + 2.
$$

于是, 对于 $(\sigma,p) \in \tau \in M$, 我们有

$$
\mathrm{RK}(\sigma) < \mathrm{RK}(\tau).
$$

应用关于名字的秩的归纳法, 我们有

$$
\begin{aligned}
\mathrm{RK}\,(\tau/G) &= \sup\{\mathrm{RK}\,(\sigma/G) + 1 \mid (\exists p \in G\,(\sigma,p) \in \tau)\} \\
&\leqslant \sup\{\mathrm{RK}(\sigma) + 1 \mid (\exists p \in G\,(\sigma,p) \in \tau)\} \\
&\leqslant \sup\{\mathrm{RK}((\sigma,p)) + 1 \mid (\sigma,p) \in \tau\} = \mathrm{RK}(\tau).
\end{aligned}
$$

(5) 一方面, 对于每一个 $\alpha \in \mathrm{Ord}^M$, α 有一个典型的名字 $\check{\alpha} \in M^{\mathbb{P}}$, 因此,

$$
\alpha = \check{\alpha}/G \in M[G].
$$

从而 $\mathrm{Ord}^M \subseteq \mathrm{Ord}^{M[G]}$. 另一方面, 对于 M 中的名字 τ, 如果 τ/G 是一个序数, 根据 (4),

$$
\tau/G = \mathrm{RK}\,(\tau/G) \leqslant \mathrm{RK}(\tau) \in \mathrm{Ord}^M,
$$

因为 M 是 ZFC 的一个传递模型. 所以, $\tau/G \in \mathrm{Ord}^M$.

(6) 这是因为名字解释映射 $\tau \mapsto \tau/G$ 事实上是一个 Δ_0-映射, 所以对于传递模型而言是绝对不变的. 当 $\tau \in N$ 以及 $G \in N$ 时, 必然有 $\tau/G \in N$. □

练习 3.2 表明泛型这一概念的重要性: 所要的滤子一定要与 M 中的每一个稠密子集相交 (非空交).

由于 $M[G]$ 是一个传递集合, 我们自然就有如下结论:

定理 3.2 (1) $M[G] \models (\tau/G \in \sigma/G)$ 当且仅当 $\tau/G \in \sigma/G$.

(2) $M[G] \models (\neg\theta[\tau_1/G,\cdots,\tau_n/G])$ 当且仅当 $M[G] \not\models \theta[\tau_1/G,\cdots,\tau_n/G]$.

(3) $M[G] \models (\phi[\tau_1/G,\cdots,\tau_n/G] \vee \varphi[\tau_1/G,\cdots,\tau_n/G])$ 当且仅当或者

$$M[G] \models \phi[\tau_1/G,\cdots,\tau_n/G],$$

或者 $M[G] \models \varphi[\tau_1/G,\cdots,\tau_n/G]$.

(4) $M[G] \models (\exists x\,\phi[x,\tau_1/G,\cdots,\tau_n/G])$ 当且仅当存在一个满足下述要求的 $M^{\mathbb{P}}$ 中的一个名字 τ:

$$M[G] \models \phi[\tau/G,\tau_1/G,\cdots,\tau_n/G].$$

证明 (1) 根据传递集合关于 Δ_0-表达式的绝对不变性.

(2) 和 (3) 则是根据满足关系的基本定义.

(4) 则是依据 $M[G]$ 的定义以及满足关系的基本定义. □

推论 3.2 集合论语言下的每一条逻辑公理都在 $M[G]$ 中成立.

例 3.4 设 $M \models \mathrm{ZFC}$ 是一个可数传递模型, $\mathbb{P} \in M$ 是一个力迫构思, G 是 M 之上的一个 $\mathbb{P}$-泛型滤子.

(1) $\varnothing$ 是一个 $\mathbb{P}$-名字, 并且 $\check{\varnothing} = \varnothing$, $\varnothing/G = \varnothing = \check{\varnothing}/G$.

(2) 令 $\dot{C} = \{(\check{q},p) \mid \{q,p\} \subset P \wedge p \perp q\}$. 那么 $\dot{C}$ 是一个 $\mathbb{P}$-名字, 并且

$$\dot{C}/G = \{q \in P \mid \exists p \in G\,(p \perp q)\},\ G \cap \dot{C}/G = \varnothing,\ G \cup \dot{C}/G = P.$$

(3) 如果 τ_1,τ_2,τ_3 是三个 $\mathbb{P}$-名字, 那么 $\sigma = \{(\tau_1,\mathbf{1}),(\tau_2,\mathbf{1}),(\tau_3,\mathbf{1})\}$ 也是一个 $\mathbb{P}$-名字, 并且

$$\sigma/G = \{\tau_1/G,\tau_2/G,\tau_3/G\}.$$

(4) 如果 τ_1,τ_2,τ_3 是三个 $\mathbb{P}$-名字, $\{p_1,p_2,p_3\} \subset P$, 那么

$$\sigma = \{(\tau_1,p_1),(\tau_2,p_2),(\tau_3,p_3)\}$$

也是一个 $\mathbb{P}$-名字, 并且

$$\forall i \in \{1,2,3\}\,(\tau_i/G \in \sigma/G \leftrightarrow p_i \in G).$$

(5) 设 τ 和 σ 是两个 $\mathbb{P}$-名字. 令

$$\mathrm{gk}(\tau,\sigma) = \{(\tau,\mathbf{1}),(\sigma,\mathbf{1})\};\ \ \mathrm{xd}(\tau,\sigma) = \mathrm{gk}(\mathrm{gk}(\tau,\tau),\mathrm{gk}(\tau,\sigma)).$$

那么 $\mathrm{gk}(\tau,\sigma)$ 是一个 $\mathbb{P}$-名字, $\mathrm{xd}(\tau,\sigma)$ 是一个 $\mathbb{P}$-名字, 并且

$$\mathrm{gk}(\tau,\sigma)/G = \{\tau/G, \sigma/G\} \text{ 以及 } \mathrm{xd}(\tau,\sigma)/G = (\tau/G, \sigma/G).$$

(6) 设 τ 是一个 $\mathbb{P}$-名字. 令 $\sigma = \bigcup \mathrm{dom}(\tau)$. 那么 σ 也是一个 $\mathbb{P}$-名字, 并且

$$\bigcup(\tau/G) \subseteq \sigma/G = \left(\bigcup \mathrm{dom}(\tau)\right)\big/ G.$$

(7) 设 τ 是一个 $\mathbb{P}$-名字. 令

$$\sigma = \{(\eta, p) \mid \exists (\delta, q) \in \tau \, \exists r \, [(\eta, r) \in \delta \wedge p \leqslant r \, p \leqslant q]\}.$$

那么 σ 也是一个 $\mathbb{P}$-名字, 并且

$$\bigcup(\tau/G) = \sigma/G.$$

证明　(练习.)　　　　　　　　　　　　　　　　　　　□

推论 3.3　设 $M \models \mathrm{ZFC}$ 是一个可数传递模型, $\mathbb{P} \in M$ 是一个力迫构思, G 是 M 上的一个 $\mathbb{P}$-泛型滤子. 那么 $M[G]$ 是如下公理的一个可数传递模型:

(1) 同一性公理;

(2) $\in$-极小原理;

(3) 无穷公理;

(4) 配对公理;

(5) 并集公理.

3.1.3　力迫关系

3.1.2 节中我们已经看到在可数传递模型 M 的由力迫构思 $\mathbb{P}$ 所得的泛型滤子扩张模型 $M[G]$ 中有五条集合论的公理成立. 接下来, 我们希望集合理论 ZFC 的其他几条公理: 幂集公理、分解原理、替换原理以及选择公理在 $M[G]$ 中也都成立. 为了证明, 比如说分解原理, 我们需要定义出适当的 $\mathbb{P}$-名字以至于这些名字在经过泛型滤子 G 的解释之后就会是所要的证据. 由于这些所需要的证据必须在基础模型 M 中给出, 也就是说只能依赖基础模型 M 中的内部信息, 而不是依赖 M 的外部信息, 所以我们需要将 M-泛型滤子所提供的关键信息转换成 M 内部的信息, 从而保证所需要的证据存在. 更为理想的状态是力迫扩张模型中的每一个具体的真相都完全由具体的力迫条件完全确定. 比如说, 给定一个需要判定真假的命题 θ 和力迫条件 p, 要么所有的由包括 p 在内的泛型滤子 G 所给出的力迫扩张模型都肯定 θ, 要么有比 p 更强的条件 q 来确保所有的由包括 q 在内的泛型滤子 H 所给出的力迫扩张都否定 θ. 为此, 我们引进力迫关系 $\Vdash$. 力迫关系所展示的是一个力迫条件对于力迫扩张结构中真相的确定作用.

定义 3.12(力迫关系) 设 $M \models \mathrm{ZFC}$ 是一个可数传递模型, $\mathbb{P} \in M$ 是一个力迫构思. 设 θ 为力迫语言 $\mathcal{FL}_{\mathbb{P}} \cap M$ 的一个语句, $p \in P$ 为一个力迫条件. 定义

$$p \Vdash_{\mathbb{P}, M} \theta$$

当且仅当

$$\forall G \subset P\left((p \in G \wedge G \text{ 是 } \mathbb{P} \text{ 的 } M \text{ 之上的一个泛型滤子}) \rightarrow M[G] \models \theta\right).$$

在 M 和 $\mathbb{P}$ 固定的情形下, 我们将记号 $\Vdash_{\mathbb{P}, M}$ 简写成 $\Vdash$, 也就是将下标省略掉. 表达式 "$p \Vdash \theta$" 读作 "p 力迫 θ".

需要注意的是, 无论是力迫扩张结构之下的真假判定, 还是力迫关系 $\Vdash$, 我们都只对力迫语言中的语句有定义, 而不对集合论语言中任何其他表达式有定义. 下面的简单例子可以初步说明力迫关系是如何展示力迫条件对于力迫扩张模型中的真相的确定作用的.

例 3.5 设 $M \models \mathrm{ZFC}$ 是一个可数传递模型, $\mathbb{P} \in M$ 是一个力迫构思. 设 θ 为力迫语言 $\mathcal{FL}_{\mathbb{P}} \cap M$ 的一个语句, $p \in P$ 为一个力迫条件.

(1) 如果 $p \leqslant q$, 那么 $p \Vdash \check{q} \in \dot{G}$.

(2) $1 \Vdash (\exists x \, (x \in \dot{C}))$, 其中

$$\dot{C} = \{(\check{q}, p) \mid \{q, p\} \subset P \wedge p \perp q\}.$$

(3) 设 θ 是力迫语言 $\mathcal{FL}_{\mathbb{P}} \cap M$ 的一个语句. 那么 $1 \Vdash \theta$ 当且仅当对于所有的 M 之上的 $\mathbb{P}$-泛型滤子 G 都有 $M[G] \models \theta$.

(4) 如果 τ 是一个名字, $(\eta, p) \in \tau$, $q \leqslant p$, 那么 $q \Vdash (\eta \in \tau)$.

证明 (1) 设 $p \leqslant q$ 是 $\mathbb{P}$ 中的两个条件. 如果 G 是一个 M 之上的 $\mathbb{P}$-泛型滤子, $p \in G$, 那么 $q \in G$. 所以, $M[G] \models (q \in G)$.

(2) 设 G 是一个 M 之上的 $\mathbb{P}$-泛型滤子. 对于任意一个条件 $p \in P$, 集合

$$D_p = \{q \in P \mid q \perp p \vee q \leqslant p\}$$

是 $\mathbb{P}$ 的一个稠密子集, 并且 $D_p \in M$. 令 $q \in G \cap D_p$. 如果 $q \perp p$, 那么 $q \in \dot{C}/G$; 如果 $q \leqslant p$, 那么 $p \in G$. 所以

$$M[G] \models \left(P = G \cup \dot{C}/G \wedge G \cap \dot{C}/G = \varnothing \wedge (\exists x, (x \in \dot{C}/G))\right).$$

(3) 由定义直接得到.

(4) 设 τ 是一个名字, $(\eta, p) \in \tau$, $q \leqslant p$. 设 $G \ni q$ 为 M 之上的一个 $\mathbb{P}$-泛型滤子. 在 $M[G]$ 中,

$$\tau/G = \{\delta/G \mid \exists r \in G \, (\delta, r) \in \tau\}.$$

由于 $q \leqslant p$ 以及 $q \in G$, 所以 $p \in G$. 因为 $(\eta, p) \in \tau$, 所以 $\eta/G \in \tau/G$. 因此, $M[G] \models (\eta \in \tau)$. 这就表明 $q \Vdash (\eta \in \tau)$. $\square$

依据定义, 我们马上可以得到下面简单的基本事实:

引理 3.3 设 $M \models$ ZFC 是一个可数传递模型, $\mathbb{P} \in M$ 是一个力迫构思. 设 θ, ψ 为力迫语言 $\mathcal{FL}_{\mathbb{P}} \cap M$ 的语句, $p \in P$ 为一个力迫条件.

(1) 如果 $p \Vdash \theta$, $q \leqslant p$, 那么 $q \Vdash \theta$.

(2) $\forall p \in P\, [p \nVdash (\theta \wedge (\neg\theta))]$; 从而 $(\neg(\exists p \in P\,((p \Vdash \theta) \wedge (p \Vdash (\neg\theta)))))$.

(3) 如果 $\vdash (\theta \leftrightarrow \psi)$, 那么 $p \Vdash \theta$ 当且仅当 $p \Vdash \psi$.

证明 (1) 设 $p \Vdash \theta$ 以及 $q \leqslant p$. 令 G 为一个包括 q 在内的 M 之上的 $\mathbb{P}$-泛型滤子. 那么 $p \in G$. 因此, $M[G] \models \theta$. 于是, $q \Vdash \theta$.

(2) 假设命题不成立. 令 $p \in P$ 具备 $p \Vdash (\theta \wedge (\neg\theta))$. 令 G 为一个包括 p 在内的 M 上的 $\mathbb{P}$-泛型滤子. 那么

$$M[G] \models (\theta \wedge (\neg\theta)).$$

因此, 既有 $M[G] \models \theta$, 又有 $M[G] \models (\neg\theta)$, 也就是 $M[G] \not\models \theta$. 这是一个矛盾.

(3) 设 $p \Vdash \theta$. 往证 $p \Vdash \psi$. 这就足以证明 (3). 设 $G \ni p$ 是一个 M 之上的 $\mathbb{P}$-泛型滤子. 根据假设,

$$M[G] \models \theta \text{ 以及 } M[G] \models (\theta \leftrightarrow \psi).$$

因此, $M[G] \models \psi$. $\square$

我们引进力迫关系的根本目的是, 将 M-泛型滤子所提供的关键信息转换成 M 内部的信息, 从而根据 M 中力迫构思 $\mathbb{P}$ 的组合性质来分析力迫扩张结构 $M[G]$ 中的真相. 我们特别期望的是当给定一个需要判定真假的命题 θ 和力迫条件 p 时, 要么所有的由包括 p 在内的泛型滤子 G 所给出的力迫扩张模型都肯定 θ, 要么有比 p 更强的条件 q 来确保所有的由包括 q 在内的泛型滤子 H 所给出的力迫扩张都否定 θ. 实现这种愿望的关键是将依赖模型 M 外部存在的泛型滤子的力迫关系 $\Vdash$ 是否成立的问题有效地转化成模型 M 内部可以讨论和处理的问题. 稍微具体一点地说, M 是 ZFC 的一个可数传递模型, $\mathbb{P} \in M$ 是一个力迫构思, 假设 θ 是力迫语言 $\mathcal{FL}_{\mathbb{P}}$ 的一个语句, 如果我们的前述期望得以实现, 令

$$D = \{p \in P \mid [p \Vdash \theta] \vee [p \Vdash (\neg\theta)]\},$$

那么 D 就是 $\mathbb{P}$ 的一个稠密子集. 假如 $D \in M$, G 是 M 上的一个 $\mathbb{P}$-泛型滤子, 那么 $D \cap G \neq \varnothing$. 一阶逻辑理论告诉我们, 要么 $M[G] \models \theta$, 要么 $M[G] \models (\neg\theta)$. 令 $p \in D \cap G$. 那么

$$(M[G] \models \theta) \iff (p \Vdash \theta); \ (M[G] \models (\neg\theta)) \iff (p \Vdash (\neg\theta)).$$

如果力迫关系 $p \Vdash_{\mathbb{P}, M} \theta$ 具有某种可定义性, 那么 $D \in M$; 进而当 $M[G] \models \theta$ 时, 就会有 $p \in G$ 来见证这一事实, 因为 $p \Vdash \theta$. 基于这样的动机, 我们所需要的便是两个很重要的基本引理: **真相引理**以及**可定义性引理**.

引理 3.4(真相引理) 设 $M \models$ ZFC 是一个可数传递模型, $\mathbb{P} \in M$ 是一个力迫构思. 设 θ 为力迫语言 $\mathcal{FL}_{\mathbb{P}} \cap M$ 的语句. 设 G 是一个 M 之上的 $\mathbb{P}$-泛型滤子. 那么, $M[G] \models \theta$ 当且仅当 $[\exists p \in G (p \Vdash \theta)]$.

真相引理所揭示的是一个具体的力迫扩张结构中的真相与所有力迫扩张结构中的真相之间的密切关联. 真相引理中的等价命题之右端条件的充分性由力迫关系 $\Vdash$ 的定义直接给出. 关键恰恰是这个条件的必要性. 这种必要性恰恰揭示出一种必然性: 当一种性质在某个力迫扩张结构中成立时, 这并非一种偶然或者巧合, 而是生成这个力迫扩张结构的泛型滤子中包括了一个决定性的条件: 任何一个由包括这个力迫条件的泛型滤子所生成的力迫结构都会具备这一性质. 下面的简单例子可以被用来说明条件之所以必要的理由或者初衷.

例 3.6 设 $M \models$ ZFC 是一个可数传递模型, $\mathbb{P} \in M$ 是一个力迫构思. 设 G 为一个 M 之上的 $\mathbb{P}$-泛型滤子, p_1, p_2 为 G 中两个不相同的条件. 令 θ 为下述语句:

$$(\check{p}_1 \in \dot{G}) \wedge (\check{p}_2 \in \dot{G}).$$

那么, $M[G] \models \theta$. 根据泛型滤子的定义, 令 $p \in G$ 来满足不等式 $p \leqslant p_1$ 以及 $p \leqslant p_2$. 那么, $p \Vdash \theta$. 这是因为任何一个包括此条件 p 在内的 M 之上的 $\mathbb{P}$-泛型滤子 H 必然包括 p_1 和 p_2 在内, 从而 $M[H] \models \theta$.

引理 3.5(可定义性引理) 设 $\psi(v_1, \cdots, v_n)$ 为纯集合论语言的一个彰显自由变元的表达式. 设 M 为 ZFC 的一个可数传递模型. 那么如下集合 A_φ 在模型 $(M, \in)$ 之上是免参数可定义的:

$$A_\varphi = \left\{ (p, P, \leqslant, \mathbf{1}, \tau_1, \cdots, \tau_n) \; \middle| \; \left(\begin{array}{c} (P, \leqslant, \mathbf{1}) \in M \text{ 是一个力迫构思} \wedge p \in P \wedge \\ \{\tau_1, \cdots, \tau_n\} \subset M^{\mathbb{P}} \wedge p \Vdash_{\mathbb{P}, M} \psi(\tau_1, \cdots, \tau_n) \end{array} \right) \right\}.$$

真相引理与可定义性引理可以用来得到名字的 "标准形式" 以及如何将一组独立的名字整合成一个统一的名字.

例 3.7 设 $M \models$ ZFC 是一个可数传递模型, $\mathbb{P} \in M$ 是一个力迫构思.
(1) 设 $\tau \in M^{\mathbb{P}}$ 为一个名字. 令

$$\sigma = \left\{ (\eta, p) \; \middle| \; \eta \in M^{\mathbb{P}} \wedge (\mathrm{RK}(\eta) < \mathrm{RK}(\tau))^M \wedge p \Vdash_{\mathbb{P}, M} (\eta \in \tau) \right\}.$$

那么 $\sigma \in M^{\mathbb{P}}$, 并且 $\mathbf{1} \Vdash (\sigma = \tau)$.

(2) 设 $A \in M$ 是 $\mathbb{P}$ 的一个极大冲突子集, 并且函数 $A \ni q \mapsto \sigma_q \in M^{\mathbb{P}}$ 在 M 之中. 那么在 M 中存在一个具备下述特性的名字 $\tau \in M^{\mathbb{P}}$: $\forall q \in A [q \Vdash (\tau = \sigma_q)]$.

证明　(1) 设 G 是 M 之上的一个 $\mathbb{P}$-泛型滤子. 在 $M[G]$ 中,

$$\sigma/G = \{\eta/G \mid \exists p \in G\,(\eta, p) \in \sigma\}.$$

对于 $\eta/G \in \sigma/G$, 令 $p \in G$ 来见证 $(\eta, p) \in \sigma$. 那么 $p \Vdash (\eta \in \tau)$. 由于 $p \in G$, $M[G] \vDash (\eta \in \tau)$, 于是 $\eta/G \in \tau/G$. 另一方面, 如果 $(\eta, p) \in \tau$, 那么 $\mathrm{RK}(\eta) < \mathrm{RK}(\tau)$, 并且 $p \Vdash (\eta \in \tau)$; 于是 $\tau \subseteq \sigma$. 由于

$$\tau/G = \{\eta/G \mid \exists p \in G\,(\eta, p) \in \tau\},$$

所以, 如果 $\eta/G \in \tau/G$, 令 $p \in G$ 来见证 $(\eta, p) \in \tau$, 那么 $p \Vdash (\eta \in \tau)$, 从而 $\eta/G \in \sigma/G$, 也就是说, $\tau/G \subseteq \sigma/G$. 这就表明 $\sigma/G = \tau/G$. 即 $M[G] \vDash (\sigma = \tau)$.

(2) 在 M 之中, 对于给定的极大冲突子集 $A \subset P$ 以及函数 $A \ni q \mapsto \sigma_q \in M^{\mathbb{P}}$, 定义

$$\tau = \bigcup_{q \in A} \{(\delta, r) \in (\mathrm{dom}(\sigma_q) \times \{s \in P \mid s \leqslant q\}) \mid r \Vdash (\delta \in \sigma_q)\}.$$

那么 $\tau \in M^{\mathbb{P}}$.

我们来验证此名字 τ 具有所要求的特性. 首先, 令

$$D = \{p \in P \mid \exists q \in A\,(p \leqslant q)\}.$$

那么 $D \in M$ 是一个稠密子集. 因此, 对于任何一个 M 之上的 $\mathbb{P}$-泛型滤子 G, 由于 $D \cap G \neq \varnothing$, $|G \cap A| = 1$. 现在固定 $q \in A$. 我们来验证 $q \Vdash (\tau = \sigma_q)$. 设 $G \ni q$ 为 M 之上的一个 $\mathbb{P}$-泛型滤子. 我们来验证等式 $\tau/G = (\sigma_q)/G$: 由于 $\{q\} = A \cap G$,

$$\tau/G = \{\eta/G \mid \eta \in \mathrm{dom}(\sigma_q) \wedge \exists r \in G\,(r \leqslant q \wedge [r \Vdash (\eta \in \sigma_q)])\}.$$

因为当 $r \in G \wedge [r \Vdash (\eta \in \sigma_q)]$ 时, 必有 $\eta/G \in (\sigma_q)/G$, 所以 $\tau/G \subseteq (\sigma_q)$. 欲见 $(\sigma_q)/G \subseteq \tau/G$, 固定一个 $(\eta, r_1) \in \sigma_q, r_1 \in G$ 来见证 $\eta/G \in (\sigma_q)/G$. 由于 $q \in G$, 取 $r \in G$ 满足 $r \leqslant q$ 以及 $r \leqslant r_1$. 那么 $r \Vdash (\eta \in \sigma_q)$. 因此, $(\eta, r) \in \tau$. 由此得到 $\eta/G \in \tau/G$. $\qquad\square$

上面的真相引理与可定义性引理是否足以令我们实现原本的期望? 比如, 给定一个需要判定真假的命题 θ 和力迫条件 p, 是否一定要么所有的由包括 p 在内的泛型滤子 G 所给出的力迫扩张模型都肯定 θ, 要么有比 p 更强的条件 q 来确保所有的由包括 q 在内的泛型滤子 H 所给出的力迫扩张都否定 θ? 下面的引理 3.7 在真相引理和可定义性引理的基础之上理清了力迫关系与逻辑联结词之间的关系, 尤其是其中的 (5) 表明我们的初衷完全得到满足.

为了证明这样一个事实, 我们需要真相引理的加强版. 尽管事实上它与真相引理等价, 但在应用上则更加有效.

引理 3.6 (强真相引理) 设 $M \models \mathrm{ZFC}$ 是一个可数传递模型, $\mathbb{P} \in M$ 是一个力迫构思. 设 θ 为力迫语言 $\mathcal{FL}_{\mathbb{P}} \cap M$ 的一个语句. 如果 G 是一个 M 之上的 $\mathbb{P}$-泛型滤子, $p \in G$, $M[G] \models \theta$, 那么

$$\exists q \in G \, (q \leqslant p \wedge q \Vdash \theta).$$

证明 给定 M 上的 $\mathbb{P}$-泛型滤子 G 和 $p \in G$. 假设 $M[G] \models \theta$. 根据真相引理, 取 $r \in G$ 满足要求 $r \Vdash \theta$. 根据滤子的特性, 取 $q \in G$ 来满足不等式 $q \leqslant r$ 以及 $q \leqslant p$. 根据引理 3.3 中的 (1), $q \Vdash \theta$. □

作为引理 3.6 的应用, 我们为引理 3.3 中所列出的 3 条关系力迫关系的基本性质再加上 5 条. 这新加的 5 条基本性质进一步揭示了力迫关系对逻辑联结词的作用.

引理 3.7 设 $M \models \mathrm{ZFC}$ 是一个可数传递模型, $\mathbb{P} \in M$ 是一个力迫构思. 设 θ, ψ 为力迫语言 $\mathcal{FL}_{\mathbb{P}} \cap M$ 的语句, $p \in P$ 为一个力迫条件.

(4) $p \Vdash (\theta \wedge \psi)$ 当且仅当 $p \Vdash \theta$ 以及 $p \Vdash \psi$.

(5) $p \Vdash (\neg\theta)$ 当且仅当 $(\neg(\exists q \leqslant p \, (q \Vdash \theta)))$ 以及 $p \Vdash \theta$ 当且仅当 $(\neg(\exists q \leqslant p \, (q \Vdash (\neg\theta))))$.

(6) $p \Vdash (\theta \rightarrow \psi)$ 当且仅当 $(\neg(\exists q \leqslant p \, ((q \Vdash \theta) \wedge (q \Vdash (\neg\psi)))))$.

(7) $p \Vdash (\theta \vee \psi)$ 当且仅当 $\forall r \leqslant p \, \exists q \leqslant r \, ((q \Vdash \theta) \vee (q \Vdash \psi))$.

(8) $p \Vdash (\theta \leftrightarrow \psi)$ 当且仅当

$$(\neg(\exists q \leqslant p \, ((q \Vdash \theta) \wedge (q \Vdash (\neg\psi))))) \text{ 以及 } (\neg(\exists q \leqslant p \, ((q \Vdash \psi) \wedge (q \Vdash (\neg\theta))))).$$

证明 (4) 设 $p \Vdash (\theta \wedge \psi)$. 令 $G \ni p$ 为一个 M 之上的 $\mathbb{P}$-泛型滤子. 那么

$$M[G] \models (\theta \wedge \psi).$$

从而 $M[G] \models \theta$ 以及 $M[G] \models \psi$. 因此, $p \Vdash \theta$ 以及 $p \Vdash \psi$.

反之, 设 $p \Vdash \theta$ 以及 $p \Vdash \psi$. 令 $G \ni p$ 为一个 M 之上的 $\mathbb{P}$-泛型滤子. 那么 $M[G] \models \theta$ 以及 $M[G] \models \psi$. 从而

$$M[G] \models (\theta \wedge \psi).$$

因此, $p \Vdash (\theta \wedge \psi)$.

(5) 之第一部分.

设 $p \Vdash (\neg\theta)$. 假设 $\exists q \leqslant p \, (q \Vdash \theta)$. 取一个这样的条件 q. 那么既有 $q \Vdash \theta$, 根据引理 3.3 中的 (1), 又有 $q \Vdash (\neg\theta)$. 但这与引理 3.3 中的结论 (2) 矛盾. 所以, $\neg(\exists q \leqslant p \, (q \Vdash \theta))$.

反之, 设 $p \not\Vdash (\neg\theta)$. 固定一个包括 p 在内的 M 上的 $\mathbb{P}$-泛型滤子 $G \ni p$ 以至于 $M[G] \models \theta$. 根据强真相引理 (引理 3.6), 取 G 中的一个比 p 强的条件 q 来力迫 θ, 即 $q \in G$, $q \leqslant p$ 且 $q \Vdash \theta$. 因此, $(\exists q \leqslant p\,(q \Vdash \theta))$.

(5) 的第二部分则由它的第一部分以及引理 3.3 得到: 因为 $\vdash (\theta \leftrightarrow (\neg(\neg\theta)))$, 所以, 根据引理 3.3 中的 (3), $p \Vdash \theta$ 当且仅当 $p \Vdash (\neg(\neg\theta))$; 由 (5) 的第一部分,

$$[p \Vdash (\neg(\neg\theta))] \iff [\neg(\exists q \leqslant p\,(q \Vdash (\neg\theta)))].$$

(6) 由于 $\vdash ((\theta \to \psi) \leftrightarrow (\neg(\theta \wedge (\neg\psi))))$, 根据引理 3.3 中的 (3),

$$[p \Vdash (\theta \to \psi)] \iff [p \Vdash (\neg(\theta \wedge (\neg\psi)))].$$

再根据 (5) 以及引理 3.3 中的 (4),

$$[p \Vdash (\neg(\theta \wedge (\neg\psi)))] \iff (\neg(\exists q \leqslant p\,(q \Vdash (\theta \wedge (\neg\psi)))))$$
$$\iff (\neg(\exists q \leqslant p\,((q \Vdash \theta) \wedge (q \Vdash (\neg\psi))))).$$

(7) 由于 $\vdash ((\theta \vee \psi) \leftrightarrow ((\neg\theta) \to \psi))$, 根据引理 3.3 中的 (3),

$$[p \Vdash (\theta \vee \psi)] \iff [p \Vdash ((\neg\theta) \to \psi)].$$

根据 (6),

$$[p \Vdash ((\neg\theta) \to \psi)] \iff (\neg(\exists q \leqslant p\,((q \Vdash (\neg\theta)) \wedge (q \Vdash (\neg\psi))))).$$

于是,

$$[p \not\Vdash ((\neg\theta) \to \psi)] \iff (\exists q \leqslant p\,((q \Vdash (\neg\theta)) \wedge (q \Vdash (\neg\psi)))).$$

根据 (5),

$$((q \Vdash (\neg\theta)) \wedge (q \Vdash (\neg\psi))) \iff (\forall r \leqslant q\,((r \not\Vdash \theta) \wedge (r \not\Vdash \psi))).$$

所以,

$$[p \not\Vdash ((\neg\theta) \to \psi)] \iff (\exists q \leqslant p\,((q \Vdash (\neg\theta)) \wedge (q \Vdash (\neg\psi))))$$
$$\iff (\exists q \leqslant p\,\forall r \leqslant q\,((r \not\Vdash \theta) \wedge (r \not\Vdash \psi))).$$

从而

$$[p \Vdash (\theta \vee \psi)] \iff [p \Vdash ((\neg\theta) \to \psi)]$$
$$\iff (\forall q \leqslant p\,\exists r \leqslant q\,[(r \Vdash \theta) \vee (r \Vdash \psi)]).$$

(8) 由于 $\vdash ((\theta \leftrightarrow \psi) \leftrightarrow ((\theta \to \psi) \wedge (\psi \to \theta)))$,

$$[p \Vdash (\theta \leftrightarrow \psi)] \iff ([p \Vdash (\theta \to \psi)] \wedge [p \Vdash (\psi \to \theta)]).$$

再应用 (6) 就得到所需要的. □

借助于可定义性引理 (引理 3.5) 以及引理 3.7, 我们马上得到下面的例子. 这个简单的例子表明这两个引理恰恰就是力迫理论的基石: 既绕不过去, 又能起到基本作用.

例 3.8 M 是 ZFC 的一个可数传递模型, $\mathbb{P} \in M$ 是一个力迫构思, 假设 θ 是力迫语言 $\mathcal{FL}_{\mathbb{P}}$ 的一个语句. 令

$$D = \{p \in P \mid [p \Vdash \theta] \vee [p \Vdash (\neg\theta)]\},$$

那么 $D \in M$, 并且 D 是 $\mathbb{P}$ 的一个稠密子集. 因此,

(1) $\forall p \in P \exists q \leqslant p([q \Vdash \theta] \vee [q \Vdash (\neg\theta)])$; (当一个条件 $r \in P$ 满足 (或者 $[r \Vdash \theta]$ 或者 $[r \Vdash (\neg\theta)]$) 时, 我们说 "r **判别** θ". 因此, 对于任意一个条件 p, 总有一个比 p 强的条件 q 来判别 θ.)

(2) 如果 G 是 M 之上的一个 $\mathbb{P}$-泛型子集, 且 $M[G] \models \theta$, 那么 $(\exists p \in G[p \Vdash \theta])$.

现在我们可以得到例 3.5 中的 (1) 的逆命题, 并且以此来说明我们为什么在定义力迫构思时坚持它们必须具备可分性.

引理 3.8 设 $\mathbb{P} = (P, \leqslant, \mathbf{1})$ 是一个力迫构思. 对于任意两个条件 $q \in P$ 和 $r \in P$, $q \Vdash_{\mathbb{P}} \check{r} \in \dot{G}$ 当且仅当 $q \leqslant r$.

证明 ⇐. 这是例 3.5 中的 (1). 为了完整, 我们再证一次.

根据名字的定义, $\dot{G} = \{(\check{p}, p) \mid p \in P\}$, $\check{p} = \{(\check{x}, \mathbf{1}) \mid x \in p\}$. 根据名字解释的定义, 当 H 是 M 之上的一个泛型滤子时,

$$\check{p}/H = \{\check{x}/H \mid x \in p\} = p \wedge \dot{G}/H = \{\check{q}/H \mid q \in H\} = H.$$

设 $q \leqslant r$. 设 G 为 M 上的一个 $\mathbb{P}$-泛型滤子, 并且 $q \in G$. 根据滤子的定义, $r \in G$. 如果 $q \not\Vdash \check{r} \in \dot{G}$, 令 $q_1 \leqslant q$ 来见证 $q_1 \Vdash \check{r} \notin \dot{G}$. 令 $H \ni q_1$ 为 M 之上的一个泛型滤子. 那么在 $M[H]$ 中,

$$\check{r}/H = r \notin H = \dot{G}/H.$$

但是, $r \geqslant q \geqslant q_1 \in H$. 所以 $q \in H, r \in H$. 这就是一个矛盾.

⇒. 这是我们需要力迫构思具有可分特性的地方. 设 $q \Vdash_{\mathbb{P}} \check{r} \in \dot{G}$. 如果 $q \not\leqslant r$, 那么根据可分性, 我们可以找到一个 $p \leqslant q$ 来满足 $p \perp r$ 这一要求. 令 $G \ni p$ 为 M 之上的一个泛型滤子. 那么 $q \in G$ 但是 $r \notin G$, 因为 G 中的 p 与 r 相冲. 可是, 由于 $q \Vdash_{\mathbb{P}} \check{r} \in \dot{G}$, 根据真相引理 (引理 3.4), 必定有 $r = \check{r}/G \in \dot{G}/G = G$. 这就是一个矛盾. □

在理清了力迫关系与逻辑联结词之间的关系之后, 我们来理清力迫关系与量词之间的关系.

引理 3.9　设 $M \models$ ZFC 是一个可数传递模型, $\mathbb{P} \in M$ 是一个力迫构思, $p \in P$ 是一个力迫条件. 设 $\varphi(v_0, \cdots, v_n)$ 为纯集合论语言的一个彰显自由变元的表达式. 设 $\tau_0, \cdots, \tau_{n-1}$ 和 σ 为 $M^{\mathbb{P}}$ 中的名字. 那么

(1) $[p \Vdash (\forall x\, \varphi(\tau_0, \cdots, \tau_{n-1}, x))]$ 当且仅当

$$\forall \tau \in M^{\mathbb{P}}\, [p \Vdash \varphi(\tau_0, \cdots, \tau_{n-1}, \tau)];$$

(2) $[p \Vdash (\exists x\, \varphi(\tau_0, \cdots, \tau_{n-1}, x))]$ 当且仅当

$$\left(\forall r \leqslant p\, \exists q \leqslant r\, \exists \tau \in M^{\mathbb{P}}\, [q \Vdash \varphi(\tau_0, \cdots, \tau_{n-1}, \tau)] \right);$$

(3) (**极大原理**) $[p \Vdash (\exists x\, \varphi(\tau_0, \cdots, \tau_{n-1}, x))]$ 当且仅当

$$\exists \tau \in M^{\mathbb{P}}\, [p \Vdash \varphi(\tau_0, \cdots, \tau_{n-1}, \tau)];$$

(4) $[p \Vdash (\exists x \in \sigma\, \varphi(\tau_0, \cdots, \tau_{n-1}, x))]$ 当且仅当

$$\forall r \leqslant p\, \exists q \leqslant r\, \exists \tau \in \mathrm{dom}(\sigma)\, [q \Vdash \varphi(\tau_0, \cdots, \tau_{n-1}, \tau)].$$

证明　(1) $[p \Vdash (\forall x\, \varphi(\tau_0, \cdots, \tau_{n-1}, x))]$ 当且仅当对于每一个 M 之上的 $\mathbb{P}$-泛型滤子 $G \ni p$ 都一定有 $M[G] \models (\forall x\, \varphi(\tau_0, \cdots, \tau_{n-1}, x))$. 而

$$M[G] \models (\forall x\, \varphi(\tau_0, \cdots, \tau_{n-1}, x)) \text{ 当且仅当 } \left(\forall \tau \in M^{\mathbb{P}}\, M[G] \models \varphi(\tau_0, \cdots, \tau_{n-1}, \tau) \right).$$

所以, $[p \Vdash (\forall x\, \varphi(\tau_0, \cdots, \tau_{n-1}, x))]$ 当且仅当 $\forall \tau \in M^{\mathbb{P}}$ 对于每一个 M 之上的 $\mathbb{P}$-泛型滤子 $G \ni p$ 都一定有 $M[G] \models \varphi(\tau_0, \cdots, \tau_{n-1}, \tau)$. 因此,

$$[p \Vdash (\forall x\, \varphi(\tau_0, \cdots, \tau_{n-1}, x))] \iff \left(\forall \tau \in M^{\mathbb{P}}\, [p \Vdash \varphi(\tau_0, \cdots, \tau_{n-1}, \tau)] \right).$$

(2) 由 (1) 得. 因为 $\vdash ((\exists x\, \varphi(\vec{\tau}, x)) \leftrightarrow (\neg(\forall x\, (\neg(\varphi(\vec{\tau}, x))))))$, 依次根据引理 3.3 中的 (3), 引理 3.7 中的 (5), 上面已经证明的本引理中的 (1), 以及引理 3.7 中的 (5), 我们得到如下命题的等价阵列:

$$\begin{aligned}
[p \Vdash (\exists x\, \varphi(\vec{\tau}, x))] &\iff [p \Vdash (\neg(\forall x\, (\neg(\varphi(\vec{\tau}, x)))))] \\
&\iff (\forall r \leqslant p\, [r \not\Vdash (\forall x\, (\neg(\varphi(\vec{\tau}, x))))]) \\
&\iff (\forall r \leqslant p\, \exists \sigma \in M^{\mathbb{P}}\, [r \not\Vdash \varphi(\vec{\tau}, \sigma)]) \\
&\iff (\forall r \leqslant p\, \exists \sigma \in M^{\mathbb{P}}\, \exists q \leqslant r\, [q \Vdash \varphi(\vec{\tau}, \sigma)]).
\end{aligned}$$

(3) 只需证明条件的必要性, 即 $\Rightarrow$. 为此, 假设 $p \Vdash \exists x\, \varphi(x)$ (将固定的参数组省略掉). 在 M 中工作. 取 $A_p \subset P$ 具备如下特性:

(a) $A_p \subset \{q \in P \mid q \leqslant p\}$ 是一个冲突子集;

(b) $\forall q \in A_p \exists \sigma \in M^{\mathbb{P}} [q \Vdash \varphi(\sigma)]$;

(c) A_p 对于 (a) 和 (b) 而言具有极大性.

将 A_p 扩展成 $\mathbb{P}$ 上的一个极大冲突子集 A, 并且对于 $q \in (A - A_p)$, 任意地取一个名字 $\sigma_q \in M^{\mathbb{P}}$; 对于 $q \in A_p$, 取一个满足要求 $q \Vdash \varphi(\sigma_q)$ 的名字 σ_q. 由于 M 是一个满足选择公理的模型, 又根据 $\Vdash$ 之可定义性引理, 这样的选择在 M 中是可以实施的. 应用例 3.7 中的 (2), 令 τ 为一个 M 中的 $\mathbb{P}$-名字来满足 $\forall q \in A [q \Vdash (\tau = \sigma_q)]$. 因为对于 $q \in A_p$, $q \Vdash \varphi(\sigma_q)$, 所以对于 $q \in A_p$, 就有 $q \Vdash \varphi(\tau)$. 我们现在来验证 $p \Vdash \varphi(\tau)$. 假设不然, 令 $r \leqslant p$ 来见证 $r \Vdash (\neg \varphi(\tau))$. 因为 $r \leqslant p$, $p \Vdash (\exists x \varphi(x))$, 所以 $r \Vdash (\exists x \varphi(x))$. 根据 (2), 令 $s \leqslant r$ 以及 $\eta \in M^{\mathbb{P}}$ 来见证 $s \Vdash \varphi(\eta)$. 由 $s \leqslant r$ 得 $s \Vdash (\neg \varphi(\tau))$. 于是 $\forall q \in A_p (s \perp q)$. 这样一个条件 s 的存在与 A_p 的极大性相矛盾.

(4) (必要性) 只需证明如下命题: 如果 $[r \Vdash (\exists x \in \sigma \, \varphi(\tau_0, \cdots, \tau_{n-1}, x))]$, 那么

$$\exists q \leqslant r \, \exists \tau \in \mathrm{dom}(\sigma) \, [q \Vdash \varphi(\tau_0, \cdots, \tau_{n-1}, \tau)].$$

令 $G \ni r$ 为 M 上的一个 $\mathbb{P}$-泛型滤子. 那么 $M[G] \models (\exists x \in \sigma \, \varphi[\tau_0, \cdots, \tau_{n-1}])$. 应用 σ/G 的定义, 令 $\tau \in \mathrm{dom}(\sigma)$ 来见证 $M[G] \models (\tau \in \sigma \wedge \varphi[\tau_0, \cdots, \tau_{n-1}, \tau])$. 根据真相引理 (引理 3.4), 令 $q \in G$ 满足 $q \leqslant r$ 以及 $q \Vdash (\tau \in \sigma \wedge \varphi[\tau_0, \cdots, \tau_{n-1}, \tau])$. 此 q 即为所求.

(充分性) 令

$$D = \{q \leqslant p \mid \exists \tau \in \mathrm{dom}(\sigma) \, q \Vdash (\tau \in \sigma \wedge \varphi[\tau_0, \cdots, \tau_{n-1}, \tau])\}.$$

那么 D 在 p 之下是一个稠密开子集. 令 $A \subset D$ 为一个极大冲突子集. 对于 $q \in A$, 令 $\tau_q \in \mathrm{dom}(\sigma)$ 来见证

$$q \Vdash (\tau_q \in \sigma \wedge \varphi[\tau_0, \cdots, \tau_{n-1}, \tau_q]).$$

再令 $\tau = \{(\tau_q, q) \mid q \in A\}$. 那么 $\tau \in M^{\mathbb{P}}$, 并且 $p \Vdash (\tau \in \sigma \wedge \varphi[\tau_0, \cdots, \tau_{n-1}, \tau])$. $\square$

依据真相引理 (引理 3.4) 以及可定义性引理 (引理 3.5), 我们已经完成了力迫关系 $\Vdash$ 关于所有的复合语句的归结分析. 自然而然地, 我们应当对力迫关系 $\Vdash$ 对于原始语句的作用做一些分析.

引理 3.10 设 $M \models \mathrm{ZFC}$ 是一个可数传递模型, $\mathbb{P} \in M$ 是一个力迫构思. $p \in P$ 是一个力迫条件. 设 τ, σ, δ 为 $M^{\mathbb{P}}$ 中的名字. 那么

(1) $p \Vdash (\tau = \sigma)$ 当且仅当

$$(\forall \eta \in (\mathrm{dom}(\tau) \cup \mathrm{dom}(\sigma)) \, \forall q \leqslant p \, ([q \Vdash (\eta \in \tau)] \iff [q \Vdash (\eta \in \sigma)])).$$

(2) $p \Vdash (\delta \in \tau)$ 当且仅当 $\forall p_1 \leqslant p \, \exists q \leqslant p_1 \, \exists (\eta, r) \in \tau \, [q \leqslant r \wedge [q \Vdash (\eta = \delta)]]$.

证明 (1) ($\Rightarrow$). 设 $p \Vdash (\tau = \sigma)$, 以及 $\eta \in (\mathrm{dom}(\tau) \cup \mathrm{dom}(\sigma))$. 设 $q \leqslant p$ 以及设 $G \ni q$ 为 M 上的一个 $\mathbb{P}$-泛型滤子. 那么 $M[G] \models (\tau = \sigma)$. 根据推论 3.3, 同一性公理在 $M[G]$ 中成立. 所以, 如果 $\eta/G \in \tau/G$, 那么必有 $\eta/G \in \sigma/G$; 反之亦然. 所以, $M[G] \models ((\eta \in \tau) \leftrightarrow (\eta \in \sigma))$. 根据 $\Vdash$ 的定义, $q \Vdash ((\eta \in \tau) \leftrightarrow (\eta \in \sigma))$. 根据引理 3.7 中的 (8),

$$(\neg(\exists r \leqslant q ([r \Vdash (\eta \in \tau)] \wedge [r \Vdash (\eta \notin \sigma)])))$$

以及

$$(\neg(\exists r \leqslant q ([r \Vdash (\eta \notin \tau)] \wedge [r \Vdash (\eta \in \sigma)]))).$$

所以, $[q \Vdash (\eta \in \tau)] \iff [q \Vdash (\eta \in \sigma)]$.

(2) ($\Rightarrow$). 设 $p \Vdash (\delta \in \tau)$. 我们需要证明

$$\forall p_1 \leqslant p \, \exists q \leqslant p_1 \, \exists (\eta, r) \in \tau \, [q \leqslant r \wedge [q \Vdash (\eta = \delta)]].$$

设 $p_1 \leqslant p$. 令 $G \ni p_1$ 为 M 之上的一个 $\mathbb{P}$-泛型滤子. 根据引理 3.3 中的 (1),

$$p_1 \Vdash (\delta \in \tau).$$

所以, $\delta/G \in \tau/G = \{\gamma/G \mid \exists r \in G \, (\gamma, r) \in \tau\}$. 令 $(\eta, r) \in \tau$ 满足 $r \in G$ 以及 $\eta/G = \delta/G$. 根据真相引理, 令 $q \in G$ 满足 $q \Vdash (\eta = \delta)$, 并且 $q \leqslant r$, 以及 $q \leqslant p_1$. 此 q 即为所求.

(1) ($\Leftarrow$). 设 $(\forall \eta \in (\mathrm{dom}(\tau) \cup \mathrm{dom}(\sigma)) \, \forall q \leqslant p \, ([q \Vdash (\eta \in \tau)] \iff [q \Vdash (\eta \in \sigma)]))$. 设 $G \ni p$ 为 M 之上的 $\mathbb{P}$-泛型滤子. 设 $\eta \in (\mathrm{dom}(\tau) \cup \mathrm{dom}(\sigma))$. 令

$$D = \{q \in P \mid (q \perp p) \vee (q \leqslant p \wedge ([q \Vdash (\eta \in \tau)] \leftrightarrow [q \Vdash (\eta \in \sigma)]))\}.$$

根据可定义性引理 (引理 3.5), $D \in M$; D 是一个稠密子集. 所以 $G \cap D \neq \varnothing$. 令 $q \in D \cap G$. 由于 $p \in G$, G 是一个滤子, 所以, $[q \Vdash (\eta \in \tau)] \leftrightarrow [q \Vdash (\eta \in \sigma)]$. 于是, 在 $M[G]$ 中,

$$\eta/G \in \tau/G \leftrightarrow \eta/G \in \sigma/G.$$

另一方面, 设 $\delta \in M^{\mathbb{P}}$ 满足 $M[G] \models (\delta \in \tau)$. 根据真相引理 (引理 3.4), 令 $r \in G$ 满足 $r \Vdash (\delta \in \tau)$. 再令 $q \in G$ 满足不等式 $q \leqslant r$ 以及 $q \leqslant p$. 令

$$C = \{q_1 \in P \mid (q_1 \perp q) \vee (q_1 \leqslant q \wedge (\exists (\xi, r_1) \in \tau \, (q_1 \leqslant r_1 \wedge q_1 \Vdash (\xi = \delta))))\}.$$

根据 (2) 的必要性, C 是一个稠密子集. 根据可定义性引理 (引理 3.5), $C \in M$. 令 $q_1 \in C \cap G$. 那么, $q_1 \leqslant q$. 令 $(\xi, r_1) \in \tau$ 满足 $(q_1 \leqslant r_1 \wedge q_1 \Vdash (\xi = \delta))$. 那么 $r_1 \in G$, 并且

$$\delta/G = \xi/G \in \tau/G.$$

由于 $\xi \in \mathrm{dom}(\tau)$, 根据上面的讨论得知 $\delta/G = \xi/G \in \sigma/G$. 这些就表明

$$M[G] \models (\forall x \, (x \in \tau \to x \in \sigma)).$$

同样的论证表明 $M[G] \models (\forall x \, (x \in \sigma \to x \in \tau))$. 由此, 我们得到结论 $p \Vdash (\tau = \sigma)$.

(2) ($\Leftarrow$). 设 $D = \{q \in P \mid (q \perp p) \vee (\exists(\eta, r) \in \tau \, (q \leqslant r \wedge q \Vdash (\delta = \eta)))\}$. 根据给定条件, D 是一个稠密子集, 并且根据可定义性引理 (引理 3.5), $D \in M$. 令 $G \ni p$ 为 M 之上的一个 $\mathbb{P}$-泛型滤子. 那么 $D \cap G \neq \varnothing$. 令 $q_1 \in D \cap G$. 那么

$$(\exists(\eta, r) \in \tau \, (q_1 \leqslant r \wedge q_1 \Vdash (\delta = \eta))).$$

令 $(\eta, r) \in \tau$ 来见证 $(q_1 \leqslant r \wedge q_1 \Vdash (\delta = \eta))$. 令 $q \in G$ 满足不等式 $q \leqslant q_1$ 以及 $q \leqslant p$. 那么, $q \leqslant r$ 以及 $q \Vdash (\delta = \eta)$ (根据引理 3.3 中的 (1)). 于是, $r \in G$. 从而 $\delta/G = \eta/G \in \tau/G$. 根据定义 3.12, 这就表明 $p \Vdash (\delta \in \tau)$. □

3.1.4 内在力迫关系

现在我们回过头来证明真相引理以及可定义性引理. 实际上引理 3.7 和引理 3.9 已经给出关于在基础模型 M 中内在递归地定义力迫关系的启示.

定义 3.13 设 $\mathbb{P} = (P, \leqslant, \mathbf{1})$ 是一个力迫构思, $p \in P$, $D \subset P$. 称集合 D **在条件 p 之下是稠密的** 当且仅当

$$(\forall q \leqslant p \, (\exists r \in D \, (r \leqslant q))).$$

下面的简单事实在讨论具有一些条件的集合是否在某个条件下稠密会常常用到.

引理 3.11 如果 $A \subseteq P$, 并且集合 $B = \{q \in P \mid A \text{ 在 } q \text{ 之下是稠密的}\}$ 在 p 之下是稠密的, 那么 A 在 p 之下是稠密的.

证明 设 $r \leqslant p$. 令 $q \in B$ 满足不等式 $q \leqslant r$. 由于 A 在 q 之下是稠密的, 令 $p_1 \in A$ 满足不等式 $p_1 \leqslant q$. 那么 $p_1 \leqslant r$. □

下面的引理也经常用到, 因为它揭示出一种**相对泛型特性**.

引理 3.12 设 $M \models \mathrm{ZFC}$ 是一个可数传递模型, $\mathbb{P} \in M$ 是一个力迫构思. 设 G 是一个 M 上的 $\mathbb{P}$-泛型滤子. 设 $D \subseteq P$, $D \in M$, $p \in P$, 且 D 在条件 p 之下是稠密的. 如果 $p \in G$, 那么 $G \cap D \neq \varnothing$.

证明 给定条件 $p \in G$ 和 p 之下的稠密子集 D, 令

$$C = \{q \in P \mid q \perp p\} \cup D.$$

那么 $C \in M$, 并且 C 是 $\mathbb{P}$ 的一个稠密子集. 由 G 的泛型性质, $G \cap C \neq \varnothing$. 由于 G 是一个滤子, 它内部不会包括相互冲突的条件; 又因为 $p \in G$, 所以 $G \cap D \neq \varnothing$. □

定义 3.14 设 $\phi(v_1,\cdots,v_n)$ 是集合论语言的一个彰显自由变元的表达式. 设

$$\tau_1,\cdots,\tau_n \in V^{\mathbb{P}}.$$

称解析表达式 $\phi(\tau_1,\cdots,\tau_n)$ 为**由力迫构思 $\mathbb{P}$ 所确定的力迫语言的语句**.

令 $\mathcal{AL}_{\mathbb{P}} = \{(\tau = \sigma),(\tau \in \sigma) \mid \tau \in V^{\mathbb{P}}, \sigma \in V^{\mathbb{P}}\}$ 为所有由 $\mathbb{P}$-名字所组成的等式或属于关系式所组成的类.

定义 3.15 设 $\mathbb{P} = (P,\leqslant,\mathbf{1})$ 是一个力迫构思. 设 $p \in P$ 是一个力迫条件. 设 $\tau_1,\tau_2 \in V^{\mathbb{P}}$. 我们如下定义 p 与力迫语言的原始语句 $\phi(\tau_1,\tau_2)$ 之间的**内在力迫关系**$\Vdash^*$:

(1) $p \Vdash^* (\tau_1 = \tau_2)$ 当且仅当

$$\forall \sigma \in (\mathrm{dom}(\tau_1) \cup \mathrm{dom}(\tau_2)) \ \forall q \leqslant p \left[(q \Vdash^* (\sigma \in \tau_1)) \leftrightarrow (q \Vdash^* (\sigma \in \tau_1))\right];$$

(2) $p \Vdash^* (\tau_1 \in \tau_2)$ 当且仅当集合

$$D_{(p,\tau_1,\tau_2)} = \{q \leqslant p \mid (\exists(\sigma,r) \in \tau_2 ((q \leqslant r) \wedge q \Vdash^* (\sigma = \tau_1)))\}$$

在条件 p 之下是稠密的;

(3) 对于 $\phi(\tau_1,\tau_2) \in \mathcal{AL}_{\mathbb{P}}$, $p \Vdash^* (\neg\phi(\tau_1,\tau_2))$ 当且仅当 $(\neg(\exists q \leqslant p \,[q \Vdash^* \phi(\tau_1,\tau_2)]))$.

我们现在来讨论这种定义的合理性. 我们在 $P \times \mathcal{AL}_{\mathbb{P}}$ 上定义一个类关系 R 如下:

(1) $(p_1,(\sigma_1 \in \tau_1)) \,\mathrm{R}\, (p_2,(\sigma_2 = \tau_2))$ 当且仅当

$$[(\sigma_1 \in \mathcal{TC}(\sigma_2) \vee \sigma_1 \in \mathcal{TC}(\tau_2)) \wedge ((\tau_1 = \sigma_2) \vee (\tau_1 = \tau_2))].$$

(2) $(p_1,(\sigma_1 = \tau_1)) \,\mathrm{R}\, (p_2,(\sigma_2 \in \tau_2))$ 当且仅当 $[(\sigma_1 = \sigma_2) \wedge (\tau_1 \in \mathcal{TC}(\tau_2))]$.

(3) $(p_1,(\sigma_1 \in \tau_1)) \,\not\!\mathrm{R}\, (p_2,(\sigma_2 \in \tau_2))$ 以及 $(p_1,(\sigma_1 = \tau_1)) \,\not\!\mathrm{R}\, (p_2,(\sigma_2 = \tau_2))$.

R 并非一个传递关系. 但是 R 有如下特性:

(1) 对于任意的 $p \in P$ 以及 $\theta \in \mathcal{AL}_{\mathbb{P}}$, $\{(q,\psi) \in P \times \mathcal{AL}_{\mathbb{P}} \mid (q,\psi)\,\mathrm{R}\,(p,\theta)\}$ 是一个集合;

(2) R 是一个有秩关系.

(1) 之所以成立, 是因为一旦给定 $p \in P$ 以及 $\theta \in \mathcal{AL}_{\mathbb{P}}$, 那么

$$\exists A \exists x (A = \mathcal{TC}(x) \wedge \{(q,\psi) \in P \times \mathcal{AL}_{\mathbb{P}} \mid (q,\psi)\,\mathrm{R}\,(p,\theta)\} \subseteq P \times A).$$

欲证 (2) 成立, 对于任意的 $p \in P$ 以及 $\sigma \in V^{\mathbb{P}}$ 和 $\tau \in V^{\mathbb{P}}$, 先令

$$\gamma(p,\sigma \in \tau) = \gamma(p,\sigma = \tau) = \max(\mathrm{RK}(\sigma),\mathrm{RK}(\tau));$$

再令 $\mathrm{tp}(p, \sigma = \tau) = 1$, 以及

$$\mathrm{tp}(p, \sigma \in \tau) = \begin{cases} 0 & \text{如果 } \mathrm{RK}(\sigma) < \mathrm{RK}(\tau), \\ 2 & \text{如果 } \mathrm{RK}(\sigma) \geqslant \mathrm{RK}(\tau). \end{cases}$$

然后由下式来定义 $\Gamma : P \times \mathcal{AL}_{\mathbb{P}} \to \mathrm{Ord}$:

$$\Gamma(p, \theta) = 3 \cdot \gamma(p, \theta) + \mathrm{tp}(p, \theta).$$

直接计算表明: 如果 $(p_1, \theta_1) \, \mathrm{R} \, (p_2, \theta_2)$, 那么一定有 $\Gamma(p_1, \theta_1) < \Gamma(p_2, \theta_2)$. 因此, R 是有秩的.

于是, 内在力迫关系定义中的 (1) 和 (2) 便是依据有秩关系 R 的秩的归纳法所给出的定义. 因此, 定义 3.15 是一个合理的定义.

我们先来分析内在力迫关系对于原始语句作用的一些基本性质.

引理 3.13 设 $\theta \in \mathcal{AL}_{\mathbb{P}}$. 那么

(1) 如果 $p \Vdash^* \theta$ 以及 $q \leqslant p$, 那么 $q \Vdash^* \theta$;

(2) $p \Vdash^* \theta$ 当且仅当集合 $\{q \leqslant p \mid q \Vdash^* \theta\}$ 在 p 之下是稠密的.

证明 (1) 由 $\Vdash^*$ 之定义中的 (1) 和 (2) 立即可得.

(2) 首先要注意到内在力迫关系是一个递归定义的关系, $\{q \leqslant p \mid q \Vdash^* \theta\}$ 的确是一个集合, 即它存在于论域之中. 对等关系右边的条件的必要性由 (1) 得到. 现在来讨论条件的充分性. 当 θ 是 $(\sigma \in \tau)$ 时, 直接应用 $\Vdash^*$ 的定义以及引理 3.11 就可得到; 当 θ 是 $(\sigma = \tau)$ 时, 应用 (2) 中关于 $(\delta \in \sigma)$ 以及 $(\delta \in \tau)$ 的结论就可以得到条件的充分性. $\qquad\square$

引理 3.14 设 $\theta \in \mathcal{AL}_{\mathbb{P}}$ 以及 $p \in P$. 那么 $[p \Vdash^* \theta]$ 当且仅当

$$(\neg (\exists q \leqslant p \, [q \Vdash^* (\neg \theta)])).$$

证明 (必要性) 如果 $q \leqslant p$, 根据引理 3.13 中的 (1), $q \Vdash^* \theta$; 如果有某一个 $q \leqslant p$ 具备 $q \Vdash^* (\neg \theta)$, 根据定义 3.15 中的 (3), 便没有 $r \leqslant q$ 满足 $r \Vdash^* \theta$, 可是, 任何一个 $r \leqslant q$ 都一定有 $r \leqslant p$, 从而 $r \Vdash^* \theta$. 这便是一个矛盾. 因此, 条件是必要的.

(充分性) 假设 $p \not\Vdash^* \theta$. 根据引理 3.13 中的 (2), 集合 $B = \{q \leqslant p \mid q \Vdash^* \theta\}$ 在 p 之下就不是稠密的. 也就是说

$$\exists r \leqslant p \, \forall q \leqslant r \, (q \notin B).$$

令 $r \leqslant p$ 具备 $\forall q \leqslant r \, (q \notin B)$. 那么 $\forall q \leqslant r \, [q \not\Vdash^* \theta]$. 根据定义 3.15 中的 (3) 得知 $r \Vdash^* (\neg \theta)$. 因此, 条件是充分的. $\qquad\square$

下面的引理给出了对于原始语句部分的真相引理的证明.

引理 3.15 (力迫原始语句真相引理)　设 M 是集合理论 ZF-Power 的一个传递模型, $\mathbb{P} \in M$. 固定一个 $\theta \in \mathcal{AL}_{\mathbb{P}} \cap M$. 令 G 为 M 之上的 $\mathbb{P}$-泛型滤子. 如下两个命题成立:

(a) 如果 $p \in G$, 且 $(p \Vdash^* \theta)^M$, 那么 $M[G] \models \theta$;

(b) 如果 $M[G] \models \theta$, 那么 $\exists p \in G\ (p \Vdash^* \theta)^M$.

证明　我们应用关系 R 的秩的归纳法来证明引理中的两个命题.

(a) 固定一个条件 $p \in G$.

情形(a1)　$p \Vdash^* (\sigma \in \tau)$.

此时, 令 $D = \{q \leqslant p \mid \exists (\delta, r) \in \tau\, [q \leqslant r \wedge q \Vdash^* (\sigma = \delta)]\}$. 那么 D 在 p 之下是稠密的, 并且 $D \in M$. 根据引理 3.12, $D \cap G \neq \varnothing$. 取 $q \in D \cap G$ 以及 $(\delta, r) \in \tau$ 来见证

$$q \leqslant r \wedge q \Vdash^* (\sigma = \delta).$$

根据 (a) 之归纳假设, $M[G] \models (\sigma = \delta)$. 于是, $\sigma/G = \delta/G$. 又因为 $q \in G$, $q \leqslant r$, $(\delta, r) \in \tau$, 所以 $r \in G$ 以及 $\delta/G \in \tau/G$. 从而, $\sigma/G \in \tau/G$. 因此, $M[G] \models (\sigma \in \tau)$.

情形(a2)　$p \Vdash^* (\sigma = \tau)$.

根据对称性, 我们只需证明 $\sigma/G \subseteq \tau/G$. 为此, 固定 σ/G 中的一个元素. 此元素必定形如 δ/G, 其中 $(\delta, r) \in \sigma$ 以及 $r \in G$. 我们来证明 $\delta/G \in \tau/G$.

取 $q \in G$ 满足 $q \leqslant p$ 以及 $q \leqslant r$. 那么 $q \Vdash^* (\delta \in \sigma)$. 于是, $q \Vdash^* (\delta \in \tau)$. 应用关于 (a) 的归纳假设, 得到 $M[G] \models (\delta \in \tau)$. 因此, $\delta/G \in \tau/G$.

(b) 设 $M[G] \models \theta$.

情形(b1)　θ 是 $(\sigma \in \tau)$.

我们需要从 G 中找到一个具备如下特性的条件 p : 集合

$$D = \{q \leqslant p \mid \exists (\delta, r) \in \tau\, (q \leqslant r \wedge q \Vdash^* (\delta = \sigma))\}$$

在 p 之下是稠密的. 根据 τ/G 的定义, 令 $(\delta, r) \in \tau$ 满足 $r \in G$ 以及 $\sigma/G = \delta/G$. 应用关于 (b) 的归纳假设, 从 G 中取出一个具备性质 $p_1 \Vdash^* (\sigma = \delta)$ 的条件 p_1. 由于 G 是一个滤子, 取 $p \in G$ 满足不等式 $p \leqslant p_1$ 以及 $p \leqslant r$. 根据引理 3.13 的 (1), $p \Vdash^* (\sigma = \delta)$. 又根据引理 3.13 中的 (1), 任何比 p 强的条件 q 都具备性质 $q \Vdash^* (\sigma = \delta)$. 所以, 此 $p \in G$ 即为所求.

情形(b2)　θ 是 $(\sigma = \tau)$.

此时, 对于 $p \in P$, 令 $p \in D$ 当且仅当下述命题成立:

$$\left(\begin{array}{l} [p \Vdash^* (\sigma = \tau)] \vee \\ (\exists \delta \in (\mathrm{dom}(\sigma) \cup \mathrm{dom}(\tau))\, ([p \Vdash^* (\delta \in \sigma)] \wedge [p \Vdash^* (\delta \notin \tau)])) \vee \\ (\exists \delta \in (\mathrm{dom}(\sigma) \cup \mathrm{dom}(\tau))\, ([p \Vdash^* (\delta \notin \sigma)] \wedge [p \Vdash^* (\delta \in \tau)])) \end{array} \right).$$

那么 $D \in M$, 并且根据内在力迫关系的定义 3.15 中的 (1) 和 (3) 以及引理 3.14 得知 D 是稠密的. 由于 G 是 M 上的 $\mathbb{P}$-泛型滤子, $G \cap D \neq \varnothing$. 取 $p \in G \cap D$.

如果选项 $(\exists \delta \in (\mathrm{dom}(\sigma) \cup \mathrm{dom}(\tau)) ([p \Vdash^* (\delta \in \sigma)] \wedge [p \Vdash^* (\delta \notin \tau)]))$ 成立, 令 δ 为一个证据名字, 由于 $p \Vdash^* (\delta \in \sigma)$, 根据 (a), $M[G] \models (\delta \in \sigma)$, 于是, $\delta/G \in \sigma/G = \tau/G$, 应用关于 (b) 的归纳假设得到事实 $\delta/G \in \tau/G$, 取 $q \in G$ 来保证 $q \Vdash^* (\delta \in \tau)$, 再取 $r \in G$ 来满足 $r \leqslant p$ 以及 $r \leqslant q$, 根据引理 3.13, $r \Vdash^* (\delta \in \tau)$. 但是 $p \Vdash^* (\delta \notin \tau)$, 根据定义 3.15 中的 (3), 就不应当有任何比 p 强的条件 r 满足 $r \Vdash^* (\delta \in \tau)$. 这就是一个矛盾.

如果选项 $(\exists \delta \in (\mathrm{dom}(\sigma) \cup \mathrm{dom}(\tau)) ([p \Vdash^* (\delta \notin \sigma)] \wedge [p \Vdash^* (\delta \in \tau)]))$ 成立, 我们同样得到一个矛盾.

于是, 只剩下一种可能: $p \Vdash^* (\sigma = \tau)$ 成立. 我们完成了 (b) 在当前情形下的证明. □

对于原始语句部分的可定义性的证明由下述引理给出.

引理 3.16(力迫原始语句可定义性) 设 M 是理论 ZF-P 的一个可数传递模型, $\mathbb{P} \in M$ 是一个力迫构思. 对于 $p \in P$ 以及 $\varphi \in \mathcal{AL}_{\mathbb{P}} \cap M$, 总有

$$\left([p \Vdash \varphi] \iff (p \Vdash^* \varphi)^M\right).$$

证明 注意, 对于力迫语言的原始语句 φ 而言, $p \Vdash^* \varphi$ 是关于 ZF-P 的传递模型绝对不变的, 所以, $p \Vdash^* \varphi$ 与 $(p \Vdash^* \varphi)^M$ 是等价的. 在下面的证明中我们将去掉对于 M 的相对性的上标.

($\Rightarrow$) 假设 $p \Vdash^* \varphi$. 根据力迫关系 $\Vdash$ 的定义, 以及引理 3.15 中的 (a), 我们就有 $p \Vdash \varphi$.

($\Leftarrow$) 假设 $p \Vdash \varphi$ 但是 $p \not\Vdash^* \varphi$. 根据引理 3.14, 取 $q \leqslant p$ 来保证 $q \Vdash^* (\neg\varphi)$. 根据定义 3.15 中的 (3), $(\neg(\exists r \leqslant q [r \Vdash^* \varphi]))$. 令 $G \ni q$ 为 M 之上的一个 $\mathbb{P}$-泛型滤子. 那么 $p \in G$. 于是, 根据力迫关系的定义 3.12, $M[G] \models \varphi$. 由于 φ 是力迫语言的一个原始语句, 根据力迫原始语句的真相引理 (引理 3.15) 中的 (b), 取 $q_1 \in G$ 来保证 $q_1 \Vdash^* \varphi$. 由于 G 是一个滤子, 且 $q \in G$, $q_1 \in G$, 取 $r \in G$ 来满足不等式 $r \leqslant q$ 以及 $r \leqslant q_1$. 根据引理 3.13, $r \Vdash^* \varphi$. 我们得到一个矛盾. □

我们现在来定义一般情形下的内在力迫关系 $\Vdash^*$, 并且据此来证明真相引理 (引理 3.4) 以及可定义性引理 (引理 3.5). 下面的定义应当理解为一个在元数学环境中, 在力迫原始语句已经给出定义的基础上, 按照力迫语言的表达式的长度的递归定义.

定义 3.16 设 $\phi(v_1, \cdots, v_n)$ 是集合论语言的一个彰显自由变元的表达式. 设

$$\mathbb{P} = (P, \leqslant, \mathbf{1})$$

是一个力迫构思. 设 $p \in P$ 是一个力迫条件. 设 $\tau_1, \cdots, \tau_n \in \mathrm{V}^{\mathbb{P}}$. 我们递归地如下定义 p 与力迫语言的语句 $\phi(\tau_1, \cdots, \tau_n)$ 之间的**内在力迫关系** $p \Vdash_{\mathbb{P}}^* \phi(\tau_1, \cdots, \tau_n)$ (以下我们将记号 $\Vdash_{\mathbb{P}}^*$ 的简写成 $\Vdash^*$, 并且将省略这些作为参数的名字):

(1) $p \Vdash^* (\tau_1 = \tau_2)$ 当且仅当

$$\forall \sigma \in (\mathrm{dom}(\tau_1) \cup \mathrm{dom}(\tau_2)) \ \forall q \leqslant p \left[(q \Vdash^* (\sigma \in \tau_1)) \leftrightarrow (q \Vdash^* (\sigma \in \tau_1))\right].$$

(2) $p \Vdash^* (\tau_1 \in \tau_2)$ 当且仅当集合

$$D_{(p, \tau_1, \tau_2)} = \{ q \leqslant p \mid (\exists (\sigma, r) \in \tau_2 ((q \leqslant r) \wedge q \Vdash^* (\sigma = \tau_1))) \}$$

在条件 p 之下是稠密的.

(3) $p \Vdash^* (\phi \wedge \varphi)$ 当且仅当 $p \Vdash^* \phi$ 以及 $p \Vdash^* \varphi$.

(4) $p \Vdash^* (\neg \phi)$ 当且仅当 $(\neg (\exists q \leqslant p \, [q \Vdash^* \phi]))$.

(5) $p \Vdash^* (\varphi \to \psi)$ 当且仅当 $(\neg (\exists q \leqslant p \, ([q \Vdash^* \varphi] \wedge [q \Vdash^* (\neg \psi)])))$.

(6) $p \Vdash^* (\varphi \vee \psi)$ 当且仅当集合 $\{ q \leqslant p \mid [q \Vdash^* \varphi] \vee [q \Vdash^* \psi] \}$ 在 p 之下是稠密的.

(7) $p \Vdash^* (\varphi \leftrightarrow \psi)$ 当且仅当 $(p \Vdash^* (\varphi \to \psi)$ 且 $p \Vdash^* (\psi \to \varphi))$.

(8) $p \Vdash^* (\forall x \, \varphi(x))$ 当且仅当 $\forall \tau \in \mathrm{V}^{\mathbb{P}} (p \Vdash^* \varphi(\tau))$.

(9) $p \Vdash^* (\exists x \phi(x))$ 当且仅当集合 $\{ q \leqslant p \mid (\exists \sigma \in \mathrm{V}^{\mathbb{P}} (q \Vdash^* \phi(\sigma))) \}$ 在条件 p 之下是稠密的.

再次强调上述定义事实上在元数学环境中, 对于纯集合论语言中每一个彰显 n 个自由变元的表达式 $\varphi(v_1, \cdots, v_n)$ 确定一个 $(n+4)$ 个自由变元的表达式

$$\mathrm{LiPo}_\varphi(P, \leqslant, \mathbf{1}, p, x_1, \cdots, x_n),$$

它断言: $\mathbb{P} = (P, \leqslant, \mathbf{1})$ 是一个力迫构思, $p \in P$, $x_1, \cdots, x_n$ 是 n 个 $\mathbb{P}$-名字, 并且 $p \Vdash_{\mathbb{P}}^* \varphi(x_1, \cdots, x_n)$. 这是关于 φ 的长度的递归定义, 并且关于 φ 长度的归纳实施于元数学环境之中.

下面的引理将引理 3.13 以及引理 3.14 推广到力迫语言的所有语句上.

引理 3.17 设 $\mathbb{P} = (P, \leqslant, \mathbf{1})$ 是一个力迫构思. 设 $\phi(v_1, \cdots, v_n)$ 是纯集合论语言的一个彰显自由变元的表达式. 设 $\tau_1, \cdots, \tau_n$ 是 $\mathbb{P}$-名字. 设 θ 为语句

$$\phi(\tau_1, \cdots, \tau_n) \in \mathcal{FL}_{\mathbb{P}}$$

以及 $p \in P$. 如下命题成立:

(1) 如果 $p \Vdash^* \theta$ 以及 $q \leqslant p$, 那么 $q \Vdash^* \theta$;

(2) $p \Vdash^* \theta$ 当且仅当集合 $\{ q \leqslant p \mid q \Vdash^* \theta \}$ 在 p 之下是稠密的;

(3) $[p \Vdash^* \theta]$ 当且仅当 $(\neg (\exists q \leqslant p \, [q \Vdash^* (\neg \theta)]))$.

证明 (1) 由关于语句 θ 的复杂性的归纳法得到, 详细论证留作练习.

(2) $\Rightarrow$ 由 (1) 即得.

$\Leftarrow$ 由关于 θ 的复杂性的归纳法得到:

当 θ 是原始语句时, 引理 3.13 给出结论.

当 θ 是 $(\varphi \wedge \psi)$ 时, 假设集合 $\{q \leqslant p \mid q \Vdash^* \theta\}$ 在 p 之下是稠密的, 那么集合

$$\{q \leqslant p \mid [q \Vdash^* \varphi] \wedge [q \Vdash^* \psi]\}$$

在 p 之下是稠密的. 从而集合 $\{q \leqslant p \mid q \Vdash^* \varphi\}$ 在 p 之下是稠密的, 集合

$$\{q \leqslant p \mid q \Vdash^* \psi\}$$

在 p 之下也是稠密的. 因此, 根据归纳假设, $p \Vdash^* \varphi$ 并且 $p \Vdash^* \psi$. 由此, $p \Vdash^* \theta$.

当 θ 是 $(\neg\psi)$ 时, 假设集合 $D = \{q \leqslant p \mid q \Vdash^* \theta\}$ 在 p 之下是稠密的. 再假设 $\exists q \leqslant p\,[q \Vdash^* \psi]$. 那么 $\exists q \in D\,[q \Vdash^* \psi]$. 可是, 对于 $q \in D$, $q \Vdash^* (\neg\psi)$, 依定义 3.16 中的 (4), $(\neg(\exists r \leqslant q\,[r \Vdash^* \psi]))$. 这就是一个矛盾. 因此, $(\neg(\exists q \leqslant p\,[q \Vdash^* \psi]))$. 于是, 根据定义 3.16 中的 (4), $p \Vdash^* (\neg\psi)$.

当 θ 是 $(\varphi \to \psi)$ 时, 假设集合 $D = \{q \leqslant p \mid q \Vdash^* \theta\}$ 在 p 之下是稠密的. 对于 $q \in D$,

$$q \Vdash^* (\varphi \to \psi),$$

根据定义 3.16 之 (5), $(\neg(\exists r \leqslant q\,([r \Vdash^* \varphi] \wedge [r \Vdash^* (\neg\psi)])))$. 如果

$$(\exists q \leqslant p\,([q \Vdash^* \varphi] \wedge [q \Vdash^* (\neg\psi)])),$$

那么

$$(\exists q \in D\,(q \leqslant p \wedge [q \Vdash^* \varphi] \wedge [q \Vdash^* (\neg\psi)])).$$

这显然是一个矛盾. 因此, $(\neg(\exists q \leqslant p\,([q \Vdash^* \varphi] \wedge [q \Vdash^* (\neg\psi)])))$. 根据定义 3.16 之 (5), 得到 $p \Vdash^* \theta$.

当 θ 是 $(\varphi \vee \psi)$ 时, 假设集合 $D = \{q \leqslant p \mid q \Vdash^* \theta\}$ 在 p 之下是稠密的. 我们来证明集合

$$B = \{q \leqslant p \mid [q \Vdash^* \varphi] \vee [q \Vdash^* \psi]\}$$

在 p 之下是稠密的. 设 $r \leqslant p$. 令 $q \in D$ 满足 $q \leqslant r$. 于是 $q \Vdash^* (\varphi \vee \psi)$. 根据定义 3.16 之 (6), 取 $q_1 \leqslant q$ 来保证

$$[q_1 \Vdash^* \varphi] \vee [q_1 \Vdash^* \psi].$$

于是, $q_1 \in B$. 这就表明 B 在 p 下是稠密的. 根据定义 3.16 之 (6), $p \Vdash^* (\varphi \vee \psi)$.

当 θ 是 $(\varphi \leftrightarrow \psi)$ 时, 假设集合 $D = \{q \leqslant p \mid q \Vdash^* \theta\}$ 在 p 之下是稠密的. 因此集合

$$B = \{q \leqslant p \mid [q \Vdash^* (\varphi \rightarrow \psi)] \wedge [q \Vdash^* (\psi \rightarrow \varphi)]\}$$

在 p 下是稠密的, 根据归纳假设, $[p \Vdash^* (\varphi \rightarrow \psi)$ 且 $p \Vdash^* (\psi \rightarrow \varphi)]$. 根据定义 3.16 之 (7), $p \Vdash^* \theta$.

当 θ 是 $(\forall x\, \varphi(x))$ 时, 假设集合 $D = \{q \leqslant p \mid q \Vdash^* \theta\}$ 在 p 之下是稠密的. 那么, 对于每一个名字 $\tau \in V^{\mathbb{P}}$, 集合

$$D_\tau = \{q \leqslant p \mid q \Vdash^* \varphi(\tau)\}$$

在 p 下是稠密的, 从而, 根据归纳假设, $p \Vdash^* \varphi(\tau)$. 于是, 由定义 3.16 之 (8),

$$p \Vdash^* (\forall x\, \varphi(x)).$$

当 θ 是 $(\exists x\, \varphi(x))$ 时, 假设集合 $D = \{q \leqslant p \mid q \Vdash^* (\exists x\, \varphi(x))\}$ 在 p 之下是稠密的. 我们来证明集合

$$B = \left\{ q \leqslant p \mid \left(\exists \sigma \in V^{\mathbb{P}} (q \Vdash^* \phi(\sigma))\right) \right\}$$

在条件 p 之下是稠密的. 设 $r \leqslant p$. 令 $p_1 \in D$ 满足 $p_1 \leqslant r$. 那么, $p_1 \Vdash^* (\exists x\, \varphi(x))$. 根据定义 3.16 之 (9), 集合

$$C = \left\{ q \leqslant p_1 \mid \left(\exists \sigma \in V^{\mathbb{P}} (q \Vdash^* \phi(\sigma))\right) \right\}$$

在条件 p_1 之下是稠密的. 取 $q \in C$. 那么 $q \leqslant r$ 且 $q \in B$. 所以集合 B 在 p 下是稠密的. 根据定义 3.16 之 (9), $p \Vdash^* (\exists x\, \varphi(x))$. □

下面的引理将引理 3.15 推广到一般力迫语言语句之上.

引理 3.18 (内在力迫真相引理) 设 M 是集合理论 ZF-幂集公理的一个传递模型, $\mathbb{P} \in M$. 固定一个 $\theta \in \mathcal{FL}_{\mathbb{P}} \cap M$. 令 G 为 M 之上的 $\mathbb{P}$-泛型滤子. 如下两个命题成立:

(a) 如果 $p \in G$, 且 $(p \Vdash^* \theta)^M$, 那么 $M[G] \models \theta$;

(b) 如果 $M[G] \models \theta$, 那么 $\exists p \in G\ (p \Vdash^* \theta)^M$.

证明 应用对语句 θ 复杂性的归纳法, 我们同时证明 (a) 和 (b). 用记号 $\Psi(\theta)$ 来记断言 "引理对于语句 θ 成立".

当 $\theta \in \mathcal{AL}_{\mathbb{P}} \cap M$ 时, 引理 3.15 表明 $\Psi(\theta)$.

当 θ 是 $(\varphi \wedge \psi)$ 时, (a) 由定义 3.16 中的 (3) 以及关于 φ 和 ψ 的归纳假设即得; 至于 (b), 设

$$M[G] \models (\varphi \wedge \psi).$$

那么 $M[G] \models \varphi$ 以及 $M[G] \models \psi$. 根据归纳假设, 令 $p_1 \in G$ 以及 $p_2 \in G$ 满足

$$(p_1 \Vdash^* \varphi)^M \wedge (p_2 \Vdash^* \psi)^M,$$

令 $p \in G$ 满足 $p \leqslant p_1, p \leqslant p_2$. 根据引理 3.17,

$$(p \Vdash^* \varphi)^M \wedge (p \Vdash^* \psi)^M,$$

所以, $p \Vdash^* (\varphi \wedge \psi)$.

当 θ 是 $(\neg\varphi)$ 时, 根据归纳假设, $\Psi(\varphi)$.

关于 (a), 设 $p \in G$ 以及 $(p \Vdash^* (\neg\varphi))^M$. 假设 $M[G] \models \varphi$. 根据归纳假设, 令 $r \in G$ 满足 $(r \Vdash^* \varphi)^M$. 取 $q \in G$ 满足不等式 $q \leqslant p, q \leqslant r$. 根据引理 3.17(在 M 中应用该引理), 得到 $(q \Vdash^* \varphi)^M$. 可是, $(p \Vdash^* (\neg\varphi))$, 根据定义 3.16 之 (4), 根本就不应当有这样的 $q \leqslant p$ 存在. 这就是一个矛盾. 所以, $M[G] \models (\neg\varphi)$.

关于 (b), 令

$$D = \{q \in P \mid (q \Vdash^* \varphi)^M \vee (q \Vdash^* (\neg\varphi))^M\}.$$

那么, $D \in M$ 并且根据定义 3.16 之 (4), D 是稠密的. 令 $p \in G \cap D$. 设 $M[G] \models (\neg\varphi)$. 如果

$$(p \Vdash^* (\neg\varphi))^M,$$

证明完成; 如果 $(p \Vdash^* \varphi)$, 根据归纳假设 $\Psi(\varphi)$ 之 (a), $M[G] \models \varphi$, 就得到一个矛盾.

当 θ 是 $(\exists x\,\varphi(x))$ 时, 归纳假设表明 $\forall \tau \in M^{\mathbb{P}}\,\Psi(\varphi(\tau))$. 我们来证明 $\Psi(\exists x\,\varphi(x))$.

关于 (a), 设 $p \in G$ 以及 $(p \Vdash^* (\exists x\,\varphi(x)))^M$. 令

$$D = \{q \leqslant p \mid \exists \tau \in M^{\mathbb{P}}[q \Vdash^* \varphi(\tau)]^M\}.$$

那么根据 $\Vdash^*$ 之定义在 M 中的相对化, $D \in M$ 并且 D 在 p 之下是稠密的. 根据引理 3.12, $D \cap G \neq \varnothing$. 取 $q \in D \cap G$ 以及 $\tau \in M^{\mathbb{P}}$ 来保证 $(q \Vdash^* \varphi(\tau))^M$. 根据 $\Psi(\varphi(\tau))$ 之 (a), $M[G] \models \varphi(\tau)$. 所以, $M[G] \models (\exists x\,\varphi(x))$.

关于 (b), 设 $M[G] \models (\exists x\,\varphi(x))$. 取 $\tau \in M^{\mathbb{P}}$ 来保证 $M[G] \models \varphi(\tau)$. 应用归纳假设 $\Psi(\varphi(\tau))$ 中的 (b), 令 $p \in G$ 来保证 $(p \Vdash^* \varphi(\tau))^M$. 根据引理 3.17 以及定义 3.16 之 (9), 我们就有 $(p \Vdash^* (\exists x\,\varphi(x)))^M$.

我们将剩余的情形留作练习. □

下面我们类似地将引理 3.16 推广到整个力迫语句上.

引理 3.19(等价力迫关系) 设 M 是理论 ZF-P 的一个可数传递模型, $\mathbb{P} \in M$ 是一个力迫构思. 对于 $p \in P$ 以及 $\varphi \in \mathcal{FL}_{\mathbb{P}} \cap M$, 总有 $([p \Vdash \varphi] \iff (p \Vdash^* \varphi)^M)$.

证明　(⇒) 假设 $(p \Vdash^* \varphi)^M$. 根据力迫关系 $\Vdash_{\mathbb{P},M}$ 的定义 3.12, 以及引理 3.18 中的 (a), 我们就有 $p \Vdash_{\mathbb{P},M} \varphi$.

(⇐) 假设 $p \Vdash \varphi$ 但是 $p \not\Vdash^* \varphi$. 根据引理 3.17, 取 $q \leqslant p$ 来保证 $q \Vdash^* (\neg\varphi)$. 根据定义 3.16 中的 (4), $(\neg(\exists r \leqslant q \,[r \Vdash^* \varphi]))$. 令 $G \ni q$ 为 M 之上的一个 $\mathbb{P}$-泛型滤子. 那么 $p \in G$. 于是, 根据力迫关系的定义 3.12, $M[G] \models \varphi$. 根据引理 3.18 中的 (b), 取 $q_1 \in G$ 来保证 $(q_1 \Vdash^* \varphi)^M$. 由于 G 是一个滤子, 且 $q \in G$, $q_1 \in G$, 取 $r \in G$ 满足不等式 $r \leqslant q$ 以及 $r \leqslant q_1$. 根据引理 3.17, $(r \Vdash^* \varphi)^M$. 我们得到一个矛盾.　□

接下来证明真相引理 (引理 3.4) 以及可定义性引理 (引理 3.5).

证明　真相引理由引理 3.19 以及引理 3.18 联合给出.

可定义性引理则由引理 3.19 以及关系 $(p \Vdash^* \varphi(\tau_1, \cdots, \tau_n))^M$ 的可定义性联合给出.　□

引理 3.20　设 $\mathbb{P} = (P, \leqslant, \mathbf{1})$ 是一个力迫构思. 设 $\tau, \sigma \in V^{\mathbb{P}}$.

(1) $\forall p \in P \, (p \Vdash^* (\tau = \tau))$;

(2) $\forall p \in P \, ((p \Vdash^* (\tau = \sigma)) \to (p \Vdash^* (\sigma = \tau)))$;

(3) $\forall p \in P \, ((p \Vdash^* (\tau = \sigma)) \to (\forall q \leqslant p \, (q \Vdash^* (\tau = \sigma))))$;

(4) $\forall p \in P \, (((p \Vdash^* (\tau = \sigma)) \wedge (p \Vdash^* (\sigma = \delta))) \to (p \Vdash^* (\tau = \delta)))$;

(5) 如果 $(\sigma, r) \in \tau$, $p \leqslant r$, 那么 $p \Vdash^* (\sigma \in \tau)$;

(6) $\forall p \in P \, ((p \Vdash^* (\tau \in \sigma)) \to (\forall q \leqslant p \, (q \Vdash^* (\tau \in \sigma))))$.

证明　(1) 用关于名字 $\tau \in V^{\mathbb{P}}$ 的秩的归纳法.

当 $\mathrm{RK}(\tau) = 0$ 时, $\tau = \check\varnothing$. 由于 $\check\varnothing = \varnothing$, $p \Vdash^* (\check\varnothing = \check\varnothing)$ 自然成立.

现在假设 $\mathrm{RK}(\tau) > 0$ 以及对于所有的名字 $\delta \in V^{\mathbb{P}}$, 如果 $\mathrm{RK}(\delta) < \mathrm{RK}(\tau)$, $p \in P$, 那么

$$p \Vdash^* (\delta = \delta).$$

设 $p \in P$ 是任意一个条件. 设 $(\sigma, r) \in \tau$. 令

$$D_{(\sigma,r)} = \{q \leqslant p \mid ((q \leqslant r) \to (\exists (\delta, r_1) \in \tau \, ((q \leqslant r_1) \wedge (q \Vdash^* (\sigma = \delta)))))\}.$$

那么 $D_{(\sigma,r)} = \{q \in P \mid q \leqslant p\}$. 因为, 对于 $q \leqslant p$, 如果 $q \not\leqslant r$, 那么 $q \in D_{(\sigma,r)}$; 如果 $q \leqslant r$, 那么 $(\sigma, r) \in \tau$, 并且 $q \Vdash^* (\sigma = \sigma)$, 所以, $q \in D_{(\sigma,r)}$.

于是, $p \Vdash^* (\tau = \tau)$.

(2) 直接由定义 3.15(1) 关于 $0 - 1$ 的对称性得到:

$$\forall i \in \{0, 1\} \forall (\sigma_i, r_i) \in \tau_i \, (D_{(p, \sigma_i, r_i)} \text{ 在 } p \text{ 之下是稠密的}).$$

(3) 设 $p \Vdash^* (\tau = \sigma)$, 以及 $q \leqslant p$. 往证 $q \Vdash^* (\tau = \sigma)$. 根据对称性, 只需验证

$$\forall (\eta, r) \in \tau \, D_{(q, \eta, r)} \text{ 在 } q \text{ 之下是稠密的.}$$

为此, 设 $(\eta, r) \in \tau$, 以及 $q_1 \leqslant q$. 由于 $p \Vdash^* (\tau = \sigma)$, 集合 $D_{(p,\eta,r)}$ 在 p 之下是稠密的. 取 $q_2 \in D_{(p,\eta,r)}$ 满足不等式 $q_2 \leqslant q_1$. 自然, $q_2 \in D_{(q,\eta,r)}$. 因此, $D_{(q,\eta,r)}$ 在 q 之下是稠密的. (3) 于是得证.

(4) 设 $p \in P$ 为一个力迫条件. 假设 $(p \Vdash^* (\tau = \sigma)), \wedge (p \Vdash^* (\sigma = \delta))$. 欲证 $p \Vdash^* (\tau = \delta)$. 根据对称性, 我们只需验证: 对于任意的 $(\eta, r) \in \tau$, 集合

$$D_{(\eta,r)} = \{q \leqslant p \mid ((q \leqslant r) \to (\exists (\eta_1, r_1) \in \delta ((q \leqslant r_1) \wedge (q \Vdash^* (\eta = \eta_1)))))\}$$

在 p 之下是稠密的.

设 $(\eta, r) \in \tau$. 往证 $D_{(\eta,r)}$ 在 p 之下是稠密的. 为此, 令 $p_1 \leqslant p$. 如果 $p_1 \not\leqslant r$, 则 $p_1 \in D_{(\eta,r)}$. 不妨设 $p_1 \leqslant r$. 由于 $p \Vdash^* (\tau = \sigma)$, 集合

$$C_{(\eta,r)} = \{q \leqslant p \mid ((q \leqslant r) \to (\exists (\eta_2, r_2) \in \sigma ((q \leqslant r_2) \wedge (q \Vdash^* (\eta = \eta_2)))))\}$$

在 p 之下是稠密的. 取 $p_2 \in C_{(\eta,r)}$ 满足 $p_2 \leqslant p_1$. 因为 $p_2 \leqslant p_1 \leqslant r$, 取 $(\eta_2, r_2) \in \sigma$ 满足

$$p_2 \leqslant r_2 \wedge p_2 \Vdash^* (\eta = \eta_2).$$

因为 $p \Vdash^* (\sigma = \delta)$, 集合

$$C_{(\eta_2,r_2)} = \{q \leqslant p \mid ((q \leqslant r_2) \to (\exists (\eta_3, r_3) \in \delta ((q \leqslant r_3) \wedge (q \Vdash^* (\eta_2 = \eta_3)))))\}$$

在 p 之下是稠密的. 由于 $p_2 \leqslant p$, 取 $p_3 \in C_{(\eta_2,r_2)}$ 满足 $p_3 \leqslant p_2$. 由于 $p_2 \leqslant r_2$, $p_3 \leqslant r_2$. 于是, 取 $(\eta_3, r_3) \in \delta$ 满足

$$p_3 \leqslant r_3 \wedge p_3 \Vdash^* (\eta_2 = \eta_3).$$

因为 $p_2 \Vdash^* (\eta = \eta_2)$, $p_3 \leqslant p_2$, 所以 $p_3 \Vdash^* (\eta = \eta_2)$. 于是, $p_3 \Vdash^* (\eta = \eta_3)$. 这就表明 $p_3 \in D_{(\eta,r)}$, 从而 $D_{(\eta,r)}$ 在 p 之下是稠密的. (4) 于是得证.

(5) 设 $(\sigma, r) \in \tau$, $p \leqslant r$. 令

$$D = \{q \leqslant p \mid (\exists (\delta, r_1) \in \tau ((q \leqslant r_1) \wedge q \Vdash^* (\sigma = \delta)))\}.$$

我们来验证集合 D 在 p 之下是稠密的, 从而 $p \Vdash^* (\sigma \in \tau)$. 设 $q \leqslant p$. 那么, $q \leqslant r$, 以及 $q \Vdash^* (\sigma = \sigma)$, 所以 $q \in D$. 也就是说, $D = \{q \in P \mid q \leqslant p\}$.

(6) 的证明与 (3) 的证明类似. 留作读者练习. $\qquad\square$

引理 3.21 设 $\phi(v_1, \cdots, v_n)$ 是集合论语言的一个彰显自由变元的表达式. 设 $\mathbb{P} = (P, \leqslant, \mathbf{1})$ 是一个力迫构思. 设 $p \in P$ 是一个力迫条件. 设 $\tau_1, \cdots, \tau_n \in V^{\mathbb{P}}$. 令 θ 为由力迫构思 $\mathbb{P}$ 所确定的力迫语言的表达式 $\phi(\tau_1, \cdots, \tau_n)$. 那么下述命题等价:

(1) $p \Vdash^* \theta$.

(2) $\forall r \leqslant p\, (r \Vdash^* \theta)$.

(3) $\forall r \leqslant p \exists q \leqslant r\, (q \Vdash^* \theta)$.

证明 对表达式 ϕ 的复杂性施归纳, 我们来证明引理.

设 $p \in P$ 是一个力迫条件.

等式情形 $\phi(v_0, v_1)$ 是 $(v_0 \doteq v_1)$. 设 τ_0 和 τ_1 是两个由力迫构思 $\mathbb{P}$ 所给出的名字.

(1) $\Rightarrow$ (2). 假设 (1) 成立. 由定义 3.15 中的 (1), 对于 $i \in \{0,1\}$, 对于任意的 $(\sigma_i, r_i) \in \tau_i$, 集合

$$\{q \leqslant p \mid ((q \leqslant r_i) \to (\exists(\sigma_{1-i}, r_{1-i}) \in \tau_{1-i}\, ((q \leqslant r_{1-i}) \wedge (q \Vdash^* (\sigma_0 = \sigma_1)))))\}$$

在条件 p 之下是稠密的. 现在假设 $r \leqslant p$, $i \in \{0,1\}$, $(\sigma_i, r_i) \in \tau_i$. 令 $q \leqslant r$. 那么 $q \leqslant p$. 令 $q_1 \leqslant q$ 满足

$$((q_1 \leqslant r_i) \to (\exists(\sigma_{1-i}, r_{1-i}) \in \tau_{1-i}\, ((q_1 \leqslant r_{1-i}) \wedge (q_1 \Vdash^* (\sigma_0 = \sigma_1))))).$$

此 $q_1 \leqslant r$. 这就表明集合

$$\{q \leqslant r \mid ((q \leqslant r_i) \to (\exists(\sigma_{1-i}, r_{1-i}) \in \tau_{1-i}\, ((q \leqslant r_{1-i}) \wedge (q \Vdash^* (\sigma_0 = \sigma_1)))))\}$$

在条件 r 之下是稠密的. 因此, 根据定义 3.15 中的 (1), $r \Vdash^* (\tau_0 = \tau_1)$. 这表明 (2) 成立.

(2) $\Rightarrow$ (3). 这是一个平凡的蕴涵关系, 因为给定 $r \leqslant p$, 令 $q = r$ 即得所要的存在性.

(3) $\Rightarrow$ (1). 假设 (3) 成立. 我们来验证如下事实: 对于 $i \in \{0,1\}$, 对于任意的 $(\sigma_i, r_i) \in \tau_i$, 集合

$$D_p = \{q \leqslant p \mid ((q \leqslant r_i) \to (\exists(\sigma_{1-i}, r_{1-i}) \in \tau_{1-i}\, ((q \leqslant r_{1-i}) \wedge (q \Vdash^* (\sigma_0 = \sigma_1)))))\}$$

在条件 p 之下是稠密的. 为此, 设 $i \in \{0,1\}$ 以及 $(\sigma_i, r_i) \in \tau_i$. 我们来验证集合 D_p 在 p 之下是稠密的. 令 $r \leqslant p$. 根据条件 (3), 令 $q \leqslant r$ 满足要求 $(q \Vdash^* (\tau_0 = \tau_1))$. 根据定义 3.15 中的 (1), 取 $q_1 \leqslant q$ 来满足要求:

$$((q_1 \leqslant r_i) \to (\exists(\sigma_{1-i}, r_{1-i}) \in \tau_{1-i}\, ((q_1 \leqslant r_{1-i}) \wedge (q_1 \Vdash^* (\sigma_0 = \sigma_1))))).$$

因此, $q_1 \in D_p$. 这就表明集合 D_p 在 p 之下是稠密的. 所以 (1) 成立.

$\in$-关系式情形 $\phi(v_0, v_1)$ 是 $(v_1 \in v_2)$. 设 τ_1 和 τ_2 是两个由力迫构思 $\mathbb{P}$ 所给出的名字.

(1) ⇒ (2). 假设 (1) 成立. 由定义 3.15 中的 (2), 集合

$$\{q \leqslant p \mid (\exists(\sigma, r) \in \tau_2 ((q \leqslant r) \wedge q \Vdash^* (\sigma = \tau_1)))\}$$

在条件 p 之下是稠密的. 设 $r_1 \leqslant p$. 那么, 集合

$$\{q \leqslant r_1 \mid (\exists(\sigma, r) \in \tau_2 ((q \leqslant r) \wedge q \Vdash^* (\sigma = \tau_1)))\}$$

在条件 r_1 之下是稠密的. 根据定义 3.15 中的 (2), $r_1 \Vdash^* (\tau_1 = \tau_2)$. 所以 (2) 成立.

(2) ⇒ (3) 不证自明.

(3) ⇒ (1). 假设 (3) 成立. 我们来验证: 集合

$$\{q \leqslant p \mid (\exists(\sigma, r) \in \tau_2 ((q \leqslant r) \wedge q \Vdash^* (\sigma = \tau_1)))\}$$

在条件 p 之下是稠密的. 设 $r_1 \leqslant p$. 根据 (3), 取 $q_1 \leqslant r_1$ 满足要求: $q_1 \Vdash^* (\tau_1 = \tau_2)$. 于是, 集合

$$\{q \leqslant q_1 \mid (\exists(\sigma, r) \in \tau_2 ((q \leqslant r) \wedge q \Vdash^* (\sigma = \tau_1)))\}$$

在条件 q_1 之下是稠密的. 因此, 可取到 $q_2 \leqslant q_1$ 来见证如下事实:

$$(\exists(\sigma, r) \in \tau_2 ((q_2 \leqslant r) \wedge q_2 \Vdash^* (\sigma = \tau_1))).$$

因为 $q_2 \leqslant q_1$, $q_1 \leqslant r_1$, 以及 $r_1 \leqslant p$, 所以 $q_2 \leqslant p$. 这就验证了集合

$$\{q \leqslant p \mid (\exists(\sigma, r) \in \tau_2 ((q \leqslant r) \wedge q \Vdash^* (\sigma = \tau_1)))\}$$

在条件 p 之下是稠密的. 所以, $p \Vdash^* (\tau_1 = \tau_2)$. 因此, (1) 成立.

合取式情形 $\phi(v_1, \cdots, v_n)$ 是 $(\varphi(v_1, \cdots, v_n) \wedge \psi(v_1, \cdots, v_n))$.

(1) ⇒ (2). 假设 (1) 成立. 我们来验证 (2) 成立. 设 $r \leqslant p$. 根据假设条件 (1), 由定义 3.15 中的 (3), $p \Vdash^* \psi(\tau_1, \cdots, \phi_n)$ 以及 $p \Vdash^* \varphi(\tau_1, \cdots, \tau_n)$. 根据归纳假设之 (1) ⇒ (2),

$$r \Vdash^* \psi(\tau_1, \cdots, \phi_n) \text{ 以及 } r \Vdash^* \varphi(\tau_1, \cdots, \tau_n).$$

根据定义 3.15 中的 (3), $r \Vdash^* \phi(\tau_1, \cdots, \tau_n)$. 从而 (2) 成立.

(3) ⇒ (1). 假设 (3) 成立. 我们来验证 (1) 成立. 由假设条件 (3), 集合

$$D_p = \{q \leqslant p \mid q \Vdash^* (\psi(\tau_1, \cdots, \tau_n) \wedge \varphi(\tau_1, \cdots, \tau_n))\}$$

在 p 之下是稠密的. 因此, 集合

$$D_p^\psi = \{q \leqslant p \mid q \Vdash^* \psi(\tau_1, \cdots, \tau_n)\}$$

和集合

$$D_p^\varphi = \{q \leqslant p \mid \varphi(\tau_1, \cdots, \tau_n)\}$$

都在 p 之下是稠密的. 根据归纳假设之 (3) $\Rightarrow$ (1), 我们就得到

$$p \Vdash^* \psi(\tau_1, \cdots, \tau_n) \text{ 以及 } p \Vdash^* \varphi(\tau_1, \cdots, \tau_n).$$

根据定义 3.15 中的 (3), 我们就有 $p \Vdash^* \phi(\tau_1, \cdots, \tau_n)$. 于是, (1) 成立.

否定式情形 $\phi(v_1, \cdots, v_n)$ 是 $(\neg\varphi(v_1, \cdots, v_n))$.

(1) $\Rightarrow$ (2). 假设 (1) 成立. 我们来验证 (2) 成立. 设 $r \leqslant p$. 因为 (1) 成立, 根据定义 3.15 中的 (4), 不存在任何比 p 强的条件 $q \leqslant p$ 满足 $q \Vdash^* \varphi(\tau_1, \cdots, \tau_n)$. 因此, 不存在任何比 r 强的条件 $q \leqslant r$ 满足 $q \Vdash^* \varphi(\tau_1, \cdots, \tau_n)$. 这就表明 (2) 成立.

(3) $\Rightarrow$ (1). 假设 (3) 成立. 我们来验证 (1) 成立. 根据定义 3.15 中的 (4), 我们需要确定不存在任何比 p 强的条件 $q \leqslant p$ 满足 $q \Vdash^* \varphi(\tau_1, \cdots, \tau_n)$. 假设不然, 令 $q \leqslant p$ 满足要求

$$q \Vdash^* \varphi(\tau_1, \cdots, \tau_n).$$

因为 (3) 成立以及 $q \leqslant p$, 可以取到 $r \leqslant q$ 来见证 $r \Vdash^* (\neg\varphi(\tau_1, \cdots, \tau_n))$. 根据定义 3.15 中的 (4), 不存在 $r_1 \leqslant r$ 满足 $r_1 \Vdash^* \varphi(\tau_1, \cdots, \tau_n)$. 可是, $q \Vdash^* \varphi(\tau_1, \cdots, \tau_n)$ 以及 $r \leqslant q$, 根据归纳假之 (1) $\Rightarrow$ (2), 必有 $r \Vdash^* \varphi(\tau_1, \cdots, \tau_n)$, 并且所有的 $r_1 \leqslant r$ 都满足 $r_1 \Vdash^* \varphi(\tau_1, \cdots, \tau_n)$. 这就是矛盾. 因此, (1) 成立.

存在式情形 $\phi(v_1, \cdots, v_n)$ 是 $((\exists v_{n+1}\varphi)(v_1, \cdots, v_n))$.

(1) $\Rightarrow$ (2). 假设 (1) 成立. 我们来验证 (2) 成立. 设 $r \leqslant p$. 因为 (1) 成立, 根据定义 3.15 中的 (5), 集合

$$\{q \leqslant p \mid (\exists \sigma \in V^{\mathbb{P}} (q \Vdash^* \phi(\sigma, \tau_1, \cdots, \tau_n)))\}$$

在条件 p 之下是稠密的. 因此, 集合

$$\{q \leqslant r \mid (\exists \sigma \in V^{\mathbb{P}} (q \Vdash^* \phi(\sigma, \tau_1, \cdots, \tau_n)))\}$$

在条件 r 之下是稠密的. 所以, $r \Vdash^* ((\exists x \varphi)(\tau_1, \cdots, \tau_n))$.

(3) $\Rightarrow$ (1). 假设 (3) 成立. 我们来验证 (1) 成立. 根据定义 3.15 中的 (5), 我们需要确定集合

$$D_p = \{q \leqslant p \mid (\exists \sigma \in V^{\mathbb{P}} (q \Vdash^* \varphi(\sigma, \tau_1, \cdots, \tau_n)))\}$$

在条件 p 之下是稠密的. 为此, 设 $r \leqslant p$. 根据 (3), 令 $q_1 \leqslant r$ 来满足要求: $q_1 \Vdash^* ((\exists x \varphi)(\tau_1, \cdots, \tau_n))$. 于是, 根据定义 3.15 中的 (5), 集合

$$\{q \leqslant q_1 \mid (\exists \sigma \in V^{\mathbb{P}} (q \Vdash^* \varphi(\sigma, \tau_1, \cdots, \tau_n)))\}$$

在条件 q_1 之下是稠密的. 在这个集合中取一个 $r_1 \leqslant q_1$. 那么此 $r_1 \in D_p$. 由于 $r_1 \leqslant r, r \leqslant p$ 是任意的, 集合 D_p 在 p 之下是稠密的. $\qquad\square$

引理 3.22 设 $\mathbb{P} = (P, \leqslant, \mathbf{1})$ 是一个力迫构思. 设 $\tau, \sigma \in \mathrm{V}^{\mathbb{P}}$. 那么 $p \Vdash^* (\tau = \sigma)$ 当且仅当

$$\forall \delta \in (\mathrm{dom}(\tau) \cup \mathrm{dom}(\sigma)) \, \forall q \leqslant p \, [(q \Vdash^* (\delta \in \tau)) \leftrightarrow (q \Vdash^* (\delta \in \sigma))].$$

证明 (必要性) 设 $p \Vdash^* (\tau = \sigma)$. 设 $\delta \in \mathrm{dom}(\tau)$. 我们来证明

$$\forall q \leqslant p \, [(q \Vdash^* (\delta \in \tau)) \leftrightarrow (q \Vdash^* (\delta \in \sigma))].$$

根据对称性, 这已足够证明引理中的条件是必要的.

设 $q \leqslant p$. 假设 $q \Vdash^* (\delta \in \tau)$. 根据定义, 集合

$$D_1 = \{q_1 \leqslant q \mid (\exists (\sigma_1, r_1) \in \tau \, ((q_1 \leqslant r_1) \wedge q_1 \Vdash^* (\sigma_1 = \delta)))\}$$

在条件 q 之下是稠密的. 我们来证明集合

$$D_2 = \{q_2 \leqslant q \mid (\exists (\sigma_2, r_2) \in \sigma \, ((q_2 \leqslant r_2) \wedge q_2 \Vdash^* (\sigma_2 = \delta)))\}$$

在条件 q 之下是稠密的, 从而 $q \Vdash^* (\delta \in \sigma)$.

设 $r \leqslant q$. 令 $q_1 \in D_1, q_1 \leqslant r, (\sigma_1, r_1) \in \tau$ 具备性质

$$((q_1 \leqslant r_1) \wedge q_1 \Vdash^* (\sigma_1 = \delta)).$$

由于 $q_1 \leqslant q \leqslant p$, 根据引理 3.21, $q_1 \Vdash^* (\tau = \sigma)$, 所以集合

$$D_3 = \{q_3 \leqslant q_1 \mid (\exists (\sigma_0, r_0) \in \sigma \, ((q_3 \leqslant r_0) \wedge (q_3 \Vdash^* (\sigma_0 = \sigma_1))))\}$$

在条件 q_1 之下是稠密的. 令 $q_3 \in D_3$. 那么, $q_3 \leqslant r$, 并且

$$q_3 \Vdash^* (\sigma_0 = \sigma_1 = \delta).$$

因此, $q_3 \in D_2$. 由此得知 D_2 在 q 之下是稠密的.

(充分性) 假设条件

$$\forall \delta \in (\mathrm{dom}(\tau) \cup \mathrm{dom}(\sigma)) \, \forall q \leqslant p \, [(q \Vdash^* (\delta \in \tau)) \leftrightarrow (q \Vdash^* (\delta \in \sigma))]$$

成立, 欲证 $p \Vdash^* (\tau = \sigma)$. 为此, 根据对称性, 只需证明: 对于任意的 $(\eta, r) \in \tau$, 集合

$$D_{(p, \eta, r)} = \{q \leqslant p \mid ((q \leqslant r) \rightarrow (\exists (\eta_1, r_1) \in \sigma \, ((q \leqslant r_1) \wedge (q \Vdash^* (\eta = \eta_1)))))\}$$

在条件 p 之下是稠密的.

设 $(\eta, r) \in \tau$, $q_1 \leqslant p$. 不妨设 $q_1 \leqslant r$. 根据引理 3.20 中的 (5), $q_1 \Vdash^* (\eta \in \tau)$. 于是, 根据给定条件,

$$q_1 \Vdash^* (\eta \in \sigma).$$

根据定义 3.15 中的 (2), 集合

$$D_{(q_1, \eta, \sigma)} = \{q \leqslant q_1 \mid (\exists(\eta_1, r_1) \in \sigma \, ((q \leqslant r_1) \wedge q \Vdash^* (\eta = \eta_1)))\}$$

在条件 q_1 之下是稠密的. 此时有 $D_{(q_1, \eta, \sigma)} \subseteq D_{(p, \eta, r)}$.

因此, $D_{(p, \eta, r)}$ 在 p 之下是稠密的.

于是, 所给条件是充分的.   □

引理 3.23 设 $\phi(v_1, \cdots, v_n)$ 是集合论语言的一个彰显自由变元的表达式. 设 $\mathbb{P} = (P, \leqslant, \mathbf{1})$ 是一个力迫构思. 设 $p \in P$ 是一个力迫条件. 设 $\tau_1, \cdots, \tau_n \in \mathbf{V}^{\mathbb{P}}$. 令 θ 为由力迫构思 $\mathbb{P}$ 所确定的力迫语言的表达式 $\phi(\tau_1, \cdots, \tau_n)$. 那么

(1) $(\neg(\exists q \leqslant p \, ((q \Vdash^* \theta) \wedge q \Vdash^* (\neg \theta))))$;

(2) $p \Vdash^* \theta$ 当且仅当 $(\neg(\exists q \leqslant p \, (q \Vdash^* (\neg \theta))))$;

(3) 条件之集合 $D_{(p, \theta)} = \{q \leqslant p \mid ((q \Vdash^* \theta) \vee (q \Vdash^* (\neg \theta)))\}$ 在条件 p 之下是稠密的.

证明 (1) 假设 $(\exists q \leqslant p \, ((q \Vdash^* \theta) \wedge q \Vdash^* (\neg \theta)))$. 令 $q \leqslant p$ 满足要求 $((q \Vdash^* \theta) \wedge q \Vdash^* (\neg \theta))$. 因为 $q \Vdash^* (\neg \theta)$, 根据定义, 就没有比 q 强的条件 $r \leqslant q$ 满足 $r \Vdash^* \theta$. 可是, $q \Vdash^* \theta$, 根据上面的引理 3.21, 任何比 q 强的条件 r 都满足 $r \Vdash^* \theta$. 这就是一个矛盾.

(2) 假设 $p \Vdash^* \theta$. 如果 $q \leqslant p \, (q \Vdash^* (\neg \theta))$, $r \leqslant q$, 那么 $r \not\Vdash^* \theta$; 可是, $r \leqslant p$, 因而 $r \Vdash^* \theta$; 这便是一个矛盾. 因此, $(\neg(\exists q \leqslant p \, (q \Vdash^* (\neg \theta))))$.

反之, 假设 $(\neg(\exists q \leqslant p \, (q \Vdash^* (\neg \theta))))$. 也就是说,

$$(\forall q \leqslant p \, \exists r \leqslant q \, (r \Vdash^* \theta)).$$

根据上面的引理 3.21, $p \Vdash^* \theta$.

(3) 设 $r \leqslant p$. 如果 $r \Vdash^* \theta$, 那么 $r \in D_{(p, \theta)}$; 否则, $r \not\Vdash^* \theta$, 根据 (2),

$$(\exists q \leqslant r \, (q \Vdash^* (\neg \theta))).$$

令 $q \leqslant r$ 满足 $(q \Vdash^* (\neg \theta))$. 那么 $q \in D_{(p, \theta)}$. 因此, $D_{(p, \theta)}$ 在条件 p 之下是稠密的.   □

定理 3.3 (基本力迫关系定理) 设 $\phi(x_1, \cdots, x_n)$ 为一个彰显自由变元的解析表达式. 设 M 是 ZFC 的一个可数传递模型. 又设 $\mathbb{P} \in M$ 为一个力迫构思, 以及 $G \subseteq P$ 是一个 M-泛型滤子.

(1) 如果 $p \in G$ 以及 $M \models [p \Vdash^* \phi(\tau_1, \cdots, \tau_n)]$, 那么 $M[G] \models \phi(\tau_1/G, \cdots, \tau_n/G)$;

(2) 如果 $M[G] \models \phi(\tau_1/G, \cdots, \tau_n/G)$, 那么 $(\exists p \in G (M \models [p \Vdash^* \phi(\tau_1, \cdots, \tau_n)]))$.

3.1.5 力迫扩张基本定理

下面的例子可以进一步地用来说明真相引理以及可定义性引理的作用. 这也对我们即将展开的应用真相引理以及可定义性引理来证明所有的力迫扩张结构都满足集合论的基本公理具有启示意义.

例 3.9 设 $M \models \text{ZFC}$ 是一个可数传递模型, $\mathbb{P} \in M$ 是一个力迫构思. 设 $\sigma \in M^{\mathbb{P}}$ 为一个名字, 以及 $\varphi(v_1, v_2)$ 是纯集合论语言的一个彰显自由变元的表达式. 我们希望在力迫扩张结构 $M[G]$ 中引用参数 σ/G 和表达式 φ 来定义自然数集合的一个子集. 也就是说, 希望

$$\{n \in \omega \mid M[G] \models \varphi(\check{n}, \sigma/G)\}$$

在 $M[G]$ 中存在. 我们自然需要给这个将要存在的集合定义一个名字. 比较自然的名字定义如下:

$$\tau = \{(\check{n}, p) \mid n \in \omega \wedge p \in P \wedge p \Vdash_{\mathbb{P},M} \varphi(\check{n}, \sigma)\}.$$

问题在于: 这个名字 τ 是否在 M 之中? 其次, τ/G 是否就是期望中的子集?

当我们将可定义性引理应用到这个给定的表达式 $\varphi(v_1, v_2)$ 时, 集合 A_φ 是 M 的免参数可定义的子集. 于是, 根据 M 中的分解原理, τ 就在 M 之中. 现在设 G 是一个 M 之上的 $\mathbb{P}$-泛型滤子. 令

$$B = \{n \in \omega \mid M[G] \models \varphi(n, \sigma/G)\}.$$

我们来证明 $B = \tau/G$. 根据定义以及真相引理,

$$\tau/G = \{n \in \omega \mid \exists p \in G (p \Vdash \varphi(n, \sigma))\}.$$

由此以及力迫关系之定义, 得知 $\tau/G \subseteq B$. 反过来, 设 $n \in S$. 那么

$$M[G] \models \varphi(n, \sigma/G).$$

将真相引理应用到语句 $\varphi(\check{n}, \sigma)$, 得到一个条件 $p \in G$ 来力迫它: $p \Vdash \varphi(\check{n}, \sigma)$. 于是, $(\check{n}, p) \in \tau$. 从而 $n \in \tau/G$.

当然, 真相引理以及可定义性引理的作用远非这个例子所展示的. 我们真正的目的是应用它们来证明由 ZFC 的可数传递模型得到的力迫扩张结构 $M[G]$ 事实上还是 ZFC 的一个模型. 上面的例子告诉我们如何来证明分解原理在 $M[G]$ 中成立.

引理 3.24(力迫分解原理)   设 $M \models \text{ZFC}$ 是一个可数传递模型, $\mathbb{P} \in M$ 是一个力迫构思, 以及 G 是一个 M 之上的 $\mathbb{P}$-泛型滤子. 那么在 $M[G]$ 中, 分解原理成立.

证明   设 G 是 M 之上的一个 $\mathbb{P}$-泛型滤子. 令 $N = M[G]$.

设 $\varphi(v_0, \cdots, v_{n-1}, v_n, v_{n+1})$ 为纯集合论语言的一个彰显自由变元的表达式. 我们需要验证的是:

$$\forall \vec{x} \in N \, \exists x_{n+1} \in N \, \forall x_{n+2} \in N \, (x_{n+2} \in x_{n+1} \leftrightarrow (x_{n+2} \in x_n \wedge \varphi^N(\tilde{x}, x_{n+2}))),$$

其中 $\forall \vec{x} \in N$ 是 $\forall x_n \in N \cdots \forall x_0 \in N$ 的简写; $\tilde{x}$ 是 $x_0, \cdots, x_n$ 的简写.

由于 $N = M[G]$, 任意地从 M 中取 n 个 $\mathbb{P}$-名字 $\tau, \sigma_0, \cdots, \sigma_{n-1}$, 那么

$$\tau/G, \sigma_0/G, \cdots, \sigma_{n-1}/G$$

就是 N 中的任意的 n 个元素. 反之, N 中任意 n 个元素都有 M 中的 n 个 $\mathbb{P}$-名字来描述它们.

令 $B = \{x \in \tau/G \mid \varphi^N(\sigma_0/G, \cdots, \sigma_{n-1}/G, \tau/G, x)\}$. 我们需要证明 $B \in N$. 为此, 我们需要在 M 中找到一个恰好描述 B 的 $\mathbb{P}$-名字 δ 以至于 $\delta/G = B$.

根据名字以及解释的定义,

$$B = \{\eta/G \mid \eta \in \text{dom}(\tau) \wedge M[G] \models (\eta \in \tau \wedge \varphi(\sigma_0, \cdots, \sigma_{n-1}, \tau, \eta))\}.$$

据此, 定义

$$\delta = \{(\eta, p) \mid \eta \in \text{dom}(\tau) \wedge p \in P \wedge p \Vdash (\eta \in \tau \wedge \varphi(\sigma_0, \cdots, \sigma_{n-1}, \tau, \eta))\}.$$

根据可定义性引理 (引理 3.5), $\delta \in M$, 并且

$$\delta/G = \{\eta/G \mid \eta \in \text{dom}(\tau) \wedge \exists p \in G \, [p \Vdash (\eta \in \tau \wedge \varphi(\sigma_0, \cdots, \sigma_{n-1}, \tau, \eta))]\}.$$

由 $\Vdash$ 的定义得到 $\delta/G \subseteq B$. 欲证 $B \subseteq \delta/G$, 令 $\eta/G \in B$, 其中 $\eta \in \text{dom}(\tau)$. 那么

$$M[G] \models (\eta \in \tau \wedge \varphi(\sigma_0, \cdots, \sigma_{n-1}, \tau, \eta)).$$

根据真相引理 (引理 3.4), 取 $p \in G$ 满足要求

$$p \Vdash (\eta \in \tau \wedge \varphi(\sigma_0, \cdots, \sigma_{n-1}, \tau, \eta)).$$

那么, $(\eta, p) \in \delta$, 从而, $\eta/G \in \delta/G$. $\qquad\qquad\qquad\qquad\qquad\qquad\qquad$ □

引理 3.25 (幂集公理与力迫替换原理) 设 $M \models \text{ZFC}$ 是一个可数传递模型, $\mathbb{P} \in M$ 是一个力迫构思, 以及 G 是一个 M 之上的 $\mathbb{P}$-泛型滤子. 那么幂集公理以及替换原理都在 $M[G]$ 中成立.

证明 设 G 是一个 M 之上的 $\mathbb{P}$-泛型滤子.

欲证幂集公理在 $M[G]$ 中成立, 因为分解原理在 $M[G]$ 中成立, 我们只需证明: 对于任意的 $a \in M[G]$, 都一定存在 $b \in M[G]$ 来保证 $\mathfrak{P}(a) \cap M[G] \subseteq b$.

固定 $a \in M[G]$. 令 $\tau \in M^{\mathbb{P}}$ 来保证 $\tau/G = a$. 令

$$Q = (\mathfrak{P}(\text{dom}(\tau) \times P))^M = \{\eta \in M^{\mathbb{P}} \mid \text{dom}(\eta) \subseteq \text{dom}(\tau)\}.$$

令 $\sigma = Q \times \{\mathbf{1}\}$, 以及 $b = \sigma/G = \{\eta/G \mid \eta \in Q\}$.

设 $c \in \mathfrak{P}(a) \cap M[G]$. 欲证 $c \in b$. 令 $\delta \in M^{\mathbb{P}}$ 来保证 $\delta/G = c$. 令

$$\eta = \{(\gamma, p) \mid \gamma \in \text{dom}(\tau) \wedge [p \Vdash (\gamma \in \delta)]\}.$$

依据可定义性引理 (引理 3.5), $\eta \in M$. 从而 $\eta \in Q$. 我们来证明 $\eta/G = c$ (这就保证了 $c \in b$).

因为 $\eta/G = \{\gamma/G \mid \exists p \in G\,[p \Vdash (\gamma \in \delta)]\}$, 以及根据 $\Vdash$ 的定义,

$$(\exists p \in G\,[p \Vdash (\gamma \in \delta)]) \to (\gamma/G \in \delta/G = c),$$

所以, $\eta/G \subseteq c$.

欲证 $c \subseteq \eta/G$. 由于 $c \subseteq a = \tau/G$, c 中的每一个元素 γ/G 都由 $\text{dom}(\tau)$ 中的某一个名字 γ 给出. 而对于 $\gamma \in \text{dom}(\tau)$, $\gamma/G \in \delta/G$, 根据真相引理 (引理 3.4),

$$\exists p \in G\,[p \Vdash (\gamma \in \delta)].$$

从 G 中取出这样一个条件 p 来见证 $p \Vdash (\gamma \in \delta)$. 那么, $(\gamma, p) \in \eta$. 由此可见 $c \subseteq \eta/G$.

欲得替换原理, 设 $\varphi(x, y)$ 是力迫语言 $\mathcal{FL}_{\mathbb{P}} \cap M$ 中带有一组名字为固定参数的恰有两个自由变元 x, y 的表达式 (为了书写简化, 我们将那样一组固定的名字参数隐去). 假设 $a \in M[G]$ 及 $(\forall x \in a\,\exists y\,\varphi(x, y))^{M[G]}$ 成立. 我们希望得到一个 $b \in M[G]$ 来保证

$$(\forall x \in a\,\exists y \in b\,\varphi(x, y))^{M[G]}$$

成立.

从 M 中取出 a 的一个名字 τ $(\tau/G = a)$. 那么 $M[G] \models (\forall x \in \tau\,\exists y\,\varphi(x, y))$.

应用可定义性引理 (引理 3.5), 在 M 中工作, 应用 M 中的镜像原理, 令 $\alpha <$ Ord^M 为一个满足下述要求的序数:

$$\forall p \in P \, \forall \eta \in \mathrm{dom}(\tau) \left(\begin{array}{l} (\exists \sigma \in M^{\mathbb{P}}[p \Vdash \varphi(\eta, \sigma)]) \to \\ (\exists \sigma \in (V_\alpha)^M \cap M^{\mathbb{P}}[p \Vdash \varphi(\eta, \sigma)]) \end{array} \right).$$

令 $Q = (V_\alpha)^M \cap M^{\mathbb{P}}$. 再令 $\delta = Q \times \{1\}$ 以及

$$b = \delta/G = \{\sigma/G \mid \sigma \in Q\}.$$

我们来证明 $(\forall x \in a \, \exists y \in b \, \varphi(x,y))^{M[G]}$ 成立. 为此, 固定 $x \in a$. 从 $\mathrm{dom}(\tau)$ 中取出一个名字 η 以保证 $x = \eta/G$. 于是, $M[G] \models (\exists y \, \varphi(\eta, y))$. 令 $\gamma \in M^{\mathbb{P}}$ 来保证 $M[G] \models \varphi(\eta, \gamma)$. 依据真相引理 (引理 3.4), 从 G 中取出一个条件 p 来保证 $p \Vdash \varphi(\eta, \gamma)$. 由 Q 的定义, 可以从 Q 中取出一个名字 $\sigma \in Q$ 来保证 $p \Vdash \varphi(\eta, \sigma)$. 令 $y = \sigma/G$. 那么 $y \in b$ 以及 $(\varphi(x,y))^{M[G]}$ 成立. □

引理 3.26 (力迫选择公理) 设 $M \models \mathrm{ZFC}$ 是一个可数传递模型, $\mathbb{P} \in M$ 是一个力迫构思, 以及 G 是一个 M 之上的 $\mathbb{P}$-泛型滤子. 那么选择公理在 $M[G]$ 中成立.

证明 任取 $a \in M[G]$, 以及它在 M 中的一个名字 τ. 我们来证明 a 在 $M[G]$ 中有一个秩序.

在基础模型 M 中, 应用其中的选择公理, 将 $\mathrm{dom}(\tau)$ 罗列出来:

$$\mathrm{dom}(\tau) = \{\sigma_\xi \mid \xi < \alpha\}.$$

令 $\dot{f} = \{(\mathrm{xd}(\check{\xi}, \sigma_\xi), 1) \mid \xi < \alpha\}$, 其中 $\mathrm{xd}(\eta, \sigma)$ 是例 3.4 中的名字构造函数. $\dot{f} \in M$ 是一个名字. 在 $M[G]$ 中, 令 $f = \dot{f}/G$, 根据例 3.4,

$$f = \{(\xi, \sigma_x i/G) \mid \xi < \alpha\}.$$

于是 f 是一个定义在序数 α 上的函数, 并且 $a \subseteq \mathrm{rng}(f)$. 由此, 可以在 $M[G]$ 中定义 a 上的秩序 $\prec$ 如下: 对于 $x, y \in a$,

$$x \prec y \iff \min\{\xi < \alpha \mid f(\xi) = x\} < \min\{\xi < \alpha \mid f(y) = \xi\}. \quad \square$$

定理 3.4 (力迫扩张基本定理) 设 $M \models \mathrm{ZF}$ 是一个可数传递模型, $\mathbb{P} \in M$ 是一个力迫构思, 以及 G 是一个 M 之上的 $\mathbb{P}$-泛型滤子. 那么

(1) $M \subseteq M[G]$.

(2) $\dot{G}/G = G$.

(3) $M[G]$ 是一个传递集合.

(4) $\mathrm{Ord}^{M[G]} = \mathrm{Ord}^M$.

(5) $M[G] \models \mathrm{ZF}$, 并且如果 $M \models \mathrm{ZFC}$, 那么 $M[G] \models \mathrm{ZFC}$.

(6) 如果 $M \subset N$, $N \models \mathrm{ZFC}$ 是传递的, $G \in N$, 那么 $M[G] \subseteq N$.

证明 综合引理 3.2、引理 3.3、引理 3.24~ 引理 3.26 即得定理. □

3.2 连续统假设之独立性

3.2.1 添加单个科恩实数

定义 3.17 令 $P = 2^{<\omega} = \{p \mid \exists n \in \omega\, (p : n \to \{0,1\})\}$. 我们用末端延伸来定义这些有限二进制序列之间的偏序: 对于 $p \in P, q \in P$, 定义

$$p \leqslant q \iff \left(\mathrm{dom}(q) \leqslant \mathrm{dom}(p) \wedge q = p \!\restriction_{\mathrm{dom}(q)}\right).$$

令 $\mathbf{1} = \varnothing$ 以及 $\mathbb{P} = (P, \leqslant, \mathbf{1})$. 称此力迫构思 $\mathbb{P}$ 为**科恩**[4]**偏序集**.

这是一个可数偏序集, 并且对于 $p, q \in P$,

$$p \perp q \iff (\exists n \in \mathrm{dom}(q) \cap \mathrm{dom}(p)\, (p(n) = 1 - q(n))).$$

引理 3.27 对于 $n \in \omega$, 令 $D_n = \{q \in P \mid n \in \mathrm{dom}(q)\}$. 对于 $f \in 2^\omega$, 令

$$D_f = \{q \in P \mid \exists n \in \mathrm{dom}(q)\, (q(n) = 1 - f(n))\}.$$

那么每一个 D_n 和 D_f 都是 $\mathbb{P}$ 的稠密开子集.

证明 只需证明它们是稠密的即可.

设 $n \in \omega, p \in P$. 如果 $n < \mathrm{dom}(p)$, 那么 $p \in D_n$; 否则, $\mathrm{dom}(p) \leqslant n$, 令

$$q = p \cup \{(i, 0) \mid \mathrm{dom}(p) \leqslant i \leqslant n\}.$$

那么 $n \in \mathrm{dom}(q)$ 并且 $q < p$. 此 $q \in D_n$.

设 $f : \omega \to 2, p \in P$. 如果 $p \not\subset f$, 那么 $\exists n \in \mathrm{dom}(p)\,(p(n) \neq f(n))$, 所以 $p \in D_f$; 否则, $p \subset f$, 此时令

$$q = p \cup \{(\mathrm{dom}(p), 1 - f(\mathrm{dom}(p)))\}.$$

那么, $q < p$ 且 $q \in D_f$. □

定理 3.5 设 $M \models \mathrm{ZFC}$ 为一个可数传递模型. 如下命题成立:

(1) 科恩偏序集 $\mathbb{P} \in M$;

(2) 如果 $G \subseteq P$ 为 M 之上的一个 $\mathbb{P}$-泛型滤子, $f_G = \bigcup G$, 那么 $f_G \in M[G]$, $f_G : \omega \to 2$, 并且 $\forall f \in M \cap 2^\omega\, (f \neq f_G)$.

---

4 Paul Cohen.

证明   (1) 因为 $\mathbb{P}$ 是一个 Δ_0 可定义的集合, 依据绝对不变性, $\mathbb{P} \in M$.

(2) $G \subseteq P$ 为 M 之上的一个 $\mathbb{P}$-泛型滤子, $f_G = \bigcup G$. 因为 $G \in M[G]$,

$$M[G] \models \text{ZFC},$$

所以 $f_G \in M[G]$. f_G 是一个函数: 对于 $p, q \in G$, 要么 $p \leqslant q$, 要么 $q \leqslant p$; 如果 $p \in G$, 那么 $p \subset f_G$. 所以

$$f_G : \operatorname{dom}(f_G) \to 2.$$

现在设 $n \in \omega$, 由定义知 $D_n \in M$, 并且 D_n 在 M 中是 $\mathbb{P}$ 的一个稠密子集, 所以 $D_n \cap G \neq \varnothing$. 令 $p \in G \cap D_n$. 那么 $n \in \operatorname{dom}(p) \subset \operatorname{dom}(f_G)$. 这就表明

$$\omega = \operatorname{dom}(f_G).$$

再设 $f \in M \cap 2^\omega$. 由定义, $D_f \in M$, 并且在 M 中 D_f 是 $\mathbb{P}$ 的一个稠密子集. 于是, $G \cap D_f \neq \varnothing$. 令 $p \in G \cap D_f$. 那么 $\exists n \in \operatorname{dom}(p)\,(p(n) \neq f(n))$. 令

$$m = \min\{n \in \operatorname{dom}(p) \mid p(n) \neq f(n)\}.$$

由于 $f_G(m) = p(m) \neq f(m)$, 所以 $f_G \neq f = \check{f}/G$. $\square$

推论 3.4(科恩)   如果 ZF 是一致的, 那么 ZFC $+ (V \neq L)$ 也是一致的.

证明   设 ZF 是一致的. 令 $N \models \text{ZF}$ 为一个可数传递模型. 令 $M = (L)^N$. 那么 $M \models (\text{ZFC} + (V = L))$ 是一个可数传递模型. 令 $\mathbb{P} \in M$ 为科恩偏序集. 令 G 为 M 上的一个 $\mathbb{P}$-泛型滤子. 那么

$$(L)^{M[G]} = (L)^M \wedge M[G] \models (\exists x\, \forall \alpha \in \operatorname{Ord}(x \subset \omega \wedge x \notin L_\alpha)).$$ $\square$

3.2.2   添加 $\aleph_2$ 个科恩实数

现在我们来探讨连续统假设的独立性问题. 我们希望用力迫方法对基础模型添加足够多的自然数集合的子集来否定连续统假设. 从添加单个科恩实数的力迫构思看, 最自然的力迫构思当属如下的偏序集合 (依旧用有限函数来逼近所要的足够多的新的自然数子集):

定义 3.18   设 $\kappa \geqslant 1$ 为一个基数. 令

$$\operatorname{Add}(\omega, \kappa) = \{p \mid \exists e \in [\kappa \times \omega]^{<\omega}\,(p : e \to 2)\}.$$

对于 $p, q \in \operatorname{Add}(\omega, \kappa)$, 令 $p \leqslant q \iff q \subseteq p$. 令 $\mathbf{1} = \varnothing$.

称 $\mathbb{P} = (\operatorname{Add}(\omega, \kappa), \leqslant, \mathbf{1})$ 为**添加 κ 个实数的科恩偏序集**.

我们希望对于可数传递模型 $M \models \text{ZFC}$ 应用 M 中的偏序集合 $\text{Add}(\omega, \kappa)$ 来添加 κ 个科恩实数 (比如 $\kappa = (\omega_2)^M$) 以至于在力迫扩张结构 $M[G]$ 中连续统假设不成立. 这里有一个自然的问题: 就算力迫构思 $\text{Add}(\omega, \omega_2)$ 的确可以在 M 基础之上添加 $(\omega_2)^M$ 个科恩实数, 我们又怎么知道这个 $(\omega_2)^M$ 依旧还是 $M[G]$ 中的第二个不可数的基数? 这就是力迫构思是否保持基数的问题. 我们先引进保持基数这一概念:

定义 3.19 设 $M \models \text{ZFC}$ 为一个可数传递模型, $\mathbb{P} \in M$ 是一个力迫构思,

$$(|\theta| = \theta \geqslant \omega)^M.$$

(1) $\mathbb{P}$ **保持 M 中的所有 $\geqslant \theta$ 的基数**(当 $\theta = \omega$ 时, 简称为**保持基数**) 当且仅当

$$\forall \theta \leqslant \beta < \text{Ord}^M \left((|\beta| = \beta)^M \iff [\mathbf{1} \Vdash_{\mathbb{P}, M} (|\check{\beta}| = \check{\beta})] \right).$$

(2) $\mathbb{P}$ **保持 M 中的所有 $\geqslant \theta$ 的梯度**(当 $\theta = \omega$ 时, 简称为**保持梯度**) 当且仅当

$$\forall \gamma < \text{Ord}^M \, \forall G \subset P \left(\begin{array}{l} \left(\text{cf}^M(\gamma) \geqslant \theta \land G \text{是} M \text{之上的泛型滤子} \right) \\ \to \left(\text{cf}^M(\gamma) = \text{cf}^{M[G]}(\gamma) \right) \end{array} \right).$$

下面的例子表明并非所有的力迫构思都保持基数. 从而, 是否保持基数, 对于力迫构思而言是一个绝非平凡的问题.

例 3.10 设 $\kappa \geqslant \omega$ 为一个序数. 令 $\text{Col}(\omega, \kappa) = \{p \mid \exists e \in [\omega]^{<\omega} \, p : e \to \kappa\}$, 并且对于 $p, q \in \text{Col}(\omega, \kappa)$, 令

$$(p \leqslant q) \iff (q \subseteq p),$$

以及 $\mathbf{1} = \varnothing$. 设 $M \models \text{ZFC}$ 为一个可数传递模型, 并且 $\kappa < \text{Ord}^M$. 那么

(1) $\mathbb{P} = (\text{Col}(\omega, \kappa), \leqslant, \mathbf{1}) \in M$.

(2) 令 $\sigma = \{(\check{a}, p) \mid \exists q \in P \, (a \in q \land p \leqslant q)\}$, 那么 $\sigma = \bigcup \dot{G}$ 是 M 中的一个 $\mathbb{P}$-名字.

(3) 如果 G 是 M 之上的一个 $\mathbb{P}$-泛型滤子, 那么在 $M[G]$ 中,

$$\sigma/G = \bigcup G : \omega \to \kappa$$

是一个满射. 如果 $\kappa < (\omega_1)^M$, 那么 $\sigma/G \in (M[G] - M)$; 如果 $\kappa = (\omega_1)^M$, 那么 $(\omega_1)^M$ 在 $M[G]$ 中是一个可数序数.

证明 (1) 直接由 $\text{Col}(\omega, \kappa)$ 的定义及其绝对不变性得到.

(2) 是例 3.4 中 (7) 的一个特例, 因为 $\dot{G} = \{(\check{p}, p) \mid p \in P\}$ 以及对于 $p \in P$, $\check{p} = \{(\check{a}, \mathbf{1}) \mid a \in p\}$.

(3) 对于每一个 $n \in \omega$, 令

$$D_n = \{p \in \mathrm{Col}(\omega, \kappa) \mid n \in \mathrm{dom}(p)\};$$

对于 $\beta \in \kappa$, 令

$$D_\beta = \{p \in \mathrm{Col}(\omega, \kappa) \mid \beta \in \mathrm{rng}(p)\}.$$

那么 $D_n \in M$, $D_\beta \in M$, 并且在 M 中它们都是稠密的. 因此, 如果 G 是 M 之上的一个 $\mathbb{P}$-泛型滤子, 那么 G 与它们都有非空交. 所以

$$\sigma/G = \bigcup G : \omega \to \kappa$$

是一个满射.

当 $\kappa < (\omega_1)^M$ 时, 对于 M 中的每一个 $f : \omega \to \kappa$, 令

$$D_f = \{p \in \mathrm{Col}(\omega, \kappa) \mid \exists n \in \mathrm{dom}(p)\, (p(n) \neq f(n))\}.$$

那么 $D_f \in M$, 并且在 M 中它是稠密的. 所以 $G \cap D_f \neq \varnothing$. 取 $p \in G \cap D_f$. 则有

$$p \Vdash (\check{f} \neq \sigma).$$

所以, 在 $M[G]$ 中, $\bigcup G \neq f$. $\qquad\Box$

既然是否保持基数的问题绝非平凡问题, 那么具体来说, $\mathrm{Add}(\omega, \kappa)$ 是否保持基数? 为了解决这个问题, 我们应用偏序集合的链条件. 最基本的想法是在适当的链条件下, 任何一个力迫扩张结构中的序数函数在任何一个序数处的取值可以在基础模型中找到一个取值范围来覆盖所有可能的取值, 而且这个所有可能的取值范围完全被链条件的大小所确定. 在这个基础上, 我们就可以有效地解决基数的保持问题.

我们就从添加多个科恩实数的力迫构思 $\mathrm{Add}(\omega, \kappa)$ 开始. 在下面的讨论中, 应用同构的偏序往往可以简化分析.

定义 3.20(偏序同构) (1) 设 $\mathbb{P} = (P, \leqslant_a, \mathbf{1}_a)$ 和 $\mathbb{Q} = (Q, \leqslant_b, \mathbf{1}_b)$ 为两个力迫构思. 一个映射 $\pi : P \to Q$ 是一个**偏序同构**当且仅当

(i) π 是一个双射, 并且

(ii) 对于任意的 $p, q \in P$ 都有 $p \leqslant_a q \iff \pi(p) \leqslant_b \pi(q)$.

(2) 两个力迫构思 $\mathbb{P} = (P, \leqslant_a, \mathbf{1}_a)$ 与 $\mathbb{Q} = (Q, \leqslant_b, \mathbf{1}_b)$ 是**同构**的, 记成 $\mathbb{P} \cong \mathbb{Q}$, 当且仅当在它们之间存在一个偏序同构.

引理 3.28 如果 $\mathbb{P} \cong \mathbb{Q}$, 映射 π 是它们之间的一个偏序同构映射, 那么

(1) $\pi(\mathbf{1}_a) = \mathbf{1}_b$;

(2) $p_1 \perp_a p_2$ 当且仅当 $\pi(p_1) \perp_b \pi(p_2)$;

(3) p_1 与 p_2 在 $\mathbb{P}$ 中相容当且仅当 $\pi(p_1)$ 与 $\pi(p_2)$ 在 $\mathbb{Q}$ 中相容.

证明 (1) 令 $q = \pi(\mathbf{1}_a)$, 以及 $\pi(p) = \mathbf{1}_b$. 那么

$$(p \leqslant \mathbf{1}_a \to \mathbf{1}_b \leqslant q) \land (q \leqslant \mathbf{1}_b \to \mathbf{1}_a \leqslant p).$$

所以, $q = \mathbf{1}_b$ 和 $p = \mathbf{1}_a$.

(2) 设 $p_1 \perp_a p_2$. 如果 $\pi(p_1) \not\perp_b \pi(p_2)$, 令 $q \leqslant_b \pi(p_1)$ 以及 $q \leqslant_b \pi(p_2)$. 令

$$r = \pi^{-1}(q).$$

那么 $r \leqslant_a p_1$ 以及 $r \leqslant_a p_2$. 这就是一个矛盾.

反之, 设 $\pi(p_1) \perp_b \pi(p_2)$. 如果 $p_1 \not\perp_a p_2$, 令 $r \leqslant_a p_1$ 和 $r \leqslant_a p_2$, 那么

$$\pi(r) \leqslant_b \pi(p_1)$$

以及 $\pi(r) \leqslant_b \pi(p_2)$. 这也是一个矛盾.

(3) 的证明和 (2) 的证明类似, 留作练习. □

引理 3.29 (1) 对于 $p, q \in \mathrm{Add}(\omega, \kappa)$, p 与 q 相容当且仅当 $p \cup q \in \mathrm{Add}(\omega, \kappa)$.

(2) 对于 $p, q \in \mathrm{Add}(\omega, \kappa)$, $p \perp q$ 当且仅当 $(\exists x \in \mathrm{dom}(p) \cap \mathrm{dom}(q) \, (p(x) \neq q(x)))$.

(3) (AC) $\mathbb{P}$ 具备性质 (K): **任何不可数子集都包含一个不可数的彼此相容的子集**. 因此, $\mathbb{P}$ 满足可数链条件.

证明 (1) 和 (2) 由科恩偏序集 $\mathrm{Add}(\omega, \kappa)$ 的定义直接得到.

(3) 当 $1 \leqslant \kappa \leqslant \omega$ 时, 所论偏序集合是一个可数集合, 所要的结论自然成立. 假设 $\kappa \geqslant \omega_1$. 假定选择公理成立. 令 $\{p_\alpha \mid \alpha < \omega_1\} \subseteq \mathrm{Add}(\omega, \kappa)$ 为一个不可数集合. 对于 $\alpha < \omega_1$, 令 $e_\alpha = \mathrm{dom}(p_\alpha)$. 令

$$A = \bigcup_{\alpha < \omega_1} e_\alpha.$$

那么 $|A| = \aleph_1$. 令 $F : A \to \omega_1$ 为一个双射. 对于每一个 $\alpha < \omega_1$, 令

$$b_\alpha = F[e_\alpha] = \{F(x) \mid x \in e_\alpha\} \in [\omega_1]^{<\omega},$$

以及对于每一个 $x \in e_\alpha$, 令 $q_\alpha(F(x)) = p_\alpha(x)$. 于是, 对于 $\alpha < \omega_1$, $b_\alpha = \mathrm{dom}(q_\alpha)$ 以及 $q_\alpha : b_\alpha \to 2$, 并且 $p_\alpha = q_\alpha \circ (F \restriction e_\alpha)$. 由于 F 是一个偏序同构映射, 根据引理 3.28,

$$\forall \alpha < \omega_1 \, \forall \beta < \omega_1 \, (\alpha < \beta \to (q_\alpha \perp q_\beta \leftrightarrow p_\alpha \perp p_\beta)).$$

现在我们来证明 $\exists \alpha \exists \beta \, (p_\alpha \cup p_\beta \in \mathrm{Add}(\omega, \kappa))$. 为此, 我们只需找出 $\alpha < \beta < \omega_1$ 来见证 q_α 与 q_β 相容.

对于 $\alpha < \omega_1$, 如果 $\alpha \geqslant \omega$ 是一个极限序数, 那么就令 $h(\alpha) = \max(\alpha \cap b_\alpha)$. 于是

$$\mathrm{dom}(h) = \left\{ \alpha < \omega_1 \;\middle|\; \alpha \geqslant \omega \wedge \alpha = \bigcup \alpha \right\}$$

是 ω_1 的一个无界闭子集, 并且 $\forall \alpha \in \mathrm{dom}(h)\,(h(\alpha) < \alpha)$. 根据 ω_1 上非荟萃集理想的正则特性, 令 $S \subset \mathrm{dom}(h)$ 为一个荟萃集以至于在 S 之上 h 是一个常值函数. 设 $\forall \alpha \in S\,(h(\alpha) = \gamma)$. 由此,

$$\forall \alpha \in S \,\left(b_\alpha \cap \alpha \in [\gamma]^{<\omega}\right).$$

根据 ω_1 上的非荟萃集理想的可数可加性, 由于 $[\gamma]^{<\omega}$ 是一个可数集合, 存在 S 的一个荟萃子集 S_1 和一个 $b \in [\gamma]^{<\omega}$ 来见证如下事实:

$$\forall \alpha \in S_1 \,\left(b_\alpha \cap \alpha = b\right).$$

由于 b 是一个有限集合, 2^b 也是一个有限集合. 再次根据 ω_1 上的非荟萃集理想的可数可加性得知: 存在 S_1 的一个荟萃子集 S_2 以及一个从 b 到 2 的函数 $r : b \to 2$ 来保证如下事实:

$$\forall \alpha \in S_2 \,\left(q_\alpha \restriction_b = r\right).$$

令 $C = \{\beta \in \mathrm{dom}(h) \mid \forall \alpha \in \mathrm{dom}(h) \cap \beta \,(b_\alpha \in [\beta]^{<\omega})\}$. 那么 $C \subset \omega_1$ 是一个无界闭子集. 令

$$T = C \cap S_2.$$

那么 T 也是一个荟萃集. 令 $\alpha < \beta$ 为 T 中的两个元素. 那么

$$\mathrm{dom}(q_\alpha) \cap \alpha = \mathrm{dom}(q_\beta) \cap \beta = b.$$

$\max(\mathrm{dom}(q_\alpha)) < \beta$, 以及 $q_\alpha \restriction_b = q_\beta \restriction_b = r$. 因此, $q_\alpha \cup q_\beta$ 是一个从 $\mathrm{dom}(q_\alpha) \cup \mathrm{dom}(q_\beta)$ 到 2 的函数. 从而, p_α 与 p_β 相容. 所以集合

$$\{p_\alpha \mid \alpha \in T\}$$

就是一个不可数的彼此相容的条件的集合.   □

引理 3.30 (取值覆盖引理)　设 $M \models \mathrm{ZFC}$ 是一个可数传递模型, $\mathbb{P} \in M$ 是一个力迫构思. 假设 $M \models \mathbb{P}$ 满足可数链条件. 设 $A, B \in M$ 是 M 中的两个非空集合. 设 $G \subseteq P$ 是 M 之上的一个 $\mathbb{P}$-泛型滤子, 并且在 $M[G]$ 中, $f : A \to B$. 那么在 M 中一定存在一个满足如下要求的函数 $F : A \to \mathfrak{P}(B)$:

(1) $M \models \forall a \in A\,(|F(a)| \leqslant \omega)$;

(2) $M[G] \models \forall a \in \check{A}\,(f(a) \in \check{F}(a))$.

证明 设 $M \models$ ZFC 是一个可数传递模型, $\mathbb{P} \in M$ 是一个力迫构思并且 $M \models \mathbb{P}$ 满足可数链条件.

令 G 为 M 之上的一个 $\mathbb{P}$-泛型滤子. 令 $A, B \in M$ 为两个非空集合, 以及 $f \in M[G]$ 是一个函数 $f : A \to B$.

由于 $M[G]$ 中的每一个元素都在 M 中有一个 $\mathbb{P}$-名字, 并且 $M[G]$ 中的每一条真相都被 G 中的某一个条件所力迫, 令 $\dot{f} \in M^{\mathbb{P}}$ 为函数 f 的一个名字, 并且令 $p \in G$ 为一个满足下述要求的条件:

$$p \Vdash \dot{f} \text{ 是一个从 } \check{A} \text{ 到 } \check{B} \text{ 的函数}$$

并且 $\dot{f}/G = f$.

在 M 中, 任意固定一个 $a \in A$. 考虑如下对象:

$$\{b \in B \mid \exists q \leqslant p \, q \Vdash \dot{f}(\check{a}) = \check{b}\}.$$

依据可定义性引理 (引理 3.5), 这个对象实际上是基础模型 M 中的一个集合. 这是 $\dot{f}$ 在 $\check{a}$ 处在某个比 p 强的条件力迫之下的可能的取值的全体之集. 于是, 令 $F(a) = \{b \in B \mid \exists q \leqslant p \, q \Vdash \dot{f}(\check{a}) = \check{b}\}$. 我们断言此 $F \in M$ 即为所求.

我们先证 (2). 首先验证: 对于 $a \in A$, $p \Vdash \dot{f}(\check{a}) \in \check{F}(\check{a})$.

为此, $D \subset \{q \in P \mid q \leqslant p\}$ 为 p 之下的一个极大冲突子集. 令 $q_1 \in D$, 以及 $q \leqslant q_1$ 为任意一个条件. 那么 $q \Vdash \dot{f}(\check{a}) \in \check{B}$. 也就是说,

$$q \Vdash (\exists x \in \check{B} \, (x = \dot{f}(\check{a}))).$$

根据引理 3.9 中的极大原理, 我们可以找到一个名字 σ_q 以至于 $q \Vdash (\dot{f}(\check{a}) = \sigma_q \wedge \sigma_q \in \check{B})$. 由于 B 中的每一个元素都有一个典型名字, 对于 $b \in B$, 我们可以找到一个比 q 强的力迫条件 $r \leqslant q$ 来实现等式

$$r \Vdash (\check{b} = \sigma_q = \dot{f}(\check{a})).$$

何以如此? 设 $H \subset P$ 为一个 M-之上的包括条件 q 在内的 $\mathbb{P}$-泛型滤子. 注意此时必有 $p \in H$, 因为 $q \in H$. 在 $M[H]$ 之中, $\left(\dot{f}/G\right)(a) = f(a) \in B$. 令 $b \in B$ 满足 $\left(\dot{f}/G\right)(a) = b$. 那么 $b = \check{b}/H$. 于是, 根据真相引理 (引理 3.4), $\exists s \in H \, [s \Vdash \check{b} = \dot{f}(\check{a})]$. 由于 $q \in H$ 以及 $s \in H$, 可以取到一个 $r \in H$ 来满足不等式 $r \leqslant q$ 以及 $r \leqslant s$.

实际上我们已经证明了如下集合在 p 之下稠密:

$$D_p = \{r \leqslant p \mid \exists b \in B \, (r \Vdash \check{b} = \dot{f}(\check{a}))\}.$$

欲见此, 设 $s \leqslant p$. 令 $q_1 \in D$ 为一个与 s 相容的条件. 令 q 为一个比它们二者都强的条件. 上面的分析就为我们提供一个比 q 强的条件 $r \in D_p$.

根据可定义性引理 (引理 3.5), $D_p \in M$ 并且依据绝对不变性, D_p 在 M 中也是在 p 之下稠密的集合.

据此, 我们可以得出结论: $p \Vdash \tau(\check{a}) \in \check{F}(\check{a})$. 理由如下: 令 H 为 M 之上的包括条件 p 在内的 $\mathbb{P}$-泛型滤子. 因为 $p \in H$ 以及 $D_p \in M$ 在 p 之下是稠密的, 根据引理 3.12, $H \cap D_p \neq \varnothing$. 令 $r \in H \cap D_p$ 以及 $b \in B$ 满足 $r \Vdash (\check{b} = \dot{f}(\check{a}))$. 那么 $b \in F(a)$, 从而

$$r \Vdash (\dot{f}(\check{a}) = \check{b} \in \check{F}(\check{a})).$$

由于 $r \in H$, $M[H] \models (\dot{f}(\check{a}) \in \check{F}(\check{a}))$.

这就证明了

$$p \Vdash \dot{f}(\check{a}) \in \check{F}(\check{a}).$$

因此, 根据引理 3.9, $p \Vdash \forall a \in \check{A} \, (\dot{f}(a) \in \check{F}(a))$. 由于 $p \in G$, 所以根据真相引理 (引理 3.4),

$$M[G] \models \forall a \in \check{A} \, (\dot{f}(a) \in \check{F}(a)).$$

这就证明了 (2).

我们现在来证明 (1): 对于每一个 $a \in A$, $F(a)$ 在基础模型 M 之中是可数的.

为此, 我们在 M 之中来讨论. 固定 $a \in A$. 应用选择公理, 对于每一个 $b \in F(a)$, 选出一个满足要求

$$r \leqslant p \wedge [r \Vdash (\check{b} = \dot{f}(\check{a}))]$$

的条件 r_b. 注意, 如果 b_1, b_2 是 $F(a)$ 中的不相同的元素, 那么这样选出来的条件 r_{b_1} 与 r_{b_2} 必定相冲. 因此, 集合 $X = \{r_b \mid b \in F(a)\}$ 是 $\mathbb{P}$ 的一个冲突子集, 并且映射 $F(a) \ni b \mapsto r_b \in X$ 是一个双射. 由于 $\mathbb{P}$ 满足可数链条件, X 必然可数, 所以 $F(a)$ 也可数. □

上面的取值覆盖引理可以自然地推广如下:

引理 3.31 设 $M \models$ ZFC 是一个可数传递模型, $\mathbb{P} \in M$ 是一个力迫构思, $M \models (|\theta| = \theta \geqslant \omega_1)$. 假设 $M \models \mathbb{P}$ 满足 θ-**链条件**(即 $\mathbb{P}$ 的任何冲突子集的势都严格小于 θ). 设 $A, B \in M$ 是 M 中的两个非空集合. 设 $G \subseteq P$ 是 M 之上的一个 $\mathbb{P}$-泛型滤子, 并且在 $M[G]$ 中, $f : A \to B$. 那么在 M 中一定存在一个满足如下要求的函数 $F : A \to \mathfrak{P}(B)$:

(1) $M \models \forall a \in A \, (|F(a)| < \theta)$;

(2) $M[G] \models \forall a \in \check{A} \, (f(a) \in \check{F}(a))$.

证明 (练习.) □

引理 3.32 设 $M \models \mathrm{ZFC}$ 为一个可数传递模型, $\mathbb{P} \in M$ 是一个力迫构思, $(\mathrm{cf}(|\theta|) = \theta)^M$. 那么

(1) $\mathbb{P}$ 保持所有 $\geqslant \theta$ 的梯度当且仅当对于所有在区间 $[\theta, \mathrm{Ord}^M)$ 中的极限序数 β 而言, 如果 $M \models \beta$ 是正则基数, 那么 $\mathbf{1} \Vdash_{\mathbb{P}, M} \check{\beta}$ 是正则基数.

(2) 如果 $\mathbb{P}$ 保持所有 $\geqslant \theta$ 的梯度, 那么 $\mathbb{P}$ 保持所有 $\geqslant \theta$ 的基数.

证明 (1) 我们只需证明对等联结词右端条件的充分性. 假设条件成立. 我们来证明 $\mathbb{P}$ 保持所有 $\geqslant \theta$ 的梯度. 固定一个极限序数 $\gamma < \mathrm{Ord}^M$, 并且假设 $\beta = \mathrm{cf}^M(\gamma)$. 设 G 是 M 之上的一个 $\mathbb{P}$-泛型滤子. 欲证 $\mathrm{cf}^{M[G]}(\gamma) = \beta$. 取 $X \in \mathfrak{P}(\gamma) \cap M$ 满足 $\mathrm{ot}(X) = \beta$ 以及 $\gamma = \sup(X)$. 由此, $M \models \beta$ 是一个正则基数. 根据给定条件, $M[G] \models \check{\beta}$ 是一个正则基数. 根据绝对不变性, 在 $M[G]$ 中也有 $\mathrm{ot}(X) = \beta$ 以及 $\gamma = \sup(X)$, 所以

$$\mathrm{cf}^{M[G]}(\gamma) = \mathrm{cf}^{M[G]}(\beta) = \beta.$$

这就证明了 $\mathbb{P}$ 保持所有 $\geqslant \theta$ 的梯度.

(2) 因为 θ 在 M 中是一个正则基数, 所以在 M 中, 每一个 $\geqslant \theta$ 的奇异基数 λ 都是一个由 $\geqslant \theta$ 的正则基数所组成的集合的上确界. 根据给定假设条件, 对于所有 $\geqslant \theta$ 的序数而言, M 与 $M[G]$ 总具有相同的正则基数. 所以, 如果 $\lambda \geqslant \theta$ 是 M 中的一个正则基数, 那么 λ 依旧是 $M[G]$ 中的一个正则基数; 如果 $\lambda \geqslant \theta$ 是 M 中的一个奇异基数, 那么 $\lambda > \theta$, 并且在 M 中

$$\lambda = \sup\{\kappa^+ \mid \theta \leqslant \kappa < \lambda \wedge |\kappa| = \kappa\}.$$

所以, 在 $M[G]$ 之中,

$$\lambda = \sup\left\{(\kappa^+)^M \;\middle|\; \theta \leqslant \kappa < \lambda \wedge (|\kappa| = \kappa)^M\right\}.$$

因为每一个 $(\kappa^+)^M$ 在 $M[G]$ 中还是一个 $\geqslant \theta$ 的正则基数, $M[G] \models \mathrm{ZFC}$, 而 $\mathrm{ZFC} \vdash$ 任何一个非空的基数之集合的上确界也是一个基数, 所以 λ 在 $M[G]$ 中依旧是一个基数. $\qquad\square$

引理 3.33 设 $M \models \mathrm{ZFC}$ 为一个可数传递模型, $\mathbb{P} \in M$ 是一个力迫构思. 如果在 M 中 $\mathbb{P}$ 满足可数链条件, 那么力迫构思 $\mathbb{P}$ 保持梯度, 因此保持基数.

证明 设 $\mathbb{P}$ 为一个满足可数链条件的力迫构思. 设 $\alpha < \kappa$ 为两个序数, 并且 κ 在基础模型 M 中是一个正则基数. 设 τ 是一个 $\mathbb{P}$-名字, $p \in P$ 是一个力迫条件, 并且 $p \Vdash \tau : \check{\alpha} \to \check{\kappa}$. 根据引理 3.30, 令 $F : \alpha \to \mathfrak{P}(\kappa)$ 为 τ 在 M 中的可能取值的覆盖函数:

(a) $p \Vdash \forall \beta \in \check{\alpha} \, (\tau(\beta) \in \check{F}(\beta))$,

(b) $\forall \beta < \alpha \, (|F(\beta)| \leqslant \omega)$.

那么由 F 给出的所有可能的取值之集 $\bigcup\{F(\beta) \mid \beta < \alpha\}$ 在 M 中是 κ 的一个势为 $|\alpha|$ 的子集. 由于在 M 中 κ 是一个正则基数, $\alpha < \kappa$, 所以这个集合在 κ 中有界. 令 $\gamma < \kappa$ 为它的一个上界. 那么

$$p \Vdash \forall \beta \in \check{\alpha} \, (\tau(\beta) \in \check{F}(\beta) \subseteq \check{\gamma}).$$

于是, $p \Vdash \tau$ 在 κ 中有界.

这就证明了 $\mathbb{P}$ 保持所有的正则基数. 根据引理 3.32, $\mathbb{P}$ 保持梯度, 从而保持基数. $\square$

引理 3.34   设 $M \models$ ZFC 为一个可数传递模型, $\mathbb{P} \in M$ 是一个力迫构思, $(\mathrm{cf}(|\theta|) = \theta)^M$. 如果在 M 中 $\mathbb{P}$ 满足 θ-链条件, 那么力迫构思 $\mathbb{P}$ 保持所有 $\geqslant \theta$ 的梯度, 因此 $\mathbb{P}$ 保持所有的 $\geqslant \theta$ 的基数.

证明   同引理 3.33 的证明一样, 证明 $\mathbb{P}$ 保持所有 $\geqslant \theta$ 的正则基数. 在对此命题的证明中, 应用覆盖引理 (引理 3.31). 我们将详细讨论留给读者. $\square$

作为例子, 我们接着分析例 3.10.

例 3.11   设 $M \models$ ZFC 为一个可数传递模型, $\kappa = (\omega_1)^M$. 在 M 中定义 $\mathrm{Col}(\omega, \kappa)$. 在例 3.10 中我们已经看到 $1 \Vdash (|\check{\kappa}| = \check{\omega})$. 但是, 由于在 M 中, $|\mathrm{Col}(\omega, \kappa)| < \kappa^+$. 所以, 在 M 中, $\mathrm{Col}(\omega, \kappa)$ 满足 $\theta = (\omega_2)^M$-链条件. 于是, 引理 3.34 表明: 如果 $(\kappa^+)^M \leqslant \lambda < \mathrm{Ord}^M$ 是 M 中的一个基数, 那么 $1 \Vdash \check{\lambda}$ 是一个基数.

引理 3.35   设 $M \models$ ZFC 为一个可数传递模型, $\kappa \geqslant (\omega_2)^M$ 是 M 中的一个基数, 并且 $\mathrm{cf}^M(\kappa) > \omega$. 设 G 为 M 之上的一个 $\mathrm{Add}(\omega, \kappa)$-泛型滤子 (在 M 的基础上添加 $\kappa \geqslant (\omega_2)^M$ 个科恩实数). 在 $M[G]$ 中, 对于每一个 $\alpha < \kappa$, 令

$$\forall i < 2 \, \forall n \in \omega \, (f_\alpha(n) = i \iff \exists p \in G \, ((\alpha, n) \in \mathrm{dom}(p) \wedge p(\alpha, n) = i)).$$

那么, $f_\alpha \in 2^\omega$, 并且若 $\alpha < \beta < \kappa$, 则 $f_\alpha \neq f_\beta$.

证明   对于 $(\alpha, n) \in \kappa \times \omega$, 集合

$$D_{(\alpha, n)} = \{p \in \mathrm{Add}(\omega, \kappa) \mid (\alpha, n) \in \mathrm{dom}(p)\}$$

在 M 中, 并且是一个稠密子集.

由于 G 是 M 之上的 $\mathrm{Add}(\omega, \kappa)$-泛型滤子, $G \cap D_{(\alpha, n)} \neq \varnothing$. 于是, 在 $M[G]$ 中,

$$\left(\bigcup G\right) : \kappa \times \omega \to 2.$$

从而, 对于 $\alpha < \kappa$, 在 $M[G]$ 之中, $f_\alpha : \omega \to 2$ 是一个无歧义定义好的函数.

固定 $\alpha < \beta < \kappa$. 考虑

$$D_{\alpha, \beta} = \{p \in P \mid \exists n \in \omega \, (\{(\alpha, n), (\beta, n)\} \subseteq \mathrm{dom}(p) \wedge p(\alpha, n) = 1 - p(\beta, n))\}.$$

不

那么 $D_{\alpha,\beta} \in M$ 并且在 M 中它是稠密的: 任给一个条件 q, 令 $n \in \omega$ 充分大以至于 $\mathrm{dom}(q) \cap \kappa \times \{n\} = \varnothing$. 然后令

$$p = q \cup \{((\alpha, n), 0), ((\beta, n), 1)\}.$$

那么 $p \leqslant q$, 并且 $p \in D_{\alpha,\beta}$.

由于 G 是 M 之上的 $\mathrm{Add}(\omega, \kappa)$-泛型滤子, $G \cap D_{\alpha,\beta} \neq \varnothing$. 令 $p \in G \cap D_{\alpha,\beta}$. 令 $n \in \omega$ 满足

$$p(\alpha, n) = 1 - p(\beta, n).$$

那么在 $M[G]$ 中就有 $f_\alpha(n) = p(\alpha, n) \neq p(\beta, n) = f_\beta(n)$. $\qquad\square$

我们需要一个关于力迫构思 $\mathrm{Add}(\omega, \kappa) \in M$ 可以为 M 添加的实数个数的上界. 为此, 我们需要对在力迫扩张结构 $M[G]$ 中可能出现的 ω 的子集合确定一种特殊形式的名字, 我们将之称为**本名**, 然后我们可以在 M 中计算这些本名的个数的上界.

定义 3.21 对于一个力迫构思 $\mathbb{P}$ 和一个 $\mathbb{P}$-名字 $\tau \in V^{\mathbb{P}}$ 而言, 一个 $\mathbb{P}$-名字 $\sigma \in V^{\mathbb{P}}$ 被称为 τ 的一个子集合的**本名**当且仅当存在从集合 $\mathrm{dom}(\tau)$ 到 $\mathbb{P}$ 的冲突子集的集合上的映射

$$\{(\eta, A_\eta) \mid \eta \in \mathrm{dom}(\tau)\}$$

来见证如下等式:

$$\sigma = \bigcup \{\{\eta\} \times A_\eta \mid \eta \in \mathrm{dom}(\tau)\},$$

其中, 每一个 A_η 都是 $\mathbb{P}$ 的一个冲突子集.

引理 3.36 如果 $M \models \mathrm{ZFC}$ 是一个可数传递模型, $\mathbb{P} \in M$ 是一个力迫构思, $\tau, \mu \in M^{\mathbb{P}}$ 为两个名字, 那么一定存在 τ 的一个子集合的本名 $\sigma \in M^{\mathbb{P}}$ 来保证后述命题成立: $\mathbb{1} \Vdash (\mu \subseteq \tau \to \mu = \sigma)$.

证明 我们先来看看一个我们关心的具体情形. 设 $\mathbb{P} = (\mathrm{Add}(\omega, \kappa), \leqslant, \mathbb{1}) \in M$. 设 $\dot{X} \in M$ 为 ω 的一个子集的名字, 即 $\dot{X} \in M^{\mathbb{P}}$, 并且 $\mathbb{1} \Vdash (\forall x \in \dot{X} \, (x \in \check{\omega}))$. 根据真相引理 (引理 3.4), 可定义性引理 (引理 3.5), 以及引理 3.9, 如下命题在 M 中等价:

(a) $\mathbb{1} \Vdash (\forall x \in \dot{X} \, (x \in \check{\omega}))$;

(b) $\forall \sigma \in \mathrm{dom}(\dot{X}) \, [\mathbb{1} \Vdash (\sigma \in \check{\omega})]$;

(c) 对于任意的 $\sigma \in \mathrm{dom}(\dot{X})$ 而言, 集合

$$C_\sigma = \{q \in \mathrm{Add}(\omega, \kappa) \mid \exists m \in \omega \, \exists r \in \mathrm{Add}(\omega, \kappa) \, (q \leqslant r \wedge [r \Vdash (\check{m} = \sigma)])\}$$

是稠密的.

对于每一个 $n < \omega$, 令 A_n 为决定命题 $(\check{n} \in \dot{X})$ 的力迫条件的极大冲突子集, 即 A_n 是如下稠密子集合的一个极大冲突子集:

$$D_n\left(\dot{X}\right) = \{p \in \mathrm{Add}(\omega, \kappa) \mid [p \Vdash (\check{n} \in \dot{X})] \vee [p \Vdash (\check{n} \notin \dot{X})]\}.$$

令

$$\tau = \{(\check{n}, p) \mid n < \omega \wedge p \in A_n \wedge [p \Vdash (\check{n} \in \dot{X})]\}.$$

那么 $1 \Vdash \tau = \dot{X}$. 欲见此, 我们需要在 M 中验证如下命题:

$$\forall \sigma \in \left(\mathrm{dom}(\tau) \cup \mathrm{dom}(\dot{X})\right) \forall q \in \mathrm{Add}(\omega, \kappa) \left([q \Vdash (\sigma \in \tau)] \leftrightarrow [q \Vdash (\sigma \in \dot{X})]\right).$$

根据前面关于 $\sigma \in \mathrm{dom}(\dot{X})$ 的分析, 上述命题在 M 中等价于下述命题:

$$\forall n \in \omega \, \forall q \in \mathrm{Add}(\omega, \kappa) \left([q \Vdash (\check{n} \in \tau)] \leftrightarrow [q \Vdash (\check{n} \in \dot{X})]\right).$$

为此, 设 $n \in \omega$, $q \in \mathrm{Add}(\omega, \kappa)$. 设 $H \ni q$ 为 M 上的一个 $\mathbb{P}$-泛型滤子. 我们来验证在 $M[H]$ 中,

$$n \in \tau/H \leftrightarrow n \in \dot{X}/H.$$

假设在 $M[H]$ 中有 $n \in \tau/H$. 根据真相引理 (引理 3.4) 以及 $H \ni q$ 是一个滤子这一事实, 令 $r \in H$ 满足 $r \leqslant q$ 以及 $r \Vdash (\check{n} \in \tau)$. 令 $A_n \cap H = \{r_1\}$. 因为 $\check{n} \in \mathrm{dom}(\tau)$, 所以 $r_1 \Vdash (\check{n} \in \dot{X})$. 于是, 在 $M[H]$ 中, $n \in \dot{X}/H$.

再假设在 $M[H]$ 中, $n \in \dot{X}/H$. 根据真相引理 (引理 3.4) 以及 $H \ni q$ 是一个滤子这一事实, 令 $r \in H$ 满足 $r \leqslant q$ 以及 $r \Vdash (\check{n} \in \dot{X})$. 由于 $D_n \in M$ 是稠密的, $A_n \subset D_n$ 是 M 中的极大冲突子集, 令

$$\{r_1\} = H \cap A_n,$$

令 $r_2 \in H$ 满足 $r_2 \leqslant r$ 以及 $r_2 \leqslant r_1$. 那么 $r_2 \Vdash (\check{n} \in \tau)$. 从而, 在 $M[H]$ 中, $n \in \tau/H$.

这就证明了 $1 \Vdash (\tau = \dot{X})$.

接下来我们证明在一般情形下引理成立. 我们在 M 中讨论. 设 τ 和 μ 是两个给定的 $\mathbb{P}$-名字. 对于每一个 $\eta \in \mathrm{dom}(\tau)$, 取一个 $A_\eta \subset P$ 满足下述要求:

(a) A_η 是 $\mathbb{P}$ 的一个冲突子集;

(b) $\forall p \in A_\eta \, [p \Vdash (\eta \in \mu)]$;

(c) A_η 是一个同时满足 (a) 和 (b) 的极大冲突子集.

根据 M 中的选择公理和可定义性引理 (引理 3.5), 这是可以做到的一件事情. 令

$$\sigma = \bigcup \{\{\eta\} \times A_\eta \mid \eta \in \mathrm{dom}(\tau)\}.$$

现设 G 是 M 上的一个 $\mathbb{P}$-泛型滤子. 我们必须证明

$$M[G] \models (\mu \subseteq \tau \rightarrow \mu = \sigma).$$

为此, 假设在 $M[G]$ 中有 $\mu/G \subseteq \tau/G$, 往证 $\mu/G = \sigma/G$.

欲见 $\sigma/G \subseteq \mu/G$: 任意固定一个 $a \in \sigma/G$, 从 G 中取一个条件 $p \in G$ 来见证事实 $(\eta, p) \in \sigma$ 以及 $a = \eta/G$. 根据 σ 的定义, $p \Vdash (\eta \in \mu)$, 所以 $a \in \mu/G$.

欲见 $\mu/G \subseteq \sigma/G$: 假设不然, 令 $a \in (\mu/G - \sigma/G)$. 那么 $a \in \mu/G \subseteq \tau/G$. 取 $\eta \in \mathrm{dom}(\tau)$ 来见证事实 $a = \eta/G$. 这样一来, $M[G] \models (\eta \in \mu \wedge \eta \notin \sigma)$. 根据真相引理 (引理 3.4), 从 G 中取出一个条件 $q \in G$ 来见证事实 $q \Vdash (\eta \in \mu \wedge \eta \notin \sigma)$. 于是, $q \Vdash (\eta \in \mu)$ 并且 $q \Vdash (\eta \notin \sigma)$. 因此,

$$\forall p \in A_\eta \, (q \perp p),$$

从而, 此 q 与 A_η 的极大性相矛盾. □

引理 3.37 设 $M \models \mathrm{ZFC}$ 为一个可数传递模型, $\mathbb{P} \in M$ 是 M 中的一个满足可数链条件的力迫构思. 设 κ, λ, δ 为 M 中的无穷基数, 并且在 M 中, $\kappa = |P|$, $\delta = \kappa^\lambda$. 如果 G 是 M 上的 $\mathbb{P}$-泛型滤子, 那么在 $M[G]$ 之中后面所列不等式成立: $2^\lambda \leqslant \delta$.

证明 在 M 中来讨论. λ 的典型名字 $\check{\lambda} = \{(\check{\gamma}, \mathbf{1}) \mid \gamma \in \lambda\}$ 之势为 λ. 应用引理 3.36, 在 M 中将 $\check{\lambda}$ 的子集的本名全部罗列出来: $\langle \sigma_\xi \mid \xi < \delta \rangle$. 再令 $\dot{f} = \{((\mathrm{xd}(\check{\xi}, \sigma_\xi), \mathbf{1}) \mid \xi < \delta\}$, 其中, xd 是例 3.4 中所引进的有序对名字的计算函数.

设 G 为 M 之上的一个 $\mathbb{P}$-泛型滤子. 在 $M[G]$ 中来讨论. $\dot{f}/G$ 是一个定义域为 δ 并且在每一个 $\xi \in \delta$ 处的取值 $\dot{f}/G(\xi) = (\sigma_\xi)/G$ 的函数. 同时, 在 $M[G]$ 中, 如果 $X \subseteq \lambda$, 那么必然有某个名字 μ 满足等式 $X = \mu/G$. 根据引理 3.36, 必定能够找到一个本名 σ_ξ 来见证 $\mathbf{1} \Vdash (\mu \subseteq \check{\lambda} \rightarrow \mu = \sigma_\xi)$, 从而便有 $\dot{f}/G(\xi) = X$. 这就意味着在 $M[G]$ 之中, $\mathfrak{P}(\lambda) \subseteq \mathrm{rng}(\dot{f}/G)$, 因而 $2^\lambda \leqslant \delta$. 由于 $\mathbb{P}$ 满足可数链条件, 根据引理 3.33, δ 依旧在 $M[G]$ 中是一个基数. 于是, $\mathbf{1} \Vdash (|\mathfrak{P}(\check{\lambda})| \leqslant \check{\delta})$. □

引理 3.38 设 $M \models \mathrm{ZFC}$ 为一个可数传递模型, $\kappa \geqslant (\omega_2)^M$ 是 M 中的一个基数, 并且 $\mathrm{cf}^M(\kappa) > \omega$. 进一步地假设 $M \models (\kappa^\omega = \kappa)$. 令 $\mathbb{P} = (\mathrm{Add}(\omega, \kappa), \leqslant, \mathbf{1})$ 为在 M 基础上添加 κ 个科恩实数的力迫构思. 那么

$$\mathbf{1} \Vdash (|\mathfrak{P}(\check{\omega})| = \check{\kappa}).$$

证明 根据引理 3.29 知 $\mathbb{P}$ 满足可数链条件; 根据引理 3.33 知 $\mathbb{P}$ 保持梯度, 从而保持基数. 根据引理 3.35, 如果 G 是 M 之上的 $\mathbb{P}$-泛型滤子, 那么

$$M[G] \models (|\mathfrak{P}(\check{\omega})| \geqslant \check{\kappa}).$$

也就是说, $\mathbf{1} \Vdash (|\mathfrak{P}(\check{\omega})| \geqslant \check{\kappa} = |\check{\kappa}|)$. 又根据引理 3.37, 得知 $\mathbf{1} \Vdash (|\mathfrak{P}(\check{\omega})| \leqslant \check{\kappa})$.　□

定理 3.6(科恩)　如果 ZF 是一致的, 那么 ZFC + (¬CH) 也是一致的.

证明　假设 ZF 是一致的. 令 $N \models$ ZF 为一个可数传递模型. 令 $M = (L)^N$. 那么 $M \models$ ZFC 是一个可数传递模型. 令 $\kappa \in M$ 具备下述特性

$$M \models (\kappa = \omega^{++} = \aleph_2).$$

由于 $M \models \text{ZFC} + (\text{V} = L)$,

$$M \models (\kappa^\omega = \kappa \wedge \operatorname{cf}(|\kappa|) = \kappa).$$

在 M 中定义 $\mathbb{P} = \operatorname{Add}(\omega, \kappa)$. 设 G 为 M 之上的一个 $\mathbb{P}$-泛型滤子. 根据引理 3.38, 在 $M[G]$ 中我们有

$$|\mathfrak{P}(\omega)| = \aleph_2.$$

(当然, 如果愿意, 可以令 $\kappa = (\aleph_{17})^M$, 从而在 $M[G]$ 中就有 $|\mathfrak{P}(\omega)| = \aleph_{17}$.) 注意, 由于在 M 中一般连续假设成立, 所以在 $M[G]$ 中总有

$$\forall \lambda \geqslant 2^{\aleph_0} \ (2^\lambda = \lambda^+).$$　□

定理 3.7(科恩)　如果 ZF 是一致的, 那么 ZFC + GCH + (V ≠ L) 也是一致的.

证明　令 $N \models$ ZF 为一个可数传递模型. 令 $M = (L)^N$. 那么 $M \models (\text{ZFC} + \text{GCH})$ 是一个可数传递模型. 令 $\kappa = (\omega_1)^M$. 那么 $M \models (\kappa^\omega = \kappa \wedge \operatorname{cf}(|\kappa|) = \kappa)$. 在 M 中定义 $\mathbb{P} = \operatorname{Add}(\omega, \kappa)$. 设 G 为 M 之上的一个 $\mathbb{P}$-泛型滤子. 根据引理 3.38, 在 $M[G]$ 中我们有

$$|\mathfrak{P}(\omega)| = \aleph_1.$$

再由引理 3.37 得知 $\forall \lambda \ (\omega \leqslant \lambda = |\lambda| \to 2^\lambda = \lambda^+)$.　□

在定义 3.18 中, 偏序集合 $\operatorname{Add}(\omega, \kappa)$ 中的参数 κ 可以是任何一个大于 0 的基数. 就否定连续统假设而言, 我们关注的是那些 $\geqslant \omega_2$ 的 κ, 并且见到对 κ 的不同取值, 所得到的力迫扩张结构相差甚远. 但是对于 $1 \leqslant \kappa \leqslant \omega$ 而言, 在力迫扩张结构意义上讲, 它们事实上没有什么差别. 当 $1 \leqslant \kappa \leqslant \omega$ 时, 任取一个从 $\kappa \times \omega$ 到 ω 的 Δ_0-双射 $\pi : \kappa \times \omega \to \omega$, 此双射 π 便诱导出一个 Δ_0-偏序同构映射 $\pi^* : (\operatorname{Add}(\omega, \kappa), \leqslant, \mathbf{1}) \cong (P, \leqslant, \mathbf{1})$, 其中

$$P = \big\{ p \mid \exists e \in [\omega]^{<\omega} \, p : e \to 2 \big\};$$

对于 $p, q \in P$, $p \leqslant q \iff p \supset q$; 令 $\mathbf{1} = \varnothing$. 这就意味着, 当给定一个 ZFC 的可数传递模型 M 时, 任给其中一个力迫构思的泛型滤子 G, 这个在 M 中的同构映射 π^* 就给出另一个力迫构思的泛型滤子 $H = \pi^*[G]$ 以至于 $M[G] = M[H]$. 在这种意义上讲, 这些力迫构思彼此**等价**.

定义 3.22(等价力迫构思) 设 $M \models \mathrm{ZFC}$ 为一个可数传递模型. $\mathbb{P}_0 \in M$ 和 $\mathbb{P}_1 \in M$ 是两个 M 中的力迫构思. 称它们在 M 之上**等价**当且仅当对于 $i \in 2$, 如果 G_i 是 M 之上的一个 $\mathbb{P}_i$-泛型滤子, 那么在 $M[G_i]$ 中一定存在一个 M 之上的 $\mathbb{P}_{1-i}$-泛型滤子 G_{1-i} 来见证等式 $M[G_i] = M[G_{1-i}]$.

因此, 对 $M \models \mathrm{ZFC}$ 添加一个科恩实数与添加 ω 个科恩实数是同一回事情.

另外一个例子是定义 3.17 中的添加一个科恩实数的偏序集合 $(2^{<\omega}, \leqslant, \mathbf{1})$ 也与添加 ω 个科恩实数之偏序集合等价. 由于 $(2^{<\omega}, \leqslant, \mathbf{1})$ 是上述偏序集合 $(P, \leqslant, \mathbf{1})$ 的一个稠密子偏序集合. 一方面, 设 $G \subset 2^{<\omega}$ 是 M 之上的一个泛型滤子, 令

$$H = \{p \in P \mid \exists q \in G\,(p \subseteq q)\}.$$

那么 H 是 M 之上的 $(P, \leqslant, \mathbf{1})$-泛型滤子. 这是因为 $G \subset H$, H 是一个滤子, 并且, 如果 $D \subseteq P$ 是一个稠密子集, 那么

$$E = \left\{ p \in 2^{<\omega} \mid \exists q \in D\,(q \subseteq p) \right\}$$

在 $(2^{<\omega}, \leqslant, \mathbf{1})$ 中是稠密的. 另一方面, 设 $G \subset P$ 是 M 之上的一个泛型滤子, 令

$$H = \left\{ p \in 2^{<\omega} \mid p \in G \right\}.$$

那么 H 是一个 M 之上的 $(2^{<\omega}, \leqslant, \mathbf{1})$-泛型滤子. 这是因为 H 是一个滤子, 并且, 如果 $D \subseteq 2^{<\omega}$ 是稠密的, 那么它在 $(P, \leqslant, \mathbf{1})$ 中也是稠密的.

3.2.3 添加不可数基数之子集

现在, 我们将添加科恩实数的力迫构思推广到为不可数的正则基数添加子集上去.

定义 3.23 (1) 设 $\lambda > \omega$ 为一个正则基数以及 $1 \leqslant \kappa$ 为一个基数. 令

$$\mathrm{Add}(\lambda, \kappa) = \left\{ p \mid \exists e \in [\kappa \times \lambda]^{<\lambda}\,(p : e \to 2) \right\},$$

$\mathbf{1} = \varnothing$, 以及对于 $p, q \in \mathrm{Add}(\lambda, \kappa)$,

$$p \leqslant q \iff p \supseteq q.$$

(2) 设 $M \models \mathrm{ZFC}$ 为一个可数传递模型. 设 $\lambda \in M$ 是 M 中的一个不可数的正则基数. 设 $1 \leqslant \kappa \in M$ 是 M 中的一个基数. 令

$$\mathrm{Add}_M(\lambda, \kappa) = \left\{ p \in M \mid \exists e \in [\kappa \times \lambda]^{<\lambda} \cap M\,(p : e \to 2) \right\},$$

$\mathbf{1} = \varnothing$, 以及对于 $p, q \in \mathrm{Add}(\lambda, \kappa)$,

$$p \leqslant q \iff p \supseteq q.$$

这个偏序集合的定义的确是添加 κ 个科恩实数的偏序集合定义 (定义 3.18) 的一般化: 将那里的 ω 用不可数的正则基数 λ 所替换. 所以, 这种偏序集合也就被称为给 λ 添加 κ 个科恩子集合的力迫构思. 对于这种力迫构思, 就它们的力迫扩张结构分析而言, 我们自然会关注两个问题: 它们会给基础模型添加一些什么样的新的集合? 它们会保持哪些基数? 比如, 当我们只希望为 ω_1 添加一个科恩子集合但不希望给 ω 添加任何新的子集合时, 偏序集合 $\mathrm{Add}(\omega_1, 1)$ 可否被用来实现这一目标? 这些问题的答案必然依赖于这种偏序集合的一些组合性质.

定义 3.24(偏序完全性与分配律) 设 $\mathbb{P} = (P, \leqslant, \mathbf{1})$ 是一个力迫构思. 设 $\theta \geqslant \omega$ 是一个正则基数.

(1) (θ-**完全性**) 称 $\mathbb{P}$ 是一个 θ-**完全的力迫构思**当且仅当 $\mathbb{P}$ 中的任何一个 $\leqslant$-单调递减的长度严格小于 θ 的序列都必有一个下界, 即对于任何一个函数 $f: \alpha \to P$, $(\alpha < \theta)$, 如果 f 是单调递减的, 也就是说, $\forall \beta < \eta < \alpha\, (f(\eta) \leqslant f(\beta))$, 那么必然地 $(\exists q \in P\, \forall \beta < \alpha\, (q \leqslant f(\beta)))$.

(2) (θ-**分配律**) 称 $\mathbb{P}$ **满足** θ-**分配律**当且仅当对于任何一个长度为 θ 的序列

$$\langle D_\gamma \mid \gamma < \alpha \rangle,$$

如果每一个 $D_\gamma \subseteq P$ 都是 $\mathbb{P}$ 的稠密开子集, 那么它们的交集 $\bigcap_{\gamma < \alpha} D_\gamma$ 也是 $\mathbb{P}$ 的一个稠密开子集.

引理 3.39(AC) 如果 $\mathbb{P}$ 是 θ^+-完全的, 那么 $\mathbb{P}$ 一定满足 θ-分配律.

证明 假设 $\mathbb{P} = (P, \leqslant, \mathbf{1})$ 是一个 θ^+-完全的偏序集合, 以及 $\langle D_\gamma \mid \gamma < \theta \rangle$ 是一个长度为 θ 的稠密开子集的序列. 令 $D = \bigcap_{\gamma < \alpha} D_\gamma$. 我们来证明 D 是一个稠密开子集. 由于每一个 D_γ 都是开子集, D 自然是开子集. 我们只需验证它是稠密的. 为此, 设 $\prec$ 是 P 上的一个秩序, 设 $p \in P$ 是任意一个条件. 递归地定义一个单调递减序列 $\langle p_\gamma \in D_\gamma \mid \gamma < \theta \rangle$ 如下:

令 $p_0 = \min_\prec \{ q \in D_0 \mid q \leqslant p \}$. 假设 $\langle p_\gamma \mid \gamma < \beta \rangle\, (\beta < \theta)$ 已经有定义, 并且满足要求:

$$(\forall \gamma < \beta\, (p_\gamma \in D_\gamma)) \wedge (\forall \gamma < \eta < \beta\, (p_\eta \leqslant p_\gamma)).$$

我们需要在 D_β 中找到一个这个序列的 $\leqslant$-下界. 由于 $\beta < \theta$, 根据 θ^+-完全性, 令

$$q = \min_\prec \{ r \in P \mid \forall \gamma < \beta\, (r \leqslant p_\gamma) \}.$$

由于 D_β 是稠密的, 令

$$p_\beta = \min_\prec \{ r \in D_\beta \mid r \leqslant q \}.$$

那么 $p_\beta \in D_\beta$, 并且 $\forall \gamma \leqslant \beta\, (p_\beta \leqslant p_\gamma)$.

由此得到的单调递减序列 $\langle p_\gamma \in D_\gamma \mid \gamma < \theta \rangle$ 的长度 θ. 根据 θ^+-完全性, 令

$$q = \min_{\prec}\{r \in P \mid \forall \gamma < \alpha\,(r \leqslant p_\gamma)\}.$$

由于每一个 D_β 都是开子集, $\forall \gamma \leqslant \beta\,(p_\beta \in D_\gamma)$, 所以 $\forall \beta < \alpha\,(q \in D_\beta)$. 因此, $q \in D$ 并且 $q \leqslant p$. □

上述引理的逆命题并不成立. 下面的例子表明这一点.

例 3.12 设 $(T, <)$ 是一棵规范苏斯林树. 反转树 T 的偏序 $<$:

$$s \prec t \iff t < s.$$

那么 $(T, \prec)$ 是一个满足 ω-分配律的力迫构思, 但它不是 ω_1-完全的.

证明 先证苏斯林偏序集满足 ω-分配律. 设 $D_n \subset T\,(n < \omega)$ 是稠密开子集. 令 $D = \bigcap_{n<\omega} D_n$. D 自然是开集. 欲证 D 是稠密的. 对于 $n < \omega$, 令 $W_n \subset D_n$ 为一个极大冲突子集, 由于原来的树是一棵苏斯林树, W_n 是一个可数集, 令 $\gamma_n < \omega_1$ 严格大于 W_n 中每一个节点在 $(T, <)$ 中的高度. 再令 $\gamma < \omega_1$ 为满足不等式 $\forall n < \omega\,(\gamma_n < \gamma)$ 的一个极限序数. 令 $W = \{t \in T \mid \mathrm{ot}_T(t) = \gamma\}$. 那么 W 是一个极大冲突子集, 并且

$$\forall n < \omega\,((\forall s \in W_n\,\exists t \in W\,(t \prec s)) \wedge (\forall t \in W\,\exists s \in W_n(t \prec s))).$$

从而, $\forall n < \omega\,(W \subset D_n)$. 因此, $W \subset D$. 这就表明 D 是稠密的.

再来证 $(T, \prec)$ 不是完全的. 欲得一矛盾, 假设不然. 如下递归地构造一个长为 ω_1 的严格单调递减的序列 $\langle t_\alpha \mid \alpha < \omega_1 \rangle$:

(a) 令 $t_0 \in T$;

(b) 给定 t_α, 令 $t_{\alpha+1} = t \in T$ 满足 $t \prec t_\alpha$, 并且 t 在树上的高度严格高于 t_α 在树上的高度;

(c) 给定极限序数 α 以及迄今为止满足所有要求的序列 $\langle t_\beta \mid \beta < \alpha \rangle$, 根据假设, 存在这个序列的一个下界, 令 $t_\alpha \in T$ 为这个序列的一个下界.

这样得到一个长度为 ω_1 的树 $(T, <)$ 的树枝. 但是树 $(T, <)$ 是一个棵苏斯林树, 它不可能有这样的树枝. 这就是一个矛盾. □

由于苏斯林树的存在性并不能由 ZFC 理论来提供, 上面的例子不具备很强的说服力. 下面的例子则是 ZFC 的例子.

例 3.13 设 $S \subset \omega_1$ 为一个荟萃集, 并且 $\omega_1 - S$ 也是荟萃集. 定义 P_S 如下:

$$P_S = \{p \mid p \subset S \wedge |p| \leqslant \omega \wedge \forall \alpha < \omega_1\,((\forall \beta < \alpha\,\exists \gamma \in p\,(\beta < \gamma)) \to \alpha \in p)\}.$$

也就是说, P_S 是 S 的所有有界闭子集的集合. 对于 $p, q \in P_S$, 定义

$$p \leqslant q \iff \exists \alpha \, (q = p \cap \alpha).$$

令 $\mathbb{P}_S = (P_S, \leqslant)$. 那么

(i) 对于任意的 $\alpha < \omega_1$, 集合 $D_\alpha = \{p \in P_S \mid \mathrm{ot}(p) \geqslant \alpha\}$ 是一个稠密开集;

(ii) $\mathbb{P}_S$ 满足 ω-分配律;

(iii) $\mathbb{P}_S$ 不是 ω_1-完全的.

证明 我们将事实 (i) 的验证留作练习.

先证 (iii) $\mathbb{P}$ 不是 ω_1-完全的. 欲得一矛盾, 假设不然. 递归地定义一个长度为 ω_1 的条件的序列:

(a) 任取一个序型大于等于 ω 的 $p_0 \in P_S$;

(b) 给定 $p_\alpha \in P_S$, 令 $\gamma = \max\{\alpha + 1, \max\{p_\alpha\} + 1\}$, 在 D_γ 中取一个 $q \leqslant p_\alpha$, 令其为 $p_{\alpha+1}$;

(c) 设 $\alpha < \omega_1$ 为一个非零极限序数, 并且严格单调递减的序列 $\langle p_\beta \mid \beta < \alpha \rangle$ 已有定义. 根据假设, $\mathbb{P}_S$ 是 ω_1-完全的. 令 $q \in P_S$ 满足下述不等式:

$$\forall \beta < \alpha \, (q \leqslant p_\beta).$$

定义 $p_\alpha = q$. 这样我们得到一个严格单调递减的长度为 ω_1 的条件序列: $\langle p_\alpha \mid \alpha < \omega_1 \rangle$. 令

$$C = \bigcup_{\alpha < \omega_1} p_\alpha.$$

那么 $C \subset S$, 并且 C 是 ω_1 的一个无界闭子集. 这不可能, 因为 $\omega_1 - S$ 是荟萃集. 这个矛盾表明 $\mathbb{P}_S$ 不是 ω_1-完全的.

再来证 (ii) $\mathbb{P}_S$ 满足 ω-分配律. 设 $B_n \subseteq P_S \, (n < \omega)$ 为稠密开子集. 令

$$B = \bigcap_{n < \omega} B_n.$$

B 自然是开集. 由于任意两个稠密开子集的交依旧是一个稠密开子集, 我们不妨假设 $B_{n+1} \subset B_n$. 我们来验证它是稠密的. 为此, 对于每一个 $n < \omega$, 令 $W_n \subset B_n$ 为一个极大冲突子集. 定义一个 $\mathbb{P}_S$-名字 $\dot{f}$ 如下:

$$\dot{f} = \{(\mathrm{xd}\,(\check{n}, \check{p}), p) \mid p \in W_n \wedge n < \omega\},$$

其中 xd 是例 3.4 中将两个名字整合成一个由它们构成的有序对的名字的函数. 那么

$$1 \Vdash \dot{f} : \check{\omega} \to \check{P}_S.$$

任给 $p \in P_S$. 我们来寻找一个 $q \in B$ 以满足 $q \leqslant p$. 我们的策略是利用名字 $\dot{f}$ 来寻找这样的条件 q. 为此, 我们递归地定义 P_S 的可数子集的一个长度为 ω_1 的序列 $\langle A_\alpha \mid \alpha < \omega_1 \rangle$:

(a) $A_0 = \{p\}$;

(b) 对于极限序数 α, 令 $A_\alpha = \bigcup\limits_{\beta < \alpha} A_\beta$;

(c) 给定 A_α, 令 $\gamma_\alpha = \sup \{\max(q) \mid q \in A_\alpha\}$. 对于 $q \in A_\alpha, n \in \omega$, 从 $D_{\gamma_\alpha + 1}$ 中取一个条件 $r = r(q, n)$ 来满足两项要求: $r \leqslant q$, 以及

$$\exists s \in P_S \left[r \Vdash \dot{f}(\check{n}) = \check{s} \right].$$

令 $A_{\alpha+1} = A_\alpha \cup \{r(q, n) \mid q \in A_\alpha \wedge n < \omega\}$. 在构造中我们得到的序列 $\langle \gamma_\alpha \mid \alpha < \omega_1 \rangle$ 是一个严格单调递增的可数序数的序列. 令

$$C = \{\delta < \omega_1 \mid \forall \alpha < \delta \, (\gamma_\alpha < \delta)\}.$$

那么 C 是 ω_1 的一个无界闭子集. 令 $\delta \in C \cap S$. 令 $\langle \alpha_n < \delta \mid n < \omega \rangle$ 为一个收敛于 δ 的严格单调递增的序列. 那么

$$\delta = \bigcup \{\gamma_{\alpha_n} \mid n < \omega\}.$$

由此, 我们可以得到一个具备下述性质的序列 $\langle p_n \mid n < \omega \rangle$:

(a) $p_0 = p$;

(b) $\forall n < \omega \, (p_n \in A_{\alpha_n})$;

(c) $\forall n < \omega \left(p_{n+1} \leqslant p_n \wedge \exists s \in P_S \left[p_{n+1} \Vdash \dot{f}(\check{n}) = \check{s} \right] \right)$.

因为对于每一个 $n < \omega$, $\gamma_{\alpha_n} < \max(p_{n+1}) \leqslant \gamma_{\alpha_{n+1}}$, 所以

$$\delta = \bigcup \{\max(p_n) \mid n < \omega\}.$$

又因为 $\delta \in S$, 令 $q = \left(\bigcup\limits_{n < \omega} p_n \right) \cup \{\delta\}$, 那么 $q \in P_S$. 现在我们来验证 $q \in B$.

对于 $n < \omega$, 首先, 我们有 $q \leqslant p_{n+1} \leqslant p_n$; 其次, 有 $s_n \in P_S$ 来见证 $q \Vdash \dot{f}(\check{n}) = \check{s_n}$. 根据名字 $\dot{f}$ 的定义, 此 $s_n \in W_n$; 最后, 如果 $G \ni q$ 是一个泛型滤子, 那么 $W_n \cap G$ 有且只有一个元素, 而且这个元素还不得与 q 相冲突, 于是此元素只能是 s_n. 所以, $q \Vdash \check{s_n} \in \dot{G}$. 因此, $q \leqslant s_n$. 这就表明对于每一个 $n < \omega$ 都有 $q \in B_n$. 故 $q \in B$. $\qquad \square$

现在我们回过头来应用偏序集的完全性或者分配律来解决我们在分析力迫扩张模型时所面临的问题.

引理 3.40 (AC)　(1) 设 $\lambda > \omega$ 为一个正则基数以及 $1 \leqslant \kappa$ 为一个基数. 那么 $\mathrm{Add}(\lambda, \kappa)$ 是 λ-完全的.

(2) 设 $M \models \mathrm{ZFC}$ 为一个可数传递模型. 设 $\lambda \in M$ 是 M 中的一个不可数的正则基数. 设 $1 \leqslant \kappa \in M$ 是 M 中的一个基数. $\mathrm{Add}_M(\lambda, \kappa)$ 在 M 中是 λ-完全的.

证明　只需证明 (1), 因为 (2) 是 (1) 在 M 中的相对化的结果.

设 $\langle p_\gamma \mid \gamma < \alpha \rangle (\alpha < \lambda)$ 为 $\mathbb{P} = (\mathrm{Add}(\lambda, \kappa), \leqslant, \mathbf{1})$ 中的长度为 $\alpha < \lambda$ 的单调递减序列. 令

$$p = \bigcup \{ p_\gamma \mid \gamma < \alpha \}.$$

那么 $\forall \gamma < \alpha \, (p \leqslant p_\gamma)$. 或者, 更详细一点, 令

$$X = \bigcup \{ \mathrm{dom}(p_\gamma) \mid \gamma < \alpha \}.$$

由于 λ 是一个正则基数, 每一个 $\mathrm{dom}(p_\gamma)$ 之势都严格小于 λ, $\alpha < \lambda$, 所以 $|X| < \lambda$. 从而,

$$X \in [\kappa \times \lambda]^{<\lambda}.$$

对于 $(i, \beta) \in X$, 令

$$d(i, \beta) = \min \{ \gamma < \alpha \mid (i, \beta) \in \mathrm{dom}(p_\gamma) \},$$

再令 $p(i, \beta) = p_{d(i,\beta)}(i, \beta)$. 那么, $p \in P$, 并且 $\forall \gamma < \alpha \, (p \leqslant p_\gamma)$. □

下面的引理表明用偏序集合 $\mathrm{Add}_M(\lambda, \kappa)$ 为 M 添加 λ 的子集合时不会添加 λ 的任何有界子集.

引理 3.41　设 $M \models \mathrm{ZFC}$ 为一个可数传递模型. 设 $\lambda \in M$ 是 M 中的一个不可数的正则基数. 设 $1 \leqslant \kappa \in M$ 是 M 中的一个基数. 令 $\mathbb{P} = (\mathrm{Add}_M(\lambda, \kappa), \leqslant, \mathbf{1}) \in M$. 设 $\alpha < \lambda$ 为一个基数以及 $B \in M$. 如果 G 是 M 之上的一个 $\mathbb{P}$-泛型滤子, $f : \alpha \to B$ 是 $M[G]$ 中的一个函数, 那么 $f \in M$.

证明　假设 $p \Vdash (\dot{f} : \check{\alpha} \to \check{B})$. 我们来证明: $\exists h : \alpha \to B \, \exists q \leqslant p \, [q \Vdash (\dot{f} = \check{h})]$.

在 M 中工作, 递归地定义一个单调递减的长度为 $\alpha + 1 < \lambda$ 的条件序列 $\langle p_\gamma \mid \gamma \leqslant \alpha \rangle$ 如下:

$p_0 = p$. 如果 $\gamma \leqslant \alpha$ 是一个极限序数, 那么根据引理 3.40, 应用 $\mathbb{P}$ 的 θ-完全性, 取 p_γ 为单调递减序列 $\langle p_\eta \mid \eta < \gamma \rangle$ 的一个下界. 现假设 $\gamma = \beta + 1 < \alpha$. 令 $p_\gamma \leqslant p_\beta$ 以及 $b_\beta \in B$ 来保证

$$p_\gamma \Vdash \left(\dot{f}(\check{\beta}) = \check{b_\beta} \right).$$

根据引理 3.9 中的极大原理, 这一对 (p_γ, b_β) 是存在的. 此时, 定义 $h(\beta) = b_\beta$.

最后, 令 $q = p_\alpha$. 那么 $\forall \gamma \in \alpha \, [q \Vdash ((f)(\check{\gamma}) = \check{h}(\check{\gamma}))]$. 于是, $q \Vdash (\dot{f} = \check{h})$. □

引理 3.42 设 $M \models \mathrm{ZFC}$ 为一个可数传递模型. 设 $\lambda \in M$ 是 M 中的一个不可数的正则基数. 设 $1 \leqslant \kappa \in M$ 是 M 中的一个基数. 令 $\mathbb{P} = (\mathrm{Add}_M(\lambda, \kappa), \leqslant, \mathbf{1}) \in M$. 如果

$$M \models \left(2^{<\lambda} = \lambda \right),$$

那么在 M 中, $\mathbb{P}$ 满足 λ^+-链条件.

证明 如果 $1 \leqslant \kappa \leqslant \lambda$, 那么根据假设, 在 M 中有 $|P| = \lambda$, 所以引理所要的结论成立.

以下在 M 中来讨论. 现假设 $\lambda < \kappa < \mathrm{Ord}^M$, 以及 $\{p_\alpha \mid \alpha < \lambda^+\} \subset P$. 我们需要证明它们中间必有两个不相同但彼此相容的条件. 这里的证明和关于添加不可数个科恩实数的偏序集满足可数链条件的引理 3.29 的证明类似. 不妨假设每一个 $\mathrm{dom}(p_\alpha) \in [\lambda^+ \times \lambda]^{<\lambda}$. 类似于引理 3.29 的证明, 固定一个从 $\lambda^+ \times \lambda$ 到 λ^+ 上的双射 F, 并且利用这个双射诱导出 λ^+ 个映射

$$\forall x \in \mathrm{dom}(p_\alpha)\ (q_\alpha(F(x)) = p_\alpha(x)),$$

以至于 $\mathrm{dom}(q_\alpha) \in [\lambda^+]^{<\lambda}$, 并且 $q_\alpha \perp q_\beta \iff p_\alpha \perp p_\beta$.

对于 $\alpha < \lambda^+$, 令 $a_\alpha = \alpha \cap \mathrm{dom}(q_\alpha)$ 以及 $b_\alpha = \mathrm{dom}(q_\alpha) - \alpha$. 令

$$T = \{\gamma < \lambda^+ \mid \mathrm{cf}(\gamma) = \lambda \wedge \forall \alpha < \gamma\ (\sup(b_\alpha) < \gamma)\}.$$

那么 T 是 λ^+ 上的一个荟萃子集. 由于 λ 是一个正则基数, 对于每一个 $\alpha \in T$, 必有 $\sup(a_\alpha) < \alpha$. 于是, 存在 $\eta < \lambda^+$ 以及 T 的一个荟萃子集 T_1 来保证

$$\forall \alpha \in T_1\ (\sup(a_\alpha) \in \eta).$$

由于 $2^{<\lambda} = \lambda$, $|\eta| = \lambda$ 是一个正则基数, $\left|[\eta]^{<\lambda}\right| = \lambda$. 于是, 存在 T_1 的一个荟萃子集 T_2 以及一个 $a \in [\eta]^{<\lambda}$ 来见证

$$\forall \alpha \in T_2\ (a_\alpha = a).$$

由于 $|a| < \lambda$, $2^{<\lambda} = \lambda$, 所以 $|2^a| \leqslant \lambda$. 由此可以得到 T_2 的一个荟萃子集 T_3 以及一个函数 $\sigma \in 2^a$ 来见证

$$\forall \alpha \in T_3\ ((q_\alpha) \restriction_a = \sigma).$$

因此, 对于 $\alpha \in T_3$ 和 $\beta \in T_3$ 都有 $q_\alpha \cup q_\beta$ 是一个函数, 并且

$$\mathrm{dom}(q_\alpha \cup q_\beta) = a \cup b_\alpha \cup b_\beta \in \left[\lambda^+\right]^{<\lambda}.$$

这就表明 q_α 与 q_β 是彼此相容的条件. 由于 T_3 是 λ^+ 的一个荟萃子集, 其中必然包括了至少两个不相同的条件. $\qquad \square$

引理 3.43　设 $M \models$ ZFC 为一个可数传递模型. 设 $\lambda \in M$ 是 M 中的一个不可数的正则基数. 设 $1 \leqslant \kappa \in M$ 是 M 中的一个基数. 令 $\mathbb{P} = (\mathrm{Add}_M(\lambda, \kappa), \leqslant, \mathbf{1}) \in M$. 如果

$$M \models \left(2^{<\lambda} = \lambda\right),$$

那么在 M 上 $\mathbb{P}$ 保持梯度, 从而保持基数.

证明　根据引理 3.32, 我们只需证明: 对于任意的极限序数 $\omega < \alpha < \mathrm{Ord}^M$, 如果 α 在 M 中是一个正则基数, 那么它在 M 的任何 $\mathbb{P}$ 扩张模型 $M[G]$ 中也是一个正则基数.

如果 $\alpha \leqslant \lambda$, 根据引理 3.40 以及引理 3.41, 当 α 为 M 中的正则基数时, 在 $\mathbb{P}$ 的力迫扩张结构 $M[G]$ 中它依旧还是一个正则基数. 如果 $\alpha > \lambda$ 是 M 中的一个正则基数, 根据引理 3.42, $\mathbb{P}$ 满足 λ^+-链条件, 所以根据引理 3.34, $\mathbb{P}$ 保持 α 的正则特性.　　　　　　　　　　　　　　　　　　　　　　　　　　　　□

例 3.14　设 $M \models$ ZFC + GCH 为一个可数传递模型. 令

$$\mathbb{P} = \left(\mathrm{Add}_M\left(\omega_1^M, 1\right), \leqslant, \mathbf{1}\right) \in M.$$

那么 $\mathbf{1} \Vdash \Diamond$.

证明　以下我们在模型 M 中工作.

令 $I = \{(\alpha, \beta) \mid \beta < \alpha < \omega_1\}$. 令

$$P = \left\{p \mid \exists e \in [I]^{<\omega_1} \, p : e \to 2\right\},$$

以及对于 $p \in P$ 和 $q \in P$, 令 $p \leqslant q \iff p \supseteq q$; $\mathbf{1} = \varnothing$. 令 $\mathbb{P} = (P, \leqslant, \mathbf{1})$. 因为 $|I| = \aleph_1$, 力迫构思 $\mathbb{P} \cong (\mathrm{Add}(\omega_1, 1), \leqslant, \mathbf{1})$. 因此, 我们只需证明: $\mathbf{1} \Vdash_{\mathbb{P}, M} \Diamond$.

令 G 为 M 之上的 $\mathbb{P}$-泛型滤子. 根据上面的引理 3.43, M 与 $M[G]$ 具有相同的梯度和基数. 在 $M[G]$ 之中, 令 $g = \bigcup G$, 那么 $g : I \to 2$. 对于每一个 $\alpha < \omega_1$, 令

$$S_\alpha = \{\beta < \alpha \mid g(\alpha, \beta) = 1\}.$$

我们断言这个序列 $\langle S_\alpha \mid \alpha < \omega_1 \rangle$ 就是一个钻石序列.

假设不然. 令 τ 为 ω_1 的一个子集合的名字以及令 σ 为 ω_1 的一个无界闭子集的名字, 以及令 $p \in G$ 来见证如下事实:

$$p \Vdash \left(\begin{array}{l} \tau \subseteq \check{\omega}_1 \wedge \sigma \subseteq \check{\omega}_1 \text{ 是一无界闭集} \wedge \\ (\forall \alpha \in \sigma \, \neg(\forall \beta < \alpha \, (\beta \in \tau \leftrightarrow \exists p \in \dot{G} \, (p(\alpha, \beta) = 1)))) \end{array} \right).$$

回到基础模型中去讨论.

首先, 对于 $q \in P$, 令 $\beta(q) = \min\{\beta < \omega_1 \mid \mathrm{dom}(q) \subseteq \{(\alpha, \gamma) \mid \gamma < \alpha < \beta\}\}$.

其次, 我们递归地定义 $\langle (p_n, \delta_{n+1}, b_{n+1}) \mid n < \omega \rangle$ 如下:

令 $p_0 = p$ 以及 $\beta_0 = \beta(p_0)$. 假定已有 $p_n \leqslant \cdots \leqslant p$, 令 $\beta_n = \beta(p_n)$. 那么

$$p_n \Vdash \exists x \in \check{\omega}_1 \, (x > \check{\beta}_n \wedge x \in \sigma).$$

根据引理 3.9 中的极大原理, 令 $q \leqslant p_n$ 以及 $\delta_{n+1} \in \omega_1$ 来见证

$$q \Vdash (\check{\delta}_{n+1} > \check{\beta}_n \wedge \check{\delta}_{n+1} \in \sigma).$$

令 $r \leqslant q$ 满足 $\beta(r) > \delta_{n+1}$. 再令 $p_{n+1} \leqslant r$ 以及 $b_{n+1} : \beta_n \to 2$ 满足

$$p_{n+1} \Vdash \tau \restriction_{\check{\beta}_n} = \check{b}_{n+1}.$$

因为 $\mathbb{P}$ 是 ω_1-完全的, 这是可以实现的. 递归定义依此完成.

再次, 令 $\gamma = \sup\{\beta(p_n) \mid n < \omega\} = \sup\{\delta_{n+1} \mid n < \omega\}$ 以及令

$$p_\omega = \bigcup\{p_n \mid n < \omega\}.$$

那么, $\beta(p_\omega) = \gamma$. 由于 $\forall n < \omega \, p_\omega \leqslant p_n$,

$$p_\omega \Vdash \tau \restriction_{\check{\beta}_n} = \check{b}_{n+1}.$$

因此集合 $\{b_{n+1} \mid n < \omega\}$ 是一组相容的定义在可数序数上的函数的集合. 令

$$b_\omega = \bigcup\{b_{n+1} \mid n < \omega\}.$$

那么 $b_\omega : \gamma \to 2$. 由于 $\gamma = \beta(p_\omega)$, $s = p_\omega \cup \{((\gamma, \xi), b_\omega(\xi)) \mid \xi < \gamma\}$ 是一个条件, 并且

$$s \Vdash \tau \restriction_{\check{\gamma}} = \check{b}_\omega.$$

因为 $\{(\gamma, \xi) \mid \xi < \gamma\} \subseteq \operatorname{dom}(s)$, 且 $\forall \xi < \gamma \, [s(\gamma, \xi) = b_\omega(\xi)]$, 以及 $s \Vdash \check{s} \in \dot{G}$, 根据真相引理 (引理 3.4),

$$s \Vdash \forall \xi < \check{\gamma} \, (\check{b}_\omega(\xi) = 1 \leftrightarrow \exists r \in \dot{G}(r(\check{\gamma}, \xi) = 1)).$$

因此,

$$s \Vdash \forall \xi < \check{\gamma} \, (\tau(\xi) = 1 \leftrightarrow \exists r \in \dot{G}(r(\check{\gamma}, \xi) = 1)).$$

可是, 由于 $s \Vdash (\sigma$ 是闭集$)$ 和 $s \Vdash \forall n < \omega \check{\delta}_{n+1} \in \sigma$, 从而 $s \Vdash (\sigma \cap \check{\gamma}$ 在 $\check{\gamma}$ 中无界$)$, 所以 $s \Vdash \check{\gamma} \in \sigma$. 这就表明

$$s \Vdash \exists \gamma \in \sigma \, (\forall \xi < \gamma \, (\tau(\xi) = 1 \leftrightarrow \exists r \in \dot{G}(r(\gamma, \xi) = 1))).$$

这便是一个矛盾.   □

这个例子表明用可数条件对 ω_1 添加一个子集事实上添加了一个钻石序列, 因而, 根据 Jensen 的定理 (钻石原理蕴涵苏斯林树存在), 也就添加了一棵苏斯林树. 实际上, 根据谢昆 [5] 的一个定理, 对 ω 添加一个科恩子集也添加一棵苏斯林树.

引理 3.44　*存在一个满足如下三项要求的序列 $\langle e_\alpha \mid \alpha < \omega_1 \rangle$:*

(a) $\forall \alpha < \omega_1\, e_\alpha : \alpha \xrightarrow{\text{单射}} \omega$;

(b) $\forall \alpha < \omega_1\, (|\omega - \mathrm{rng}\,(e_\alpha)| = \omega)$;

(c) $\forall \beta < \alpha < \omega_1\, |\{\gamma < \beta \mid e_\beta(\gamma) \neq e_\alpha(\gamma)\}| < \omega.$

证明　对于 $n < \omega$, 令 $e_n(i) = i\,(i < n)$; $e_\omega(m) = 2m\,(m \in \omega)$.

设 $\omega \leqslant \alpha < \omega_1$, 并且 $\langle e_\beta \mid \beta < \alpha \rangle$ 已经定义好, 且满足三项要求.

如果 $\alpha = \gamma + 1$, 令 $n = \min\,(\omega - \mathrm{rng}\,(e_\gamma))$, 以及

$$e_\alpha = e_\gamma \cup \{(\gamma, n)\}.$$

那么, $\langle e_\beta \mid \beta \leqslant \alpha \rangle$ 满足三项要求.

如果 $\omega < \alpha$ 是一个极限序数, 令

$$\alpha_0 < \alpha_1 < \alpha_2 < \cdots < \alpha_k < \alpha_{k+1} < \cdots < \alpha$$

收敛于 α, 即 $\forall \beta < \alpha \exists k < \omega\,(\beta \leqslant \alpha_k)$. 令 $t_0 = e_{\alpha_0}$. 递归地, 给定 t_ℓ, 从集合

$$B_\ell = \left\{ f \in \omega^{\alpha_{\ell+1}} \mid f \text{ 是一个单射, 并且 } t_\ell \subset f \wedge f =^* e_{\alpha_{\ell+1}} \right\}$$

中取出一个函数为 $t_{\ell+1}$. 再令 $t = \bigcup_{\ell < \omega} t_\ell$. 那么, $t : \alpha \xrightarrow{\text{单射}} \omega$. 定义 $e_\alpha : \alpha \to \omega$ 如下:

(i) $\forall \ell \in \omega\,(e_\alpha\,(\alpha_\ell) = t\,(\alpha_{2\ell}))$;

(ii) $\forall \beta \in (\alpha - \{\alpha_k \mid k < \omega\})\,(e_\alpha(\beta) = t(\beta))$.

那么, $\langle e_\beta \mid \beta \leqslant \alpha \rangle$ 满足三项要求.   □

引理 3.45　设 $M \models \mathrm{ZFC}$ 为一个可数传递模型, $\mathbb{P} \in M$ 是 M 中的一个可数力迫构思. 令 G 为 M 之上的一个 $\mathbb{P}$-泛型滤子. 设 $X \in M[G]$ 是 ω_1 的一个在 $M[G]$ 中的不可数子集. 那么一定有 ω_1 的一个不可数集合 $Y \in M$ 满足 $Y \subseteq X$.

证明　设 $\dot{X}$ 为 $M[G]$ 中的不可数的 $X \subseteq \omega_1$ 的一个 $\mathbb{P}$-名字. 对于 $p \in P$, 令

$$Y_p = \{\alpha \in \omega_1 \mid p \Vdash \check{\alpha} \in \dot{X}\}.$$

根据可定义性引理 (引理 3.5), $Y_p \in M$. 我们来验证: $\exists p \in P\, Y$ 必在 M 中不可数.

5 S. Shelah.

根据真相引理 (引理 3.4), 在 $M[G]$ 中,

$$\dot{X}/G = \bigcup\{Y_p \mid p \in G\}.$$

由于 G 是一个可数集合, 必然有一个 $Y_p\,(p \in G)$ 是不可数的. 固定这样一个 $p \in G$. 那么 $Y_p \in M$ 就是在 M 中也不可数, 并且

$$p \Vdash \check{Y}_p \subseteq \dot{X}. \qquad \square$$

定理 3.8(谢兄) 设 $M \models \text{ZFC}$ 为一个可数传递模型, $\mathbb{P} = (\omega^{<\omega}, \leqslant, \mathbf{1}) \in M$ 是添加一个科恩实数的力迫构思, 其中对于两个有限序列 p 和 q, $p \leqslant q \iff p \supseteq q$; $\mathbf{1} = \varnothing$. 令 G 为 M 之上的一个 $\mathbb{P}$-泛型滤子. 那么在 $M[G]$ 中一定存在一棵苏斯林树.

证明 设 $M \models \text{ZFC}$ 为一个可数传递模型. 在 M 中, 令

$$\langle e_\alpha \mid \alpha < \omega_1 \rangle$$

为满足下述三项要求的序列:

(a) $\forall \alpha < \omega_1\, e_\alpha : \alpha \xrightarrow{\text{单射}} \omega$;

(b) $\forall \alpha < \omega_1\, (|\omega - \text{rng}\,(e_\alpha)| = \omega)$;

(c) $\forall \beta < \alpha < \omega_1\, |\{\gamma < \beta \mid e_\beta(\gamma) \neq e_\alpha(\gamma)\}| < \omega$.

根据引理 3.44, 因为 $M \models \text{ZFC}$, 这样的序列在 M 中存在. 应用这个序列, 在 M 中定义一棵树:

$$T = \left\{ t \in \omega_1^{<\omega_1} \mid \exists \alpha < \omega_1\, (t \subseteq e_\alpha) \right\}.$$

那么每一个 $t \in T$ 都是一个从 $\text{dom}(t)$ 到 ω 的单射, 并且对于 $\alpha < \omega_1$,

$$T_\alpha = \{t \in T \mid \text{dom}(t) = \alpha\}$$

中的每一个 $t = *e_\alpha$, 所以 T_α 是一个可数集合. 设 b 为 T 的一根树枝 (T 的一个极大线性有序子集). 设 γ 为 b 的长度. 那么 $(\bigcup b) : \gamma \xrightarrow{\text{单射}} \omega$. 于是, $\gamma < \omega_1$. 由于 $e_\alpha \in T\,(\alpha < \omega_1)$ 并且它们彼此不相同, 树 T 的势为 ω_1. 因此, T 是 M 中的一棵怪树.

现在设 $\mathbb{P} = (\omega^{<\omega}, \leqslant, \mathbf{1}) \in M$ 为在 M 基础上添加一个科恩实数的力迫构思. 令 G 为 M 之上的一个 $\mathbb{P}$-泛型滤子. 在 $M[G]$ 中, 令 $g = \bigcup G$. 那么 $g : \omega \to \omega$. 然后令

$$T_g = \{g \circ t \mid t \in T\}.$$

断言一 在 $M[G]$ 中, T_g 是一棵苏斯林树.

断言二　在 $M[G]$ 中, T_g 没有不可数的冲突子集.

假设不然. 那么在 $M[G]$ 中, T_g 有一个不可数的冲突子集. 根据引理 3.45, 在 M 中有 ω_1 的一个不可数子集 A 以及一个函数 $F: A \to \omega_1$ 在 $M[G]$ 中来见证下述集合

$$B = \left\{ g \circ (e_{F(\alpha)}) \restriction_\alpha \mid \alpha \in A \right\}$$

是 T_g 的一个不可数冲突子集.

在 M 中固定这样的一个不可数的 $A \subseteq \omega_1$ 以及这样的一个函数 $F: A \to \omega_1$. 对于 $\beta \in A$, 令 $t_\beta = e_{F(\beta)} \restriction_\beta$.

断言三　$\forall p \in \omega^{<\omega} \exists q \in \omega^{<\omega} \exists \beta_1 \in A \exists \beta_2 \in A$ 下述命题成立:

$$\left(\beta_1 \neq \beta_2 \wedge \left[q \Vdash \exists t \in \dot{T}_{\dot{g}} \left(t \leqslant \dot{g} \circ \check{t}_{\beta_1} \wedge t \leqslant \dot{g} \circ \check{t}_{\beta_2} \right) \right] \right).$$

我们来证明断言三: 设 $p \in \omega^n (n > 0)$. 我们来寻找所需要的 $q \supset p$.

对于每一个 $\beta \in A$, 令 $X_\beta = \{\xi < \beta \mid t_\beta(\xi) < n\}$. 因为 t_β 是一个到 ω 的单射, X_β 是 β 的一个有限集合. 根据同根引理 (引理 I.2.45), 令 $d \in [\omega_1]^{<\omega}$ 和 $C \subset A$ 满足下述要求: C 不可数, 并且

$$\forall \beta_1 \in C \forall \beta_2 \in C \left(\beta_1 \neq \beta_2 \to (X_{\beta_1} \cap X_{\beta_2} = d \wedge t_{\beta_1} \restriction_d = t_{\beta_2} \restriction_d) \right).$$

设 $\beta_1 \in C$ 和 $\beta_2 \in C$, 并且 $\beta_1 < \beta_2$, 令

$$D(\beta_1, \beta_2) = \{\xi < \beta_1 \mid t_{\beta_1}(\xi) \neq t_{\beta_2}(\xi)\};$$

令 $m = 1 + \max\{t_{\beta_1}(\xi), t_{\beta_2}(\xi) \mid \xi \in D(\beta_1, \beta_2)\}$; 令 $h = t_{\beta_1}^{-1} \circ t_{\beta_2}$. 令 $h^0 = \mathrm{Id}$; 对于 $i < \omega$, $h^{i+1} = h \circ h^i$. 对于 $n \leqslant k < m$, 如果

$$\exists \xi < \beta_1 \exists \eta < \beta_1 \exists i \geqslant 0 \left(t_{\beta_2}(\eta) = k \wedge h^i(\xi) = \eta \wedge t_{\beta_1}(\xi) < n \right),$$

那么取出唯一的 (ξ, η, i), 并且令 $q(k) = p(t_{\beta_1}(\xi))$. 否则, 令 $q(k) = 0$; 对于

$$0 \leqslant k < n,$$

令 $q(k) = p(k)$. 那么 $q \circ t_{\beta_1} = (q \circ t_{\beta_2}) \restriction_{\beta_1}$. 因此, 此 q 就是所需要的条件.

断言三表明断言二之否定并不成立. 从而断言二得证.

依据断言二, 事实上在 $M[G]$ 中, 树 T_g 也没有不可数的树枝, 因为利用一根不可数的树枝以及 G 的泛型滤子特性就可以得到 T_g 的一个不可数的冲突子集.

这就表明 T_g 是一棵苏斯林树.　　　　　　　　　　　　　　　　□

定理 3.9 设 $M \models$ ZFC 为一个可数传递模型. 设 $\lambda \in M$ 是 M 中的一个不可数的正则基数. 设 $\lambda < \kappa \in M$ 是 M 中的一个基数. 令 $\mathbb{P} = (\mathrm{Add}_M(\lambda, \kappa), \leqslant, \mathbf{1}) \in M$. 如果

$$M \models \left((\kappa^\lambda = \kappa) \wedge 2^{<\lambda} = \lambda \right),$$

那么在 M 之上 $\mathbb{P}$ 保持梯度以及保持基数, 并且在 $M[G]$ 中, $2^{<\lambda} = \lambda \wedge 2^\lambda = \kappa$.

证明 在 M 上 $\mathbb{P}$ 保持梯度以及保持基数之结论由引理 3.43 给出.

在 M 之上 $\mathbb{P}$ 保持等式 $2^{<\lambda} = \lambda$ 之结论则由引理 3.40 给出.

现在设 G 是一个 M 之上的 $\mathbb{P}$-泛型滤子. 我们来验证在 $M[G]$ 中必有 $2^\lambda = \kappa$.

首先, $(2^\lambda \geqslant \kappa)$ 在 $M[G]$ 中成立: 在 $M[G]$ 中, 令 $F = \bigcup G$, 那么

$$F : \kappa \times \lambda \to 2.$$

对于每一个 $\alpha < \kappa$, 以及每一个 $\beta \in \lambda$, 令 $f_\alpha(\beta) = F(\alpha, \beta)$. 那么 $f_\alpha : \lambda \to 2$. 关键在于这些函数都彼此互不相同. 对于 $\alpha < \beta < \kappa$, 考虑

$$D_{\alpha,\beta} = \{p \in P \mid \exists \xi \left[\{(\alpha, \xi), (\beta, \xi)\} \subset \mathrm{dom}(p) \wedge p(\alpha, \xi) \neq p(\beta, \xi) \right] \}.$$

那么 $D_{\alpha,\beta} \in M$ 是 $\mathbb{P}$ 的一个稠密子集. 于是 $G \cap D_{\alpha,\beta} \neq \varnothing$. 这就表明 $f_\alpha \neq f_\beta$.

其次, $(2^\lambda \leqslant \kappa)$ 在 $M[G]$ 中成立: 这可以依据清点 $\mathbb{P}$ 的本名的个数来验证. 在 M 之中, $\mathbb{P}$ 的任何一个冲突子集的势不会超过 λ (依据引理 3.42 所给出的 λ^+-链条件); 因为 $|P| = \kappa^{<\lambda} = \kappa$ 在 M 中成立, 在 M 中 $\mathbb{P}$ 不会有超过 $\kappa^\lambda = \kappa$ 个冲突子集; 因此, 在 M 中不会有超过 $\kappa^\lambda = \kappa$ 个 λ 的子集的本名. 由于在 $M[G]$ 中任何一个 λ 的子集都一定在 M 中有一个本名, 所以在 $M[G]$ 中不等式 $(2^\lambda \leqslant \kappa)$ 必然成立. $\square$

推论 3.5 假设存在 ZFC 的一个可数传递模型. 那么分别存在其真相包含下述命题的可数传递模型:

(1) $2^{\aleph_0} = \aleph_1 \wedge 2^{\aleph_1} = \aleph_{11} \wedge \left(\forall \lambda \geqslant \aleph_1 \left(2^\lambda = \lambda^+ + \aleph_{11} \right) \right)$;

(2) $2^{\aleph_0} = \aleph_1 \wedge 2^{\aleph_1} = \aleph_7 \wedge 2^{\aleph_2} = \aleph_{\omega+1} \wedge \left(\forall \lambda \geqslant \aleph_2 \left(2^\lambda = \lambda^+ + \aleph_{\omega+1} \right) \right)$;

(3) $2^{\aleph_0} = \aleph_2 \wedge 2^{\aleph_1} = \aleph_4 \wedge 2^{\aleph_2} = \aleph_6$.

证明 不妨假设 $M \models$ ZFC + GCH 是一个可数传递模型.

关于 (1). 在 M 中定义 $\mathrm{Add}_M(\omega_1, \omega_{11})$. 设 G 是 M 之上的一个泛型滤子. 根据引理 3.40 以及引理 3.41, $(\mathfrak{P}(\omega))^{M[G]} = (\mathfrak{P}(\omega))^M$. 所以, 在 $M[G]$ 中, $2^{\aleph_0} = \aleph_1$. 根据定理 3.9, $M[G]$ 与 M 具有相同的梯度和基数, 并且在 $M[G]$ 中, $2^{\aleph_1} = \aleph_{11}$. 在 $M[G]$ 中, 对于基数 $\lambda \geqslant \aleph_1$, 利用清点 λ 的子集合在 M 中的本名的个数就得到所需要的等式.

关于 (2). 我们在 M 的基础上接连实施两次力迫扩张. 第一次, 在 M 的基础上, 令

$$\mathbb{P} = (\mathrm{Add}_M(\omega_2, \omega_{\omega+1}), \leqslant, \mathbf{1}).$$

令 G 为 M 之上的 $\mathbb{P}$-泛型滤子, 令 $M_1 = M[G]$. 那么在 M_1 中, 根据引理 3.40 以及引理 3.41,

$$(\mathfrak{P}(\omega))^{M[G]} = (\mathfrak{P}(\omega))^M \text{ 以及 } (\mathfrak{P}(\omega_1))^{M[G]} = (\mathfrak{P}(\omega_1))^M;$$

另外根据定理 3.9, M_1 与 M 具有相同的梯度和基数, 并且在 M_1 中, $2^{\aleph_2} = \aleph_{\omega+1}$, 以及同样地应用清点本名个数的方式得到在 M_1 中有 $(\forall \lambda \geqslant \aleph_2 \, (2^\lambda = \lambda^+ + \aleph_{\omega+1}))$.

接下来, 以 M_1 为基础模型, 在其中定义 $\mathbb{P}_1 = (\mathrm{Add}_{M_1}(\omega_1, \omega_7), \leqslant, \mathbf{1})$. 令 H 为 M_1 之上的一个 $\mathbb{P}_1$-泛型滤子, 令 $M_2 = M_1[H]$. 因为当 $\lambda = \aleph_1^{M_1} = \aleph_1^M$, 以及 $\kappa = \aleph_7^{M_1} = \aleph_7^M$ 时, 由于 $\mathbb{P}$ 在 M 中是 ω_2-完全的, 所以, $(\kappa^\lambda)^{M[G]} = (\kappa^\lambda)^M$, 从而在 M_1 中有 $\kappa^\lambda = \kappa$ 以及 $2^{<\lambda} = \lambda$. 根据定理 3.9, M_2 与 M_1 具有相同的梯度和基数, 并且在 M_2 中, $2^{\aleph_1} = \aleph_7$. 因为 $\mathbb{P}_1$ 在 M_1 中是 ω_1-完全的, 所以

$$(\mathfrak{P}(\omega))^{M_1[H]} = (\mathfrak{P}(\omega))^{M_1},$$

从而连续统假设在 M_2 中依旧成立. 由于在 M_1 中 $2^{\aleph_2} = \aleph_{\omega+1}$, 以及 M_2 与 M_1 有相同的基数, $M_1 \subset M_2$, 所以, 在 M_2 中必然有 $\aleph_{\omega+1} \leqslant 2^{\aleph_2}$. 再次利用清点 M_2 中的基数 $\theta \geqslant \aleph_2$ 的子集在 M_1 中的本名个数的方式可知在 M_2 中有

$$(\forall \lambda \geqslant \aleph_2 \, (2^\lambda = \lambda^+ + \aleph_{\omega+1})).$$

关于 (3). 类似于 (2), 我们在 M 的基础上, 接连三次实施力迫扩张, 从而得到一个可数传递模型递增链: $M = M_0 \subset M_1 \subset M_2 \subset M_3$: 其中, M_1 为在 M_0 的基础上依据力迫构思

$$\mathbb{P}_0 = (\mathrm{Add}_{M_0}(\omega_2, \omega_6), \leqslant, \mathbf{1})$$

所得到的力迫扩张模型; M_2 为在 M_1 的基础上依据力迫构思

$$\mathbb{P}_1 = (\mathrm{Add}_{M_1}(\omega_1, \omega_4), \leqslant, \mathbf{1})$$

所得到的力迫扩张模型; M_3 为在 M_2 的基础上依据力迫构思

$$\mathbb{P}_2 = (\mathrm{Add}_{M_2}(\omega_0, \omega_2), \leqslant, \mathbf{1})$$

所得到的力迫扩张模型. 根据上面的分析以及定理 3.9, 我们就有

$$M_1 \models 2^{\aleph_0} = \aleph_1 \wedge 2^{\aleph_1} = \aleph_2 \wedge 2^{\aleph_2} = \aleph_6,$$
$$M_2 \models 2^{\aleph_0} = \aleph_1 \wedge 2^{\aleph_1} = \aleph_4 \wedge 2^{\aleph_2} = \aleph_6,$$
$$M_3 \models 2^{\aleph_0} = \aleph_2 \wedge 2^{\aleph_1} = \aleph_4 \wedge 2^{\aleph_2} = \aleph_6.$$

$\square$

读者可能已经意识到, 在上面的模型构造中我们是自上而下的方式逐步构造力迫扩张的. 之所以这样, 是因为我们当前的力迫扩张必须能够保证在接下来的一步之中定理 3.9 中的条件 $2^{<\lambda} = \lambda$ 得以成立. 比如, 考虑 $\lambda = \omega_1$, 在 (3) 的证明中, 我们先应用 $\mathrm{Add}_M(\omega, \omega_2)$ 在 M 的基础上实施力迫扩张得到 M_1. 那么在 M_1 中, $2^{\aleph_0} = \aleph_2$. 在 M_1 中, 应用 $\mathrm{Add}_{M_1}(\omega_1, \omega_4)$ 在 M_1 基础上实施力迫扩张, 得到的结果将是 M_1 中的基数 $\aleph_2$ 就不再是扩张模型中的基数, 而连续统假设被重新建立起来.

由推论 3.5 及其证明和上面的分析, 自然产生出如下问题:

(a) 我们应当怎样同时增加无穷多个正则基数的幂集的势? 比如, 我们是否能够同时满足下述要求?

$$\forall n \in \omega \; \left(2^{\aleph_n} = \aleph_{n+5}\right).$$

(b) 我们应当怎样增加奇异基数的幂集之势? 比如, 我们是否可以在可数传递模型 $M \models \mathrm{ZFC}$ 的基础上实现下述命题?

$$2^{\aleph_\omega} \geqslant \aleph_{\omega+2} \wedge \forall n \in \omega \; \left(2^{\aleph_n} = \aleph_{n+1}\right).$$

我们将致力于第一个问题的求解, 但不准备涉及第二个问题的求解, 因为第二个问题的求解远远超出了这本《集合论导引》的范围.

3.2.4 乘积偏序集

让我们再回过头来分析一下推论 3.5 中 (3) 的证明. 在那里, 我们从一个 ZFC+GCH 的可数传递模型 M_0 开始, 利用在其中的 $\mathrm{Add}_{M_0}(\omega_2, \omega_6)$ 实施一个力迫扩张, 得到 M_1; 然后再在 M_1 中定义 $\mathrm{Add}_{M_1}(\omega_1, \omega_4)$, 以 M_1 为基础模型, 实施一次力迫扩张, 得到 M_2; 再后来, 在 M_2 中定义

$$\mathrm{Add}_{M_2}(\omega, \omega_2),$$

并以 M_2 为基础模型实施一次力迫扩张, 得到最后的模型 M_3. 这自然是一种迭代过程. 有趣的是, 由于 $\mathrm{Add}_{M_0}(\omega_2, \omega_6)$ 是一个 ω_2-完全的偏序集合, 而且这两个模型之间的基数都相同, 所以

$$\mathrm{Add}_{M_1}(\omega_1, \omega_4) = \mathrm{Add}_{M_0}(\omega_1, \omega_4).$$

又由于 $\mathrm{Add}_{M_2}(\omega, \omega_2)$ 是定义在 $\omega_2 \times \omega$ 的有限子集上的函数的集合, 因为这些模型都有相同的基数, 所以

$$\mathrm{Add}_{M_2}(\omega, \omega_2) = \mathrm{Add}_{M_1}(\omega, \omega_2) = \mathrm{Add}_{M_0}(\omega, \omega_2).$$

由此可知, 所涉及的三个力迫构思 $\mathrm{Add}_{M_0}(\omega_2, \omega_6)$, $\mathrm{Add}_{M_1}(\omega_1, \omega_4)$ 和 $\mathrm{Add}_{M_2}(\omega_0, \omega_2)$ 都事实上在 M_0 之中. 于是, 一个自然的问题是: 可否将这三个偏序集合以某种

合适的方式整合成一个力迫构思, 从而直接以 $M = M_0$ 为基础模型一步到位得到 M_3? 这个问题的答案是肯定的: 整合它们的方式就是求它们的**乘积**.

定义 3.25(乘积偏序)　设 $\mathbb{P} = (P, \leqslant_a, \mathbf{1}_a)$ 和 $\mathbb{Q} = (Q, \leqslant_b, \mathbf{1}_b)$ 为两个力迫构思. 它们的乘积 $\mathbb{P} \times \mathbb{Q}$ 是下述偏序集合 $(P \times Q, \leqslant, \mathbf{1})$:

(1) 论域为 $P \times Q$;

(2) 偏序由下式定义: 对于 $(p_1, q_1) \in P \times Q$ 以及 $(p_2, q_2) \in P \times Q$,

$$(p_1, q_1) \leqslant (p_2, q_2) \Longleftrightarrow [p_1 \leqslant_a p_2 \wedge q_1 \leqslant_b q_2];$$

(3) 最弱元为 $\mathbf{1} = (\mathbf{1}_a, \mathbf{1}_b)$.

引理 3.46　如果 $\mathbb{P}$ 和 $\mathbb{Q}$ 是两个力迫构思, 那么它们的乘积 $\mathbb{P} \times \mathbb{Q}$ 也是一个力迫构思.

证明　(练习.)　　　　　　　　　　　　　　　　　　　　　　　　　　□

引理 3.47　设 $M \models \mathrm{ZFC}$ 是一个可数传递模型, $\mathbb{P} \in M$, $\mathbb{Q} \in M$ 为两个力迫构思. 设 $G \subseteq P \times Q$ 为一个滤子. 令

$$G_0 = \{p \in P \mid \exists q \in Q \, ((p, q) \in G)\}$$

以及

$$G_1 = \{q \in Q \mid \exists p \in P \, ((p, q) \in G)\}.$$

那么 $G = G_0 \times G_1$.

证明　如果 $(p, q) \in G$, 那么由定义, $p \in G_0$ 以及 $q \in G_1$, 因而 $G \subseteq G_0 \times G_1$.

设 $(p, q) \in G_0 \times G_1$. 令 p_1 和 q_1 满足 $(p, q_1) \in G$ 和 $(p_1, q) \in G$ 来见证 $(p, q) \in G_0 \times G_1$. 由于 G 是一个滤子, 取 $(r, s) \in G$ 来满足不等式 $(r, s) \leqslant (p, q_1)$ 和 $(r, s) \leqslant (p_1, q)$. 那么 $(r, s) \leqslant (p, q)$. 再根据 G 是滤子这一事实, 得到 $(p, q) \in G$.　□

定理 3.10(乘积引理)　设 $M \models \mathrm{ZFC}$ 为一个可数传递模型, $\mathbb{P} \in M$ 和 $\mathbb{Q} \in M$ 为两个力迫构思.

(A) (**因子分解**) 如果 $G \subseteq P \times Q$ 是 M 之上的 $\mathbb{P} \times \mathbb{Q}$-泛型滤子, 那么 G_0 是 M 之上的 $\mathbb{P}$-泛型滤子, 并且 G_1 是 $M[G_0]$ 之上的 $\mathbb{Q}$-泛型滤子.

(B) (**相互泛善**) 设 $G_0 \subseteq P$ 和 $G_1 \subseteq Q$ 为两个滤子. 那么

(1) 如下三个命题等价:

(i) $G_0 \times G_1$ 是 M 之上的 $\mathbb{P} \times \mathbb{Q}$-泛型滤子;

(ii) G_0 是 M 之上的 $\mathbb{P}$-泛型滤子, 并且 G_1 是 $M[G_0]$ 之上的 $\mathbb{Q}$-泛型滤子;

(iii) G_1 是 M 之上的 $\mathbb{Q}$-泛型滤子, 并且 G_0 是 $M[G_1]$ 之上的 $\mathbb{P}$-泛型滤子.

(2) 如果 (1) 中的三者之一成立, 那么必有下列等式

$$M[G_0 \times G_1] = M[G_0][G_1] = M[G_1][G_0].$$

证明　先证 (A) 和 (B)(1) 中的 (i) ⇒ (ii).

假设 G 是 M 之上的 $\mathbb{P} \times \mathbb{Q}$-泛型滤子. 令 G_0 和 G_1 分别为 G 的两个投影. 根据引理 3.47,

$$G = G_0 \times G_1.$$

设 $D \in M$ 是 $\mathbb{P}$ 的一个稠密开子集. 那么 $D \times Q$ 是 $\mathbb{P} \times \mathbb{Q}$ 的稠密开子集. 令 $(p,q) \in G \cap D \times Q$. 那么 $p \in G_0 \cap D$. 因此 G_0 是 M 之上的 $\mathbb{P}$-泛型滤子.

欲见 G_1 是 $M[G_0]$ 之上的 $\mathbb{Q}$-泛型滤子, 令 $E \in M[G_0]$ 为 $\mathbb{Q}$ 的一个稠密开子集. 由于 $M[G_0]$ 中的每一个元素都在 M 中有一个名字, E 在 M 中有一个 $\mathbb{P}$-名字. 令 $\tau \in M^{\mathbb{P}}$ 为一个名字来保证 $\tau/G_0 = E$. 根据真相引理 (引理 3.4), 令 $p_0 \in G_0$ 满足如下要求:

$$p_0 \Vdash_{\mathbb{P},M} (\tau \text{ 是 } \mathbb{Q} \text{ 的一个稠密开子集}).$$

考虑

$$D = \{(p,q) \in P \times Q \mid p \leqslant p_0 \wedge [p \Vdash_{\mathbb{P},M} \check{q} \in \tau]\}.$$

根据可定义性引理 (引理 3.5), $D \in M$.

令 $q_0 \in G_1$.

断言一　D 在 (p_0, q_0) 之下是稠密的.

设 $(r,s) \leqslant (p_0, q_0)$. 那么

$$r \Vdash_{\mathbb{P},M} (\exists \sigma (\sigma \in \tau \wedge \sigma \check{\leqslant}_b \check{s})).$$

根据引理 3.9 中的极大原理, 令 σ 为一个具备下述特性的 $\mathbb{P}$-名字

$$r \Vdash_{\mathbb{P},M} (\sigma \in \tau \wedge \sigma \in \check{Q} \wedge \sigma \check{\leqslant}_b \check{s}).$$

微言　$\exists (r_0, s_0) \leqslant (r,s)\, [r_0 \Vdash_{\mathbb{P},M} (\check{s}_0 = \sigma)].$

欲见此, 令 H 为 M 上的一个包括 r 在内的 $\mathbb{P}$-泛型滤子. 在 $M[H]$ 中, $\sigma/H \in \tau/H \subseteq Q$ 以及 $\sigma/H \leqslant s$. 由于 $Q \subset M$, $\sigma/H \in M$. 令 $s_0 \in Q$ 满足 $s_0 \leqslant s$ 并且 $\sigma/H = s_0 = \check{s}_0/H$. 根据真相引理 (引理 3.4), 令 $r_0 \in H$ 满足 $r_0 \leqslant r$ 以及 $r_0 \Vdash_{\mathbb{P},M} (\check{s}_0 = \sigma)$. 微言于是得证.

回过头来完成上述断言一的证明. 令 (r_0, s_0) 由上述微言给出. 那么

$$(r_0, s_0) \leqslant (r,s) \text{ 并且 } (r_0, s_0) \in D.$$

这就表明 D 在 $(p_0, 1_0)$ 之下是稠密的. 断言一因此得证.

现在令 $(p, q) \in G \cap D$. 那么 $p \Vdash_{\mathbb{P}, M} \check{q} \in \tau$ 以及 $q \in G_1 \cap \tau/G_0 = G_1 \cap E$. 于是, G_1 是 $M[G_0]$ 上的 $\mathbb{Q}$-泛型滤子.

这就证明了 (A) 和 (B)(1) 中的 (i) $\Rightarrow$ (ii).

下证 (B)(1) 中的 (ii) $\Rightarrow$ (i).

设 G_0 为 M 之上的 $\mathbb{P}$-泛型滤子以及令 G_1 为 $M[G_0]$ 之上的 $\mathbb{Q}$-泛型滤子. 令 $G = G_0 \times G_1$. 那么 G 肯定是乘积偏序 $\mathbb{P} \times \mathbb{Q}$ 的一个滤子. 设 $D \in M$ 为乘积偏序的一个稠密子集. 在 $M[G_0]$ 中, 定义

$$D_1 = \{q \in Q \mid \exists p \in G_0 \, ((p, q) \in D)\}.$$

那么 $D_1 \in M[G_0]$.

断言二　在 $M[G_0]$ 中, D_1 是 $\mathbb{Q}$ 的一个稠密子集.

依据此断言二, 令 $q \in G_1 \cap D_1$, 以及令 $p \in G_0$ 来见证 $(p, q) \in D$. 由此得到 $G \cap D \neq \emptyset$. 这就证明 G 是 M 之上的 $\mathbb{P} \times \mathbb{Q}$-泛型滤子.

现在来证明上述断言二. 令 $q \in Q$. 任取 $p \in G_0$. 由 D 的稠密性, 对于任意的 $r \leqslant p$, 存在一个 $s \leqslant q$ 以及一个 $r_0 \leqslant r$ 来满足 $(r_0, s) \in D$. 因此, 下述集合在 p 之下是稠密的:

$$\{r \leqslant p \mid \exists s \leqslant q \, ((r, s) \in D)\}.$$

取 $s \leqslant q$ 和 $r \leqslant p$ 来见证 $r \in G_0$ 以及 $(r, s) \in D$. 那么 $s \in D_1$. 于是, 断言二得证, 从而 $G = G_0 \times G_1$ 便是 M 之上的 $\mathbb{P} \times \mathbb{Q}$-泛型滤子.

第三, (B)(1) 中的 (i) $\Longleftrightarrow$ (iii) 可以以同样的讨论来证明. 我们将此留作练习.

最后证 (B)(2). 因为 $G_0 \times G_1 \in M[G_0][G_1]$, $G_0 \times G_1 \in M[G_1][G_0]$ 和 $\{G_0, G_1\} \subset M[G_0 \times G_1]$, 根据引理 3.2 中的 (6) 得知

$$M[G_0 \times G_1] \subseteq M[G_0][G_1] \subseteq M[G_0 \times G_1],$$

以及

$$M[G_0 \times G_1] \subseteq M[G_1][G_0] \subseteq M[G_0 \times G_1].$$

因此,

$$M[G_0 \times G_1] = M[G_0][G_1] = M[G_1][G_0]. \qquad \square$$

引理 3.48　设

(a) $M \models \mathrm{ZFC}$ 为一个可数传递模型;

(b) $\lambda \in M$ 是 M 中的一个正则基数;

(c) $\mathbb{P} \in M$ 并且 $M \models (\mathbb{P}$ 是 λ^+-完全的$)$;

(d) $\mathbb{Q} \in M$ 并且 $M \models (\mathbb{Q}$ 满足 λ^+-链条件$)$;

(e) $G \times H$ 为 M 之上的 $\mathbb{P} \times \mathbb{Q}$-泛型滤子.

那么, 每一个 $M[G \times H]$ 中的 $f : \lambda \to M$ 都必定在 $M[H]$ 之中, 尤其是下述等式一定成立:

$$(\mathfrak{P}(\lambda))^{M[G \times H]} = (\mathfrak{P}(\lambda))^{M[H]}.$$

证明　设 f 是 $M[G \times H]$ 中的一个从 λ 到 M 的函数. 令 $\dot{f}$ 为这个函数在 M 中的一个 $\mathbb{P} \times \mathbb{Q}$-名字. 根据真相引理 (引理 3.4), 令 $(p_0, q_0) \in G \times H$ 以及 $A \in M$ 满足要求

$$(p_0, q_0) \Vdash \dot{f} : \check{\lambda} \to \check{A}.$$

现在在 M 中来讨论. 对于每一个 $\alpha < \lambda$ 我们如下定义 $D_\alpha \subseteq P$: $p \in D_\alpha$ 当且仅当 $p \leqslant p_0$ 并且同时存在一个在 q_0 之下的极大冲突子集 $W \subseteq Q$ 和一个集合 $\{a_{p,q}^{(\alpha)} \mid q \in W\}$ 以至于对于每一个 $q \in W$ 都有

$$(p, q) \Vdash \dot{f}(\check{\alpha}) = \check{a}_{p,q}^{(\alpha)}.$$

断言　每一个 D_α 都在 p_0 之下是一个稠密开子集.

固定 $\alpha < \lambda$. 我们来证明 D_α 在 p_0 之下是一个稠密开集.

如果 $p \in D_\alpha$, W_p 和 $A_p = \{a_{p,q}^{(\alpha)} \mid q \in W\}$ 见证

$$\forall q \in W_p \, [(p, q) \Vdash \dot{f}(\check{\alpha}) = \check{a}_{p,q}^{(\alpha)}],$$

$r \leqslant p$, 令 $W_r = W_p$ 和 $A_r = A_p$ 以及 $a_{r,q}^{(\alpha)} = a_{p,q}^{(\alpha)}$, 那么

$$\forall q \in W_p \, [(r, q) \Vdash \dot{f}(\check{\alpha}) = \check{a}_{r,q}^{(\alpha)}].$$

因此, D_α 在 p_0 之下是一个开集.

设 $r \leqslant p_0$. 考虑条件 (r, q_0). 因为

$$(r, q_0) \Vdash (\exists x \in \check{A} \, (\dot{f}(\check{\alpha}) = x)),$$

根据引理 3.9 中的极大原理, 所以存在一个 $a_1 \in A$ 以及一个条件 $(p_1, q_1) \leqslant (r, q_0)$ 来见证

$$(p_1, q_1) \Vdash \dot{f}(\check{\alpha}) = \check{a}_1.$$

令 $q' \leqslant q_0$ 与 q_1 相冲. 再考虑 (p_1, q'). 此时 $(p_1, q') \leqslant (p_0, q_0)$. 于是,

$$(p_1, q') \Vdash (\exists x \in \check{A} \, (\dot{f}(\check{\alpha}) = x)).$$

因此, 基于同样的理由, 存在一个 $a_2 \in A$ 以及一个条件 $(p_2, q_2) \leqslant (p_1, q')$ 来见证

$$(p_2, q_2) \Vdash \dot{f}(\check{\alpha}) = \check{a}_2.$$

这样一来, $p_2 \leqslant p_1 \leqslant r \leqslant p_0$, $q_1 \leqslant q_0$, $q_2 \leqslant q_0$ 以及 $q_1 \perp q_2$.

递归地, 假设我们已经定义了 $\langle (p_\beta, q_\beta) \mid \beta < \gamma \rangle$ 以至于对于 $\rho < \beta < \gamma$ 都有 $p_\beta \leqslant p_\rho$, 并且 $W_\gamma = \{ q_\beta \mid 0 < \beta < \gamma \}$ 是 q_0 之下的一个冲突子集. 如果这个冲突子集是 q_0 之下的极大冲突子集, 根据 λ^+-链条件, 此 $\gamma < \lambda^+$, 我们就令 p^* 为所有的 p_β 的一个下界 (根据 λ^+-完全性) 以及 $W = W_\gamma$, 结束递归定义; 否则我们继续.

令 $q' \leqslant q_0$ 为一个与 W_γ 中所有条件相冲的条件. 如果 $\gamma < \lambda^+$ 是一个极限序数, 根据 λ^+-完全性, 我们先取所有这些 p_β 的一个下界 p_γ^0; 如果 $\gamma = \beta + 1$, 我们令 $p_\gamma^0 = p_\beta$. 考虑 (p_γ^0, q'). 由于 $(p_\gamma^0, q') \leqslant (p_0, q_0)$,

$$(p_\gamma^0, q') \Vdash (\exists x \in \check{A} \, (\dot{f}(\check{\alpha}) = x)).$$

根据引理 3.9 中的极大原理, 所以存在一个 $a \in A$ 以及一个条件 $(p, q) \leqslant (p_\gamma^0, q')$ 来见证

$$(p, q) \Vdash \dot{f}(\check{\alpha}) = \check{a}.$$

我们便令 a_γ 为这样的一个 a 以及令 (p_γ, q_γ) 为这样的 (p, q). 然后再令 $W_{\gamma+1} = W_\gamma \cup \{ q_\gamma \}$.

根据 $\mathbb{Q}$ 的 λ^+-链条件, 我们肯定会在某个 $\gamma < \lambda^+$ 处停止. 此时, $W = \{ q_\beta \mid 0 < \beta < \gamma \}$ 是 q_0 之下的一个极大冲突子集, 并且 $p^* \leqslant r \leqslant p_0$ 以及 $p^* \in D_\alpha$.

这就证明了 D_α 的确是 p_0 之下的一个稠密开集. 断言于是得证.

因为 $\mathbb{P}$ 是 λ^+-完全的, 依据引理 3.39, 由断言我们得到在 M 中, $\bigcap_{\alpha < \lambda} D_\alpha$ 是 p_0 之下的一个稠密开集. 于是, $\exists p \in G \forall \alpha < \lambda \, (p \in D_\alpha)$.

令 $p \in G$ 满足 $\forall \alpha < \lambda \, (p \in D_\alpha)$.

回到 M 中工作. 对于每一个 $\alpha < \lambda$, 依据 $p \in D_\alpha$ 这一事实, 我们取 q_0 之下的一个极大冲突子集 W_α 以及 $\{ a_{p,q}^{(\alpha)} \mid q \in W_\alpha \}$ 来见证 $p \in D_\alpha$.

因为 $H \in M[G \times H]$ 是 M 之上的 $\mathbb{Q}$-泛型滤子, 对于每一个 $\alpha < \lambda$, $H \cap W_\alpha$ 包括唯一的一个元素 q_α. 于是, 在 $M[H]$ 中, 我们可以如下定义 f:

$$\forall \alpha < \lambda \left[f(\alpha) = a \leftrightarrow \left(\exists q \in H \cap W_\alpha \left(a = a_{p,q}^{(\alpha)} \right) \right) \right].$$

这就表明 $M[G \times H]$ 中的这个函数 f 事实上在 $M[H]$ 之中. $\qquad \square$

例 3.15 设 $M \models \mathrm{ZFC} + \mathrm{GCH}$ 为一个可数传递模型. 在 M 中定义:

$$\mathbb{P}_0 = (\mathrm{Add}_M(\omega_0, \omega_2), \leqslant, \mathbf{1}),$$
$$\mathbb{P}_1 = (\mathrm{Add}_M(\omega_1, \omega_4), \leqslant, \mathbf{1}),$$
$$\mathbb{P}_2 = (\mathrm{Add}_M(\omega_2, \omega_6), \leqslant, \mathbf{1}).$$

然后, 在 M 中, 令

$$\mathbb{P} = (\mathbb{P}_0 \times \mathbb{P}_1) \times \mathbb{P}_2 = \mathbb{P}_0 \times (\mathbb{P}_1 \times \mathbb{P}_2) = \mathbb{P}_0 \times \mathbb{P}_1 \times \mathbb{P}_2.$$

令 G 为 M 之上的 $\mathbb{P}$-泛型滤子. 那么在 $M[G]$ 中就有

$$2^{\aleph_0} = \aleph_2 \wedge 2^{\aleph_1} = \aleph_4 \wedge 2^{\aleph_2} = \aleph_6.$$

证明 在可数传递模型 $M \models \text{ZFC} + \text{GCH}$ 中讨论. 令

$$\mathbb{Q} = \mathbb{P}_0 \times \mathbb{P}_1.$$

那么在 M 中, $\mathbb{Q}$ 满足 ω_2-链条件. 欲见此, 设

$$\{(p_\alpha, q_\alpha) \in P_0 \times P_1 \mid \alpha < \omega_2\}.$$

因为 $\operatorname{dom}(p_\alpha) \in [\omega_2 \times \omega]^{<\omega}$, 应用引理 3.29 中 (3) 的证明我们可以得到 ω_2 的一个无界子集 X 以至于

$$\{p_\alpha \mid \alpha \in X\}$$

是一个彼此相容的条件之集. 因为在 M 中, $2^{<\omega_1} = \omega_1$, 根据引理 3.42, $\mathbb{P}_1$ 满足 ω_2-链条件, 所以 X 中必然有 $\alpha < \beta$ 来见证 $\exists q\,(q \leqslant q_\alpha \wedge q \leqslant q_\beta)$. 于是,

$$\exists (p,q)\,((p,q) \leqslant (p_\alpha, q_\alpha) \wedge (p,q) \leqslant (p_\beta, q_\beta)).$$

这就证明了 $\mathbb{Q}$ 满足 ω_2-链条件.

由于 $\mathbb{P}_2$ 是 ω_2-完全的, 根据引理 3.48,

$$(\mathfrak{P}(\omega_1))^{M[G]} = (\mathfrak{P}(\omega_1))^{M[G_0 \times G_1]},$$

其中 $G = G_0 \times G_1 \times G_2$.

另一方面, 再次应用引理 3.48,

$$(\mathfrak{P}(\omega_0))^{M[G_0 \times G_1]} = (\mathfrak{P}(\omega_0))^{M[G_0]}. \qquad \square$$

现在我们再来看看为无穷多个正则基数添加大量子集的问题:

问题 3.1 在 $\text{ZFC} + \text{GCH}$ 的一个可数传递模型基础上, 我们可以得到

$$\text{ZFC} + \left(\forall n < \omega\ \left(2^{\aleph_n} = \aleph_{n+19} \right) \right)$$

的一个可数传递模型吗?

利用乘积偏序, 我们可以有效地解决这个问题. 比如:

例 3.16　设 $M \models \mathrm{ZFC} + \mathrm{GCH}$ 为一个可数传递模型. 在 M 中, 对于 $n \in \omega$, 令

$$\mathbb{P}_n = \mathrm{Add}_M(\omega_n, \omega_{n+19});$$

再令

$$P = \prod_{n<\omega} P_n$$

以及

$$\forall f \in P \, \forall g \in P \, (f \leqslant g \leftrightarrow (\forall n \in \omega \, (f(n) \supseteq g(n)))),$$

并且令 $\mathbf{1} = \{(n, \varnothing) \mid n < \omega\}$. 设 G 为 M 之上的一个 $\mathbb{P}$-泛型滤子. 那么 $M[G]$ 与 M 具有相同的梯度和基数, 并且在 $M[G]$ 中,

$$\forall n < \omega \, \left(2^{\aleph_n} = \aleph_{n+19}\right).$$

这个例子只是一种更一般的力迫扩张结构的一种特例. 实际上, 伊斯顿[6]利用一种乘积偏序构造了对于事先给定的正则基数的集合按照预先设置的合理要求 (合乎 König 引理的基本限制) 来改变那些正则基数的幂集之势.

在证明伊斯顿定理之前, 我们需要建立证明所论力迫构思所满足链条件的过程中所依赖的一个组合性质: 同根引理 (定理 I.2.45) 的一个推广.

定义 3.26　称一个集合 S 为一个**同根系统** 当且仅当存在 S 的一个根 r:

$$\forall x \in S \, \forall y \in S \, (x \neq y \rightarrow x \cap y = r).$$

定理 3.11(同根引理)　(1) 如果 S 是一个不可数集合, 并且 S 的每一个元素都是一个有限集合, 那么 S 必然包含一个不可数的同根系统 $T \subseteq S$;

(2) 令 μ 为一个无穷基数. 假设 $\nu > \mu$ 是一个正则基数, 并且对所有的 $\alpha < \nu$, $|\alpha^{<\mu}| < \nu$. 如果 S 是一个势 $\geqslant \nu$ 的集合并且每一个 $x \in S$ 的势都严格小于 $\mu(|x| < \mu)$, 那么 S 必然包含一个势为 μ 的同根系统 $T \subseteq S$.

这个同根引理的第一个结论就是第一卷的同根引理 I.2.45; 第二个结论是结论 (1) 的推广. 我们将结论 (2) 的证明留作练习. 现在我们来证明伊斯顿定理.

定理 3.12(伊斯顿)　设 $M \models \mathrm{ZFC} + \mathrm{GCH}$ 为一个可数传递模型. 令 $A \in M$ 为 M 中的正则基数的一个非空集合. 令 $F \in M$ 为定义在 A 上并且取值为 M 中的基数的一个函数, 即, $F \in M$ 是一个函数, $\mathrm{dom}(F) = A$, 并且 $\forall \kappa \in A \, F(\kappa)$ 是 M 中的一个基数. 进一步地假定: 对于任意的 $\kappa, \lambda \in A$,

(i) $F(\kappa) > \kappa$;

(ii) $(\kappa \leqslant \lambda) \rightarrow F(\kappa) \leqslant F(\lambda)$;

---

6 Easton.

(iii) $\operatorname{cf}(F(\kappa)) > \kappa$.

那么在 M 中存在一个可以被用来实现下列目标的力迫构思 $\mathbb{P}$:

(a) 用力迫构思 $\mathbb{P}$ 对 M 实施力迫扩张得以保持梯度和基数, 并且

(b) $\mathbf{1} \Vdash_{\mathbb{P},M} \forall \kappa \in \check{A}\, (\check{F}(\kappa) = 2^{\kappa})$.

证明 设 $M \models \mathrm{ZFC} + \mathrm{GCH}$ 为一个可数传递模型. 以下我们在 M 中工作, 就如同我们在 V 中工作那样.

设 A 为正则基数的一个非空集合. 假设 $F : A \to \mathrm{Ord}$ 为一个单调不减的函数, 并且对于任意的 $\kappa \in A$, $F(\kappa)$ 是一个梯度严格大于 κ 的基数 (根据 König 引理, 在 ZFC 中, 函数 $\aleph_\alpha \mapsto 2^{\aleph_\alpha}$ 恰好具备这三条基本性质. 如果 $A = \{\aleph_n \mid n \in \omega\}$, 令 $F(\omega_n) = \omega_{n+19}\, (n \in \omega)$, 那么 F 也具备这样的性质).

对于 $\kappa \in A$, 令

$$\mathbb{P}_\kappa = (\mathrm{Add}(\kappa, F(\kappa)), \leqslant, \mathbf{1})$$

为在 M 的基础上对 κ 添加 $F(\kappa)$ 个科恩子集的力迫构思.

考虑这些力迫构思的**伊斯顿乘积**—— 一种以伊斯顿支撑确定的乘积偏序: 令

$$P_A^* = \prod_{\kappa \in A} \mathrm{Add}(\kappa, F(\kappa)).$$

对于 $p \in P_A^*$, 令 $s(p) = \{\kappa \in A \mid p(\kappa) \neq \varnothing\}$, 并且称集合 $s(p)$ 为 p 的**支撑**. 再令

$$P_A = \{p \in P_A^* \mid \forall \lambda\, ((|\lambda| = \lambda \wedge \operatorname{cf}(\lambda) = \lambda) \to |s(p) \cap \lambda| < \lambda)\}.$$

于是, P_A 是无穷乘积空间 P_A^* 中那些以伊斯顿支撑确定的条件的集合. 对于 $p, q \in P_A$, 定义

$$p \leqslant q \leftrightarrow (\forall \kappa \in A\, (p(\kappa) \supseteq q(\kappa))).$$

令 $\mathbf{1} = \{(\kappa, \varnothing) \mid \kappa \in A\}$.

最后令 $\mathbb{P}_A = (P_A, \leqslant, \mathbf{1})$, 并且用记号 $\mathbb{P}_A = \overset{\circ}{\prod}_{\kappa \in A} \mathbb{P}_\kappa$ 来记这种以伊斯顿支撑确定的乘积偏序.

注意, 只有当存在弱不可达基数时, 伊斯顿乘积才会真正有可能不同于一般的 (任意支撑) 乘积. 又比如, 当 $A = \{\omega_n \mid n < \omega\}$ 时, $P_A = P_A^*$.

令 $\gamma \supset A$ 为最小的大于 A 中的所有元素的正则基数. 那么 $\mathbb{P}_A$ 都满足 γ^+-链条件. 因此所有 $> \gamma$ 的正则基数在此力迫构思的力迫扩张中依旧还是正则基数.

令 $\lambda < \gamma$ 是一个正则基数. 令

$$A_\lambda^- = \{\kappa \in A \mid \kappa \leqslant \lambda\}$$

以及令

$$A_\lambda^+ = \{\kappa \in A \mid \kappa > \lambda\}.$$

令

$$P^{\leqslant \lambda} = \prod_{\kappa \in A_\lambda^-}^{\circ} P_\kappa \text{ 以及 } P^{>\lambda} = \prod_{\kappa \in A_\lambda^+}^{\circ} P_\kappa,$$

其中记号 $\prod^{\circ}$ 表示以伊斯顿支撑确定的乘积.

断言一 $\mathbb{P}_A \cong \mathbb{P}^{>\lambda} \times \mathbb{P}^{\leqslant \lambda}$.

因为 $A = A_\lambda^- \cup A_\lambda^+$ 以及 $A_\lambda^- \cap A_\lambda^+ = \varnothing$, 所以, 每一个 $p \in P_A$ 的自然分解就是一个同构映射:

$$P_A \ni p \mapsto \left(p \restriction_{A_\lambda^+}, p \restriction_{A_\lambda^-}\right) \in P^{>\lambda} \times P^{\leqslant \lambda}.$$

断言二 $\mathbb{P}^{>\lambda}$ 是 λ^+-完全的.

给定条件的单调递减序列 $\langle p_\alpha \mid \alpha < \lambda \rangle$ (如果 $\alpha < \beta < \lambda$, 那么 $p_\alpha \geqslant p_\beta$). 对于每一个 $\kappa \in A_\lambda^+$, 令 $p(\kappa) = \bigcup \{p_\alpha(\kappa) \mid \alpha < \lambda\}$. 那么对于每一个 $\kappa \in A_\lambda^+$,

$$\mathrm{dom}(p(\kappa)) = \bigcup \{\mathrm{dom}(p_\alpha) \mid \alpha < \lambda\}.$$

于是 $s(p) = \bigcup \{s(p_\alpha) \mid \alpha < \lambda\}$.

现在令 μ 为任意一个正则基数. 如果 $\mu \leqslant \lambda$, 那么 $\mathrm{dom}(p) \cap \mu = \varnothing$. 假设 $\mu > \lambda$. 那么

$$s(p) \cap \mu = \bigcup \{s(p_\alpha) \cap \mu \mid \alpha < \lambda\}.$$

因此, $|s(p) \cap \mu| < \mu$. 由此得知 $p \in P^{>\lambda}$, 并且 $\forall \alpha < \lambda\, (p \leqslant p_\alpha)$.

断言二得证.

断言三 $\mathbb{P}^{\leqslant \lambda}$ 满足 λ^+-链条件.

欲见断言三成立, 对于 $p \in P^{\leqslant \lambda}$, 令

$$d(p) = \bigcup \{\{\kappa\} \times \mathrm{dom}(p(\kappa)) \mid \kappa \in A_\lambda^- \cap s(p)\}.$$

那么 $|d(p)| < \lambda$ (这是我们需要乘积是以伊斯顿支撑确定的乘积的地方).

假设 $\{p_\alpha \in P^{\leqslant \lambda} \mid \alpha < \lambda^+\}$. 根据假设, $2^{<\lambda} = \lambda$. 应用同根引理 (定理 3.11) 中的结论 (2), 得到一个具备如下性质的集合 $X \subseteq \lambda^+$:

(a) $|X| = \lambda^+$,

(b) $\{d(p_\alpha) \mid \alpha \in X\}$ 是一个同根系统, 并且它有一个势严格小于 λ 的根 r; 从而 $2^{|r|} \leqslant \lambda$.

对于每一个 $\alpha \in X$, 对于每一个 $(\kappa, \beta) \in r$, 令 $f_\alpha(\kappa, \beta) = p_\alpha(\kappa)(\beta)$. 那么

$$f_\alpha : r \to 2.$$

于是, 存在一个势为 λ^+ 的 $Y \subseteq X$ 以及一个函数 $f : r \to 2$ 来满足要求

$$\forall \alpha \in Y \ (f_\alpha = f).$$

因此, 对于 Y 中不同的 α 和 β, p_α 与 p_β 是彼此相容的条件, 即 $p_\alpha \cup p_\beta$ 是一个比它们都强的条件.

断言三由此得证.

断言四 在 M 的基础模型上用力迫构思 $\mathbb{P}_A$ 来实施力迫扩张必定保持所有基础模型中的正则基数的正则性, 从而保持所有的梯度和基数.

这是因为对于任意的正则基数 λ 而言, 根据断言一, $\mathbb{P}_A$ 与乘积偏序 $\mathbb{P}^{>\lambda} \times \mathbb{P}^{\leqslant \lambda}$ 同构; 根据断言三, $\mathbb{P}^{\leqslant \lambda}$ 满足 λ^+-链条件; 根据断言二, $\mathbb{P}^{>\lambda}$ 是 λ^+-完全的; 根据引理 3.48, $M[G \times H]$ 中的每一个 $f : \lambda \to M$ 实际上都在 $M[H]$ 中.

断言五 设 G 为 M 上的一个 $\mathbb{P}_A$-泛型滤子. 那么在力迫扩张结构 $M[G]$ 中下述结论成立:

$$\forall \kappa \, (\kappa \in A \to 2^\kappa = F(\kappa)).$$

为此, 设 $\kappa \in A$. 一方面, 因为用 $\mathbb{P}_\kappa$, 我们添加了 $F(\kappa)$ 个 κ 的子集, 所以在 $M[G]$ 中有 $2^\kappa \geqslant F(\kappa)$; 另一方面, 对于任意的正则基数 $\lambda \geqslant \kappa$, 力迫构思 $\mathbb{P}^{>\lambda}$ 是 λ^+-完全的, $\mathbb{P}^{\leqslant \lambda}$ 满足 λ^+-链条件, 尤其当 $\lambda = \kappa$ 时如此. 令 $G = G_0 \times G_1$, 其中 G_0 是 M 之上的 $\mathbb{P}^{>\lambda}$, G_1 是 $M[G_0]$ 之上的 $\mathbb{P}^{\leqslant \lambda}$-泛型滤子. 根据引理 3.48,

$$(\mathfrak{P}(\kappa))^{M[G]} = (\mathfrak{P}(\kappa))^{M[G_1]}.$$

依据我们的假设, 在 M 中, 一般连续统假设成立, 并且 $\mathrm{cf}(F(\kappa)) > \kappa$. 因此,

$$|P^{\leqslant \kappa}| = F(\kappa).$$

由此得知由偏序集合 $\mathbb{P}^{\leqslant \kappa}$ 的所有冲突子集组成的集合之势为 $F(\kappa)$, 并且这些冲突子集的长度不超过 κ 的序列的全体之势也是 $F(\kappa)$. 于是, 在 $M[G_1]$ 中的 κ 的子集的本名的个数只有 $F(\kappa)$ 个. 这就表明在 $M[G_1]$ 中, $|\mathfrak{P}(\kappa)| \leqslant F(\kappa)$.

断言五由此得证.

综合起来, 伊斯顿定理得证. $\quad\square$

令 $A = \{\aleph_n \mid n \in \omega\}$, 以及对于 $n \in \omega$, 令 $F(\aleph_n) = \aleph_{n+19}$. 应用伊斯顿定理, 我们就得到例 3.16 中的结论.

3.3 选择公理之独立性

3.3.1 偏序集完备嵌入映射

在选择公理的独立性证明中, 我们将用到力迫构思的自同构及其对应力迫关系

的作用. 为此, 我们先来系统地讨论完备嵌入映射对于力迫关系的作用. 比起偏序同构映射 (定义 3.20) 来, 稠密嵌入映射和完备嵌入映射是稍弱一些的嵌入映射的概念.

定义 3.27 (稠密嵌入)　设 $\mathbb{P} = (P, \leqslant_a, \mathbf{1}_a)$ 和 $\mathbb{Q} = (Q, \leqslant_b, \mathbf{1}_b)$ 为两个力迫构思. 一个映射 $\pi : P \to Q$ 被称为一个**稠密嵌入映射**当且仅当

(1) $\pi(\mathbf{1}_a) = \mathbf{1}_b$;

(2) π 是偏序 $\leqslant_a$ 保持映射;

(3) π 保持相冲性, 即对于任意的 $p, q \in P$, $p \perp_a q \iff \pi(p) \perp_b \pi(q)$;

(4) π 的像集 $\pi[P]$ 在 $\mathbb{Q}$ 中是稠密的.

例 3.17　(a) 任何偏序集的同构映射都是稠密嵌入映射.

(b) 令 $\mathbb{P} = (2^{<\omega}, \leqslant, \mathbf{1})$ 以及令 $\mathbb{Q} = (\mathrm{Add}(\omega, 1), \leqslant, \mathbf{1})$. 定义

$$\pi : P \ni p \mapsto p \in \mathrm{Add}(\omega, 1).$$

那么 $\pi : \mathbb{P} \to \mathbb{Q}$ 是一个稠密嵌入映射, 但它们并不同.

(c) 令 $\mathbb{P} = (\omega^{<\omega}, \leqslant, \mathbf{1})$ 以及令

$$Q = \{p \subset \omega \times \omega \mid \mathrm{dom}(p) \in [\omega]^{<\omega} \wedge p : \mathrm{dom}(p) \to \omega\},$$

$p \leqslant q \leftrightarrow p \supseteq q$, $\mathbf{1} = \varnothing$, $\mathbb{Q} = (Q, \leqslant, \mathbf{1})$. 定义

$$\pi : P \ni p \mapsto p \in Q.$$

那么 $\pi : \mathbb{P} \to \mathbb{Q}$ 是一个稠密嵌入映射, $\mathbb{P} \ncong \mathbb{Q}$.

比稠密嵌入映射弱一些的是完备嵌入映射.

定义 3.28 (完备嵌入映射)　设 $\mathbb{P} = (P, \leqslant_a, \mathbf{1}_a)$ 和 $\mathbb{Q} = (Q, \leqslant_b, \mathbf{1}_b)$ 为两个力迫构思. 称一个映射 $\pi : P \to Q$ 为一个**完备嵌入映射**当且仅当

(1) $\pi(\mathbf{1}_a) = \mathbf{1}_b$;

(2) π 是偏序 $\leqslant_a$ 保持映射, 即 $p_1 \leqslant_a p_2 \to \pi(p_1) \leqslant_b \pi(p_2)$;

(3) π 保持相冲性, 即对于任意的 $p, q \in P$, $p \perp_a q \iff \pi(p) \perp_b \pi(q)$;

(4) π 是稠密相容的, 即对于任意的 $q \in Q$, 必然存在某个 $p \in P$ 以至于每一个 $r \leqslant_a p$ 在 π 下的像 $\pi(r)$ 都与 q 在 $\mathbb{Q}$ 中相容.

例 3.18　设 $\mathbb{P} = (P, \leqslant_a, \mathbf{1}_a)$ 和 $\mathbb{Q} = (Q, \leqslant_b, \mathbf{1}_b)$ 为两个力迫构思.

(a) 如果 $j : \mathbb{P} \to \mathbb{Q}$ 是一个稠密嵌入映射, 那么 j 是一个完备嵌入映射.

(b) 设 $i : \mathbb{P} \to \mathbb{P} \times \mathbb{Q}$ 是由下述等式所确定的映射:

$$\forall p \in P\ (i(p) = (p, \mathbf{1}_b)).$$

那么 i 是一个完备嵌入映射. 如果 $\mathbb{Q}$ 是一个非平凡的力迫构思, 那么完备嵌入映射 i 就不会是一个稠密嵌入映射.

证明 (a) 只需验证定义 3.28 的条件 (4), 即 j 是稠密相容的. 给定 $q \in Q$, 令 $q_1 \in j[P]$ 满足不等式 $q_1 \leqslant q$; 再令 $p \in P$ 满足等式 $\pi(p) = q_1$. 此 p 即为所求的证据.

(b) 同样只需验证 i 是稠密相容的. 设 $(p,q) \in P \times Q$. 那么 $p \in P$ 就是所要的证据: 对于 $r \leqslant_a p$, $i(r) = (r, \mathbf{1}_b)$, 自然就有 $(r,q) \leqslant i(r)$ 以及 $(r,q) \leqslant (p,q)$, 因此, $i(r)$ 与 (p,q) 相容. □

下面的引理揭示出完备映射的二阶特性: 保持极大冲突子集的极大性.

引理 3.49 设 $\mathbb{P} = (P, \leqslant_a, \mathbf{1}_a)$ 和 $\mathbb{Q} = (Q, \leqslant_b, \mathbf{1}_b)$ 为两个力迫构思. 设 $\pi : P \to Q$ 为一个满足下述三条的嵌入映射:

(1) $\pi(\mathbf{1}_a) = \mathbf{1}_b$;

(2) π 是偏序 $\leqslant_a$ 保持映射, 即 $p_1 \leqslant_a p_2 \to \pi(p_1) \leqslant_b \pi(p_2)$;

(3) π 保持相冲性, 即对于任意的 $p, q \in P$, $p \perp_a q \iff \pi(p) \perp_b \pi(q)$.

那么 π 是一个完备嵌入映射当且仅当如下命题 (4') 成立:

(4') 对于任意的 $A \subset P$, 如果 A 是 $\mathbb{P}$ 中的极大冲突子集, 那么 $\pi[A]$ 也是 $\mathbb{Q}$ 中的极大冲突子集.

证明 我们需要在假设 π 具备条件 (1)~(3) 的情形下, 验证定义 3.28 中的稠密相容性与 (4') 等价.

假设稠密相容性条件成立, 往证 (4') 成立. 设 $A \subset P$ 是 $\mathbb{P}$ 的一个极大冲突子集. 如果 $\mathbb{Q}$ 的冲突子集 $\pi[A]$ 不是极大的, 那么必然有与 $\pi[A]$ 中所有元素都相冲的 $q \in Q$. 固定这样一个条件 $q \in Q$. 根据稠密相容性, 令 $p \in P$ 为一个证据, 即

$$\forall r \leqslant p \, \exists q_1 \in Q \, (q_1 \leqslant_b \pi(r) \wedge q_1 \leqslant_b q).$$

由于 A 是一个极大冲突子集, 令 $p_1 \in A$ 来保证 p 与 p_1 是相容的. 令 $r \in P$ 满足不等式

$$r \leqslant_a p_1 \text{ 以及 } r \leqslant_a p.$$

令 $q_1 \in Q$ 来满足不等式 $q_1 \leqslant_b \pi(r)$ 以及 $q_1 \leqslant_b q$. 因为 $\pi(r) \leqslant_b \pi(p_1) \in \pi[A]$, $q_1 \leqslant_b \pi(r) \leqslant_b \pi(p_1)$, 所以 $q_1 \leqslant_b \pi(p_1) \in \pi[A]$ 以及 $q_1 \leqslant_b q$. 因此, q 与 $\pi[A]$ 中的元素 $\pi(p_1)$ 相容. 这与 q 的选取相矛盾.

假设 (4') 成立, 往证 π 是稠密相容的. 假设不然, 设 $q \in Q$ 是一个反例. 令

$$D = \{r \in P \mid \pi(r) \perp_b q\}.$$

因为 q 是 π 不具备稠密相容性的证据, D 在 $\mathbb{P}$ 中是稠密的. 令 $A \subset D$ 为一个极大冲突子集. 根据 (4'), $\pi[A]$ 就是 $\mathbb{Q}$ 的一个极大冲突子集. 于是, q 必然与 $\pi[A]$ 中的

某一个元素相容, 比如 $r \in A$ 满足

$$\exists q_1 \in Q \ (q_1 \leqslant_b \pi(r) \wedge q_1 \leqslant_b q).$$

可是, 此 $r \in A \subset D$, $\pi(r) \perp_b q$. 这就是一个矛盾.　　　　　　　　　　　□

定义 3.29　设 $\mathbb{P}$ 和 $\mathbb{Q}$ 为两个力迫构思. 假设 $i : \mathbb{Q} \to \mathbb{P}$ 是一个嵌入映射. 如下定义 $i_* : V^{\mathbb{Q}} \to V^{\mathbb{P}}$: 对于每一个 $\mathbb{Q}$-名字 τ, 令

$$i_*(\tau) = \{ (i_*(\sigma), i(q)) \mid (\sigma, q) \in \tau \}.$$

如果 $H \subset Q$, 令

$$\tilde{\imath}[H] = \{ p \in P \mid \exists q \in H \ i(q) \leqslant p \}.$$

引理 3.50　设 $M \models \mathrm{ZFC}$ 为一个可数传递模型, $\mathbb{P} \in M$, $\mathbb{Q} \in M$ 为两个力迫构思. 假设 $i : \mathbb{Q} \to \mathbb{P}$ 是 M 中的一个完备嵌入映射. 如果 G 是 M 上的一个 $\mathbb{P}$-泛型滤子, 并且

$$H = i^{-1}[G] = \{ q \in Q \mid i(q) \in G \},$$

那么

(1) H 是 M 之上的一个 $\mathbb{Q}$-泛型滤子,

(2) 对于每一个 $\tau \in M^{\mathbb{Q}}$, $i_*(\tau) \in M^{\mathbb{P}}$, 并且 $i_*(\tau)/G = \tau/H$,

(3) $M[H] \subseteq M[G]$.

证明　(1) 根据定义 3.28, "i 是从 $\mathbb{P}$ 到 $\mathbb{Q}$ 的一个完备嵌入映射" 这一概念相对于传递模型 M 而言是绝对不变的.

我们先来验证 H 是一个滤子. 设 $q_1 \in H$, $q_1 \leqslant_Q q_2$. 那么, $i(q_1) \in G$, 以及 $i(q_2) \in G$, 从而 $q_2 \in H$. 再设 $q_1 \in H$ 和 $q_2 \in H$. 我们需要找到一个 $r \in H$ 来满足不等式 $r \leqslant_Q q_1$ 以及 $r \leqslant_Q q_2$. 为此, 令

$$D = \{ q \in Q \mid q \perp q_1 \vee q \perp q_2 \vee (q \leqslant_Q q_1 \wedge q \leqslant_Q q_2) \}.$$

因为 $\mathbb{Q}$ 是可分的, D 是稠密的: 任意给定 $q \in Q$, 如果 $q \leqslant_Q q_1$ 以及 $q \leqslant_Q q_2$, 那么 $q \in D$; 否则, $q \not\leqslant_Q q_1$ 或者 $q \not\leqslant_Q q_2$. 由对称性, 不妨假设 $q \not\leqslant_Q q_1$. 根据 $\mathbb{Q}$ 的可分性, 令 $r \leqslant q$ 满足 $r \perp q_1$, 那么 $r \in D$. 于是, D 是稠密的. 因为 $D \in M$, 在 M 中令 $A \subset D$ 为一个极大冲突子集. 根据 $i \in M$ 是一个完备嵌入映射的事实, 依据引理 3.49, $i[A] \in M$ 是 $\mathbb{P}$ 的一个极大冲突子集. 由于 G 是 M 之上的 $\mathbb{P}$-泛型滤子, $G \cap i[A]$ 为非空. 令 $r \in A$ 见证 $i(r) \in G$. 因为 $i(q_1) \in G$ 以及 $i(q_2) \in G$, 必然有 $r \leqslant_Q q_1$ 以及 $r \leqslant_Q q_2$. 因此, $r \in H$ 即为所求.

其次, 我们来验证 H 是 M 之上的一个 $\mathbb{Q}$-泛型滤子. 设 $D \in M$ 为 $\mathbb{Q}$ 的一个稠密子集. 在 M 中取 $A \subset D$ 为一个极大冲突子集. 那么根据 i 是一个完备嵌入映

射以及引理 3.49, $i[A]$ 是在 M 中的 $\mathbb{P}$ 的一个极大冲突子集. 由于 G 是 M 之上的一个 $\mathbb{P}$-泛型滤子, $G \cap i[A]$ 一定非空. 令 $q \in A$ 满足 $i(q) \in G$. 那么 $q \in H$. 所以, $H \cap D$ 非空.

(2) 应用定义 3.29 以及归纳法即得.

(3) 由 (2) 即得. 也可以应用力迫扩张结构的极小性得到: 因为 $i, G \in M[G]$, 所以 $H \in M[G]$. 根据力迫扩张的极小性 (力迫扩张基本定理 (定理 3.4)), $M[H] \subseteq M[G]$. $\square$

下面的引理在一定意义上可以看成是乘积引理 (引理 3.10) 的一种推广, 在另一种意义上, 它又揭示在稠密嵌入映射之下的力迫构思事实上等价 (定义 3.22).

引理 3.51 设 $M \models$ ZFC 为一个可数传递模型, $\mathbb{P} \in M$, $\mathbb{Q} \in M$ 为两个力迫构思. 假设 $i : \mathbb{Q} \to \mathbb{P}$ 是 M 中的一个稠密嵌入映射.

(1) 如果 H 是 M 之上的 $\mathbb{Q}$-泛型滤子, $G = \tilde{i}[H]$, 那么 G 是 M 之上的 $\mathbb{P}$-泛型滤子, 并且 $H = i^{-1}[G]$;

(2) 如果 G 是 M 之上的一个 $\mathbb{P}$-泛型滤子, 并且

$$H = i^{-1}[G] = \{q \in Q \mid i(q) \in G\},$$

那么 H 是 M 之上的一个 $\mathbb{Q}$-泛型滤子, 并且 $G = \tilde{i}[H]$;

(3) 在上面的 (1) 和 (2) 中, 都有 $M[H] = M[G]$;

(4) 如果 $\varphi(x_1, \cdots, x_n)$ 是纯集合论语言的一个彰显自由变元的表达式, $q \in Q$, $\tau_1, \cdots, \tau_n$ 是 M 中的 $\mathbb{Q}$-名字, 那么

$$q \Vdash_{\mathbb{Q}} \varphi[\tau_1, \cdots, \tau_n] \iff i(q) \Vdash_{\mathbb{P}} \varphi[i_*(\tau_1), \cdots, i_*(\tau_n)].$$

证明 (1) 设 H 是 M 之上的 $\mathbb{Q}$-泛型滤子,

$$G = \tilde{i}[H] = \{p \in P \mid \exists q \in H\, i(q) \leqslant_P p\}.$$

因为 H 是一个滤子, G 自然是一个滤子. 设 $D \in M$ 是 $\mathbb{P}$ 的一个稠密开集. 因为 i 是一个稠密嵌入映射,

$$i^{-1}[D] = \{q \in Q \mid i(q) \in D\}$$

是在 M 中的 $\mathbb{Q}$ 的一个稠密开子集. 于是, $H \cap i^{-1}[D]$ 非空. 令 $q \in H \cap i^{-1}[D]$. 于是, $i(q) \in D \cap G$.

由定义直接得到 $H \subseteq i^{-1}[G] = \{q \in Q \mid i(q) \in G\}$. 根据刚才的证明, G 是 M 上的一个 $\mathbb{P}$-泛型滤子; 应用这一事实, 根据引理 3.50, $i^{-1}[G]$ 是 M 之上的 $\mathbb{Q}$-泛型滤子. 令 $q \in i^{-1}[G]$. 令

$$D = \{r \in Q \mid r \leqslant q \vee r \perp q\}.$$

$D \in M$ 是 $\mathbb{Q}$ 的一个稠密子集. 令 $r \in H \cap D$. 因此 $r \in i^{-1}[G]$, 不可能有 $r \perp q$. 因此, $r \leqslant q$. 于是, $q \in H$. 即 $i^{-1}[G] \subseteq H$.

(2) 的第一部分已经由引理 3.50 给出. 我们需要验证等式 $G = \tilde{i}[H]$. 由定义即得 $G \subseteq \tilde{i}[H]$. 根据 (1), $\tilde{i}[H]$ 是 M 之上的 $\mathbb{P}$-泛型滤子. 应用和 (1) 中一样的讨论, 我们得到 $\tilde{i}[H] \subseteq G$.

(3) 根据引理 3.50, $M[H] \subseteq M[G]$. 由于 $H, i \in M[H]$, 所以 $G \in M[H]$, 从而 $M[G] \subseteq M[H]$.

(4) 对于 (1) 和 (2) 中的 H 和 G, 对于任意的 $q \in Q$, 我们自然就有 $q \in H \leftrightarrow i(q) \in G$. 因为

$$\tau_1/H = i_*(\tau_1)/G, \cdots, \tau_n/H = i_*(\tau_n)/G,$$

以及 $M[H] = M[G]$, 我们有

$$M[H] \models \varphi[\tau_1/H, \cdots, \tau_n/H] \iff M[G] \models \varphi[i_*(\tau_1)/G, \cdots, i_*(\tau_n)/G].$$

所要的结论由此以及 $\Vdash$ 之定义即得. □

3.3.2　选择公理之独立性

定义 3.30　称 $\mathcal{E} \subset \mathfrak{P}(\omega)$ 为一个**区分**当且仅当

$$\forall x \in \mathfrak{P}(\omega)\, (x \in \mathcal{E} \leftrightarrow (\omega - x) \notin \mathcal{E}) \wedge$$
$$\forall x \in \mathfrak{P}(\omega)\, \forall y \in \mathfrak{P}(\omega)\, (|(x-y) \cup (y-x)| < \omega \to (x \in \mathcal{E} \leftrightarrow y \in \mathcal{E})).$$

例 3.19　(1) 如果 $U \subset \mathfrak{P}(\omega)$ 是 ω 上的一个非平凡超滤子, 那么 U 是一个区分.

(2) 如果 $U \subset \mathfrak{P}(\omega)$ 是 ω 上的一个平凡超滤子, 那么 U 不是一个区分.

(3) 如果 $\prec$ 是 $\mathfrak{P}(\omega)$ 的一个秩序, 令

$$\forall x \in \mathfrak{P}(\omega) \left(x \in \mathcal{E} \leftrightarrow x =^* \min_{\prec}\{y \in \mathfrak{P}(\omega) \mid y =^* x \vee y =^* (\omega - x)\} \right),$$

其中, $x =^* y \leftrightarrow |(x-y) \cup (y-x)| < \omega$, 那么 $\mathcal{E}$ 是一个区分.

(4) 如果 $\mathrm{V} = L$, 那么 $\mathfrak{P}(\omega)$ 有一个可定义的秩序, 从而存在一个可定义的区分.

引理 3.52　设 $M \models \mathrm{ZFC}$ 为一个可数传递模型. 在 M 中, 令

$$P = \left\{ p \subset (\omega_1)^M \times 2 \mid \mathrm{dom}(p) \in \left[(\omega_1)^M\right]^{<\omega} \wedge p : \mathrm{dom}(p) \to 2 \right\},$$

以及对于 $p, q \in P$, 令 $p \leqslant q \leftrightarrow p \supseteq q$, 并且令 $\mathbf{1} = \varnothing$, $\mathbb{P} = (P, \leqslant, \mathbf{1}) \in M$. 设 φ 为力迫语言 $\mathcal{FL}_{\mathbb{P}} \cap M$ 中带有一个自由变元 x 以及如果有名字在 φ 中出现, 那么在

其中出现的名字要么是 ω 子集合的本名, 要么是 M 中某些元素的典型名字. 设 G 是 M 之上的 $\mathbb{P}$-泛型滤子. 那么, 在 $M[G]$ 中下述语句成立:

$$\text{集合} \{x \in \mathfrak{P}(\omega) \mid \varphi(x)\} \text{ 不是一个区分.}$$

证明 对于 $X \subseteq \omega_1^M$, 如下定义 $i^X : P \to P$: 任意固定 $p \in P$,

$$\mathrm{dom}\left(i^X(p)\right) = \mathrm{dom}(p) \wedge i^X(p)(\xi) = \begin{cases} p(\xi) & \text{如果 } \xi \in X \cap \mathrm{dom}(p), \\ 1 - p(\xi) & \text{如果 } \xi \in (\mathrm{dom}(p) - X). \end{cases}$$

依定义可见, $i^X : \mathbb{P} \cong \mathbb{P}$ 是 $\mathbb{P}$ 的一个自同构; 并且如果 $X \in M$, 那么 $i^X \in M$.

对于每一个 $n \in \omega$, $\alpha < \omega_1^M$, $\{(\alpha + n, 1)\} \in P$ 以及 $\{(\alpha + n, 0)\} \in P$. 对于 $\alpha < \omega_1^M$, 令

$$\tau_\alpha = \{(\check{n}, \{(\alpha + n, 1)\}) \mid n \in \omega\}.$$

那么, τ_α 是一个 $\mathbb{P}$-名字, 并且 $1 \Vdash \tau_\alpha \subseteq \check{\omega}$, 以及对于每一个 $n \in \omega$ 都有

$$\{(\alpha + n, 1)\} \Vdash \check{n} \in \tau_\alpha \wedge \{(\alpha + n, 0)\} \Vdash \check{n} \notin \tau_\alpha.$$

令

$$i_*^X(\tau_\alpha) = \left\{\left(i_*^X(\check{n}), i^X(\{(\alpha + n, 1)\})\right) \mid n \in \omega\right\}.$$

那么 $1 \Vdash i_*^X(\tau_\alpha) \subseteq \check{\omega}$, 并且如果 $X \cap \{\alpha + n \mid n < \omega\}$ 是有限的, 那么

$$1 \Vdash i_*^X(\tau_\alpha) = *(\check{\omega} - \tau_\alpha).$$

在完成了上述技术准备之后, 我们利用 $\mathbb{P}$ 的那些自同构 i^X 来证明引理中的结论.

设 φ 为力迫语言 $\mathcal{FL}_\mathbb{P} \cap M$ 中合乎引理要求的一个表达式. 假设对于 M 之上的某一个 $\mathbb{P}$-泛型滤子 G 而言, 在 $M[G]$ 中, 集合 $\{x \in \mathfrak{P}(\omega) \mid \varphi(x)\}$ 是一个区分. 根据真相引理 (引理 3.4), 令 $p \in G$ 满足下述要求:

$$p \Vdash \left[\begin{array}{l} \forall x \in \mathfrak{P}(\check{\omega}) \, (\varphi(x) \leftrightarrow (\neg \varphi(\check{\omega} - x))) \wedge \\ \forall x \in \mathfrak{P}(\check{\omega}) \, \forall y \in \mathfrak{P}(\check{\omega}) \, (x =^* y \to (\varphi(x) \leftrightarrow \varphi(y))) \end{array} \right].$$

现在在 M 中来讨论. 将 φ 写成 $\psi(\sigma_1, \cdots, \sigma_m, \check{b}_1, \cdots, \check{b}_k, x)$, 其中, $\sigma_1, \cdots, \sigma_m$ 罗列出在 φ 中出现的 ω 子集的全部本名, $\check{b}_1, \cdots, \check{b}_k$ 罗列出在 φ 中出现的 M 中元素的全部典型名字. 根据引理 3.51, 对于任意的条件 $q \in P$, 任意的 $\mathbb{P}$-名字 $\tau \in M$, 对于 M 中的任意的 $X \subseteq \omega_1$, 总有

$$\left[q \Vdash \psi\left(\sigma_1, \cdots, \sigma_m, \check{b}_1, \cdots, \check{b}_k, \tau\right)\right] \iff$$
$$\left[i^X(q) \Vdash \psi\left(i_*^X(\sigma_1), \cdots, i_*^X(\sigma_m), i_*^X(\check{b}_1), \cdots, i_*^X(\check{b}_k), i_*^X(\tau)\right)\right].$$

对于任意的 $b \in M$, 都有 $i_*^X(\check{b}) = \check{b}$; ω 的一个子集的本名仅仅涉及可数个 P 中的条件, 所以, 我们可以取一个足够大的序数 $\alpha < \omega_1^M$ 来保证在所有这 m 个本名 $\sigma_1, \cdots, \sigma_m$ 中用到的条件 r 的定义域 $\mathrm{dom}(r) \in [\alpha]^{<\omega}$. 固定这样一个 α. 如果对于 $\mathrm{dom}(r) \in [\alpha]^{<\omega}$ 的条件 r 都有 $i^X(r) = r$, 那么我们就会有下列等式:

$$i_*^X(\sigma_1) = \sigma_1, \cdots, i_*^X(\sigma_m) = \sigma_m,$$

从而也就有

$$\left[q \Vdash \psi\left(\sigma_1, \cdots, \sigma_m, \check{b}_1, \cdots, \check{b}_k, \tau\right) \right] \Longleftrightarrow \left[i^X(q) \Vdash \psi\left(\sigma_1, \cdots, \sigma_m, \check{b}_1, \cdots, \check{b}_k, i_*^X(\tau)\right) \right].$$

现在令 $\tau = \tau_\alpha$. 固定一个满足下述要求的条件 $q \leqslant p$:

$$\left[q \Vdash \psi\left(\sigma_1, \cdots, \sigma_m, \check{b}_1, \cdots, \check{b}_k, \tau\right) \right] \vee \left[q \Vdash \left(\neg \psi\left(\sigma_1, \cdots, \sigma_m, \check{b}_1, \cdots, \check{b}_k, \tau\right)\right) \right].$$

再令 $X = \alpha \cup \mathrm{dom}(q)$, 以及令 $i = i^X$. 那么, $i(q) = q$, 并且对于所有的

$$\mathrm{dom}(r) \in [\alpha]^{<\omega}$$

的条件 r 都有 $i(r) = r$. 因此,

$$\left[q \Vdash \psi\left(\sigma_1, \cdots, \sigma_m, \check{b}_1, \cdots, \check{b}_k, \tau\right) \right] \iff \left[q \Vdash \psi\left(\sigma_1, \cdots, \sigma_m, \check{b}_1, \cdots, \check{b}_k, i_*(\tau)\right) \right].$$

由此, 或者

$$q \Vdash \left[\psi\left(\sigma_1, \cdots, \sigma_m, \check{b}_1, \cdots, \check{b}_k, \tau\right) \wedge \psi\left(\sigma_1, \cdots, \sigma_m, \check{b}_1, \cdots, \check{b}_k, i_*(\tau)\right) \right],$$

或者

$$q \Vdash \left[\left(\neg \psi\left(\sigma_1, \cdots, \sigma_m, \check{b}_1, \cdots, \check{b}_k, \tau\right)\right) \wedge \left(\neg \psi\left(\sigma_1, \cdots, \sigma_m, \check{b}_1, \cdots, \check{b}_k, i_*(\tau)\right)\right) \right].$$

可是, 根据上面的分析, $\mathbf{1} \Vdash (i_*(\tau) =^* (\check{\omega} - \tau))$; 并且因为 $q \leqslant p$, 所以,

$$q \Vdash \left[\psi\left(\sigma_1, \cdots, \sigma_m, \check{b}_1, \cdots, \check{b}_k, \tau\right) \leftrightarrow \left(\neg \psi\left(\sigma_1, \cdots, \sigma_m, \check{b}_1, \cdots, \check{b}_k, \check{\omega} - \tau\right)\right) \right],$$

以及

$$q \Vdash \left[\psi\left(\sigma_1, \cdots, \sigma_m, \check{b}_1, \cdots, \check{b}_k, \check{\omega} - \tau\right) \leftrightarrow \psi\left(\sigma_1, \cdots, \sigma_m, \check{b}_1, \cdots, \check{b}_k, i_*(\tau)\right) \right].$$

从而

$$q \Vdash \left[\psi\left(\sigma_1, \cdots, \sigma_m, \check{b}_1, \cdots, \check{b}_k, \tau\right) \leftrightarrow \left(\neg \psi\left(\sigma_1, \cdots, \sigma_m, \check{b}_1, \cdots, \check{b}_k, i_*(\tau)\right)\right) \right].$$

这便是一个矛盾. $\qquad\square$

定理 3.13 如果存在 ZFC 的一个可数传递模型, 那么

(1) 存在一个满足下述理论的可数传递模型:

$$\text{ZFC} + \text{GCH} + \text{不存在彻底实数序数可定义的区分.}$$

(2) 存在一个满足下述理论的可数传递模型:

$$\text{ZF} + \text{不存在任何区分.}$$

证明 设 $M \models \text{ZFC} + \text{GCH}$ 为一个可数传递模型. 在 M 中令 $\mathbb{P}$ 为引理 3.52 中所定义的以有限函数给 ω_1^M 添加一个子集 (或者等价地, 添加 ω_1^M 个科恩实数) 的力迫构思. 这是一个在 M 中势为 ω_1^M 的满足可数链条件的力迫概念. 设 G 为 M 之上的一个 $\mathbb{P}$-泛型滤子. 那么根据引理 3.33 以及引理 3.52, 在 $M[G]$ 中, 下述理论成立:

$$\text{ZFC} + \text{GCH} + \text{不存在彻底实数序数可定义的区分.}$$

所以 (1) 得到验证. 为了验证 (2), 在上述论证的基础上, 令 $N = \left(\text{HOD}^{\mathbb{R}}\right)^{M[G]}$. 那么在 N 中下述理论成立:

$$\text{ZF} + \text{不存在任何区分.} \qquad \square$$

推论 3.6(科恩) 如果 ZFC 是一致的, 那么 ZF + (¬AC) 也是一致的.

3.4 马丁公理之合理性

前面我们已经看到, 迭代地为不同的正则基数添加子集, 以至于可以同时增加一些正则基数的幂集的势. 由于所用到的力迫构思事实上都在基础模型之中, 我们可以用偏序乘积来整合那些迭代. 前面我们还看到用可数条件给 ω_1 添加一个科恩子集还顺便得到一棵苏斯林树, 正如同添加一个科恩实数也可以得到一棵苏斯林树一样. 现在的问题是可否用力迫扩张的方式得到一个苏斯林假设成立的模型. 最简单的想法就是试图一步一步地将所有的苏斯林树消灭掉, 因为每一棵规范苏斯林树本身就是一个满足可数链条件和 ω_1-分配律的偏序集合, 以一棵苏斯林树作为力迫构思, 不仅不会改变基数和基数的正则性, 还不会添加任何实数, 并且自然就为那棵树添加一根长度为 ω_1 的树枝. 可是, 新的苏斯林树有可能因此被创造出来. 这就要求我们面对新的苏斯林树, 寻找一种将它也纳入基础模型中的偏序构造之中. 这就要求我们认真地探讨迭代力迫方法, 而不仅仅满足于乘积偏序.

3.4.1 一步迭代

定义 3.31 设 $\mathbb{P}$ 是一个力迫构思. 一个 $\mathbb{P}$-**偏序集名字** $\dot{\mathbb{Q}}$ 是一个满足下述要求的 $\mathbb{P}$-名字三元组 $\dot{\mathbb{Q}} = (\dot{Q}, \dot{\leqslant}_Q, \dot{1}_Q)$: $\dot{1}_Q \in \mathrm{dom}(\dot{Q})$ 以及

$$1_{\mathbb{P}} \Vdash [(\dot{1}_Q \in \dot{Q}) \wedge (\dot{\leqslant}_Q \text{ 是 } \dot{Q} \text{ 上的一个偏序, 并且 } \dot{1}_Q \text{ 是最大元)}].$$

我们将简单地说 $\dot{\mathbb{Q}}$ 是一个 $\mathbb{P}$-偏序集名字, 而将它的偏序的名字和最大元的名字隐去.

定义 3.32(一步迭代) 设 $\mathbb{P}$ 为一个力迫构思. 令 $\dot{\mathbb{Q}}$ 为一个 $\mathbb{P}$-偏序集名字. $\mathbb{P}$ 与 $\dot{\mathbb{Q}}$ 的**一步迭代**是如下定义的偏序集 $\mathbb{P} * \dot{\mathbb{Q}}$:

(1) $P * \dot{Q} = \{(p, \dot{q}) \mid p \in P \wedge \dot{q} \in \mathrm{dom}(\dot{Q}) \wedge p \Vdash \dot{q} \in \dot{Q}\}$;

(2) $(p_1, \dot{q}_1) \leqslant_{P*\dot{Q}} (p_2, \dot{q}_2) \iff [p_1 \leqslant_P p_2 \wedge p_1 \Vdash \dot{q}_1 \dot{\leqslant}_Q \dot{q}_2]$;

(3) $1_{P*\dot{Q}} = (1_{\mathbb{P}}, \dot{1}_Q)$.

有趣的是, 这种力迫构思的一步迭代是前面的力迫构思的乘积偏序 (定义 3.25) 的一种自然推广:

引理 3.53 设 $\mathbb{P}$ 和 $\mathbb{Q}$ 是两个力迫构思. 那么存在一个从它们的乘积偏序 $\mathbb{P} \times \mathbb{Q}$ 到它们的迭代偏序 $\mathbb{P} * \dot{\mathbb{Q}}$ 的稠密嵌入映射, 其中 $\dot{\mathbb{Q}}$ 是 $\mathbb{Q}$ 的 $\mathbb{P}$-名字.

证明 自然的嵌入映射为 $\mathbb{P} \times \mathbb{Q} \ni (p, q) \mapsto (p, \check{q}) \in \mathbb{P} * \dot{\mathbb{Q}}$. 我们将这一映射是一个稠密嵌入映射的验证留作练习. □

定义 3.33(典型嵌入) 令 $\mathbb{P} * \dot{\mathbb{Q}}$ 为一个一步迭代力迫构思. 如下定义 $i : P \to P * \dot{Q}$:

$$\forall p \in P\, (i(p) = (p, \dot{1}_Q)).$$

称 i 为 $\mathbb{P}$ 的**典型嵌入映射**.

引理 3.54(完备嵌入引理) 设 $\mathbb{P} * \dot{\mathbb{Q}}$ 为一个一步迭代. 令 $i : P \to P * \dot{Q}$ 为 $\mathbb{P}$ 的典型嵌入映射. 那么

(1) $\forall p, p' \in P \left((p \leqslant_{\mathbb{P}} p') \leftrightarrow \left((p, 1_Q) \leqslant_{P*\dot{Q}} (p', 1_Q) \right) \right)$;

(2) $i(1_P) = 1_{P*\dot{Q}} = (1_P, \dot{1}_Q)$;

(3) $\forall (p, \dot{q}), (p', \dot{q}') \in P * \dot{Q} \left[(p \perp_{\mathbb{P}} p') \to \left((p, \dot{q}) \perp_{P*\dot{Q}} (p', \dot{q}') \right) \right]$;

(4) $\forall (p, \dot{q}) \in P * \dot{Q} \forall p' \in P \left[(p \perp_{\mathbb{P}} p') \leftrightarrow \left((p, \dot{q}) \perp_{P*\dot{Q}} (p', \dot{1}_Q) \right) \right]$;

(5) $\forall p, p' \in P \left((p \perp_{\mathbb{P}} p') \leftrightarrow \left(i(p) \perp_{P*\dot{Q}} i(p') \right) \right)$;

(6) $i : \mathbb{P} \to \mathbb{P} * \dot{\mathbb{Q}}$ 是一个完备嵌入.

证明 (1) 和 (2) 直接依定义得到.

(3) 固定两个 $(p, \dot{q}), (p', \dot{q}') \in P * \dot{Q}$. 设 $p \perp_{\mathbb{P}} p'$. 如果 $\neg \left((p, \dot{q}) \perp_{P*\dot{Q}} (p', \dot{q}') \right)$, 令 $(r, \dot{s}) \leqslant_{P*\dot{Q}} (p, \dot{q})$ 以及 $(r, \dot{s}) \leqslant_{P*\dot{Q}} (p', \dot{q}')$, 那么, 依定义必有 $r \leqslant_{\mathbb{P}} p$ 以及 $r \leqslant_{\mathbb{P}} p'$. 这是一个矛盾.

(4) 固定 $(p, \dot{q}) \in P * \dot{Q}$ 以及 $p' \in P$. 设 $p \perp_{\mathbb{P}} p'$. 如果 $\neg \big((p, \dot{q}) \perp_{P * \dot{Q}} (p', \mathbf{1}_Q) \big)$, 令 $(r, \dot{s}) \leqslant_{P * \dot{Q}} (p, \dot{q})$ 以及 $(r, \dot{s}) \leqslant_{P * \dot{Q}} (p', \mathbf{1}_Q)$, 那么, 依定义必有 $r \leqslant_{\mathbb{P}} p$ 以及 $r \leqslant_{\mathbb{P}} p'$. 这是一个矛盾. 反之, 设 $\big((p, \dot{q}) \perp_{P * \dot{Q}} (p', \mathbf{1}_Q) \big)$. 如果 $\neg (p \perp_{\mathbb{P}} p')$, 令 $r \leqslant_{\mathbb{P}} p$ 以及 $r \leqslant_{\mathbb{P}} p'$, 那么

$$(r, \dot{q}) \leqslant_{P * \dot{Q}} (p, \dot{q}) \ \wedge \ (r, \dot{q}) \leqslant_{P * \dot{Q}} (p', \mathbf{1}_Q).$$

这就是一个矛盾.

(5) 由 (3) 和 (4) 以及典型嵌入映射 i 的定义即得.

(6) 从 $\mathbb{P}$ 到 $\mathbb{P} * \dot{Q}$ 的典型嵌入映射 $i : p \mapsto (p, \mathbf{1}_Q)$ 自然是一个保序映射, 并且根据 (4), i 保持冲突性. 我们剩下来需要验证的, 根据定义 3.28, 就是 i 具有稠密相容性 (定义 3.28 中的 (3)). 设 $(p, \dot{q}) \in P * \dot{Q}$ 为任意一个条件. 对于任意的 $r \leqslant_{\mathbb{P}} p$, 必有 $r \Vdash \dot{q} \in \dot{Q}$, 以及

$$(r, \dot{q}) \leqslant_{P * \dot{Q}} (p, \dot{Q}) \ \wedge \ (r, \dot{q}) \leqslant_{P * \dot{Q}} (r, \mathbf{1}_Q) = i(r).$$

所以, 定义 3.28 中的 (3) 也被满足. 从而, i 是一个完备嵌入映射. □

定义 3.34 (迭代泛型滤子) 设 G 是 M 之上的一个 $\mathbb{P}$-泛型滤子, 以及 H 是 $M[G]$ 上的一个 $\dot{\mathbb{Q}}/G$-泛型滤子. 定义

$$G * H = \{ (p, \dot{q}) \in P * \dot{Q} \mid p \in G \wedge \dot{q}/G \in H \}.$$

定理 3.14 (一步迭代引理) 设 $\mathbb{R} = \mathbb{P} * \dot{\mathbb{Q}}$ 为一个一步迭代.

(1) 如果 G 是 M 之上的一个 $\mathbb{P}$-泛型滤子, H 是 $M[G]$ 之上的一个 $\dot{\mathbb{Q}}/G$-泛型滤子, 那么 $G * H$ 是 M 之上的一个 $\mathbb{R} = \mathbb{P} * \dot{\mathbb{Q}}$-泛型滤子.

(2) 如果 K 是 M 之上的一个 $\mathbb{R}$-泛型滤子,

(a) 令

$$G = \{ p \in P \mid \exists \dot{q} \in \mathrm{dom}(\dot{Q}) \ (p, \dot{q}) \in K \},$$

那么 G 是 M 之上的一个 $\mathbb{P}$-泛型滤子;

(b) 令

$$H = \{ \dot{q}/G \ \dot{q} \in \mathrm{dom}(\dot{Q}) \wedge \exists p \ (p, \dot{q}) \in K \},$$

那么 H 是 $M[G]$ 之上的一个 $\dot{\mathbb{Q}}/G$-泛型滤子;

(c) $K = G * H$.

证明 (1) 设 G 为 M 之上的 $\mathbb{P}$-泛型滤子, 以及 H 为 $M[G]$ 之上的 $\dot{\mathbb{Q}}/G$-泛型滤子. 那么

$$G * H = \{ (p, \dot{q}) \in P * \dot{Q} \mid p \in G \wedge \dot{q}/G \in H \}$$

是一个滤子: 设 $(p, \dot{q}) \in G * H$ 以及 $(p, \dot{q}) \leqslant_{\mathbb{P} * \dot{Q}} (r, \dot{s})$. 根据定义 3.32,

$$p \leqslant_{\mathbb{P}} r \wedge p \Vdash \dot{q} \dot{\leqslant}_Q \dot{s}.$$

因此, $r \in G$ 以及 $H \ni \dot{q}/G (\dot{\leqslant}_Q) /G \dot{s}/G$, 从而 $\dot{s}/G \in H$. 于是, $(r, \dot{s}) \in G * H$. 再设 $(p, \dot{q}) \in G * H$ 和 $(p_1, \dot{q}_1) \in G * H$. 由此得知 $p \in G, p_1 \in G$ 以及 $\dot{q}/G \in H, \dot{s}/G \in H$. 令 $p_2 \in G$ 满足 $p_2 \leqslant_{\mathbb{P}} p$ 和 $p_2 \leqslant_{\mathbb{P}} p_1$. 因为

$$p_2 \Vdash \dot{q} \in \dot{H} \wedge \dot{s} \in \dot{H} \wedge \dot{H} \text{是一个滤子,}$$

所以

$$p_2 \Vdash \exists t \in \dot{H} \left(t \dot{\leqslant}_Q \dot{q} \wedge t \dot{\leqslant}_Q \dot{s} \right).$$

根据引理 3.9 中的极大原理, 令 $\dot{i} \in \mathrm{dom}(\dot{H})$ 来见证

$$p_2 \Vdash \left(\dot{i} \in \dot{H} \wedge \dot{i} \dot{\leqslant}_Q \dot{q} \wedge \dot{i} \dot{\leqslant}_Q \dot{s} \right).$$

因为 $p_2 \in G$, 所以 $\dot{i}/G \in H$ 以及 $\dot{i}/G \leqslant_Q \dot{q}/G$ 和 $\dot{i}/G \leqslant_Q \dot{s}/G$. 于是, $(p_2, \dot{i}) \in G * H$, 并且

$$(p_2, \dot{i}) \leqslant_{\mathbb{P} * \dot{Q}} (p, \dot{q}) \wedge (p_2, \dot{i}) \leqslant_{\mathbb{P} * \dot{Q}} (p_1, \dot{s}).$$

现在设 $D \subseteq P * \dot{Q}$ 为 M 中的 $\mathbb{P} * \dot{Q}$ 的一个稠密子集. 在 $M[G]$ 中, 定义

$$D_1 = \{\dot{q}/G \mid \exists p \in G \, (p, \dot{q}) \in D\}.$$

那么 D_1 在 $M[G]$ 之中, 并且 D_1 是 $\dot{Q}/G$ 的一个稠密子集.

欲见稠密性, 令 $\dot{q}_0$ 为一个 M 中的 $\mathbb{P}$-名字并且满足要求 $\dot{q}_0 \in \mathrm{dom}(\dot{Q})$ 和 $\dot{q}_0/G \in \dot{Q}/G$. 根据真相引理 (引理 3.4), 令 $p \in G$ 满足 $p \Vdash \dot{q}_0 \in \dot{\mathbb{Q}}$. 考虑

$$D_0 = \{r \in P \mid r \leqslant p \wedge \exists \dot{q} \in \mathrm{dom}(\dot{\mathbb{Q}}) ((r, \dot{q}) \in D \wedge [r \Vdash \dot{q} \leqslant \dot{q}_0])\}.$$

根据可定义性引理 (引理 3.5), $D_0 \in M$, 并且 D_0 在 p 之下是稠密的: 设 $r_1 \leqslant p$. 那么 $(r_1, \dot{q}_0) \in \mathbb{P} * \dot{Q}$. 由 D 的稠密性, 令 $(r_2, \dot{q}_1) \in D$ 满足不等式 $(r_2, \dot{q}_1) \leqslant (r_1, \dot{q}_0)$. 由此得到 $r_2 \in D_0$. 这就表明 D_0 在 p 之下的确是稠密的. 现在令 $r \in G \cap D_0$ 以及令 $\dot{q}_1 \in \mathrm{dom}(\dot{\mathbb{Q}})$ 满足 $(r, \dot{q}_1) \in D$ 和 $r \Vdash \dot{q}_1 \leqslant \dot{q}_0$. 于是 $\dot{q}_1/G \in D_1$ 以及 $\dot{q}_1/G \leqslant \dot{q}_0/G$. 从而 D_1 是 $\dot{\mathbb{Q}}/G$ 的一个稠密子集.

这样一来, $H \cap D_1$ 就非空. 令 $\dot{q}/G \in H \cap D_1$. 根据 D_1 的定义, 令 $p \in G$ 满足 $(p, \dot{q}) \in D$. 因此, $(p, \dot{q}) \in D \cap G * H$.

这就证明了 $G * H$ 是 M 之上的一个 $\mathbb{P} * \dot{\mathbb{Q}}$-泛型滤子.

(2) 令 K 为 M 之上的一个 $\mathbb{P} * \dot{\mathbb{Q}}$-泛型滤子.

(2)(a) 置

$$G = \{p \in P \mid \exists q \in \mathrm{dom}(\dot{\mathbb{Q}})\,((p, q) \in K)\}.$$

我们需要证明 G 是 M 之上的一个 $\mathbb{P}$-泛型滤子.

首先, 它的确是一个滤子: 设 $p \in G$ 以及 $p \leqslant_{\mathbb{P}} p_1$. 令 $\dot{q} \in \mathrm{dom}(\dot{\mathbb{Q}})$ 满足 $(p, \dot{q}) \in K$, 从而见证 $p \in G$. 那么 $(p, \dot{q}) \leqslant (p_1, \dot{q})$. 因为 K 是一个滤子, 所以 $(p_1, \dot{q}) \in K$. 这就保证了 $p_1 \in G$. 再设 $p \in G$ 以及 $p_1 \in G$. 令 $\dot{q} \in \mathrm{dom}(\dot{\mathbb{Q}})$ 满足 $(p, \dot{q}) \in K$ 以见证 $p \in G$; 以及令 $\dot{q}_1 \in \mathrm{dom}(\dot{\mathbb{Q}})$ 满足 $(p_1, \dot{q}_1) \in K$ 以见证 $p_1 \in G$. 因为 K 是一个滤子, 令 $(r, \dot{s}) \in K$ 满足不等式

$$(r, \dot{s}) \leqslant (p, \dot{q}) \wedge (r, \dot{s}) \leqslant (p_1, \dot{q}_1).$$

因此, $r \in G$ 并且 $r \leqslant_{\mathbb{P}} p$ 以及 $r \leqslant_{\mathbb{P}} p_1$. 这些就表明 G 是一个滤子.

其次, G 是 M 之上的一个 $\mathbb{P}$-泛型滤子. 为此, 固定 D 为 M 中的一个 $\mathbb{P}$-稠密子集. 令

$$D_1 = \{(p, \dot{q}) \in \mathbb{P} * \dot{\mathbb{Q}} \mid p \in D\}.$$

那么 $D_1 \in M$ 是 $\mathbb{P} * \dot{\mathbb{Q}}$ 的一个稠密子集: 任意给定一个 $(r, \dot{s}) \in \mathbb{P} * \dot{\mathbb{Q}}$. 根据 D 的稠密性, 令 $p \in D$ 满足 $p \leqslant_{\mathbb{P}} r$. 那么 $(p, \dot{s}) \leqslant (r, \dot{s})$ 以及 $(p, \dot{s}) \in D_1$. 这表明 D_1 是稠密的. 依据 K 的泛型特性, $K \cap D_1 \neq \varnothing$. 由此得知 $G \cap D \neq \varnothing$. 所以 G 是 M 上的 $\mathbb{P}$-泛型滤子.

(2)(b) 在 $M[G]$ 中, 定义

$$H = \{\dot{q}/G \mid \dot{q} \in \mathrm{dom}(\dot{\mathbb{Q}}) \wedge \exists p \in P\,((p, \dot{q}) \in K)\}.$$

那么 H 是 $M[G]$ 之上的一个 $\dot{\mathbb{Q}}/G$-泛型滤子.

欲见 H 是一个滤子, 设 $\dot{q} \in \mathrm{dom}(\dot{\mathbb{Q}})$, $\dot{q}_1 \in \mathrm{dom}(\dot{\mathbb{Q}})$, $\dot{q}/G \in H$ 以及 $\dot{q}/G \leqslant_Q \dot{q}_1/G$. 令 $p \in P$ 满足 $(p, \dot{q}) \in K$ 以见证 $\dot{q}/G \in H$. 此 $p \in G$. 不妨假设 $p \Vdash \dot{q} \leqslant_Q \dot{q}_1$. 于是 $(p, \dot{q}) \leqslant (p, \dot{q}_1)$. 因为 K 是一个滤子, $(p, \dot{q}_1) \in K$. 所以, $\dot{q}_1/G \in H$. 再设 $\dot{q} \in \mathrm{dom}(\dot{\mathbb{Q}})$, $\dot{q}_1 \in \mathrm{dom}(\dot{\mathbb{Q}})$, $\dot{q}/G \in H$ 以及 $\dot{q}_1/G \in H$. 令 $p \in P$ 满足 $(p, \dot{q}) \in K$ 以见证 $\dot{q}/G \in H$; 令 $p_1 \in P$ 满足 $(p_1, \dot{q}_1) \in K$ 以见证 $\dot{q}_1/G \in H$. 令 $(p_2, \dot{q}_2) \in K$ 满足 $(p_2, \dot{q}_2) \leqslant (p, \dot{q})$ 和 $(p_2, \dot{q}_2) \leqslant (p_1, \dot{q}_1)$. 那么 $p_2 \in G$, 并且 $\dot{q}_2/G \in H$, $\dot{q}_2/G \leqslant_Q \dot{q}/G$ 和 $\dot{q}_2/G \leqslant_Q \dot{q}_1/G$. 这些就表明 H 是一个滤子.

欲见 H 的泛型性, 固定 $\dot{\mathbb{Q}}/G$ 的在 $M[G]$ 中的稠密子集 D. 令 $\dot{D}$ 为一个 $\mathbb{P}$-名字以至于 $D = \dot{D}/G$. 根据真相引理 (引理 3.4), 令 $p \in G$ 来见证

$$p \Vdash \dot{D} \text{ 是 } \dot{\mathbb{Q}} \text{ 的一个稠密子集}.$$

令 $\dot{q}_0$ 满足 $\dot{q}_0 \in \mathrm{dom}(\dot{\mathbb{Q}})$ 以及 $(p,\dot{q}_0) \in K$, 以见证 $p \in G$. 考虑

$$D_0 = \left\{ (r,\dot{q}) \in \mathbb{P} * \dot{\mathbb{Q}} \;\middle|\; r \leqslant_{\mathbb{P}} p \wedge \left[r \Vdash \left(\dot{q} \in \dot{D} \wedge \dot{q} \dot{\leqslant}_Q \dot{q}_0 \right) \right] \right\}.$$

结论: $D_0 \in M$ 在 $(p,\dot{q}_0)$ 之下是稠密的. 根据可定义性引理 (引理 3.5) 知 $D_0 \in M$. 欲证稠密性, 设 $(p_1,\dot{q}_1) \leqslant (p,\dot{q}_0)$. 那么

$$p_1 \leqslant_{\mathbb{P}} p \wedge [p_1 \Vdash \dot{q}_1 \dot{\leqslant}_Q \dot{q}_0].$$

因为 $p_1 \leqslant_{\mathbb{P}} p$ 以及 $p \in G$, 所以

$$p_1 \Vdash \dot{D} \text{ 是 } \dot{\mathbb{Q}} \text{ 的一个稠密子集}.$$

从而

$$p_1 \Vdash \left(\exists q \in \dot{D} \left(q \dot{\leqslant}_Q \dot{q}_1 \right) \right).$$

根据引理 3.9 中的极大原理, 令 $\dot{q}_2 \in \mathrm{dom}(\dot{D})$ 来满足

$$p_1 \Vdash \left(\dot{q}_2 \in \dot{D} \wedge \left(\dot{q}_2 \dot{\leqslant}_Q \dot{q}_1 \right) \right).$$

于是, $(p_1,\dot{q}_2) \in D_0$ 并且 $(p_1,\dot{q}_2) \leqslant (p_1,\dot{q}_1)$. 这就证明了 D_0 在 $(p,\dot{q}_0)$ 之下是稠密的. 令 $(r,\dot{q}) \in D_0 \cap K$. 那么 $r \in G$ 并且 $r \Vdash \dot{q} \in \dot{D}$. 由此, $\dot{q}/G \in H \cap D$.

(2)(c) 由定义,

$$G = \{ p \in P \mid \exists q \in \mathrm{dom}(\dot{\mathbb{Q}}) ((p,q) \in K) \},$$
$$H = \{ \dot{q}/G \mid \dot{q} \in \mathrm{dom}(\dot{\mathbb{Q}}) \wedge \exists p \in P ((p,\dot{q}) \in K) \},$$
$$G * H = \{ (p,\dot{q}) \in P * \dot{Q} \mid p \in G \wedge \dot{q}/G \in H \}.$$

设 $(p,\dot{q}) \in K$, 那么 $p \in G$ 以及 $\dot{q}/G \in H$, 从而 $(p,\dot{q}) \in G * H$. 于是 $K \subseteq G * H$. 再设 $(p,\dot{q}) \in G * H$, 那么 $p \in G$ 以及 $\dot{q}/G \in H$. 令 $p_1 \in P$ 满足 $(p_1,\dot{q}) \in K$ 以见证 $\dot{q}/G \in H$. 此 $p_1 \in G$. 令 $r \in G$ 满足 $r \leqslant_{\mathbb{P}} p$ 以及 $r \leqslant_{\mathbb{P}} p_1$. 令 $\dot{q}_1 \in \mathrm{dom}(\dot{\mathbb{Q}})$ 满足 $(r,\dot{q}_1) \in K$ 以见证 $r \in G$. 令 $(p_2,\dot{q}_2) \in K$ 来满足不等式

$$(p_2,\dot{q}_2) \leqslant (p_1,\dot{q}) \wedge (p_2,\dot{q}_2) \leqslant (r,\dot{q}_1).$$

所以 $(p_2,\dot{q}_2) \leqslant (p,\dot{q})$. 从而, $(p,\dot{q}) \in K$. 这表明: $G * H \subseteq K$.

综上所述, $K = G * H$. □

引理 3.55　设 $\mathbb{P}$ 是一个力迫构思, κ 是一个正则基数. 那么如下两个命题等价:

(1) $\mathbb{P}$ 满足 κ-分配律;

(2) 如果 $\dot{f}$ 是一个 $\mathbb{P}$-名字, 并且 $1 \Vdash \dot{f} : \check{\kappa} \to \mathrm{Ord}$, 那么集合

$$\{p \in P \mid \exists \theta \in \mathrm{Ord}\, \exists h\, (h : \kappa \to \theta \wedge p \Vdash (\check{h} = \dot{f}))\}$$

是一个稠密集合.

证明　(1) $\Rightarrow$ (2). 设 $\dot{f}$ 是一个 $\mathbb{P}$-名字, 并且 $1 \Vdash \dot{f} : \check{\kappa} \to \mathrm{Ord}$. 令

$$D = \{p \in P \mid \exists \theta \in \mathrm{Ord}\, \exists h\, (h : \kappa \to \theta \wedge p \Vdash (\check{h} = \dot{f}))\}.$$

对于 $\alpha < \kappa$, 令

$$D_\alpha = \{p \in P \mid \exists \beta \in \mathrm{Ord}\, [p \Vdash (\dot{f}(\check{\alpha}) = \check{\beta})]\}.$$

那么 D_α 是一个稠密开集. 根据 (1), $\mathbb{P}$ 满足 κ-分配律. 因此,

$$C = \bigcap_{\alpha < \kappa} D_\alpha$$

是一个稠密开集. 设 $p \in P$ 为任意一个条件. 令 $q \in C$ 满足 $q \leqslant p$. 对于每一 $\alpha < \kappa$, 因为 $q \in D_\alpha$, 令 $\beta \in \mathrm{Ord}$ 满足等式

$$q \Vdash (\dot{f}(\check{\alpha}) = \check{\beta}),$$

这样的 β 是唯一的, 令 $h(\alpha) = \beta$. 于是, $\forall \alpha < \kappa\, [q \Vdash (\dot{f}(\check{\alpha}) = \check{h}(\check{\alpha}))]$. 此 $q \in D$, 并且 $q \leqslant p$. 所以 D 是稠密的.

(2) $\Rightarrow$ (1). 设 $\langle D_\alpha \mid \alpha < \kappa \rangle$ 为 $\mathbb{P}$ 的稠密开集的长度为 κ 的序列. 对于每一个 $\alpha < \kappa$, 令 $A_\alpha \subset D_\alpha$ 为一个极大冲突子集, 并且设

$$A_\alpha = \{p_\gamma^\alpha \mid \gamma < \theta_\alpha\}$$

为 A_α 的一个单一列表. 令

$$\dot{f} = \{(\mathrm{xd}(\check{\alpha}, \check{\gamma}), p_\gamma^\alpha) \mid \alpha < \kappa \wedge \gamma < \theta_\alpha\}.$$

其中 xd 是例 3.4 中定义的将两个名字整合成一个有序对的名字的函数. 那么 $\dot{f}$ 是一个名字, 并且 $1 \Vdash (\dot{f} : \check{\kappa} \to \mathrm{Ord})$. 令

$$D = \{p \in P \mid \exists \theta \in \mathrm{Ord}\, \exists h\, (h : \kappa \to \theta \wedge p \Vdash (\check{h} = \dot{f}))\}.$$

根据 (2), D 是一个稠密子集. 对于 $p \in D$, 令 $h : \kappa \to \mathrm{Ord}$ 见证 $p \Vdash (\check{h} = \dot{f})$. 因此,

$$\forall \alpha < \kappa\, (p \Vdash (\check{p}_{h(\alpha)}^\alpha \in \dot{G})).$$

因为 $\mathbb{P}$ 是一个力迫构思, 它具有可分性, 根据引理 3.8, 这就意味着

$$\forall \alpha < \kappa \, (p \leqslant p_{h(\alpha)}^{\alpha} \in D_\alpha).$$

从而

$$D \subset \bigcap_{\alpha < \kappa} D_\alpha. \qquad \square$$

定理 3.15 (迭代分配律)   设 $M \models \text{ZFC}$ 为一个可数传递模型, $\mathbb{P} \in M$ 为一个力迫构思, $\dot{\mathbb{Q}} \in M^{\mathbb{P}}$ 为一个 $\mathbb{P}$-偏序集名字. 设 $\kappa \in M$ 是 M 中的一个正则基数.

(1) 如果 $M \models \mathbb{P}$ 是 κ-完全的, 并且 $\mathbb{1}_P \Vdash_{\mathbb{P},M} \dot{\mathbb{Q}}$ 是 $\check{\kappa}$-完全的, 那么 $M \models \mathbb{P} * \dot{\mathbb{Q}}$ 是 κ-完全的.

(2) 如果 $M \models \mathbb{P}$ 满足 κ-分配律, 并且 $\mathbb{1}_P \Vdash_{\mathbb{P},M} \dot{\mathbb{Q}}$ 满足 $\check{\kappa}$-分配律, 那么 $M \models \mathbb{P} * \dot{\mathbb{Q}}$ 满足 κ-分配律.

证明   我们在给定的模型 M 之中工作.

(1) 完全性. 设 $(p_0, \dot{q}_0) \geqslant \cdots \geqslant (p_\alpha, \dot{q}_\alpha) \geqslant \cdots$ 为一个单调递减的长度为 $\lambda < \kappa$ 的条件序列. 由于 $\mathbb{P}$ 是 κ-完全的, 令 p 满足 $\forall \alpha < \lambda \, (p \leqslant p_\alpha)$. 那么,

$$p \Vdash \forall \alpha < \beta < \check{\lambda} \, \left(\dot{q}_\beta \dot{\leqslant}_Q \dot{q}_\alpha \right).$$

因为 $p \Vdash \dot{\mathbb{Q}}$ 是 $\check{\kappa}$-完全的,

$$p \Vdash \exists q \, \left(q \in \dot{\mathbb{Q}} \wedge \forall \alpha < \check{\lambda} \, (q \dot{\leqslant}_Q \dot{q}_\alpha) \right).$$

根据引理 3.9 中的极大原理, 令 $\dot{q} \in \mathrm{dom}(\dot{\mathbb{Q}})$ 满足

$$p \Vdash \forall \alpha < \check{\lambda} \, (q \dot{\leqslant}_Q \dot{q}_\alpha).$$

那么, 对于任意的 $\alpha < \lambda$ 都有 $(p, \dot{q}) \leqslant (p_\alpha, \dot{q}_\alpha)$.

(2) 分配律. 应用引理 3.55 以及定理 3.14. 设 $K = G * H$ 为 M 之上的 $\mathbb{P} * \dot{\mathbb{Q}}$-泛型滤子. 由于

$$M[K] = M[G][H],$$

如果在 $M[K]$ 中有 $f : \kappa \to \mathrm{Ord}$, 根据 $\dot{\mathbb{Q}}/G$ 在 $M[G]$ 中满足 κ-分配律的假设, 以及引理 3.55, $f \in M[G]$; 再由于 $\mathbb{P}$ 在 M 中满足 κ-分配律, 再次引用引理 3.55, 得知 $f \in M$. 再次由引理 3.55, 得知 $\mathbb{P} * \dot{\mathbb{Q}}$ 在 M 中满足 κ-分配律. $\qquad \square$

引理 3.56   设 κ 是一个正则基数, 并且 $\mathbb{P}$ 满足 κ-链条件, τ 是一个 $\mathbb{P}$-名字. 如果

$$\mathbb{1}_P \Vdash (\tau \subset \check{\kappa} \wedge |\tau| < \check{\kappa}),$$

那么 $\exists \alpha < \kappa \, [\mathbb{1}_P \Vdash \tau \subseteq \check{\alpha}]$.

证明 令 τ 为一个 $\mathbb{P}$-名字, 并且假设 $1 \Vdash (\tau \subset \check{\kappa} \wedge |\tau| < \check{\kappa})$. 因为 κ 是一个正则基数, $\mathbb{P}$ 满足 κ-链条件, 根据引理 3.34, $1 \Vdash \check{\kappa}$ 是一个正则基数. 于是, $1 \Vdash (\exists \gamma \in \check{\kappa} \, \tau \subseteq \gamma)$. 令

$$D = \{p \in P \mid \exists \alpha \in \kappa \, [p \Vdash \check{\alpha} = \sup(\tau)]\}.$$

根据上面的分析得知 D 是稠密的. 令 $A \subset D$ 为一个极大冲突子集. 由于 $\mathbb{P}$ 满足 κ-链条件, $|A| < \kappa$. 对于每一个 $p \in A$, 令 $\alpha_p < \kappa$ 来见证 $p \in D$. 令 $\gamma = \sup\{\alpha_p + 1 \mid p \in A\}$. 因为 κ 是一个正则基数, $|A| < \kappa$, 所以 $\gamma < \kappa$. 由此, $1 \Vdash \tau \subseteq \gamma$. □

在讨论添加科恩实数时, 我们验证过科恩力迫构思具备性质 (K)(见引理 3.29).

定义 3.35(性质 (K)) 称一个偏序集**具备性质**(K) 当且仅当该偏序集的任何一个不可数子集都必然包含一个不可数的彼此相容的子集合.

定理 3.16(迭代链条件) 设 $M \models$ ZFC 为一个可数传递模型, $\mathbb{P} \in M$, $\dot{\mathbb{Q}} \in M^{\mathbb{P}}$.

(1) 设 $M \models \kappa$ 是一个正则基数. 如果 $M \models \mathbb{P}$ 满足 κ-链条件, 并且 $1_{\mathbb{P},M} \Vdash \dot{\mathbb{Q}}$ 满足 $\check{\kappa}$-链条件, 那么 $M \models \mathbb{P} * \dot{\mathbb{Q}}$ 满足 κ-链条件.

(2) 如果 $M \models \mathbb{P}$ 具备性质 (K) 并且 $1_{\mathbb{P},M} \Vdash \dot{\mathbb{Q}}$ 具备性质 (K), 那么 $M \models \mathbb{P} * \dot{\mathbb{Q}}$ 具备性质 (K).

证明 (1) 假设不然. 我们在 M 中来讨论. 假设 $\{(p_\alpha, \dot{q}_\alpha) \mid \alpha < \kappa\}$ 是 $\mathbb{P} * \dot{\mathbb{Q}}$ 的一个冲突子集. 定义 $\sigma = \{(\check{\xi}, p_\xi) \mid \xi < \kappa\}$. 那么 σ 是一个 $\mathbb{P}$-名字, 并且

$$\forall \xi < \kappa \, [p_\xi \Vdash \check{\xi} \in \sigma] \ \text{以及} \ [1 \Vdash \sigma \subset \check{\kappa}].$$

我们来证明: $1 \Vdash |\sigma| < \check{\kappa}$.

为此, 令 G 为 M 之上的一个 $\mathbb{P}$-泛型滤子. 在 $M[G]$ 中, $\sigma/G = \{\xi < \kappa \mid p_\xi \in G\}$.

断言 如果 $\xi, \eta \in \sigma/G$ 并且 $\xi \neq \eta$, 那么 $\dot{q}_\xi/G \perp \dot{q}_\eta/G$.

假设断言不成立. 令 $\xi, \eta \in \sigma/G$ 不相同, 并且 $\dot{q}_\xi/G$ 与 $\dot{q}_\eta/G$ 相容. 令 $\dot{q}$ 为见证它们的相容性的一个名字, 即 $\dot{q}/G$ 是一个比它们都强的条件. 根据真相引理 (引理 3.4), 令 $p \in G$ 满足要求

$$p \Vdash \dot{q} \dot{\leqslant}_{\mathbb{Q}} \dot{q}_\xi \wedge \dot{q} \dot{\leqslant}_{\mathbb{Q}} \dot{q}_\eta.$$

根据 σ/G 的定义, $p_\xi \in G$ 并且 $p_\eta \in G$. 取 $r \in G$ 来满足不等式 $r \leqslant p$, $r \leqslant p_\xi$ 以及 $r \leqslant p_\eta$. 这就意味着 $(r, \dot{q})$ 是一个比 $(p_\xi, \dot{q}_\xi)$ 和 $(p_\eta, \dot{q}_\eta)$ 都强的条件. 这是一个矛盾. 于是, 断言得证.

由于 $\dot{\mathbb{Q}}/G$ 满足 κ-链条件, 根据上面的断言, 我们得到 $|\sigma/G| < \kappa$.

这就证明了 $1 \Vdash |\sigma| < \check{\kappa}$.

根据引理 3.56, 令 $\beta < \kappa$ 满足 $1 \Vdash \sigma \subseteq \check{\beta}$. 可是, $p_\beta \Vdash \check{\beta} \in \sigma$. 这是一个矛盾. (1) 由此得证.

(2) 设 $\{(p_\alpha, \dot{q}_\alpha) \mid \alpha < \omega_1\}$ 为 $\mathbb{P} * \dot{\mathbb{Q}}$ 的一个不可数子集的单一列表.

类似于 (1) 的证明, 定义 $\sigma = \{(\check{\xi}, p_\xi) \mid \xi < \omega_1\}$. 那么 σ 是一个 $\mathbb{P}$-名字, 并且

$$\forall \xi < \omega_1 \, [p_\xi \Vdash \check{\xi} \in \sigma] \text{ 以及 } [1 \Vdash \sigma \subset \check{\omega}_1].$$

还请注意: 如果 $\xi < \omega_1$ 以及 $r \Vdash \check{\xi} \in \sigma$, 那么 $r \leqslant p_\xi$.

断言 $\exists p \, [p \Vdash \sigma \subseteq \check{\omega}_1 \text{ 不可数 }]$.

如果不然, $1 \Vdash \sigma$ 是可数的. 令 $\beta < \omega_1$ 满足 $1 \Vdash \sigma \subseteq \check{\beta}$. 可是, $p_\beta \Vdash \check{\beta} \in \sigma$. 我们得到一个矛盾. 因此, 断言成立.

根据断言, 固定 $p \Vdash \sigma$ 不可数. 因为 $p \Vdash \dot{\mathbb{Q}}$ 具备性质 (K),

$$p \Vdash \exists w \subseteq \sigma \, (w \text{不可数} \wedge \forall \alpha \in w \forall \beta \in w (\dot{q}_\alpha \text{ 与 } \dot{q}_\beta \text{ 相容})).$$

根据引理 3.9 中的极大原理, 令 $\dot{w}$ 为一个名字来保证

$$p \Vdash \dot{w} \subseteq \sigma \, (\dot{w} \text{不可数} \wedge \forall \alpha \in \dot{w} \forall \beta \in \dot{w} (\dot{q}_\alpha \text{ 与 } \dot{q}_\beta \text{ 相容})).$$

令 $A = \{\alpha < \omega_1 \mid \exists r \leqslant p \, [r \Vdash \check{\alpha} \in \dot{w}]\}$. 那么 A 不可数. 对于每一个 $\alpha \in A$, 取 r_α 来见证

$$r_\alpha \Vdash \check{\alpha} \in \dot{w} \subseteq \sigma.$$

如果 $\{r_\alpha \mid \alpha \in A\}$ 是可数的, 那么必有一个 r 和一个不可数的 $B \subseteq A$ 来实现 $\forall \alpha \in B \, (r_\alpha = r)$; 否则, 由于 $\mathbb{P}$ 具备性质 (K), 必有一个不可数的 $B \subseteq A$ 来见证

$$\forall \alpha \in B \forall \beta \in B \, (\alpha \neq \beta \rightarrow \exists r \, (r \leqslant r_\alpha \wedge r \leqslant r_\beta)).$$

取 $B \subseteq A$ 为这样的一个不可数子集. 任意固定 $\alpha, \beta \in B$. 令 r 满足不等式 $r \leqslant r_\alpha$ 以及 $r \leqslant r_\beta$. 由 $r_\alpha \leqslant p_\alpha$ 以及 $r_\beta \leqslant p_\beta$ 得知 $r \leqslant p_\alpha$ 和 $r \leqslant p_\beta$, 以及

$$r \Vdash \check{\alpha} \in \dot{w} \wedge \check{\beta} \in \dot{w}.$$

又因为 $r \leqslant p$, 我们得到 $r \Vdash \exists q \, (q \dot{\leqslant}_Q \dot{q}_\alpha \wedge q \dot{\leqslant}_Q \dot{q}_\beta)$. 根据引理 3.9 中的极大原理, 令 $\dot{q} \in \text{dom}(\dot{\mathbb{Q}})$ 为一个名字来实现

$$r \Vdash (\dot{q} \dot{\leqslant}_Q \dot{q}_\alpha \wedge \dot{q} \dot{\leqslant}_Q \dot{q}_\beta).$$

那么 $(r, \dot{q}) \leqslant (p_\alpha, \dot{q}_\alpha)$ 以及 $(r, \dot{q}) \leqslant (p_\beta, \dot{q}_\beta)$.

(2) 于是得证. $\qquad\qquad\qquad\qquad\qquad\qquad\qquad\qquad\qquad\qquad\qquad\qquad \square$

3.4.2 有限支撑迭代

前面我们探讨了如何利用力迫扩张结构中新产生的力迫构思来进一步实施力迫扩张的问题. 答案是应用力迫构思 $\mathbb{P}$-偏序集名字 $\dot{\mathbb{Q}}$ 来构造一步迭代力迫构思 $\mathbb{P} * \dot{\mathbb{Q}}$. 这种一步迭代构造自然地可以继续下去: 应用力迫构思 $\mathbb{P} * \dot{\mathbb{Q}}$-偏序名字 $\dot{\mathbb{R}}$ 进一步构造出新的迭代力迫构思 $(\mathbb{P} * \dot{\mathbb{Q}}) * \dot{\mathbb{R}}$. 以此类推, 乃至无穷. 这样, 当务之急, 我们面临两个需要解决的问题: 一个是怎样系统性地表示这种一步一步迭代出来的力迫构思; 另一个是当我们完成了 ω 步迭代构造之后, 如何处理极限步的构造. 第一个问题比较好解决. 比如, 给定一个 $\mathbb{P}$, 我们应用同构的方式, 将 $\mathbb{P}$ 用长度为 1 的序列表示出来得到一个与 $\mathbb{P}$ 同构的偏序集 $\mathbb{P}_1$; 将 $\dot{\mathbb{Q}}$ 看成 $\mathbb{P}_1$-偏序集名字 $\dot{\mathbb{Q}}_1$, 然后将 $\mathbb{P} * \dot{\mathbb{Q}}$ 同构地用长度为 2 的序列表示出来:

$$p \in P_2 \leftrightarrow \left(p\restriction_1 \in P_1 \wedge p\restriction_1 \Vdash p(1) \in \dot{\mathbb{Q}}_1 \right).$$

等等, 以此类推. 第二个问题的解决方案恰恰为我们提供了迭代力迫构造的丰富的可能性. 依旧是用序列来表示力迫构思的条件, 但是会因为对支撑的选择得到不一样的极限步力迫构造结果. 在这里, 我们先来探讨以下**有限支撑迭代力迫构造**.

定义 3.36(有限支撑迭代) 设 $\alpha \geqslant 1$ 为一个序数.

(1) 一个长度为 1 的双序列

$$(\langle (P_1, \leqslant_1, \mathbf{1}_1) \rangle, \langle (Q_0, \leqslant_0, \mathbf{1}_0) \rangle)$$

被称为一个长度为 1 的**有限支撑迭代力迫构造**当且仅当它满足下述要求:

    (i) $\forall p\ (p \in P_1 \leftrightarrow p : 1 \to Q_0)$;

    (ii) $\mathbf{1}_1(0) = \mathbf{1}_0$;

    (iii) $\forall p \in P_1 \forall q \in P_1\ (p \leqslant_1 q \leftrightarrow p(0) \leqslant_0 q(0))$.

(2) 一个长度为 $\alpha + 1$ 的双序列

$$\left(\langle (P_\xi, \leqslant_\xi, \mathbf{1}_\xi) \mid 1 \leqslant \xi \leqslant \alpha+1 \rangle, \left\langle \left(\dot{Q}_\gamma, \dot{\leqslant}_\gamma, \dot{\mathbf{1}}_\gamma \right) \mid \gamma \leqslant \alpha \right\rangle \right)$$

被称为一个长度为 $\alpha+1$ 的**有限支撑迭代力迫构造**当且仅当它满足下述要求:

    (i) $\forall 1 \leqslant \beta \leqslant \alpha\ \left(\langle (P_\xi, \leqslant_\xi, \mathbf{1}_\xi) \mid 1 \leqslant \xi \leqslant \beta \rangle, \left\langle \left(\dot{Q}_\gamma, \dot{\leqslant}_\gamma, \dot{\mathbf{1}}_\gamma \right) \mid \gamma < \beta \right\rangle \right)$ 是一个长度为 β 的有限支撑迭代力迫构造;

    (ii) $\left(\dot{Q}_\alpha, \dot{\leqslant}_\alpha, \dot{\mathbf{1}}_\alpha \right)$ 是一个 $\mathbb{P}_\alpha$-偏序集名字;

    (iii) $\forall p \left(\begin{array}{l} p \in P_{\alpha+1} \leftrightarrow \\ \left(\begin{array}{l} \mathrm{dom}(p) = \alpha+1 \wedge p\restriction_\alpha \in P_\alpha \wedge p(\alpha) \in \mathrm{dom}(\dot{Q}_\alpha) \wedge \\ \left[p\restriction_\alpha \Vdash_{\mathbb{P}_\alpha} p(\alpha) \in \dot{Q}_\alpha \right] \end{array} \right) \end{array} \right)$;

(iv) $\mathbf{1}_{\alpha+1}\upharpoonright_\alpha = \mathbf{1}_\alpha$ 以及 $\mathbf{1}_{\alpha+1}(\alpha) = \dot{\mathbf{i}}_\alpha$;

(v) $\forall p \in P_{\alpha+1}\,\forall q \in P_{\alpha+1}\left(p \leqslant_{\alpha+1} q \leftrightarrow \left(\begin{array}{c}p\upharpoonright_\alpha \leqslant_\alpha q\upharpoonright_\alpha \wedge \\ [p\upharpoonright_\alpha \Vdash_{\mathbb{P}_\alpha} p(\alpha)\dot{\leqslant}_\alpha q(\alpha)]\end{array}\right)\right).$

(3) 对于极限序数 α 而言, 一个长度为 α 的双序列

$$\left(\langle(P_\xi,\leqslant_\xi,\mathbf{1}_\xi)\mid 1\leqslant\xi\leqslant\alpha\rangle, \left\langle\left(\dot{Q}_\gamma,\dot{\leqslant}_\gamma,\dot{\mathbf{i}}_\gamma\right)\,\middle|\,\gamma<\alpha\right\rangle\right)$$

被称为一个长度为 α 的**有限支撑迭代力迫构造**当且仅当它满足下述要求:

(i) $\forall\beta<\alpha\left(\langle(P_\xi,\leqslant_\xi,\mathbf{1}_\xi)\mid 1\leqslant\xi\leqslant\beta\rangle, \left\langle\left(\dot{Q}_\gamma,\dot{\leqslant}_\gamma,\dot{\mathbf{i}}_\gamma\right)\,\middle|\,\gamma<\beta\right\rangle\right)$ 是一个长度为 β 的有限支撑迭代力迫构造;

(ii) $\forall p\,(p\in P_\alpha \leftrightarrow (\mathrm{dom}(p)=\alpha \wedge \forall\beta<\alpha\,(p\upharpoonright_\beta\in P_\beta)\wedge |\mathrm{spt}(p)|<\omega))$, 其中

$$\mathrm{spt}(p)=\left\{\beta<\alpha\mid \mathbf{1}_\beta\not\Vdash p(\beta)=\dot{\mathbf{i}}_\beta\right\};$$

(iii) $\forall\beta<\alpha\,(\mathbf{1}_\alpha\upharpoonright_\beta = \mathbf{1}_\beta)$;

(iv) $\forall p\in P_\alpha\,\forall q\in P_\alpha\,(p\leqslant_\alpha q \leftrightarrow (\forall\beta<\alpha\,(p\upharpoonright_\beta\leqslant_\beta q\upharpoonright_\beta)))$.

和前面一样, 我们将用记号 $\mathbb{P}_\alpha$ 来简记 $(P_\alpha,\leqslant_\alpha,\mathbf{1}_\alpha)$; 用记号 $\mathbb{Q}_\beta$ 来简记

$$\left(\dot{Q}_\beta,\dot{\leqslant}_\beta,\dot{\mathbf{i}}_\beta\right).$$

下面经常用到的简单事实是不证自明的.

事实　设 $\left(\langle(P_\xi,\leqslant_\xi,\mathbf{1}_\xi)\mid 1\leqslant\xi\leqslant\alpha\rangle, \left\langle\left(\dot{Q}_\gamma,\dot{\leqslant}_\gamma,\dot{\mathbf{i}}_\gamma\right)\,\middle|\,\gamma<\alpha\right\rangle\right)$ 为一个长度为 α 的有限支撑力迫构造. 设 $1\leqslant\beta<\alpha$ 以及 $p\in P_\beta$. 那么存在唯一的与 p 具有相同支撑集合的 $p'\in P_\alpha$ 来延拓 p, 即同时满足如下要求的 $p'\in P_\alpha$ 存在且唯一:

(1) $p'\upharpoonright_\beta = p$;

(2) $\forall\gamma<\alpha\,(\beta\leqslant\gamma\rightarrow p'(\gamma)=\dot{\mathbf{i}}_\gamma)$.

称此唯一的 $p'\in P_\alpha$ 为 $p\in P_\beta$ 在 P_α 中的**末端延伸**.

定义 3.37　给定一个长度为 α 的有限迭代力迫构造

$$\left(\langle(P_\xi,\leqslant_\xi,\mathbf{1}_\xi)\mid 1\leqslant\xi\leqslant\alpha\rangle, \left\langle\left(\dot{Q}_\gamma,\dot{\leqslant}_\gamma,\dot{\mathbf{i}}_\gamma\right)\,\middle|\,\gamma<\alpha\right\rangle\right),$$

对于序数 $\xi\leqslant\eta\leqslant\alpha$, 如下定义一个嵌入映射 $i_{\xi\eta}:P_\xi\rightarrow P_\eta$:

$$\forall p\in P_\xi\,[\diamondsuit i_{\xi\eta}(p) \text{ 为 } p \text{ 在 } P_\eta \text{ 中的末端延伸}].$$

称此嵌入映射 $i_{\xi\eta}$ 为从 $\mathbb{P}_\xi$ 到 $\mathbb{P}_\eta$ 的**典型嵌入映射**.

引理 3.57(迭代力迫完备嵌入引理)　设

$$\left(\langle(P_\xi,\leqslant_\xi,\mathbf{1}_\xi)\mid 1\leqslant\xi\leqslant\alpha\rangle, \left\langle\left(\dot{Q}_\gamma,\dot{\leqslant}_\gamma,\dot{\mathbf{i}}_\gamma\right)\,\middle|\,\gamma<\alpha\right\rangle\right)$$

为一个长度为 α 的有限支撑迭代力迫构造. 设 $1 \leqslant \xi \leqslant \eta \leqslant \delta \leqslant \alpha$. 令 $i_{\xi\eta}, i_{\xi\delta}, i_{\eta\delta}$ 为典型嵌入映射. 那么

(1) $i_{\xi\delta} = i_{\eta\delta} \circ i_{\xi\eta}$;

(2) $i_{\xi\eta}(\mathbf{1}_\xi) = \mathbf{1}_\eta$;

(3) $\forall p, p' \in P_\eta \ (p \leqslant_\eta p' \to p \restriction_\xi \leqslant_\xi p' \restriction_\xi)$;

(4) $\forall p, p' \in P_\xi \ (p \leqslant_\xi p' \leftrightarrow i_{\xi\eta}(p) \leqslant_\eta i_{\xi\eta}(p'))$;

(5) $\forall p, p' \in P_\eta \ ((p \restriction_\xi \perp p' \restriction_\xi) \to p \perp p')$;

(6) $\forall p, p' \in P_\eta \ (\mathrm{spt}(p) \cap \mathrm{spt}(p') \subseteq \xi \to ((p \restriction_\xi \perp p' \restriction_\xi) \leftrightarrow p \perp p'))$;

(7) $\forall p, p' \in P_\xi \ (p \perp p' \to (i_{\xi\eta}(p) \perp i_{\xi\eta}(p')))$;

(8) $i_{\xi\eta}$ 是一个从 $\mathbb{P}_\xi$ 到 $\mathbb{P}_\eta$ 的完备嵌入映射.

推论 3.7 设 $\left(\langle (P_\xi, \leqslant_\xi, \mathbf{1}_\xi) \mid 1 \leqslant \xi \leqslant \alpha \rangle, \left\langle \left(\dot{Q}_\gamma, \dot{\leqslant}_\gamma, \dot{\mathbf{i}}_\gamma \right) \mid \gamma < \alpha \right\rangle \right)$ 为一个有限支撑力迫构造. 令 G 为基础模型上的一个 $\mathbb{P}_\alpha$-泛型滤子. 对于 $1 \leqslant \beta < \alpha$, 令

$$G_\beta = G \restriction_\beta = \{ p \restriction_\beta \mid p \in G \}.$$

那么 G_β 是基础模型上的一个 $\mathbb{P}_\beta$-泛型滤子.

定理 3.17 (链条件保持引理) 设

$$\left(\langle (P_\xi, \leqslant_\xi, \mathbf{1}_\xi) \mid 1 \leqslant \xi \leqslant \alpha \rangle, \left\langle \left(\dot{Q}_\gamma, \dot{\leqslant}_\gamma, \dot{\mathbf{i}}_\gamma \right) \mid \gamma < \alpha \right\rangle \right)$$

为一个有限支撑迭代力迫构造. 设 κ 为一个不可数的正则基数. 如果 $\mathbb{Q}_0$ 满足 κ-链条件, 并且对于所有的 $\beta < \alpha$ 都有 $\mathbf{1}_\beta \Vdash_{\mathbb{P}_\beta} \dot{\mathbb{Q}}_\beta$ 满足 $\check{\kappa}$-链条件, 那么 $\mathbb{P}_\alpha$ 也满足 κ-链条件.

证明 应用有限支撑迭代力迫构造长度 α 的归纳法来证明定理.

当 $\alpha = \beta + 1$ 时, 定理的结论由归纳假设以及一步迭代链条件定理 3.16 得到.

假设 α 为一个极限序数. 假设定理结论对于所有的长度严格小于 α 的有限支撑迭代力迫构造都成立. 设

$$\left(\langle (P_\xi, \leqslant_\xi, \mathbf{1}_\xi) \mid 1 \leqslant \xi \leqslant \alpha \rangle, \left\langle \left(\dot{Q}_\gamma, \dot{\leqslant}_\gamma, \dot{\mathbf{i}}_\gamma \right) \mid \gamma < \alpha \right\rangle \right)$$

为一个长度为 α 的有限支撑迭代力迫构造. 那么对于所有的 $\beta < \alpha$, $\mathbb{P}_\beta$ 都满足 κ-链条件. 令

$$\{ p_\gamma \mid \gamma < \kappa \} \subseteq P_\alpha$$

为一个势为 κ 的集合. 令 $A = \{ \mathrm{spt}(p_\gamma) \mid \gamma < \kappa \}$.

情形一 $\mathrm{cf}(\alpha) \neq \kappa$.

此时存在一个 $\beta < \alpha$ 以及一个势为 κ 的集合 $S \subseteq \kappa$ 满足下述要求:

$$\forall \gamma \in S \ (\mathrm{spt}(p_\gamma) \subseteq \beta).$$

取这样的一对 $\beta < \alpha$ 和集合 $S \subseteq \kappa$. 那么集合 $\{p_\gamma \restriction_\beta \mid \gamma \in S\}$ 是 P_β 的一个子集. 由 $\mathbb{P}_\beta$ 的 κ-链条件, 令 $\gamma \in S$ 和 $\xi \in S$ 为两个不同的序数来见证 $p_\gamma \restriction_\beta$ 与 $p_\xi \restriction_\beta$ 在 $\mathbb{P}_\beta$ 中相容. 由于它们的支撑集合都是 β 的子集合, 自然就得到 p_γ 与 p_ξ 在 $\mathbb{P}_\alpha$ 中也相容.

情形二 $\operatorname{cf}(\alpha) = \kappa$.

令 $g : \kappa \to \alpha$ 为一个在 α 中无界的严格单调递增的连续函数. 对于每一个极限序数 $\gamma < \kappa$, 令

$$h(\gamma) = \min\{\xi \mid \xi < \gamma \wedge \operatorname{spt}(p_\gamma) \cap g(\gamma) \subseteq g(\xi)\}.$$

对于 $\gamma < \kappa$, 令 $k(\gamma) = \min\{\xi < \kappa \mid \operatorname{spt}(p_\gamma) \subseteq g(\xi)\}$. 令 $\eta < \kappa$ 和 $S \subset \kappa$ 为满足如下要求的一对:

(a) S 是 κ 的一个荟萃子集;

(b) 如果 $\gamma \in S$, 那么 γ 是一个极限序数;

(c) 如果 $\gamma \in S$, 那 $h(\gamma) = \eta$ 并且 $\forall \beta < \gamma (k(\beta) < \gamma)$.

令 $B = \{p_\gamma \restriction_{g(\eta)} \mid \gamma \in S\}$. 那么 $B \subseteq P_{g(\eta)}$. 如果 $|B| < \kappa$, 那么必定存在一个势为 κ 的子集 $S_0 \subset S$ 以及一个 $p \in P_{g(\eta)}$ 来保证 $\forall \gamma \in S_0 (p_\gamma \restriction_{g(\eta)} = p)$. 于是, 对于 $\gamma, \xi \in S_0$, 若 $\gamma < \xi$, 则 p_γ 与 p_ξ 在 $\mathbb{P}_\alpha$ 中一定相容. 如果 $|B| = \kappa$, 那么依据 $\mathbb{P}_{g(\eta)}$ 的 κ-链条件, 令 $\gamma < \xi$ 为 S 中满足 $p_\gamma \restriction_{g(\eta)}$ 与 $p_\xi \restriction_{g(\eta)}$ 在 $\mathbb{P}_{g(\eta)}$ 相容之要求的两个序数. 令 $r \in P_{g(\eta)}$ 为较二者强的一个条件. 我们如下定义 $p \in P_\alpha$:

$$p(\beta) = \begin{cases} r(\beta) & \text{如果 } \beta < g(\eta), \\ p_\gamma(\beta) & \text{如果 } g(\eta) \leqslant \beta < g(\xi), \\ p_\xi(\beta) & \text{如果 } g(\xi) \leqslant \beta < \alpha. \end{cases}$$

那么 $p \leqslant_\alpha p_\gamma$ 以及 $p \leqslant_\alpha p_\xi$.   □

3.4.3 力迫马丁公理与非连续统假设

在这一小节里, 在 ZFC + GCH 的可数传递模型基础上, 我们应用长度为第二个不可数基数的有限支撑力迫构造来得到马丁公理和非连续统假设的一个可数传递模型.

在证明马丁公理与非连续统假设的合理性之前, 我们从技术角度来考虑马丁公理的一种等价形式. 这对于简化迭代力迫构造有技术上的简便之处.

引理 3.58(AC) 设 κ 为一个无穷基数. 如下命题等价:

(1) MA_κ.

(2) MA_κ^*: 如果偏序集 $\mathbb{P}$ 满足可数链条件, 并且其势至多 κ, $\langle D_\alpha \mid \alpha < \kappa \rangle$ 是 $\mathbb{P}$ 的稠密子集的一个序列, 那么一定存在一个与所有这些 $D_\alpha (\alpha < \kappa)$ 都有非空交的滤子 $G \subset P$.

(3) MA_κ^{**}: 如果 R 是 κ 上的一个偏序, 并且 0 是 κ 中的 R-最大元, $\langle D_\alpha \mid \alpha < \kappa \rangle$ 是偏序集 (κ, R) 的稠密子集的序列, 那么一定存在一个与它们都有非空交的滤子 $G \subseteq \kappa$.

证明 (2) $\Rightarrow$ (1).

设 $\mathbb{P} = (P, \leqslant, \mathbf{1})$ 以及 $\langle D_\alpha \mid \alpha < \kappa \rangle$ 为给定.

对每一个 $\alpha < \kappa$, 令 $f_\alpha : P \to D_\alpha$ 满足下述要求: $\forall p \in P \ (f_\alpha(p) \leqslant p)$.

令 $g : P \times P \to P$ 满足如下要求: 如果 $(p, q) \in P \times P$ 是一对相容的条件, 那么 $g(p, q) \leqslant p$ 以及 $g(p, q) \leqslant q$.

令 Q 为集合 $\{\mathbf{1}\}$ 在函数族 $\{g, f_\alpha \mid \alpha < \kappa\}$ 中所有函数的闭包. 那么 $|Q| \leqslant \kappa$. 令 Q 继承 $\mathbb{P}$ 中的偏序. 我们便得到一个势最多为 κ 的偏序集合 $\mathbb{Q} = (Q, \leqslant, \mathbf{1})$. 现在, 每一个 $D_\alpha \cap Q$ 在 $\mathbb{Q}$ 中稠密, 而且如果 $p \in Q$ 与 $q \in Q$ 在 $\mathbb{Q}$ 是相冲的, 那么它们在 $\mathbb{P}$ 中也是相冲的, 因为 Q 对于函数 g 是封闭的. 于是, $\mathbb{Q}$ 满足可数链条件. 应用 MA_κ^* 就能满足 MA_κ 的要求.

(3) $\Rightarrow$ (2).

设 $\mathbb{P}$ 为一个势最多为 κ 的偏序集合. 如果它恰好势为 κ 并且有一个最大元, 我们很容易将最大元与 0 对应起来, 然后再应用从 P 到 κ 的双射, 在 κ 上诱导出一个偏序, 以至于它们同构; 如果它的势恰好为 κ 但是没有最大元, 那么我们就先添加一个新的元素并命这个新元最大, 再如前一种情形处理; 如果它的势严格小于 κ, 并且有最大元, 那么我们就添加 κ 个新元, 并且命这些新元严格大于所有那些严格小于最大元的元素, 以及这些新元彼此之间以及与原来的最大元之间都相互可比较; 如果它的势严格小于 κ, 但是没有最大元, 那么我们就添加 κ 个新元, 并且命它们彼此相互可比较, 以及这些新元都严格大于原有的那些元素. 这样一来, 我们不仅保持了原有的可分特性, 链条件, 而且令原有的偏序集在新的偏序集中稠密. 应用 MA_κ^{**} 就能够满足 MA_κ^* 的要求. $\qquad\square$

定理 3.18(Solovay-Tennenbaum) 设 $M \models \mathrm{ZFC} + \mathrm{GCH}$ 为一个可数传递模型. 设在 M 中 $\kappa > \aleph_1$ 是一个正则基数. 那么, 在 M 中有一个势为 κ 并且满足可数链条件的力迫构思 $\mathbb{P}$ 以至于在 M 基础上实施力迫扩张就能够得到一个既满足马丁公理又确定连续统之势为 κ 的可数传递模型.

证明 设 $M \models \mathrm{ZFC} + \mathrm{GCH}$ 为一个可数传递模型. 设在 M 中 $\kappa > \omega_1$ 为一个正则基数. 我们在 M 中来递归地构造一个长度为 κ 的有限支撑迭代力迫构思.

在构造开始之前, 固定一个满足下述要求的记录函数 $\pi : \kappa \to \kappa \times \kappa$:

(a) π 是一个满射;

(b) $\forall \alpha, \beta, \gamma < \kappa \ (\pi(\alpha) = (\beta, \gamma) \to \beta \leqslant \alpha)$.

起始步, 令 $\check{Q}_0 = \mathrm{Add}(\omega, 1)$ 为添加一个科恩实数的力迫构思.

假设 $\alpha \leqslant \kappa$ 是一个极限序数, 以及对于每一个 $1 \leqslant \beta < \alpha$, 我们已经定义了长

度为 β 的有限支撑迭代力迫构造

$$\left(\langle (P_\xi, \leqslant_\xi, \mathbf{1}_\xi) \mid 1 \leqslant \xi \leqslant \beta \rangle, \left\langle \left(\dot{Q}_\gamma, \dot{\leqslant}_\gamma, \mathbf{i}_\gamma\right) \;\middle|\; \gamma < \beta \right\rangle\right),$$

并且对于每一个 $\eta \leqslant \beta$ 都有

(i) $\mathbb{P}_\eta$ 满足可数链条件;

(ii) $\mathbb{P}_\eta$ 之势不超过 κ;

(iii) $\mathbf{1}_\eta \Vdash_{\mathbb{P}_\eta} \left(\left|\dot{Q}_\eta\right| < \check{\kappa} \wedge \dot{Q}_\eta \text{ 满足可数链条件}\right)$;

(iv) $\dot{Q}_\eta$ 是第 $(\pi(\eta))_1$ 个 $\mathbb{P}_\eta$-偏序集名字 (其中 $(\pi(\eta))_1$ 是有序对 $\pi(\eta)$ 的第二个分量);

(v) 迭代力迫构造 $\left(\langle (P_\xi, \leqslant_\xi, \mathbf{1}_\xi) \mid 1 \leqslant \xi \leqslant \beta \rangle, \left\langle \left(\dot{Q}_\gamma, \dot{\leqslant}_\gamma, \mathbf{i}_\gamma\right) \;\middle|\; \gamma < \beta \right\rangle\right)$ 是迭代力迫构造

$$\left(\langle (P_\xi, \leqslant_\xi, \mathbf{1}_\xi) \mid 1 \leqslant \xi \leqslant \eta \rangle, \left\langle \left(\dot{Q}_\gamma, \dot{\leqslant}_\gamma, \mathbf{i}_\gamma\right) \;\middle|\; \gamma < \eta \right\rangle\right)$$

的末端延拓.

在此基础上, 我们令 $\left\langle \left(\dot{Q}_\beta, \dot{\leqslant}_\beta, \mathbf{i}_\beta\right) \;\middle|\; \beta < \alpha \right\rangle$ 为下列之并:

$$\left\langle \left\langle \left(\dot{Q}_\gamma, \dot{\leqslant}_\gamma, \mathbf{i}_\gamma\right) \;\middle|\; \gamma < \beta \right\rangle \;\middle|\; \beta < \alpha \right\rangle,$$

以及令 $\langle (P_\beta, \leqslant_\beta, \mathbf{1}_\beta) \mid \beta < \alpha \rangle$ 为下列之并:

$$\langle \langle (P_\gamma, \leqslant_\gamma, \mathbf{1}_\gamma) \mid 1 \leqslant \gamma \leqslant \beta \rangle \mid 1 \leqslant \beta < \alpha \rangle,$$

然后再令 $(P_\alpha, \leqslant_\alpha, \mathbf{1}_\alpha)$ 为上面这个双序列的有限支撑迭代力迫构造:

(i) $\forall p\, (p \in P_\alpha \leftrightarrow (\mathrm{dom}(p) = \alpha \wedge \forall \beta < \alpha\, (p \restriction_\beta \in P_\beta) \wedge |\mathrm{spt}(p)| < \omega))$, 其中

$$\mathrm{spt}(p) = \left\{ \beta < \alpha \;\middle|\; \mathbf{1}_\beta \nVdash (p(\beta) = \mathbf{i}_\beta) \right\};$$

(ii) $\forall \beta < \alpha\, (\mathbf{1}_\alpha \restriction_\beta = \mathbf{1}_\beta)$;

(iii) $\forall p \in P_\alpha\, \forall q \in P_\alpha\, (p \leqslant_\alpha q \leftrightarrow \forall \beta < \alpha\, (p \restriction_\beta \leqslant_\beta q \restriction_\beta))$.

这就给出了一个长度为 α 的有限支撑力迫迭代构造:

$$\left(\langle (P_\xi, \leqslant_\xi, \mathbf{1}_\xi) \mid 1 \leqslant \xi \leqslant \alpha \rangle, \left\langle \left(\dot{Q}_\gamma, \dot{\leqslant}_\gamma, \mathbf{i}_\gamma\right) \;\middle|\; \gamma < \alpha \right\rangle\right).$$

因为 P_α 是一个具有有限支撑的长度为 $\alpha < \kappa$ 的, 在势至多为 κ 的集合中取值的序列的全体, 所以 $|P_\alpha| \leqslant \kappa$. 由于 $\mathbb{P}_\alpha$ 是由满足可数链条件的力迫构思所给出的有限支撑迭代力迫构造, 根据迭代力迫链条件保持定理 3.17, $\mathbb{P}_\alpha$ 满足可数链条件.

现假设 $\alpha < \kappa$ 以及我们已经定义好长度为 α 的有限支撑力迫迭代构造

$$\left(\langle (P_\xi, \leqslant_\xi, \mathbf{1}_\xi) \mid 1 \leqslant \xi \leqslant \alpha \rangle, \left\langle \left(\dot{Q}_\gamma, \dot{\leqslant}_\gamma, \mathbf{i}_\gamma\right) \;\middle|\; \gamma < \alpha \right\rangle\right)$$

并且 $\mathbb{P}_\alpha$ 之势至多 κ, 而且还满足可数链条件, 以及对于所有的 $\gamma < \alpha$ 都有

(i) $\mathbb{P}_\gamma$ 满足可数链条件;

(ii) $\mathbb{P}_\gamma$ 之势至多为 κ;

(iii) $\mathbf{1}_\gamma \Vdash_{\mathbb{P}_\gamma} \left(\left| \dot{Q}_\gamma \right| < \check{\kappa} \wedge \dot{Q}_\gamma \text{ 满足可数链条件} \right)$;

(iv) $\dot{Q}_\gamma$ 第 $(\pi(\gamma))_1$ 个 $\mathbb{P}_\gamma$-偏序集名字.

由于 $\mathbf{1}_\alpha \Vdash (\check{\kappa}^{<\check{\kappa}} = \check{\kappa})$, 以及 $\mathbb{P}_\alpha$ 满足可数链条件, 我们可以将由 $\mathbb{P}_\alpha$ 所给出的力迫扩张结构中势严格小于 κ 的彼此互不同构的偏序集合的 $\mathbb{P}_\alpha$-名字用长度为 κ 的序列罗列出来.

设 $(\beta, \gamma) = \pi(\alpha)$. 如果 $\mathbf{1}_{\mathbb{P}_\alpha} \Vdash_{\mathbb{P}_\alpha} \left(\dot{\lambda} = |\dot{\lambda}| < \check{\kappa} \right)$ 并且 $\left(\dot{\lambda}, \dot{\leqslant}, \dot{0} \right)$ 为第 γ 个 $\mathbb{P}_\alpha$-偏序集名字, 那么就令 $\dot{Q} = \left(\dot{\lambda}, \dot{\leqslant}, \dot{0} \right)$; 否则, 就令 $\dot{Q}$ 为 $\mathrm{Add}(\omega, 1)$ 的 $\mathbb{P}_\alpha$-名字.

令 $D \subset P_\alpha$ 为如下定义的稠密开集: 对于 $p \in P_\alpha$, 令 $p \in D$ 当且仅当, 或者 $p \Vdash_{\mathbb{P}_\alpha} \dot{Q}$ 满足可数链条件, 或者 $p \Vdash_{\mathbb{P}_\alpha} \dot{Q}$ 不满足可数链条件. 令 $A \subset D$ 为一个极大冲突子集.

令 $\dot{Q}_\alpha$ 为 $\mathbb{P}_\alpha$ 的依照如下方式确定的名字: 对于每一个 $p \in A$,

$$[p \Vdash_{\mathbb{P}_\alpha} \dot{Q}_\alpha = \dot{Q}] \iff [p \Vdash_{\mathbb{P}_\alpha} \dot{Q} \text{ 满足可数链条件}],$$

以及

$$[p \Vdash_{\mathbb{P}_\alpha} \dot{Q}_\alpha = \mathrm{Add}(\check{\omega}, \check{\omega}_1)] \iff [p \Vdash_{\mathbb{P}_\alpha} \dot{Q} \text{ 不满足可数链条件}].$$

然后, 我们定义 $\mathbb{P}_{\alpha+1}$ 为依照下述确定的 $(P_{\alpha+1}, \leqslant_{\alpha+1}, \mathbf{1}_{\alpha+1})$:

(i) $\forall p \left(p \in P_{\alpha+1} \leftrightarrow \left(\begin{array}{l} \mathrm{dom}(p) = \alpha + 1 \wedge p \restriction_\alpha \in P_\alpha \wedge \\ p(\alpha) \in \mathrm{dom}(\dot{Q}_\alpha) \wedge p \restriction_\alpha \Vdash_{\mathbb{P}_\alpha} p(\alpha) \in \dot{Q}_\alpha \end{array} \right) \right)$;

(ii) $\mathbf{1}_{\alpha+1} \restriction_\alpha = \mathbf{1}_\alpha$ 以及 $\mathbf{1}_{\alpha+1}(\alpha) = \dot{\mathbf{1}}_\alpha$;

(iii) $\forall p \in P_{\alpha+1} \forall q \in P_{\alpha+1} \left(p \leqslant_{\alpha+1} q \leftrightarrow \left(p \restriction_\alpha \leqslant_\alpha q \restriction_\alpha \wedge p \restriction_\alpha \Vdash_{\mathbb{P}_\alpha} p(\alpha) \dot{\leqslant}_\alpha q(\alpha) \right) \right)$.

于是, 根据定理 3.17, $\mathbb{P}_{\alpha+1}$ 满足可数链条件. 我们现在来验证 $\mathbb{P}_{\alpha+1}$ 的势至多为 κ. 因为 $\mathbb{P}_\alpha$ 满足可数链条件, $\kappa > \omega_1$ 是正则基数, GCH 又成立, 所以存在一个 $\lambda < \kappa$ 来保证 $\mathbf{1}_\alpha \Vdash_{\mathbb{P}_\alpha} \left| \dot{Q}_\alpha \right| = \check{\lambda}$. 由于 $\dot{Q}_\alpha$ 的元素的名字都是由定义在 $\mathbb{P}_\alpha$ 的某一个冲突子集之上并在 $\lambda < \kappa$ 中取值的函数来表示的, 又只有至多 $\kappa^{\aleph_0} = \kappa$ 个这样的函数, 所以, 我们得到结论: $|\mathbb{P}_{\alpha+1}| \leqslant \kappa$.

根据上面的递归定义, 对于每一个 $1 \leqslant \alpha \leqslant \kappa$, 我们的递归定义都得以成功实现. 于是, 我们成功地得到一个长度为 κ 的有限支撑迭代力迫构造:

$$\left(\langle (P_\xi, \leqslant_\xi, \mathbf{1}_\xi) \mid 1 \leqslant \xi \leqslant \kappa \rangle, \left\langle \left(\dot{Q}_\gamma, \dot{\leqslant}_\gamma, \dot{\mathbf{1}}_\gamma \right) \mid \gamma < \kappa \right\rangle \right).$$

最后, 令 $\mathbb{P} = \mathbb{P}_\kappa$.

事实 对于 $1 \leqslant \alpha \leqslant \kappa$, $\mathbf{1}_\alpha \Vdash_{\mathbb{P}_\alpha} \left(2^{\aleph_0} \leqslant \check{\kappa} \right)$.

这个事实由 $\mathbb{P}_\alpha$ 满足可数链条件、GCH 在基础模型中成立, 以及归纳法得到.

断言 力迫构思 $\mathbb{P}$ 力迫 MA 和 $2^{\aleph_0} = \kappa$ 成立.

为了证明这个断言, 我们先来证明两个事实.

设 G 为基础模型 M 之上的一个 $\mathbb{P}$-泛型滤子. 对于 $1 \leqslant \alpha < \kappa$, 令

$$G_\alpha = G \restriction_\alpha = \{p \restriction_\alpha \mid p \in G\}.$$

事实一 如果 $\lambda < \kappa$ 以及 $X \subseteq \lambda$ 在 $M[G]$ 之中, 那么必然存在一个 $\alpha < \kappa$ 来保证 $X \in [G_\alpha]$.

设 $X \subseteq \lambda < \kappa$ 在 $M[G]$ 中. 令 $p \in G$ 以及 $\tau \in M^{\mathbb{P}}$ 为 X 的一个名字, 并且

$$\tau/G = X \wedge [p \Vdash (\tau \subseteq \lambda)].$$

如果有必要可以增加 λ, 我们不妨假设 $\mathrm{spt}(p) \subseteq \lambda$ 以及 $\lambda > \omega$. 对于每一个 $\xi < \lambda$, 令 A_ξ 为 p 之下的决定是否 $\xi \in \tau$ 的极大冲突子集, 即令

$$D_p = \{r \in P \mid r \leqslant p \wedge [r \Vdash (\xi \in \tau) \vee r \Vdash (\xi \notin \tau)]\},$$

再令 $A_\xi \subset D_p$ 为一个极大冲突子集. 每一个 A_ξ 都是可数的. 因此只有 λ 个这样的极大冲突子集. 因而我们可以取到足够大的 $\beta < \kappa$ 来包含所有这些极大冲突子集的元素的支撑集合:

$$\forall \xi < \lambda, \forall p \in A_\xi \, (\mathrm{spt}(p) \subset \beta).$$

于是, G_β 与 G 关于 τ 的元素的决定完全一致, 从而 $\tau/G_\beta = \tau/G$.

事实二 如果 $(Q, <) \in M[G]$ 是一个在 $M[G]$ 中势严格 $< \kappa$, 并且满足可数链条件的偏序集合,

$$\langle D_\alpha \mid \alpha < \theta \rangle \in M[G]$$

是 $(Q, <)$ 的 $\theta < \kappa$ 个稠密子集, 那么在 $M[G]$ 中一定有一个与所有这 θ 个稠密子集都有非空交的滤子 $F \subseteq Q$.

根据上面的事实一, 对于给定的 $M[G]$ 中的 $(Q, <)$ 以及 $\langle D_\alpha \mid \alpha < \theta \rangle$, 我们可以取到足够大的 $\beta < \kappa$ 以至于这些集合都事实在 $M[G_\beta]$ 中. 根据真相引理 (引理 3.4), 我们可以假设 G 中的某个条件 $p \in G$ 力迫偏序集 $(Q, <)$ 满足可数链条件, 并且它的支撑集合被 β 所包含. 令 $\dot{\mathbb{Q}}$ 为这个偏序集的 $\mathbb{P}_\beta$-名字. 若有必要, 可以取其同构偏序集, 我们不妨假设在迭代构造过程中的 β 处, 这个偏序集就在当时的列表中的第 γ 个偏序集. 令 α 满足 $\pi(\alpha) = (\beta, \gamma)$. 那么 $\beta \leqslant \alpha$. 因此, $p \restriction_\alpha \in G_\alpha$, 并且

$$p \restriction_\alpha \Vdash_{\mathbb{P}_\alpha} \left(\dot{\mathbb{Q}}_\alpha = \dot{\mathbb{Q}} \right).$$

在 $M[G_{\alpha+1}]$ 中, 存在一个与 $M[G_\alpha]$ 中的 $\mathbb{Q}$ 的每一个稠密子集都有非空交的滤子 $H \subseteq Q$. 事实上, 令

$$H = \left\{ \dot{q}/G_\alpha \mid \dot{a} \in \operatorname{dom}\left(\dot{\mathbb{Q}}_\alpha\right) \wedge \exists p \in G_{\alpha+1}\, (p \upharpoonright_\alpha \in G_\alpha \wedge p \upharpoonright_\alpha \Vdash p(\alpha) = \dot{q}) \right\}.$$

那么 H 是 $M[G_\alpha]$ 之上的 $\dot{\mathbb{Q}}/G_\alpha$-泛型滤子. 因为 $G_{\alpha+1} \in M[G]$, 这个滤子在 $M[G]$ 中.

事实二由此得证.

现在我们可以如下完成上面断言的证明: 在 $M[G]$ 中讨论. 令 $X \subseteq \{0,1\}^\omega$ 为一个势严格 $< \kappa$ 的实数子集. 令 $Q = \operatorname{Add}(\omega, 1)$. 对于每一个 $g \in X$, 令 $D_g = \{p \in Q \mid p \not\subseteq g\}$. 此 D_g 是 Q 的一个稠密子集. 与所有这些 $D_g\, (g \in X)$ 都有非空交的滤子 $F \subset Q$ 的存在性表明 $X \neq \{0,1\}^\omega$. 因此, $2^{\aleph_0} \geqslant \kappa$. 根据可数链条件以及清点本名的讨论, 我们得到 $2^{\aleph_0} \leqslant \kappa$. 综合起来就有 $2^{\aleph_0} = \kappa$ 在 $M[G]$ 中成立. $\square$

3.5 布尔值模型

前面, 我们将力迫方法基本理论建立在存在集合理论 ZF 或者 ZFC 的可数传递模型这一假设之上. 之所以这样假设, 主要的理由是, 我们不希望在谈论应用一个力迫概念在基础模型之上的泛型滤子时面临一种尴尬: 我们甚至连这样的泛型滤子的存在性问题都没有很好地解决. 当然这对于我们探讨一些特定命题的相对独立性不无什么不妥. 现在我们来探讨直接在集合论论域 V 的基础上来讨论得到相对独立性的力迫方法. 这就是布尔值模型方法.

3.5.1 完备布尔代数

我们先从布尔代数开始. 布尔代数是一种实现命题逻辑代数表示的代数结构. 布尔代数理论是一个一阶理论. 形式地, 它的语言由两个二元运算符号: $+, \cdot$, 一个一元运算符号: $\bar{}$ 和两个常元符号: $\mathbf{0}, \mathbf{1}$. 布尔代数理论的非逻辑公理如下:

Ba1 (交换律) $u + v = v + u$; $u \cdot v = v \cdot u$;

Ba2 (结合律) $u + (v + w) = (u + v) + w$; $u \cdot (v \cdot w) = (u \cdot v) \cdot w$;

Ba3 (分配律) $u \cdot (v + w) = (u \cdot v) + (u \cdot w)$; $u + (v \cdot w) = (u + v) \cdot (u + w)$;

Ba4 (吸收律) $u \cdot (u + v) = u$; $u + (u \cdot v) = u$;

Ba5 (互补律) $u + \bar{u} = \mathbf{1}$; $u \cdot \bar{u} = \mathbf{0}$; $\bar{\mathbf{1}} = \mathbf{0}$; $\bar{\mathbf{0}} = \mathbf{1}$; $\bar{\bar{u}} = u$;

Ba6 (单位元) $\mathbf{1} \neq \mathbf{0}$; $u + \mathbf{0} = u$; $u \cdot \mathbf{0} = \mathbf{0}$; $u + \mathbf{1} = \mathbf{1}$; $u \cdot \mathbf{1} = u$.

在布尔代数的语言中可以依照定义引进两个二元关系符号, $\leqslant$ 以及 $\perp$:

$$u \leqslant v \leftrightarrow u \cdot \bar{v} = \mathbf{0}, \quad \wedge\; u \perp v \leftrightarrow u \cdot v = \mathbf{0},$$

以及一个二元运算符号 $-$:

$$u - v = w \leftrightarrow u \cdot \bar{v} = w.$$

引理 3.59 下列恒等式是布尔代数理论的定理:

(a) $u + u = u$; $u \cdot u = u$;

(b) $\overline{u + v} = \bar{u} \cdot \bar{v}$; $\overline{u \cdot v} = \bar{u} + \bar{v}$;

(c) $u \leqslant v \leftrightarrow u + v = v \leftrightarrow u \cdot v = u$;

(d) $(u \leqslant v \wedge v \leqslant u) \to u = v$; $(u \leqslant v \wedge v \leqslant w) \to u \leqslant w$;

(e) $u + v = \sup(\{u, v\}) =$ 集合 $\{u, v\}$ 之最小上界 (上确界); $u \cdot v = \inf(\{u, v\}) =$ 集合 $\{u, v\}$ 之最大下界 (下确界);

(f) $\bar{u}$ 是同时满足关于 v 的方程 $u + v = 1$ 以及 $u \cdot v = 0$ 的唯一解.

证明 (练习.)   □

定义 3.38 一个结构 $\mathbb{B} = (B, +, \cdot, \bar{\ }, 1, 0)$ 是一个**布尔代数**当且仅当 $\mathbb{B}$ 是布尔代数理论的一个模型, 即所有的布尔代数理论之公理 Ba1–Ba6 在此结构中都成立.

应用代数学定义的一般形式, 布尔代数的定义可以如下给出: 称一个六元组 $(B, +, \cdot, \bar{\ }, 1, 0)$ 为一个布尔代数当且仅当下述条件得到满足:

(1) B 是一个非空集合; $+ : B \times B \to B$; $\cdot : B \times B \to B$; $\bar{\ } : B \to B$

(2) $1 \in B$ 与 $0 \in B$ 为两个不相同的元素;

(3) 上述二元函数与常元满足下列等式要求:

Ba1 (交换律) $u + v = v + u$; $u \cdot v = v \cdot u$;

Ba2 (结合律) $u + (v + w) = (u + v) + w$; $u \cdot (v \cdot w) = (u \cdot v) \cdot w$;

Ba3 (分配律) $u \cdot (v + w) = (u \cdot v) + (u \cdot w)$; $u + (v \cdot w) = (u + v) \cdot (u + w)$;

Ba4 (吸收律) $u \cdot (u + v) = u$; $u + (u \cdot v) = u$;

Ba5 (互补律) $u + \bar{u} = 1$; $u \cdot \bar{u} = 0$; $\bar{1} = 0$; $\bar{0} = 1$; $\bar{\bar{u}} = u$;

Ba6 (单位元) $1 \neq 0$; $u + 0 = u$; $u \cdot 0 = 0$; $u + 1 = 1$; $u \cdot 1 = u$.

于是, 给定任何一个布尔代数 $\mathbb{B}$, 它上面自动附带着一个偏序:

$$a \leqslant b \leftrightarrow a \cdot b = a \leftrightarrow a + b = b \leftrightarrow a \cdot \bar{b} = 0,$$

以及在这个偏序之下元素间相互冲突的关系:

$$a \perp b \leftrightarrow a \cdot b = 0.$$

对于一个布尔代数来说, 我们常常会更关注那些严格大于 0 的元素所构成的偏序集. 因而, 对于任何一个给定的布尔代数 $\mathbb{B}$, 令 $B^+ = \{b \in B \mid 0 < b\}$. 那么,

$(B^+, \leqslant, \perp)$ 便是我们感兴趣的偏序集合. 当然, 这里的冲突关系 $\perp$ 实际上可以由 B^+ 上的偏序关系 $\leqslant$ 来定义:

$$a \perp b \leftrightarrow (\neg \exists c \, (c \leqslant a \wedge c \leqslant b)).$$

这也正是偏序集上的冲突关系的定义.

例 3.20 设 X 是一个集合. 令 $B = \mathfrak{P}(X)$, 以及

$$a + b = a \cup b; \; a \cdot b = a \cap b; \; \bar{a} = X - a; \; \mathbf{1} = X; \; \mathbf{0} = \varnothing.$$

那么 $\mathbb{B} = (B, +, \cdot, \bar{}, \mathbf{1}, \mathbf{0})$ 是一个布尔代数, 并且称之为一个**幂集代数**. 当 $X = \varnothing$ 时, 就得到了最简单的布尔代数.

例 3.21 设 M 是一个非空传递集合, $\mathcal{M} = (M, \in)$. 令 $B = \mathscr{D}(\mathcal{M})$ 为 $\mathcal{M}$ 中的所有带参数可定义的 M 的子集合的全体所成之集. 在 B 上定义

$$a + b = a \cup b; \; a \cdot b = a \cap b; \; \bar{a} = M - a; \; \mathbf{1} = M; \; \mathbf{0} = \varnothing.$$

那么 $\mathbb{B} = (B, +, \cdot, \bar{}, \mathbf{1}, \mathbf{0})$ 是一个布尔代数.

例 3.22 设 $\mathcal{L}$ 为一个以及逻辑的语言. 令 Γ 为该语言中的所有语句的集合. 定义 Γ 上的一个等价关系 $\equiv$ 如下:

$$\varphi \equiv \theta \iff \vdash (\varphi \leftrightarrow \theta).$$

令 $B = \Gamma / \equiv$ 为 Γ 在此等价关系 $\equiv$ 下的商集, 并且在此商集之上定义如下运算:

$$[\varphi] + [\theta] = [\varphi \vee \theta], \; [\varphi] \cdot [\theta] = [\varphi \wedge \theta],$$

$$\mathbf{1} = [\varphi \vee (\neg \varphi)], \; \mathbf{0} = [\varphi \wedge (\neg \varphi)], \; \overline{[\varphi]} = [\neg \varphi].$$

那么 $\mathbb{B} = (B, +, \cdot, \bar{}, \mathbf{1}, \mathbf{0})$ 是一个布尔代数.

既然布尔代数是一类代数结构, 代数学中常用的代数结构之间的子结构、同态、同构、嵌入等基本概念就自然而然地在布尔代数学中产生.

定义 3.39 (子布尔代数) 设 $\mathbb{B} = (B, \oplus, \cdot, \bar{}, \leqslant, \mathbf{1}, \mathbf{0})$ 是一个布尔代数. $A \subseteq B$ 是一个非空子集. 称 A 为 $\mathbb{B}$ 的一个子布尔代数的论域当且仅当

(a) $\{\mathbf{1}, \mathbf{0}\} \subseteq A$;

(b) A 对于 $\mathbb{B}$ 上的三个运算都封闭, 即如果 $a, b \in A$, 那么 $a \oplus b \in A, a \cdot b \in A, \bar{a} \in A$.

在这种情形下, 称 $\mathbb{A} = (A, \oplus, \cdot, \bar{}, \mathbf{1}, \mathbf{0})$ 为 $\mathbb{B}$ 的一个**子布尔代数**, 并且简单地记成 $\mathbb{A} \subseteq \mathbb{B}$.

比如, 给定一个非空传递集合 M, 由结构 $(M, \in)$ 上的可定义子集所构成的布尔代数就是幂集代数 $\mathfrak{P}(M)$ 的一个子布尔代数. 一般地, 称一个幂集代数的子布尔代数为一个**集合代数**.

在布尔代数中, 接下来的内容里我们真正感兴趣的是一类无原子布尔代数. 一个布尔代数 $\mathbb{B}$ 中的一个元素 $a \in B$ 被称为一个**原子**当且仅当 a 是 B^+ 中的一个极小元, 等价地说, $(\neg \exists x \in B \, (0 < x < a))$. 称一个布尔代数 $\mathbb{B}$ 为一个**原子代数**当且仅当

$$\forall u \in B^+ \, \exists a \in B^+ \, (a \leqslant u \wedge (\neg \exists x \in B \, (0 < x < a))).$$

称一个布尔代数 $\mathbb{B}$ 为一个**无原子代数**当且仅当 $\forall u \in B^+ \, \exists a \in B^+ \, (a < u)$.

每一个有限的布尔代数都是原子代数; 任何一个幂集代数都是一个原子代数 (其中的任何一个单点子集都是一个原子).

例 3.23　对于 $a, b \in \mathfrak{P}(\omega)$, 定义

$$a =^* b \iff \left(a \triangle b \in [\omega]^{<\omega} \right),$$

其中 $a \triangle b = (a - b) \cup (b - a)$ 是 a 与 b 之间的对称差. 那么 $=^*$ 是 $\mathfrak{P}(\omega)$ 上的一个等价关系. 令

$$B = \mathfrak{P}(\omega) / =^*,$$

并且定义

$$[a] + [b] = [a \cup b], \; [a] \cdot [b] = [a \cap b], \; [\bar{a}] = [\omega - a], \; \mathbf{1} = [\omega], \; \mathbf{0} = [\varnothing].$$

那么 $\mathbb{B} = (B, +, \cdot, \bar{}, \mathbf{1}, \mathbf{0})$ 是一个无原子代数. 因为任何一个 $[a] > \mathbf{0}$ 都意味着 $a \in [\omega]^\omega$, 从而它可以分裂成两个互不相交的无穷子集合 a_1 与 a_2 的并, 从而 $[a_1] \perp [a_2]$ 以及 $[a_1] < [a], [a_2] < [a]$.

上面这个例子比较有趣. 它事实上是从一个幂集代数 $\mathfrak{P}(\omega)$, 一个原子代数, 经过它上面的一个理想 $I = [\omega]^{<\omega}$ 诱导出来的等价关系 $=^*$ 所产生的商代数. 下面的定义是前面理想定义 (定义 I.2.13) 以及滤子定义 (定义 I.2.12) 的自然推广.

定义 3.40(理想与滤子)　设 $\mathbb{B} = (B, \oplus, \cdot, \bar{}, \leqslant, \mathbf{1}, \mathbf{0})$ 为一个布尔代数. 设 $I \subset B$, $F \subset B$.

(1) 称 I 为 $\mathbb{B}$ 的一个**理想**当且仅当

　　(a) $\mathbf{0} \in I, \mathbf{1} \notin I$;

　　(b) 如果 $a \in I$ 和 $b \in I$, 那么 $a \oplus b \in I$;

　　(c) 如果 $\{a, b\} \subseteq B, a \leqslant b, b \in I$, 那么 $a \in I$.

(2) 称 F 为 $\mathbb{B}$ 的一个**滤子**当且仅当

　　(a) $\mathbf{0} \notin F, \mathbf{1} \in F$;

(b) 如果 $a \in F$ 和 $b \in F$, 那么 $a \cdot b \in F$;

(c) 如果 $\{a, b\} \subseteq B$, $a \leqslant b$, $a \in F$, 那么 $b \in F$.

比如, 自然数集合 ω 的全体有限子集的集合 $[\omega]^{<\omega}$ 就是幂集代数 $\mathfrak{P}(\omega)$ 的一个理想; 而它的对偶滤子

$$F = \left\{ x \in \mathfrak{P}(\omega) \mid (\omega - x) \in [\omega]^{<\omega} \right\}$$

就是幂集代数 (ω) 的一个滤子.

定义 3.41 (素理想与超滤子) 设 $\mathbb{B} = (B, \oplus, \cdot, \bar{\ }, \leqslant, \mathbf{1}, \mathbf{0})$ 为一个布尔代数. 设 $I \subset B$ 为 $\mathbb{B}$ 的一个理想以及 $F \subset B$ 是 $\mathbb{B}$ 的一个滤子.

(1) 称 I 为 $\mathbb{B}$ 的一个**素理想**当且仅当 $\forall a \in B \, (a \in I \vee \bar{a} \in I)$;

(2) 称 F 为 $\mathbb{B}$ 的一个**超滤子**当且仅当 $\forall a \in B \, (a \in F \vee \bar{a} \in F)$.

引理 3.60 设 $\mathbb{B} = (B, \oplus, \cdot, \bar{\ }, \leqslant, \mathbf{1}, \mathbf{0})$ 为一个布尔代数. 设 $I \subset B$ 为 $\mathbb{B}$ 的一个理想以及 $F \subset B$ 是 $\mathbb{B}$ 的一个滤子. 那么 I 是一个素理想 (F 是一个超滤子) 当且仅当它是一个极大理想 (极大滤子).

证明 (练习.) □

例 3.24 设 $\mathbb{B} = (B, \oplus, \cdot, \bar{\ }, \leqslant, \mathbf{1}, \mathbf{0})$ 为一个布尔代数. $a \in B$. 那么

$$F_a = \{ b \in B \mid a \leqslant b \}$$

是 $\mathbb{B}$ 上的一个 (平凡) 超滤子;

$$I_a = \{ b \in B \mid b \leqslant a \}$$

是 $\mathbb{B}$ 的一个 (平凡) 素理想.

非平凡素理想 (非平凡超滤子) 的存在性则依赖选择公理:

定理 3.19 (塔尔斯基) 假设选择公理成立. 设 $\mathbb{B} = (B, \oplus, \cdot, \bar{\ }, \leqslant, \mathbf{1}, \mathbf{0})$ 为一个布尔代数. 那么

(1) 如果 I 是 $\mathbb{B}$ 的一个理想, 那么 I 一定是 $\mathbb{B}$ 的一个素理想 J 的子集合;

(2) 如果 F 是 $\mathbb{B}$ 的一个滤子, 那么 F 一定是 $\mathbb{B}$ 的一个超滤子 U 的子集合.

证明 (练习.) □

下面我们来证明斯童[7]表示定理: 任何一个布尔代数事实上都是一个集合代数. 为此, 我们需要介绍相应的概念.

定义 3.42 (同态与同构) 设 $\mathbb{B} = (B, \oplus, \odot, \bar{\ }, \leqslant, \mathbf{1}, \mathbf{0})$ 与 $\mathbb{A} = (A, +, \cdot, \bar{\ }, \leqslant, \mathbf{1}, \mathbf{0})$ 为两个布尔代数. 设 $f : A \to B$.

(1) 称 f 为一个 (布尔代数)**同态映射**当且仅当

---

[7] M. Stone.

(a) $f(\mathbf{0}) = \mathbf{0}$; $f(\mathbf{1}) = \mathbf{1}$;

(b) $f(a + b) = f(a) \oplus f(b)$; $f(a \cdot b) = f(a) \odot f(b)$; $f(\bar{a}) = \overline{f(a)}$.

(2) 称 f 为一个**嵌入映射**当且仅当 f 是一个同态单射.

(3) 称 f 为一个**同构映射**当且仅当 f 是一个同态双射.

(4) 给定一个布尔代数同态映射 $f : A \to B$, 称集合

$$\text{He}(f) = \{a \in A \mid f(a) = \mathbf{0}\}$$

为同态映射 f 的**核**; 也称集合

$$\text{He}^*(f) = \{a \in A \mid f(a) = \mathbf{1}\}$$

为同态映射 f 的**上核**.

下面, 我们将揭示同态映射的核与布尔代数理想之间的一种对应关系. 为此, 我们需要引进由理想构造商布尔代数的一般方法. 这是我们构造无原子布尔代数例 3.23 中使用的方法的一般化.

定义 3.43 (商代数)　设 $\mathbb{B} = (B, \oplus, \odot, \bar{}, \leqslant, \mathbf{1}, \mathbf{0})$ 是一个布尔代数, $I \subset B$ 是一个理想. 对于 $a, b \in B$, 令

$$a \sim_I b \iff (a \triangle b) \in I,$$

其中, $a \triangle b = (a - b) \oplus (b - a) = (a \cdot \bar{b}) \oplus (b \cdot \bar{a})$; 这是一个等价关系; 在此基础上, 对于 $a \in B$, 令

$$[a] = \{b \in B \mid a \sim_I b\}$$

以及 $A = B/\!\sim_I\, = \{[a] \mid a \in B\}$. 在 $B/\!\sim_I$ 之上定义

$$[a] + [b] = [a \oplus b], \; [a] \odot [b] = [a \cdot b], \; \overline{[a]} = [\bar{a}], \; \mathbf{1}_a = [\mathbf{1}], \; \mathbf{0}_a = [\mathbf{0}].$$

那么 $\mathbb{A} = (A, \oplus, \odot, \bar{}, \mathbf{1}_a, \mathbf{0}_a)$ 是一个布尔代数, 称之为由理想 I 诱导出来的**商布尔代数**, 并且称从 $\mathbb{B}$ 到 $\mathbb{A}$ 上的自然映射

$$\pi : B \ni a \mapsto [a] \in A$$

为**商映射**.

引理 3.61　(1) 如果 f 是从布尔代数 $\mathbb{A}$ 到布尔代数 $\mathbb{B}$ 的一个同态映射, 那么 f 的核 $\text{He}(f)$ 是 $\mathbb{A}$ 的一个理想.

(2) 如果 I 是布尔代数 $\mathbb{A}$ 的一个理想, 那么一定存在一个布尔代数 $\mathbb{B}$ 以及从 $\mathbb{A}$ 到 $\mathbb{B}$ 的同态映射 f 来实现等式 $\text{He}(f) = I$.

证明 (1) (a) $f(\mathbf{0}) = \mathbf{0}$ 以及 $f(\mathbf{1}) = \mathbf{1} \neq \mathbf{0}$; (b) 如果 $f(a) = f(b) = \mathbf{0}$, 那么 $f(a + b) = f(a) \oplus f(b) = \mathbf{0} \oplus \mathbf{0} = \mathbf{0}$; (c) 如果 $f(a) = \mathbf{0}$, $b \leqslant a$, 那么 $\mathbf{0} \leqslant f(b) \leqslant f(a) = \mathbf{0}$.

因此, 同态映射 f 的核是 $\mathbb{A}$ 的一个理想.

(2) 给定 $\mathbb{B}$ 的一个理想 I, 令 $\mathbb{A}$ 为由 I 诱导出来的商代数以及 $\pi : B \to B/\sim_I$ 为商映射. 那么 π 是一个同态映射, 并且 $\mathrm{He}(\pi) = I$. (详细验证留作练习.) □

由于理想和滤子是布尔代数上的两个对偶概念, 我们同样可以利用滤子来定义布尔代数的商代数:

定义 3.44 设 $\mathbb{B} = (B, \oplus, \odot, \bar{\ }, \leqslant, \mathbf{1}, \mathbf{0})$ 是一个布尔代数, $F \subset B$ 是一个滤子. 对于 $a, b \in B$, 令

$$a \sim_F b \iff \left((a \odot b) \oplus (\bar{a} \odot \bar{b})\right) \in F,$$

这是一个等价关系; 在此基础上, 对于 $a \in B$, 令

$$[a] = \{b \in B \mid a \sim_F b\}$$

以及 $A = B/\sim_F = \{[a] \mid a \in B\}$. 在 $B/\sim_F$ 上定义

$$[a] + [b] = [a \oplus b], \ [a] \odot [b] = [a \cdot b], \ \overline{[a]} = [\bar{a}], \ \mathbf{1}_a = [\mathbf{1}], \ \mathbf{0}_a = [\mathbf{0}].$$

那么 $\mathbb{A} = (A, \oplus, \odot, \bar{\ }, \mathbf{1}_a, \mathbf{0}_a)$ 是一个布尔代数, 称之为由滤子 F 诱导出来的商布尔代数, 并且称从 $\mathbb{B}$ 到 $\mathbb{A}$ 上的自然映射

$$\pi : B \ni a \mapsto [a] \in A$$

为商映射.

与引理 3.61 相应的对偶引理为下面的引理:

引理 3.62 (1) 如果 f 是从布尔代数 $\mathbb{A}$ 到布尔代数 $\mathbb{B}$ 的一个同态映射, 那么 f 的上核

$$\mathrm{He}^* = \{a \in A \mid f(a) = \mathbf{1}\}$$

是 $\mathbb{A}$ 的一个滤子.

(2) 如果 F 是布尔代数 $\mathbb{A}$ 的一个滤子, 那么一定存在一个布尔代数 $\mathbb{B}$ 以及从 $\mathbb{A}$ 到 $\mathbb{B}$ 的同态映射 f 来实现等式 $\mathrm{He}^*(f) = F$.

证明 (练习.) □

现在我们来证明斯童表示定理.

定理 3.20(斯童表示定理) 每一个布尔代数都与一个集合代数同构.

证明 令 $\mathbb{B} = (B, +, \cdot, \bar{\ }, \mathbf{1}, \mathbf{0})$ 为一个布尔代数. 令

$$X = \{p \mid p \text{ 是 } \mathbb{B} \text{ 上的一个超滤子}\}.$$

因为 X 中一定包括 $\mathbb{B}$ 上的平凡超滤子, 所以 $X \neq \varnothing$. 对于 $a \in B$, 令

$$X_a = \{p \in X \mid a \in p\}.$$

同样, 如果 $a \neq \mathbf{0}$, 那么 $X_a \neq \varnothing$; 如果 $a = \mathbf{0}$, 那么 $X_0 = \varnothing$; 如果 $a = \mathbf{1}$, 那么 $X_a = X$; 如果 $a \neq \mathbf{1}$, 那么 $X_a \neq X$ (因为由 $\bar{a}$ 所生成的平凡超滤子就不在 X_a 之中).

现在假设 $a \neq b$ 为 B 中的两个不相等的元素. 如果其中有一个为 $\mathbf{0}$, 那么 $X_a \neq X_b$; 如果其中有一个为 $\mathbf{1}$, 那么 $X_a \neq X_b$. 故假设它们都非 $\mathbf{0}$, 也都非 $\mathbf{1}$. 那么或者 $a \cdot \bar{b} \neq \mathbf{0}$, 或者 $\bar{a} \cdot b \neq \mathbf{0}$, 二者必居其一. 不妨假设 $a \cdot \bar{b} \neq \mathbf{0}$. 由这个非 $\mathbf{0}$ 元生成的平凡超滤子就见证了 $X_a - X_b \neq \varnothing$. 由此可知映射

$$\pi : B \ni a \mapsto X_a \in \mathfrak{P}(X)$$

是一个单射. 令 $A = \pi[B]$. 那么 $\pi : B \to A$ 为一个双射, 并且 $\pi(\mathbf{1}) = X$, $\pi(\mathbf{0}) = \varnothing$. 再根据超滤子的定义得知

$$\pi(a \cdot b) = \pi(a) \cap \pi(b), \ \pi(a + b) = \pi(a) \cup \pi(b), \ \pi(\bar{a}) = X - \pi(a).$$

因此集合代数 $(A, \cup, \cap, \bar{\ }, X, \varnothing)$ 与 $\mathbb{B}$ 同构. $\qquad\square$

对后面的应用而言, 我们感兴趣的是那些完备布尔代数, 就是那些我们可以定义任意布尔和与任意布尔积的布尔代数.

定义 3.45 (1) 一个布尔代数 $\mathbb{B} = (B, \oplus, \cdot, \bar{\ }, \leqslant, \mathbf{1}, \mathbf{0})$ 是一个**完备布尔代数**当且仅当对于任意非空的 $X \subseteq B$,

$$\exists a \in B \, (a = \sup(X)) \wedge \exists b \in B \, (b = \inf(X)).$$

其中

$$a = \sup(X) \iff ((\forall u \in X \, (u \leqslant a)) \wedge (\forall b \in B \, ((\forall u \in X \, (u \leqslant b)) \to a \leqslant b)));$$

以及

$$b = \inf(X) \iff ((\forall u \in X \, (b \leqslant u)) \wedge (\forall c \in B \, ((\forall u \in X \, (c \leqslant u)) \to c \leqslant b))).$$

称 $\sup(X)$ 为 X 在 $\mathbb{B}$ 中的**上确界**; 称 $\inf(X)$ 为 X 在 $\mathbb{B}$ 中的**下确界**.

(2) 设 $\kappa > \omega$ 是一个正则基数. 一个布尔代数 $\mathbb{B} = (B, \oplus, \cdot, \bar{\ }, \leqslant, \mathbf{1}, \mathbf{0})$ 是一个 κ-**完备布尔代数**当且仅当对于任意非空的 $X \in [B]^{<\kappa}$,

$$\exists a \in B\,(a = \sup(X)) \,\wedge\, \exists b \in B\,(b = \inf(X)).$$

当 $\kappa = \omega_1$ 时, ω_1-完备布尔代数也称为 σ-完备布尔代数.

(3) 对于一个完备布尔代数 $\mathbb{B} = (B, \oplus, \cdot, \bar{\ }, \leqslant, \mathbf{1}, \mathbf{0})$, 对于它的非空子集 $X \subseteq B$, 定义

$$\sum \{u \mid u \in X\} = \sum X = \sup(X) \,\wedge\, \prod \{u \mid u \in X\} = \prod X = \inf(X);$$

以及 $\sum \varnothing = \mathbf{0}$ 和 $\prod \varnothing = \mathbf{1}$.

(4) 对于一个完备布尔代数 $\mathbb{B} = (B, \oplus, \cdot, \bar{\ }, \leqslant, \mathbf{1}, \mathbf{0})$ 而言, 它的一个子布尔代数 $\mathbb{A}$ 是它的一个**完备子布尔代数**当且仅当

$$\forall X \subseteq A \left(\left(\sum X\right) \in A \wedge \left(\prod X\right) \in A \right),$$

其中 $\sum X$ 与 $\prod X$ 是在完备布尔代数 $\mathbb{B}$ 中计算出来的结果.

需要引起注意的是完备子布尔代数这个概念: 一个完备布尔代数 $\mathbb{B}$ 的非空子集合构成一个完备子代数的论域的充分必要条件不仅它构成一个子布尔代数的论域, 还必须对于 $\mathbb{B}$ 上对这个非空子集的任意子集的布尔求和以及布尔求积都封闭. 也就是说, 它的一个子布尔代数本身是一个完备布尔代数未必是它的一个完备子代数, 因为, 比如说, 在子代数中计算出来的某个上确界可能在本代数中严格大于在本代数中计算出来的相应子集合的上确界.

例 3.25 如果 A 是一个非空集合, 那么幂集代数 $\mathfrak{P}(A)$ 是一个完备布尔代数, 并且对于任意的 $X \subseteq \mathfrak{P}(A)$,

$$\sum \{a \subseteq A \mid a \in X\} = \sup(X) = \bigcup X, \quad \prod \{a \subseteq A \mid a \in X\} = \inf(X) = \bigcap X.$$

一个布尔代数 $\mathbb{B}$ 是一个完备布尔代数的充分必要条件是它为一个 $|B|^+$-完备布尔代数.

例 3.26 实数轴 $(\mathbb{R}, <)$ 上的波雷尔子集的全体构成一个 σ-完备代数 $\mathscr{B}(\mathbb{R})$(简称 σ-代数). 回顾一下实数轴 $(\mathbb{R}, <)$ 上的开区间是形如 (a, b) 的集合, 其中 $a < b$ 是两个实数. 由于幂集代数 $\mathfrak{P}(\mathbb{R})$ 是一个完备布尔代数, 它自然也是一个 σ-完备布尔代数. 令 $\mathscr{B}(\mathbb{R})$ 为包括了全体开区间的对于可数并、可数交以及取补运算封闭的最小子代数. 即 $B \subset \mathfrak{P}(\mathbb{R})$,

(a) $\forall a \in \mathbb{R} \, \forall b \in \mathbb{R}\,(a < b \to (a, b) \in B)$;

(b) $\forall X \in B\,(\mathbb{R} - X) \in B$;

(c) $\forall \langle X_n \mid n < \omega \rangle \in B^\omega \left(\bigcup_{n<\omega} X_n \right) \in B \wedge \left(\bigcap_{n<\omega} X_n \right) \in B$;

(d) 如果 $C \subseteq \mathfrak{P}(\mathbb{R})$, 且 C 也具备上述性质 (a), (b) 和 (c), 那么 $B \subseteq C$.

通常称 $\mathscr{B}(\mathbb{R})$ 为实数轴上的**波雷尔代数**.

引理 3.63 设 $\mathbb{B} = (B, \oplus, \cdot, \bar{}, \leqslant, \mathbf{1}, \mathbf{0})$ 完备布尔代数, $X \subseteq B$ 非空, $u \in B$. 那么

(a) $u \cdot \sum \{v \mid v \in X\} = \sum \{u \cdot v \mid v \in X\}$;

(b) $u \oplus \prod \{v \mid v \in X\} = \prod \{u \oplus v \mid v \in X\}$;

(c) $\mathbf{1} - \sum \{v \mid v \in X\} = \prod \{\mathbf{1} - v \mid v \in X\}$;

(d) $\mathbf{1} - \prod \{v \mid v \in X\} = \sum \{\mathbf{1} - v \mid v \in X\}$.

证明 (练习.) $\qquad\qquad\qquad\qquad\qquad\qquad\qquad\qquad\qquad\qquad\quad$ □

由定义, 任何一个理想都是有限可加的; 任何一个滤子都是有限可乘的. 对于完备布尔代数而言, 我们可以讨论无穷可加理想与无穷可乘滤子.

定义 3.46 设 $\kappa > \omega$ 是一个正则基数.

(1) 称 $\mathbb{B}$ 的一个理想 I **具备 κ-可加性**(也称 I 是一个 κ-可加理想) 当且仅当

$$\forall \gamma < \kappa \, \forall f \in I^\gamma \left(\left(\sum \{f(\alpha) \mid \alpha < \gamma\} \right) \in I \right),$$

当 $\kappa = \omega_1$ 时, ω_1-可加性也被称为 σ-可加性.

(2) 称 $\mathbb{B}$ 的一个滤子 F **具备 κ-完备性**(又称 F 为一个 κ-完备滤子) 当且仅当

$$\forall \gamma < \kappa \, \forall f \in F^\gamma \left(\left(\prod \{f(\alpha) \mid \alpha < \gamma\} \right) \in F \right),$$

当 $\kappa = \omega_1$ 时, ω_1-完备性也被称为 σ-完备性.

例 3.27 设 $\kappa > \omega$ 是一个正则基数.

(1) 令 $\mathbb{I}_\kappa = [\kappa]^{<\kappa}$, $\mathbb{F}_\kappa = \{X \subseteq \kappa \mid |\kappa - X| < \kappa\}$. 那么 $\mathbb{I}_\kappa$ 是幂集代数 $\mathfrak{P}(\kappa)$ 的一个理想; $\mathbb{F}_\kappa$ 是幂集代数 $\mathfrak{P}(\kappa)$ 的一个滤子; 并且 $\mathbb{I}_\kappa$ 具备 κ-可加性, 即如果 $\langle X_\alpha \mid \alpha < \gamma \rangle$ 是 $\mathbb{I}_\kappa$ 中的 $\gamma < \kappa$ 个元素, 那么 $\left(\bigcup_{\alpha<\gamma} X_\alpha \right) \in \mathbb{I}_\kappa$; 但是 $\mathbb{I}_\kappa$ 并非 κ^+-可加; $\mathbb{F}_\kappa$ 具备 κ-完备性, 即如果 $\langle X_\alpha \mid \alpha < \gamma \rangle$ 是 $\mathbb{F}_\kappa$ 中的 $\gamma < \kappa$ 个元素, 那么 $\left(\bigcap_{\alpha<\gamma} X_\alpha \right) \in \mathbb{F}_\kappa$. $\mathbb{F}_\kappa$ 不具备 κ^+-完备性.

(2) 令 $\mathrm{NS}_\kappa = \{X \subset \kappa \mid X$ 是 κ 的一个荟萃子集 $\}$, $\mathbb{C}_\kappa = \{X \subseteq \kappa \mid X$ 包含 κ 的一个无界闭子集 $\}$. 那么 NS_κ 是幂集代数 $\mathfrak{P}(\kappa)$ 的一个具备 κ-可加性的理想, 但不是一个 κ^+-可加理想; $\mathbb{C}_\kappa$ 是幂集代数 $\mathfrak{P}(\kappa)$ 的一个具备 κ-完备性的滤子, 但不是一个 κ^+-完备滤子.

例 3.28 回顾在实数轴上, $X \subseteq \mathbb{R}$ 是一个稠密开集当且仅当

$$(\forall a \in \mathbb{R} \, \forall b \in \mathbb{R} \, (a < b \to X \cap (a, b) \neq \varnothing)) \wedge (\forall a \in X \, \exists b \, \exists c \, (b < a < c \wedge (b, c) \subseteq X)).$$

$X \subset \mathbb{R}$ 是一个**无处稠密子集**当且仅当 $\mathbb{R} - X$ 包含一个稠密开子集; $X \subset \mathbb{R}$ 是一个**稀疏子集**当且仅当 X 是可数个无处稠密子集的并. 令

$$\mathcal{I}_c = \{X \subset \mathbb{R} \mid X \text{ 是一个稀疏子集}\} \text{ 以及 } \mathcal{I}_c^b = \{X \in \mathcal{I}_c \mid X \in \mathscr{B}(\mathbb{R})\}.$$

那么 $\mathcal{I}_c$ 是幂集代数 $\mathfrak{P}(\mathbb{R})$ 上的一个 σ-可加理想, 称之为**稀疏子集理想**; $\mathcal{I}_c^b$ 是波雷尔代数 $\mathscr{B}(\mathbb{R})$ 上的一个 σ-可加理想, 其中 $\mathscr{B}(\mathbb{R})$ 是例 3.26 中定义的实数轴上的波雷尔代数.

称实数的一个子集 $A \subseteq \mathbb{R}$ 具备**贝尔特性**当且仅当

$$\exists D \subseteq \mathbb{R} \, (D \text{ 是一个开集, 并且 } A \triangle D \in \mathcal{I}_c),$$

其中 $A \triangle D = (A - D) \cup (D - A)$ 是它们的对称差.

令 $\mathcal{C} = \{A \subset \mathbb{R} \mid A \text{ 具备贝尔特性}\}$. 那么 $\mathcal{C}$ 是一个 σ-代数; 每一个波雷尔集合都具备贝尔性质; $\mathcal{I}_c$ 是 $\mathcal{C}$ 的一个 σ-可加理想.

例 3.29 设 $X \subseteq \mathbb{R}$. 定义 X 的外测度 $\mu^*(X)$ 如下:

$$\mu^*(X) = \inf \left(\left\{ \sum_{k<\omega} (b_k - a_k) \,\middle|\, X \subseteq \bigcup_{k<\omega} (a_k, b_k) \wedge \langle (a_k, b_k)_< \mid k < \omega \rangle \right\} \right).$$

称 X 为一个**零测度集**当且仅当 $\mu^*(X) = 0$; 称 $A \subseteq \mathbb{R}$ 是**勒贝格可测的**当且仅当

$$\forall X \subseteq \mathbb{R} \, (\mu^*(X) = \mu^*(X \cap A) + \mu^*(X - A)).$$

对于勒贝格可测的子集 $A \subseteq \mathbb{R}$, 令 $\mu(A) = \mu^*(A)$, 并且称之为 A 的**勒贝格测度**. 测度论表明:

(1) 每一个区间 $I \subseteq \mathbb{R}$ 都是勒贝格可测的, 并且 I 的勒贝格测度就是它的长度;

(2) 全体勒贝格可测的集合构成一个 σ-代数, 从而每一个波雷尔集都是勒贝格可测的;

(3) 勒贝格测度 μ 具备 σ-可加性: 如果 $\{A_n \mid n < \omega\}$ 是一组彼此互不相交的勒贝格可测之集, 那么

$$\mu \left(\bigcup_{n=0}^{\infty} A_n \right) = \sum_{n=0}^{\infty} \mu(A_n);$$

(4) 勒贝格测度是 σ-有限的: 如果 A 是勒贝格可测的, 那么 A 是可数个具有有限勒贝格测度的可测之集的并, 即有一个可测集的序列 $\langle A_n \mid n < \omega \rangle$ 来满足要求:

$$A = \bigcup_{n<\omega} A_n \ \wedge \ (\forall n < \omega \, (\mu(A_n) < \infty));$$

(5) 每一个零测度子集都是勒贝格可测的; 每一个单点集都是零测度集; 全体零测度子集构成一个 σ-可加的理想;

(6) 如果 A 是可测的, 那么

$$\mu(A) = \sup\left(\{\mu(K) \mid K \subseteq A \wedge K \text{ 是一个紧致集合}\}\right);$$

(7) 如果 A 是可测的, 那么必然存在一个 F_σ 集合 B 以及一个 G_δ 集合 C 来见证如下事实:

$$B \subseteq A \subseteq C \wedge \mu^*(C - B) = 0;$$

(8) 对于 $A \subseteq \mathbb{R}$ 而言, A 是勒贝格可测的当且仅当

$$\exists C \in \mathscr{B}(\mathbb{R}) \left(\mu^*(A \triangle C) = 0\right),$$

其中 $\mathscr{B}(\mathbb{R})$ 是实数轴上的波雷尔代数, $A \triangle C = (A - C) \cup (C - A)$.

令 $\mathcal{M} = \{A \subseteq \mathbb{R} \mid A \text{ 是勒贝格可测的 }\}$, 以及令 $\mathcal{I}_m = \{A \subseteq \mathbb{R} \mid \mu^*(A) = 0\}$. 那么 $\mathcal{M}$ 是一个 σ-代数; 并且每一个波雷尔集合都是勒贝格可测的; $\mathcal{I}_m$ 是一个 σ-可加理想, 称之为**零测集理想**. 再令 $\mathcal{I}_m^b = \{A \in \mathcal{I}_m \mid X \in \mathscr{B}(\mathbb{R})\}$. 那么 $\mathcal{I}_m^b$ 是 $\mathscr{B}(\mathbb{R})$ 上的一个 σ-可加理想, 其中 $\mathscr{B}(\mathbb{R})$ 是例 3.26 中定义的实数轴上的波雷尔代数.

引理 3.64   设 κ 是一个不可数的正则基数. 设 $\mathbb{B}$ 是一个 κ-完备布尔代数以及 I 是 $\mathbb{B}$ 上的一个 κ-可加理想. 那么

(1) 由 I 诱导出来的商代数 $\mathbb{B}/I$ 也是一个 κ-完备布尔代数, 并且对于任意的 $X \in [B]^{<\kappa}$,

$$\sum\{[a] \mid a \in X\} = \left[\sum\{a \mid a \in X\}\right]; \quad \prod\{[a] \mid a \in X\} = \left[\prod\{a \mid a \in X\}\right].$$

(2) 如果 $(B^+, \leqslant)$ 满足 κ-链条件, 即 B^+ 的任何极大冲突子集的势都严格小于 κ, 那么商代数 $\mathbb{B}/I$ 是一个完备布尔代数.

证明   (1) (练习.)

(2) 设 $X \subseteq B$. 不妨设 $X \subseteq B^+$ 是一个开集. 令 $W \subset X$ 为 X 的一个极大冲突子集. 那么 $|W| < \kappa$. 于是 $\sum\{u \mid u \in W\} = \sup(W) \in B^+$ 以及 $\prod\{u \mid u \in W\} = \inf(W) \in B$. 我们将如下等式的验证留作练习:

(a) 如果 $W_0 \subset X$ 和 $W_1 \subset X$ 是 X 的两个极大冲突子集, 那么

$$\sup(W_0) = \sup(W_1) \text{ 以及 } \inf(W_0) = \inf(W_1);$$

(b) 如果 $W \subset X$ 是 X 的一个极大冲突子集, 那么 $\sup(X) = \sup(W)$ 以及 $\inf(X) = \inf(W)$.

从而 $\sup(X) \in B$ 以及 $\inf(X) \in B$.   □

例 3.30 (科恩布尔代数)   令 $\mathscr{B}(\mathbb{R})$ 为例 3.26 中定义的实数轴上的波雷尔代数, 令 $\mathcal{C}, \mathcal{I}_c$ 以及 $\mathcal{I}_c^b$ 为例 3.28 中定义的 σ-代数和稀疏子集理想. 那么

(1) $\mathscr{B}(\mathbb{R})/\mathcal{I}_c^b \cong \mathcal{C}/\mathcal{I}_c$;

(2) 商代数 $\mathscr{B}(\mathbb{R})/\mathcal{I}_c^b$ 是一个完备布尔代数. 称此商代数为**科恩布尔代数**.

证明   (1) 由例 3.28 中的定义和基本性质立即得到.

(2) 应用上面引理 3.64 之 (1), 我们得知商代数 $\mathscr{B}(\mathbb{R})/\mathcal{I}_c^b$ 是一个 σ-完备的布尔代数. 再应用上面引理 3.64 之 (2), 我们只需验证这个商代数满足 ω_1-链条件. 令

$$\tau = \{(s,t) \mid s < t \wedge s \in \mathbb{Q} \wedge t \in \mathbb{Q}\}.$$

那么实数轴上的任何一个非空开集都一定是 τ 中的某些可数个元素的并, 也就是说, τ 是实数轴的一个可数拓扑基. 令

$$D = \{[I_k] \mid \tau = \{I_k \mid k < \omega\}\}.$$

那么 D 是 $(\mathscr{B}(\mathbb{R})/\mathcal{I}_c^b)^+$ 的一个稠密子集. 因此, 它不可能有不可数个彼此相互冲突的元素.   □

例 3.31 (随机布尔代数)   令 $\mathscr{B}(\mathbb{R})$ 为例 3.26 中定义的实数轴上的波雷尔代数, 令 $\mathcal{M}, \mathcal{I}_m$ 以及 $\mathcal{I}_m^b$ 为例 3.29 中定义的 σ-代数和零测度集理想. 那么

(1) $\mathscr{B}(\mathbb{R})/\mathcal{I}_m^b \cong \mathcal{M}/\mathcal{I}_m$;

(2) 商代数 $\mathscr{B}(\mathbb{R})/\mathcal{I}_m^b$ 是一个完备布尔代数. 称此商代数为**随机布尔代数**.

证明   (1) 由例 3.29 中的定义和基本性质立即得到.

(2) 应用上面引理 3.64 之 (1), 我们得知商代数 $\mathscr{B}(\mathbb{R})/\mathcal{I}_m^b$ 是一个 σ-完备的布尔代数. 再应用上面引理 3.64 之 (2), 我们只需验证这个商代数满足 ω_1-链条件. 假设不然, 设 $\langle A_\alpha \mid \alpha < \omega_1 \rangle$ 为 ω_1 个具有正测度的波雷尔集, 并且当 $\alpha < \beta < \omega_1$ 时, $A_\alpha \cap A_\beta$ 是一个零测度集. 因为任何一个正测度波雷尔集都一定与一个覆盖它的 G_δ 集等测度, 而任何一个开集都是一系列以有理点为端点的开区间的并, 对于每一个 $\alpha < \omega_1$, 令 J_α 为一个以有理点为端点的开区间并且 $J_\alpha \cap A_\alpha$ 具有正测度. 我们不妨假设对于每一个 $\alpha < \omega_1$ 都有 $\mu(J_\alpha \cap A_\alpha) \geqslant \dfrac{1}{n}$. 取一个以有理点为端点的区间 J 以及取 $X \subset \omega_1$ 为一个势为 $\aleph_1$ 的子集合来见证如下事实: $\forall \alpha \in X\ (J_\alpha = J)$. 令 $a = \mu(J)$. 那么 $a > 0$. 取 $m > n \cdot a$ 为一个正整数. 令 $\{\alpha_1, \alpha_2, \cdots, \alpha_m\}_< \subset X$. 那么

$$a = \mu(J) \geqslant \mu\left(\bigcup_{1 \leqslant i \leqslant m} (J \cap A_{\alpha_i})\right) = \sum_{1 \leqslant i \leqslant m} \mu(J \cap A_{\alpha_i}) \geqslant \frac{m}{n} > a.$$

这就是一个矛盾. 因此, 它不可能有不可数个彼此相互冲突的元素.　　　　　　□

　　一般来说, 布尔代数的完备性并非自动具备的. 从力迫方法的理论需求来看, 我们既需要完备布尔代数所提供的便利, 又不希望失去一般非完备布尔代数所提供的广泛资源. 同时满足这两项要求的是布尔代数的完备化过程: 将任意一个给定的非完备布尔代数稠密地嵌入 (在同构意义下) 唯一的一个完备布尔代数之中. 现在我们就来探讨这种完备化过程.

　　我们首先解决不满足可分性偏序集的可分嵌入问题.

　　引理 3.65　设 $(P, <)$ 是一个偏序集合. 那么必然存在一个满足可分性的偏序集合 $(Q, \prec)$ 以及一个从 $(P, <)$ 到 $(Q, \prec)$ 的映射 h 来满足如下要求:

　　(a) $\forall x, y \in P \, (x \leqslant y \leftrightarrow h(x) \preceq h(y))$;

　　(b) $\forall x, y \in P$, x 与 y 在 $(P, <)$ 中是相容的当且仅当 $h(x)$ 与 $h(y)$ 在 $(Q, \prec)$ 中是相容的.

　　证明　给定一个偏序集 $(P, <)$, 在它上面定义一个等价关系 $\sim$:

$$x \sim y \iff [\forall z \in P \, ((\exists u \in P \, (u \leqslant x \wedge u \leqslant z)) \leftrightarrow (\exists u \in P \, (u \leqslant z \wedge u \leqslant y)))].$$

这是 P 上的一个等价关系. 令 $Q = P/\sim$ 为由等价关系 $\sim$ 所确定的商集, 并且令

$$[x] \preceq [y] \iff [\forall z \leqslant x \, \exists u \, (u \leqslant z \wedge u \leqslant y)].$$

那么, $\preceq$ 是 Q 上的一个偏序, 并且 $(Q, \prec)$ 满足可分性; 商映射 $h : P \ni x \mapsto [x] \in Q$ 满足引理中的结论 (a) 和 (b). 我们将这个结论的详细验证留作练习.　　　　□

　　称上述证明中得到的可分偏序集 $(P/\sim, \prec)$ 为偏序集 $(P, <)$ 的**可分商**. 很容易验证任何一个偏序集合 $(P, <)$ 的可分商 $(Q, \prec)$ 在偏序同构的意义下是唯一的. 下面的定理则表明任何一个可分偏序都可以稠密地嵌入到一个完备布尔代数之中.

　　定理 3.21　(1) 设 $\mathbb{P} = (P, <)$ 是一个可分偏序. 那么一定存在唯一的一个完备布尔代数

$$\mathbb{B} = (B, <, +, \cdot, \bar{\ }, 0, 1)$$

来见证下述事实:

　　(a) $P \subseteq B^+ = B - \{0\}$, 并且 $(P, <)$ 是 $(B^+, <)$ 的一个子序结构;

　　(b) P 是 $(B^+, <)$ 的一个稠密子集.

　　(2) 如果 $\mathbb{D} = (D, <, +, \cdot, \bar{\ }, 0, 1)$ 是一个布尔代数, $P = D^+ = D - \{0\}$, 那么 $(P, <)$ 是一个可分偏序集, 从而布尔代数 $\mathbb{D}$ 是唯一的一个完备布尔代数的稠密子代数, 并且称这个在同构意义下唯一的完备布尔代数为该布尔代数的**完备化**.

　　(3) 如果 $\mathbb{B} = (B, <, +, \cdot, \bar{\ }, 0, 1)$ 是一个布尔代数, $D \subseteq B^+ = B - \{0\}$ 是 $(B^+, \leqslant)$ 的一个稠密子集, 那么 $(D, <)$ 是一个可分偏序集.

证明 (1) 称 $U \subseteq P$ 是一个**截断**当且仅当 $\forall p \leqslant q \in P\,(q \in U \to p \in U)$; 称一个截断 U 是一个**正则截断**当且仅当 $\forall p \in P\,(p \notin U \to (\exists q \leqslant p\,(\forall r \leqslant q\,(r \notin U))))$. 例如, 空集是一个正则截断; P 也是一个正则截断; 如果 $p \in P$, 集合

$$U_p = \{q \in P \mid q \leqslant p\}$$

就是一个正则截断: 首先, U_p 自然是一个截断. 其次, 假设 $q \notin U_p$. 也就是说, $q \not\leqslant p$. 由可分性, 令 $r \leqslant q$ 来见证 r 与 p 不相容. 那么, 若 $s \leqslant r$, 必然有 $s \notin U_p$. 同时注意: 如果 U 是一个非空截断, 那么 $\exists p \in U\,(U_p \subseteq U)$.

令 $B = \{U \subseteq P \mid U$ 是一个正则截断$\}$.

断言一 如果 U 是一个非空截断, 令

$$U^* = \{p \in P \mid \forall q \leqslant p\,(U \cap U_q \neq \varnothing)\},$$

那么, $U \subseteq U^*$, U^* 是一个正则截断, 并且如果 $U_1 \supseteq U$ 是一个正则截断, 那么 $U_1 \supseteq U^*$.

设 $p \in U$. 那么 $U_p \subseteq U$, 并且若 $q \leqslant p$, 则 $U_q \subseteq U_p$, 所以 $p \in U^*$.

根据定义, U^* 肯定是一个非空截断. 设 $p \notin U^*$. 令 $q \leqslant p$ 来见证 $U \cap U_q = \varnothing$. 那么

$$\forall r \leqslant q\,(U_r \cap U = \varnothing),$$

所以 $\forall r \leqslant q\,(r \notin U^*)$. 从而, U^* 是一个正则截断.

设 $U_1 \supseteq U$ 是一个正则截断. 设 $p \in U^*$. 假设 $p \notin U_1$. 令 $q \leqslant p$ 来见证事实 $(\forall r \leqslant q\,(r \notin U_1))$. 所以, $U_1 \cap U_q = \varnothing$. 可是, $U_q \cap U \neq \varnothing$, 令 $r \in U \cap U_q$. 因为 $U \subseteq U_1$, 所以 $r \in U_1$. 这就是一个矛盾. 因此, $U^* \subseteq U_1$.

断言二 如果 U 是一个正则截断, 令

$$U^c = \{p \in P \mid U \cap U_p = \varnothing\},$$

那么 U^c 是一个正则截断; $U \cap U^c = \varnothing$; $P = (U \cup U^c)^*$.

设 U 是一个正则截断. 如果 $p \in U^c, q \leqslant p$, 那么 $U_q \subseteq U_p$, 从而

$$U \cap U_q \subseteq U \cap U_p = \varnothing,$$

根据定义, U^c 的确是一个截断; 现在假设 $p \notin U^c$. 从而 $U_p \cap U \neq \varnothing$. 令 $q \in U_p \cap U$. 因为 U_p 和 U 都是截断, 所以 $U_q \subseteq U \cap U_p$. 这就表明 $\forall r \leqslant q\,(U_r \cap U \neq \varnothing)$. 因此, $\forall r \leqslant q\,(r \notin U^c)$. 于是, U^c 是一个正则截断. 假设 $U \cap U^c \neq \varnothing$. 令 $p \in U \cap U^c$, 那么 $U_p \subseteq U \cap U^c$. 可是由 $p \in U^c$ 得知 $U_p \cap U = \varnothing$. 这便是一个矛盾: $p \in U_p \subseteq U$. 于是, $U \cap U^c = \varnothing$. 设 $p \in P$. 我们需要验证

$$\forall q \leqslant p\,((U \cup U^c) \cap U_q \neq \varnothing).$$

设 $q \leqslant p$. 如果 $q \in U$, 那么 $U_q \subseteq U$, 从而 $((U \cup U^c) \cap U_q \neq \varnothing)$; 如果 $q \notin U$, 因为 U 是一个正则截断, 令 $q_1 \leqslant q$ 来见证 $\forall r \leqslant q_1 (r \notin U)$, 从而 $U_{q_1} \cap U = \varnothing$, 根据定义, $q_1 \in U^c$. 所以, $q_1 \in U_{q_1} \cap U^c \neq \varnothing$. 因此, 无论如何都有 $((U \cup U^c) \cap U_q \neq \varnothing)$. 由此 得到结论: $p \in (U \cup U^c)^*$.

断言三　设 $U_1, U_2 \in B$, 那么 $(U_1 \cap U_2) \in B$, 以及 $(U_1 \cup U_2)$ 是一个截断, 从而

$$(U_1 \cup U_2)^* \in B.$$

首先, $(U_1 \cup U_2), (U_1 \cap U_2)$ 都是一个截断. 其次, $(U_1 \cap U_2)$ 还是一个正则截断. 因为如果

$$p \notin (U_1 \cap U_2),$$

那么 $p \notin U_1$; 令 $q \leqslant p$ 来见证 $\forall r \leqslant q (r \notin U_1)$. 从而, $\forall r \leqslant q (r \notin (U_1 \cap U_2))$. 因此, $U_1 \cap U_2$ 是一个正则截断. 最后, 根据断言一, $(U_1 \cup U_2)^* \in B$.

断言四　对于 $U_1, U_2 \in B$, 令 $U_1 \leqslant U_2 \iff U_1 \subseteq U_2$; $U_1 \oplus U_2 = (U_1 \cup U_2)^*$; $U_1 \odot U_2 = U_1 \cap U_2$; $\bar{U}_1 = U_1^c$; $\mathbf{0} = \varnothing$; $\mathbf{1} = P$. 那么 $\mathbb{B} = (B, \oplus, \odot, \leqslant, \bar{\ }, \mathbf{0}, \mathbf{1})$ 是一个布尔代数.

我们将 $\mathbb{B}$ 是一个布尔代数的验证留作练习.

断言五　对于 $\varnothing \neq X \subseteq B$, 那么

(a) $\exists u \in B ((\forall a \in X (a \leqslant u)) \wedge (\forall b \in B ((\forall a \in X (a \leqslant b)) \to b \geqslant u)))$;

(b) $\exists u \in B ((\forall a \in X (a \geqslant u)) \wedge (\forall b \in B ((\forall a \in X (a \geqslant b)) \to b \leqslant u)))$.

设 $\varnothing \neq X \subseteq B$. 令

$$u(X) = \left(\bigcup X\right)^* \wedge v(X) = \bigcap X.$$

首先, $\bigcup X$ 是一个截断: 因为每一个 $U \in X$ 都是一个截断, 如果 $p \in \bigcup X$, 令 $p \in U \in X$, 那么 $U_p \subseteq U$, 从而 $U_p \subseteq \bigcup X$. 于是, 根据断言一, $u(X)$ 就具备 (a) 所要求的特性. 其次, $v(X)$ 是一个截断: 设 $p \in v(X)$ 以及 $q \leqslant p$. 如果 $U \in X$, 那么 $p \in U$, 所以 $q \in U_p \subseteq U$. 因此, $q \in v(X)$. 我们还需要验证 $v(X)$ 是一个正则截断. 设 $p \notin v(X)$. 令 $U \in X$ 来见证 $p \notin U$. 由于 U 是一个正则截断, 令 $q \leqslant p$ 来见证 $\forall r \leqslant q (r \notin U)$, 即 $U_q \cap U = \varnothing$. 这就表明 $U_q \cap v(X) = \varnothing$. 因此, $v(X)$ 是一个正则截断. 自然, $v(X)$ 具备 (b) 所要求的特性.

断言六　对于 $\varnothing \neq X \subseteq B$, 令

$$\sum \{u \mid u \in X\} = \sup(X) = \left(\bigcup X\right)^* \wedge \prod \{u \mid u \in X\} = \inf(X) = \bigcap X,$$

以及 $\sum \varnothing = \mathbf{0}, \prod \varnothing = \mathbf{1}$. 那么, $\mathbb{B}$ 是一个完备布尔代数.

断言七　对于 $p \in P$, 令 $h(p) = U_p$. 那么

(a) $h: P \to B$ 是一个单射, 并且 $\forall p, q \in P \, (p \leqslant q \leftrightarrow h(p) \leqslant h(q))$;

(b) $h[P] = \{U_p \mid p \in P\}$ 是 B^+ 的一个稠密子集.

设 $p \neq q$ 是 P 中的两个元素. 如果 $p \leqslant q$, 那么 $U_p \subset U_q$, 从而 $U_p < U_q$; 如果 $p \not\leqslant q$, 因为 $(P, \leqslant)$ 是可分偏序, 令 $r \leqslant p$ 满足 r 与 q 相冲. 那么 $r \in U_p$. 但是 $r \notin U_q$, 所以 $U_p \neq U_q$, 并且 $U_p \not\leqslant U_q$. (a) 由此得证.

设 $U \in B^+$. 于是 $U \neq \varnothing$. 令 $p \in U$, 则 $U_p \leqslant U$. (b) 由此得证.

根据断言七, $h: (P, \leqslant) \cong (h[P], \leqslant)$. 因此, 将 B^+ 中的每一个 U_p 用 p 来取代, 我们就得到定理所要的存在性结论.

断言八 满足定理中的要求 (a) 和 (b) 的完备布尔代数在同构的意义上是唯一的.

现在假设 $\mathbb{B}_1$ 与 $\mathbb{B}_2$ 为两个同时满足定理中的要求的 (a) 和 (b) 的完备布尔代数. 不妨设

$$h_1: (P, \leqslant) \to (B_1^+, \leqslant) \ \wedge \ h_2: (P, \leqslant) \to (B_2^+, \leqslant)$$

分别为两个稠密嵌入映射. 设 $a \in B_1^+$. 定义

$$\pi(a) = \sum \{h_2(p) \mid h_1(p) \leqslant a \wedge p \in P\} \in B_2^+,$$

以及 $\pi(\mathbf{0}) = \mathbf{0}$. 那么 π 是一个同构映射. 我们将详细验证留作练习.

(1) 因此得到证明.

(2) 设 $\mathbb{D} = (D, <, +, \cdot, \bar{\ }, 0, 1)$ 为一个布尔代数, 并且 $D^+ = D - \{0\}$. 设 $a, b \in D^+$ 并且 $a \not\leqslant b$. 那么 $c = a \cdot \bar{b} > 0$, 从而 $0 < c \leqslant a$ 以及 $0 < c \leqslant \bar{b}$. 此 c 与 b 就相冲. 所以, $(D^+, \leqslant)$ 是一个可分偏序集.

(3) 设 $D \subset B^+$ 是布尔代数 $\mathbb{B} = (B, <, +, \cdot, \bar{\ }, 0, 1)$ 中的非零元素之偏序集的一个稠密子集.

设 $a, b \in D$ 并且 $a \not\leqslant b$. 在布尔代数之中有 $c = a \cdot \bar{b} > 0$. 因为 D 在 B^+ 中是稠密的, 令 $d \in D$ 满足 $d \leqslant c$. 那么 d 在 D 中与 b 就相冲. $\square$

推论 3.8 如果 $\mathbb{P} = (P, \leqslant)$ 是一个偏序集合, 那么存在一个从 $\mathbb{P}$ 到一个完备布尔代数

$$\mathbb{B} = (B, \leqslant, +, \cdot, \bar{\ }, 0, 1)$$

的非零元素的偏序集的嵌入映射 h 来满足下述要求:

(a) 若 $p \leqslant q$, 则 $h(p) \leqslant h(q)$;

(b) p 与 q 相容当且仅当 $h(p) \cdot h(q) > 0$;

(c) $h[P]$ 在 B^+ 中是稠密的;

并且满足上述要求的完备布尔代数以及稠密嵌入映射在同构的意义上是唯一的.

证明　应用引理 3.65 以及定理 3.21 即得到此推论.　　　　　　　　　　　□

任何一个力迫构思都有它的完备化布尔代数. 一个自然的问题就是一个乘积偏序的完备化代数与它的各因子偏序的完备化布尔代数的关系如何?

定义 3.47(布尔代数直和)　设 $\mathbb{B}_0$ 与 $\mathbb{B}$ 为两个布尔代数. 它们的**直和**, $\mathbb{B}_0 \oplus \mathbb{B}_1$, 定义如下: $B_0 \times B_1$ 是直和布尔代数的论域; 它上面的运算由下列等式确定:

(a) $\mathbf{1} = (\mathbf{1}_0, \mathbf{1}_1)$; $\mathbf{0} = (\mathbf{0}_0, \mathbf{0}_1)$;

(b) $(a_0, a_1) \oplus (b_0, b_1) = (a_0 \oplus b_0, a_1 \oplus b_1)$;

(c) $(a_0, a_1) \cdot (b_0, b_1) = (a_0 \odot b_0, a_1 \cdot b_1)$;

(d) $\mathbf{1} - (a_0, a_1) = (\mathbf{1}_0 - a_0, \mathbf{1}_1 - a_1)$.

引理 3.66　设 $\mathbb{B}_0$ 与 $\mathbb{B}$ 为两个布尔代数.

(a) 它们的直和 $\mathbb{B}_0 \oplus \mathbb{B}_1$ 是一个布尔代数;

(b) $(a_0, a_1) \leqslant (b_0, b_1)$ 当且仅当 $a_0 \leqslant_0 b_0$ 以及 $a_1 \leqslant_1 b_1$;

(c) 如果 $\mathbb{B}_0$ 与 $\mathbb{B}_1$ 都是完备布尔代数, 那么它们的直和 $\mathbb{B}_0 \oplus \mathbb{B}_1$ 也是完备布尔代数.

证明　(a) 和 (b) (练习.)

(c) 设 $X \subseteq B_0 \times B_1$ 非空. 令

$$X_0 = \{a \in B_0 \mid \exists b \in B_1\, (a, b) \in X\} \text{ 以及 } X_1 = \{b \in B_1 \mid \exists a \in B_0\, (a, b) \in X\}.$$

根据完备性假设, 令

$$a = \sum \{u \mid u \in X_0\} \wedge b = \sum \{v \mid v \in X_1\}$$

以及

$$c = \prod \{u \mid u \in X_0\} \wedge d = \prod \{v \mid v \in X_1\},$$

那么 $(a, b) \in B_0 \times B_1$, 并且 $(a, b) = \sup(X)$ 以及 $(c, d) = \inf(X)$.　　　□

如果 $\mathbb{B}_0$ 与 $\mathbb{B}_1$ 都是完备布尔代数, 那么从 $\mathbb{B}_0$ 到它们的直和 $\mathbb{B}_0 \oplus \mathbb{B}_1$ 的自然嵌入映射

$$\pi : B_0 \ni u \mapsto (u, \mathbf{1}) \in B_0 \times B_1$$

保持无穷布尔和与无穷布尔积: 如果 $X \subseteq B_0$, 那么

$$\pi \left(\sum \{u \mid u \in X\} \right) = \pi(\sup(X)) = \sup(\pi[X]) = \sum \{\pi(u) \mid u \in X\}$$

以及

$$\pi \left(\prod X \right) = \pi(\inf(X)) = \prod \pi[X] = \inf(\pi[X]).$$

也就是说, 这个自然嵌入映射是一个完备同态映射.

定义 3.48(完备同态)   设 $\mathbb{B} = (B, \oplus, \odot, \bar{\ }, \leqslant, \mathbf{1}, \mathbf{0})$ 与 $\mathbb{A} = (A, +, \cdot, \bar{\ }, \leqslant, \mathbf{1}, \mathbf{0})$ 为两个完备布尔代数. 设 $f: A \to B$.

(1) 称 f 为一个 (布尔代数)**完备同态映射**当且仅当

    (a) $f(\mathbf{0}) = \mathbf{0}$; $f(\mathbf{1}) = \mathbf{1}$.

    (b) $f(a + b) = f(a) \oplus f(b)$; $f(a \cdot b) = f(a) \odot f(b)$; $f(\bar{a}) = \overline{f(a)}$.

    (c) 对于任意的 $X \subseteq A$ 都有

$$f\left(\sum\{u \mid u \in X\}\right) = f(\sup(X)) = \sup(f[X]) = \sum\{f(u) \mid u \in X\}$$

    以及

$$f\left(\prod X\right) = f(\inf(X)) = \prod f[X] = \inf(f[X]).$$

(2) 称 f 为一个**完备嵌入映射**当且仅当 f 是一个完备同态单射.

引理 3.67   设 $\mathbb{P}$ 和 $\mathbb{Q}$ 是两个力迫构思. 那么

$$\mathbb{B}(\mathbb{P} \times \mathbb{Q}) = \mathbb{B}(\mathbb{B}(\mathbb{P}) \oplus \mathbb{B}(\mathbb{Q})).$$

证明   (练习.)   □

下面的引理表明前面的偏序完备嵌入与完备布尔代数之间的完备嵌入之间的关系.

引理 3.68   设 $\mathbb{B}$ 是一个完备布尔代数. 设 $\mathbb{A}$ 是一个完备布尔代数以及 $\pi: A^+ \to B^+$ 是一个完备嵌入映射. 那么 $\mathbb{A}$ 与 $\mathbb{B}$ 的一个完备子代数同构.

证明   令 $A^* = \pi[A^+] \cup \{\mathbf{0}\}$. 我们来证明 A^* 是 $\mathbb{B}$ 的一个完备布尔子代数的论域.

断言一   设 $p \in A^+$ 以及 $W \subset \{r \in A^+ \mid r \leqslant p\}$ 是 p 之下的一个极大冲突子集. 那么 $\pi[W]$ 是 $\pi(p)$ 之下的一个极大冲突子集.

根据偏序完备嵌入映射的定义 3.28, $\pi[W]$ 是 $\pi(p)$ 之下的一个冲突子集. 假设它在 $\pi(p)$ 之下不是极大冲突子集. 令 $q \leqslant \pi(p)$ 来见证这样的事实, 即

$$\forall r \in W \, (q \perp \pi(r)).$$

根据偏序完备嵌入映射的定义 3.28, 令 $p_1 \in A^+$ 来见证如下事实:

$$\forall r \leqslant p_1 \, \exists q_1 \leqslant q \, (q_1 \leqslant \pi(r)).$$

此时必有 $p_1 \cdot p > 0$. 因为如果不然, 那么 $p_1 \perp p$, 从而 $\pi(p_1) \perp \pi(p)$, 因此 $\pi(p_1) \perp q$, 这会给出一个矛盾. 由于 W 在 p 之下是一个极大冲突子集, 令 $p_2 \in W$ 来满足 $p_1 \cdot p_2 > 0$. 对于此 $r = p_1 \cdot p_2$, 令 $q_1 \leqslant q$ 来见证不等式 $q_1 \leqslant \pi(r)$. 但是, $\pi(r) \leqslant \pi(p_2) \in \pi[W]$, $q \perp \pi(p_2)$. 这就是一个矛盾. 断言一因此得证.

断言二 设 $X \subseteq A^+$ 非空, $p = \sup(X)$. 那么 $\pi(p) = \sup(\pi[X])$.

不妨设 X 是一个开集. 令 $W \subset X$ 是一个极大冲突子集. 那么 W 是 p 之下的一个极大冲突子集. 根据断言一, $\pi[W]$ 是 $\pi(p)$ 之下的一个极大冲突子集. 于是, $\pi(p) = \sup(\pi[W]) = \sup(\pi[X])$.

断言三 设 $X \subseteq A^+$ 非空, $p = \inf(X)$. 那么 $\pi(p) = \inf(\pi[X])$.

给定一个非空的 $X \subseteq A^+$. 令 $Y = \{p \in A^+ \mid \forall q \in X \, (p \leqslant q)\}$. 那么

$$p = \inf(X) = \sup(Y) \text{ 以及 } \pi(p) = \sup(\pi[Y]) = \inf(\pi[X]).$$

于是, π 唯一地延拓成一个从 $\mathbb{A}$ 到 $\mathbb{B}$ 的完备嵌入映射 π^*, 从而 π^* 是一个从 $\mathbb{A}$ 到 $\mathbb{B}$ 的一个完备子布尔代数的同构映射. $\qquad \square$

为了圆满起见, 我们将下述命题陈述于此, 而将证明留给有兴趣的读者.

命题 3.2 设 $\mathbb{P}$ 和 $\mathbb{Q}$ 是两个力迫构思. 令 $\mathbb{B}(\mathbb{P})$ 和 $\mathbb{B}(\mathbb{Q})$ 分别为它们的完备化布尔代数; 令 $f : P \to B(P)$ 和 $g : Q \to B(Q)$ 为它们的典型稠密嵌入映射. 设 $\pi : P \to Q$ 是一个完备嵌入映射. 那么存在唯一的完备嵌入映射 $\pi^* : B(P) \to B(Q)$ 来实现如下交换图:

$$
\begin{array}{ccc}
\mathbb{P} & \xrightarrow{\ \pi\ } & \mathbb{Q} \\
f \downarrow & & \downarrow g \\
\mathbb{B}(\mathbb{P}) & \xrightarrow{\ \pi^*\ } & \mathbb{B}(\mathbb{Q}).
\end{array}
$$

在讨论从理想得到的商代数的完备性时, 我们在引理 3.64 中假设了不可数基数 κ 的正则性. 事实上, 对于一个无穷完备布尔代数而言, 它所能满足的 κ-链条件中的最小基数一定就是一个不可数的正则基数.

定义 3.49 设 $\mathbb{B}$ 是一个无穷完备布尔代数. $\mathbb{B}$ 的**饱和度**, 记成 $\mathrm{sat}(\mathbb{B})$, 定义为

$$\mathrm{sat}(\mathbb{B}) = \min\{\kappa \mid \kappa \text{ 是一个无穷基数, 并且 } B^+ \text{ 满足 } \kappa\text{-链条件}\}.$$

引理 3.69 设 $\mathbb{B}$ 是一个无穷完备布尔代数. 设 κ 是一个无穷基数. 如下两个命题等价:

(a) B^+ 满足 κ-链条件;

(b) B^+ 上不存在长度为 κ 的严格单调递减的序列 $\langle u_\alpha \mid \alpha < \kappa \rangle$: $\forall \alpha < \beta < \kappa \, (u_\beta < u_\alpha)$.

证明 (a) $\Rightarrow$ (b). 假设 (a) 成立, 但 (b) 不成立.

令 $\langle u_\alpha \in B^+ \mid \alpha < \kappa \rangle$ 满足 $\forall \alpha < \beta < \kappa \, (u_\beta < u_\alpha)$. 对于 $\alpha < \kappa$, 令 $b_\alpha = u_\alpha \cdot \overline{u_{\alpha+1}}$. 那么 $\{b_\alpha \mid \alpha < \kappa\}$ 就是 B^+ 上的一个势为 κ 的冲突子集.

(b) $\Rightarrow$ (a). 假设 (a) 不成立. 令 $W = \{u_\alpha \in B^+ \mid \alpha < \kappa\}$ 是一个势为 κ 的冲突子集. 对于 $\alpha < \kappa$, 令

$$b_\alpha = \overline{\sum \{u_\beta \mid \beta \leqslant \alpha\}}.$$

那么对于 $\alpha < \gamma < \kappa$, 因为

$$\left(\sum\{u_\beta \mid \beta \leqslant \alpha\}\right) < \left(\sum\{u_\beta \mid \beta \leqslant \gamma\}\right),$$

所以 $b_\alpha > b_\gamma$. 从而 (b) 不成立. □

定理 3.22 设 $\mathbb{B}$ 是一个无穷完备布尔代数. 那么它的饱和度 $\mathrm{sat}(\mathbb{B})$ 一定是一个不可数的正则基数.

证明 令 $\kappa = \mathrm{sat}(\mathbb{B})$. 先证 κ 一定不可数. 如果 $\mathbb{B}$ 有无穷多个原子, 那么这些原子的集合就构成一个无穷冲突子集. 如果 $\mathbb{B}$ 只有有限多个原子, B^+ 中一定有一个元素 $u \in B^+$ 以至于在 u 之下必无任何原子. 所以我们不妨假设 $\mathbb{B}$ 是一个无原子的布尔代数. 递归地, 我们将偏序集 $(2^{<\omega}, <)$ 嵌入 $(B^+, <)$ 之中: 令 $u_\varnothing = \mathbf{1}$. 给定 $s \in 2^n$ 以及 $u_s \in B^+$, 令 $v \in B^+$ 满足 $v < u_s$, 并且定义

$$u_{s \cup \{(n,0)\}} = v \ \wedge \ u_{s \cup \{(n,1)\}} = u_s \cdot \bar{v}.$$

那么 u_s 分裂成两个严格较小的 B^+ 中的元素. 这就表明在 B^+ 上存在一个严格单调递减的无穷序列. 根据上面的引理 3.69, $\kappa > \omega$.

再证 κ 必是正则基数. 假设不然. κ 是一个奇异基数. 我们来构造一个势为 κ 的冲突子集, 从而得到一个矛盾.

设 $\mathrm{cf}(\kappa) < \kappa$ 以及 $\langle \kappa_\alpha \mid \alpha < \mathrm{cf}(\kappa) \rangle$ 为一个严格单调递增且收敛于 κ 的正则基数序列.

对于 $u \in B^+$, 令 $B_u = \{v \in B^+ \mid v \leqslant u\}$, 以及令 $\mathrm{sat}(u) = \mathrm{sat}(B_u)$. 令 A 为下述集合:

$$\{u \in B^+ \mid \forall v \in B^+ (v \leqslant u \to \mathrm{sat}(v) = \mathrm{sat}(u))\}.$$

那么, A 是 B^+ 的一个稠密子集. 因若不然, 必有一个严格单调递减的序列

$$\langle u_n \in B^+ \mid n < \omega \rangle$$

以及一个严格单调递减的基数序列:

$$\mathrm{sat}(u_0) > \mathrm{sat}(u_1) > \cdots > \mathrm{sat}(u_n) > \mathrm{sat}(u_{n+1}) > \cdots.$$

令 $W \subset A$ 为一个极大冲突子集. 那么 $|W| < \kappa$, 并且 $\sup(W) = \mathbf{1}$.

断言 $\kappa = \sup\{\mathrm{sat}(u) \mid u \in W\}$.

为证此断言, 对于每一个满足不等式 $|W| < \lambda < \kappa$ 的正则基数 λ, 令 $W_\lambda \subset B^+$ 为一个势为 λ 的冲突子集. 任意固定一个满足不等式 $|W| < \lambda < \kappa$ 的正则基数 λ. 对于 $u \in W$, 令

$$W_\lambda^u = \{u \cdot v \mid u \cdot v > \mathbf{0} \wedge v \in W_\lambda\}.$$

那么每一个 W_λ^u 非空, 并且是 u 之下的一个冲突子集, 并且

$$\bigcup \{W_\lambda^u \mid u \in W\}$$

是一个势至少为 λ 的冲突子集. 而 $|W| < \lambda$, λ 是一个正则基数, 由此得知至少 W 中有一个元素 u 来保证 $|W_\lambda^u| = \lambda$. 断言于是得证.

依据这个断言, 我们来构造所要的势为 κ 的冲突子集. 分两种情形处理.

情形一 $\exists u \in W \, (\mathrm{sat}(u) = \kappa)$.

因为 $\mathrm{cf}k < \kappa$, B_u 必然有一个势为 $\mathrm{cf}k$ 的冲突子集 $U = \{u_\alpha \mid \alpha < \mathrm{cf}(\kappa)\}$. 由于 $u \in W \subset A$, 对于每一个 $\alpha < \mathrm{cf}(\kappa, \mathrm{sat}(u_\alpha)) = \mathrm{sat}(u) = \kappa$. 因此, 对于 $\alpha < \mathrm{cf}(\kappa)$, 令 $W_\alpha \subset B_{u_\alpha}$ 为一个势为 $\kappa_\alpha < \kappa$ 的冲突子集. 于是, 集合

$$\bigcup_{\alpha < \mathrm{cf}(\kappa)} W_\alpha$$

就是 B_u 的一个势为 κ 的冲突子集.

情形二 $\forall u \in W \, (\mathrm{sat}(u) < \kappa)$.

由于 $\kappa = \sup\{\mathrm{sat}(u) \mid u \in W\}$, 以及序列 $\langle \kappa_\alpha \mid \alpha < \mathrm{cf}(\kappa)\rangle$ 为一个严格单调递增且收敛于 κ 的正则基数序列, 我们可以递归地对于 $\alpha < \mathrm{cf}(\kappa)$ 得到一个 $u_\alpha \in W$ 来满足如下条件:

(a) $u_\alpha \notin \{u_\beta \mid \beta < \alpha\}$;

(b) B_{u_α} 上有一个势为 κ_α 的冲突子集 W_α.

根据这些, 那么集合

$$\bigcup_{\alpha < \mathrm{cf}(\kappa)} W_\alpha$$

就是 B^+ 的一个势为 κ 的冲突子集. $\Box$

3.5.2 布尔值结构

定义 3.50 (布尔值结构) 集合论纯语言的一个布尔值结构是一个满足下述要求的四元组:

$$\mathscr{A} = (A, \mathbb{B}, F_\in, F_=)$$

(1) A 非空;

(2) $\mathbb{B}$ 是一个完备布尔代数;

(3) $F_\in : A \times A \to B$ 和 $F_= : A \times A \to B$ 是两个定义在 A 上的在 B 中取值的二元函数, 并且具备如下基本性质:

(a) $\forall a \in A \, (F_=(a, a) = \mathbf{1})$;

(b) $\forall a \in A \, \forall b \in A \, (F_=(a, b) = F_=(b, a))$;

(c) $\forall a \in A \, \forall b \in A \, \forall c \in A \, ((F_=(a,b) \cdot F_=(b,c)) \leqslant F_=(a,c));$

(d) $\forall a \in A \, \forall b \in A \, \forall c \in A \, \forall d \in A \, ((F_\in(a,b) \cdot F_=(a,c) \cdot F_=(b,d)) \leqslant F_\in(c,d)).$

定义 3.51(布尔值算法) 设 $\varphi(v_1, \cdots, v_n)$ 是一个纯集合论语言的彰显自由变元的表达式. 设

$$\mathscr{A} = (A, \mathbb{B}, F_\in, F_=)$$

是一个布尔值结构. 令 $\sigma(v_i) = a_i \in A \, (1 \leqslant i \leqslant n)$ 为一个赋值映射. 如下定义赋值命题 $\varphi[a_1, \cdots, a_n]$ 的在赋值布尔值结构 $(\mathscr{A}, \sigma)$ 中的布尔值 $\|\varphi[a_1, \cdots, a_n]\| \in B$:

(1) 如果 $\varphi(v_1, \cdots, v_n)$ 是 $(v_i \in v_j)$, 那么 $\|\varphi[a_1, \cdots, a_n]\| = F_\in(a_i, a_j);$

(2) 如果 $\varphi(v_1, \cdots, v_n)$ 是 $(v_i = v_j)$, 那么 $\|\varphi[a_1, \cdots, a_n]\| = F_=(a_i, a_j);$

(3) 如果 $\varphi(v_1, \cdots, v_n)$ 是 $(\neg\psi(v_1, \cdots, v_n))$, 那么

$$\|\varphi[a_1, \cdots, a_n]\| = \mathbf{1} - \|\psi[a_1, \cdots, a_n]\|;$$

(4) 如果 $\varphi(v_1, \cdots, v_n)$ 是 $(\psi(v_1, \cdots, v_n) \wedge \theta(v_1, \cdots, v_n))$, 那么

$$\|\varphi[a_1, \cdots, a_n]\| = \|\psi[a_1, \cdots, a_n]\| \cdot \|\theta[a_1, \cdots, a_n]\|;$$

(5) 如果 $\varphi(v_1, \cdots, v_n)$ 是 $(\psi(v_1, \cdots, v_n) \vee \theta(v_1, \cdots, v_n))$, 那么

$$\|\varphi[a_1, \cdots, a_n]\| = \|\psi[a_1, \cdots, a_n]\| \oplus \|\theta[a_1, \cdots, a_n]\|;$$

(6) 如果 $\varphi(v_1, \cdots, v_n)$ 是 $(\psi(v_1, \cdots, v_n) \rightarrow \theta(v_1, \cdots, v_n))$, 那么

$$\|\varphi[a_1, \cdots, a_n]\| = \|(\neg\psi)[a_1, \cdots, a_n]\| \oplus \|\theta[a_1, \cdots, a_n]\|;$$

(7) 如果 $\varphi(v_1, \cdots, v_n)$ 是 $(\psi(v_1, \cdots, v_n) \leftrightarrow \theta(v_1, \cdots, v_n))$, 那么

$$\|\varphi[a_1, \cdots, a_n]\|$$

是

$$(\|(\neg\psi)[a_1, \cdots, a_n]\| \oplus \|\theta[a_1, \cdots, a_n]\|)$$

与

$$(\|\psi[a_1, \cdots, a_n]\| \oplus \|(\neg\theta)[a_1, \cdots, a_n]\|)$$

的布尔乘积;

(8) 如果 $\varphi(v_1, \cdots, v_n)$ 是 $(\forall v_{n+1} (\psi(v_1, \cdots, v_n, v_{n+1})))$, 那么

$$\|\varphi[a_1, \cdots, a_n]\| = \prod_{a \in A} \|\psi[a_1, \cdots, a_n, a]\|;$$

(9) 如果 $\varphi(v_1, \cdots, v_n)$ 是 $(\exists v_{n+1} (\psi(v_1, \cdots, v_n, v_{n+1})))$, 那么

$$\|\varphi[a_1, \cdots, a_n]\| = \sum_{a \in A} \|\psi[a_1, \cdots, a_n, a]\|.$$

定义 3.52(真与假)   设 $\varphi(v_1, \cdots, v_n)$ 是一个纯集合论语言的彰显自由变元的表达式. 设

$$\mathscr{A} = (A, \mathbb{B}, F_\in, F_=)$$

是一个布尔值结构. 令 $\sigma(v_i) = a_i \in A\,(1 \leqslant i \leqslant n)$ 为一个赋值映射. 称赋值命题 $\varphi[a_1, \cdots, a_n]$ 在赋值布尔值结构 $(\mathscr{A}, \sigma)$ 中为**真**当且仅当 $\|\varphi[a_1, \cdots, a_n]\| = \mathbf{1}$; 称赋值命题 $\varphi[a_1, \cdots, a_n]$ 在赋值布尔值结构 $(\mathscr{A}, \sigma)$ 中为**假**当且仅当 $\|\varphi[a_1, \cdots, a_n]\| = \mathbf{0}$.

定理 3.23(基本布尔值不等式)   设 $\varphi(v_1, \cdots, v_n)$ 是一个纯集合论语言的彰显自由变元的表达式. 设

$$\mathscr{A} = (A, \mathbb{B}, F_\in, F_=)$$

是一个布尔值结构. 令 $\sigma(v_i) = a_i \in A\,(1 \leqslant i \leqslant n)$ 为一个赋值映射. 那么

(1) $\|\varphi[a_1, \cdots, a_n]\| \cdot \|(\neg\varphi[a_1, \cdots, a_n])\| = \mathbf{0}$;

(2) $\forall u \in B^+ \, \exists v \in B^+ \, (v \leqslant u \wedge (v \leqslant \|\varphi[a_1, \cdots, a_n]\| \vee v \leqslant \|(\neg\varphi[a_1, \cdots, a_n])\|))$;

在下述命题中, 布尔变元 u, v, w 都限定在 $B^+ = B - \{\mathbf{0}\}$ 中变化:

(3) $(u \leqslant \|\varphi[a_1, \cdots, a_n]\|) \leftrightarrow (\forall v \leqslant u \, \exists w \leqslant v \, (w \leqslant \|\varphi[a_1, \cdots, a_n]\|))$;

(4) $(u \leqslant \|\neg\varphi[a_1, \cdots, a_n]\|) \leftrightarrow (\forall v \leqslant u \, (v\neg \leqslant \|\varphi[a_1, \cdots, a_n]\|))$;

(5) $u \leqslant \|(\varphi \wedge \psi)[a_1, \cdots, a_n]\| \leftrightarrow ((u \leqslant \|\varphi[a_1, \cdots, a_n]\|) \wedge (u \leqslant \|\psi[a_1, \cdots, a_n]\|))$;

(6) $u \leqslant \|(\varphi \vee \psi)[a_1, \cdots, a_n]\| \leftrightarrow (\forall v \leqslant u \, \exists w \leqslant v \, (w \leqslant \|\varphi[a_1, \cdots, a_n]\| \vee w \leqslant \|\psi[a_1, \cdots, a_n]\|))$;

(7) $u \leqslant \|\forall x \, \varphi[a_1, \cdots, a_n]\| \leftrightarrow (\forall \tau \in A \, (u \leqslant \|\varphi[a_1, \cdots, a_n, \tau]\|))$;

(8) $u \leqslant \|\exists x \, \varphi[a_1, \cdots, a_n]\| \leftrightarrow (\forall v \leqslant u \, \exists w \leqslant v \, \exists \tau \in A \, (w \leqslant \varphi[a_1, \cdots, a_n, \tau]\|))$.

证明   在下面的证明中, 我们将省略参数 $a_1, \cdots, a_n$.

(1) 根据定义 3.51 之 (3), $\|\neg\varphi\| = \mathbf{1} - \|\varphi\|$, 所以, $\|\varphi\| \cdot \|\neg\varphi\| = \mathbf{0}$.

(2) 不妨假设 $\mathbf{0} < \|\varphi\| < \mathbf{1}$. 令 $w = \|\varphi\|$. 那么根据定义 3.51 之 (3), $\mathbf{1} - w = \|\neg\varphi\| > \mathbf{0}$. 任意给定 $u \in B^+$, 如果 $\mathbf{0} = w \cdot u$, 那么 $u \leqslant (\mathbf{1} - w)$, 从而 $u \leqslant \|\neg\varphi\|$; 否则, 令 $v = w \cdot u$. 那么 $\mathbf{0} < v \leqslant \|\varphi\|$.

(3) 假设 $u \not\leqslant \|\varphi\|$. 根据定理 3.21 之 (3), B^+ 具备可分性, 令 $\mathbf{0} < v < u$ 满足 $v \perp \|\varphi\|$. 那么

$$\forall w \leqslant v \, (w \not\leqslant \|\varphi\|).$$

(4) 设 $u \leqslant \|\neg\varphi\|$. 那么根据定义 3.51 之 (3), $u \perp \|\varphi\|$, 从而等式右端成立. 反过来, 如果 $\mathbf{0} < u \not\leqslant \|\neg\varphi\| = \mathbf{1} - \|\varphi\|$, 根据定理 3.21 之 (3), B^+ 具有可分性, 令 $\mathbf{0} < v \leqslant u$ 满足要求 $v \perp \|\neg\varphi\|$, 那么 $v \leqslant \|\varphi\|$.

(5) 设 $\|\varphi \wedge \psi\| \geqslant u$. 根据定义 3.51 之 (4), $\|\varphi \wedge \psi\| = \|\varphi\| \cdot \|\psi\|$, 所以, $\|\varphi\| \geqslant u$ 以及 $\|\psi\| \geqslant u$. 反之, 由 $\|\varphi\| \geqslant u$ 以及 $\|\psi\| \geqslant u$ 立即得到 $\|\varphi\| \cdot \|\psi\| \geqslant u$. 再由定义 3.51 之 (4) 就得到所要的结论.

(6) 根据定义 3.51 之 (5), $\|\varphi \vee \psi\| = \|\varphi\| \oplus \|\psi\|$. 设 $\|\varphi \vee \psi\| \geqslant u$. 假设

$$\exists v \leqslant u \, \forall w \leqslant v \, (w \nleqslant \|\varphi\| \wedge w \nleqslant \|\psi\|).$$

取出一个这样的 $v \leqslant u$. 令 $w = v \cdot \|\varphi\|$. 根据假设, $w = 0$; 同样地, $v \cdot \|\psi\| = 0$. 但是

$$0 < v \leqslant v \cdot u \leqslant v \cdot (\|\varphi\| \oplus \|\psi\|) = v \cdot \|\varphi\| \oplus v \cdot \|\psi\| = 0 \oplus 0 = 0.$$

这是一个矛盾.

设 $u \nleqslant \|\varphi \vee \psi\| = \|\varphi\| \oplus \|\psi\|$. 根据定理 3.21 之 (3), B^+ 具备可分性, 令 $0 < v \leqslant u$ 来满足

$$v \perp (\|\varphi\| \oplus \|\psi\|).$$

那么 $v \cdot \|\varphi\| = 0 = v \cdot \|\psi\|$. 从而

$$\forall w \leqslant v \, (w \nleqslant \|\varphi\| \wedge w \nleqslant \|\psi\|).$$

(7) 由定义 3.51 之 (8) 直接得到.

(8) 由定义 3.51 之 (9),

$$\|\exists x \, \varphi\| = \sum_{a \in A} \|\varphi[a]\|.$$

设 $\|\exists x \, \varphi\| \geqslant u$. 设 $0 < v \leqslant u$. 那么,

$$0 < v = v \cdot \|\exists x \, \varphi\| = v \cdot \left(\sum_{a \in A} \|\varphi[a]\| \right) = \sum_{a \in A} (v \cdot \|\varphi[a]\|).$$

因此, $\exists a \in A \, (v \cdot \|\varphi[a]\| > 0)$. 令 $a \in A$ 以及 w 满足 $0 < w = v \cdot \|\varphi[a]\|$ 即得到所要的结论.

反之, 设 $u \nleqslant \|\exists x \, \varphi\|$, 根据可分性, 令 $0 < v \leqslant u$ 来满足 $v \perp \|\exists x \, \varphi\|$. 那么 $v \leqslant \|\forall x \, (\neg \varphi)\|$. 因此, 根据 (7),

$$\forall w \leqslant v \, \forall \tau \in A \, (w \leqslant \|\neg \varphi[\tau]\|). \qquad \square$$

引理 3.70 设 $\mathscr{A} = (A, \mathbb{B}, F_\in, F_=)$ 是一个布尔值结构. 那么

(1) 设 θ 是纯集合论语言中的一条逻辑公理语句. 那么 θ 在 $\mathscr{A}$ 中为真;

(2) 设 φ 和 $(\varphi \to \psi)$ 是两个在布尔值结构 $\mathscr{A}$ 中为真的语句, 那么 ψ 也在 $\mathscr{A}$ 中为真;

(3) 如果 $\vdash (\varphi \leftrightarrow \psi)$, 那么 $\|\varphi\| = \|\psi\|$.

证明 (练习.) □

下面我们来揭示纯集合论语言之布尔值结构与经典的集合论模型之间的关系.

定义 3.53 (富有布尔值结构) 设 $\mathscr{A} = (A, \mathbb{B}, F_\in, F_=)$ 是一个布尔值结构. 称布尔值结构 $\mathscr{A}$ 是一个**富有结构**当且仅当对于纯集合论语言的任意的彰显自由变元的表达式 $\varphi(v_1, \cdots, v_n, v_{n+1})$, 对于任意的赋值映射 $\sigma(v_i) = a_i \in A \, (1 \leqslant i \leqslant n)$, 一定存在一个 $a \in A$ 来满足布尔等式:

$$\|(\exists v_{n+1}\, \varphi)[a_1, \cdots, a_n]\| = \|\varphi[a_1, \cdots, a_n, a]\|.$$

引理 3.71 设 $\mathscr{A} = (A, \mathbb{B}, F_\in, F_=)$ 是一个布尔值结构. 设 $U \subset B$ 是布尔代数 $\mathbb{B}$ 上的一个超滤子.

(1) 对于 $a, b \in A$, 定义

$$a \equiv b \iff \|a = b\| \in U.$$

那么 $\equiv$ 是 A 上的一个等价关系.

(2) 对于 $a, b, c, d \in A$, 如果 $a \equiv b, c \equiv d$, 那么

$$\|a \in c\| \in U \iff \|b \in d\| \in U.$$

证明 (1) (练习.)

(2) 设 $a \equiv b, c \equiv d$. 由对称性, 我们只需证明: $\|a \in c\| \in U \Rightarrow \|b \in d\| \in U$.

为此, 设 $\|a \in c\| \in U$. 根据定义 3.50, 我们有

$$(\|a \in c\| \cdot \|a = b\| \cdot \|c = d\|) \leqslant \|b \in d\|.$$

因为 $\|a \in c\| \in U$, $\|a = b\| \in U$ 以及 $\|c = d\| \in U$, U 是一个滤子, 所以 $(\|a \in c\| \cdot \|a = b\| \cdot \|c = d\|) \in U$. 再根据上式, 以及 U 是一个滤子, $\|b \in d\| \in U$. □

引理 3.72 设 $\mathscr{A} = (A, \mathbb{B}, F_\in, F_=)$ 是一个富有布尔值结构. 设 $U \subset B$ 是布尔代数 $\mathbb{B}$ 上的一个超滤子. 设 $A/\equiv\, = \{[a] \mid a \in A\}$. 对于 $[a], [b] \in A/\equiv$, 定义

$$[a]\, E\, [b] \iff \|a \in b\| \in U.$$

令 $\mathscr{A}/U = (A/\equiv, E)$.

设 $\varphi(v_1, \cdots, v_n)$ 为纯集合论语言中彰显自由变元的表达式. 设 $\sigma(v_i) = a_i \in A \, (1 \leqslant i \leqslant n)$. 那么

$$\mathscr{A}/U \models \varphi[[a_1], \cdots, [a_n]] \iff \|\varphi[a_1, \cdots, a_n]\| \in U.$$

证明   应用表达式复杂性的归纳法我们来证明引理的结论.

情形一 $\varphi(v_1, \cdots, v_n)$ 是 $(v_i \in v_j)$. 此时, $\|\varphi[a_1, \cdots, a_n]\| = F_\in(a_i, a_j)$. 根据定义

$$(\mathscr{A}/U \models \varphi[[a_1], \cdots, [a_n]]) \iff [a_i] \, E \, [a_j] \leftrightarrow \|a_i \in a_j\| \in U.$$

情形二 $\varphi(v_1, \cdots, v_n)$ 是 $(v_i = v_j)$. 此时 $\|\varphi[a_1, \cdots, a_n]\| = F_=(a_i, a_j)$. 根据定义,

$$(\mathscr{A}/U \models \varphi[[a_1], \cdots, [a_n]]) \iff [a_i] = [a_j] \leftrightarrow \|a_i = a_j\| \in U.$$

情形三 $\varphi(v_1, \cdots, v_n)$ 是 $(\neg \psi(v_1, \cdots, v_n))$. 此时

$$\|\varphi[a_1, \cdots, a_n]\| = \mathbf{1} - \|\psi[a_1, \cdots, a_n]\|.$$

由定义以及归纳假设,

$$
\begin{aligned}
(\mathscr{A}/U \models \varphi[[a_1], \cdots, [a_n]]) &\iff (\mathscr{A}/U \not\models \psi[[a_1], \cdots, [a_n]]) \\
&\iff \|\psi[a_1, \cdots, a_n]\| \notin U \\
&\iff (\mathbf{1} - \|\psi[a_1, \cdots, a_n]\|) \in U \\
&\iff \|\varphi[a_1, \cdots, a_n]\| \in U.
\end{aligned}
$$

情形四 $\varphi(v_1, \cdots, v_n)$ 是 $(\psi(v_1, \cdots, v_n) \wedge \theta(v_1, \cdots, v_n))$. 此时

$$\|\varphi[a_1, \cdots, a_n]\| = \|\psi[a_1, \cdots, a_n]\| \cdot \|\theta[a_1, \cdots, a_n]\|.$$

由定义以及归纳假设,

$$
\begin{aligned}
&(\mathscr{A}/U \models \varphi[[a_1], \cdots, [a_n]]) \\
\iff &(\mathscr{A}/U \models \psi[[a_1], \cdots, [a_n]]) \text{ 且 } (\mathscr{A}/U \models \theta[[a_1], \cdots, [a_n]]) \\
\iff &(\|\psi[a_1, \cdots, a_n]\| \in U) \text{ 且 } (\|\theta[a_1, \cdots, a_n]\| \in U) \\
\iff &(\|\psi[a_1, \cdots, a_n]\| \cdot \|\theta[a_1, \cdots, a_n]\|) \in U \\
\iff &\|\varphi[a_1, \cdots, a_n]\| \in U.
\end{aligned}
$$

情形五 $\varphi(v_1, \cdots, v_n)$ 是 $(\psi(v_1, \cdots, v_n) \vee \theta(v_1, \cdots, v_n))$. 此时,

$$\|\varphi[a_1, \cdots, a_n]\| = \|\psi[a_1, \cdots, a_n]\| \oplus \|\theta[a_1, \cdots, a_n]\|.$$

由定义以及归纳假设,

$$
\begin{aligned}
&(\mathscr{A}/U \models \varphi[[a_1], \cdots, [a_n]]) \\
\iff &(\mathscr{A}/U \models \psi[[a_1], \cdots, [a_n]]) \text{ 或 } (\mathscr{A}/U \models \theta[[a_1], \cdots, [a_n]]) \\
\iff &(\|\psi[a_1, \cdots, a_n]\| \in U) \text{ 或 } (\|\theta[a_1, \cdots, a_n]\| \in U) \\
\iff &(\|\psi[a_1, \cdots, a_n]\| \oplus \|\theta[a_1, \cdots, a_n]\|) \in U \\
\iff &\|\varphi[a_1, \cdots, a_n]\| \in U.
\end{aligned}
$$

情形六　$\varphi(v_1, \cdots, v_n)$ 是 $(\psi(v_1, \cdots, v_n) \to \theta(v_1, \cdots, v_n))$. 此时

$$\|\varphi[a_1, \cdots, a_n]\| = \|(\neg\psi)[a_1, \cdots, a_n]\| \oplus \|\theta[a_1, \cdots, a_n]\|.$$

由定义以及归纳假设,

$$(\mathscr{A}/U \models \varphi[[a_1], \cdots, [a_n]])$$
$$\Longleftrightarrow (\mathscr{A}/U \not\models \psi[[a_1], \cdots, [a_n]]) \text{ 或 } (\mathscr{A}/U \models \theta[[a_1], \cdots, [a_n]])$$
$$\Longleftrightarrow (\|\psi[a_1, \cdots, a_n]\| \notin U) \text{ 或 } (\|\theta[a_1, \cdots, a_n]\| \in U)$$
$$\Longleftrightarrow (\|(\neg\psi)[a_1, \cdots, a_n]\| \oplus \|\theta[a_1, \cdots, a_n]\|) \in U$$
$$\Longleftrightarrow \|\varphi[a_1, \cdots, a_n]\| \in U.$$

情形七　$\varphi(v_1, \cdots, v_n)$ 是 $(\psi(v_1, \cdots, v_n) \leftrightarrow \theta(v_1, \cdots, v_n))$. 此时

$$\|\varphi[a_1, \cdots, a_n]\|$$
$$= (\|(\neg\psi)[a_1, \cdots, a_n]\| \oplus \|\theta[a_1, \cdots, a_n]\|) \cdot (\|\psi[a_1, \cdots, a_n]\| \oplus \|(\neg\theta)[a_1, \cdots, a_n]\|).$$

由定义以及归纳假设,

$$(\mathscr{A}/U \models \varphi[[a_1], \cdots, [a_n]])$$
$$\Longleftrightarrow (\mathscr{A}/U \models \psi[[a_1], \cdots, [a_n]]) \leftrightarrow (\mathscr{A}/U \models \theta[[a_1], \cdots, [a_n]])$$
$$\Longleftrightarrow (\|\psi[a_1, \cdots, a_n]\| \in U) \leftrightarrow (\|\theta[a_1, \cdots, a_n]\| \in U)$$
$$\Longleftrightarrow ((\|(\neg\psi)[\vec{a}]\| \oplus \|\theta[\vec{a}]\|) \cdot (\|(\neg\theta)[\vec{a}]\| \oplus \|\psi[\vec{a}]\|)) \in U$$
$$\Longleftrightarrow \|\varphi[a_1, \cdots, a_n]\| \in U.$$

情形八　$\varphi(v_1, \cdots, v_n)$ 是 $(\forall v_{n+1} (\psi(v_1, \cdots, v_n, v_{n+1})))$. 此时,

$$\|\varphi[a_1, \cdots, a_n]\| = \prod_{a \in A} \|\psi[a_1, \cdots, a_n, a]\|.$$

由定义、布尔值结构的富有性以及归纳假设,

$$(\mathscr{A}/U \models \varphi[[a_1], \cdots, [a_n]]) \Longleftrightarrow (\forall a \in A \, \mathscr{A}/U \models \psi[[a_1], \cdots, [a_n], [a]])$$
$$\Longleftrightarrow (\forall a \in A \, (\|\psi[a_1, \cdots, a_n, a]\| \in U))$$
$$\Longleftrightarrow \left(\prod_{a \in A} \|\psi[a_1, \cdots, a_n, a]\| \right) \in U$$
$$\Longleftrightarrow \|\varphi[a_1, \cdots, a_n]\| \in U.$$

情形九　$\varphi(v_1, \cdots, v_n)$ 是 $(\exists v_{n+1} (\psi(v_1, \cdots, v_n, v_{n+1})))$. 此时,

$$\|\varphi[a_1, \cdots, a_n]\| = \sum_{a \in A} \|\psi[a_1, \cdots, a_n, a]\|.$$

由定义、布尔值结构的富有性以及归纳假设,

$$
\begin{aligned}
(\mathscr{A}/U \models \varphi[[a_1], \cdots, [a_n]]) &\Longleftrightarrow (\exists a \in A \, \mathscr{A}/U \models \psi[[a_1], \cdots, [a_n], [a]]) \\
&\Longleftrightarrow (\exists a \in A \, (\|\psi[a_1, \cdots, a_n, a]\| \in U)) \\
&\Longleftrightarrow \left(\sum_{a \in A} \|\psi[a_1, \cdots, a_n, a]\| \right) \in U \\
&\Longleftrightarrow \|\varphi[a_1, \cdots, a_n]\| \in U. \qquad \square
\end{aligned}
$$

3.5.3 布尔值模型 $\mathrm{V}^{\mathbb{B}}$

应用前面建立的布尔值结构的概念和分析, 我们现在来定义集合论的布尔值模型. 我们希望实现的目标是在这种布尔值模型中, 所有 ZFC 的公理都为真, 也就是它们的布尔值都是 **1**, 尤其是在这种模型中, 同一性公理首先必须为真:

$$
\forall a \, \forall b \, [\|\forall x \, (x \in a \leftrightarrow x \in b)\| \leqslant \|a = b\|].
$$

一种自然而可行的做法就是用在一般完备布尔代数中取值的真值度量来取代仅仅在最简单的布尔代数中取值的真值度量. 于是, 我们在集合论论域 V 中利用集合论论域的层次结构来递归地实现布尔值论域 $\mathrm{V}^{\mathbb{B}}$ 的定义:

定义 3.54(布尔值论域) 设 $\mathbb{B}$ 是一个完备布尔代数.

(1) $\mathrm{V}_0^{\mathbb{B}} = \varnothing$;

(2) 对于任意一个序数 α, 在 $\mathrm{V}_\alpha^{\mathbb{B}}$ 基础上如下定义 $\mathrm{V}_{\alpha+1}^{\mathbb{B}}$: 集合 f 是 $\mathrm{V}_{\alpha+1}^{\mathbb{B}}$ 中的元素, 即 $f \in \mathrm{V}_{\alpha+1}^{\mathbb{B}}$, 当且仅当 f 是一个函数, 并且 $\mathrm{dom}(f) \subseteq \mathrm{V}_\alpha^{\mathbb{B}}$ 以及 $\mathrm{rng}(f) \subseteq B$;

(3) 对于任意的非零极限序数 λ, 在序列 $\langle \mathrm{V}_\alpha^{\mathbb{B}} \mid \alpha < \lambda \rangle$ 的基础上, 令

$$
\mathrm{V}_\lambda^{\mathbb{B}} = \bigcup_{\alpha < \lambda} \mathrm{V}_\alpha^{\mathbb{B}};
$$

(4) $\mathrm{V}^{\mathbb{B}} = \bigcup_{\alpha \in \mathrm{Ord}} \mathrm{V}_\alpha^{\mathbb{B}}$.

例 3.32 设 $\mathbb{B}$ 为一个完备布尔代数, 比如, $B = \{0, 1\}$. 那么
$\mathrm{V}_0^{\mathbb{B}} = \mathrm{V}_0 = \varnothing$;
$\mathrm{V}_1^{\mathbb{B}} = \{\varnothing\} = \mathrm{V}_1$;
$\mathrm{V}_2^{\mathbb{B}} = \{\varnothing, \{(\varnothing, a)\} \mid a \in B\}$.

定义 3.55 对于 $x \in \mathrm{V}^{\mathbb{B}}$, 令 $\rho_{\mathbb{B}}(x) = \min \{\alpha \mid x \in \mathrm{V}_{\alpha+1}^{\mathbb{B}}\}$. 称 $\rho_{\mathbb{B}}(x)$ 为布尔值论域 $\mathrm{V}^{\mathbb{B}}$ 中的元素 x 的**秩**. 在完备布尔代数 $\mathbb{B}$ 给定的前提下, 我们简单地将它记成 $\rho(x)$.

下面我们在布尔值论域 $\mathrm{V}^{\mathbb{B}}$ 的基础上来定义两个二元类函数 $F_=$ 以及 $F_\in$ 以期得到一个布尔值结构. 对于布尔值论域 $\mathrm{V}^{\mathbb{B}}$ 中的任意两个元素 x 和 y, 我们用

Ord × Ord 上的典型秩序对 $(\rho(x), \rho(y))$ 递归地定义我们所需要的二元类函数 $F_=$ 以及 $F_\in$.

定义 3.56(基本布尔值度量) (a) $F_\in(x, y) = \|x \in y\| = \sum\limits_{t \in \mathrm{dom}(y)} (\|x = t\| \cdot y(t))$;

(b) $F_\subseteq(x, y) = \|x \subseteq y\| = \prod\limits_{t \in \mathrm{dom}(x)} ((\mathbf{1} - x(t)) \oplus \|t \in y\|)$;

(c) $F_=(x, y) = \|x = y\| = \|x \subseteq y\| \cdot \|y \subseteq x\|$.

欲得布尔值 (类) 结构, 我们需要验证上述定义所给出的基本布尔值度量满足定义 3.50 中 (3) 的要求:

(a) $\forall a \in \mathrm{V}^\mathbb{B} \, (F_=(a, a) = \mathbf{1})$;

(b) $\forall a, b \in \mathrm{V}^\mathbb{B} \, (F_=(a, b) = F_=(b, a))$;

(c) $\forall a, b, c \in \mathrm{V}^\mathbb{B} \, ((F_=(a, b) \cdot F_=(b, c)) \leqslant F_=(a, c))$;

(d) $\forall a, b, c, d \in \mathrm{V}^\mathbb{B} \, ((F_\in(a, b) \cdot F_=(a, c) \cdot F_=(b, d)) \leqslant F_\in(c, d))$.

引理 3.73 (a) $\forall a \in \mathrm{V}^\mathbb{B} \, (F_=(a, a) = \mathbf{1})$.

(b) $\forall a \in \mathrm{V}^\mathbb{B} \forall b \in \mathrm{V}^\mathbb{B} \, (F_=(a, b) = F_=(b, a))$.

证明 (a) 对 $\rho(a)$ 施归纳. 只需要验证 $\|a \subseteq a\| = \mathbf{1}$ 即可. 也就是说, 我们希望证明:

$$\forall t \in \mathrm{dom}(a) \, [((\mathbf{1} - a(t)) \oplus \|t \in a\|) = \mathbf{1}].$$

这等价于 $\forall t \in \mathrm{dom}(a) \, [a(t) \leqslant \|t \in a\|]$. 设 $t \in \mathrm{dom}(a)$. 由于 $\rho(t) < \rho(a)$, 根据归纳假设, $\|t = t\| = \mathbf{1}$. 根据 $\|t \in a\|$, $a(t) = \|t = t\| \cdot a(t) \leqslant \|t \in a\|$.

(b) 这由定义 3.56 中的 (c) 关于 a 与 b 的对称性即得.   □

现在我们应用归纳法来同时验证:

(c) $\forall a, b, c \in \mathrm{V}^\mathbb{B} \, ((F_=(a, b) \cdot F_=(b, c)) \leqslant F_=(a, c))$;

(d) $\forall a, b, c, d \in \mathrm{V}^\mathbb{B} \, ((F_\in(a, b) \cdot F_=(a, c) \cdot F_=(b, d)) \leqslant F_\in(c, d))$.

引理 3.74 设 $x, y, z \in \mathrm{V}^\mathbb{B}$. 那么

(i) $\|x = y\| \cdot \|y = z\| \leqslant \|x = z\|$;

(ii) $\|x \in y\| \cdot \|x = z\| \leqslant \|z \in y\|$;

(iii) $\|y \in x\| \cdot \|x = z\| \leqslant \|y \in z\|$.

证明 对三元组 $\langle \rho(x), \rho(y), \rho(z) \rangle$ 施归纳.

(i) 只需证明不等式: $\|x \subseteq y\| \cdot \|y = z\| \leqslant \|x \subseteq z\|$. 设 $t \in \mathrm{dom}(x)$. 根据 $\|x \subseteq z\|$ 的定义, 我们需要验证:

$$\|y = z\| \cdot ((\mathbf{1} - x(t)) \oplus \|t \in y\|) \leqslant ((\mathbf{1} - x(t)) \oplus \|t \in z\|).$$

依据归纳假设, 我们有 $\|t \in y\| \cdot \|y = z\| \leqslant \|t \in z\|$. 因此,

$$\|y = z\| \cdot ((\mathbf{1} - x(t)) \oplus \|t \in y\|)$$
$$= ((\|y = z\|(\mathbf{1} - x(t))) \oplus (\|y = z\| \cdot \|t \in y\|))$$
$$\leqslant ((\mathbf{1} - x(t)) \oplus \|t \in z\|).$$

(ii) 设 $t \in \mathrm{dom}(y)$. 由归纳假设, 我们有 $\|x = z\| \cdot \|x = t\| \leqslant \|z = t\|$. 于是

$$(\|x = z\| \cdot \|x = t\| \cdot y(t)) \leqslant \|z = t\| \cdot y(t).$$

将上式在 $t \in \mathrm{dom}(y)$ 上求和就得到

$$\|x = z\| \cdot \sum_{t \in \mathrm{dom}(y)} (\|x = t\| \cdot y(t)) \leqslant \sum_{t \in \mathrm{dom}(y)} (\|z = t\| \cdot y(t)).$$

也就是说, $\|x = z\| \cdot \|x \in y\| \leqslant \|z \in y\|$.

(iii) 设 $t \in \mathrm{dom}(x)$. 由 $\|x = z\|$ 的定义, 我们有 $x(t) \cdot \|x = z\| \leqslant \|t \in z\|$. 从而

$$\|y = t\| \cdot x(t) \cdot \|x = z\| \leqslant \|y = t\| \cdot \|t \in z\|.$$

由归纳假设, $(\|y = t\| \cdot \|t \in z\|) \leqslant \|y \in z\|$, 因而

$$(\|y = t\| \cdot x(t) \cdot \|x = z\|) \leqslant \|y \in z\|.$$

将上式左端在 $t \in \mathrm{dom}(x)$ 上求和, 我们就得到

$$\sum_{t \in \mathrm{dom}(x)} (\|y = t\| \cdot x(t) \cdot \|x = z\|)$$
$$= \left(\left(\sum_{t \in \mathrm{dom}(x)} (\|y = t\| \cdot x(t)) \right) \cdot \|x = z\| \right) \leqslant \|y \in z\|.$$

也就是, $\|y \in x\| \cdot \|x = z\| \leqslant \|y \in z\|$. □

我们现在可以应用引理 3.74 中的不等式来验证 (c) 和 (d): (c) 就是引理 3.74 中的 (i); 给定 $a, b, c, d \in V^{\mathbb{B}}$, 根据引理 3.74 中的 (ii),

$$\|a \in b\| \cdot \|a = c\| \leqslant \|c \in b\|,$$

于是

$$\|a \in b\| \cdot \|a = c\| \cdot \|b = d\| \leqslant \|c \in b\| \cdot \|b = d\| \leqslant \|c \in d\|.$$

上述不等式最右边的不等式由引理 3.74 中的 (iii) 给出. □

综合布尔值论域之定义 3.54, 基本布尔值度量定义 (定义 3.56)、引理 3.73 和引理 3.74, 我们就得到下述结论:

推论 3.9 $(V^{\mathbb{B}}, \mathbb{B}, F_{\in}, F_{=})$ 是纯集合论语言的一个布尔值结构. 因而, 所有的纯集合论语言中的一阶逻辑公理都在这个布尔值结构中为真; 并且一阶逻辑的推理规则也在其中有效.

在布尔值结构 $V^{\mathbb{B}}$ 中, 我们将一些元素区分开来, 赋予它们特别的含义: 用它们来为一类集合**命名**. 这是力迫论方法布尔值模型实现的基本正如这也是力迫方法可数模型实现的基本一样. 事实上这也正是前面见过的命名的自然翻版.

在布尔值结构 $V^{\mathbb{B}}$ 中, 集合论论域中的每一个集合也都有一个**典型名字**: 下面的定义为 $\in$-递归定义.

定义 3.57(典型名字) (i) $\check{\varnothing} = \varnothing$;

(ii) 对于 $x \in V$, $\check{x} = \{(\check{y}, \mathbf{1}) \mid y \in x\}$.

定义 3.58 完备布尔代数 $\mathbb{B}$ 上的泛型超滤子的典型名字定义为

$$\dot{G} = \left\{ (\check{u}, u) \mid u \in B^+ \right\}.$$

引理 3.75(泛型特性) (1) $\forall u \in B^+ \, (u = \|\check{u} \in \dot{G}\|)$.

(2) 设 $u, v \in B^+$.

    (a) $u \leqslant v \iff u \leqslant \|\check{v} \in \dot{G}\|$;

    (b) 令 $w = u \cdot v$. 如果 $w > 0$, 那么

$$\mathbf{0} < w = \|\check{w} \in \dot{G}\| = \|\check{u} \in \dot{G}\| \cdot \|\check{v} \in \dot{G}\| = \|(\check{u} \in \dot{G}) \wedge (\check{v} \in \dot{G})\|;$$

      如果 $w = 0$, 那么 $\mathbf{0} = \|(\check{u} \in \dot{G}) \wedge (\check{v} \in \dot{G})\|$.

(3) $\left\| \forall \tau \forall \sigma \left(\left(\tau \in \check{B}^+ \wedge \sigma \in \check{B}^+ \wedge \tau \check{\leqslant} \sigma \wedge \tau \in \dot{G} \right) \to \sigma \in \dot{G} \right) \right\| = 1$.

(4) $\left\| \forall \tau \in \dot{G} \, \forall \sigma \in \dot{G} \, \exists \eta \in \dot{G} \, (\eta \check{\leqslant} \tau \wedge, \eta \check{\leqslant} \sigma) \right\| = 1$.

(5) $\left\| \forall u \in \check{B}^+ \left(\left(u \in \dot{G} \vee (1 - u) \in \dot{G} \right) \wedge \left(u \in \dot{G} \leftrightarrow (1 - u) \notin \dot{G} \right) \right) \right\| = 1$.

(6) 如果 $D \subseteq B^+$ 是一个稠密子集, 那么 $\|\exists x \, (x \in \check{D} \wedge x \in \dot{G})\| = 1$; 令

$$\mathcal{D} = \left\{ D \subseteq B^+ \mid D \text{ 是一个稠密子集} \right\},$$

那么 $\left\| \forall D \in \check{\mathcal{D}} \, \exists a \left(a \in D \wedge a \in \dot{G} \right) \right\| = 1$.

(7) 如果 $A \subset B^+$ 是一个极大冲突子集, 那么 $\||\check{A} \cap \dot{G}| = \check{1}\| = 1$.

证明 (1) 设 $u \in B^+$. 根据布尔值度量定义 (定义 3.56),

$$\|\check{u} \in \dot{G}\| = \sum_{t \in \mathrm{dom}(\dot{G})} (\|\check{u} = t\| \cdot \dot{G}(t)).$$

根据定义 3.58, $\forall t \in \mathrm{dom}(\dot{G}) \exists! v \in B^+ \, (t = \check{v})$; 再者, 对于 $v, w \in B^+$,

(a) $\check{v} = \check{w} \iff v = w$,

(b) $\|\check{v} = \check{w}\| = \mathbf{1} \iff \check{v} = \check{w}$,

(c) $\|\check{v} = \check{w}\| = \mathbf{0} \iff v \neq w$.

所以, $\|\check{u} \in \dot{G}\| = u$.

(2) 由 (1) 直接得到.

(3) 根据布尔值度量定义 (定义 3.56), 布尔值算法定义 (定义 3.51), 以及定义 3.58, 只需验证如下命题: 设 $\tau \in V^{\mathbb{B}}$, $\sigma \in V^{\mathbb{B}}$. 那么

$$\left\| \tau \in \check{B}^+ \wedge \sigma \in \check{B}^+ \wedge \tau \check{\leqslant} \sigma \wedge \tau \in \dot{G} \right\| \leqslant \left\| \sigma \in \dot{G} \right\|.$$

令 $u = \left\| \tau \in \check{B}^+ \wedge \sigma \in \check{B}^+ \right\|$ 以及 $v = \left\| \tau \check{\leqslant} \sigma \right\|$. 那么

$$\forall a \in B^+ \left(\|\tau = \check{a}\| \cdot v \leqslant \|\sigma = \check{a}\| \right)$$

以及

$$v \cdot \left\| \tau \in \dot{G} \right\| = v \cdot \left(\sum_{t \in \mathrm{dom}(\dot{G})} \|\tau = t\| \cdot \dot{G}(t) \right)$$

$$= \sum_{a \in B^+} \|\tau = \check{a}\| \cdot v \cdot a$$

$$\leqslant \sum_{a \in B^+} \|\sigma = \check{a}\| \cdot a$$

$$= \sum_{t \in \mathrm{dom}(\dot{G})} \|\sigma = t\| \cdot \dot{G}(t)$$

$$= \left\| \sigma \in \dot{G} \right\|.$$

所以 $u \cdot v \cdot \left\| \tau \in \dot{G} \right\| \leqslant \left\| \sigma \in \dot{G} \right\|$.

(4) 设 $\tau \in V^{\mathbb{B}}, \sigma \in V^{\mathbb{B}}$. 设 $\left\| \tau \in \check{B}^+ \right\| = \mathbf{1} = \left\| \sigma \in \check{B}^+ \right\|$. 令

$$\eta(a) = \begin{cases} \tau(a) & \text{如果 } a \in (\mathrm{dom}(\tau) - \mathrm{dom}(\sigma)), \\ \sigma(a) & \text{如果 } a \in (\mathrm{dom}(\sigma) - \mathrm{dom}(\tau)), \\ \tau(a) \cdot \sigma(a) & \text{如果 } a \in (\mathrm{dom}(\tau) \cap \mathrm{dom}(\sigma)). \end{cases}$$

那么 $\eta \in V^{\mathbb{B}}$, $\|\eta \in \check{B}^+\| = \mathbf{1}$, $\|\eta \check{\leqslant} \tau\| = \mathbf{1}$ 以及 $\|\eta \check{\leqslant} \sigma\| = \mathbf{1}$, 并且

$$\left\| \tau \in \dot{G} \wedge \sigma \in \dot{G} \right\| \leqslant \left\| \eta \in \dot{G} \right\|.$$

(5) 证明如下事实就够了: 如果 $u \in B^+$, 那么

$$\left\| \check{u} \in \dot{G} \vee \check{u} \in \dot{G} \right\| = \mathbf{1} \wedge \left\| \check{u} \in \dot{G} \leftrightarrow \check{u} \notin \dot{G} \right\| = \mathbf{1}.$$

根据定义 3.51 以及 (1),

$$\left\|\check{u}\in\dot{G}\vee\check{\bar{u}}\in\dot{G}\right\|=\left\|\check{u}\in\dot{G}\right\|\oplus\left\|\check{\bar{u}}\in\dot{G}\right\|=u\oplus\bar{u}=\mathbf{1}.$$

第二个等式也由类似的计算得到, 因而留作练习.

(6) 设 $D\subseteq B^+$ 为一个稠密子集. 根据定理 3.23 之 (3), 我们来证明下述命题:

$$\forall u\in B^+\,\exists v\in B^+\left(v\leqslant u\wedge v\leqslant\left\|\exists x\,(x\in\check{D}\wedge x\in\dot{G})\right\|\right).$$

设 $u\in B^+$. 令 $v\in D$ 满足 $v\leqslant u$. 根据 $\check{D}$ 的定义以及定义 3.56, 对于 $\tau\in V^{\mathbb{B}}$,

$$\left\|\tau\in\check{D}\right\|=\sum_{t\in\mathrm{dom}(\check{D})}\|\tau=t\|\cdot\check{D}(t)=\sum_{t\in\mathrm{dom}(\check{D})}\|\tau=t\|.$$

所以, $\left\|\check{v}\in\check{D}\right\|=\mathbf{1}$ 以及 $v=\left\|\check{v}\in\dot{G}\right\|$. 因此

$$v\leqslant\left\|\check{v}\in\check{D}\wedge\check{v}\in\dot{G}\right\|\leqslant\left\|\exists x\,(x\in\check{D}\wedge x\in\dot{G})\right\|.$$

这就证明了 (6) 的第一部分结论.

(6) 的第二部分结论由定理 3.23 中的 (8) 的下述表达形式:

$$u\leqslant\|\exists x\in\sigma\,\varphi[a_1,\cdots,a_n]\|\leftrightarrow(\forall v\leqslant u\,\exists w\leqslant v\,\exists\tau\in\mathrm{dom}(\sigma)\,(w\leqslant\varphi[a_1,\cdots,a_n,\tau]\|)),$$

其中 $\sigma\in V^{\mathbb{B}}$ 以及 (6) 的第一部分给出. 详细论证留作练习.

(7) 设 $A\subset B^+$ 为一个极大冲突子集. 根据定理 3.23 之 (3), 我们来证明下述命题:

$$\forall u\in B^+\,\exists v\in B^+\,\exists w\in A\left(v\leqslant u\cdot w\wedge v\leqslant\left\|\left(\begin{array}{c}\check{w}\in\check{A}\wedge\check{w}\in\dot{G}\wedge\\(\forall x\in\check{A}\,(x\neq\check{w}\to x\notin\dot{G}))\end{array}\right)\right\|\right).$$

设 $u\in B^+$. 令 $w\in A$ 以及 $v\in B^+$ 满足 $v\leqslant u$ 以及 $v\leqslant w$. 那么 $\forall x\in A\,(x\neq w\to v\cdot x=\mathbf{0})$. 此 v 就满足下述要求:

$$\left(v\leqslant u\cdot w\wedge v\leqslant\left\|(\check{w}\in\check{A}\wedge\check{w}\in\dot{G}\wedge(\forall x\in\check{A}\,(x\neq\check{w}\to x\notin\dot{G})))\right\|\right).\qquad\square$$

接下来, 我们来验证集合理论 ZFC 的每一条公理都在布尔值结构 $V^{\mathbb{B}}$ 中具有布尔值 1, 也就是在其中为真. 我们将在下面一系列引理中逐步证明这个基本事实.

引理 3.76　在布尔值结构 $V^{\mathbb{B}}$ 中同一性公理的布尔值为 1.

证明　设 $a,b\in V^{\mathbb{B}}$. 我们来验证如下不等式:

$$\|\forall x\,(x\in a\leftrightarrow x\in b)\|\leqslant\|a=b\|.$$

先注意到如果 $u, v \in B$ 满足 $u \leqslant v$, 那么 $(\mathbf{1} - v) \leqslant (\mathbf{1} - u)$; 如果 $t \in \mathrm{dom}(a)$, 那么 $\|t \in a\| \leqslant a(t)$. 因此,

$$(\mathbf{1} - \|t \in a\|) \oplus \|t \in b\| \leqslant (\mathbf{1} - a(t)) \oplus \|t \in b\|.$$

于是,

$$\begin{aligned}
&\|\forall t \, (t \in a \rightarrow t \in b)\| \\
&= \prod_{t \in \mathrm{V}^{\mathbb{B}}} [(\mathbf{1} - \|t \in a\|) \oplus \|t \in b\|] \leqslant \prod_{t \in \mathrm{V}^{\mathbb{B}}} [(\mathbf{1} - a(t)) \oplus \|t \in b\|] = \|a \subseteq b\|.
\end{aligned}$$

这就表明: $\|\forall x \, (x \in a \leftrightarrow x \in b)\| \leqslant \|a = b\|$. $\qquad\square$

下面的引理以及布尔值结构 $\mathrm{V}^{\mathbb{B}}$ 的富有性事实上是前面力迫理论基本事实中引理 3.9 极大原理的另外一种表现形式: 可以利用极大冲突子集以及它们各自上面的名字整合起来构造新的名字.

引理 3.77 设 $W \subset B^{+} = B - \{0\}$ 为一个非空的彼此冲突的元素之集合 (即若 $u, v \in W$ 且 $u \neq v$, 则 $u \cdot v = 0$). 如果对于每一个 $u \in W$, $a_u \in \mathrm{V}^{\mathbb{B}}$, 那么

$$\exists a \in \mathrm{V}^{\mathbb{B}} \, \forall u \in W \, (u \leqslant \|a = a_u\|).$$

证明 给定 W 以及 $\{a_u \mid u \in W\}$. 令

$$D = \bigcup_{u \in W} \mathrm{dom}\,(a_u).$$

对于 $t \in D$, 令 $a(t) = \sum\{u \cdot a_u(t) \mid u \in W \wedge t \in \mathrm{dom}\,(a_u)\}$. 对于 $u \in W$, $t \in \mathrm{dom}\,(a_u)$, 我们总有 $u \cdot a(t) = u \cdot a_u(t)$; 当 $t \in D$, 并且 $t \in (D - \mathrm{dom}\,(a_u))$ 时, $a_u(t) = 0$ 并且如果 $t \in \mathrm{dom}\,(a_v)$, 那么 $u \cdot v = 0$. 所以, 我们就有

$$\forall u \in W \, \forall t \in D \, (u \cdot a(t) = u \cdot a_u(t)).$$

任意固定 $u \in W$. 上式表明对于任意的 $t \in D$ 都有

$$u \leqslant ((\mathbf{1} - a(t)) \oplus a_u(t)) \text{ 以及 } u \leqslant ((\mathbf{1} - a_u(t)) \oplus a(t)).$$

所以 $u \leqslant \|a = a_u\|$. $\qquad\square$

引理 3.78 (AC) 布尔值结构 $(\mathrm{V}^{\mathbb{B}}, \mathbb{B}, F_{\in}, F_{=})$ 是一个富有布尔值结构. 即, 根据定义 3.53, 对于纯集合论语言的任意的彰显自由变元的表达式 $\varphi(v_1, \cdots, v_n, v_{n+1})$, 对于任意的赋值映射 $\sigma(v_i) = a_i \in \mathrm{V}^{\mathbb{B}} \, (1 \leqslant i \leqslant n)$, 一定存在一个 $a \in \mathrm{V}^{\mathbb{B}}$ 满足布尔等式:

$$\|(\exists v_{n+1} \, \varphi)[a_1, \cdots, a_n]\| = \|\varphi[a_1, \cdots, a_n, a]\|.$$

证明　设 $\varphi(v_1, \cdots, v_n, v_{n+1})$ 为纯集合论语言的任意的彰显自由变元的一个表达式.

设 $\sigma(v_i) = a_i \in V^{\mathbb{B}} \, (1 \leqslant i \leqslant n)$. 那么对于任意的 $a \in V^{\mathbb{B}}$ 都一定有如下不等式:

$$\|\varphi[a_1, \cdots, a_n, a]\| \leqslant \|(\exists v_{n+1}\, \varphi)[a_1, \cdots, a_n]\|.$$

现在我们利用选择公理来得到一个满足下述不等式要求的 $a \in V^{\mathbb{B}}$:

$$\|(\exists v_{n+1}\, \varphi)[a_1, \cdots, a_n]\| \leqslant \|\varphi[a_1, \cdots, a_n, a]\|.$$

令 $u_0 = \|(\exists v_{n+1}\, \varphi)[a_1, \cdots, a_n]\|$ 以及

$$D = \left\{ u \in B^+ \;\middle|\; \exists a \in V^{\mathbb{B}} \; (u \leqslant \|\varphi[a_1, \cdots, a_n, a]\|) \right\}.$$

D 在 u_0 之下是一个稠密开子集. 应用选择公理, 令 $W \subset D$ 是一个极大冲突子集, 以及对于 $u \in W$, 令 $a_u \in V^{\mathbb{B}}$ 来见证 $(u \leqslant \|\varphi[a_1, \cdots, a_n, a_u]\|)$. 那么

$$\sum \{u \mid u \in W\} \geqslant u_0.$$

根据引理 3.77, 令 $a \in V^{\mathbb{B}}$ 来满足 $\forall u \in W \, (u \leqslant \|a = a_u\|)$. 因此,

$$\forall u \in W \, (u \leqslant \|\varphi[a_1, \cdots, a_n, a]\|).$$

从而, $u_0 \leqslant \|\varphi[a_1, \cdots, a_n, a]\|$. □

引理 3.79　设 $\varphi(v_1, \cdots, v_n, v_{n+1})$ 为纯集合论语言的任意的彰显自由变元的一个表达式.

设 $\sigma(v_i) = a_i \in V^{\mathbb{B}} \, (1 \leqslant i \leqslant n)$. 那么

$$\|\exists y \in a \, \varphi[a_1, \cdots, a_n, y]\| = \sum_{y \in \mathrm{dom}(a)} (a(y) \cdot \|\varphi[a_1, \cdots, a_n, y]\|),$$

$$\|\forall y \in a \, \varphi[a_1, \cdots, a_n, y]\| = \prod_{y \in \mathrm{dom}(a)} ((\mathbf{1} - a(y)) \oplus \|\varphi[a_1, \cdots, a_n, y]\|).$$

证明　(练习.) □

引理 3.80　设 $\varphi(v_1, \cdots, v_n)$ 是纯集合论语言的一个彰显自由变元的 Δ_0-表达式. 那么对于任意的 $(a_1, \cdots, a_n) \in V$,

$$\varphi[a_1, \cdots, a_n] \iff \|\varphi[\check{a}_1, \cdots, \check{a}_n]\| = \mathbf{1}.$$

证明　用 Δ_0-表达式复杂性的归纳法. 详细论证留作练习. □

推论 3.10 设 $\varphi(v_1, \cdots, v_n, v_{n+1})$ 是纯集合论语言的一个彰显自由变元的 Δ_0-表达式. 那么对于任意的 $(a_1, \cdots, a_n) \in V$,

$$(\exists x\, \varphi[a_1, \cdots, a_n, x]) \to \|\exists x\, \varphi[\breve{a}_1, \cdots, \breve{a}_n, x]\| = \mathbf{1}.$$

证明 设 $\varphi(v_1, \cdots, v_n, v_{n+1})$ 是纯集合论语言的一个彰显自由变元的 Δ_0-表达式. 设 $(a_1, \cdots, a_n) \in V$ 以及 $(\exists x\, \varphi[a_1, \cdots, a_n, x])$ 在 V 中成立. 令 $a \in V$ 来见证 $\varphi[a_1, \cdots, a_n, a]$ 成立. 根据引理 3.80, 必有

$$\|\varphi[\breve{a}_1, \cdots, \breve{a}_n, \breve{a}]\| = \mathbf{1}.$$

因为 $\|\varphi[\breve{a}_1, \cdots, \breve{a}_n, \breve{a}]\| \leqslant \|\exists x\, \varphi[\breve{a}_1, \cdots, \breve{a}_n, x]\|$, 所以

$$\|\exists x\, \varphi[\breve{a}_1, \cdots, \breve{a}_n, x]\| = \mathbf{1}. \qquad \square$$

引理 3.81 设 $\tau \in V^{\mathbb{B}}$. 那么

$$\|\tau \text{ 是一个序数}\| = \sum_{\alpha \in \mathrm{Ord}} \|\tau = \breve{\alpha}\|.$$

证明 因为 "v_1 是一个序数" 是一个 Δ_0-表达式. 根据引理 3.80,

$$\left(\sum_{\alpha \in \mathrm{Ord}} \|\tau = \breve{\alpha}\| \right) \leqslant \|\tau \text{ 是一个序数}\|.$$

另一方面, 如果 $\gamma \in \mathrm{Ord}$, 那么

$$\|\tau \text{ 是一个序数, 并且 } \tau \in \breve{\gamma}\| \leqslant \sum_{\alpha \in \gamma} \|\tau = \breve{\alpha}\|.$$

令 $u = \|\tau \text{ 是一个序数}\|$. 那么对于任何一个序数 α, 我们都有

$$u \leqslant \|\tau \in \breve{\alpha}\| \oplus \|\tau = \breve{\alpha}\| \oplus \|\breve{\alpha} \in \tau\|.$$

令

$$D = \{\alpha \in \mathrm{Ord} \mid \|\breve{\alpha} \in \tau\| > 0\}.$$

由于 $\|\breve{\alpha} \in \tau\| = \sum_{y \in \mathrm{dom}(\tau)} \|y = \breve{\alpha}\| \cdot \tau(y)$, D 是一个集合. 令 $\gamma \in \mathrm{Ord}$ 来见证

$$u \leqslant \|\tau \subseteq \breve{\gamma}\|.$$

那么

$$u \leqslant \sum_{\alpha \in \gamma} \|\tau = \breve{\alpha}\| \leqslant \sum_{\alpha \in \mathrm{Ord}} \|\tau = \breve{\alpha}\|. \qquad \square$$

定理 3.24(ZFC)　ZFC 的每一条公理都在布尔值模型中为真.

证明　我们假定 ZFC 的每一条公理都在集合论论域 V 中成立. 现在来证明如果 σ 是 ZFC 的一条公理语句, 那么 $\|\sigma\| = 1$.

同一性公理　引理 3.76 已经给出了证明,

配对公理　设 $a \in V^{\mathbb{B}}$ 以及 $b \in V^{\mathbb{B}}$. 令

$$c = \{(a, \mathbf{1}), (b, \mathbf{1})\}.$$

那么, $c \in V^{\mathbb{B}}$. 根据引理 3.79,

$$\|\forall y \in c\,(y = a \vee y = b)\| = \prod_{y \in \mathrm{dom}(c)} ((\mathbf{1} - c(y)) \oplus \|y = a \vee y = b\|)$$
$$= \|a = a \vee a = b\| \cdot \|b = a \vee b = b\| = \mathbf{1}.$$

分解原理　设 $\varphi(v_1, \cdots, v_n, v_{n+1})$ 为纯集合论语言一个彰显自由变元的表达式. 设

$$a_1 \in V^{\mathbb{B}}, \cdots, a_n \in V^{\mathbb{B}}.$$

设 $\tau \in V^{\mathbb{B}}$. 我们需要找到一个 $\eta \in V^{\mathbb{B}}$ 来满足下述要求:

$$\|\eta \subseteq \tau\| = \mathbf{1} \wedge \|\forall x \in \tau\,(x \in \eta \leftrightarrow \varphi[a_1, \cdots, a_n, x])\| = \mathbf{1}.$$

令 $\eta = \{(b, \tau(b) \cdot \|\varphi[a_1, \cdots, a_n, b]\|) \mid b \in \mathrm{dom}(\tau)\}$. 那么, $\eta \in V^{\mathbb{B}}$ 并且

$$\mathrm{dom}(\eta) = \mathrm{dom}(\tau),$$

以及

$$\forall b \in \mathrm{dom}(\tau)\,\eta(b) = \tau(b) \cdot \|\varphi[a_1, \cdots, a_n, b]\|.$$

从而对于任意的 $b \in V^{\mathbb{B}}$, $\|b \in \eta\| = \|b \in \tau\| \cdot \|\varphi[a_1, \cdots, a_n, b]\|$. 故, 此 η 即为所求.

并集公理　因为在 $V^{\mathbb{B}}$ 中已经有了分解原理, 所以我们只需证明下述命题:

$$\forall \tau \in V^{\mathbb{B}}\,\exists \eta \in V^{\mathbb{B}}\,(\|\forall a \in \tau\,\forall b \in a\,(b \in \eta)\| = \mathbf{1}).$$

给定 $\tau \in V^{\mathbb{B}}$. 令 $D = \bigcup\{\mathrm{dom}(a) \mid a \in \mathrm{dom}(\tau)\}$, 以及

$$\eta = \{(b, \mathbf{1}) \mid b \in D\}.$$

那么此 η 满足要求: $\|\forall a \in \tau\,\forall b \in a\,(b \in \eta)\| = \mathbf{1}$. 我们将这一等式的详细验证留作练习.

幂集公理　同样地, 因为在 $V^{\mathbb{B}}$ 中已经有了分解原理, 所以我们只需证明下述命题:

$$\forall \tau \in V^{\mathbb{B}}\,\exists \eta \in V^{\mathbb{B}}\,(\|\forall a\,(a \subseteq \tau \to a \in \eta)\| = \mathbf{1}).$$

给定 $\tau \in V^{\mathbb{B}}$. 令

$$D = \{a \in V^{\mathbb{B}} \mid \operatorname{dom}(a) = \operatorname{dom}(\tau) \wedge \forall x \in \operatorname{dom}(\tau)\,(a(x) \leqslant \tau(x))\}.$$

再令

$$\eta = \{(a, \mathbf{1}) \mid a \in D\}.$$

那么, 此 η 满足要求: $(\|\forall a\,(a \subseteq \tau \to a \in \eta)\| = \mathbf{1})$. 这是因为对于任意的 $a \in V^{\mathbb{B}}$, $\operatorname{dom}(a_1) = \operatorname{dom}(\tau)$ 以及

$$\forall x \in \operatorname{dom}(\tau)\,(a_1(x) = \tau(x) \cdot \|x \in a\|),$$

那么 $\|a \subseteq \tau\| \leqslant \|a_1 \subseteq \tau\|$.

无穷公理 因为 "ω 是一个严格大于 0 的极限序数" 是一个 Δ_0-表达式, 并且在 V 中成立, 由引理 3.80,

$$\|\check{\omega} \text{ 是一个严格大于} 0 \text{ 的极限序数}\| = \mathbf{1}.$$

映像存在原理 因为在 $V^{\mathbb{B}}$ 中已经有了分解原理, 所以我们只需证明下述概括原理: 设

$$\varphi(v_1, \cdots, v_n, v_{n+1}, v_{n+2})$$

为集合论纯语言的一个彰显自由变元的表达式. 设 $a_1, \cdots, a_n$ 为 $V^{\mathbb{B}}$ 中的元素. 那么

$$V^{\mathbb{B}} \models \forall \tau \, \exists \eta \, (\|\forall a \in \tau\,((\exists b\,\varphi[a_1, \cdots, a_n, a, b]) \to (\exists b \in \eta\,\varphi[a_1, \cdots, a_n, a, b]))\| = \mathbf{1}).$$

给定 $\tau \in V^{\mathbb{B}}$, 对于 $a \in \operatorname{dom}(\tau)$, 应用 V 中的映像存在原理, 令 $C_a \subset V^{\mathbb{B}}$ 满足下述要求:

$$\sum_{b \in V^{\mathbb{B}}} \|\varphi[a_1, \cdots, a_n, a, b]\| = \sum_{b \in C_a} \|\varphi[a_1, \cdots, a_n, a, b]\|,$$

再令 $D = \bigcup \{C_a \mid a \in \operatorname{dom}(\tau)\}$, 以及

$$\eta = \{(b, \mathbf{1}) \mid b \in D\}.$$

那么, $\eta \in V^{\mathbb{B}}$, 并且

$$(\|\forall a \in \tau\,((\exists b\,\varphi[a_1, \cdots, a_n, a, b]) \to (\exists b \in \eta\,\varphi[a_1, \cdots, a_n, a, b]))\| = \mathbf{1}).$$

$\in$-极小原理 我们来证明下述命题:

$$\forall \tau \in V^{\mathbb{B}}\,(\|((\tau \neq \varnothing) \to (\exists a \in \tau\,(\forall b \in a\,(b \notin \tau))))\| = \mathbf{1}).$$

假设 $\tau \in \mathrm{V}^{\mathbb{B}}$ 是一个反例. 那么

$$\|(\exists b\,(b \in \tau)) \wedge (\forall a \in \tau\, \exists b \in a\,(b \in \tau))\| = u > 0.$$

令 $b \in \mathrm{V}^{\mathbb{B}}$ 为满足要求 $\|b \in \tau\| \cdot u > 0$ 中秩 $\rho(b)$ 最小的元素. 于是,

$$0 < \|b \in \tau\| \cdot u \leqslant \|\exists a \in b\,(a \in \tau)\|.$$

根据富有性引理 (引理 3.78), 令 $a \in \mathrm{dom}(b)$ 来见证等式 $\|a \in b\| \cdot \|a \in \tau\| \cdot u > 0$. 由于 $\rho(a) < \rho(b)$, 这是一个矛盾.

选择公理 根据推论 3.10, 如果 $A \in \mathrm{V}$, 那么

$$\|\check{A} \text{ 上存在一个秩序}\| = \mathbf{1}.$$

现在我们来证明: 对于 $\tau \in \mathrm{V}^{\mathbb{B}}$, 一定存在一个集合 $A \in \mathrm{V}$ 以及一个 $f \in \mathrm{V}^{\mathbb{B}}$ 来见证下述事实:

$$\|f \text{ 是定义在 } \check{A} \text{ 之上的一个函数, 并且 } \mathrm{rng}(f) \supseteq \tau\| = \mathbf{1}.$$

这个事实意味着 $\|\tau \text{ 上存在一个秩序} \| = \mathbf{1}$. 为证明上述事实, 令 $A = \mathrm{dom}(\tau)$.

对于 $a \in A$, 令 $\sigma_a = \{(\check{a}, \mathbf{1})\}$, $\gamma_a = \{(\check{a}, \mathbf{1}), (a, \mathbf{1})\}$, 以及 $\eta_a = \{(\sigma_a, \mathbf{1}), (\gamma_a, \mathbf{1})\}$. 再令

$$f = \{(\eta_a, \mathbf{1}) \mid a \in A\}.$$

那么对于 $a \in A$, $\sigma_a \in \mathrm{V}^{\mathbb{B}}, \gamma_a \in \mathrm{V}^{\mathbb{B}}, \eta_a \in \mathrm{V}^{\mathbb{B}}$; 从而 $f \in \mathrm{V}^{\mathbb{B}}$, 并且 $\|f \text{ 是定义在 } \check{A} \text{ 上的一个函数 }\| = \mathbf{1}$, 以及 $\|\tau \subseteq \mathrm{rng}(f)\| = \mathbf{1}$. 我们将这一结论的验证留作练习. $\qquad\square$

推论 3.11 (相对独立性原理) 设 σ 是集合论纯语言的一个语句. 设 $\mathbb{B}$ 是一个完备布尔代数. 如果 $\mathrm{ZFC} \vdash \sigma$, 那么在布尔值模型 $\mathrm{V}^{\mathbb{B}}$ 中一定有 $\|\sigma\| = \mathbf{1}$. 由此, 如果存在一个完备布尔代数 $\mathbb{B}$ 以至于在布尔值模型 $\mathrm{V}^{\mathbb{B}}$ 中语句 $(\neg\sigma)$ 的布尔值非零, 即 $\|(\neg\sigma)\| > \mathbf{0}$, 那么 $\mathrm{ZFC} \nvdash \sigma$.

证明 根据引理 3.70, 所有的一阶逻辑公理都在布尔值模型 $\mathrm{V}^{\mathbb{B}}$ 中为真, 并且布尔值模型保持逻辑推理. 又根据定理 3.24, 每一条集合论 ZFC 的公理都为真, 所以这个理论的定理 σ 也就为真. 因此, 如果存在一个完备布尔代数 $\mathbb{B}$ 来见证在布尔值模型 $\mathrm{V}^{\mathbb{B}}$ 中 σ 之否定 $(\neg\sigma)$ 具有非零布尔值, 那么 σ 就不可能具有布尔值 1. 这就表明 σ 一定不会是 ZFC 的一条定理. $\qquad\square$

例 3.33 设 $\mathbb{P} = (\mathrm{Add}(\omega, \omega_2), \leqslant, \mathbf{1})$ 为添加 ω_2 个科恩实数的力迫构思. 令 $\mathbb{B}$ 为由 $\mathbb{P}$ 的正则截断子集所构成的完备布尔代数 (定理 3.21 之 (1) 的证明). 令 $\dot{G}$ 为 $\mathbb{B}^{+}$ 上的泛型滤子的典型名字. 令

$$\dot{g} = \{(\check{v}, w) \mid \exists u \in B^{+}\,(v \in u \wedge w \leqslant u)\}.$$

那么 $\dot g \in \mathrm V^{\mathbb B}$，并且

$$\left\| \left(\dot g = \bigcup \dot G \right) \wedge \dot g : \check\omega_2 \times \check\omega \to \check 2 \right\| = \mathbf 1,$$

以及

$$\|\forall \alpha \in \check\omega_2\, \forall \beta \in \check\omega_2\ (\alpha \neq \beta \to \exists n \in \check\omega\ (\dot g(\alpha, n) \neq \dot g(\beta, n)))\| = \mathbf 1,$$

并且

$$\||\check\omega_1| = \check\omega_1 \wedge |\check\omega_2| = \check\omega_2\| = \mathbf 1.$$

从而, ZFC $\nvdash$ CH.

这个例子中各结论的验证仍然需要我们重新回顾科恩连续统假设独立性定理 (定理 3.6) 之证明. 这固然是可以做到的事情, 但未必是一件十分愉快的事情. 于其重复已经完成的证明, 不如让我们来探索布尔值模型与偏序力迫扩张模型之间的系统性关联. 这会更有价值: 因为这将明了无论是这里的布尔值模型构造, 还是前面的力迫扩张结构构造, 都只是同一件事情的两种等价的表现手法, 它们殊途同归.

3.5.4 布尔值模型与偏序力迫扩张

设 $\mathbb P$ 是一个力迫构思. 在定理 3.21 之 (1) 的证明中, 我们从 $\mathbb P$ 出发, 构造了由 $\mathbb P$ 的全体正则截断所构成的完备布尔代数 $\mathbb B$, 以及从 $\mathbb P$ 到 $(B^+, \leqslant)$ 的典型稠密嵌入映射

$$h : P \ni p \mapsto h(p) = U_p = \{q \in P \mid q \leqslant p\} \in B^+,$$

并且在同构的意义上这一对 $(\mathbb B, h)$ 是唯一的 (推论 3.8). 基于这样的理由, 我们称由 $\mathbb P$ 的全体正则截断所构成的完备布尔代数为 $\mathbb P$ 的**完备化布尔代数**, 并且称由等式所确定的映射 $p \mapsto U_p = h(p)$ 为**自然嵌入映射**. 需要注意的是这个自然嵌入映射是一个稠密映射. 我们现在就利用这个完备化布尔代数以及这个稠密嵌入映射来建立这里的布尔值模型与前面的力迫扩张结构之间的联系.

首先, 我们需要明确 $\mathbb P$-名字与它的完备化布尔代数 $\mathbb B = \mathbb B(\mathbb P)$ 的名字之间的转换关系, 也就是 $\mathbb P$-名字空间 $\mathrm V^{\mathbb P}$ 与布尔值论域 $\mathrm V^{\mathbb B}$ 之间的转换关系: 在 $\mathbb P$-名字的定义 3.7 中我们事实上如下递归地定义了 $\mathbb P$-名字:

定义 3.59 ($\mathbb P$-名字空间) 设 $\mathbb P$ 为一个力迫构思. 定义 $\mathbb P$-名字论域 $\mathrm V^{\mathbb P}$ 如下

(1) $\mathrm V_0^{\mathbb P} = \varnothing$;

(2) 对于任意一个序数 α, 在 $\mathrm V_\alpha^{\mathbb P}$ 基础之上如下定义 $\mathrm V_{\alpha+1}^{\mathbb P}$: 集合 f 是 $\mathrm V_{\alpha+1}^{\mathbb P}$ 中的元素, 即 $f \in \mathrm V_{\alpha+1}^{\mathbb P}$, 当且仅当 f 是一个关系, 并且 $\mathrm{dom}(f) \subseteq \mathrm V_\alpha^{\mathbb P}$ 以及 $\mathrm{rng}(f) \subseteq P$;

(3) 对于任意的非零极限序数 λ, 在序列 $\langle \mathrm V_\alpha^{\mathbb P} \mid \alpha < \lambda \rangle$ 的基础上, 令

$$\mathrm V_\lambda^{\mathbb P} = \bigcup_{\alpha < \lambda} \mathrm V_\alpha^{\mathbb P};$$

(4) $\mathrm{V}^{\mathbb{P}} = \bigcup_{\alpha \in \mathrm{Ord}} \mathrm{V}^{\mathbb{P}}_{\alpha}$; τ 是一个 $\mathbb{P}$-名字当且仅当 $\tau \in \mathrm{V}^{\mathbb{P}}$.

这个定义与布尔值论域定义 (定义 3.54) 之间的差别就在于前者用的是所有可能的关系而后者只用所有可能的布尔值函数. 我们自然需要解决的便是, 将关系转换成函数. 这便是下述定义的功能:

定义 3.60(名字嵌入映射)　设 $\mathbb{P}$ 是一个力迫构思, $\mathbb{B} = \mathbb{B}(\mathbb{P})$ 是它的完备化布尔代数. 令 $h : P \to B^+$ 为从 $\mathbb{P}$ 到 $\mathbb{B}$ 的自然嵌入映射

$$h : P \ni p \mapsto h(p) = \{q \in p \mid q \leqslant p\} = U_p \in B^+.$$

递归地定义由 h 所诱导出来的名字转换映射 $h_* : \mathrm{V}^{\mathbb{P}} \to \mathrm{V}^{\mathbb{B}}$ 如下:

$$h_*(\tau) = \left\{ \left(h_*(\sigma), \sum \{h(p) \mid (\sigma, p) \in \tau\} \right) \, \Big| \, \sigma \in \mathrm{dom}(\tau) \right\}.$$

这个定义与前面的定义 3.29 实际上是一致的. 这个名字嵌入映射事实上是两个名字嵌入映射的合成: 在定义 3.29 中我们定义了一个从 $\mathbb{P}$-名字空间 $\mathrm{V}^{\mathbb{P}}$ 到 $\mathbb{Q} = (B^+, \leqslant)$-名字空间 $\mathrm{V}^{\mathbb{Q}}$ 的嵌入映射

$$h_{**}(\tau) = \{(h_{**}(\sigma), h(p)) \mid (\sigma, p) \in \tau\};$$

然后我们应用恒等映射 $i : B^+ \to B$ 来诱导从名字空间 $\mathrm{V}^{\mathbb{Q}}$ 到布尔值论域 $\mathrm{V}^{\mathbb{B}}$ 上的嵌入映射:

$$i_*(\tau) = \left\{ \left(i_*(\sigma), \sum \{u \mid (\sigma, u) \in \tau\} \right) \, \Big| \, \sigma \in \mathrm{dom}(\tau) \right\}.$$

最后 $h_* = i_* \circ h_{**}$.

引理 3.82　设 $\mathbb{P}$ 是一个力迫构思. 设 $\mathbb{B}(\mathbb{P}) = (B, \oplus, \cdot, \bar{}, \leqslant, \mathbf{0}, \mathbf{1})$ 为 $\mathbb{P}$ 的完备化布尔代数. 令 $h : P \to B^+$ 为自然稠密嵌入映射, 其中 $B^+ = B - \{\mathbf{0}\}$. 令 $\mathbb{Q} = (B^+, \leqslant)$. 设 $\tau \in \mathrm{V}^{\mathbb{P}}$. 那么

(a) $h_*(\tau) \in \mathrm{V}^{\mathbb{Q}} \cap \mathrm{V}^{\mathbb{B}}$;

(b) $\|h_{**}(\tau) = h_*(\tau)\| = 1$.

证明　(练习.)　□

定理 3.25　设 $M \models \mathrm{ZFC}$ 为一个可数传递模型. 设 $\mathbb{P} \in M$ 是一个力迫构思, $\mathbb{B} \in M$ 是 $\mathbb{P}$ 的在 M 中的完备化布尔代数, $h : P \to B^+$ 为在 M 中的自然稠密嵌入映射. 令

$$M^{\mathbb{B}} = \left(\mathrm{V}^{\mathbb{B}} \right)^M$$

为应用 $\mathbb{B}$ 在 M 中所定义的布尔值模型, 以及 $h_* : M^{\mathbb{P}} \to M^{\mathbb{B}}$ 为在 M 中由 h 所诱导出来的名字转换映射. 设 $\varphi(v_1, \cdots, v_n)$ 为集合论纯语言中彰显自由变元的表达式, 以及 $\tau_1, \cdots, \tau_n$ 为一组 $\mathbb{P}$-名字. 设 $p \in P$. 那么

$$(p \Vdash_{\mathbb{P},M} \varphi[\tau_1, \cdots, \tau_n]) \iff M \models (\|\varphi[h_*(\tau_1), \cdots, h_*(\tau_n)]\| \geqslant h(p)).$$

证明 (练习.) □

根据定理 3.25, 我们在前面所假定的 ZFC 的可数传递模型的存在性纯粹只是为了保证相应于力迫构思的泛型滤子的存在性, 从而来保证力迫关系定义与分析不至于陷入某种令人尴尬的局面. 就相对相容性或者独立性而言, 那种假设事实上没有带来什么困难, 现在看来也完全可以用在集合论当前论域之中直接计算相应命题的布尔值来实现.

在集合论发展与探索中, 现行的力迫方法的应用是将两者的基本想法结合起来. 下面我们提纲挈领地讲解一下这样的一个整合方案.

所有的讨论基本上都在集合论当前论域 V 之中进行. 给定一个力迫构思 $\mathbb{P}$, 自然地将它稠密地嵌入到它的完备化布尔代数之中, 并且简单地用它上面的恒等映射作为自然嵌入映射, 也就是说, 这个偏序集是它的完备化布尔代数的偏序集的一个稠密子集. 然后, 递归地定义 $\mathbb{P}$-名字: $\tau \in V^{\mathbb{P}}$ 为一个 $\mathbb{P}$-名字当且仅当 τ 是一个函数, $\mathrm{rng}(\tau) \subseteq B^+$, 并且每一个 $\sigma \in \mathrm{dom}(\tau)$ 也都是一个 $\mathbb{P}$-名字. 于是

$$V^{\mathbb{P}} \subset V^{\mathbb{B}}.$$

在这个基础上, 如下定义力迫关系 $\Vdash$.

定义 3.61 设 $\varphi(v_1, \cdots, v_n)$ 为集合论纯语言中彰显自由变元的表达式, 以及 $\tau_1, \cdots, \tau_n$ 为一组 $\mathbb{P}$-名字. 设 $p \in P$. 那么

$$(p \Vdash_{\mathbb{P}} \varphi[\tau_1, \cdots, \tau_n]) \iff (\|\varphi[\tau_1, \cdots, \tau_n]\| \geqslant p).$$

根据基本布尔值不等式定理 (定理 3.23) 以及定义 3.61, 我们马上就有下述力迫关系的基本性质:

定理 3.26 (力迫关系基本性质) 设 $\mathbb{P}$ 是一个力迫构思, $\mathbb{B}(\mathbb{P})$ 为它的完备化布尔代数. 设 $\varphi(v_1, \cdots, v_n)$ 是一个纯集合论语言的彰显自由变元的表达式. 设 $\tau_i (1 \leqslant i \leqslant n)$ 为一组 $\mathbb{P}$-名字. 那么

(1) (a) 如果 $p \Vdash \varphi[\tau_1, \cdots, \tau_n]$ 以及 $q \leqslant p$, 那么 $q \Vdash \varphi[\tau_1, \cdots, \tau_n]$;

 (b) 没有条件 p 会同时力迫 $\varphi[\tau_1, \cdots, \tau_n]$ 及其否定 ($\neg\varphi[\tau_1, \cdots, \tau_n]$);

 (c) 对于任何一个条件 p 而言, 都一定存在一个比它强的条件 $q \leqslant p$ 来判定 $\varphi[\tau_1, \cdots, \tau_n]$, 即

$$q \Vdash \varphi[\tau_1, \cdots, \tau_n] \lor q \Vdash (\neg\varphi[\tau_1, \cdots, \tau_n]).$$

(2) (a) $p \Vdash (\neg\varphi[a_1, \cdots, a_n]\|)$ 当且仅当没有比 p 强的条件 $q \leqslant p$ 来力迫 $\varphi[\tau_1, \cdots, \tau_n]$;

 (b) $p \Vdash (\varphi \land \psi)[a_1, \cdots, a_n]$ 当且仅当

$$p \Vdash \varphi[a_1, \cdots, a_n] \text{ 以及 } p \Vdash \psi[a_1, \cdots, a_n];$$

(c) $p \Vdash (\forall x\, \varphi[a_1, \cdots, a_n])$ 当且仅当

$$\forall \tau \in \mathbf{V}^{\mathbb{P}}\,[p \Vdash \varphi[a_1, \cdots, a_n, \tau]];$$

(d) $p \Vdash (\varphi \vee \psi)[a_1, \cdots, a_n]$ 当且仅当

$$(\forall q \leqslant p\, \exists r \leqslant q\, (r \Vdash \varphi[a_1, \cdots, a_n]) \vee r \Vdash \psi[a_1, \cdots, a_n]);$$

(e) $p \Vdash (\exists x\, \varphi[a_1, \cdots, a_n])$ 当且仅当

$$\left(\forall q \leqslant p\, \exists r \leqslant q\, \exists \tau \in \mathbf{V}^{\mathbb{P}}\, (r \Vdash \varphi[a_1, \cdots, a_n, \tau])\right).$$

(3) 如果 $p \Vdash (\exists x\, \varphi[a_1, \cdots, a_n])$, 那么

$$\left(\exists \tau \in \mathbf{V}^{\mathbb{P}}\, (p \Vdash \varphi[a_1, \cdots, a_n, \tau])\right).$$

我们知道之所以在建立力迫方法理论之初假定存在一个可数传递模型, 就是为了保证在集合论当前论域之中有在基础模型之上的力迫构思泛型滤子. 现在我们也可以换一种假设: 假定在当前集合论论域 V 之外存在 V 中的力迫构思 $\mathbb{P}$ 或者它的完备化布尔代数 $\mathbb{B}$ 的泛型滤子, 就如同在 V 的外部将 V 看成一个 "可数传递模型" 那样. 我们为什么需要这样假设? 或者, 为什么需要这样做? 我们原本可以直接通过计算相应的命题的布尔值就可以得到其独立性. 一个基本的理由就是采用力迫扩张结构, 应用泛型滤子的特性, 来进行分析往往令分析过程更具生气与活力; 令独立性证明更像在分析集合论的种种模型, 而不是在机械地从事着布尔值计算.

从现在起, 我们既可以一如既往地坚持**可数传递模型基本假设**, 又可以坚持**当前论域 V 之外存在所需要的泛型滤子基本假设**, 从而不必为所要的泛型滤子是否存在这一问题所困扰.

下面我们将可数传递模型基本假设之下的力迫方法理论的基本概念和定理在当前论域之外存在所需要的泛型滤子基本假设之下重新表述出来. 需要留心的是前面的可定义性引理 (引理 3.5) 在这里因为定义 3.61 而变得自然而然.

定义 3.62 设 $\mathbb{B}$ 是一个布尔代数. $G \subset B$ 是 $\mathbb{B}$ 上的一个**超滤子**当且仅当

(a) $1 \in G$;

(b) $\forall u \in B\, \forall v \in B\, ((v \leqslant u \wedge v \in G) \rightarrow u \in G)$;

(c) $\forall u \in G\, \forall v \in G\, \exists w \in G\, (w \leqslant u \wedge w \leqslant v)$;

(d) $\forall u \in B\, (u \in G \leftrightarrow \bar{u} \notin G)$.

定义 3.63 设 $\mathbb{B}$ 是一个完备布尔代数. $G \subset B$ 是 $\mathbb{B}$ 的一个 V-泛型滤子当且仅当

(1) G 是 $\mathbb{B}$ 上的一个超滤子;

(2) 如果 $D \in \mathrm{V} \cap \mathfrak{P}(B^+)$ 是 V 中的一个稠密子集, 那么 $G \cap D \neq \varnothing$.

引理 3.83 设 $\mathbb{B}$ 是一个完备布尔代数. $G \subset B$ 是 $\mathbb{B}$ 的一个 V-泛型滤子当且仅当

(1) G 是 $\mathbb{B}$ 上的一个超滤子;

(2) 如果 $X \in \mathrm{V} \cap \mathfrak{P}(B)$ 非空, 并且 $X \subset G$, 那么 $(\prod X) \in G$.

证明 (练习.) □

定义 3.64 设 $\mathbb{P}$ 是一个力迫构思, $\mathbb{B}$ 是它的完备化布尔代数. 设 $G \subset B$ 是 $\mathbb{B}$ 的一个 V-泛型滤子. 设 $\tau \in \mathrm{V}^{\mathbb{P}}$. 令

$$\tau/G = \{\sigma/G \mid \exists p \in G \, (\sigma, p) \in \tau\}.$$

以及

$$\mathrm{V}[G] = \{\tau/G \mid \tau \in \mathrm{V}^{\mathbb{P}}\}.$$

定理 3.27(ZFC) 设 $\mathbb{P}$ 是一个力迫构思, $\mathbb{B}$ 是它的完备化布尔代数. 设 $G \subset B$ 是 $\mathbb{B}$ 的一个 V-泛型滤子. 那么

(1) $\mathrm{V}[G]$ 是传递的, 并且 $\mathrm{V}[G] \models \mathrm{ZFC}$;

(2) $\mathrm{V} \subset \mathrm{V}[G]$ 以及 $G \in \mathrm{V}[G]$;

(3) $\mathrm{Ord}^{\mathrm{V}[G]} = \mathrm{Ord}^V$;

(4) 如果 N 是 ZF 的一个传递模型, $\mathrm{V} \subset N$, $G \in N$, 那么 $\mathrm{V}[G] \subseteq N$.

定理 3.28(真相引理) 设 $\mathbb{P}$ 是一个力迫构思, $\mathbb{B}$ 是它的完备化布尔代数. 设 $\varphi(v_1, \cdots, v_n)$ 为集合论纯语言的一个彰显自由变元的表达式. 设 $\tau_1, \cdots, \tau_n$ 为一组 $\mathbb{P}$-名字. 设 $G \subset B$ 是 $\mathbb{B}$ 的一个 V-泛型滤子. 那么

$$\mathrm{V}[G] \models \varphi[\tau_1, \cdots, \tau_n] \iff \exists p \in G \, (p \Vdash \varphi[\tau_1, \cdots, \tau_n]) \iff \|\varphi[\tau_1, \cdots, \tau_n]\| \in G.$$

在这一小节的最后, 我们来证明仏 (fo) 宋 (pin) 咖 (ka)[8]定理. 这是一个揭示相对可构造论域与内模型泛型扩张之间紧密联系的定理. 这个定理也是一个很有趣的关于泛型滤子存在性的例子: 相对于内模型中某些特定的完备布尔代数而言, 泛型滤子有可能就在当前论域中存在.

我们先来引进仏宋咖代数.

定义 3.65 (仏宋咖代数) 设 κ 是一个无穷基数. 令 $C_\kappa = \mathrm{OD} \cap \mathfrak{P}(\mathfrak{P}(\kappa))$. 令 $F : \mathrm{OD} \to \mathrm{Ord}$ 为由引理 2.26 所给出的一个可定义单射. 令 $B_\kappa = F[C_\kappa]$, 并且定义: 对于 $u, v, w \in B_\kappa$,

(a) $\mathbf{1} = F(\mathrm{OD} \cap \mathfrak{P}(\kappa))$; $\mathbf{0} = F(\varnothing)$;

---

8 Vopěnka.

(b) $u \leqslant v \iff F^{-1}(u) \subseteq F^{-1}(v)$;

(c) $u + v = w \iff F^{-1}(u) \cup F^{-1}(v) = F^{-1}(w)$;

(d) $u \cdot v = w \iff F^{-1}(u) \cap F^{-1}(v) = F^{-1}(w)$;

(e) $\bar{u} = w \iff (\mathrm{OD} \cap \mathfrak{P}(\kappa)) - F^{-1}(u) = F^{-1}(w)$.

称 $\mathbb{B}_\kappa = (B_\kappa, +, \cdot, ^-, \mathbf{1}, \mathbf{0}, \leqslant)$ 为基于 κ 的 Voěnka-布尔代数.

引理 3.84   (1) $\mathbb{B}_\kappa \in \mathrm{HOD}$;

(2) $\mathbb{B}_\kappa$ 是一个布尔代数;

(3) $\mathrm{HOD} \models \mathbb{B}_\kappa$ 是完备布尔代数.

证明   (1) 因为 C_κ 是一个序数可定义的集合, 它的元素也都是序数可定义的集合, 所以可定义的单射 F 在 C_κ 上的限制 $f = F \restriction_{C_\kappa}$ 是一个定义在 C_κ 上的序数可定义的单射, 所以这个限制函数是从 C_κ 到 B_κ 的一个双射. 由于

$$R = \{(a, b) \mid a \in C_\kappa \wedge b \in C_\kappa \wedge a \subseteq b\}$$

是一个序数可定义的二元关系, F 的可定义性表明由它和 R 在 B_κ 上定义出来的偏序关系 $\leqslant$ 是序数可定义的. 同样的理由表明 B_κ 上定义的 $+, \cdot, ^-$ 也都是序数可定义的. 由于 B_κ 是一个序数的集合, 因为前述理由, $\mathbb{B}_\kappa \in \mathrm{HOD}$.

(2) 由于 $(C_\kappa, \cup, \cap, -, \mathfrak{P}(\kappa), \varnothing, \subseteq)$ 是一个集合代数, 在映射 F 的作用下得到的 $\mathbb{B}_\kappa$ 是一个同构像, 因此它是一个布尔代数.

(3) 由 (2), 再根据验证布尔代数的那些等式或者不等式都是 Δ_0 性质, 从而是绝对不变的. 因此, $\mathrm{HOD} \models \mathbb{B}_\kappa$ 是一个布尔代数. 如果 $X \subset C_\kappa$ 是一个序数可定义的集合, 那么 $\bigcup X$ 也是序数可定义的, 并且它必是 C_κ 中的元素, 所以, 在 C_κ 中, $\sum X = \sup(X) = \bigcup X$ 存在. 这就表明序数可定义的代数 C_κ 是 OD-完备的. 因此, 在经过一个 OD-同构映射下得到的布尔代数 $\mathbb{B}_\kappa$ 在 HOD 中就是完备的.   □

定理 3.29 (Vopěnka)   假设 A 是序数的一个集合, 并且 $V = L[A]$. 那么在内模型 HOD 中存在一个在其中完备的布尔代数 $\mathbb{B}$ 以及在 V 中存在一个在 HOD 之上的 $\mathbb{B}$ 泛型滤子 G 来实现等式: $V = \mathrm{HOD}[G]$.

证明   设 A 是给定的序数的集合, 并且假定 $V = L[A]$. 令 $A \subset \kappa$, κ 为一个基数. 考虑基于 κ 的仏朱咖代数 $\mathbb{B}_\kappa \in \mathrm{HOD}$, 即令

$$C_\kappa = \mathrm{OD} \cap \mathfrak{P}(\mathfrak{P}(\kappa)), \text{ 和 } f_\kappa = F \restriction_{C_\kappa}, \text{ 以及 } B_\kappa = f_\kappa[C_\kappa].$$

令 $H = \{u \in C_\kappa \mid A \in u\}$. 那么 H 是布尔代数 C_κ 上的一个超滤子, 并且如果 $X \subset H$ 是一个在 OD 中的集合, 那么 $(\bigcap X) \in H$. 因此, $G = f[H]$ 就是 HOD 之上的一个 $\mathbb{B}_\kappa$-泛型滤子. 由于 $V = L[A]$, HOD 是一个内模型, 所有这些涉及的集合都在 V 中, 尤其是, H, f, G 都在 V 中.

现在我们来证明 $V = HOD[G]$. 令 $g : \kappa \to B$ 为由下述等式定义的函数:

$$\forall \alpha < \kappa \, (g(\alpha) = f(\{Z \subseteq \kappa \mid \alpha \in Z\})).$$

此函数 $g \in OD$, 于是, $g \in HOD$. 利用此函数 g 和 G, 我们如下定义 A:

$$\forall \alpha < \kappa \, (\alpha \in A \leftrightarrow g(\alpha) \in G).$$

这表明 $A \in HOD[G]$. 由此, $V = L[A] = HOD[G]$. □

3.5.5 完备布尔子代数与泛型扩张子模型

在有了布尔值模型之后, 我们回过头来探讨一下与完备布尔子代数相关的两个基本问题: 泛型扩张子模型实现问题, 以及完备布尔子代数泛型滤子扩展问题.

我们先来探讨泛型扩张子模型的实现问题. 设完备布尔代数 $\mathbb{C}$ 是完备布尔代数 $\mathbb{B}$ 的完备布尔子代数. 那么 $\mathbb{C}$ 的任何极大冲突子集 W 也一定是 $\mathbb{B}$ 的一个极大冲突子集. 因此, 如果 G 是基础模型 V 上的一个 $\mathbb{B}$-泛型滤子, 那么 $G \cap C$ 就一定是基础模型 V 上的一个 $\mathbb{C}$-泛型滤子. 从而我们有

$$V \subset V[G \cap C] \subset V[G].$$

并且当 V 是一个 ZFC 的模型时, $V[G \cap C]$ 和 $V[G]$ 都是 ZFC 的模型.

现在我们来考虑上述事实的典型性问题: 设 $\mathbb{B}$ 是一个完备布尔代数, G 是基础模型 V 上的一个 $\mathbb{B}$-泛型滤子, M 是 ZFC 的一个传递模型并且

$$V \subset M \subset V[G],$$

那么是否存在 $\mathbb{B}$ 的一个完备布尔子代数 $\mathbb{C}$ 来实现等式 $M = V[G \cap C]$?

为了解决这个问题, 我们需要引进生成完备子代数的概念.

定义 3.66 设 $\mathbb{D}$ 是一个完备布尔代数, $X \subset D$. 由 X 所生成的完备布尔子代数, 记成 $\mathbb{B}(X)$, 依据下述等式得到它的论域:

$$B(X) = \bigcap \{C \mid X \subseteq C \subseteq D \wedge C \text{ 是 } \mathbb{D} \text{ 的一个完备布尔子代数的论域}\}.$$

设 κ 是一个基数. 一个完备布尔代数 $\mathbb{D}$ 是 κ-生成的当且仅当

$$\exists X \, (X \subseteq D \wedge, |X| \leqslant \kappa \wedge D = B(X)).$$

定义 3.67(记号约定) 设 V 是 ZFC 的一个基础模型, A 是一个集合 (也许不在基础模型 V 中, 比如某个泛型滤子的子集). 令

$$V[A] = \bigcap \{M \mid V \subseteq M \wedge A \in M \wedge M \text{ 是传递的 } \wedge M \models ZFC\}.$$

(当然我们假定一定有这样的 M 存在.)

引理 3.85　设 $\mathbb{B}$ 是一个完备布尔代数, $X \subset B$, 并且 $\mathbb{B}$ 完备地由 X 所生成. 那么对于 V 上任意的 $\mathbb{B}$-泛型滤子 G 而言, 都一定有

$$\mathrm{V}[G] = \mathrm{V}[X \cap G].$$

证明　在引理的参数条件下, 在 $\mathrm{V}[G]$ 中, 令 $A = X \cap G$. 我们来证明 G 可以由 A 来定义.

由于 $B = B(X)$, B 中的每一个元素都可以经过一系列基本布尔代数的运算逐次得到. 现在我们递归地定义下列序列:

(1) $X_0 = X$; $\overline{X_0} = \{\bar{a} \mid a \in X_0\}$;

(2) $X_\alpha = \left\{ a \,\middle|\, \exists Z \in \mathfrak{P}\left(\bigcup_{\beta < \alpha} (X_\beta \cup \overline{X_\beta}) \right) \left(a = \sum Z \right) \right\}$; 以及

$$\overline{X_\alpha} = \{\bar{a} \mid a \in X_\alpha\}.$$

那么 $\exists \theta \leqslant |B|^+ \left(B = \bigcup_{\alpha < \theta} X_\alpha \right)$.

对于 $\alpha < \theta$, 令 $G_\alpha = G \cap X_\alpha$, $\overline{G_\alpha} = G \cap \overline{X_\alpha}$. 那么

(1) $G_0 = A$; $\overline{G_0} = \{\bar{a} \mid a \in (X_0 - G_0)\}$;

(2) G_α 是下述集合: 对于 $a \in X_\alpha$, 令 $a \in G_\alpha$ 当且仅当下述命题成立:

$$\exists Z \in \mathfrak{P}\left(\bigcup_{\beta < \alpha} (X_\beta \cup \overline{X_\beta}) \right) \wedge \exists \beta < \alpha \left(Z \cap (G_\beta \cup \overline{G_\beta} \neq \varnothing) \wedge \left(a = \sum Z \right) \right);$$

(3) $\overline{G_\alpha} = \{\bar{a} \mid a \in (X_\alpha - G_\alpha)\}$.

那么 $G = \bigcup_{\alpha < \theta} G_\alpha$. 由此可见, G 在给定 A 的基础上可以经过递归定义而得到. 这就意味着在 ZFC 的传递模型 $\mathrm{V}[A] \ni A$ 中可以定义地得到 G, 从而 $G \in \mathrm{V}[A]$.　□

推论 3.12　如果 $\mathbb{B}$ 是 κ-生成的完备布尔代数, G 是 V 上的 $\mathbb{B}$-泛型滤子, 那么在 $\mathrm{V}[G]$ 之中一定存在 κ 的一个子集 A 来实现等式

$$\mathrm{V}[G] = \mathrm{V}[A].$$

推论 3.13　设 $\mathbb{B}$ 是一个完备布尔代数, G 是 V 上的 $\mathbb{B}$-泛型滤子, $A \in \mathrm{V}[G]$, 并且 $A \subset \kappa$, κ 是 V 中的一个基数. 那么在 V 中一定存在 $\mathbb{B}$ 的一个 κ-生成的完备布尔子代数 $\mathbb{D}$ 来实现等式

$$\mathrm{V}[D \cap G] = \mathrm{V}[A].$$

证明 设 $\dot{A}$ 是 $A \in V[G]$ 的一个 $\mathbb{B}$-名字. 令

$$X = \left\{ u_\alpha \in B \,\middle|\, u_\alpha = \left\| \check{\alpha} \in \dot{A} \right\| \right\}.$$

令 $D = B(X)$ 为 $\mathbb{B}$ 的由 X 生成的完备布尔子代数. 根据引理 3.85,

$$V[X \cap G] = V[D \cap G].$$

由于在 $V[G]$ 中, $A = \dot{A}/G = \{\alpha < \kappa \mid u_\alpha \in X \cap G\}$ 以及 $X \cap G = \{u_\alpha \mid \alpha \in A\}$. 因此

$$V[X \cap G] = V[A]. \qquad \square$$

引理 3.86 设 $\mathbb{B}$ 是一个完备布尔代数, G 是 V 上的一个 $\mathbb{B}$-泛型滤子. 如果 M 是 ZFC 的一个传递模型, 并且

$$V \subset M \subset V[G],$$

那么一定存在 $\mathbb{B}$ 的一个完备布尔子代数 $\mathbb{D}$ 来实现等式 $M = V[D \cap G]$.

证明 根据上面的推论 3.13, 我们只需证明: 存在一个序数的集合 A 来实现等式 $M = V[A]$.

因为 M 满足选择公理, 所以对于 M 中的任何集合 X, 都一定在 M 中有一个序数的集合 A_X 来保证 $X \in V[A_X]$. 令 $Z = \mathfrak{P}(B) \cap M$. 那么 $Z \in M$. 令 $A = A_Z \in M$. 我们来验证: $M = V[A]$.

对于 $X \in M$, 考虑序数的集合 $A_X \in M$, 根据上面的推论 3.13, 令 D_X 为满足下述等式的 $\mathbb{B}$ 的完备布尔代数:

$$V[A_X] = V[D_X \cap G].$$

于是, $D_X \cap G \in M$. 由此, $D_X \cap G \in Z$. 因为 $Z \in V[A]$, 由传递性, $D_X \cap G \in V[A]$, 所以 $X \in V[A]$. 这就表明 $M \subseteq V[A]$. $\qquad \square$

再来探讨完备布尔子代数泛型滤子扩展问题. 也就是说, 如果 G 是 V 上的一个 $\mathbb{B}$-泛型滤子, 而 $\mathbb{B}$ 又是完备布尔代数 $\mathbb{D}$ 的一个完备子代数, 那么是否一定存在 V 上的一个 $\mathbb{D}$-泛型滤子 H 来实现等式 $V[G] = V[B \cap H]$?

这个问题事实上包含了迭代力迫构思 $\mathbb{P} * \dot{\mathbb{Q}}$ 的完备化布尔代数的直接计算问题. 我们知道在 V 中, 力迫构思 $\mathbb{P}$ 有唯一的完备化布尔代数 $\mathbb{B} = \mathbb{B}(\mathbb{P})$; 在由 $\mathbb{B}$ 给出的布尔值模型 $V^{\mathbb{B}}$ 中, $\dot{\mathbb{Q}}$ 有一个完备化布尔代数的名字 $\dot{C}$ 来满足如下等式:

$$\left\| \dot{C} \text{是} \dot{\mathbb{Q}} \text{的完备化布尔代数} \right\| = 1.$$

那么, 我们应当怎样利用这些信息来直接构造力迫构思 $\mathbb{P} * \dot{\mathbb{Q}}$ 的完备化代数?

设 $\mathbb{B}$ 为 V 中的一个完备布尔代数. 令 $\{\dot{C}, \dot{+}, \dot{\circ}, \dot{-}, \dot{0}, \dot{1}, \dot{\leqslant}\} \subset V^{\mathbb{B}}$ 满足等式

$$\left\|\left(\dot{C}, \dot{+}, \dot{\circ}, \dot{-}, \dot{1}, \dot{0}, \dot{\leqslant}\right) \text{ 是一个完备布尔代数}\right\| = 1.$$

令 $\widehat{D} = \left\{\dot{c} \mid \|\dot{c} \in \dot{C}\| = 1\right\}$. 在 $\widehat{D}$ 上定义一个等价关系:

$$\dot{c}_1 \equiv \dot{c}_2 \iff \|\dot{c}_1 = \dot{c}_2\| = 1.$$

令 $D = \widehat{D}/\equiv = \left\{[\dot{c}]_{\equiv} \mid \dot{c} \in \widehat{D}\right\}$. 对于 $\dot{c}_1 \in \widehat{D}, \dot{c}_2 \in \widehat{D}, \dot{c} \in \widehat{D}$, 定义

$$[\dot{c}_1] \oplus [\dot{c}_2] = [\dot{c}] \iff \|\dot{c} = \dot{c}_1 \dot{+} \dot{c}_2\| = 1,$$

$$[\dot{c}_1] \circ [\dot{c}_2] = [\dot{c}] \iff \|\dot{c} = \dot{c}_1 \dot{\circ} \dot{c}_2\| = 1,$$

$$\overline{[\dot{c}_1]} = [\dot{c}] \iff \|\dot{c} = \dot{1} \dot{-} \dot{c}_1\| = 1,$$

$$[\dot{c}_1] \leqslant [\dot{c}_2] \iff \|\dot{c}_1 \dot{\leqslant} \dot{c}_2\| = 1.$$

那么, $\mathbb{D} = \left(D, \oplus, \circ, \bar{}, [\dot{1}], [\dot{0}], \leqslant\right)$ 是一个布尔代数.

引理 3.87 设 $\mathbb{B}, \dot{C}, \mathbb{D}$ 如上所述.

(1) $\mathbb{D} = \left(D, \oplus, \circ, \bar{}, [\dot{1}], [\dot{0}], \leqslant\right)$ 是一个完备布尔代数; 并且由如下等式所定义的映射 π

$$\pi(b) = [c] \iff \left(\|\dot{c} = \dot{1}\| = b \wedge \|\dot{c} = \dot{0}\| = \bar{b}\right)$$

是一个从 $\mathbb{B}$ 到 $\mathbb{D}$ 的完备嵌入映射.

(2) 如果 $\mathbb{P}$ 是一个力迫构思, $\dot{\mathbb{Q}} \in V^{\mathbb{P}}$, $1 \Vdash_{\mathbb{P}} \dot{\mathbb{Q}}$ 是一个力迫构思, $\mathbb{B} = \mathbb{B}(\mathbb{P})$,

$$\left\|\dot{C} = \mathbb{B}\left(\dot{\mathbb{Q}}\right)\right\| = 1,$$

那么 $\mathbb{D} \cong \mathbb{B}\left(\mathbb{P} * \dot{\mathbb{Q}}\right)$.

证明 我们只验证 $\mathbb{D}$ 的完备性, 而将其他的计算留作练习.

设 $X \subseteq D$. 令

$$\dot{X} = \{(\tau, 1) \mid \tau \in \widehat{D} \wedge \exists \dot{c} \in \widehat{D}([\dot{c}] \in X \wedge \tau \in [\dot{c}])\}.$$

因为

$$\left\|\dot{C} \text{ 是一个完备布尔代数}\right\| = 1,$$

$V^{\mathbb{B}}$ 是一个富有布尔值模型, 令 $\dot{c} \in V^{\mathbb{B}}$ 来见证如下等式:

$$\left\|\dot{c} = \sum_{\dot{C}} \dot{X}\right\| = 1.$$

然后令 $[\check{c}] = \sum_D X$. 这已足够. □

根据引理 3.53, 我们知道 $\mathbb{P} \times \mathbb{Q}$ 完备化布尔代数与 $\mathbb{P} * \check{\mathbb{Q}}$ 的完备化布尔代数同构; 根据引理 3.54, 我们知道 $\mathbb{P}$ 完备地嵌入到 $\mathbb{P} * \check{\mathbb{Q}}$ 之中, 从而完备布尔代数 $\mathbb{B}(\mathbb{P})$ 可以完备地嵌入到 $\mathbb{B}(\mathbb{P} * \check{\mathbb{Q}})$ 之中, 并且称之为后者的一个完备子代数. 一个自然的问题是, 我们能否利用这两者来求得 $\mathbb{B}(\mathbb{Q})$? 下面的引理 3.88 回答并解释了这样的现象.

引理 3.88 设 $\mathbb{D}$ 是一个完备布尔代数, $\mathbb{B}$ 是 $\mathbb{D}$ 的一个完备布尔子代数. 那么在布尔值模型 $V^{\mathbb{B}}$ 中一定存在一个名字 $\dot{C}$ 来满足下述两项要求:

(a) $\| \dot{C}$ 是一个完备布尔代数 $\|_{\mathbb{B}} = \mathbf{1}$;

(b) $\mathbb{D} = \mathbb{B} * \dot{C}$;

(c) 满足上述要求 (a) 和 (b) 的名字 $\dot{C} \in V^{\mathbb{B}}$ 只依赖 $\mathbb{D}$ 与 $\mathbb{B}$. 因此, 将 $V^{\mathbb{B}}$ 中的这样一个名字记成 $D : B$. 从而, 我们就有等式: $\mathbb{D} = \mathbb{B} * (D : B)$.

证明 给定完备布尔代数 $\mathbb{D}$ 和它的一个完备子布尔代数 $\mathbb{B}$. 下面我们给出两个等价的证明 (概要):

(1) 令 $\dot{G}$ 为布尔值模型 $V^{\mathbb{B}}$ 中的 $\mathbb{B}$-泛型滤子的名字 (定义 3.58), 即

$$\dot{G} = \left\{ (\check{a}, a) \mid a \in B^+ \right\}.$$

在布尔值模型 $V^{\mathbb{B}}$ 中, 根据引理 3.75, $\| \dot{G}$ 是 $\check{\mathbb{B}}$ 上的一个滤子 $\| = \mathbf{1}$, 从而它在 $V^{\mathbb{B}}$ 中生成 $\check{D}$ 的一个滤子, 根据布尔值模型 $V^{\mathbb{B}}$ 的富有特性, 可以在 $V^{\mathbb{B}}$ 中取到这样的滤子的一个名字 $\dot{F}$. 这是 $V^{\mathbb{B}}$ 中的一个元素, 并且

$$\left\| \dot{F} 是 \check{\mathbb{D}} 的一个滤子 \right\|_{\mathbb{B}} = \mathbf{1}.$$

根据定义 3.44 以及引理 3.62, 这个滤子在 $V^{\mathbb{B}}$ 中定义出 $\check{D}$ 的一个商代数, 再次利用 $V^{\mathbb{B}}$ 的富有特性, 将它记成 $D : B$. 这是一个只依赖于 $\mathbb{D}$ 以及它的完备布尔子代数 $\mathbb{B}$ 的名字, 并且

$$\| D : B 是一个完备布尔代数 \|_{\mathbb{B}} = \mathbf{1}.$$

那么

$$\mathbb{D} \cong \mathbb{B} * (D : B).$$

我们将详细验证留给有兴趣的读者.

(2) 对于 $d \in D$, 令 $I(d) = \sum \{ b \in B \mid b \cdot d = \mathbf{0} \}$. 定义

$$\dot{I} = \left\{ (\check{d}, I(d)) \mid d \in D \right\}.$$

那么, $\dot{I} \in V^{\mathbb{B}}$, 并且

$$\left\| \dot{I} 是 \check{\mathbb{D}} 的一个理想 \right\|_{\mathbb{B}} = \mathbf{1},$$

以及

$$\left\| \check{D}/\dot{i} \text{ 是一个完备布尔代数} \right\|_{\mathbb{B}} = \mathbf{1} \wedge \mathbb{D} \cong \mathbb{B} * \left(\check{D}/\dot{i} \right).$$

这些结论的详细验证依旧留给有兴趣的读者.   □

推论 3.14 设 $\mathbb{D}$ 是一个完备布尔代数, 并且 $\mathbb{B}$ 是 $\mathbb{D}$ 的一个完备布尔子代数. 如果 G 是 V 上的一个 $\mathbb{B}$-泛型滤子, 那么一定存在 V 上的一个 $\mathbb{D}$-泛型滤子 H 来实现等式 $G = H \cap B$.

证明 根据引理 3.88, $\mathbb{D} = \mathbb{B} * (D : B)$. 给定 V 上的一个 $\mathbb{B}$-泛型滤子 G, 在 V[G] 中, $(D : B)/G$ 是一个完备布尔代数. 令 K 为 V[G] 上的一个 $(D : B)/G$-泛型滤子, 令 $\dot{K}$ 为它的一个 $\mathbb{B}$-名字. 那么 $G * \dot{K}$ 是 V 上的一个 $\mathbb{D}$-泛型滤子, 并且 $G = B \cap G * \dot{K}$ (此时将 $\mathbb{B}$ 看成 $\mathbb{B} * (D : B)$ 的完备布尔子代数.)   □

3.5.6 完备布尔代数广义分配律

在分析偏序集 $(\omega_1^{<\omega_1}, \leqslant)$ 是否添加实数时, 我们引进了关于偏序集的分配律的概念 (定义 3.24). 在那里, 我们称一个偏序 $\mathbb{P}$ 满足 θ-分配律当且仅当对于任何一个长度为 θ 的序列 $\langle D_\gamma \mid \gamma < \theta \rangle$, 如果每一个 $D_\gamma \subseteq P$ 都是 $\mathbb{P}$ 的稠密开子集, 那么它们的交集 $\bigcap_{\gamma < \alpha} D_\gamma$ 也是一个稠密开子集. 这似乎与我们观念中的分配律关系不大. 与其说这是一种分配律, 不如说这是某种贝尔纲性质. 现在我们来解释这种看起来有些牵强附会的被称为分配律的真实理由.

在引理 3.63 中, 我们曾经指出每一个完备布尔代数都满足如下分配律:

$$\left(\sum_{i \in X} a_i \right) \cdot \left(\sum_{j \in Y} b_j \right) = \sum_{(i,j) \in X \times Y} a_i \cdot b_j.$$

定义 3.68 (广义分配律) 设 κ 和 λ 是两个基数.

(1) 称一个完备布尔代数 $\mathbb{B}$ 满足 κ-**分配律**当且仅当对于任意的长度为 κ 的非空指标序列 $\langle I_\alpha \mid \alpha < \kappa \rangle$, 如下等式成立:

$$\prod_{\alpha < \kappa} \sum_{i \in I_\alpha} u_{\alpha,i} = \sum_{f \in \prod_{\alpha < \kappa} I_\alpha} \prod_{\alpha < \kappa} u_{\alpha, f(\alpha)}.$$

(2) 称一个完备布尔代数 $\mathbb{B}$ 满足 (κ, λ)-**分配律** 当且仅当如下等式成立:

$$\prod_{\alpha < \kappa} \sum_{\beta < \lambda} u_{\alpha,\beta} = \sum_{f \in \lambda^\kappa} \prod_{\alpha < \kappa} u_{\alpha, f(\alpha)}.$$

由定义立即可知: $\mathbb{B}$ 满足 κ-分配律当且仅当对于任意的基数 λ, $\mathbb{B}$ 都满足 (κ, λ)-分配律.

例 3.34 任何一个幂集代数的完备子代数都满足这样的分配律.

例 3.35 (1) 例 3.30 中的科恩布尔代数不满足 ω-分配律;

(2) 例 3.31 中的随机布尔代数不满足 ω-分配律;

(3) 力迫构思 $(\omega_1^{<\omega_1}, \leqslant)$ 的完备化布尔代数满足 ω-分配律, 但不满足 ω_1-分配律.

上述例子的证明可以由一个很一般的原理给出.

定义 3.69(细分) 设 $\mathbb{B}$ 是一个布尔代数. 设 $W_1 \subset B^+$, $W_2 \subset B^+$ 为两个非空冲突子集. 称 W_2 是 W_1 的一个**细分**当且仅当

$$\forall u \in W_2 \, \exists v \in W_1 \, (u \leqslant v).$$

引理 3.89 设 $\mathbb{B}$ 是一个布尔代数. 设 κ 是一个无穷基数. 下列命题等价:

(a) $\mathbb{B}$ 满足 κ-分配律;

(b) 如果 $\langle D_\alpha \mid \alpha < \kappa \rangle$ 是 B^+ 上的 κ 个稠密开集, 那么它们的交一定是 B^+ 上的一个稠密开集;

(c) 如果 $\{W_\alpha \mid \alpha < \kappa\}$ 是 κ 个 B^+ 上的极大冲突子集, 那么它们一定有一个共同的细分 W:

$$W \text{ 是一个极大冲突子集, 并且} \forall \alpha < \kappa \, \forall u \in W_\alpha \, \exists v \in W \, (v \leqslant u).$$

证明 (a) $\Rightarrow$ (b). 设 $\langle D_\alpha \mid \alpha < \kappa \rangle$ 是 B^+ 上的 κ 个稠密开集. 令 $D = \bigcap_{\alpha < \kappa} D_\alpha$. D 自然是一个开子集. 设 $u \in B^+$. 对于 $\alpha < \kappa$, 令

$$\{u \cdot v \mid u \cdot v > \mathbf{0} \wedge v \in D_\alpha\} = \{u_{\alpha,i} \mid i \in I_\alpha\},$$

其中等号右端的为左端的一个单一列表. 那么

$$\sum_{i \in I_\alpha} u_{\alpha,i} = u$$

对每一个 $\alpha < \kappa$ 都成立. 从而

$$u = \prod_{\alpha < \kappa} \sum_{i \in I_\alpha} u_{\alpha,i}.$$

对于 $f \in \prod_{\alpha < \kappa} I_\alpha$, 令 $u_f = \prod_{\alpha < \kappa} u_{\alpha, f(\alpha)}$. 于是, 根据分配律,

$$\sum_{f \in \prod_{\alpha < \kappa} I_\alpha} u_f = u,$$

这就表明 $\exists f \in \prod_{\alpha < \kappa} I_\alpha \, (u_f > \mathbf{0})$. 任取一个这样的函数 $f \in \prod_{\alpha < \kappa} I_\alpha$, 那么 $u_f \in D$, 并且 $u_f \leqslant u$. 所以, D 在 B^+ 中是稠密的.

(b) $\Rightarrow$ (c). 设 $\{W_\alpha \mid \alpha < \kappa\}$ 是 κ 个 B^+ 上的极大冲突子集. 对于每一个 $\alpha < \kappa$, 令

$$D_\alpha = \left\{ u \in B^+ \mid \exists v \in W_\alpha \, (u \leqslant v) \right\}.$$

那么, 每一个 D_α 都是 B^+ 中的一个稠密开集. 根据 (b),

$$D = \bigcap_{\alpha < \kappa} D_\alpha$$

是 B^+ 的一个稠密开集. 令 $W \subset D$ 为一个极大冲突子集. 那么 W 自然是每一个 W_α 的细分.

(c) $\Rightarrow$ (a). 设 $\langle I_\alpha \mid \alpha < \kappa \rangle$ 是一个长度为 κ 的非空指标序列. 对于 $\alpha < \kappa$, 设

$$X_\alpha = \{ u_{\alpha,i} \mid i \in I_\alpha \} \subset B^+.$$

我们先来证明:

$$\prod_{\alpha < \kappa} \sum_{i \in I_\alpha} u_{\alpha,i} \geqslant \sum_{f \in \prod_{\alpha < \kappa} I_\alpha} \prod_{\alpha < \kappa} u_{\alpha, f(\alpha)}.$$

对于 $f \in \prod_{\alpha < \kappa} I_\alpha$, 令 $u_f = \prod_{\alpha < \kappa} u_{\alpha, f(\alpha)}$. 于是, 对于每一个 $\alpha < \kappa$ 都有 $u_f \leqslant u_{\alpha, f(\alpha)}$, 从而 $u_f \leqslant \sum_{i \in I_\alpha} u_{\alpha,i}$. 因此, 对于每一个 $\alpha < \kappa$ 都一定有

$$\left(\sum_{f \in \prod_{\alpha < \kappa} I_\alpha} u_f \right) \leqslant \sum_{i \in I_\alpha} u_{\alpha,i}.$$

这就表明

$$\prod_{\alpha < \kappa} \sum_{i \in I_\alpha} u_{\alpha,i} \geqslant \sum_{f \in \prod_{\alpha < \kappa} I_\alpha} \prod_{\alpha < \kappa} u_{\alpha, f(\alpha)}.$$

注意这个不等式不需要条件 (c).

现在在 (c) 成立的条件下来证明反方向不等式成立. 为此, 令 $u = \prod_{\alpha < \kappa} \sum_{i \in I_\alpha} u_{\alpha,i}$. 我们来证明

$$\left(\sum_{f \in \prod_{\alpha < \kappa} I_\alpha} u_f \right) = u.$$

不妨假设 $u = \mathbf{1}$ (一般情形则考虑 B_u). 先将每一个 X_α 用一组满足下述要求的冲突子集 W_α 代替:

$$W_\alpha \cup \{\mathbf{0}\} = \{ v_{\alpha,i} \leqslant u_{\alpha,i} \mid i \in I_\alpha \} \wedge \sup (W_\alpha) = \sup (X_\alpha).$$

这样, $\left(\sum\limits_{f \in \prod_{\alpha < \kappa} I_\alpha} v_{\alpha, f(\alpha)} \right) \leqslant \left(\sum\limits_{f \in \prod_{\alpha < \kappa} I_\alpha} u_{\alpha, f(\alpha)} \right)$. 由于每一个 W_α 都是 B^+ 的一

个极大冲突子集, 根据 (c), 它们有一个共同的细分 W. 对于每一个 $w \in W$,

$$\exists f \in \prod_{\alpha < \kappa} I_\alpha \left(w \leqslant \prod_{\alpha < \kappa} v_{\alpha, f(\alpha)} \right).$$

于是,

$$\sum_{f \in \prod_{\alpha < \kappa} I_\alpha} \prod_{\alpha < \kappa} v_{\alpha, f(\alpha)} = 1. \qquad \square$$

同样的分析给出 (κ, λ)-分配律的下列特征.

引理 3.90 设 $\mathbb{B}$ 是一个布尔代数. 设 κ 和 λ 是两个无穷基数. 下列命题等价:

(a) $\mathbb{B}$ 满足 (κ, λ)-分配律;

(b) 如果 $\{ W_\alpha \mid \alpha < \kappa \}$ 是 κ 个 B^+ 上的极大冲突子集, 并且每个 W_α 的势不超过 λ, 那么它们一定有一个共同的细分 W.

证明 (练习.) $\qquad \square$

最后, 让我们应用布尔值模型来解释一下我们为什么关注完备布尔代数是否满足某种分配律.

引理 3.91 设 $\mathbb{B}$ 是一个完备布尔代数. 设 κ 和 λ 是两个基数. 那么

(a) $\mathbb{B}$ 满足 (κ, λ)-分配律的充分必要条件是 V 的 $\mathbb{B}$-泛型扩张模型 $V[G]$ 中的任何一个从 κ 到 λ 的函数事实上都是 V 中的一个函数.

(b) 如下命题等价:

(i) $\mathbb{B}$ 满足 κ-分配律;

(ii) V 的 $\mathbb{B}$-泛型扩张模型 $V[G]$ 中的任何一个定义在 κ 上的序数函数都事实上是 V 中的一个函数;

(iii) 如果 $\lambda = \mathrm{sat}(B)$, 那么 V 的 $\mathbb{B}$-泛型扩张模型 $V[G]$ 中的任何一个从 κ 到 λ 的函数都事实上是 V 中的一个函数;

(iv) 如果 $\lambda = \mathrm{sat}(B)$, 那么 $\mathbb{B}$ 满足 (κ, λ)-分配律.

证明 我们应用引理 3.90 来证明这个引理.

(a) (必要性) 设 $\mathbb{B}$ 满足 (κ, λ)-分配律. 令 $\dot{f}$ 是满足如下等式要求的一个 $\mathbb{B}$-名字:

$$\left\| \dot{f} \text{ 是一个从 } \check{\kappa} \text{ 到 } \check{\lambda} \text{ 的函数} \right\| = 1.$$

对于 $\alpha < \kappa$, 令

$$W_\alpha = \left\{ u_{\alpha, \beta} \;\middle|\; u_{\alpha, \beta} = \left\| \dot{f}(\alpha) = \beta \right\| \wedge \beta < \lambda \right\} - \{0\}.$$

那么对于每一个 $\alpha < \kappa$, $W_\alpha \subset B^+$ 是一个势不超过 λ 的极大冲突子集. 根据引理 3.90, 它们有一个共同的细分 W, 并且 W 是 B^+ 的一个极大冲突子集. 对于每一个 $u \in W$, 对于 $\alpha < \kappa$, 令 $g_u(\alpha) = \min \{\beta < \lambda \mid u \leqslant u_{\alpha,\beta}\}$. 自然, 每一个 $g_u \in \mathrm{V}$.

现在设 G 是 V 上的 $\mathbb{B}$-泛型滤子. 那么 $G \cap W \neq \varnothing$. 令 $u \in G \cap W$. 那么在 V[G] 中,

$$\forall \alpha < \kappa \left(\left(\dot{f}/G\right)(\alpha) = \min\{\gamma \mid u_{\alpha,\gamma} \in G\} = g_u(\alpha)\right).$$

所以, $\dot{f}/G = g_u$.

(a) (充分性) 给定满足条件的一组极大冲突子集 $\{W_\alpha \mid \alpha < \kappa\}$. 对 $\alpha < \kappa$, 令

$$W_\alpha = \{u_{\alpha,\beta} \mid \beta < \gamma_\alpha\}$$

为 W_α 的一个单一列表 $\gamma_\alpha \leqslant \lambda$. 定义

$$\dot{f} = \left\{\left(\mathrm{xd}\left(\check{\alpha}, \check{\beta}\right), u_{\alpha,\beta}\right) \mid \alpha < \kappa \wedge \beta < \gamma_\alpha\right\},$$

其中 xd 是例 3.4 中定义的将两个名字整合成一个有序对的名字的函数. 那么 $\dot{f}$ 是一个 $\mathbb{B}$-名字, 并且

$$\left\|\dot{f} \text{ 是一个从 } \check{\kappa} \text{ 到 } \check{\lambda} \text{ 的函数}\right\| = \mathbf{1}.$$

根据给定条件,

$$\mathbf{1} = \sum_{g \in \lambda^\kappa} \left\|\forall \alpha < \check{\kappa}\left(\check{g}(\alpha) = \dot{f}(\alpha)\right)\right\|,$$

令 $W = \left\{\left\|\check{g} = \dot{f}\right\| \mid g \in \lambda^\kappa\right\} - \{\mathbf{0}\}$. 那么, W 是 B^+ 的一个极大冲突子集, 并且 W 是 $\{W_\alpha, \mid \alpha < \lambda\}$ 的共同细分.

(b) 由定义 3.68(2)、(a) 以及 (a) 的充分性证明即得. $\qquad\square$

引理 3.92 设 $\mathbb{B}$ 为一个完备布尔代数. 设 $\kappa \geqslant \omega$ 为一个基数. 那么下述命题等价:

(1) $\mathbb{B}$ 满足 $(\kappa, 2)$-分配律;

(2) $\mathbb{B}$ 满足 (κ, κ^+)-分配律;

(3) $\mathbb{B}$ 满足 $(\kappa, 2^\kappa)$-分配律.

证明 (3) $\Rightarrow$ (2) 以及 (2) $\Rightarrow$ (1) 都是自明的. 只需证明 (1) 蕴涵 (3). 设 (1) 成立. 设 G 是 V 上的一个 $\mathbb{B}$-泛型滤子. 根据引理 3.91,

$$\mathfrak{P}(\kappa)^{\mathrm{V}[G]} = \mathfrak{P}(\kappa)^{\mathrm{V}} \text{ 以及 } \mathfrak{P}(\kappa \times \kappa)^{\mathrm{V}[G]} = \mathfrak{P}(\kappa \times \kappa)^{\mathrm{V}}.$$

现在设 $f : \kappa \to \mathfrak{P}(\kappa)$ 为 V[G] 中的一个函数. 那么 $\forall \alpha < \kappa \left(f(\alpha) \in \mathfrak{P}(\kappa)^{\mathrm{V}}\right)$. 令

$$A(f) = \{(\alpha, \beta) \in \kappa \times \kappa \mid \beta \in f(\alpha) \wedge \alpha \in \kappa\}.$$

那么, $A(f) \in \mathfrak{P}(\kappa \times \kappa)$. 令 $u \in G$ 以及 $\dot{A}$ 为 $A(f)$ 的名字, 以及 $D \in \mathfrak{P}(\kappa \times \kappa)^{\mathrm{V}}$ 来满足如下等式:

$$u \Vdash \dot{A} = \check{D}.$$

对于 $\alpha < \kappa$, 令 $g(\alpha) = \{\beta < \kappa \mid (\alpha, \beta) \in D\}$. 那么 $g \in \mathrm{V}$, 并且 $u \Vdash \dot{f} = \check{g}$. □

下面的例子表明区分完备布尔代数满足怎样的分配律并非一件平凡的事情.

例 3.36 (難波偏序集) 考虑树 $\mathcal{T} = (\omega_2^{<\omega}, \leqslant)$ 的子树. 称 $T \subset \omega_2^{<\omega}$ 为一棵**完备子树**当且仅当 T 非空, 并且对于任何一个 $t \in T$, $\forall n \in \mathrm{dom}(t) \, ((t \upharpoonright n) \in T)$ (**子树条件**), 并且它在 T 中的后继之集

$$\{s \in T \mid \exists n < \omega \, (t = s \upharpoonright n)\}$$

之势为 $\aleph_2$ (**完备性条件**). 从而, 一棵完备子树的任何一个节点都有 $\aleph_2$ 个彼此冲突的延拓.

令 $P = \{T \subseteq \omega_2^{<\omega} \mid T$ 是一棵完备子树$\}$. 对于 $T_1, T_2 \in P$, 定义

$$T_2 \leqslant T_1 \iff T_2 \subseteq T_1.$$

称 $\mathbb{P} = (P, \leqslant)$ 为難波 [9]偏序, 并且称它的完备化布尔代数为**難波布尔代数**.

结论 難波布尔代数不满足 (ω, ω_2)-分配律; 難波布尔代数满足 (ω, ω_1)-分配律当且仅当连续统假设成立.

证明 先来证明難波代数不满足 (ω, ω_2)-分配律. 我们应用上面的引理 3.91 来证明所要的结论. 为此, 设 G 是 V 上的一个 $\mathbb{P}$-泛型滤子. 在 $\mathrm{V}[G]$ 中定义 f 如下:

$$\forall n < \omega \, \forall \alpha < \omega_2^{\mathrm{V}} \, ((n, \alpha) \in f \leftrightarrow (\forall T \in G \, \exists t \in T \, (t(n) = \alpha))).$$

那么 f 是一个函数, $f: \omega \to \omega_2^{\mathrm{V}}$, 并且 $\forall \beta < \omega_2^{\mathrm{V}} \, \exists n < \omega \, (f(n) \geqslant \beta)$. 我们将利用 G 的泛型特性来验证这个事实的工作留给读者作为练习.

为了验证難波布尔代数满足 (ω, ω_1)-分配律, 我们只需验证它不添加任何实数即可. 因为, 如果它化 ω_1^{V} 一个可数序数, 那么它自然添加了一个新实数; 如果它添加了一个从 ω 到 ω_1^{V} 的有界新函数, 那么它也添加了一个新实数. 所以, 只要我们能够证明它不会添加任何新实数, 那么它就不会添加任何从 ω 到 ω_1^{V} 的新函数.

设 $\dot{f}$ 是一个名字, T 是一个条件, 并且 $T \Vdash \dot{f} : \check{\omega} \to \check{2}$. 我们希望找到一个更强的条件 $T_1 \leqslant T$ 以及一个在 V 中的函数 $g: \omega \to 2$ 来实现下述等式:

$$\forall n \in \omega \left(T_1 \Vdash \check{g}(\check{n}) = \dot{f}(\check{n}) \right).$$

---

[9]Namba, Kanji, 難波完爾.

递归地, 对于每一个 $s \in \omega_2^{<\omega}$, 构造一个条件 T_s 和选择一个数值 $\epsilon_s \in \{0,1\}$ 以至于下列要求得到满足:

(i) 若 $s_1 \subset s_2$, 则 $T_{s_1} \supset T_{s_2}$;

(ii) 若 $n = \mathrm{dom}(s)$, 则 $T_s \Vdash \dot{f}(\check{n}) = \epsilon_s$;

(iii) 对于每一个 $n \in \omega$, 条件的集合 $W_n = \{T_s \mid s \in \omega_2^n\}$ 是一个彼此相互冲突之集; 更有甚者, W_n 中的彼此相互冲突性由一组 "证据" 显示, 即存在具备下述特性的偏序集 $(\omega_2^{<\omega}, \leqslant)$ 上的一个冲突子集 $A_n = \{t_s \mid s \in \omega_2^n\}$: $\forall s \in \omega_2^n ((t_s \in T_s) \wedge (\forall t \in T_s \ (t \subseteq t_s \vee t_s \subseteq t)))$.

注意, 性质 (iii) 中的证据组 A_n 不仅表明 W_n 是一个冲突子集, 而且还表明这样的事实: 如果

$$S \leqslant \left(\bigcup \{T_s \mid s \in \omega_2^n\} \right)$$

是一个条件, 那么 $\exists s \in \omega_2^n \exists S_1 \in P \ (S_1 \leqslant S \wedge S_1 \leqslant T_s)$.

现在我们来递归定义所要的 $\omega_2^{<\omega} \ni s \mapsto (T_s, \epsilon_s) \in P \times 2$:

(a) $t_\varnothing = \varnothing$; 取 $T_\varnothing \subset T$ 来判定 $\dot{f}$ 在 $\check{0}$ 处的取值: 即取满足等式 $T_\varnothing \Vdash \dot{f}(\check{0}) = \epsilon_\varnothing$ 的 $T_\varnothing \subset T$;

(b) 对于 $s \in \omega_2^n$, 给定 (T_s, ϵ_s, t_s), 首先在集合

$$\{t \in T_s \mid t_s \subset t\}$$

中取出 $\aleph_2$ 个相互冲突的序列出来, 并将它们标识为 $\left\{ t_{\widehat{s\langle\alpha\rangle}} \,\middle|\, \alpha \in \omega_2 \right\}$; 然后, 对于每一个 $\alpha < \omega_2$, 在条件

$$\{t \in T_s \mid t_s \subseteq t \vee t \subseteq t_s\}$$

之下取一个判定 $\dot{f}$ 在 $n+1$ 处的取值的条件 $T_{\widehat{s\langle\alpha\rangle}}$ 以及其值 $\epsilon_{\widehat{s\langle\alpha\rangle}}$:

$$T_{\widehat{s\langle\alpha\rangle}} \Vdash \dot{f}(\widehat{n+1}) = \epsilon^{\vee}_{\widehat{s\langle\alpha\rangle}}.$$

根据上述递归定义, 前面的三项要求都得到满足, 并且若 $s_1 \subset s_2$, 则 $t_{s_1} \subset t_{s_2}$.

对于任意的函数 $g : \omega \to 2$, 如下定义 $(\omega_2^{<\omega}, \leqslant)$ 的一棵子树 $T(g)$: 对于 $\vec{\beta} \in 2^{n+1}$, 令

$$T\left(\vec{\beta}\right) = \bigcup \left\{ T_s \,\middle|\, s \in \omega_2^n \wedge \vec{\beta} = \langle \epsilon_\varnothing, \cdots, \epsilon_{s\restriction k}, \cdots, \epsilon_s \rangle \right\},$$

以及

$$T(g) = \bigcap \{ T(g \restriction_{n+1}) \mid n < \omega \}.$$

注意, 对于每一个 $\vec{\beta} \in 2^{n+1}$, $T\left(\vec{\beta}\right) \in P$, 并且

$$\forall k \leqslant n \ \left[T\left(\vec{\beta}\right) \Vdash \dot{f}\left(\check{k}\right) = \check{\beta}_k \right].$$

断言一 $\exists g : \omega \to 2\,[T(g)$ 包含一棵完备子树 $]$.

假设断言不成立, 欲得一矛盾. 为此, 我们先来证明一个基本事实:

断言二   如果 $S \subset \omega_2^{<\omega}$ 是一棵子树, 并且 S 不包含任何完备子树, 那么一定存在一个具备下列性质的从 S 到 ω_3 的映射 h_S:

(a) $\forall s \in S \forall t \in S\ (s \subseteq t \to h_S(s) \geqslant h_S(t))$;

(b) $\forall t \in S\ (|\{s \in S \mid t \subseteq s \wedge h_S(s) = h_S(t)\}| < \aleph_2)$.

断言二的证明工具类似于前面我们在对实数完备子集的分析中所使用的康托尔–本棣克森求导.

给定 $\omega_2^{<\omega}$ 的任意一棵子树 S (无论它是否包含一棵完备子树), 令

$$S' = \{t \in S \mid t \text{ 在 } S \text{ 中有 } \aleph_2 \text{ 个后继}\}.$$

由此, 对于任意给定的子树 $S \subset \omega_2^{<\omega}$, 我们可以递归地定义它的一个长度为 ω_3 的子树序列如下:

(i) $S_0 = S$;

(ii) $S_{\alpha+1} = S'_\alpha$;

(iii) 对于极限序数 α, 令 $S_\alpha = \bigcap \{S_\beta \mid \beta < \alpha\}$.

令 $\theta(S) = \min \{\gamma < \omega_3 \mid S'_\gamma = S_\gamma\}$. 那么, 或者 $S_{\theta(S)} = \varnothing$, 或者它是一棵完备子树.

现在设 $S \subset \omega_2^{<\omega}$ 是一棵不包含任何完备子树的子树. 那么 $S_{\theta(S)} = \varnothing$. 如下定义 $h_S : S \to \theta(S)$:

$$\forall t \in S\ (h_S(t) = \min \{\alpha < \theta(S) \mid t \notin S_{\alpha+1}\}).$$

依此定义, $\forall s \in S \forall t \in S\ (s \subseteq t \to h_S(s) \geqslant h_S(t))$ 以及

$$\forall t \in S\ (|\{s \in S \mid t \subseteq s \wedge h_S(s) = h_S(t)\}| < \aleph_2).$$

于是断言二得证.

现在我们应用断言二来证明断言一. 由于每一个 $T(g)$ 都不包含任何完备子树, 根据断言二, 对于每一个函数 $g : \omega \to 2$, 都有一个函数 $h_g : T(g) \to \omega_3$ 来见证

(a) $\forall s \in T(g) \forall t \in T(g)\ (s \subseteq t \to h_g(s) \geqslant h_g(t))$;

(b) $\forall t \in T(g)\ (|\{s \in T(g) \mid t \subseteq s \wedge h_g(s) = h_g(t)\}| \leqslant \aleph_1)$.

回归到断言一. 递归地, 我们如下构造一个单调递增的序列:

$$s_0 \subset s_1 \subset \cdots \subset s_n \subset s_{n+1} \subset \cdots$$

以至于每一个 $s_n \in \omega_2^n$.

自然地, $s_0 = \varnothing$ 给定 $n \in \omega$, 考虑 T_{s_n} 中的节点 t_{s_n}. 对于 $\alpha < \omega_2$, 令

$$F_\alpha = \left\{ g : \omega \to 2 \ \middle| \ t_{\widehat{s_n\langle\alpha\rangle}} \in T(g) \right\}.$$

那么 $\exists \alpha < \omega_2 \, \forall g \in F_\alpha \ \left(h_g \left(t_{\widehat{s_n\langle\alpha\rangle}} \right) < h_g \left(t_{s_n} \right) \right)$. 如果不然, 则

$$\forall \alpha < \omega_2 \, \exists g \in F_\alpha \ \left(h_g \left(t_{\widehat{s_n\langle\alpha\rangle}} \right) = h_g \left(t_{s_n} \right) \right).$$

根据连续统假设, 只有 $\aleph_1$ 个从 ω 到 2 的函数, 于是存在一个 $g : \omega \to 2$ 以及一个在 ω_2 中无界的子集 X 来见证下述事实:

$$\forall \alpha \in X \ \left(g \in F_\alpha \wedge h_g \left(t_{\widehat{s_n\langle\alpha\rangle}} \right) = h_g \left(t_{s_n} \right) \right).$$

可是, 根据断言二中 h_g 所持有的性质 (b), 这样的 X 不可能存在. 这一矛盾表明的确

$$\exists \alpha < \omega_2 \, \forall g \in F_\alpha \ \left(h_g \left(t_{\widehat{s_n\langle\alpha\rangle}} \right) < h_g \left(t_{s_n} \right) \right).$$

取一个这样的 $\alpha < \omega_2$. 定义 $s_{n+1} = \widehat{s_n\langle\alpha\rangle}$.

这就完成了所要的单调递增序列的定义. 利用这样一个序列, 考虑由它们所确定的函数

$$\forall n < \omega \ (g(n) = \epsilon_{s_n}).$$

于是, 每一个 $t_{s_n} \in T(g)$, 从而 $h_g(t_{s_n})$ 就都有定义. 可是这就意味着我们得到一个严格单调递减的序数序列:

$$h_g(t_{s_0}) > h_g(t_{s_1}) > \cdots > h_g(t_{s_n}) > h_g(t_{s_{n+1}}) > \cdots.$$

这就是一个矛盾.

断言一因此得证.

利用断言一, 令 $g : \omega \to 2$ 满足 $T(g)$ 包含一棵完备子树 $S \subseteq T(g)$. 那么 $S \in P$ 并且 $S \leqslant T$ 以及

$$S \Vdash \check{g} = \dot{f}. \qquad \square$$

例 3.37　存在一个满足 $\left(\omega, 2^{\aleph_0}\right)$-分配律但并不满足 $\left(\omega, \left(2^{\aleph_0}\right)^+\right)$-分配律的完备布尔代数.

证明　第一个证明就是将难波的构造改变一下: 将他的偏序定义中的 ω_2 用 $\lambda = \left(2^{\aleph_0}\right)^+$ 来代替; 将证明中的 ω_2 和 ω_3 分别用 λ 和 λ^+ 来代替. 我们将此证明的详细内容留给感兴趣的读者.

第二个证明就是用迭代力迫构造. 令

$$P = \left\{ p \mid \operatorname{dom}(p) < \omega_1 \wedge p : \operatorname{dom}(p) \to 2^{\aleph_0} \right\},$$

以及

$$\forall p \in P \, \forall q \in P \, (p \leqslant q \iff q \subseteq p).$$

$\mathbb{P} = (P, \leqslant)$ 满足 ω-分配律以及 $\left(2^{\aleph_0}\right)^+$-链条件, 并且 $\mathbf{1} \Vdash$ CH. 令 G 为 V 上的一个 $\mathbb{P}$-泛型滤子. 在 V$[G]$ 中, $2^{\aleph_0} = \omega_1$. 在 V$[G]$ 中令 $\mathbb{Q}$ 为难波力迫构思. 那么在 V$[G]$ 中, 它是一个不添加任何实数但将 $\omega_2^{\mathrm{V}[G]} = \left(\left(2^{\aleph_0}\right)^+\right)^{\mathrm{V}}$ 的梯度化为 ω 的力迫构思. 令 $\mathbb{B} = \mathbb{B}(\mathbb{P} * \dot{\mathbb{Q}})$. 那么 $\mathbb{B}$ 即为所求. □

3.5.7 可数化

作为一般布尔值模型理论的例子, 我们来分析一下可数化布尔值模型. 在例 3.10 中我们已经见到利用从自然数集合到不可数基数 κ 上的有限函数的全体之偏序集将基础模型中的不可数基数在力迫扩张结构中减势成为一个可数序数. 在这里我们不妨重温一下例 3.10: 设 $M \models$ ZFC 为一个可数传递模型, κ 是 M 中的一个不可数基数. 令

$$\operatorname{Col}(\omega, \kappa) = \left\{ p \subset \omega \times \kappa \mid \operatorname{dom}(p) \in [\omega]^{<\omega} \wedge \operatorname{rng}(p) \subset \kappa \right\}.$$

对于 $p, q \in \operatorname{Col}(\omega, \kappa)$, 令 $p \leqslant q \iff p \supseteq q$; $\mathbf{1} = \varnothing$. 那么

(1) 在 M 中, $|\operatorname{Col}(\omega, \kappa)| = \kappa$, 因此它满足 κ^+-链条件;

(2) 设 G 为 M 之上的一个 $\operatorname{Col}(\omega, \kappa)$-泛型滤子, 那么在 $M[G]$ 中, κ 是一个可数序数.

一个很自然的问题就是是否还会有其他的力迫构思来添加一个从 ω 到 κ 的满射从而给 κ 减势令其为一个可数序数?

引理 3.93 (可数化唯一性引理) 令 $\mathbb{Q} = (Q, \leqslant, \mathbf{1})$ 为一个力迫构思, 并且 $|Q| = \lambda > \omega$. 假设 $\mathbf{1} \Vdash_{\mathbb{Q}} |\check{\lambda}| = \check{\omega}$. 那么存在一个从 $\operatorname{Col}(\omega, \lambda)$ 到 $\mathbb{Q}$ 的稠密嵌入.

证明 设 $\mathbb{Q}$ 为给定的具备假设条件的一个力迫构思. 如果必要, 取一个偏序同构映射, 我们不妨假设 $Q = \lambda$, λ 是一个基数, $\leqslant^*$ 是 $\lambda \times \lambda$ 的一个子集合, 并且 0 就是最大力迫条件 $\mathbf{1}$. 因为 $\mathbf{1} \Vdash_{\mathbb{Q}} |\check{\lambda}| = \check{\omega}$, 令 $\dot{f}$ 为一个 $\mathbb{Q}$-名字来满足下述要求:

$$\mathbf{1} \Vdash_{\mathbb{Q}} \dot{f} : \check{\omega} \xrightarrow{\text{满射}} \dot{G}.$$

我们递归地定义一个映射序列 $\langle h_n \mid 0 \in n \in \omega \rangle$ 来实现如下目标: 对于每一个正整数 n,

$$h_n : \lambda^n \to Q,$$

并且 rng (h_n) 是 $\mathbb{Q}$ 的一个极大冲突子集, 以及对于每一个有限序列 $p \in \lambda^n$ 必有

(a) 对于任何 $\alpha \in \lambda$, $h_n(p) \geqslant^* h_{n+1}\left(\widehat{p\{\alpha\}}\right)$;

(b) $\left\{ h_{n+1}\left(\widehat{p\{\alpha\}}\right) \mid \alpha \in \lambda \right\}$ 是 $h_n(p)$ 之下的一个极大冲突子集.

断言 对于任意一个条件 $p \in Q$, 在 p 之下 $\mathbb{Q}$ 一定有一个势为 λ 的冲突子集. 设 $p \in Q$. 设 $\dot{g}$ 为一个 $\mathbb{Q}$-名字来见证

$$p \Vdash \dot{g} : \check{\omega} \xrightarrow{满射} \check{\lambda}.$$

对于 $n < \omega$, 令 $W_n = \{\alpha < \lambda \mid \exists q \in Q\, (q \leqslant p \wedge q \Vdash \dot{g}(\check{n}) = \check{\alpha})\}$. 那么

$$\lambda = \bigcup_{n<\omega} W_n.$$

如果 $\mathrm{cf}(\lambda) > \omega$, 那么 $\exists n < \omega\, |W_n| = \lambda$. 取 $m = \min\{n < \omega \mid |W_n| = \lambda\}$. 对于 $\alpha \in W_m$, 令 $q_\alpha \leqslant p$ 满足 $q_\alpha \Vdash \dot{g}(\check{m}) = \check{\alpha}$. 令 $A = \{q_\alpha \mid \alpha \in W_m\}$. 那么 A 就是 p 之下的一个势为 λ 的冲突子集.

现在假设 $\mathrm{cf}(\lambda) = \omega$. 令 $\omega < \lambda_m < \lambda_{m+1} < \lambda$, $\lambda = \bigcup_{m<\omega} \lambda_m$, 并且每一个 λ_m 都是正则基数. 令 $m = \min\{n < \omega \mid |W_n| \geqslant \omega\}$. 在 W_m 中取出一组单调递增的序列 $\alpha_0 < \alpha_1 < \cdots < \alpha_n < \alpha_{n+1} < \cdots$. 对于每一个 $n < \omega$, 令 $p_n \leqslant p$ 满足 $p_n \Vdash \dot{g}(\check{m}) = \check{\alpha}_n$. 那么, $\{p_n \mid n < \omega\}$ 是 p 之下的一组势为 ω 的冲突子集. 对于每一 $n < \omega$, $p_n \Vdash |\check{\lambda}_n| = \omega$. 令 $\dot{g}_n$ 为一个 $\mathbb{Q}$-名字来见证

$$p_n \Vdash \dot{g}_n : \check{\omega} \xrightarrow{满射} \check{\lambda}_n.$$

对于 $k < \omega$, 令 $U_k = \{\alpha < \lambda_n \mid \exists q \in Q\, (q \leqslant p_n \wedge q \Vdash \dot{g}_n(\check{k}) = \check{\alpha})\}$. 那么

$$\lambda_n = \bigcup_{k<\omega} U_k.$$

于是, $\exists k < \omega\, |U_k| = \lambda_n$. 取 $m = \min\{k < \omega \mid |U_k| = \lambda_n\}$. 对于 $\alpha \in U_m$, 令 $q_\alpha \leqslant p_n$ 满足

$$q_\alpha \Vdash \dot{g}_n(\check{m}) = \check{\alpha}.$$

令 $A_n = \{q_\alpha \mid \alpha \in U_m\}$. 那么 A_n 就是 p_n 之下的一个势为 λ_n 的冲突子集. 令

$$A = \bigcup_{n<\omega} A_n.$$

那么 A 是 p 之下的一个势为 λ 的冲突子集.

断言因此得证.

下面, 我们应用上面的断言来定义我们所需要的稠密嵌入映射.

令 $D_\varnothing = \{q \in Q \mid \exists r \in Q \, (q \Vdash \dot{f}(\check{0}) = \check{r})\}$. 那么 $D_\varnothing$ 是 $\mathbb{Q}$ 中的一个稠密开子集. 令 $W_\varnothing \subset D_\varnothing$ 为一个势为 λ 的极大冲突子集, 并且令

$$W_\varnothing = \{\, q_\xi \mid \xi < \lambda \,\}$$

为 $W_\varnothing$ 的一个单一列表. 对于 $p = \langle p(0) \rangle \in \lambda^1$, 令 $h_1(p) = q_{p(0)}$. 那么, $h_1 : \lambda^1 \to W_\varnothing$ 是一个双射.

现在假设满足要求的序列 $\langle h_i \mid 1 \leqslant i \leqslant n \rangle$ 已经定义好. 设 $p \in \lambda^n$. 令 $D_p = \{q \in Q \mid q \leqslant h_n(p) \wedge \exists r \in Q \, (q \Vdash \dot{f}(\check{n}) = \check{r})\}$. 那么 D_p 是 $\mathbb{Q}$ 的在 $h_n(p)$ 之下的一个稠密开集. 令 $W_p \subset D_p$ 为一个势为 λ 的极大冲突子集, 并且令

$$W_p = \{\, q_{p,\xi} \mid \xi < \lambda \,\}$$

为 W_p 的一个单一列表. 对于 $\alpha < \lambda$, 令

$$h_{n+1}\left(\widehat{p\{\alpha\}}\right) = q_{p,\alpha}.$$

那么, $h_{n+1} : \lambda^{n+1} \to \bigcup\{W_p \mid p \in \lambda^n\}$. 根据定义和归纳假设, h_{n+1} 也满足要求.

令 $D = \bigcup\{\mathrm{rng}\,(h_n) \mid 1 \leqslant n < \omega\}$, 并且令

$$h : \lambda^{<\lambda} \to D \cup \{\mathbf{1}\}$$

由下式确定: $\forall p \in \lambda^{<\omega} \, (p \neq \varnothing \to h(p) = h_{\mathrm{dom}(p)}(p))$ 以及 $h(\varnothing) = \mathbf{1} = 0$. 那么

$$h : \left(\lambda^{<\omega}, \leqslant, \varnothing\right) \to (D, \leqslant^*, \mathbf{1})$$

是一个偏序同构映射.

我们最后需要验证的是: D 在 $\mathbb{Q}$ 中是稠密的.

设 $q \in Q$. 因为 $q \Vdash \check{q} \in \dot{G}$, 所以 $q \Vdash (\exists n \in \check{\omega} \, (\check{q} = \dot{f}(n)))$. 根据引理 3.9 中的极大原理, 取 $r \leqslant^* q$ 以及 $n \in \omega$ 满足 $r \Vdash (\check{q} = \dot{f}(\check{n}))$. 那么, 必然存在一个 $p \in \lambda^{n+1}$ 来保证 $h_{n+1}(p)$ 与 r 相容. 从而,

$$h(p) = h_{n+1}(p) \Vdash \check{q} = \dot{f}(\check{n}).$$

根据引理 3.8, $s \Vdash \check{t} \in \dot{G}$ 当且仅当 $s \leqslant^* t$. 所以, $h(p) \leqslant^* q$.

这就证明了 $D = h[\lambda^{<\omega}]$ 在 $\mathbb{Q}$ 中是稠密的. 从而, h 就是一个稠密嵌入映射. $\qquad\square$

推论 3.15(可数化广泛性引理)　设 $\lambda > \omega$ 是一个基数.

(1) 如果 $\mathbb{Q} = (Q, \leqslant, \mathbf{1})$ 为一个力迫构思, 并且 $|Q| = \lambda$, 以及 $\mathbf{1} \Vdash_\mathbb{Q} |\check{\lambda}| = \check{\omega}$, 那么

$$\mathbb{B}(\mathbb{Q}) \cong \mathbb{B}(\mathrm{Col}(\omega, \lambda)).$$

(2) 如果 $\mathbb{B}$ 是一个完备布尔代数, $|B| \leqslant \lambda$, 那么 $\mathbb{B}$ 一定与 $\mathbb{B}(\mathrm{Col}(\omega, \lambda))$ 的一个完备子代数同构.

证明　(1) 根据引理 3.93, 令

$$\pi : \mathbb{Q} \cong (D, \leqslant) \subseteq \mathrm{Col}(\omega, \lambda)$$

为一个稠密嵌入映射. 那么 π 唯一地诱导出从 $\mathbb{Q}$ 的完备化布尔代数到 $(D, \leqslant)$ 的完备化布尔代数的同构映射, 而 $(D, \leqslant)$ 的完备化布尔代数与 $\mathrm{Col}(\omega, \lambda)$ 的完备化布尔代数自然同构.

(2) 给定一个完备布尔代数 $\mathbb{B}$, 并且 $|B| \leqslant \lambda$. 令 $Q = B^+ \times \mathrm{Col}(\omega, \lambda)$, 以及 $\mathbb{Q}$ 为乘积偏序. 那么 $\mathbb{Q}$ 满足引理 3.93 的各项条件, 从而 $\mathbb{Q}$ 的完备化布尔代数与 $\mathrm{Col}(\omega, \lambda)$ 的完备化布尔代数同构. 而 $\mathbb{Q} = \mathbb{B} \oplus \mathbb{B}(\mathrm{Col}(\omega, \lambda))$, 布尔子代数

$$\{(b, \mathbf{1}) \in B \oplus \mathbb{B}(\mathrm{Col}(\omega, \lambda)) \mid b \in B\}$$

是 $\mathbb{Q}$ 的一个完备子代数, 并且与 $\mathbb{B}$ 同构. 所以, $\mathbb{B}$ 就与 $\mathbb{B}(\mathrm{Col}(\omega, \lambda))$ 的一个完备子代数同构.　□

上面的推论表明任何一个势不超过不可数基数 λ 的完备布尔代数都同构于将 λ 可数化的完备布尔代数 $\mathrm{Col}(\omega, \lambda)$ 的完备子代数. 一个自然的问题出现了: 假设 $\mathbb{B}$ 是一个势为 λ 的完备布尔代数, $\mathbb{C}$ 是 $\mathbb{B}$ 的比较弱势的完备布尔代数. 那么根据推论 3.15, 它们都可以完备地嵌入到 $\mathbb{B}(\mathrm{Col}(\omega, \lambda))$ 中去. 问题是, 这两个嵌入映射之间可否存在一种协调一致的可能? 这个问题的肯定答案对于后面我们探讨赖菲偏序的整齐性有关键性作用.

引理 3.94(协调性引理)　设 λ 是一个不可数基数, $\mathbb{B}$ 是一个势为 λ 的完备布尔代数, $\mathbb{C}$ 是 $\mathbb{B}$ 的比较弱势 ($|C| < \lambda$) 的完备布尔代数. 令 $h_0 : C \to \mathbb{B}(\mathrm{Col}(\omega, \lambda))$ 为一个完备嵌入映射. 那么 h_0 可以延拓成一个将 $\mathbb{B}$ 嵌入到 $\mathbb{B}(\mathrm{Col}(\omega, \lambda))$ 中去的完备嵌入映射 h.

证明　设 $\mathbb{B}, \mathbb{C}, h_0$ 为引理所给定的三个要关注的对象. 令 $D = h_0[C]$. 令 Col 为 $\mathbb{B}(\mathrm{Col}(\omega, \lambda))$ 的简写记号; 令 Col^C 与 Col^D 分别为布尔值模型 $V^{\mathbb{C}}$ 和 $V^{\mathbb{D}}$ 中可数化偏序 $\mathrm{Col}(\omega, \check{\lambda})$ 的完备化布尔代数的简写记号.

第一步, 我们希望找到一个合适的从 $\mathbb{B}$ 到 $\mathbb{C} * \mathrm{Col}^C$ 的完备嵌入映射. 根据引理 3.88,

$$\mathbb{B} = \mathbb{C} * (B : C),$$

其中 $B:C$ 是 $\mathrm{V}^{\mathbb{C}}$ 中的由 $\mathbb{C}$ 所确定的完备商代数的 $\mathbb{C}$-名字. 现在我们在布尔值模型 $\mathrm{V}^{\mathbb{C}}$ 中来工作. 在其中, $\check{\lambda}$ 依旧是一个不可数基数; $B:C$ 是一个将 $\check{\lambda}$ 减势到 ω 的完备布尔代数; 由于 $B:C$ 是 $\mathbb{B}$ 的一个商代数, 它的势为 $\check{\lambda}$. 于是, 在 $\mathrm{V}^{\mathbb{C}}$ 中应用推论 3.15, 存在一个从 $B:C$ 到 Col^{C} 的完备嵌入映射. 利用这个完备嵌入映射, 我们就得到一个满足下述要求的完备嵌入映射 $f:\mathbb{C}*(B:C)\to\mathbb{C}*\mathrm{Col}^{C}$:

$$\forall c\in C\,(f(c)=c).$$

(为了减少符号使用的复杂性, 此种情形下我们将 $\mathbb{C}$ 当成 f 的定义域和值域的完备布尔子代数.) 由于 $\mathbb{B}=\mathbb{C}*(B:C)$, 我们就得到一个满足下述要求的从 $\mathbb{B}$ 到 $\mathbb{C}*\mathrm{Col}^{C}$ 的完备嵌入映射 k:

$$\forall c\in C\,(k(c)=c).$$

第二步, 我们希望找到 Col 与 $D*\mathrm{Col}^{D}$ 之间的一个同构映射. 现在在布尔值模型 $\mathrm{V}^{\mathbb{D}}$ 中来工作. 同上面情形一样, 在 $\mathrm{V}^{\mathbb{D}}$ 中, $\check{\lambda}$ 依旧是一个不可数基数; $\mathrm{Col}:D$ 是一个将 $\check{\lambda}$ 减势到 ω 的完备布尔代数; 由于 $\check{\mathrm{Col}}$ 包含一个势为 $\check{\lambda}$ 的稠密子集 $\mathrm{Col}(\check{\omega},\check{\lambda})$, $\check{\mathrm{Col}}$ 的商代数 $\mathrm{Col}:D$ 包含着一个势为 $\check{\lambda}$ 的稠密子集 $\dot{Q}$. 于是, 在 $\mathrm{V}^{\mathbb{D}}$ 中应用引理 3.93, 我们知道在 $\mathrm{Col}:D$ 与 Col^{D} 之间存在一个同构映射. 根据与第一步中同样的分析, 因为 $\mathrm{Col}=\mathbb{D}*(\mathrm{Col}:D)$, 我们得到一个满足下述要求的从 Col 到 $D*\mathrm{Col}^{D}$ 的同构映射 g:

$$\forall d\in D\,(g(d)=d).$$

最后, 由于 $h_0:\mathbb{C}\cong\mathbb{D}$, 可以将 h_0 延拓到从 $\mathbb{C}*\mathrm{Col}^{C}$ 到 $\mathbb{D}*\mathrm{Col}^{D}$ 的同构映射 σ, 从而

$$\forall c\in C\,(\sigma(c)=h_0(c)).$$

根据上面的分析, 我们可以应用等式 $h=g^{-1}\circ\sigma\circ k$ 来定义 $h:\mathbb{B}\to\mathrm{Col}$:

$$
\begin{array}{ccc}
\mathbb{C}*\mathrm{Col}^{C} & \xrightarrow{\ \sigma\ } & \mathbb{D}*\mathrm{Col}^{D} \\
k\uparrow & & \uparrow g \\
\mathbb{B} & \xrightarrow{\ h\ } & \mathrm{Col}
\end{array}
$$

此嵌入映射 h 即为所求. $\qquad\square$

推论 3.16 (自分裂引理) 设 G 是 V 上的一个 $\mathrm{Col}(\omega,\lambda)$-泛型滤子以及 X 为 $\mathrm{V}[G]$ 中任意一个集合. 那么或者 $\mathrm{V}[X]=\mathrm{V}[G]$, 或者存在 $\mathrm{V}[X]$ 上的一个 $\mathrm{Col}(\omega,\lambda)$-泛型滤子 H 来保证等式 $\mathrm{V}[X][H]=\mathrm{V}[G]$ 成立.

证明 给定 $\mathrm{V}[G]$ 以及 $X\in\mathrm{V}[G]$. 假设 $\mathrm{V}[X]\neq\mathrm{V}[G]$. 根据引理 3.86, 令 $\mathbb{D}$ 为 $\mathbb{B}$ 的一个完备子代数来保证 $\mathrm{V}[X]=\mathrm{V}[D\cap G]$.

如果 λ 在 V[X] 中是不可数的, 那么 V[G] 就是 V[X] 的一个经力迫构思

$$\mathrm{Col}^{V[X]}(\omega, \kappa)$$

的力迫扩张模型, 其中 $\kappa = |\lambda|^{V[X]}$. 然而, 在 V[$X$] 中, $\mathrm{Col}(\omega,\kappa) \cong \mathrm{Col}(\omega,\lambda)$. 因而此时存在 V[$X$] 上的一个 $\mathrm{Col}(\omega,\lambda)$-泛型滤子 H 来保证等式 V[X][H] = V[G] 成立.

如果 λ 在 V[X] 中是可数的, 并且 V[X] $\neq$ V[G], 那么 V[G] 是在 V[X] 基础上由一个无原子的可数力迫构思 $\mathbb{Q}$ 而得到的力迫扩张模型. 由于偏序集 $\mathrm{Col}(\omega,\lambda)$ 在 V[X] 中是一个可数偏序集, 并且它的完备化布尔代数是一个无原子完备布尔代数, 还包含一个可数稠密子集. 所以在 V[X] 中, $\mathbb{B}(\mathbb{Q}) \cong \mathbb{B}(\mathrm{Col}(\omega,\lambda))$.　　　　□

3.6　练　　习

练习 3.1　设 M 是 ZFC 的一个可数传递模型. 设 $\mathbb{P} \in M$ 是 M 中的一个力迫构思. 令 $G \subset P$ 是 $\mathbb{P}$ 的一个滤子. 那么下述命题对等:

(1) 如果 $D \in M$ 是 $\mathbb{P}$ 的一个稠密子集, 那么 $G \cap D \neq \varnothing$;

(2) 如果 $D \in M$ 是 $\mathbb{P}$ 的一个稠密开子集, 那么 $G \cap D \neq \varnothing$;

(3) 如果 $D \in M$ 是 $\mathbb{P}$ 的一个准稠密子集, 那么 $G \cap D \neq \varnothing$;

(4) 如果 $D \in M$ 是 $\mathbb{P}$ 的一个极大冲突子集, 那么 $G \cap D \neq \varnothing$;

(5) 对于任意的 $p \in G$, 如果 $D \in M$ 在 p 之下是稠密的, 那么 $G \cap G \neq \varnothing$.

练习 3.2　设 M 是 ZFC 的一个可数传递模型. 令 $\mathbb{P} = ((\omega)^{<\omega}, \leqslant, \varnothing)$. 证明: 存在 $\mathbb{P}$ 的一个滤子 G 以至于没有任何传递集合 N 具备下述特性:

(a) $M \subset N$;

(b) $G \in N$;

(c) $N \models (\mathrm{ZF} - 幂集公理)$;

(d) $\mathrm{Ord} \cap M = \mathrm{Ord} \cap N$.

练习 3.3　设 M 是 ZFC 的一个可数传递模型. 设 $\mathbb{P}, X$ 为 M 中的元素, 并且在 M 中, $\mathbb{P}$ 是可数的, X 的势为 $\aleph_1$. 令 G 为 M 上的一个 $\mathbb{P}$-泛型超滤子. 在 $M[G]$ 中, 令 Y 是 X 的一个不可数子集. 证明: 在 M 中存在一个不可数的 Z 来实现不等式: $Z \subseteq Y$.

练习 3.4　设 $A \subset \mathbb{N}^{\mathbb{N}}$ 是一个无穷集合. 我们试图对 A 力迫添加一个模理想 $[\omega]^{<\omega}$ 的偏序 $<^*$ 下的上界. 力迫构思的条件是一个有序对 (s, E), 其中 s 是一个有限函数, $\mathrm{dom}(s) \in [\omega]^{<\omega}$, $\mathrm{rng}(s) \subset \omega$; E 是 A 的一个有限子集. 有限序列 s 是对试图力迫添加的上界函数的逼近; E 是一种承诺: 假设 h 是将要力迫添加的上界函数, 那么承诺 E 就是要实现对于 E 中所有的函数 f 都应当有

$$\forall n \in \omega \, (n \notin \mathrm{dom}(s) \to f(n) < h(n)).$$

为此, 令

$$P = \left\{ (s,F) \mid s \in \omega^{<\omega} \wedge F \in [\mathcal{A}]^{<\omega} \right\}.$$

对于 $(t,F), (s,E) \in P$, 定义 $(t,F) \leqslant (s,E)$ 当且仅当

$$t \supset s, \wedge F \supset E \wedge (\forall f \in E \,\forall n \in \mathrm{dom}(t)\,(n \notin \mathrm{dom}(s) \to f(n) < t(n))).$$

证明: 力迫构思 $\mathbb{P} = (P, \leqslant)$ 满足可数链条件. 确定 $\mathbb{P}$ 的可以实现下述目标的势为 $|\mathcal{A}|$ 的稠密子集合的集合 $\mathscr{D}$: 如果 $G \subset P$ 是一个与 $\mathscr{D}$ 中的每一个稠密子集都有非空交的滤子, 令

$$h = \bigcup \{ s \mid \exists E\,((s,E) \in G) \},$$

那么 $h \in \mathbb{N}^{\mathbb{N}}$, 并且 $\forall f \in \mathcal{A}\,(f <^* h)$.

练习 3.5 设 $\mathcal{A} \subset \mathbb{N}^{\mathbb{N}}$ 是一个无穷集合, 并且具备模理想 $[\omega]^{<\omega}$ 的不变性:

$$f \in \mathcal{A} \leftrightarrow \forall g \in \mathbb{N}^{\mathbb{N}}\,(f =^* g \to g \in \mathcal{A}).$$

令 $\mathbb{P} = \mathbb{P}_{\mathcal{A}}$ 为练习 3.4 中所定义的偏序集合. 令 $\mathrm{Aut}(\mathbb{P})$ 为 $\mathbb{P}$ 的自同构群. 证明: 对于每一个条件 $p \in P$, 集合 $\{\sigma(p) \mid \sigma \in \mathrm{Aut}(\mathbb{P})\}$ 在 $\mathbb{P}$ 中是准稠密的.

练习 3.6 设 M 是 ZFC 的一个可数传递模型, $\mathbb{P} \in M$ 在 M 中是一个满足可数链条件的力迫构思. 证明: 如果在 M 的 $\mathbb{P}$-泛型扩张 $M[G]$ 中钻石原理成立, 那么在 M 中钻石原理成立.

练习 3.7 设 M 是 ZFC 的一个可数传递模型, $\mathbb{P} \in M$ 在 M 中是一个满足可数链条件的力迫构思. 证明: 如果在 M 中 $|\mathbb{P}| \leqslant \aleph_1$ 并且钻石原理成立, 那么在 M 的 $\mathbb{P}$-泛型扩张 $M[G]$ 中钻石原理成立.

练习 3.8 设 M 是 ZFC 的一个可数传递模型. 在 M 中定义

$$P = \left\{ p \mid \mathrm{dom}(p) \in [\omega_1]^{<\omega_1} \wedge p : \mathrm{dom}(p) \to \{0,1\} \right\},$$

对于 $p, q \in P$, 令 $p \leqslant q \leftrightarrow p \supset q$. 证明: 如果 G 是 M 上的 $\mathbb{P}$-泛型超滤子, 那么在 $M[G]$ 中钻石原理成立.

练习 3.9 设 M 是 ZFC 的一个可数传递模型. 在 M 中定义

$$Q = \left\{ p \mid \exists \alpha < \omega_1\,(p : \alpha \to [\omega_1]^{<\omega} \wedge \forall \xi < \alpha\,(p(\xi) \subset \xi)) \right\}.$$

对于 $p, q \in Q$, 定义 $p \leqslant q \leftrightarrow p \supset q$. 证明:

(1) $\mathbb{Q}$ 是 σ-完备的, 即任意可数单调递降序列必有一个下界;

(2) 如果 G 是 M 上的 $\mathbb{Q}$-泛型超滤子, 那么在 $M[G]$ 中钻石原理成立;

(3) 令 $\mathbb{P}$ 为练习 3.8 中的为 ω_1 添加一个子集合的力迫构思. 那么 $\mathbb{P}$ 的完备化布尔代数 $\mathbb{B}(\mathbb{P})$ 与 $\mathbb{Q}$ 的完备化布尔代数 $\mathbb{B}(\mathbb{Q})$ 相等.

练习 3.10 假设钻石原理成立. 证明: 存在一棵规范苏斯林树 T 以至于 $T \times T$ 不满足可数链条件, 但是 $T \times T$ 满足 (ω, ∞)-分配律, 即任意可数个稠密开子集的交还是稠密的.

练习 3.11 设 $S \subset \omega_1$ 是一个荟萃集. 定义一个试图为 S 力迫添加一个无界闭子集的鄢森力迫构思 $\mathbb{P}_S$ 如下: $p \in P_S$ 是一个条件当且仅当 $p \subset S$ 是一个可数子集, 并且 p 在 ω_1 中是一个闭子集. 于是, 对于 $p \in P_S$, 或者 $p = \varnothing$, 或者 $\max(p) = \sup(p) \in p$. 对于 $p, q \in P_S$, 定义

$$p \leqslant q \leftrightarrow (q \neq \varnothing \rightarrow q = p \cap (\max(q) + 1)).$$

证明: $\mathbb{P}_S$ 的任意可数个稠密开子集的交一定是稠密的 (因此, ω_1 被保持下来); 如果 G 为一个 $\mathbb{P}$-泛型超滤子, 那么 $\bigcup G$ 是一个无界闭子集, 并且是 S 的一个子集; 如果 $T \subset (\omega_1 - S)$ 也是一个荟萃子集, 那么 $\mathbb{P}_S \times \mathbb{P}_T$ 将 ω_1 可数化, 即在它的泛型扩张中, 存在一个从 ω 到 ω_1^V 的满射.

练习 3.12 如下定义一个试图为 ω_1 添加一个快速增长的严格单调递增连续函数的鄢森力迫构思: $p \in P$ 是一个条件当且仅当 p 是一个具备下述特点的有序对 (s, C):

(a) $s \subset \omega_1$ 是一个可数闭子集;

(b) $C \subset \omega_1$ 是一个无界闭子集;

(c) 如果 $s \neq \varnothing$, 那么 $\max(s) < \min(C)$.

对于 $(s, C) \in P$ 以及 $(t, D) \in P$, 定义

$$(t, D) \leqslant (s, C) \leftrightarrow \left(D \subset C \wedge s = t \cap \left(\left(\bigcup s\right) + 1\right) \wedge (t - s) \subset C\right).$$

证明: $\mathbb{P} = (P, \leqslant)$ 是 σ-完全的, 即任何可数单调递降序列都有下界; 如果 G 是一个 $\mathbb{P}$-泛型超滤子, 令 $D = \bigcup\{s \mid \exists C ((s, C) \in G)\}$, 那么 D 是 ω_1 的一个无界闭子集, 并且若 $C \subset \omega_1$ 是 V 中的一个无界闭子集, 那么

$$\exists \alpha < \omega_1 ((D - \alpha) \subset C).$$

练习 3.13 设 M 是 ZFC 的一个可数传递模型. 以下的定义以及分析将在 M 中进行.

如下定义一个为 ω 添加一个麦萨斯 (Adrian Mathias) 实数的力迫构思: $p \in P$ 是一个麦萨斯条件当且仅当 p 是一个具备下述特点的有序对 (s, C):

(a) $s \subset \omega$ 是一个有限子集;

(b) $C \subset \omega$ 是一个无限子集;

(c) 如果 $s \neq \varnothing$, 那么 $\max(s) < \min(C)$.

对于 $(s,C) \in P$ 以及 $(t,D) \in P$, 定义

$$(t,D) \leqslant (s,C) \leftrightarrow (D \subset C \wedge (\exists n \in \omega \, (s = t \cap n)) \wedge (t - s) \subset C).$$

证明下述命题:

(1) 设 σ 是力迫语言的一个语句, (s,C) 是一个麦萨斯条件. 那么一定存在一个 $D \in [C]^\omega$ 来满足下述要求: $(s,B) \Vdash \sigma \vee (s,B) \Vdash (\neg \sigma)$.

(2) 如果 G 是 M 上的 $\mathbb{P}$-泛型超滤子, 令 $x_G = \bigcup\{s \mid \exists C \, ((s,C) \in G)\}$, 称 x_G 为 M 上的一个麦萨斯实数, 那么 $G = \{(s,C) \mid s \subset x_G \subset s \cup C\}$.

(3) $x \subset \omega$ 是 M 上的一个麦萨斯实数的充分必要条件是对于 M 中的 ω 上的任意一个极大的几乎不相交的簇 $\mathcal{A}$ 而言, 都一定有 $\mathcal{A}$ 中的一个元素 X 来见证 $x - X$ 是一个有限集合.

(4) 如果 x 是 M 上的一个麦萨斯实数, $y \in [x]^\omega$, 那么 y 也是 M 上的一个麦萨斯实数.

练习 3.14 设 M 是 ZFC 的一个可数传递模型. 以下的定义以及分析将在 M 中进行.

如下定义一个为 ω 添加一个萨克斯 (Gerald E. Sacks) 实数的力迫构思: $p \in P$ 是一个萨克斯条件当且仅当 $p \subset \{0,1\}^{<\omega}$ 是一棵完备树, 即对于 p 中的任意一个节点 $t \in P$ 都必有一个 $p \ni s \supset t$ 来见证 $s + \langle 0 \rangle \in p$ 以及 $s + \langle 1 \rangle \in p$ (称 s 为 p 的一个分叉节点). 对于 $p,q \in P$, 令 $p \leqslant q \leftrightarrow p \subseteq q$.

如果 G 是 M 上的 $\mathbb{P}$-泛型超滤子, 那么令 $f = \bigcup\{s \mid \forall p \in G \, (s \in p)\}$. 称 $f : \omega \to \{0,1\}$ 为一个萨克斯实数.

设 $p \subset \{0,1\}^{<\omega}$ 是一棵完备树. $s \in p$ 是第 n 个分叉节点当且仅当

$$|\{t \subseteq s \mid t \text{ 是一个分叉节点}\}| = n.$$

对于 $p,q \in P$, 定义 $p \leqslant_n q$ 当且仅当 $p \leqslant q$ 并且 q 的每一个第 n 个分叉节点都是 p 的第 n 个分叉节点.

称 P 中的一个序列 $\langle p_n \mid n < \omega \rangle$ 是一个**融合序列**当且仅当

$$\forall n < \omega \, (p_{n+1} \leqslant_{n+1} p_n).$$

证明下述命题:

(1) 如果序列 $\langle p_n \mid n < \omega \rangle$ 是一个融合序列, 那么 $\bigcap\{p_n \mid n < \omega\}$ 是一棵完备树.

(2) 如果 G 是 M 上的 $\mathbb{P}$-泛型超滤子, 那么 $M[G] = M[f]$, 并且对于 $M[G]$ 中的任意的序数集合 X 而言, 要么 $X \in M$, 要么 $G \in M[X]$.

(3) 如果 G 是 M 上的 $\mathbb{P}$-泛型超滤子, $X \in M[G]$ 是其中的一个序数的可数集合, 那么一定存在 M 中的一个在 M 中可数的序数子集 $Y \supset X$. 所以 $\omega_1^M = \omega_1^{M[G]}$.

(4) 如果 G 是 M 上的 $\mathbb{P}$-泛型超滤子, $g \in M[G] \cap \omega^\omega$, 那么一定存在一个 $h \in M \cap \omega^\omega$ 来见证不等式 $|\{n < \omega \mid g(n) > h(n)\}| < \omega$.

练习 3.15 设 M 是 ZFC 的一个可数传递模型, $\mathbb{P} \in M$ 是给 M 添加一个科恩实数的力迫构思. 证明: 如果 x 是 M 上的一个科恩实数, 那么在 $M[x]$ 中存在具备下述特性的 x_1 与 x_2: x_1 是 M 之上的科恩实数, x_2 是 $M[x_1]$ 之上的科恩实数, 以及

$$M[x] = M[x_1][x_2] \wedge x_1 \notin M \wedge x \notin M[x_1].$$

索　引

《现代数学基础丛书》已出版书目

(按出版时间排序)